Springer-Lehrbuch

Gertrud M. H. Kolb

Vergleichende Histologie

Cytologie und
Mikroanatomie der Tiere

Mit 201 Abbildungen
und 2 Farbtafeln

Springer-Verlag Berlin Heidelberg GmbH

Professor Dr. GERTRUD M. H. KOLB
Zoologisches Institut der Universität München
Luisenstr. 14
8000 München 2

ISBN 978-3-540-52842-5   ISBN 978-3-642-75861-4 (eBook)
DOI 10.1007/978-3-642-75861-4

CIP-Titelaufnahme der Deutschen Bibliothek
Kolb, Gertrud M.H.: Vergleichende Histologie: Cytologie und Mikroanatomie der Tiere
– Berlin; Heidelberg; New York; London; Paris; Tokyo; Hong Kong; Barcelona: Sprin-
ger, 1990
(Springer-Lehrbuch)

Einbandgestaltung: W. Eisenschink, Heddesheim

2131/3145-543210 – Gedruckt auf säurefreiem Papier

Vorwort

Die Humanmedizin hat einige ausgezeichnete Lehrbücher der Histologie und mikroskopischen Anatomie vorzuweisen. Da aber ein neuerer vergleichender Überblick für das Tierreich auf diesem Gebiet fehlt, soll mit diesem Buch ein orientierender Einblick gegeben werden. Das Buch wurde aus den gemeinsam mit Studenten in Vorlesungen und Kursen gewonnen Erfahrungen geschrieben. Dabei zeigte sich, welche Bedeutung neben der morphologischen Darstellung in verschiedenen Vergrößerungsbereichen (makroskopisch, mikroskopisch, licht- und elektronenmikroskopisch) der Funktion dieser Strukturen zukommt. Aus diesem Grunde wurden die Kapitel mancherorts nach funktionellen Gesichtspunkten zusammengestellt und in einigen Fällen durch biochemische Erläuterungen ergänzt. Auf ein ausgesprochenes Kapitel über Zellorganellen wurde verzichtet, da auf diesem Gebiet ausgezeichnete moderne Literatur vorliegt. Auch das höhere zentrale Nervensystem und lymphatische Organe wurden bis jetzt nicht behandelt.

Ich habe mich bemüht, den vergleichenden Überblick herauszustellen und auf spezielle Details zu verzichten. Dieses Buch ist gedacht für Studenten der Biologie, Veterinärmedizin und für naturwissenschaftlich Interessierte.

Mehreren Fachkollegen und einigen Studenten verdanke ich nützliche Hinweise, die berücksichtigt wurden und um die ich auch weiterhin bitte. Ganz besonderen Dank schulde ich Herrn Prof. Dr. Dr. H. Autrum für die Durchsicht des Manuskripts und konstruktive Diskussionen; er hat mich ermutigt, dieses Buch zu schreiben.

Herrn Prof. Dr. R. K. Achazi (Berlin) bin ich für spezielle Hinweise bei der Bearbeitung des Muskelgewebes, Herrn Dr. B. V. Budelmann (Galveston, Texas) bei Statocysten, Herrn Prof. Dr. J. Markl (Würzburg) betreff Immuncytochemie, Herrn Dr. P. W. Reisinger bei Atmungsorganen und Leber verbunden. Herrn Dr. F. P. Fischer danke ich für einen Hinweis betreff des Cortischen Organs der Vögel, Herrn Prof. Dr. M. Renner † betreff der kontraktilen Vakuole. Nicht zuletzt danke ich allen Kollegen, die mir bereitwillig Abbildungen zur Verfügung stellten.

Besonderen Dank schulde ich Frau Althaus für die sorgfältige Anfertigung der für die Histologie so wichtigen Graphiken. Mein weiterer Dank gebührt Frau Dipl. Biologin F. Pilstl für das Korrekturlesen sowie den Mitarbeitern des Springer-Verlags (Heidelberg) für ihre Unterstützung. – Frau Kerin danke ich für Photo- und Schreibarbeiten. Nicht zuletzt gilt mein Dank Frau Höfler, die mir den Entwurf des Manuskripts in den Computer eingab.

München, Oktober 1990   Gertrud Kolb

Inhalt

1 Technik

Einführend erörtern wir Untersuchungsmethoden, mit denen Histologie und Cytologie betrieben werden. – Strukturen werden mit direkten oder indirekten Verfahren analysiert, um Strukturanalyse zu betreiben. Direkte Verfahren (Licht- und Elektronenmikroskopie) liefern vergrößerte Bilder; indirekte Verfahren (Röntgenbeugung und Lichtstreuung, analytische Ultrazentrifuge, Viskosimetrie, Osmometrie, chemische und physikalische Strukturforschung) liefern lediglich Daten, aus denen auf die Objektstrukturen geschlossen werden kann. Letztere führen zu Modellen. Die vollständige Beschreibung der Organe umfaßt drei Stufen: 1. makroskopische Darstellung, 2. lichtmikroskopische und 3. elektronenmikroskopische Beschreibung (vergleiche die entsprechenden Größenordnungen Abb. 1.1).

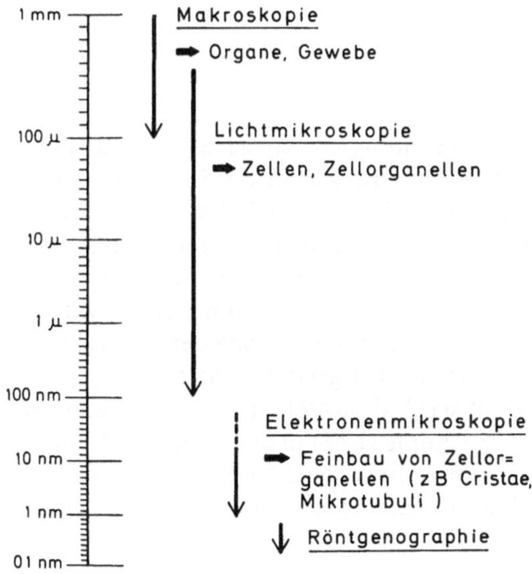

Abb. 1.1. Mikroskopische und submikroskopische Größenordnungen.
1 mm = 1000 μm (Mikrometer);
1 mm = 1 000 000 nm (Nanometer);
1 mm = 10 000 000 Å (Ångström Einheiten)

1.1 Herstellung von Präparaten

Zur Herstellung von Präparaten für die Licht- resp. Elektronenmikroskopie folgen die in Tabelle 1.1 aufgeführten Arbeitsgänge aufeinander. Tabelle 1.2 gibt eine Übersicht über die fünf Arbeitsgänge in Licht- und Elektronenmikroskopie:

Tabelle 1.1. Folge der Präparationsschritte

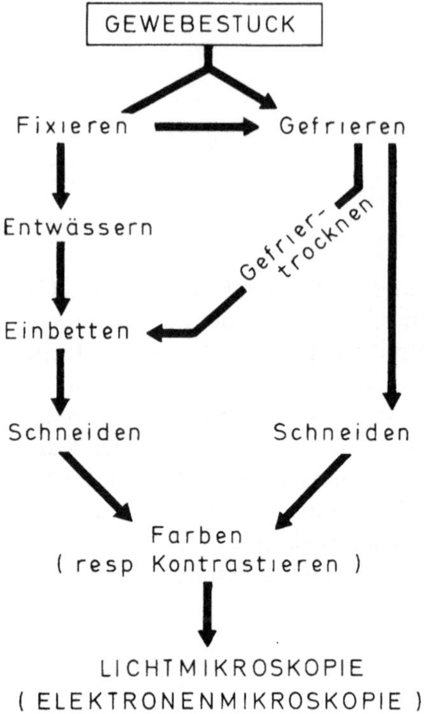

1. Fixierung. Wird Gewebe einem Organ entnommen, so ist es postmortalen Umsetzungen unterworfen; die Organe, Gewebe und Zellen werden enzymatisch abgebaut. Zur Vermeidung dieses Abbaus wird fixiert. Mit Hilfe von Chemikalien (Fixiergemischen) werden im wesentlichen Eiweißstoffe ausgefällt. Die Verkettung dieser Eiweißsubstanzen wird als Struktur resp. Ultrastruktur untersucht. Die Art der Ausfällung ist deshalb von größter Bedeutung. Man wählt 3 Fixierungsgemische, die dem Wassergehalt, dem pH-Wert sowie der Osmolarität des Gewebes angepaßt sind, um Artefakte möglichst gering zu halten. Je stärker die Vergrößerung zur Auswertung gewählt wird, desto feiner muß die Fixierung sein. Deshalb wird für die Elektronenmikroskopie (EM) in der Regel mit Glutardialdehyd vor- und mit wäßrigem Osmiumtetroxyd nachfixiert (vergl. Tabelle 1.2). Ohne Nachfixierung in Osmiumsäure werden cytoplasmatische Membransysteme nicht dargestellt.

1 a. Gefrieren. Für Gefrierschnitte wird die Gewebeprobe mit flüssigem Stickstoff oder Kohlensäureschnee möglichst rasch tiefgefroren. Die Bildung von Keimen von Eiskristallen wird durch dieses „Schock-Gefrieren" verhindert resp. klein gehalten. Größere Kristalle würden Zellstrukturen zerstören und beim Auftauen durch das Platzen der Zellwand ein Auslaufen des Zellinhalts verursachen.

2. Entwässerung. Gewebe enthalten ca. 85–90% Wasser. Dieses muß durch steigende Konzentration von Alkohol oder Aceton ersetzt werden, um das Gewebe

Tabelle 1.2. Vergleich der Arbeitsgänge für Licht- und Elektronenmikroskopie

	Lichtmikroskopie sichtbares Licht ($\lambda = 400–700$ nm)	Elektronenmikroskopie beschleunigte Elektronen $\lambda = \dfrac{h}{m \cdot v}$ h = Plancksches Wirkungsquantum $m \cdot v$ = Impuls des Elektrons
1. Fixierung	z. B. nach Bouin (wäßrig) oder Carnoy (nahezu entwässert)	Glutardialdehyd, Os O_4 Paraformaldehyd
2. Entwässerung	Äthylalkohol 50, 70, 80, 90 und 100%	Äthylalkohol oder Aceton
Organisches Zwischenmedium	Methylbenzoat, Benzol	Chloroform oder Propylenoxyd
3. Einbettung	Paraffin, Paraplast, Celloidin	Kunstharze (Epon, Durcupan, Vestopal)
4. Schnitte	1–20 µm dick (Objektträger)	60–90 nm (Formvar- oder Pioloformfolien)
5. Färbung	z. B. Hämatoxylin-Eosin	Kontrastierung z. B. Pb-zitrat, Uranylazetat

für das Einbettungsmedium aufnahmefähig zu machen. Der Alkohol (resp. das Aceton) ist aber in dem Einbettungsmedium nicht löslich. Deshalb wird sekundär mit einem organischen Zwischenmedium (Methylbenzoat, Benzol resp. Propylenoxyd) das eigentliche Entwässerungsmittel entfernt, da sonst auch die genannten Entwässerungsmittel eine gute Durchdringung des Objekts mit dem Einbettungsmedium verhindern.

Bei Gefrierschnitten werden die Schnitte durch Gefriertrocknung resp. Gefriersubstitution entwässert. Dabei wird das Wasser im Vakuum absublimiert resp. mit Entwässerungsmitteln wie z. B. Alkohol substituiert.

3. Die **Einbettung** des Gewebes ermöglicht eine gute Schneidbarkeit. Sie erfolgt für die Lichtmikroskopie (LM) in der Regel in Paraffin oder Paraplast, für die Elektronenmikroskopie in Kunstharzgemischen. Letztere können auch für die LM verwendet werden. Dies erschwert aber eine distinkte Färbung; daher wird diese Methode meistens nur für Semidünnschnitte (1–2 µm) verwendet.

4. **Schnitte** werden mit Mikrotomen angefertigt (1–20 µm LM, 60–90 nm EM). Gefrierschnitte sollten bei histochemischen Analysen benützt werden, da bei dieser Technik keine fettlösenden Mittel, wie z. B. Alkohol, Aceton, verwendet werden (vergl. Tabelle 1.2). Für die LM werden die Schnitte auf Objektträgern befestigt, für die EM auf Folien gelegt, die Ringen oder Netzen (ca. 3 mm $\varnothing$) aufliegen.

5. **Färbung.** Im Gegensatz zu lebendem Gewebe wird fixiertes Gewebe infolge seiner Denaturierung färbbar. Da einzelne Gewebeteile bestimmte Farbstoffe besser aufnehmen als andere, werden unterschiedliche Farbeffekte erzielt. So zeigen freie basische Gruppen besondere Affinität zu sauer reagierenden Farbstoffen, sie sind acidophil, während saure Gruppen basophil sind, also basisch reagierende Farbstoffe binden. In der gebräuchlichsten Übersichtsfärbung, der Hämatoxylin-Eosin-Färbung, färbt z. B. das basische Hämatoxylin die Kerne,

das saure Eosin dagegen Cytoplasma und Interzellularsubstanz. (Ausführliche Angaben zur Technik siehe Burck 1973, Romeis 1989, Ruthmann 1966.)

An die Stelle der Färbung in der Lichtmikroskopie tritt in der Elektronenmikroskopie die Kontrastierung. Dabei wird die Feinstruktur verstärkt durch Anlagerung von Schwermetallen wie z. B. Blei, Wolfram, Osmium usw. Umgekehrt wird bei der Negativkontrastierung das Suspensionsmedium, d. h. die umgebende Flüssigkeit, mit einer Schwermetall-Verbindung (Wolframat oder Molybdat) angereichert, die sich nicht mit dem Objekt verbindet. Diese Negativkontrastierung eignet sich besonders für Strukturbilder im molekularen Größenbereich. (Angaben zur Technik siehe Nagl 1981.)

1.2 Licht- und Elektronenmikroskopie

Das **Lichtmikroskop** LM besteht aus einem System von Glas- oder Quarzlinsen (Okular, Objektiv und Kondensor) (Abb. 1.2). Das Objektiv erzeugt primär ein umgekehrtes reelles, vergrößertes Bild der gefärbten Strukturen, das sekundär durch das Okular vergrößert gesehen wird. Die Feinauflösung einer Struktur erfolgt durch das Objektiv; Vergrößerungswechsel ist mit Objektivwechsel verbunden, während das Okular die Lupenvergrößerung der Primärvergrößerung liefert. – Die Fokussierung erfolgt durch Verschiebung der Glaslinsen in optischer Achse. Als Lichtquelle dient eine Glühbirne, die Licht im sichtbaren Bereich ($\lambda =$ 400–700 nm) emittiert.

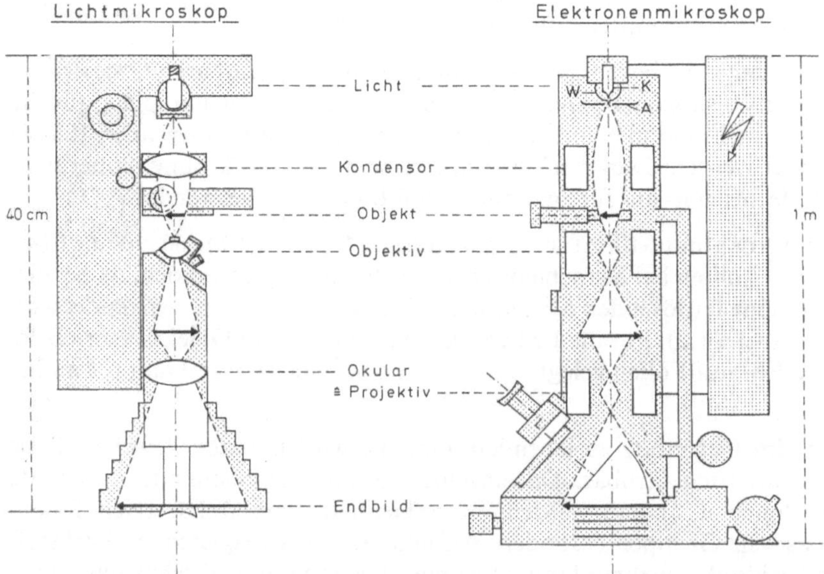

Abb. 1.2. Vergleich von Licht- und Elektronenmikroskop, wobei das Lichtmikroskop um 180° gedreht ist. (Nach H. Sitte und P. Sitte modifiziert) *A* Anode, *K* Kathode, *W* Wehneltzylinder

Im **Elektronenmikroskop** (Durchstrahlungs- oder Transmissionselektronen-mikroskop TEM) (Abb. 1.2) werden kurzwellige Elektronenstrahlen ($\lambda = h$ /m·v)[1] im Hochvakuum von der Kathode K, von einem auf über 2000 °C erhitzten Wolframdraht emittiert und von elektromagnetischen Linsen abgelenkt. Sie gelangen durch die zentrale Bohrung der Anode, die auf Erdpotential liegt, zur Kondensorlinse, die sie zum Elektronenstrahl bündelt. In der Regel werden die Elektronen durch ein Hochspannungsgefälle von 50–200 kV beschleunigt. Dazu ist ein Hochvakuum von $13 \cdot 10^{-3}$ bis $13 \cdot 10^{-4}$ Pa erforderlich. – Strukturunterschiede des Gewebes werden durch die Kontrastierung erhöht und bremsen verschieden stark die Elektronen, die die Probe durchdringen (Transmissionselektronenmikroskopie).

Auf dem Leuchtschirm verursachen die mit verschiedener Intensität auftreffenden Elektronen ein ihrer Intensität entsprechendes Aufleuchten des Zinksulfids der Schirmoberfläche. Die Struktur wird in der Elektronenmikroskopie durch Helligkeitsunterschiede wiedergegeben. Durch Hochklappen des Schirms entsteht das Bild der entsprechenden Struktur durch die örtlich freigegebenen Elektronen unterschiedlicher Intensität auf dem darunterliegenden Film. Im Objektiv wird ein vergrößertes Bild der Probe erzeugt (ca. 1:200), das im folgenden Projektiv vergrößert und auf einen Bildschirm projiziert wird. Während im TEM die Objektivvergrößerung nicht gewechselt wird, erfolgt der Vergrößerungswechsel im Projektiv, das im Gegensatz zum lichtmikroskopischen Okular stärker vergrößert als das Objektiv. – Im Prinzip ist der Strahlengang von LM und EM vergleichbar, vorausgesetzt man dreht das LM um 180 ° (Abb. 1.2). Beide Mikroskope enthalten Linsen, wenngleich die Art der Linsen und Strahlen differiert, beide vergrößern die Strukturen von Schnitten, also die Strukturen des Zellinneren. – Im Gegensatz dazu gibt das Rasterelektronenmikroskop Oberflächenkonturen in dreidimensionaler Darstellung wieder.

Rasterelektronenmikroskop REM oder SEM. Dieses Mikroskop vergrößert 20–180000 fach. Es erreicht eine Auflösung bis ungefähr 15 nm. Die von der Kathode (Wolframdraht) austretenden Elektronen werden beschleunigt und auf einen kleinen Querschnitt (5–10 nm) gebündelt. Dieser gebündelte Strahl (Sonde) wird mit Ablenkspulen über das Präparat gelenkt, wobei der Elektronenstrahl das Objekt Punkt für Punkt abrastert (Scanningverfahren). Die an der Probe gestreuten Primär- und herausgeschlagenen Sekundärelektronen werden nach Beschleunigung mit einem Szintillationskristall und Photomultiplier verstärkt. Das Signal wird zur Helligkeitssteuerung des Strahles einer Kathodenstrahlröhre ausgenutzt. Die Ablenkung erfolgt synchron mit der Ablenkung des auf die Probe fallenden Primärelektronenstrahls.

Voraussetzung für das Ausschleudern der Sekundärelektronen ist eine metallische Oberfläche. Bei biologischen Objekten, die organisch aufgebaut sind, muß die Oberfläche zunächst mit Metall beschichtet werden. Diese Beschichtung erfolgte früher durch Bedampfung. Das hatte den Nachteil, daß die Metallschicht in vielen Fällen nicht gleich dick war. Heute beschichtet man mit der sog. Sputtering-Methode, die auf einer Kathodenzerstäubung in einem Vakuum mit

---

[1] h = Plancksches Wirkungsquantum; m = Masse; v = Bahngeschwindigkeit; m·v = Impuls des Elektrons; für 100 kV ergeben sich damit Elektronenwellenlängen von ca. 0,004 nm.

Inertgas (Argon oder N_2) basiert. Die Kathode (Target) besteht aus dem zur Zerstäubung vorgesehenen Material (Au, Pd, Pt oder Ag). Die Anode trägt die Probe. Die auf das Target einschlagenden, hochbeschleunigten Inertgasionen lassen die Metallatome herausspritzen. Es gibt Mehrfachstreuung an den Inertgaspartikeln ohne strenge Ausrichtung auf der Probenoberfläche. Sputtering führt im Gegensatz zur thermischen Bedampfung nicht zu Artefakten. Der Goldverbrauch ist gering, das Vakuum relativ niedrig (13 Pa).

1.2.1 Röntgenmikroanalyse

Moderne Rasterelektronenmikroskope beinhalten auch ein Gerät zur Röntgenmikroanalyse. Neben den Sekundärelektronen emittiert nämlich jedes Objekt bei der Elektronenbestrahlung auch Röntgenstrahlen. Die in die Probe eindringenden Primärelektronen können unterschiedliche negative Beschleunigung erfahren; dieser Verlust an kinetischer Energie wird mit einem geringen Wirkungsgrad von ca. 1% in Röntgenstrahlung umgesetzt. Mit einem Röntgenspektrometer kann man aus der Wellenlänge der für ein Element charakteristischen $K\alpha$-Strahlung die chemische Zusammensetzung des bestrahlten Objektbereiches ermitteln.

1.2.2 Kritische-Punkt-Trocknung

Weiche Präparate wie z. B. die Innenwand einer Lunge werden mit der sog. Kritischen-Punkt-Trocknung für die Rasterelektronenmikroskopie vorbehandelt. Diese Methode geht auf Anderson (1951) zurück. Er ging von folgendem Gedanken aus: Verflüssigte Gase haben unter Druck nur geringe Oberflächenspannung, da ständiger Gleichgewichtszustand zwischen Lösung und Gasphase besteht. Erhöht man die Temperatur des verflüssigten Gases, so geht es in den Gaszustand über; läßt man dieses Gas langsam entweichen, so ist das Objekt ohne Einfluß auf die Struktur getrocknet, da das verflüssigte Gas das Wasser substituiert hat (vergl. Abb. 1.3). Man verwendet dazu Gase, deren kritischer Punkt in einem Temperaturbereich liegt, der für die Objekte günstig ist, z. B. CO_2 (kritischer Druck $75 \cdot 10^5$ Pa, kritische Temperatur 31 °C) oder Freon 11 (kritischer

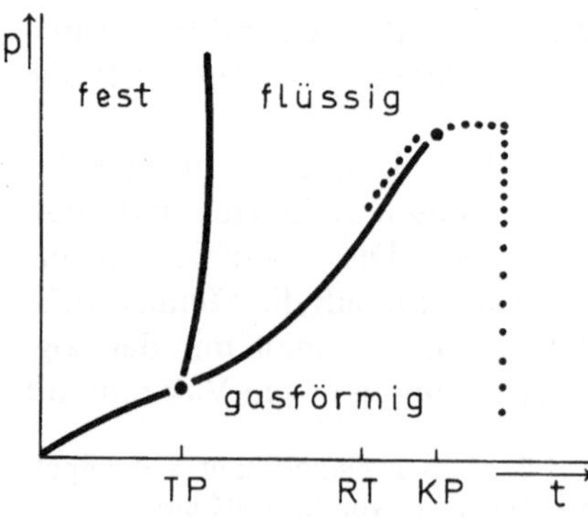

Abb. 1.3. Schema der Phasengrenzen eines Gases in der Funktion von Druck P und Temperatur t. *TP* Tripelpunkt, *RT* Raumtemperatur, *KP* Kritischer Punkt. Die punktierte Linie beschreibt den Zustandsverlauf bei der Kritischen-Punkt-Methode. Bei Temperaturerhöhung über KP hinaus bei steigendem Druck wird keine Phasengrenze durchschritten. (Nach Anderson)

Druck $30 \cdot 10^5$ Pa und kritische Temperatur 20 °C). Auch Freon 12 oder Lachgas (N_2O) werden verwendet.

Nach der Trocknung wird gesputtert und mit dem Rasterelektronenmikroskop untersucht.

1.2.3 Kryoverfahren

Bei jedem Kryoverfahren muß zuerst bei ca. -180 °C schockgefroren werden. Danach können entweder Gefriersubstitution, Gefriertrocknung oder Gefrierbruch und Gefrierätzungen folgen (vergl. Abb. 1.4). Auf Gefriersubstitution und Gefriertrocknung folgt die Einbettung der Präparate. Die Schnitte werden dann im Elektronenmikroskop untersucht. – Auf Gefrierbruch und Gefrierätzung folgt die Herstellung der Abdrücke (Replikas); diese können direkt im Elektronenmikroskop untersucht werden. – Bei der Gefriersubstitution befindet sich das Objekt in Trockeneis (CO_2) und wird mit Aceton entwässert, so daß die Einbettung folgen kann. Bei der Gefriertrocknung dagegen kommt das Objekt ins Hochvakuum; die Entfernung des Wassers erfolgt durch Sublimation, d. h. indem feste Substanz direkt in den Dampfzustand übergeht; dabei wird mit einer Kältefalle das kondensierte Wasser entfernt. Danach kann das Objekt wieder erwärmt werden; eine Fixierung mit Osmiumdampf und schließlich die Einbettung folgen. – Gefrierbruch und Gefrierätzung erfolgen bei ca. -100 °C im Hochvakuum. Das eingespannte Präparat wird wirklich gebrochen und die entsprechende Bruchstelle wird isoliert. Mit einer Klinge wird geschnitten und ein genau bestimmbarer Bruchverlauf erzeugt. Die Entfernung des Gewebewassers erfolgt durch Sublimation; darauf folgt die Abdruckherstellung. Diese wird in zwei Schritten durchgeführt:

1. Durch Aufsputtern von Platin oder anderem kontrasterzeugendem Material und
2. durch Aufdampfen einer kontinuierlichen Kohlenstoffträgerschicht.

Darauf folgt die Isolation der Replikas durch Digestion des anhaftenden Gewebes (Chlorbleichlösungen oder Chromsäure).

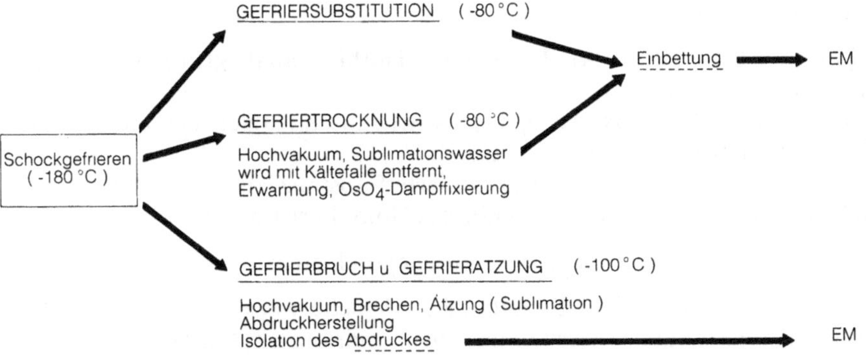

Abb. 1.4. Arbeitsgänge beim Kryoverfahren

Diese letzte Methode beruht auf der Darstellung von künstlich geschaffenen Oberflächen. Sie basiert auf typischem Bruchverhalten von tiefgefrorenen Zellen, wobei das bevorzugte Auftreten von Bruchflächen entlang intra- und interzellulären Membranen hier ausgenützt wird. Die Membranen werden aufgespalten und enthüllen dabei ihre hydrophobe Innenschicht.

1.2.4 Histochemie und Tracer

Da die Fixierung selbst schon auf dem Ablauf chemischer Reaktionen zwischen Fixans und Gewebebestandteilen beruht, ist beim histochemischen Nachweis ein Kompromiß zwischen Güte der Gewebserhaltung und Spezifität des Substanznachweises zu schließen (Lehr- und Handbücher der Histochemie sind z. B Bancroft and Stevens (1982), Totovic (1973)). In jüngster Zeit gehören die Tracer-Methoden zu den gewöhnlichen Labormethoden, denn mit ihnen können Stoffverlagerungen verfolgt werden; sie ergänzen damit die prinzipiell statische Natur der elektronenmikroskopischen Einzelbefunde. Als Tracer dienen z. B. Ferritin (eisenreiches Protein), Meerrettich-Peroxydase, Lanthan, Silber, Cobalt usw. sowie neuerdings immuncytochemische Verfahren. Mit letzteren kann man spezifische Proteine oder Reaktionsgruppen exakt im Schnitt lokalisieren, vergl. Heimer and Zaborksy (1989). Damit sind immuncytochemische Verfahren den gängigen cytochemischen Methoden überlegen; denn mit cytochemischen Methoden kann man zwar Stoffe nachweisen, aber nicht so genau lokalisieren und identifizieren.

1.2.5 Immuncytochemische Verfahren

Solche Verfahren beruhen auf der Antigen-Antikörperreaktion, wobei der Antikörper sichtbar markiert ist. Antigene sind Fremdkörper, denen ein Organismus ausgesetzt wird. Wirbeltiere antworten darauf mit der Bildung von spezifischen Antikörpern. Antikörper sind Proteine, genauer Immunglobuline. Weil die Antikörper an spezifische Antigene binden, kann man erstere in Geweben lokalisieren. Voraussetzung ist dabei, daß die Antikörper sichtbar markiert sind. Dies geschieht durch Kopplung

a) an Fluoreszenzfarbstoffe wie Fluorescein Isothiocyanat (grün) oder Rhodamin (rot) für die LM;
b) an ein Enzym (z. B. Peroxydase), das histochemisch reagiert und ein farbloses Substrat in ein farbiges Produkt umsetzt;
c) an eine elektronendichte, feinst granulierte Substanz, die leicht verteilt werden kann, wie z. B. kolloidal suspendiertes Gold, Ferritin usw.

Man unterscheidet zwei Methoden der Immuncytochemie:

1. Die **direkte Methode,** bei der Schnitte, die möglicherweise ein Protein P (Antigen) enthalten, inkubiert werden mit einem markierten Antikörper gegen P. Der Antikörper bindet dann selektiv an P (Abb. 1.5a).

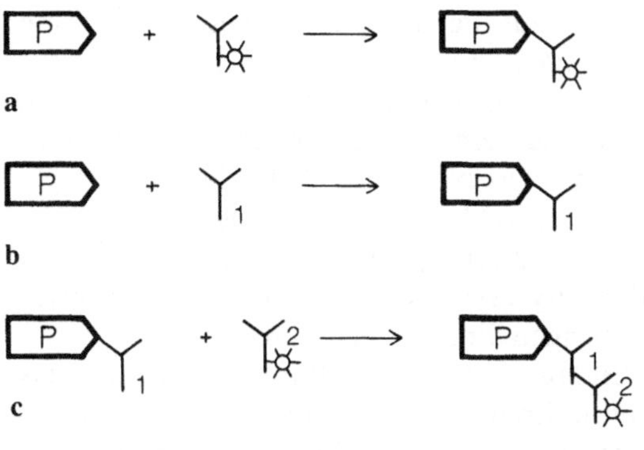

Abb. 1.5 a–c. ☼-Markierung ist der sichtbare Tracer (z. B. Fluoreszenzfarbstoff) am Antikörper Y, der durch die Reaktion eingeschleust wird. **a** Direkte Methode: der markierte Antikörper Y bindet an das Antigen P. **b** u. **c** Indirekte Methode. **b** Ein nicht markierter Antikörper Y_1 wird im ersten Säuger gebildet und an das Antigen P gebunden. **c** Der 2. Säuger bindet den markierten Antikörper Y_2 an den Antikörper Y_1.

2. Die **indirekte Methode,** bei der zunächst unmarkierte Antikörper gegen das Antigen P eingesetzt werden. Diese werden z. B. in einem Kaninchen hergestellt (Abb. 1.5 b). Anschließend wird mit einem zweiten (sekundären) Antikörper inkubiert, der aus einem anderen Säuger stammt, etwa einer Ziege, und gegen Kaninchen-Immunglobulin gerichtet ist. Der zweite Antikörper (Antiantikörper) ist markiert (Abb. 1.5 c).

Anwendung: Mit den unmarkierten Immunglobulinen Ig des Kaninchens (Anti-P Antikörper) wird der Schnitt, der möglicherweise das Antigen P enthält, zuerst inkubiert. – Überschüssige Kaninchen-Antikörper werden ausgewaschen. Dann wird der Schnitt mit den markierten Anti-(Kaninchen-)Ig-Antikörpern inkubiert. Das Antigen P wird mit dieser Reaktion indirekt markiert.

Die indirekte Methode ist empfindlicher als die direkte Methode, weil jeder Antikörper des ersten Säugers mehrere Anti-Antikörper binden kann. Der Vorteil aber ist, daß man mit ein und demselben zweiten Antikörper viele verschiedene erste Antikörper markieren kann.

Eine ebenfalls diffizile Methode stellt die **Autoradiographie** dar. Bei ihr werden die Ultradünnschnitte, die radioaktive Substanz enthalten, mit einer Photoemulsionsschicht überzogen; letztere wird nach mehrwöchiger Bestrahlung entwickelt. Die geringen Schichtdicken erlauben es, die Silberniederschläge besser zuzuordnen als in lichtmikroskopischer Historadiographie.

1.2.6 Methoden der Bildauswertung

Informationen elektronenmikroskopischer Aufnahmen lassen sich durch die subjektive Bildbeschreibung und durch objektive Messung am Bild (Morphometrie) gewinnen. Unter **Morphometrie** versteht man die messenden Verfahren der Morphologie. – Ein wesentliches Gebiet der Morphometrie ist die Stereologie. Sie liefert mathematische Methoden, um dreidimensionale Strukturen durch Messungen aus zweidimensionalen Aufnahmen zu charakterisieren. Aufwendige räumliche Darstellungen mit Seriendünnschnitten können in vielen Fällen dadurch ersetzt werden. Die Messungen werden mit Testsystemen wie z. B Klarsichtfolien, übertragene Flächengitter, Liniengitter, Punktnetze sowie mit kombinierten Gittern aus Linien und Punkten durchgeführt. Diese Gitter mit bekannter Größe der Gitterkonstante A legt man auf die zu untersuchende Abbildung (z. B. Chromatin) und prüft, wie häufig diese Strukturen mit dem Testsystem zusammenfallen. Alle Kreuzungspunkte über dieser Struktur werden gezählt und in Beziehung gesetzt zu allen Kreuzungspunkten einer umgebenden Struktur (z. B. Kernmembran) (siehe Handbücher wie z. B. Robinson et al. 1985). Rechnergestützte Messungen sowohl am Elektronenmikroskop direkt als auch an der Photographie ermöglichen halbautomatische Bild-Analysegeräte, wie z. B. der Morphomat von Zeiss. Automatische Bild-Analysesysteme, wie z. B. das „interaktive Bild-Analysesystem" JBAS, bieten Messungen direkt vom Mikroskop aus.

Mit dem Morphomat 30 wird zur Bildauswertung eine Photographie auf das Digitalisierungstablett gelegt. Durch Umfahren der Strukturen mittels eines Abtasters mit Fadenkreuz (Cursor) werden x- und y-Koordinaten aufgenommen. Ein Mikroprozessor errechnet daraus eine Vielzahl von geometrischen Größen wie Fläche, Umfang, größter und kleinster Durchmesser, Formfaktor und weitere abgeleitete Parameter. Man kann auch direkt im Elektronenmikroskop durch Einspiegelung der Leuchtdiode des Cursors auf dem Leuchtschirm messen.

Darüber hinaus gibt es in der Elektronenmikroskopie (am EM 902) besondere Anwendungen für das automatische Bild-Analysesystem JBAS, das hierzu das Videobild benötigt; z. B. um aus Differenzbildern, die mit verschiedenen Elektronen-Energieverlusten gemacht werden, die Elementverteilung zu ermitteln. – Hierzu werden die Videobilder durch den Bildprozessor voneinander abgezogen (der Bilduntergrund wird abgezogen). Das Differenzbild zeigt danach die Elementverteilung. – Wenn der Kontrastumfang des elektronenmikroskopischen Bildes ausreichend groß ist (ein Videobild enthält viele Graustufen), können nach der Umwandlung des Graubildes in ein Binärbild (dieses enthält nur noch die Weiß-Schwarzabstufung) geometrische Strukturen wie Größe, Anzahl, Durchmesser, Formfaktor, automatisch gemessen werden. Bei densitometrischen Messungen (Helligkeitsverteilung) wie z. B. bei dem EELS (Electron Energy Lost Spectrum) wird das Elektronen-Energieverlustspektrum über das Videobild aufgenommen und das Intensitätsprofil automatisch ermittelt und graphisch dargestellt.

2 Epithelgewebe

Gewebe sind Zellverbände aus gleichartig differenzierten Zellen und Interzellularsubstanzen. Die Interzellularsubstanzen können geformt oder ungeformt sein. Wir unterscheiden zwischen

Epithelgewebe	Muskelgewebe
Stützgewebe	Nervengewebe

Epithelien können aus den drei Keimblättern hervorgehen. – Unter einem Epithelgewebe versteht man flächenhafte Zellverbände, die sich mit ihren Oberflächen berühren und die nur wenig Interzellularsubstanz aufweisen (Abb. 2.4). Um den Zusammenschluß der Zellen zum Verband verstehen zu können, werden zunächst die Zellmembran und anschließend die Zellhaften besprochen.

2.1 Zellmembran

Jede tierische Zelle wird von einer Membran umgeben, der sog. Plasmamembran oder dem Plasmalemm. Sie ist 7–10 nm stark; diese Größenordnung liegt nicht mehr im Auflösungsbereich des Lichtmikroskops. Da der Membran aber außen und innen im lichtmikroskopischen Präparat Farbstoffe angelagert werden, kann die Zellmembran lichtmikroskopisch meistens erkannt werden.

Wie elektronenmikroskopische Untersuchungen zeigen, besteht die Plasmamembran aus zwei elektronendichten Schichten, die durch eine elektronendurchlässige helle Zone voneinander getrennt werden. Es muß berücksichtigt werden, daß jede elektronendichte Struktur durch die Anlagerung von Schwermetallen (Kontrastierung) hervorgerufen wird.

Für mehr als fünf Jahrzehnte ließen die drei Schichten der Aufstellung von Membranmodellen freien Lauf. Membranmodelle wurden zunächst mit indirekten Methoden (s. Kap. 1, Technik) erarbeitet; die Modelle müssen aber letztlich mit dem transmissionselektronenmikroskopischen Bild erklärbar sein. Mittels der Gefrierätztechnik fanden Singer und Nicholson (1972) das Modell der Einheitsmembran, das der Struktur und den meisten Funktionen gerecht wird und das deshalb heute anerkannt ist (Abb. 2.1). Nach diesen Erkenntnissen sind flüssige bimolekulare Lipidschichten durch ihre hydrophoben Teile verbunden. Die Kugeln stellen den hydrophilen polaren Molekülteil dar. Die großen, globulären Strukturen sind Proteine, an die meistens Enzyme gebunden sind. Sie perforieren die Lipidschicht und bilden an manchen Stellen einheitliche Funktionskomplexe.

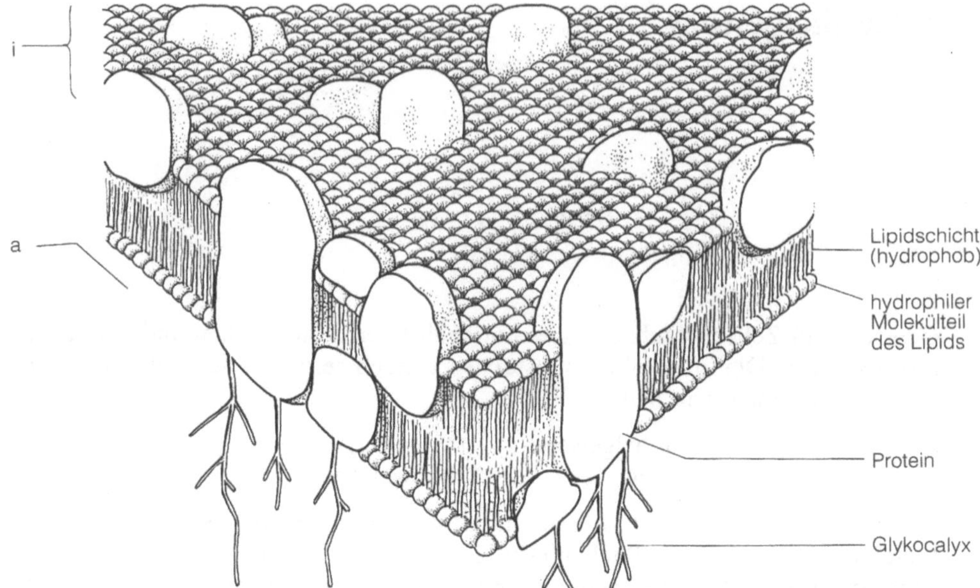

Abb. 2.1. Membranmodell nach Singer und Nicholson (1972) sowie Fox (1972) modifiziert.
a: Membranaußenseite; **i**: Innenseite

– Als Außenschicht bedeckt die Glykocalyx als filamentöse Struktur die Zellmembran. Sie enthält die Glykoproteine und -lipide. Die Glykocalyx schützt die Zelle und stabilisiert somit das Plasmalemm. Sie beeinflußt die Oberflächenspannung und kann auch Antikörper enthalten. Mit der Glykocalyx können Zellen untereinander Kontakt aufnehmen; dies spielt eine Rolle bei der Gewebeentwicklung. Plasmalemm und Glykocalyx funktionieren somit stets gemeinsam.

Mit diesem Membran-Modell können sowohl enzymatische Vorgänge als auch die Porenbildungen, die für alle physiologischen Vorgänge notwendig sind, erläutert werden. Enzyme stellen einen bedeutenden Teil der Zellmembranen; sie sind aktive Faktoren für den Transportmechanismus. – Ein Enzym, das in vielen Zellmembranen auftritt, ist z. B. die ATPase, die wahrscheinlich den Natrium-Transport durch die Membran bewirkt. – Insgesamt geht dieses Modell von der Vorstellung aus, daß die Einheitsmembran ein dynamisches Mosaik mit zahlreichen funktionellen Einheiten darstellt. – Überlegungen über Membranstrukturen führen zu dem Schluß, daß eine Veränderung von Membrankomponenten oder von strukturbedingten Liganden zu Membrankrankheiten führt, z. B. Störungen des Membrantransportes und Abnormitäten ihrer Membranen. – Die meisten intrazellulären Membransysteme bestehen aus Einheitsmembranen, die jedoch unterschiedliche Dicke aufweisen können. Das Cytoplasma ist ein Labyrinth von distinkten funktionellen Räumen, die voneinander durch Membranen getrennt sind.

So unterscheidet man **Zellorganellen**, die **von Membranen gebildet** werden wie: endoplasmatisches Retikulum ER, Golgi-Apparat, Lysosomen (bei ihnen verhindert die Membran, daß ihre Enzyme andere Zellstrukturen abbauen), Peroxisomen (Microbodies) und Mitochondrien von **nichtmembranösen Zellorganellen** wie Ribosomen (Polysomen), Zentriolen, Mikrotubuli und Filamenten.

In den siebziger Jahren stellten Porter, Buckley und Wolosewick mit dem Höchstleistungs-EM die Grundsubstanz des Zellplasmas als haarfeines, verzweigtes Maschennetz, das Mikrotrabekelgitter dar. Dieses Gitter soll die Organellen topographisch in der Zelle fixieren (Porter 1981). Untersuchungen mit radioaktiven Tracern ließen dagegen einen intrazellulären Transport von Zellorganellen erkennen, der durch neue video-mikroskopische Untersuchungen im Axoplasma des Riesenaxons vom Tintenfisch bestätigt wurde (Seitz-Tutter 1990). Sowohl Kinesin als auch Dynein erweisen sich als „Motoren" dieses axonalen Transports.

2.2 Zellkontakte

Was aber ist die Ursache für den Zusammenhalt der Zellen in einem Zellverband wie z. B. dem Epithel? Hierfür sind gewisse **Zellhaften** verantwortlich. Sie können punktförmig ausgebildet sein als Macula, streifenförmig als Fascia oder gürtelförmig als Zonula bezeichnet (Abb. 2.2). – Man unterscheidet entsprechend ihrer Struktur und Funktion in Wirbeltieren und Wirbellosen folgende Zellkontakte:

1. **Desmosomen** oder Maculae adhaerentes; bei ihnen handelt es sich um lokal begrenzte Kontaktzonen, die dem mechanischen Zusammenhalt der Zellen dienen. Sie sind sowohl bei Wirbeltieren als auch Wirbellosen verbreitet. Zwischen den zu verbindenden Zellwänden befindet sich ein Interzellularspalt von ca. 25 nm, in dem feinere quergerichtete Filamente netzförmig miteinander verbunden sind, so daß in der Mitte eine Geflechtstruktur besteht. Randständig befindet sich an der Cytoplasmaoberfläche von jeder Zellmembran ein dichter „plaque" (Abb. 2.3 a). Er ist assoziiert mit einem Netzwerk von Keratinfilamenten, die in das Cytoplasma ziehen und wiederum kontaktieren mit anderen „plaques" (Abb. 2.3 b). – Sogenannte Hemidesmosomen sind, wie der Name andeutet, halbe Desmosomen, die die Verbindung von Epithel- zu Bindegewebe herstellen.

2. **Zonulae adhaerentes** sind Zellhaften, die einen Interzellularspalt von ca. 20 nm aufweisen. Nur eine mäßig dichte Masse feiner Filamente zieht an der Innenseite der benachbarten Plasmalemmata ins Cytoplasma; eine Geflechtstruktur im Interzellularspalt fehlt.

Diese Zellhaften stellen alle mechanisch haftenden Kontakte dar.

3. **Tight junctions** oder **Zonulae occludentes** bilden die am meisten apikal gelegenen Kontakte zwischen Epithelzellen (Abb. 2.2). Sie dichten die Interzellularräume völlig ab. Als Nachweis wird ihre Undurchlässigkeit für Lanthan angesehen. – Das gefriergeätzte Präparat zeigt ein kompliziertes Bild von elliptischen Elementen, die die Zellmembranen benachbarter Zellen vernieten. Die Spitzen der elliptischen Elemente haften auf der inneren Schicht der Zellmembran, wodurch die Bildung eines Furchenmusters hervorgerufen wird. – Tight junctions kommen vorwiegend bei Wirbeltieren vor (z. B. zwischen Darm-

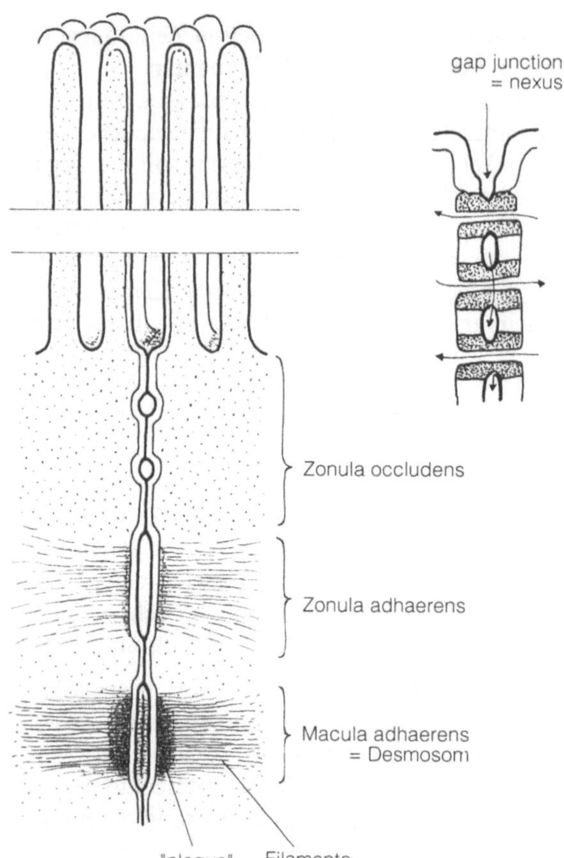

Abb. 2.2. Zellhaften zwischen benachbarten Zellen des Mitteldarmepithels bei Säugetieren

epithelzellen), während sie bei Wirbellosen nur lokal auftreten, z. B. bei Tunicaten.

4. **Septierte Junctionen** kommen nur bei Wirbellosen vor. Sie treten sowohl gefaltet als auch glatt auf. Bei ihnen verlaufen dünne Septen senkrecht zwischen den Membranen der benachbarten Zellen. Dabei überspannen sie einen Interzellularraum bis zu 15 nm und 18 nm. – Man schreibt ihnen Adhäsion der Zellen, interzelluläre Kommunikation und Barrierefunktion zu.
Modifizierte septierte Junctionen stellen die trizellulären Junctionen an Kontaktstellen von drei oder mehr Zellen dar. Sie wurden in verschiedenen Arthropodenarten und in anderen Wirbellosen beschrieben.

5. **Gap junctions** oder **Nexus**. Ihr Interzellularspalt ist auf ca. 2–4 nm reduziert (für Lanthan noch durchlässig). Die benachbarten Zellen kommunizieren über „Tunnelproteine" mit ihren Plasmalemmata (Abb. 2.2). So ist ein Stofftransport kleiner Moleküle von Zelle zu Zelle sowie die Übertragung elektrischer Signale möglich. Aktivitäten benachbarter Zellen werden so koordiniert; Zellen werden zu größeren Funktionseinheiten zusammengeschlossen (glatte Muskelzellen, Herzmuskelzellen, Osteocyten). – Die Tunnelkanäle

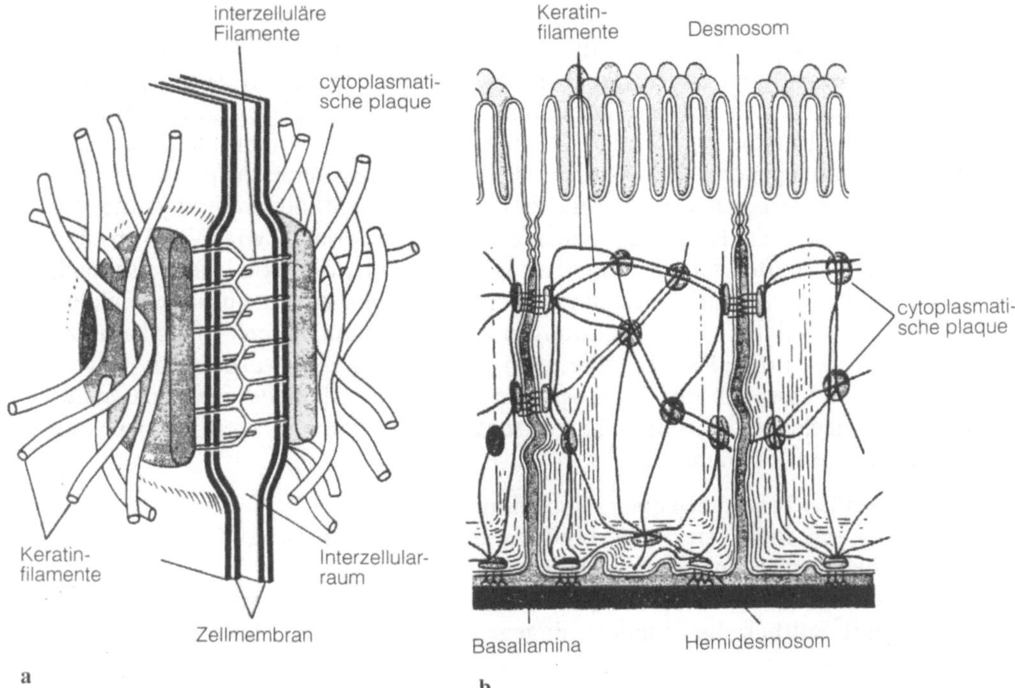

Abb. 2.3 a,b. Desmosom. **a** Dreidimensional schematisch; **b** Verteilung von Desmosomen und Hemidesmosomen im Darmepithel. (Aus Molecular Biology of the Cell 1983)

sind bei Wirbeltieren kleiner als bei Wirbellosen; ihre Durchlässigkeit wird durch die Ca^{++}-Konzentration gesteuert. Bei normaler Ca^{++}-Konzentration werden die Poren geöffnet, bei Steigerung des Ca^{++}-Spiegels hingegen blockiert, wobei für die absoluten Werte der pH-Wert entscheidend ist.

Gap junctions können auf- und abgebaut werden; sie können in Millisekunden gebildet werden. Im Gegensatz zu tight junctions sind sie nicht beständig. – Gap junctions sind sehr weit verbreitet, von den Poriferen bis zu den Wirbeltieren; sie sind also stammesgeschichtlich alt.

Darüber hinaus gehört zu den Kommunikations-Junctionen die **chemische Synapse**; sie dient der Erregungsleitung in einer Richtung. Im Kapitel 7.1, Nervengewebe und Nervensystem, wird sie ausführlich dargestellt.

2.3 Basallamina

Die Verbindung der Epithelien mit dem Bindegewebe oder der Epithelien untereinander wird durch die Basallamina (Basalmembran) hergestellt. – Da es sich bei dieser Struktur um keine echte Membran handelt, sprechen Morphologen von der „Lamina", während Chemiker an der alten Bezeichnung „Membran" festhalten. – Lichtmikroskopisch erscheint die Basallamina als homogene Membran basal von Epithelien. Elektronenmikroskopisch zeigt sich eine dichte Zone (50–100 nm dick), die beiderseits durch je eine dünnere helle Zone (jeweils 40 nm dick) von den angrenzenden darüber und darunter liegenden Zellen getrennt wird. Es handelt sich bei der Basallamina um eine spezialisierte extrazelluläre Matrix, deren Entstehung nicht vollständig geklärt ist. Man nimmt heute an, daß sie von den umliegenden Zellen synthetisiert wird. Ihre genaue chemische Zusammensetzung ändert sich von Gewebe zu Gewebe; sie enthält Proteoglykane, Fibronectin und als Hauptkomponente Kollagen vom Typ IV. Typ IV-Prokollagen-α-Ketten haben besonders lange Peptide, die möglicherweise nach Extrusion nicht festhaften, weshalb sie keine typischen Kollagenfibrillen bilden, obgleich sie covalente Querverbindungen zueinander aufweisen. – Basallaminae enthalten viele andere Proteine, die noch nicht identifiziert wurden. Bis jetzt ist bewiesen, daß Laminin- und Proteoglykan-Moleküle entlang der inneren und äußeren Oberflächen der Basallamina konzentriert sind und Kollagen-IV-Moleküle sich in der Mitte befinden.

Die Basallamina hat zweifache Funktion:
1. mechanisch, indem sie die Verbindung gewährleistet zwischen Epithelien oder zwischen Epithel und Bindegewebe und
2. selektiv als Zellbarriere in dem Sinn, als sie Fibroblasten am direkten Kontakt mit Epithelzellen hindert, dagegen Lymphocyten, Makrophagen oder Nervenfortsätze passieren läßt. – An Filtereigenschaften der Basallamina glaubt man heute nicht mehr.

2.4 Epitheltypen

Entsprechend ihrer Funktion unterscheidet man folgende Epithelien:

1. Das *Deckepithel* dient dem Oberflächenschutz, dem Verdunstungsschutz, der Flimmermotorik, dem Stoffaustausch, dem Gasaustausch und erfüllt mechanische Aufgaben. Es überzieht die inneren und äußeren Oberflächen des Organismus.
2. Das *Drüsenepithel* sezerniert.
3. Das *Sinnesepithel* dient der Reizaufnahme.

Eine weitere funktionelle Klassifizierung erfolgt nach Anordnung der Epithelzellen (wie Schichtung und Reihung), Zellform, sowie der Differenzierung der Zelloberfläche oder Einlagerung von Myofibrillen. So sind z. B. resorbierende Epithelien einschichtig; sie setzen damit einer Stoffaufnahme geringen Widerstand entgegen. Ihre Epithelzellen sind apikal mit Mikrovilli (Abb. 2.2 links u. 2.4c) zur Vergrößerung ihrer Oberfläche besetzt. Lichtmikroskopisch sind die Mikrovilli als Bürstensaum sichtbar. – Elektronenmikroskopisch zeigt sich, daß Mikrofilamente aus Actin und Myosin in die Mikrovilli ziehen; diese Filamente entstammen einem Netzwerk von Filamenten im apikalen Cytoplasma, das man als „Terminal web" bezeichnet.

Weit verbreitet sind Epithelzellen, deren apikale Oberfläche mit vielen Cilien versehen ist (Abb. 2.4 d u. 2.5 a u. c), wie z. B. das Flimmerepithel der Atmungsorgane, das Stoffe wie Schleim mittels Flimmerbewegung transportiert.

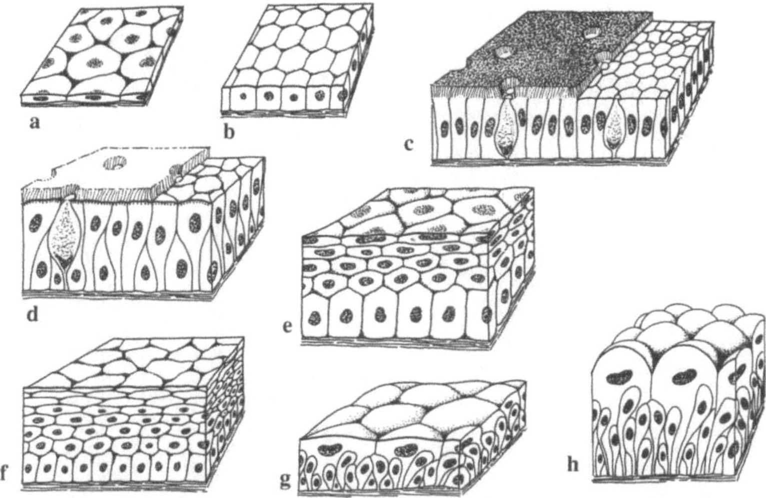

Abb. 2.4 a–h. Epithelien. **a** einschichtiges Plattenepithel, **b** kubisches Epithel, **c** hochprismatisches Epithel (Zylinderepithel) mit Mikrovillibesatz z. B. Darmepithel, **d** einschichtiges, mehrreihiges Epithel z. B. Kinocilien tragendes respiratorisches Epithel, **e** mehrschichtiges unverhorntes Epithel, **f** verhorntes Epithel, **g** Übergangsepithel gedehnt, **h** Übergangsepithel erschlafft. Diese Epithelien sitzen der Basallamina (horizontal schraffiert) auf.

Bei den Wirbellosen gibt es Besonderheiten: so z. B. monociliäre Epithelzellen bei Echinodermen, Myoepithelzellen, wie sie z. B. bei Coelenteraten vorkommen, wo in den basalen Zellfortsätzen Myofibrillen angeordnet sind, die diesen Zellfortsätzen die Fähigkeit zur Kontraktilität und Ausdehnung verleihen.

Entsprechend der Schichtung wird einschichtiges (Abb. 2.4 a–d), von mehrschichtigem (Abb. 2.4 e–f) Epithel unterschieden. **Einschichtiges Epithel** kann einfach- oder mehrreihig sein. Bei einfachreihigem Epithel liegen die Kerne alle auf einer Höhe, wobei die Zellform unterschiedlich gestaltet sein kann (vergl. Abb. 2.4 a–c). Die Epithelzellen können abgeflacht und polygonal sein (vergl. Abb. 2.4 a). Die Plattenepithelien kommen vor in der Pleura und im Peritoneum, aber auch in Gefäßendothelien. – Die Epithelien können kubisch oder zylindrisch sein (Abb. 2.4 b und c); kubisch kommen sie z. B. vor als Begrenzung der Ovarien und Schilddrüse. Zylindrische Zellen stellen das Darmepithel.

Um **einschichtig mehrreihiges Epithel** handelt es sich dann, wenn alle Zellen an der Basallamina inserieren, die Zellkerne verschiedener Zelltypen aber auf verschiedener Höhe liegen (vergl. Abb. 2.4 d). Derartig mehrreihiges Epithel kommt z. B. vor als Auskleidung der oberen Atemwege wie der Rachenschleimhaut des Frosches (Abb. 2.5 a). Dieses Epithel ist aufgebaut aus:

1. Flimmerzellen
2. Becherzellen
3. Stütz- oder Körnerzellen
4. Basalzellen

Die **Flimmerzellen** enthalten den Kern in ihrem apikalen, breiten Zellpol, der gesäumt ist von Cilien (Kinocilien); sie sind mit ihrem Kinetosom, das auch als Ba-

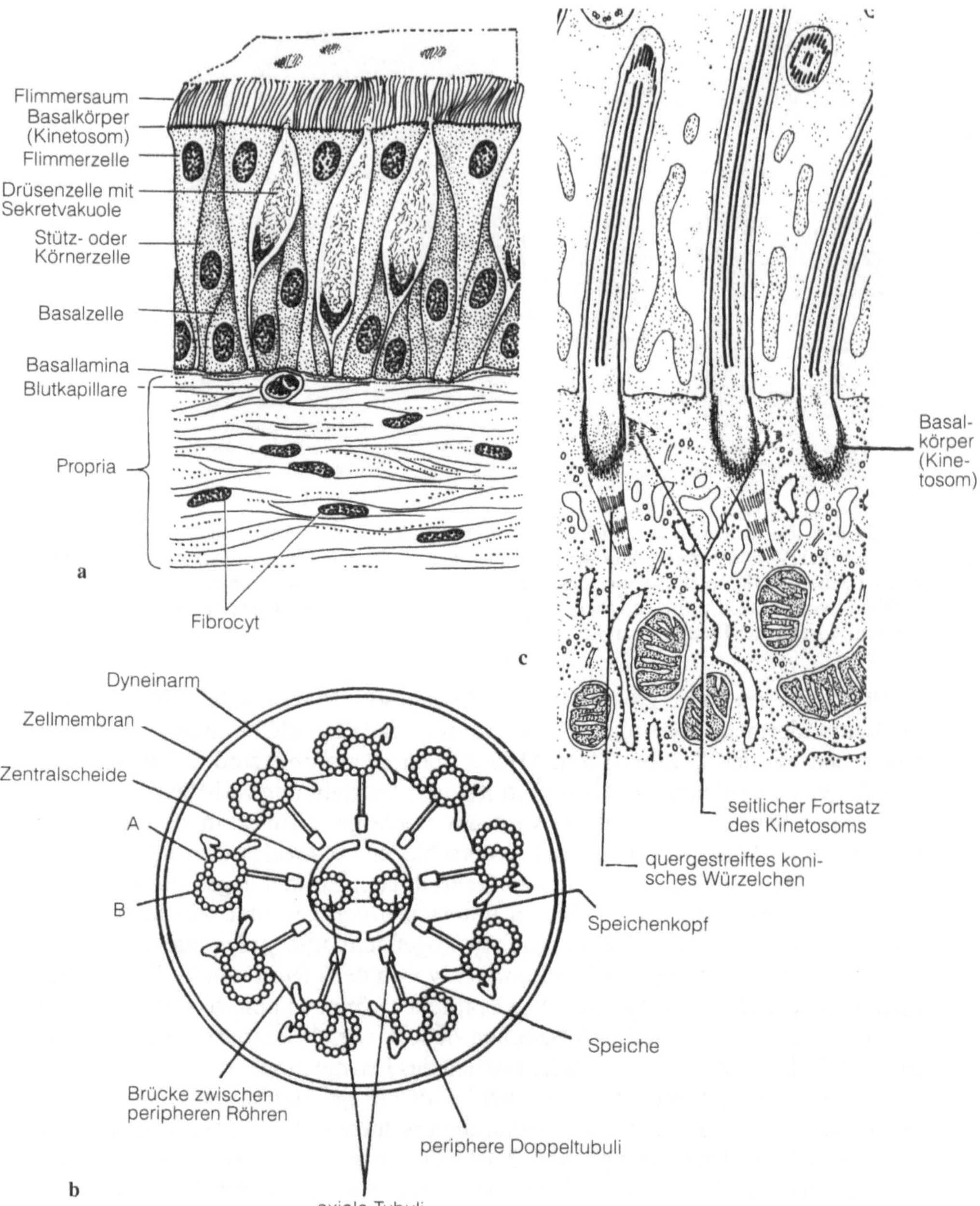

Abb. 2.5 a–c. Rachenschleimhaut des Frosches, schematisch. **a** Histologischer Schnitt (Vergr. ca. 220fach). **b** Cilienquerschnitt. (Nach Mohri aus v. Sengbusch 1979) **c** Cilienbasis in einer Flimmerzelle im Längsschnitt. (Nach Krstic 1976).

salkörper oder Kinocilienwurzel bezeichnet wird, in der Zelle verankert (Abb. 2.5 c). Ein Cilium besitzt die $9 \times 2 + 2$ Struktur, d. h. es enthält neun periphere Paare von Mikrotubuli und zwei Mikrotubuli axial angeordnet (Abb. 2.5 b). Die zentralen Tubuli werden von einer helicoidal verlaufenden Zentralscheide umgeben. Bei den peripheren Tubuli unterscheidet man A- und B-Tubuli. Der A-Tubulus ist größer als der B-Tubulus und trägt zwei Dyneinarme. Diese Dyneine sind für die Energieübertragung bei Bewegungsabläufen verantwortlich. Nur die peripheren Doppeltubuli setzen sich in das Kinetosom fort (Abb. 2.5 c). Peripherwärts liegt ihnen im Kinetosom ein weiterer Mikrotubulus an, so daß für den Basalkörper die $9 \times 3 \times 0$ Struktur gilt. Vom Kinetosom geht seitlich ein kleiner Fortsatz ab, der zum benachbarten Basalkörper orientiert ist. Er ist wahrscheinlich an der koordinierten Wimpermotorik beteiligt. Der Basalkörper soll nämlich in einen Erregungszustand versetzt werden können, der die Beugung des Ciliums auslöst. – Ein zweiter Fortsatz mit einer Periodizität von 65 nm ist in Längsachse des Kinetosoms zum Zentrum der Flimmerzelle ausgerichtet. – Der schmale, basale Pol der Flimmerzelle sitzt der Basallamina auf.

Die **Becherzellen** sind leicht erkennbar an ihrer großen, apikalen Sekretvakuole, unter der der Kern abgeflacht im Cytoplasma liegt. Auch sie inserieren schmal an der Basallamina.

Die **Stütz- oder Körnerzellen** sind in der Regel schmal; ihre Kerne liegen in der basalen Mitte des Epithels, und ihr Cytoplasma erscheint meistens granuliert. Beim Frosch kann man diesen Zelltyp nicht als Differenzierungsstufe zwischen Basal- und Flimmerzelle betrachten, wie das am Beispiel der Ratte in der Literatur mancherorts zu lesen ist, denn diese Zellen erstrecken sich ausgereift bis zum apikalen Epithelrand und überragen ihn zum Teil sogar.

Die **Basalzellen** sind die kleinsten Zellen; ihre Kerne bilden eine basale Reihe. Diese Zellen dienen der Erneuerung abgestorbener Zellen. Alle Zelltypen sitzen der Basallamina auf, die die Verbindung mit dem Bindegewebe, der Propria herstellt. Die Propria besteht im wesentlichen aus Fibrocyten und kollagenen Bündeln. Blutkapillaren durchziehen das Bindegewebe bis zur Basallamina; sie durchdringen nicht die Basallamina und dringen nicht in das Epithel ein. – Funktionell ist das Epithel der Rachenschleimhaut der Luftventilation, der wechselnden Temperatur und Feuchtigkeit angepaßt. Der von den Becherzellen produzierte Schleim schützt vor Austrocknung; er wird durch den koordinierten Flimmerschlag so verschoben, daß Fremdpartikel gerichtet entfernt werden können.

Bei **mehrschichtigem Epithel** liegen mehrere Zellschichten übereinander, wobei nur die unterste mit der Basallamina Kontakt hat (Abb. 2.4 e und f). Dieses Epithel kann entweder unverhornt sein (Abb. 2.4 e), indem die Kerne aller Schichten sehr gut ausgebildet sind oder es kann verhornt sein (Abb. 2.4 f), indem nur die unteren Zellschichten gut erhaltene Kerne aufweisen. Die Kerne der oberen Schichten degenerieren um so mehr, je weiter apikalwärts sie liegen. Ein Beispiel für **unverhorntes** mehrschichtiges Epithel zeigt die Schleimhaut des Oesophagus vom Menschen wie auch von den Wirbeltieren, die weiche Nahrung fressen, und die Cornea der Augen von Säugetieren. Dagegen ist **verhorntes** Epithel beispielsweise im Oesophagus der Ratte, die harte Nahrung frißt, sowie im Integument der Vögel und Säuger anzutreffen.

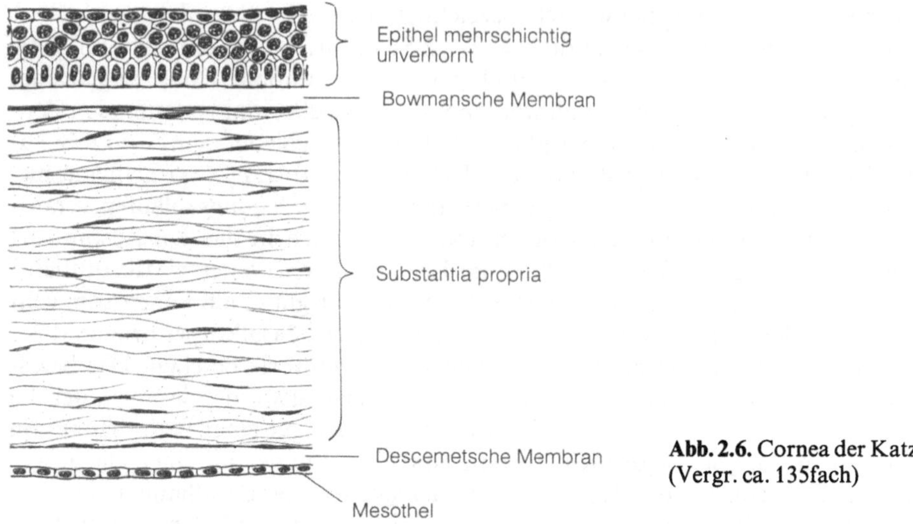

Abb. 2.6. Cornea der Katze
(Vergr. ca. 135fach)

Der Aufbau der Cornea wird in Abb. 2.6 näher erläutert. Apikal liegen fünf
Schichten unverhornten Epithels, die durch die darunterliegende Basallamina,
hier als Bowmansche Membran bezeichnet, mit dem Bindegewebe, der Substantia propria verbunden werden. Letztere besteht aus Fibrocyten und kollagenen
Faserbündeln und steht mit dem Mesothel über die Basallamina, die man als
Descemetsche Membran bezeichnet, in Verbindung. – Für die Transparenz spielt
das beidseitige Epithel eine Rolle. In der Substantia propria haben sowohl die
Fasern als auch die Zwischensubstanz gleichen Brechungsindex. Würde die
Grundsubstanz Wasser aufnehmen, so würde das Stroma quellen und die Cornea
trüb werden. Dies verhindert das Mesothel, das aktiv das Stroma mittels eines
zellulären Pumpmechanismus entwässert.

Eine Übergangsform zwischen einschichtigem und mehrschichtigem Epithel
bildet das **Übergangsepithel** (Abb. 2.4 g und h), das nach neueren Erkenntnissen
dem einschichtigen, mehrreihigen Epithel zugeordnet wird. Dieses Epithel liegt in
Organen vor, die sehr großen Volumenschwankungen unterworfen sind; so z. B.
dem Nierenbecken, Harnleiter (Ureter), Harnblase, Anfangsteil der Harnröhre
(Urethra). Sind diese Organe entleert, so erscheint das Epithel hoch; bei Füllung
im gedehnten Zustand flacht es ab. Man unterscheidet in diesem Epithel drei
Zelltypen:

1. Die kleinen, diploiden Basalzellen;
2. die größeren, tetraploiden Intermediärzellen, die aus den Basalzellen hervorgehen;
3. die sehr großen Deckzellen, die einen polyploiden Kern enthalten, häufig aber
   auch mit zwei Kernen ausgestattet sind. Diese Deckzellen lassen sich intensiver anfärben als die übrigen. Ihre Oberflächenmembran ist durch Glykopro-
   teide verdickt. Elektronenmikroskopisch zeigt sie hexagonale Gitterstruktur,
   die durch Mikrofilamente versteift wird. – Diese Oberflächenmembran ist außergewöhnlich widerstandsfähig; sie schützt z. B. die Schleimhaut des Ureters
   vor Einwirkungen des Harns.

Elektronenmikroskopische Untersuchungen erbrachten den Beweis, daß tatsächlich alle drei Zelltypen mit der Basallamina in Kontakt stehen. Aus diesem Grund ist auch dieses Epithel dem einschichtigen Epithel zuzuordnen. Bei Volumenschrumpfung wird durch Faltungen der Zellmembranen ein mehrschichtiges Epithel vorgetäuscht. – Im Zuge der Zellverformung werden Kerne umgestaltet und im Cytoplasma verlagert.

3 Drüsen

Drüsen sind Organe, die Sekrete synthetisieren. Unter Sekreten versteht man Stoffe, die dem Organismus nützlich sind, im Gegensatz zu Exkreten, die Ausscheidungsprodukte darstellen.

Jede Drüse geht aus dem Epithel hervor (Abb. 3.1 a u. b). Entsprechend ihres Entwicklungsganges unterscheidet man exokrine von endokrinen Drüsen.

Unter **endokrinen Drüsen** (Hormondrüsen) versteht man Drüsen, bei denen Epithelzellgruppen die Verbindung mit dem Deckepithel verlieren (Abb. 3.1 e u.

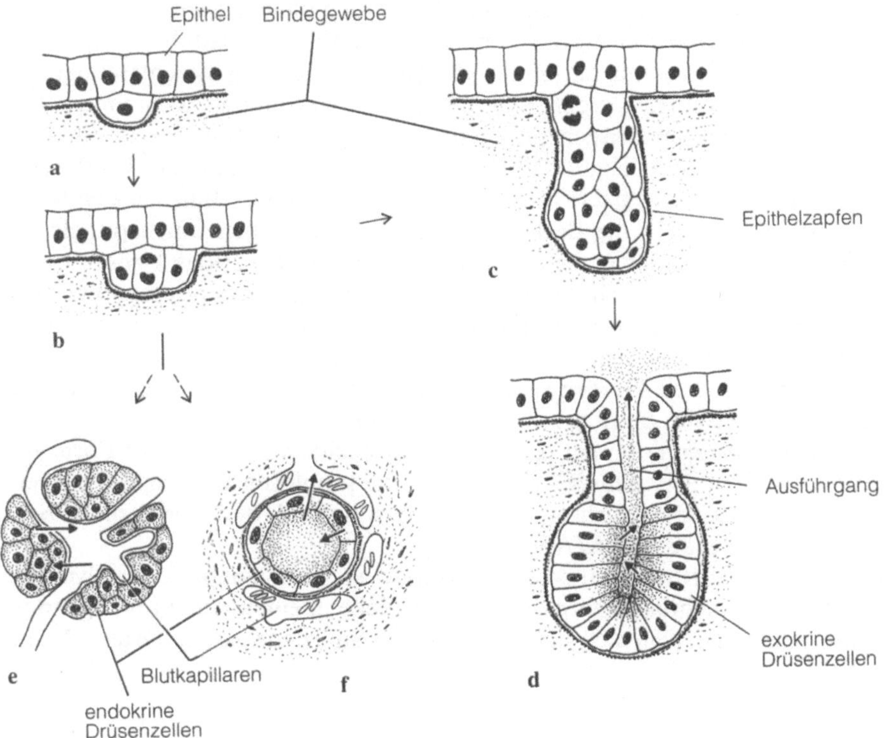

Abb. 3.1 a–f. Die Bildung exokriner und endokriner Drüsen im Schema. (Nach Ham modifiziert) **a–c** Bildung eines Epithelzapfens. **b, e u. f** Bildung der endokrinen Drüse. **d** Bildung der exokrinen Drüse mit Ausführgang. **e u. f** Endokrine Drüse; Zellen eines Ausführgangs verschwinden

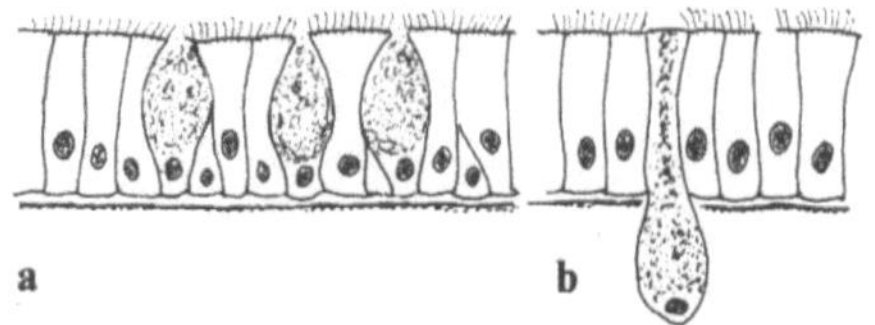

Abb. 3.2 a, b. Einzellige Drüsen. **a** endoepithelial, **b** subepithelial.

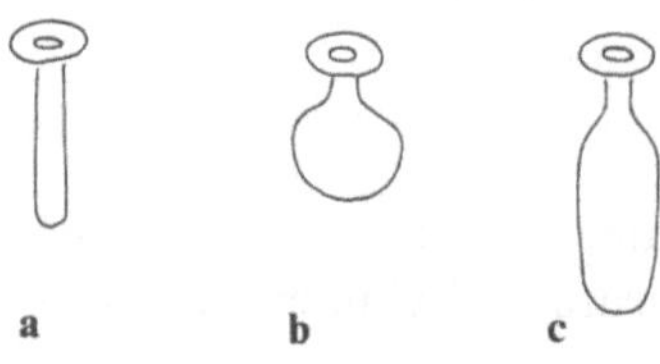

Abb. 3.3 a–c. Mehrzellige Drüsen. (Nach Krstic) **a** tubulös, **b** azinös, **c** alveolär.

f). Sie geben ihre Sekretionsprodukte direkt in das Blut oder an die Körperflüssigkeit ab. Endokrine Drüsen sind stets in Kontakt mit Blutkapillaren.

Unter **exokrinen Drüsen** versteht man Drüsen, die entweder im Epithel endoepithelial liegen (Abb. 3.2 a) oder deren sekretorischer Teil unter das Epithel in das Bindegewebe einsinkt, wobei diese Drüsen über einen Ausführgang stets mit dem Epithel und damit mit der Oberfläche in Verbindung bleiben (Abb. 3.1 d). Sekretionsprodukte exokriner Drüsen werden immer durch die Ausführgänge an die Oberfläche des Epithels an die Stelle abgeleitet, wo die Drüse entstanden ist. Exokrine Drüsen können einzellig oder mehrzellig vorkommen. Man unterscheidet unter den **einzelligen Drüsen** endoepitheliale, deren funktioneller Teil im Epithel liegt, von subepithelialen, deren funktioneller Teil unterhalb der Epithelebene liegt, aber mit dem Epithel in Verbindung steht (Abb. 3.2). Einzellige endoepitheliale Drüsen sind z. B. die Becherzellen des einschichtigen Darmepithels wie auch die Schleimzellen der mehrschichtigen Fischhaut. Einzellige Drüsen findet man sehr viel bei Wirbellosen, beispielsweise in der Epidermis des Regenwurms, bei Mollusken, wo sie endo- und subepithelial vorkommen. In der Fisch- und in der Amphibienhaut kommen einzellige Drüsen in der Regel endoepithelial vor. – Einzellige subepitheliale Drüsen sind dagegen Eiweiß- und Kalkdrüsen des einschichtigen Epithels des Mantelrandes von Muscheln.

Mehrzellige Drüsen kommen meistens exoepithelial vor. Nach der Form unterscheidet man bei den mehrzelligen Drüsen die tubulösen Drüsen, die röhrenförmig sind, von azinösen Drüsen, die beerenförmig sind, und alveoläre Drüsen, die sackförmige Gestalt haben (Abb. 3.3).

Gemischte Drüsen besitzen sowohl tubulöse als auch azinöse oder alveoläre Anteile. Münden mehrere sezernierende Endstücke in einen Ausführgang, so ist die Drüse verzweigt. Teilt sich der Ausführgang auf, dann ist die Drüse zusammengesetzt.

3.1 Bildung eiweißhaltiger Drüsensekrete

Die meisten Sekrete, die gebildet werden, sind eiweißhaltig. Ihre Bildung ist stets sichtbar an dem rauhen, granulären endoplasmatischen Retikulum. Die Proteine, die an den Ribosomen gebildet werden, die dem ER anliegen (granuliertes oder rauhes ER), gelangen zunächst als exportable Proteine in die Zisternen, die Spalträume des ER, dann in den Golgi-Apparat; dort findet die Reifung der Sekretvesikel statt. Zur Art, wie Glykoproteine den Golgistapel passieren, existieren zwei Modellvorstellungen (Abb. 3.4). Nach dem ersten, dem „**Zisternenwanderungs-Modell**" (Abb. 3.4a), verschmelzen Vesikel, die vom granulären endoplasmatischen Retikulum GER kommen, mit der zis-Seite des Golgistapels und bilden so eine Zisterne. Hinter ihr bilden sich stets neue Zisternen; jede wandert zur trans-Seite des Golgistapels. Die Transzisterne zerfällt in einzelne Vesikel, die die Glykoproteine an ihren Bestimmungsort (Sekretvakuole) brin-

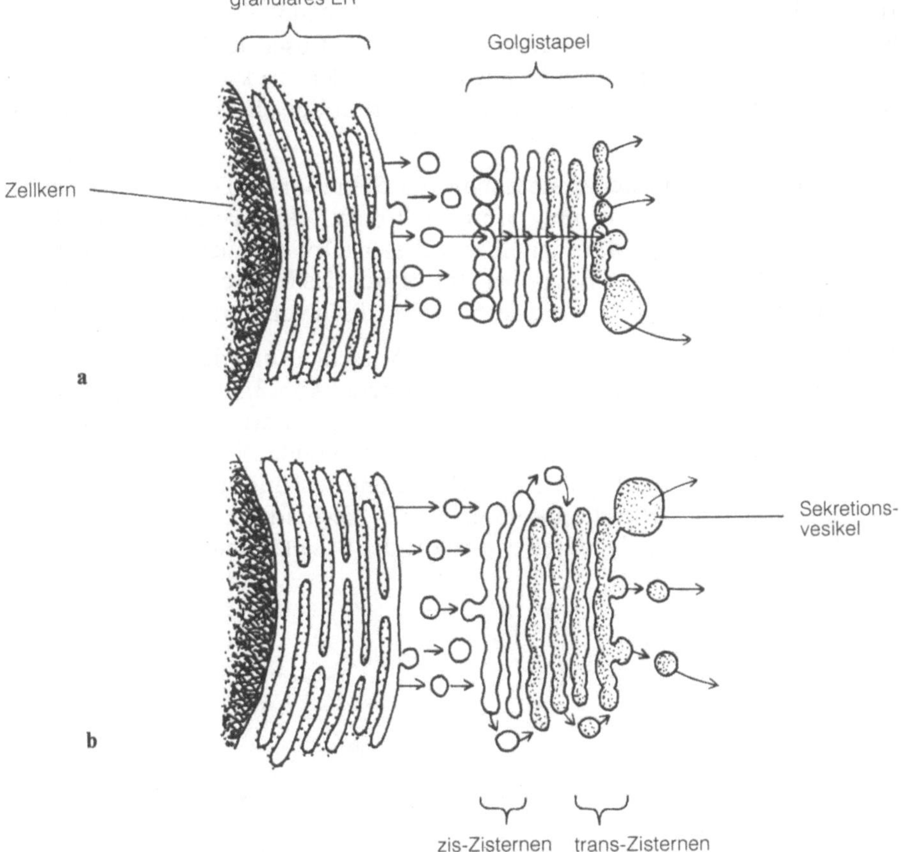

Abb. 3.4a, b. Zwei Modellvorstellungen zur Passage von Glykoproteinen durch den Golgi-Apparat. **a** Zisternenwanderungs-Modell, **b** Vesikeltransport-Modell. (Nach Rothman, J. E. aus Spektrum der Wissenschaft 1985)

gen. – Während der gesamten Passage werden im Innern des Golgi-Apparates die zu bildenden Stoffe synthetisiert. – Nach der zweiten Vorstellung „**Vesikel-transport-Modell**" (Abb. 3.4 b) wandern keine Zisternen, sondern Transportvesikel, die sich vom Zisternenrand abschnüren und die Glykoproteine von Spalte zu Spalte des Golgi-Apparates bringen. Letzteres Modell gilt heute als die sich durchsetzende Hypothese. Die Sekretvakuolen werden in der Regel am Golgi-Apparat endständig abgeschnürt und freigesetzt.

3.2 Sekretion

Nach der Art der Ausschleusung von Sekretionsprodukten aus der Drüsenzelle unterscheidet man merokrine, apokrine und holokrine Sekretion (Abb. 3.5).

a) Als **merokrine** oder ekkrine **Sekretion** bezeichnet man eine Sekretion, in der ein Schleimpfropf an den apikalen Teil der Zelle gelangt, die Zellmembran aufplatzt und das Drüsensekret ohne wesentliche Bestandteile der Zelle freigibt (Abb. 3.5 a). Derartige Drüsen werden auch als e-Drüsen (ekkrin) bezeichnet. Drüsenzellen dieses Typs nennt man auch Becherzellen; sie kommen z. B. vor im Darmepithel, im Epithel der Rachenschleimhaut, in Speicheldrüsen, im exokrinen Pankreas.

b) Unter **apokriner Sekretion** versteht man eine Sekretion, bei der ein Plasmaabschnitt das Sekretionsprodukt umgibt und mit dem Sekret von der Zelle abgeschnürt wird (Abb. 3.5 b). Man spricht bei diesen Drüsen auch von a-Drüsen. Apokrine Sekretion kommt z. B. vor bei Duftdrüsen des Menschen, bei Brustdrüsen, im Darm mancher Insekten und bei Schleimdrüsen von *Peripatus*.

c) **Holokrine Sekretion** liegt vor, wenn bei der Ausschleusung des Sekretionsprodukts die gesamte sezernierende Zelle zugrunde geht (Abb. 3.5 c). In der gesamten Zelle werden Sekretvakuolen gebildet. Die Zelle degeneriert; das ist sichtbar an der Kernpyknose (d. h. das Chromatin des Kernes kondensiert, wird dicht, der Kern schrumpft), am Anschwellen der Mitochondrien und am Schwinden der Zellgrenzen. Holokrine Sekretion kommt stets in Verbindung mit mehrschichtigem Epithel vor z. B. bei Talgdrüsen, wobei die der Basallamina aufliegenden un-

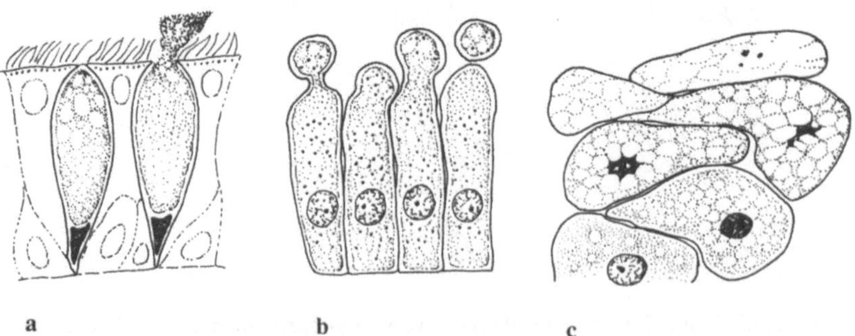

Abb. 3.5 a–c. Schema der drei Sekretionstypen. **a** merokrin (ekkrin), **b** apokrin, **c** holokrin

tersten Zellen stets neue Zellen bilden (Keimschicht). Die darüber liegenden Zellen gehen zugrunde. Weitere Beispiele siehe Kap. 8, Integumente, insbesondere unter 8.3.2.3 Hautdrüsen.

Entsprechend der chemischen Beschaffenheit des Sekrets unterscheidet man seröse von mukösen Drüsen. Bei **serösen Drüsen** produzieren die Zellen proteinreiches, Enzyme enthaltendes, dünnflüssiges Sekret. Sie sind in der Regel basophil. Bei **mukösen Drüsen** produzieren die Zellen einen sauren, zähflüssigen Schleim, ein Gemisch von Muko- und Glykoproteinen, das der Gleitfähigkeit dient (Transportschleim); er verhält sich basophil. Dieser Schleim wird meist bei der Präparation herausgelöst, weshalb diese Drüsen im lichtmikroskopischen Präparat hell und wabig erscheinen. (Weiteres siehe in Kap. 11.3.1.1 bzw. 11.3.2.1, Speicheldrüsen und in Kap. 8.3.2.3, Hautdrüsen.)

4 Binde- und Stützgewebe

Herkunft: Bindegewebe liegt während der frühen Embryonalentwicklung als mesenchymales Gewebe zwischen den Keimblättern. Aus diesem Mesenchym differenzieren sich Binde- und Stützgewebe. Im wesentlichen besteht Bindegewebe vorwiegend aus Interzellularsubstanz und zu einem geringeren Prozentsatz aus Zellen. – Es übt verschiedenartige **Funktionen** aus:

1. statisch mechanische Funktion, d. h. es dient dem Zusammenhalt der Organe im Körper; es bindet und stützt. Bei den Plathelminthes z. B. übernimmt es die gesamte Stützfunktion. Ohne Bindegewebe würde der Organismus in sich zusammenfallen.
2. Wärmeregulations-Funktion; die im Stoffwechsel gewonnene Energie wird entweder gespeichert als Fett oder die Energie wird verbraucht, z. B. in Bewegung umgesetzt.
3. Abwehr- und Regenerationsfunktion; dafür sind im wesentlichen das retikuläre Bindegewebe und die freien Zellen des Bindegewebes verantwortlich.

Der Inter-(Extra-)Zellularraum IZR ist beim Bindegewebe von größter Bedeutung. Alle wesentlichen Vorgänge der Stoffbildung oder Freisetzung spielen sich im IZR ab. Die physikalischen und chemischen Eigenschaften des Bindegewebes werden durch die Interzellularsubstanz IZS bestimmt; dabei wechseln Form und Zusammensetzung der IZS ständig.

4.1 Ungeformte Interzellularsubstanz

Unter der ungeformten Interzellularsubstanz versteht man die Grundsubstanz. Sie tritt als dünnflüssiges Sol oder als Gel in unterschiedlicher Konsistenz auf. Diese kann sich jederzeit nach der flüssigen oder festen Phasenseite verschieben.

Die IZS besteht aus:
a) interstitieller Flüssigkeit
b) Proteoglykanen
c) Glykoprotein.

Die **interstitielle Flüssigkeit** enthält Plasmaproteine, Elektrolyte, Hormone, Aminosäuren und Peptidketten. Sie spielt für den Wasser- und Salzhaushalt sowie den Transport von Nährstoffen und Zellabbauprodukten eine bedeutende Rolle.

Die **Proteoglykane** sind viskose und feste Makromoleküle. Sie bilden Aggregate, die aus einem zentralen Hyaluronsäurestrang und zahlreichen seitlich daran ansetzenden Proteoglykan-Einheiten bestehen. Jede dieser Einheiten besitzt einen Polypeptidstrang, an den viele aminozuckerhaltige Glykanketten covalent gebunden sind (z. B. Chondroitin-Sulfat, Keratin-Sulfat). – Proteoglykane binden Wasser und extrazelluläre Ca^{++}-Ionen.

Glykoproteine sind vorhanden als Glykocalyx der Zellmembran und als Komponente der Basallamina (Laminin, Kollagen Typ IV) sowie als Fibronektin. Sie erfüllen mechanische Aufgaben: dienen der Haftung der Zell-Extrazellularmatrix, der Quervernetzung von Kollagen sowie der Stoffverteilung zwischen interstitiellen und angrenzenden Zellen.

4.2 Geformte Interzellularsubstanz

Geformte Interzellularsubstanz besteht aus Fasern und Fibrillen. Man unterscheidet:

a) Kollagenfaser
b) Gitterfaser oder auch Retikulinfaser genannt
c) elastische Faser.

Sowohl die Grundsubstanzen als auch die Fibrillen werden von Fibroblasten gebildet. Grundsubstanz entstammt außerdem dem Blutplasma. Zeitlich entstehen die Grundsubstanzen vor den Fibrillen; sie haben Einfluß auf Aggregation und Ausrichtung der in die Fasern eingebauten Fibrillen. Eine Änderung der Grundsubstanz ergibt auch eine Änderung in der Beschaffenheit der Fasern. Da das Kollagen das am weitesten verbreitete Protein im Tierreich darstellt, soll seine Entstehung und seine Funktion kurz behandelt werden.

a) **Kollagen** kommt vor als sog. kollagene Faser. Jede Faser ist zusammengesetzt aus:

Kollagenfibrillen 0,2–0,5 µm ∅
Mikrofibrillen 30–200 nm ∅
Protofibrillen ca. 5 nm ∅
Kollagen-Molekül ca. 1,5 nm ∅ (Pro- sowie Tropokollagen)

Das Kollagen-Molekül ist die kleinste Einheit mit etwa 280 nm Länge (Abb. 4.1). Jedes Kollagen-Molekül wird im granulären endoplasmatischen Retikulum (GER) und dem Golgi-Apparat gebildet; es besteht aus drei Polypeptidketten (Tripelhelix), von denen jede als Pro-α-Kette bezeichnet wird und aus über 1 000 Aminosäureeinheiten besteht. Die einfache Aminosäurenkonstitution besteht zu $^1/_3$ aus Glycin, zu $^1/_3$ aus Prolin und Hydroxyprolin und zu einem weiteren Drittel aus anderen Aminosäuren. Jede Polypeptidkette ist gedreht in eine linksgewundene Helix (Spirale); drei solcher Ketten sind umeinander rechts gedreht und bilden eine Tripelhelix. Die spiralförmigen Windungen sind für die verschiedenen Kollagene charakteristisch. Die Tripelhelix wird als Kollagen-Molekül, als makromolekulares Monomer bezeichnet. Das transelektronenmikroskopische Bild zeigt eine charakteristische Streifung mit einer Periode in einem Abstand von 70 nm. Die Periodizität von natürlichen Kollagenfibrillen wird durch die Über-

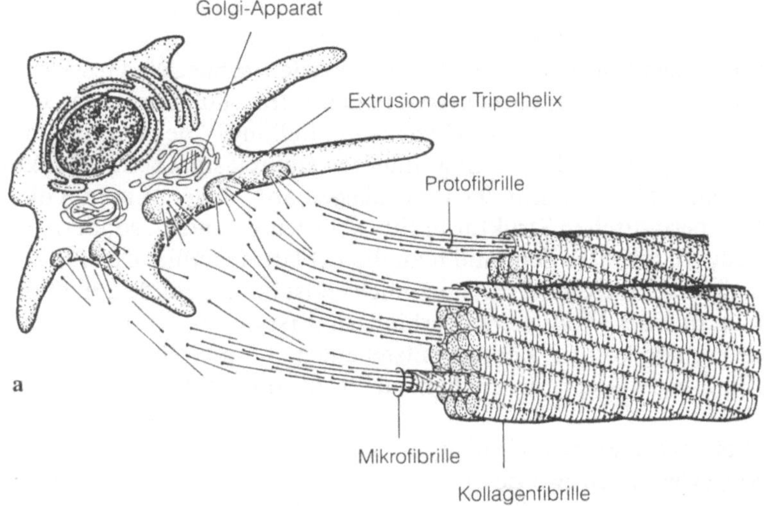

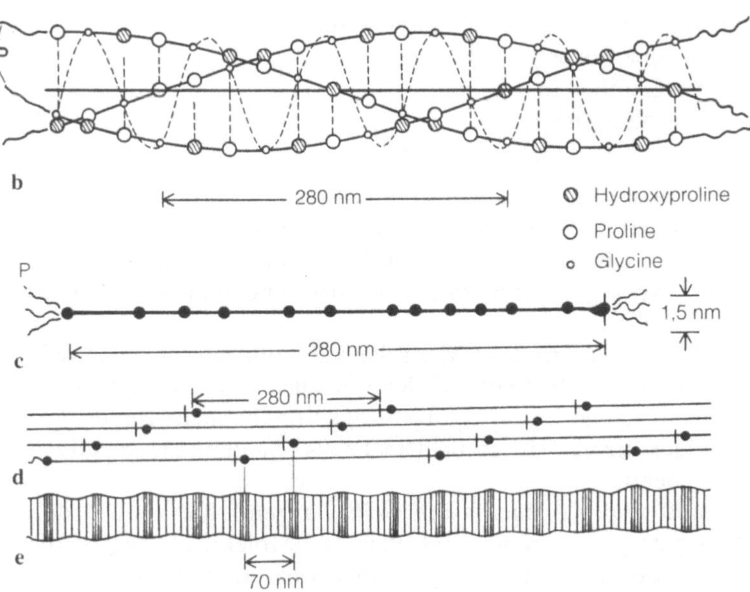

Abb. 4.1 a–e. Schema der Kollagenbildung. (Nach Krstic modifiziert). **a** Der Fibroblast schleust die Tripelhelix (Prokollagen) aus. Extrazellulär lagern sich diese Moleküle nach Abspaltung der endständigen Peptide parallel aneinander und bilden zunächst die Protofibrillen, welche sich zur Mikrofibrille und dann zur Kollagenfibrille zusammenlagern. **b** Tripelhelix, bestehend aus den drei helicalen α-Ketten. **c** Tripelhelix mit endständigen Peptiden (P), wie sie im Fibroblasten gebildet wird; extrazellulär, gleich nach Extrusion, werden die endständigen Peptide des Prokollagens abgespalten. So entsteht das Tropokollagen. **d** Die Aneinanderreihung der Kollagenmoleküle in Längsrichtung beginnt gleichzeitig. Die parallelen Anlagerungen erfolgen mit einer Verschiebung um λ/4. **e** Im transmissionselektronenmikroskopischen Bild entspricht eine Periode von 70 nm gleich ¼ des Kollagenmoleküls

lappung benachbarter sich anlagernder Reihen um ein Viertel der Moleküllänge hervorgerufen (siehe Abb. 4.1 d u. e).

Wie werden Kollagenfibrillen gebildet? Fibroblasten schleusen Grundsubstanz und das Prokollagen durch Krinocytose in den extrazellulären Raum, d. h. es besteht merokrine Extrusion ohne Membranumhüllung. Die Synthese der Bausteine des Prokollagens spielt sich im granulären endoplasmatischen Retikulum (GER) und dem Golgi-Apparat der Fibroblasten ab. – Nie hat man Kollagenfasern mit ihrer periodischen Struktur in Fibroblasten gefunden, sondern nur außerhalb der Zelle. In jüngster Zeit fand man die Erklärung dafür. Das Prokollagen, das in der Zelle gebildet wird, weist nämlich endständig Peptide auf, die eine Aneinanderlagerung der Monomeren verhindern. Erst durch Abspaltung dieser endständigen Peptide können sich die entstehenden Tropokollagenmoleküle über covalente Bindungen aneinanderreihen zur Proto- und schließlich Mikrofibrille.

Vorkommen kollagener Fasern. Kollagene Fasern sind die Hauptbestandteile aller festen Bindegewebsarten wie des Knorpels und des Knochens. Allein bei Wirbeltieren kommen mindestens 7 verschiedene Kollagen-Isotypen (α-Ketten) in den meisten Stützgewebsarten vor;

> so der Typ I in Haut, Knochen, Sehnen und Gefäßen,
> der Typ II im hyalinen Knorpel,
> der Typ III in Haut, Gefäßen und Uterus,
> der Typ IV in der Basallamina,
> der Typ V in glattem Muskel und in Gefäßen.

Sie unterscheiden sich im wesentlichen in den Peptidketten.

Darüber hinaus können die Typen I, IV und V in zwei Molekülformen vorkommen. Typ I, II und III bilden typische Fibrillen, während Typ IV keine Fibrillen ausbildet. Von Typ V ist die Polymerisationsform noch unbekannt (vergl. Molekularbiologie der Zelle).

Eigenschaften kollagener Fasern. Im LM erscheinen Kollagenbündel gewellt. – Verschiedene Kollagentypen haben verschiedene Eigenschaften. Eine Kollagenfaser ist ausgezeichnet durch geringe Biegungsfestigkeit, erhebliche Zugfestigkeit und durch optische Anisotropie; sie ist nicht mehr als 5% dehnbar, positiv einachsig und doppelbrechend.

Im frischen Zustand sind Kollagenfasern weiß glänzend. Sie können durch Säuren oder Basen in zarte, unverzweigte Fibrillen und Moleküle zerlegt werden. Durch organische Kittsubstanz in neutralem Milieu werden diese Fibrillen wieder zusammengeschlossen. Durch Kochen kann aus Kollagenfasern eine in Kälte erstarrende Gallerte, Leim gewonnen werden. Daher kommt der Name Kollagen „Leim gebend". Leim entspricht Glutin, einem löslichen Protein. Gelatine entsteht somit durch Abbau des Kollagens, d. h. durch Verkürzung der Polypeptidketten.

b) Gitterfasern oder **Retikulinfasern** sind feine Fäserchen, die filzartig verflochten sind und somit echte Netze bilden. Da sie sich lichtmikroskopisch durch Silberimprägnation schwarz darstellen lassen, werden sie auch als argyrophile Fasern bezeichnet (argyros = Silber). Sie zeigen elektronenmikroskopisch dieselbe Querstreifung wie kollagene Fasern. Bei ihnen erfolgt die Aneinanderlagerung

der Kollagenmoleküle aber nur bis zur Stufe der Mikrofibrillen. In den meisten
Fällen, in denen Retikulinfasern vorkommen, erfolgt keine Weiterentwicklung
zum Kollagen. Umgekehrt geht aber mit zunehmendem Lebensalter beim
Menschen ein Teil der sklerotisierten Bindegewebsveränderungen auf eine Umwandlung der Retikulinfasern in Kollagen zurück.

Retikulin ist Eiweiß mit Schwefelgehalt. Die Retikulinfäserchen kommen vor
im lockeren Bindegewebe, um Muskelzellen, Nervenfasern, Fettzellen und in der
Wand von Kapillaren. Sie haben Anteil am Aufbau der Basallamina zwischen
Epithel- und Bindegewebe und sind wie Kollagenfasern anisotrop.

c) **Elastische Fasern** werden ebenfalls von Fibroblasten gebildet. Ihr Hauptbestandteil ist Elastin, dessen Moleküle über covalente Querverbindungen miteinander vernetzt sind. Da sich jedes Elastinmolekül ausdehnen und zusammenziehen kann, ist die gesamte Faser auf 100–150% dehnbar mit völliger Rückkehr in
die Ausgangsposition; die Dehnung ist reversibel. Mit Resorcinfuchsin oder Or-
cein lassen sich die elastischen Fasern blau-schwarz oder dunkelbraun färben. Im
Gegensatz zu Kollagenfasern sind elastische Fasern verzweigt und zeigen elektronenmikroskopisch keine Periodizität; sie sind homogen. Zerzupfte Fasern haben
rankenartiges Aussehen. Mit zunehmendem Alter taucht innerhalb der Fibrillen-
wände eine amorphe Substanz auf.

Vorkommen. Elastische Fasern liegen in der Nähe der Kollagenfasern im interstitiellen Bindegewebe und in Organkapseln, in großen Mengen vor allem in
der Lunge. Sie sind das Hauptelement des Nackenbandes, Ligamentum nuchae.
Nackenbänder sind insbesondere bei Huftieren stark ausgebildet, um den schweren Kopf zu halten. Beim Menschen sind elastische Bänder weit weniger verbreitet; hier finden sie sich hauptsächlich zwischen den Wirbelbögen als Ligamenta
flava. Aufgabe der elastischen Bänder ist es, dem Muskel bei der Lagehaltung bestimmter Körperteile oder des ganzen Organismus Arbeit abzunehmen. Die elastischen Ligamente regenerieren sehr schlecht.

In der menschlichen Haut z. B. stellen die kollagenen und elastischen Fasern
nicht isoliert ein Strukturelement dar, sondern üben wesentliche Funktionen und
Interaktionen mit Zellen und untereinander aus (Krieg et al. 1988).

4.3 Bindegewebe

Diese Gewebe enthalten wenige Zellen und viel Interzellularsubstanz. Daher
weisen sie keine eigene Form auf. Zu ihnen gehören:

1. Mesenchym (embryonales Bindegewebe)
2. Gallertiges Bindegewebe
3. Retikuläres Bindegewebe
4. Fettgewebe
5. Lockeres Bindegewebe
6. Straffes Bindegewebe
7. Mesogloea

1. Mesenchym (embryonales Stützgewebe) liegt zwischen den Keimblättern. Die sternförmigen Zellen bilden Ausläufer, die durch Desmosomen miteinander verbunden sind. So entsteht ein Maschenwerk mit zwischenzelliger flüssiger Interzellularsubstanz, die nur vereinzelte Mikrofibrillen enthält.

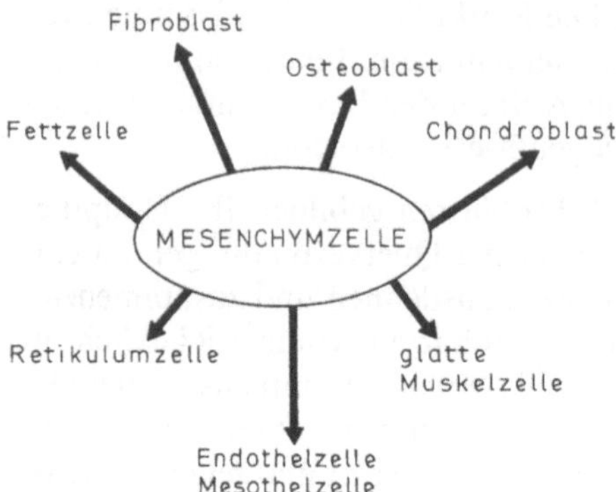

Abb. 4.2. Die Derivate des Mesenchyms

Mesenchymzellen können sich begrenzt amöboid bewegen. Sie können aus ihrem Zellverband wandern und die Anlage für andere Zelltypen oder Gewebe bilden wie Muskel-, Fett-, Retikulumzellen, Osteoblasten, Chondroblasten, Hämozytoblasten (Abb. 4.2). Mesenchymzellen sind also pluripotent, d. h. aus ihnen können verschiedene Zelltypen hervorgehen.

2. Gallertiges Bindegewebe ist dem Mesenchym ähnlich, ist aber ein differenzierungsunfähiger Zellverband. In die gallertige, mucopolysaccharidhaltige Grundsubstanz sind feinste kollagene und argyrophile Fäserchen eingelagert (Abb. 4.3). Dieser Gewebetyp ist nur vorübergehend anzutreffen, nämlich bei den Säugern in der vorgeburtlichen Entwicklungsperiode. Gallertiges Bindegewebe kommt als sog. Whartonsche Sulze im Nabelstrang der Säuger vor. Dieses Gewebe hat mechanisch dämpfende Funktion, verhindert ein Knicken des Nabelstrangs und damit Unterbrechung der Blutzirkulation. Die Stoffwechselaktivität dieses Gewebes ist gering.

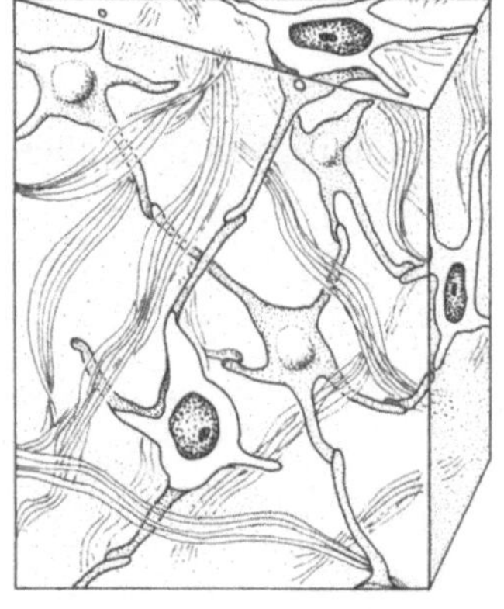

Abb. 4.3 a, b. Gallertiges Bindegewebe. **a** Dreidimensionales Maschenwerk der Zellen mit Fäserchen in der Grundsubstanz; **b** im Schnitt. (Modifiziert nach Krstic.) Vergr. ca. 450fach

a   b

3. **Retikuläres Bindegewebe** besteht aus verästelten, weitmaschigen Retikulumzellen, die ein Raumgitter bilden. Den Zellen anliegende dünne Retikulinfasern verleihen dem ganzen Gewebe etwas Festigkeit. – Sie lassen sich mit Silbersalzen imprägnieren. In den Maschen dieses Bindegewebes können Zellen der Blutbildung und Lymphocyten liegen. Mesenchym- und Retikulumzellen schwellen im Verlauf der Stoffaufnahme an, werden abgerundet und in Interzellularräume abgegeben, die sie z.B. als Histiocyten oder Makrophagen amöboid durchwandern. – Die Retikulocyten zeichnen sich durch große Speicherungsbereitschaft, Phagocytose, aus. Da die undifferenzierten Retikulumzellen mit den Endothelien der Blutgefäße von Leber, Knochenmark und z.B. Milz eine große Phagocytosebereitschaft gemeinsam haben, werden sie unter dem Begriff Retikulo-Endotheliales System (nach Aschoff) RES oder, da Histiocyten mitbeteiligt sind, Retikulo-Histiocytäres System RHS begrifflich zusammengefaßt. – Das retikuläre Bindegewebe ist besonders stoffwechselaktiv. Darüber hinaus lagert dieses Bindegewebe Lymphoblasten, Lymphocyten und Plasmazellen ein und bildet so die strukturelle Grundlage der lymphatischen Organe.

4. **Fettgewebe** kann im Tierreich als weißes und braunes Fettgewebe vorkommen.

Weißes Fettgewebe ist in der Regel über den ganzen Körper verteilt. Es entsteht aus mesenchymalem Gewebe, das in Bindegewebsanlagen übergeht, die einer Speicherform des retikulären Bindegewebes gleichen.

Kleine Fettkügelchen werden in den Lipoblasten gebildet und schließen sich dann zum großen Fetttropfen zusammen (Abb. 4.4a). – Diese weiße Fettzelle ist dann polygonal und univakuolär. Sie erreicht 25–200 μm Durchmesser. Cytoplasma und Kern werden von der großen Vakuole an den Rand gedrängt

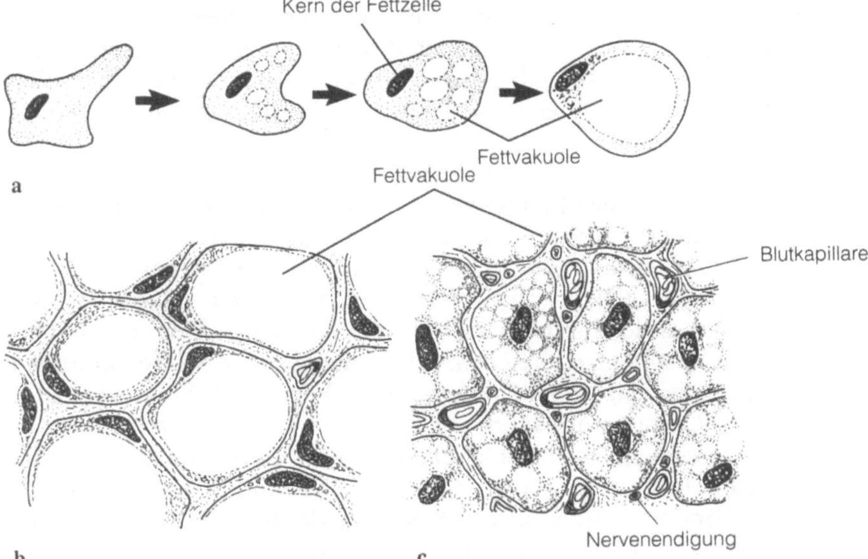

Abb. 4.4a–c. Fettgewebe. **a** Bildung der weißen Fettvakuole schematisch; **b** weißes Fettgewebe; Vergr. ca. 160fach; **c** braunes Fettgewebe; Vergr. ca. 400fach

(Abb. 4.4 b). Golgi-Apparat, ER und pleomorphe Mitochondrien sowie der Basallamina-Komplex sind vorhanden. – Wenngleich weißes Fettgewebe verhältnismäßig wenig durchblutet ist, so steht doch jede Fettzelle mit einer Blutkapillare in Kontakt. Damit wird der Stoffwechsel gewährleistet. Bei Ratten, Hunden und Menschen wird während des Hungerns der Blutdurchfluß pro Gramm Fettgewebe gesteigert. – Mit Nervenendigungen stehen weiße Fettzellen nie in direktem Kontakt.

Funktionell hat weißes Fett mehrere Aufgaben:

1. als Kaloriendepot (Speicherorgan),
2. mechanisch, als druckelastisches Polster z. B. auf den Fußsohlen u. s. w.,
3. als Wärmeschutz.

Die Fettbildung erfolgt entweder aus Kohlenhydraten oder durch Phagocytose. Mitochondrien spielen eine wichtige Rolle beim Abbau von Fett als Energiequelle für die Muskelkontraktion. Wenn Fett zu großen Tropfen akkumuliert, die zu groß sind, um von einzelnen Mitochondrien umgeben zu werden, lagern sich zahlreiche Mitochondrien an die Oberfläche des Fettes an. Das ist z. B. der Fall in der Leber eines lang hungernden Tieres. – Nach der Entspeicherung kann sich weißes Fettgewebe wieder in retikuläres Bindegewebe zurückverwandeln; das wird als Metaplasie bezeichnet. Diese Fähigkeit geht im Alter meistens verloren. Dann lagern die Zellen mucoproteidreiche Substanzen ein, wodurch die schaumige Struktur dieser wabenförmigen Zellen zustandekommt (seröses Fettgewebe). Weißes Fett kommt sowohl bei Wirbellosen als auch bei Wirbeltieren vor. Bei Amphibien besitzen die Fettzellen verzweigte Ausläufer, und bei einigen Arten dieser Klasse synthetisieren diese Zellen Steroidhormone. – Der Fettkörper der Insekten enthält uni- und plurivakuoläre Fettzellen sowie in einigen Fällen, z. B. bei Schaben, Mycetocyten, die Bakterien als Symbionten beherbergen. Bei Insekten erfüllt der Fettkörper weit mehr Funktionen als beim Wirbeltier. So speichert er Lipide, Glykogen und wahrscheinlich auch Proteine und ist das Zentrum vieler Stoffwechselabläufe, hat diesbezüglich also Ähnlichkeit mit der Leber der Wirbeltiere. Darüber hinaus haben einige Fettzellen exkretorische Funktion (vergl. Kap. 12.3, Exkretionsorgane).

Zusätzlich zum weißen Fett kommt bei Vögeln, allen Kleinsäugern und neugeborenen Säugern das **braune Fettgewebe** vor. Es liegt an bestimmten Körperstellen, z. B. interscapulär bei Ratte und Maus sowie in axillaren und suprasternalen Depots bei Hamster und Ziesel. Die Herkunft des braunen Fettgewebes ist noch umstritten. Braunes Fettgewebe ist gekennzeichnet durch zahlreiche kleine Fettvakuolen in einer Zelle, durch starke Durchblutung dieses Gewebes und hohen Cytochromgehalt in den zahlreichen, sehr atmungsaktiven Mitochondrien, die ihm die Farbe verleihen. Außerdem wird dieses Fett reichlich von sympathischen adrenergen Neuronen direkt innerviert. Die braunen Fettzellen von ca. 30–60 μm Durchmesser enthalten Mitochondrien, die in Form und Größe variieren, darüber hinaus Lysosomen, Golgi-Apparat, GER und selten auch Glykogenablagerungen. Braune Fettzellen stehen miteinander über Gap junctions, die elektrische Kopplung bewirken können, in Verbindung.

Ganz anders als das weiße Fett ist dieses braune Fett unabhängig vom Ernährungszustand und von der Nahrung des Tieres. In thermostabiler Umgebung bleiben die Fettvakuolen auch dann mit Fett gefüllt, wenn das Tier verhungert (Neugeborene, Kaninchen und Hamster).

Bei niederen Temperaturen wird die Menge an braunem Fettgewebe in verschiedenen Kleinsäugern vermehrt oder in einen aktiveren Funktionszustand umgewandelt. Bei Winterschläfern finden wir dann einen doppelt so hohen Anteil an braunem Fett als bei Nichtwinterschläfern. – Die Funktion des braunen Fettgewebes liegt in der Wärmeerzeugung bei der Temperaturregulation in der Kälte. Darüber hinaus spielt braunes Fett eine große Rolle bei der besonders starken Wärmebildung beim Erwachen aus dem Winterschlaf.

5. **Lockeres Bindegewebe** besteht im wesentlichen aus locker angeordneten Kollagenfasern, elastischen Fasern und Retikulinfasern mit großen Interzellularräumen. Außerdem enthält es Fibroblasten, Fibrocyten und freie Bindegewebszellen. Es begleitet Nerven und Gefäße, hat mechanische Funktion, dient als Wasserspeicher und übt Abwehrfunktionen aus.

6. **Straffes** faserreiches, geflechtartiges **Bindegewebe** unterscheidet sich nach Gehalt und Anordnung der Fasern. Freie Zellen kommen hier weniger vor. Fibrocyten liegen im Längsverlauf der Fasern. Je mehr Fasern vorhanden sind, desto weniger Grundsubstanz liegt vor. Kollagenfasern und elastische Fasern sind hier so miteinander verflochten, daß die Dehnung der Organe aufgefangen werden kann (z. B. im Herzbeutel). Wir unterscheiden die geflechtartigen faserreichen Bindegewebe von den parallel gerichteten Formen, die zu den geformten Bindegeweben überleiten.

7. Die **Mesogloea** füllt bei Cnidariern und Ctenophoren den Raum zwischen Ekto- und Entoderm. In der Regel besteht sie aus Mucopolysacchariden und ungestreiften Kollagenfasern, die von den Epithelmuskelzellen gebildet werden. Je nach Art können einzelne Zellen darin enthalten sein.

4.4 Stützgewebe

Zu den Stützgeweben gehören: Sehnen und Bänder, Chordoidgewebe, Chordagewebe, Knorpelgewebe, Knochengewebe.

4.4.1 Sehnen und Bänder

Sehnen und Bänder sind im Prinzip gleich gebaut, unterscheiden sich aber im Fasertyp und daher in ihren Eigenschaften. Ihre Regeneration geht vom benachbarten, ungeformten Bindegewebe aus. Je einseitiger die Beanspruchung, desto regelmäßiger ist der Feinbau.

Sehnen bestehen aus Kollagenfaserbündeln, zwischen denen die Fibrocyten, als Flügelzellen (Tendinocyten) bezeichnet, in Reihen geordnet liegen (Abb. 4.5). Diese Tendinocyten sind drei- bis vierflügelig; mit jedem Flügel schließen sie ein Bündel der Kollagenfasern ein. Sie werden durch Bindegewebe (Peritendineum) zusammengehalten.

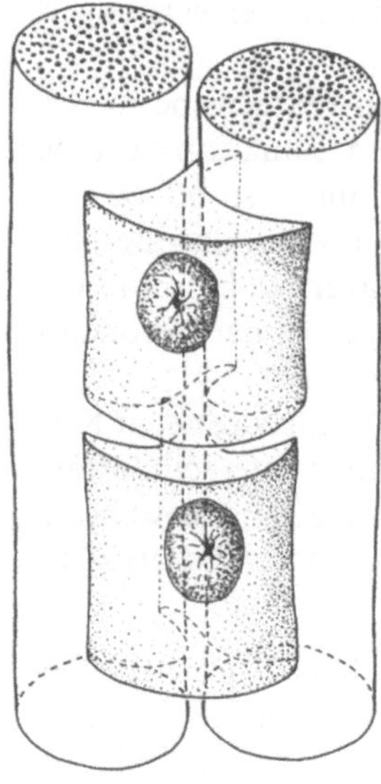

Abb. 4.5. Zwei flügelförmige Sehnenzellen in einer Reihe, die sich den Kollagenfasern anlegen. (Nach Bargmann verändert)

Peritendineum internum führt Blutgefäße und Nerven in die Sehnen. Kleineres und weniger faserhaltiges Bindegewebe unterteilt die Sehne in Primär-, faserhaltigere Septen in Sekundärbündel. Die ganze Sehne wird schließlich umgeben von geflechtartigem Bindegewebe, Peritendineum externum, dem außen lockeres Bindegewebe, Paratendineum, anliegt.

Bänder enthalten anstatt der Kollagenfasern die elastischen Fasern mit ihrer großen Dehnbarkeit. – Das stärkste elastische Band kommt bei Huftieren als Nackenband (Ligamentum nuchae) vor. Beim Menschen finden wir elastische Bänder zwischen den Wirbelbögen und in den Stimmbändern.

4.4.2 Chordoidgewebe

Dieses Gewebe ist als Übergang vom Bindegewebe, speziell dem zelligen Bindegewebe, zum festeren Knorpel anzusehen. Der Turgor der bläschenförmigen, flüssigkeitsgefüllten Zellen verleiht diesem Gewebe die Festigkeit. Die Zellen liegen hier in etwas weniger entwickelter Grundsubstanz als bei dem echten Bindegewebe. Doch ist die Grundsubstanz an Masse geringer als bei echtem Knorpel. Ein Beispiel für Chordoidgewebe bietet der Mantelrand von *Anodonta*. Die Grundsubstanz ist fester als bei Bindegewebe.

Vorkommen: Bei Cnidariern im Entoderm der Tentakel, bei Turbellarien, bei Hemichordaten und *Branchiostoma* in verschiedenen Teilen des Darmkanals. Bei Röhren bewohnenden Polychaeten und vielen Nudibranchiern sind die Epidermiszellen mit besonders großen Vakuolen ausgestattet. Sowohl bei der Chorda der Wirbelsäule als auch dem Chordoidgewebe wird die Festigkeit durch den Zellturgor gewährleistet, während bei Knorpel und Knochen die Festigkeit der Skeletteile durch zwischenzellige Substanzen entsteht.

4.4.3 Chorda

Chordatiere sind gekennzeichnet durch das Achsenskelett, dem ein über dem Darm gelegener elastischer Stab, die Chorda dorsalis, zugrundeliegt. Sie entsteht aus dem Urdarmdach und erstreckt sich bei Wirbeltierembryonen ventral vom Neuralrohr von der Schädelbasis längs des ganzen Rumpfes und Schwanzes bis zum hinteren Körperende. Eine gut ausgebildete Chorda bleibt in der adulten Lebensphase bei vielen niederen Vertebraten erhalten, so vor allem bei den Cyclostomen (Agnatha), bei denen die Wirbelsäule wenig entwickelt ist. Bei den meisten Fischen und bei den Tetrapoden wird die Chorda jedoch zunehmend durch die Centra der Wirbel ersetzt, die sich um die Chorda entwickeln und dem Achsenskelett eine größere Festigkeit bei geringerer Biegsamkeit verleihen. Mit Höherentwicklung der Wirbel geht die Bedeutung der Chorda zurück. Sie ist beim Embryo stets vorhanden, wird aber in den meisten Fällen während der Ontogenese bald durch die Wirbel verdrängt. Bei vielen Fischen und primitiven Tetrapoden kann sie sich zwischen den einander folgenden Wirbelkörpern (Centra) verbreitern, wird aber in jedem Wirbelsegment eingeengt. Bei den meisten höheren Wirbeltieren wird die Chorda stärker rückgebildet, so daß im adulten Stadium nur noch eine gallertige Masse in den Zwischenwirbelscheiben übrig bleibt, der Nucleus pulposus. Unter den Wirbellosen kommt die Chorda bei Tunicaten und den Acrania vor. Bei den Tunicaten ist sie auf den Schwanz beschränkt. Sie verschwindet bei Salpen und Seescheiden mit diesem. Bei den Appendicularia (*Oikopleura*) bleiben Schwanz mit Chorda dagegen erhalten.

Bei Wirbeltieren (WT) ist die Chorda einheitlich gebaut; am Beispiel von *Petromyzon* wird sie erläutert. Die Chorda besteht aus einem soliden, relativ festen und biegsamen Stab, aus druck- und biegungselastischem Gewebe ohne Ausbildung einer spezifischen Interzellularsubstanz. Umgeben wird der zentrale Epithelstrang von einer bindegewebigen Chordascheide (Abb. 4.6). Der Querschnitt der Chorda ist rund. Er besteht aus einem einschichtigen Chordaepithel mit niederen Zellen. Sie werden als Chordablasten bezeichnet, weil sie die einwärts liegenden blasigen Chordazellen (Abb. 4.6) bilden. Letztere enthalten große Flüssigkeitsvakuolen, die das Cytoplasma mit den Zellorganellen peripherwärts drängen. Die blasigen Zellen des Achsenstabes sind über Desmosomen verbunden. Flüssiger, glykogenreicher Zellinhalt drängt das Cytoplasma peripherwärts an die Zellmembran und setzt die Zellmembran unter Spannung. Dadurch entsteht der Turgor, der dem gesamten Achsenstab eine gewisse Festigkeit und Elastizität verleiht. Die Zellen des Chordaepithels enthalten ein ausgeprägtes granuliertes endoplasmatisches Retikulum, das an das eiweißsezernierender Drüsen erinnert. Dieses wird mit der Produktion der Tonofilamente in Zusammenhang gebracht. In den zentral gelegenen Zellen werden die Tonofilamente dicht unter die Membran der Zelloberfläche verlagert. Auch die großen blasigen Zellen sind über Desmosomen miteinander verbunden. Sie werden noch als Epithelzellen betrachtet. Der Chordastab wird durch die dicke fibrilläre Scheide zusammengehalten (Abb. 4.6). Sie besteht aus der dünnen, äußeren, primären Chordascheide, deren vorwiegend elastische Fasern außen längs, innen zirkulär angeordnet sind, und aus der dicken inneren, sekundären Chordascheide; ihre Kollagenfasern verlaufen von außen nach innen zirkulär, schräg und zirkulär. – Bei Selachiern und

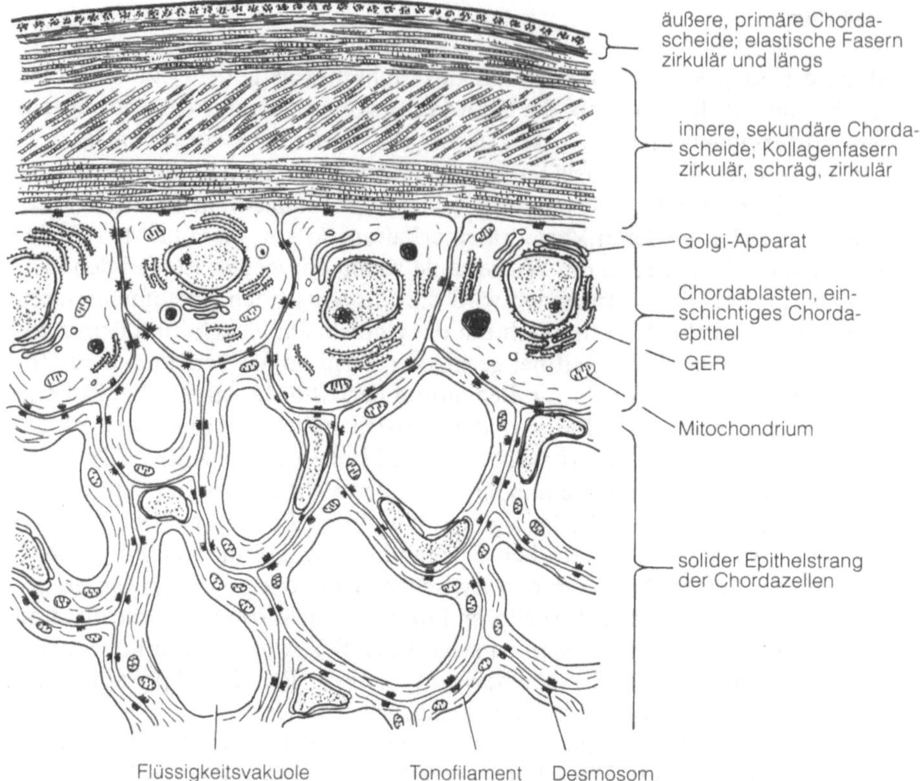

Abb. 4.6. Chorda von *Petromyzon* im Querschnitt

Dipnoern wird ähnlich wie bei *Petromyzon* eine primäre äußere Chordascheide angelegt, der nach innen eine zunächst zellenfreie innere Chordascheide folgt. Die äußere Chordascheide wird jedoch von Zellen des perichordalen Bindegewebes durchwandert; sie enthält Löcher und Risse. In die sekundäre Chordascheide wandern Zellen mesodermalen Ursprungs ein und bilden um die Chorda herum knorplige Elemente.

Zusammenfassend ist die Chorda der WT ein druck- und biegungselastisches Gewebe ohne Ausbildung von Interzellularsubstanz. Der Turgor der Flüssigkeitsvakuole verleiht ihr Festigkeit. Blasige Zellen liegen epithelartig aneinander; flüssiger glykogenreicher Zellinhalt setzt die Membran der Chordazellen unter Spannung. Die Chordascheide umgibt den Epithelstrang.

Es gibt jedoch Ausnahmen, wo die Chorda nicht dieses Blasengewebe aufweist; so z. B. bei *Branchiostoma* (Acrania). Hier besteht die Chorda aus flachen Muskelzellen. Die Strukturen des quergestreiften Muskels, die A-, I-Bänder und die Z-Linie sind in diesen Chordazellen erkennbar. Umhüllt werden diese Muskelplatten von der Chordascheide, die aus Kollagenfasern besteht. – Bei der Larve der Ascidien (Tunicata) besteht die Chorda aus einem Strang kompakter Zellen, deren Cytoplasma mit Dottereinschlüssen und Glykogenpartikeln angefüllt ist. Bei Appendicularien (Tunicata) besteht die Chorda aus flachen Epithelzellen,

die einen extrazellulären Raum umschließen, der mit einer elastischen Substanz
angefüllt ist.

4.4.4 Knorpel (Chondroidgewebe)

Knorpel ist Chondroidgewebe und entstammt dem mesenchymalen Gewebe. Die
chemisch-physikalische Beschaffenheit des Knorpels wie die Zugfestigkeit und
die elastische Verformbarkeit wird von der Knorpelgrundsubstanz, dem Chondroid, hervorgerufen. Diese besteht aus einem Gerüst von Kollagenfibrillen sowie aus Hyaluronsäure-Strängen, die seitlich mit zahlreichen Proteoglykan-
Monomeren besetzt sind. Proteoglykane sind Zucker-Eiweiß-Verbindungen.
Kollagenfasern bewirken die Zugfestigkeit des Knorpels, während die Elastizität
von der mehrschichtigen Hydrathülle der Proteoglykanfäden verursacht wird.
Funktionell ist für die Elastizität entscheidend, daß alle Zucker der Keratan- und
Chondroitin-Sulfat-Ketten negative elektrische Ladungen tragen. Da Wassermo-
leküle kleine elektrische Dipole aufweisen, bei denen die beiden H-Atome eine
positive Teilladung erhalten, können sich infolge elektrostatischer Kräfte an den
Proteoglykanen mehrschichtige Hydrathüllen formieren. Proteoglykanmoleküle

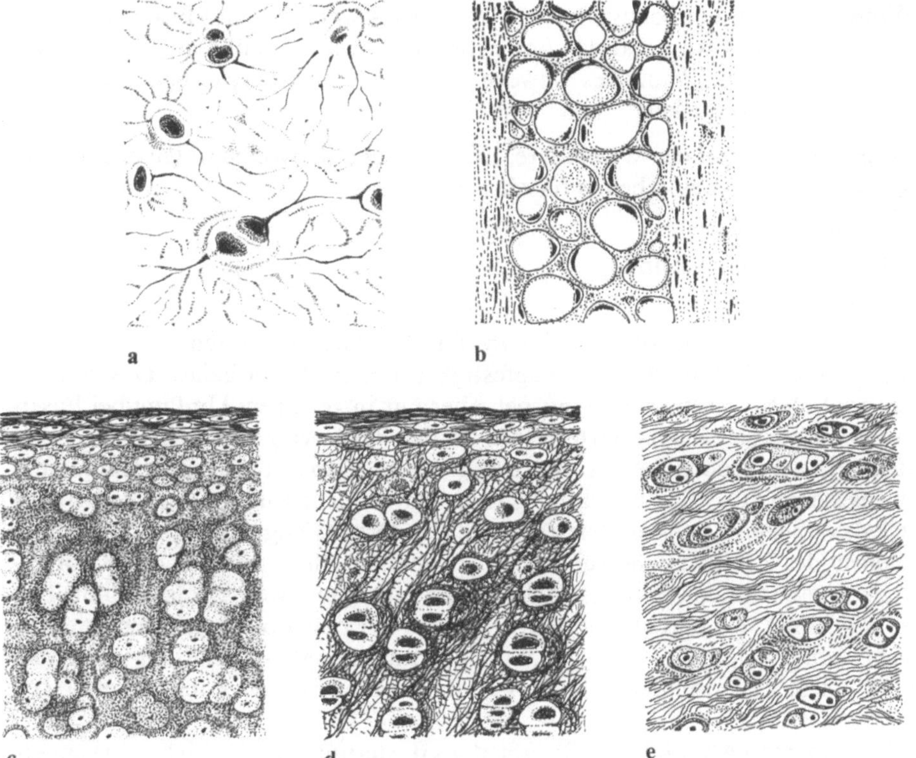

Abb. 4.7 a–e. Knorpel schematisch. **a** verästelter Knorpel, **b** Zellknorpel, **c** hyaliner Knorpel,
d elastischer Knorpel, **e** Faserknorpel. **a** Vergr. ca. 400fach; **b–c** Vergr. etwa 120–140fach

ordnen auf diese Weise so viel Wasser um sich herum an, daß dieses zum Hauptbestandteil des Knorpels wird. – Junge Chondroblasten (Knorpelbildungszellen) synthetisieren längere Chondroitin-Sulfat-Ketten, während die Proteoglykane älterer Tiere kürzere Chondroitin-Sulfat-Ketten haben und damit weniger Wasser in Form von Hydrathüllen binden können. Die Elastizität des Knorpels älterer Tiere nimmt deshalb ab.

Im Tierreich unterscheidet man:

1. den atypischen Knorpel und
2. den typischen Knorpel (Abb. 4.7)

Zum **atypischen Knorpel** zählen wir den verästelten Knorpel und den Zellknorpel.

Verästelter Knorpel. Diese Knorpelzellen sind mehr oder weniger stark verzweigt und bilden untereinander etwas zusammenhängende Ausläufer. Die Grundsubstanz zeigt eine meist schwer erkennbare Fibrillenstruktur.

Vorkommen: dieser Knorpel ist charakteristisch für Tintenfische (*Sepia, Allotheutis*).

Zellknorpel (Blasenknorpel) besteht aus einer Anhäufung blasiger, großer Zellen in verhältnismäßig wenig basophiler Zwischensubstanz. Der Zellturgor ist beim Zellknorpel nicht so hoch wie beim Chondroidgewebe; die Interzellularsubstanz des Zellknorpels ist fester.

Vorkommen: im äußeren Ohr der Ratte, bei Amphibien und Fischen als Skelettbestandteil und während der Embryonalzeit auch bei höheren Wirbeltieren. Ein dem Zellknorpel ähnliches Gewebe findet sich auch bei Wirbellosen z. B. in der Radula der Mollusken.

Typischer Knorpel der Wirbeltiere. Entsprechend der Reihenfolge in der Häufigkeit unterscheidet man beim typischen Knorpel:

1. hyalinen Knorpel,
2. elastischen Knorpel und
3. Faserknorpel.

1. Von all diesen Knorpeln ist der **hyaline Knorpel** am besten untersucht. In Druckfestigkeit übertrifft er die Zugfestigkeit um ein Mehrfaches. Das ist auch noch der Fall bei elastischem Knorpel, aber nur in geringem Umfang bei Faserknorpel. All diesen Knorpelarten eigen ist der Besitz von druckelastischen Einheiten, die aus Knorpelzellen und umgebenden Kapseln aus Interzellularsubstanz bestehen. Die Strukturunterschiede der Knorpelformen sind dann Ausdruck des Angepaßtseins an Belastung wie z. B. Druck, Zug und Scherung.

Zellen des Mesenchyms scheiden in zwischenzellige Spalten die Knorpelgrundsubstanz mit den Fibrillen, das Chondroid, ab und werden als Chondroblasten bezeichnet. Sie enthalten intensiv färbbares Ergastoplasma, einen umfangreichen Golgi-Apparat, Glykogen, Lipide, Vitamine, Mitochondrien und Lysosomen. Diese Zellen bilden keine Zellkontakte über Fortsätze mit anderen Zellen.

Das Schema (Abb. 4.7 u. 4.8) läßt die Gliederung in Chondrone erkennen. Mehrere Knorpelzellen werden von einem stark basophilen Knorpelhof (aus Chondroitin-Sulfat) umgeben und zum Chondron zusammengefaßt. Die angren-

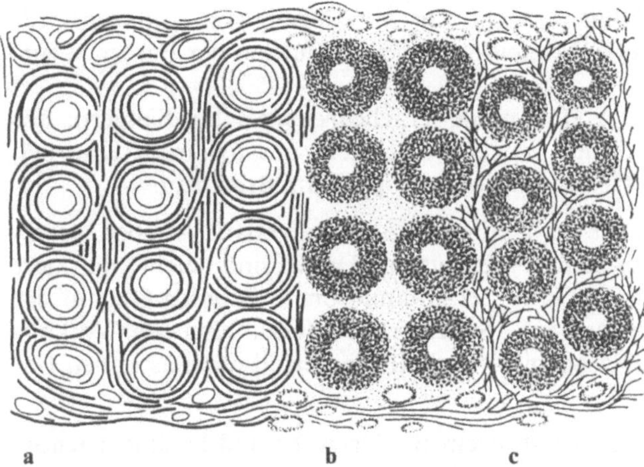

Abb. 4.8 a–c. Bau des Knorpels, schematisch. **a** Faserverlauf in der Grundsubstanz. **b** Die Faserwickelungen im hyalinen Knorpel sind maskiert. **c** Elastischer Knorpel mit Einlagerung der elastischen Fasern. (Nach Benninghoff verändert)

zende Grundsubstanz ruft den Eindruck einer Kapsel hervor; zwischen Knorpelzelle und Kapsel liegen im fixierten Präparat meistens Schrumpfräume. Die Knorpelzellen liegen in Gruppen, sogenannten Territorien, zusammen, die aus einer Stammzelle durch mitotische Teilung hervorgehen.

Der Stoffwechsel erfolgt durch Diffusion über weite Strecken der Knorpelgrundsubstanz. Verformung der Grundsubstanz durch Bewegung fördert daher den Stoffaustausch. Funktionell ist das von Bedeutung, denn dem Knorpel fehlen Blutgefäße. Neue Untersuchungen haben sogar gezeigt, daß Knorpel eine Substanz enthält, die Blutgefäße daran hindert, in ihn einzudringen; noch ist diese Substanz nicht identifiziert.

Als Perichondrium bezeichnet man das den Knorpel begrenzende Bindegewebe; es enthält langgestreckte Zellen und parallel gerichtete Kollagenfasern. Die Regenerationsfähigkeit des Knorpels ist gering, doch kann vom Perichondrium aus neuer Knorpel gebildet werden (appositionelles Wachstum). Bei Zunahme der Grundsubstanz rücken in der Regel die Zellen auseinander; das ist dann ein intussuszeptionelles (interstitielles) Wachstum von innen nach allen Seiten. – Das Wachstumsvermögen und die Regeneration des reifen Knorpelgewebes ist korreliert mit der Vitalität des Perichondriums. Die Neubildung von Knorpel geht vom Perichondrium folgendermaßen aus: Zunächst entsteht faseriges Gewebe, das sich zu Hyalin-Knorpel differenziert. Die flachen Fibrocyten der Knorpelhaut gehen dann in die rundlichere Form der Knorpelzellen über.

Polarisationsoptisch wurde die Verteilung und Anordnung der kollagenen Fibrillen innerhalb der Grundsubstanz geklärt. Der Faserverlauf in der Grundsubstanz ist mit Wickelungen verschiedener Ordnung um die Knorpelzellen verbunden. Dabei handelt es sich um Wickelungen in allen Richtungen des Raumes, so daß das ganze Gefüge einer gewissen Druckbelastung standhalten kann (Abb. 4.8). In der Mitte dieser Abbildung wird hyaliner Knorpel lichtmikroskopisch gezeigt. Diese Wickelung ist nicht sichtbar; sie ist maskiert, d. h. durch chemische Verbindungen unsichtbar gemacht. Die Maskierung von Kollagenfibrillen erfolgt durch Chondroitin-Schwefelsäure, die ein Quellen der Fasern verursacht.

Hyaliner Knorpel kommt z. B. vor als Trachealknorpel bei Säugern; der Knorpel des fetalen Skelettes der Wirbeltiere besteht aus hyalinem Knorpel, ebenso die Gelenkknorpel sowie der Ansatz der Rippen am Brustbein.

2. Der **Elastische Knorpel** ist wie der hyaline Knorpel aufgebaut, ist aber zusätzlich durchzogen von elastischen Fasernetzen. Diese sind nicht maskiert (Abb. 4.7 d u. 4.8 c). – Elastischer Knorpel kommt vor im äußeren Ohr, in der Epiglottis und in kleinsten Bronchien. – Selten erfolgt Verkalkung oder Verknöcherung dieses Knorpels. Bei Alterung ist scholliger Zerfall der elastischen Fasern beschrieben worden.

3. Der **Faserknorpel** steht zwischen straffem Bindegewebe und hyalinem Knorpel. Seine Grundsubstanz enthält mehr Kollagen als die anderer Knorpeltypen. Der Faserknorpel enthält Chondrocyten ähnlich dem hyalinen Knorpel; sie liegen entweder in Gruppen oder Kolonnen. Kollagenfaserbündel sind regellos zwischen den Zellgruppen oder parallel angeordnet entlang der Zellkolonnen. Die Faseranordnung ist abhängig von der Belastung.

Faserknorpel kommt vor in den Disci intervertebrales, in den Schambeinfugen und Menisci der Gelenke, sekundär zwischen dem Gelenkknorpel und an den Stellen, wo Ligamente und Sehnen am Knochen befestigt sind.

Faserknorpel entwickelt sich aus Fibroblasten des straffen Bindegewebes, die in Chondroblasten übergehen. Beim Abbau von Knorpel infolge chronischer Entzündungsprozesse sollen sich dagegen Knorpelzellen in Fibrocyten umwandeln. Umgekehrt wurde in Gewebekulturen die Entstehung von Fibrocyten aus hyalinen Knorpelzellen beobachtet. – Knorpel kann also Veränderungen unterliegen. Doch gehen jeder Veränderung des Knorpels Veränderungen seiner Grundsubstanz, der Proteoglykane voraus, der dann Veränderungen der Knorpelzellen folgen.

Vorkommen von Knorpel bei Wirbeltieren:
1. Bei Cyclostomen, wo er mit der Chorda zusammen die Stützfunktion übernimmt. Es gibt dort Knorpelterritorien mit reichlich und solche mit wenig Grundsubstanz.
2. Bei Knorpelfischen.
3. Bei anderen Fischen neben Knochen.
4. Bei Amphibien findet man hyalinen Knorpel, in den Kalk eingelagert ist.
5. Bei Reptilien in Rippen und Brustbein.
6. Bei Vögeln, abgesehen vom Überzug der Gelenkflächen, nur an wenigen Stellen.
7. Bei Säugern im Skelett, in den Luftwegen und im äußeren Ohr.

4.4.5 Knochen

Der Knochen ist das am höchsten differenzierte Stützgewebe. Aus seiner besonderen Bauweise resultiert seine Festigkeit gegenüber Druck, Zug und Biegung. Er geht aus dem Mesenchym hervor. Um den Knochen herum befindet sich die Knochenhaut, das Periost, ein Bindegewebsstrumpf des Skeletts, der die Verbindung mit den übrigen Geweben gewährleistet.

Im wesentlichen besteht das Knochengewebe aus gutvaskularisierten Knochenzellen und Grundsubstanz. Der Osteoblast, die Knochenbildungszelle, sondert die Grundsubstanz ab, während der Osteocyt, die Knochenzelle, nicht mehr an der Bildung der Grundsubstanz beteiligt ist. Dieser Osteocyt ist normalerweise sternförmig; seine feineren Ausläufer bleiben in ständigem Kontakt mit den Nachbarzellen. Darin liegt der große Unterschied zu Chondrocyten, die isoliert in der Matrix liegen und bei denen der Stoffwechsel nur infolge Diffusion durch die Grundsubstanz gewährleistet werden kann. Die organische Matrix des Knochens, das Osteoid, besteht aus der amorphen Grundsubstanz (Proteoglykane), in die Kollagenfibrillen eingebettet sind. Stets enthält diese Interzellularsubstanz mehr Fibrillen als eigentliche Matrix. Die Härte der Matrix wird erzielt durch Mineralisierung, im wesentlichen durch Apatit-Kristalle, $[Ca_3\,(PO_4)_2]_3\cdot 2X'$, wobei als X' beliebige Anionen fungieren können, wie: CO_3'', F', OH', CL'. Diese Kristalle werden in der Matrix gebildet und dichtgepackt an die Kollagenfibrillen angelagert. Entsprechend der Periodizität in den Kollagenfibrillen werden ihnen Hydroxylapatit-Kristalle eingebaut. Knochen besteht zu 46% aus anorganischer, zu 22% aus organischer Substanz und zu 32% aus Wasser.

Knochenzellen, Osteoblasten, undifferenzierte Mesenchymzellen und Gefäßbahnen muß man sich als einen schwammigen Komplex vorstellen, der ständig in Bewegung ist und in dessen Maschen die Knochensubstanz abgeschieden wird. Die Beziehung der Knochenbildungszellen, der Osteoblasten, zu Gefäßnetzen erfolgt im Bindegewebe. In gut kapillarisierten Regionen gehen Osteoblasten aus den die Endothelrohre begleitenden Mesenchymzellen hervor. Die Osteoblasten liegen stets in der Nähe von Kapillaren. Im lebenden Knochen wird die Hartsubstanz durchsetzt mit den lebenden Osteocyten; damit ist der Stoffwechsel sehr gut gewährleistet.

Knochenentwicklung. Man unterscheidet:

1. die primäre oder desmale Ossifikation und
2. die sekundäre oder chondrale Ossifikation.

Die **desmale Ossifikation** geht unmittelbar aus dem Mesenchym hervor; sie kommt vor bei der Bildung von Deckknochen, also von Schädel- und Gesichtsknochen. Mesenchymzellen differenzieren sich zu Osteoblasten mit viel Ergastoplasma. Die Osteoblasten scheiden zuerst das Osteoid, die Proteoglykan-haltige Grundsubstanz aus; dann wird Prokollagen gebildet, das sich in der Grundsubstanz zu Kollagenfibrillen formiert. Dazwischen werden Calcium-Ionen angereichert; Calciumphosphat fällt aus und wird in Hydroxylapatit-Kristalle umgelagert. Dabei bestimmt die Querstreifung der Kollagenfasern die Anlagerung der Kristalle. Die Osteoblasten behalten den für das Mesenchym charakteristischen Zellverband bei. Im Laufe der Knochenentwicklung mauern sie sich ein (Abb. 4.9). Die entstandenen Knochenbälkchen schließen sich durch Auswachsen zu größeren Knochenteilen zusammen. Das zwischen ihnen verbleibende gefäßführende Mesenchym bildet das primäre Knochenmark. Dieses differenziert sich später, wenn es Blut bildet, zu sekundärem Knochenmark. Blutbildendes

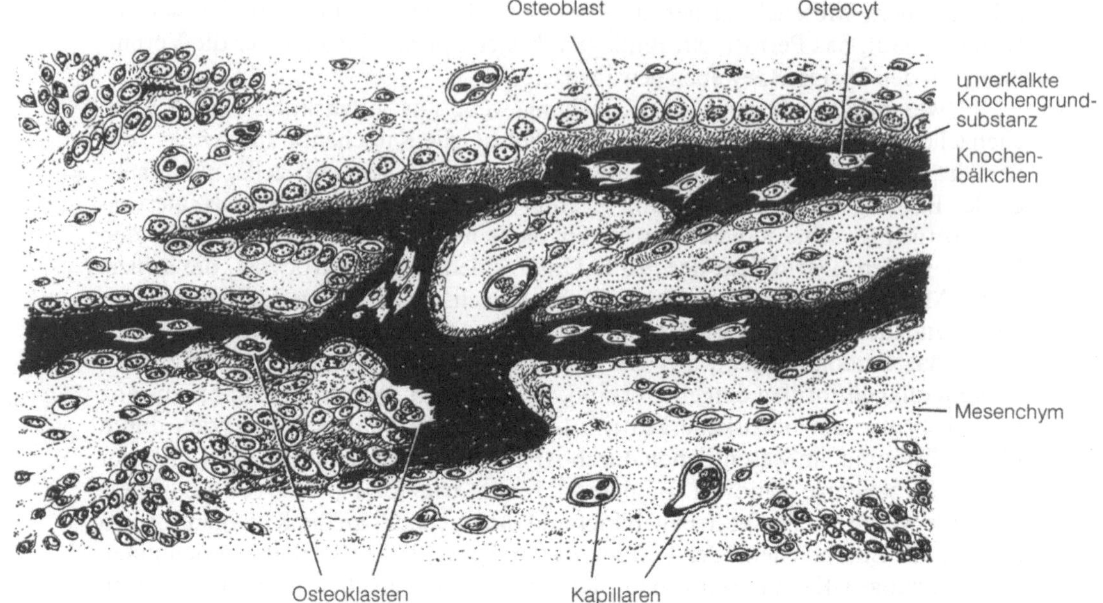

Abb. 4.9. Desmale Knochenentwicklung; Vergr. ca. 228fach

Knochenmark wird auch rotes Knochenmark genannt. Beim erwachsenen Menschen enthält rotes Knochenmark 35–75% Fett; bei Neugeborenen ist Knochenmark dagegen fettlos. Gelbes Knochenmark entspricht dem Fettmark; die Zellen dieses Knochenmarks speichern Fett. In weißem Knochenmark (Gallertmark) dagegen wird das Fett aufgebraucht und Wasser eingelagert (bei auszehrenden Krankheiten).

Chondrale Ossifikation. Bei dieser Ossifikation entsteht zuerst Knorpel in Gestalt des späteren Knochens; dann erst entsteht der Knochen. Deshalb spricht man hier von sekundärer Ossifikation. Die Verknöcherung selbst geht von Ossifikationspunkten aus. Meistens verläuft die chondrale Ossifikation in folgenden zwei Schritten: 1. perichondral und 2. enchondral.

Perichondrale Ossifikation erfolgt bei der Bildung von Röhrenknochen. Sie beginnt mit der Bildung der Knochenmanschette, die den knorpeligen Schaft umgibt. Diese perichondrale Knochenmanschette entsteht aus dem den Knorpel umgebenden Bindegewebe, dem Perichondrium. Dabei hypertrophieren Perichondriumzellen und werden zunächst zu Osteoblasten; diese bilden Grundsubstanz und mauern sich ein; haben sie die Bildung der Grundsubstanz abgeschlossen, werden sie als Osteocyten bezeichnet. Das Perichondrium wird nun zum Periost. Die perichondrale Ossifikation verläuft damit in Form einer desmalen Knochenentwicklung ab.

Die **enchondrale Ossifikation** beginnt mit der Vaskularisation des Knorpels (Abb. 4.10). Simultan mit Ausbildung der Knochenmanschette werden Verände-

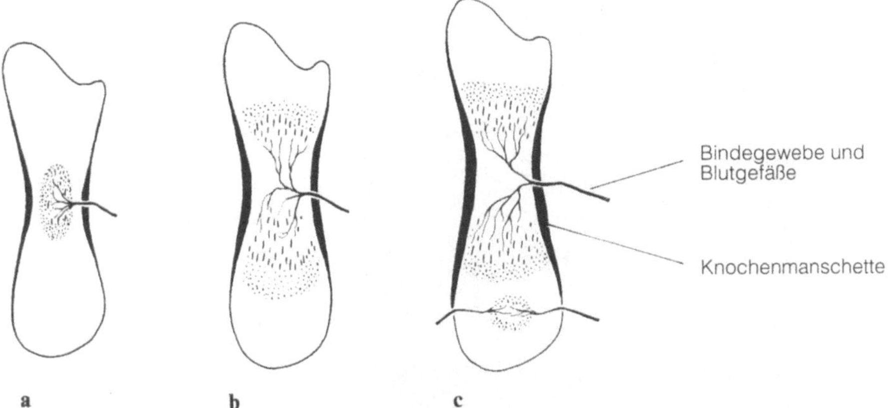

Abb. 4.10 a–c. Chondrale Ossifikation, makroskopisch. **a** Perichondral ist die Knochenmanschette gebildet worden; die enchondrale Ossifikation beginnt in der Diaphyse. **b** Enchondrale Ossifikation erweitert sich in der Diaphyse. **c** Enchondrale Ossifikation beginnt zusätzlich in der Epiphyse. (Nach Leeson und Leeson verändert)

rungen im Knorpel sichtbar. Im Zentrum der Diaphyse hypertrophieren die Knorpelzellen, die Matrix wird reduziert und verkalkt. Durch Öffnungen in der Knochenmanschette dringt Bindegewebe ein und wächst zusammen mit Blutgefäßen in die Region der veränderten Knorpelmatrix. Diese Region wird als Ossifikationspunkt bezeichnet (Abb. 4.10 a). Chondroklasten dringen zwischen den vergrößerten Knorpelzellen ein, bauen Knorpel ab und öffnen somit die Höhlen. Wir unterscheiden folgende Phasen der enchondralen Ossifikation (Abb. 4.11):

a) Die Ruhezone in der Epiphyse, wo der Knorpel aus reinem Hyalin besteht.
b) Die Wachstumszone, in der mitotische Teilungen vor sich gehen. Zellen ordnen sich in Reihen oder Säulen in Richtung der Längsachse des Knorpels. Der Knorpel wächst stärker in die Länge als in die Breite.
c) Die Reifungszone, wo sich Zellen und Lakunen vergrößern, kubisch werden und keine Mitosen mehr erfolgen.
d) Die Verkalkungszone, wo die Matrix, die die vergrößerten Lakunen umgibt, sich aufgrund der Mineralablagerungen stark basophil färbt.
e) Die Eröffnungszone, in der Knorpelzellen absterben. Sowohl die Zellreste als auch die Matrix werden aufgelöst. Nur dickere Matrixteile bleiben erhalten. Bindegewebe mit den Blutkapillaren wächst in die Höhlen, die durch Zerstörung der Zellen und Matrix entstanden sind. Mesenchymzellen tapezieren die Wand jeder Höhle aus.
f) Die Ossifikationszone, wo sich Osteoblasten von Mesenchymzellen des primären Marks differenzieren und Knochensubstanz abscheiden. Dies geschieht oft um verkalkte Knorpelstücke herum.

Während all dieser Phasen verdickt sich die Knochenmanschette und dehnt sich in der Länge aus. – Die primäre Markhöhle enthält Mesenchym; in der sekundären Markhöhle hat die Blutbildung aus dem Bindegewebe bereits begonnen.

Über die chondrale Ossifikation existieren zwei Auffassungen. Bei der ersten handelt es sich nach Caplan (1984) um eine Degeneration der Chondrocyten. Für

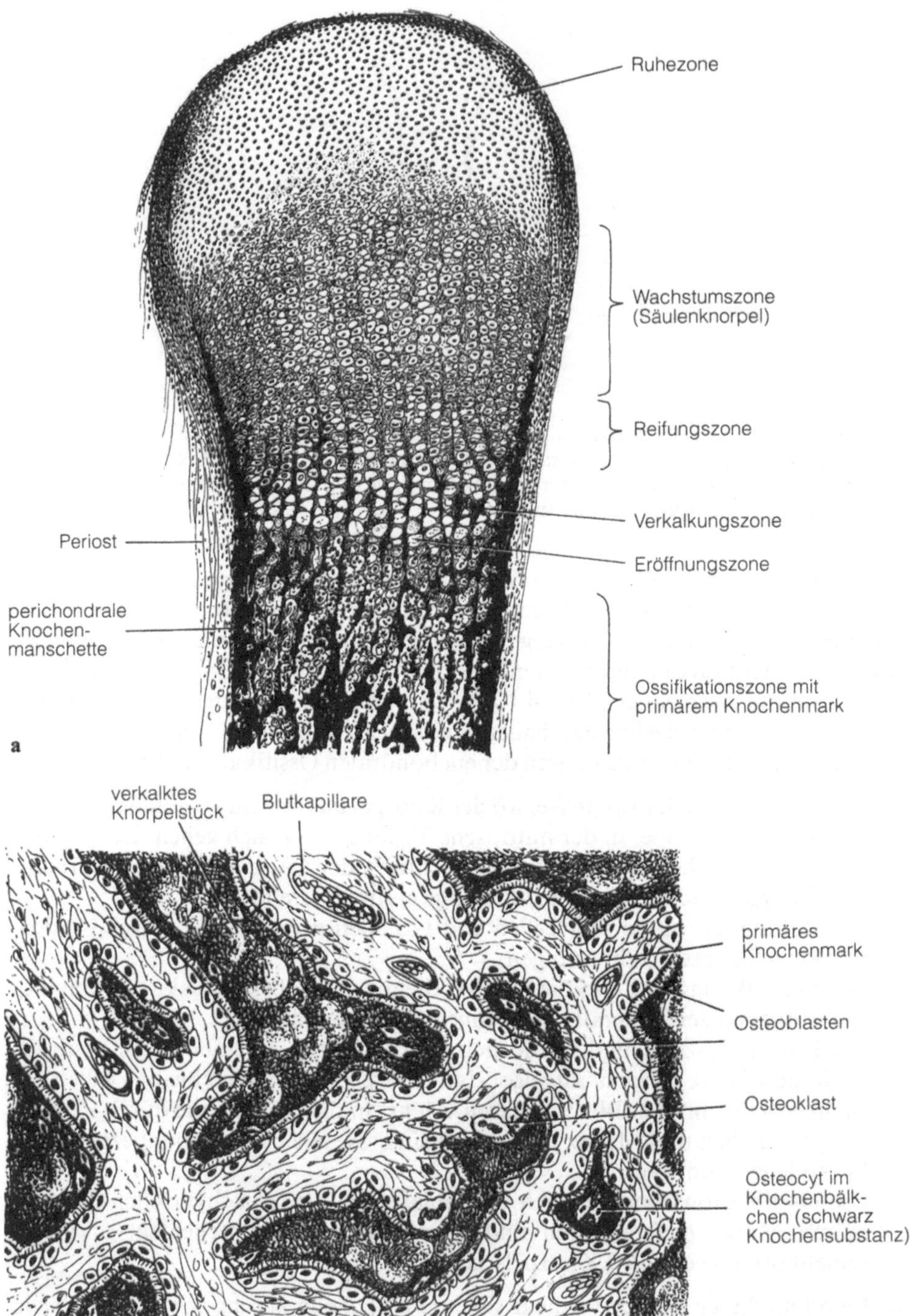

Abb. 4.11. a Chondrale Ossifikation, in Übersicht mikroskopisch: Vergr. ca. 60fach. **b** Ausschnitt aus der Ossifikationszone detailliert: Vergr. etwa 600fach.

diese Degeneration spielen die mit dem Altern des Organismus korrelierten Veränderungen in der Proteoglykan-Synthese eine entscheidende Rolle. Diese Veränderungen werden in mindestens drei verschiedenen Geschwindigkeiten gesteuert. Caplan vergleicht diese Geschwindigkeiten mit drei Uhren, die verschieden schnell laufen, wobei die erste Uhr zur chondralen Ossifikation führt, die zweite zur Beendigung des Größenwachstums und die dritte Uhr zu Gelenkschäden des Organismus infolge der chemischen Veränderungen der Grundsubstanz. – Nach anderer Auffassung handelt es sich um keinen Degenerationsprozeß. Diese Autoren können aber nicht erklären, was aus den Knorpelzellen im Verlauf der Ossifikation wird.

Neu gebildeter Knochen entsteht als **Geflechtknochen**; in ihm sind einzelne Knochenbälkchen geflechtartig verbunden. Erst später in der Ontogenese entsteht beim Säuger der lamelläre Knochen. Bei den Amphibien bleibt der Geflechtknochen zeitlebens bestehen. – Ausnahmen, bei denen der Geflechtknochen beim Säuger erhalten bleibt, sind z. B. die knöcherne Labyrinthkapsel und die Knochennähte des Schädels.

Ein **Umbau des Knochens** wird von **Osteoklasten**, den Knochenzerstörern, ausgeführt. Osteoklasten sind vielkernige (gelegentlich über 100 Kerne), 30–100 µm große Zellen, die sich manchmal aus Monocyten entwickelt haben. Ihre Herkunft ist nicht gesichert. Bei Säugern sollen sie eine separate Stammzelle haben oder durch Verschmelzung von Osteoblasten und Osteocyten entstehen. Bei Amphibien wird eine eigene Stammzelle angegeben. – Viele Mitochondrien und freie Ribosomen sind für sie charakteristisch. Ihr Mikrovillisaum, der „Bürstenbesatz", ist für die Resorptionsstruktur kennzeichnend. Aufgelöster Knochen wird durch Pinocytose aufgenommen. Dazu liegt der Mikrovillisaum dieser Zellen dem abzubauenden Knochen an. Das Cytoplasma unter dem Bürstensaum enthält viele glattwandige Vesikel verschiedener Größe, die „coated vesicles", Phagosomen und Restkörper. Die „coated vesicles" erreichen im Durchmesser 0,1–0,3 µm; sie enthalten oft Hydroxylapatit. Angrenzend an die Bürstensaumzone findet man entmineralisierte Kollagenfibrillen. Nach ihrer Abbautätigkeit tauchen die Osteoklasten wieder im Gewebe unter

Die Bildung des **Lamellenknochens** geht stets mit weiterer Vaskularisation einher. Osteoklasten bohren Kanäle. Diese Hohlzylinder werden mit Osteoblasten ausgekleidet, die Osteoid und kollagene Fibrillen bilden. So entstehen die konzentrischen Knochenlamellen. Die Hohlräume werden bis auf das zentrale Gefäß eingeengt (Abb. 4.12). Die innere Lage von Lamellen, innere Generallamelle, umgibt den Markraum, die äußere Lage überzieht den Diaphysenzylinder und ergibt somit die äußere Generallamelle.

Beim Lamellenknochen sind die Kollagenfasern in Lamellen spiralig um die zentralen Gefäße angeordnet, wobei Steigungswinkel und Drehungssinn von Lamelle zu Lamelle wechseln (Abb. 4.12 a).

Haverssche Kanäle verlaufen in Längsrichtung des Knochens; sie enthalten Blutgefäße und marklose Nerven. Alle Lamellensysteme, die einen Haversschen Kanal konzentrisch umlagern, bezeichnet man als Osteon. Volkmannsche Kanäle durchsetzen vom Periost aus die äußeren Generallamellen; sie führen zu Haversschen Kanälen und verbinden diese untereinander. Volkmannsche Kanäle verlaufen also senkrecht zur Längsachse des Knochens und damit senkrecht oder

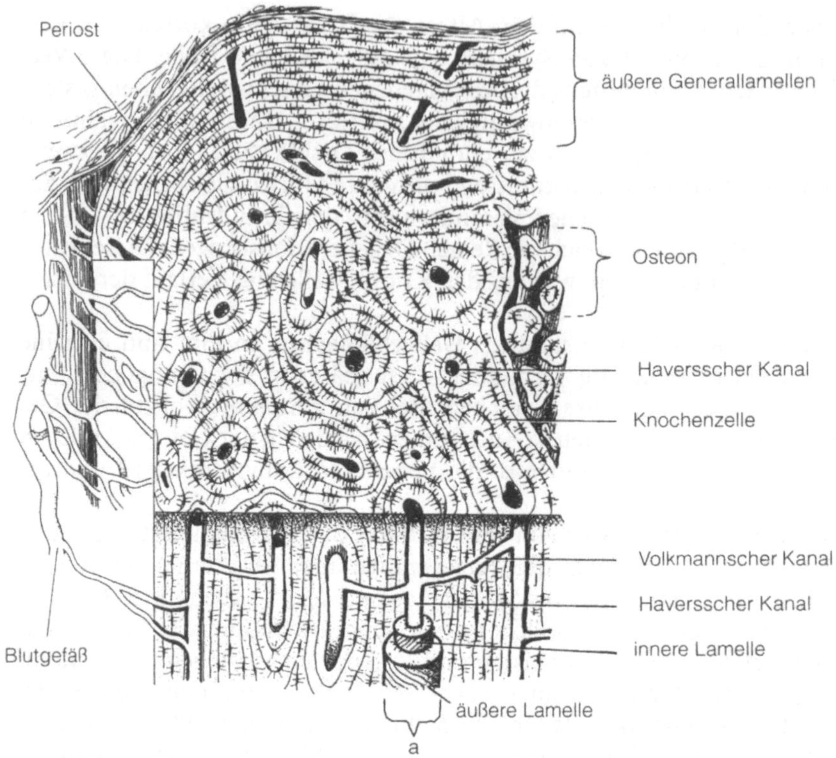

Abb. 4.12. Lamellenknochen im dreidimensionalen Schema. *a* Schematische Darstellung des Faserverlaufs in den Lamellen; Steigungswinkel und Drehungssinn wechseln von Lamelle zu Lamelle. (Nach Benninghoff verändert)

nahezu senkrecht zum Haversschen Kanal. Als Schaltlamellen oder Schotter (Breccien) bezeichnet man umgebaute Osteone, die keine Beziehung mehr zu Gefäßen aufweisen.

Der äußere Teil des Lamellenknochens ist kompakt gebaut; er wird deshalb als Substantia compacta (corticalis) bezeichnet. Der innere Teil dagegen zeigt „Leichtbauweise" mit Spongiosabälkchen. – In einem Knochen gehen ständig Umbauprozesse vor sich, bei denen anstelle von Compacta z. B. Spongiosa treten kann und umgekehrt. – Entsprechend der funktionellen Beanspruchung erfolgt Anpassung. Es bilden sich Hauptspannungslinien, die Trajektorien, aus. In diesen Linien ordnet sich das Kollagen entsprechend der Belastung. Sekundär wird das Hydroxylapatit in diesem Verlauf entsprechend der Periodizität des Kollagens eingelagert.

Das Periost hat mehrere Funktionen: 1. den Knochen in Verbindung zu bringen mit dem Weichgefüge, den Sehnen und Bändern, 2. die Heilung von Frakturen zu gewährleisten. – Man kann die Bildung von Knochenregenerat durch das Periost als Spezialfall von desmaler Knochenbildung betrachten. Ein Beispiel dafür ist der Callus, wie man das neugebildete Stützgewebe bezeichnet. Zuerst entsteht bindegewebiger Callus, dann knöcherner Callus, der in den Geflechtknochen übergeht und schließlich Umbildung in den Lamellenknochen erfährt. Dazu wird vorhandener Geflechtknochen ab- und als Lamellenknochen wieder aufgebaut.

Der Ab- und Aufbau von Knochen wird durch folgende Hormone und Vitamine gesteuert:

1. Parathormon der Epithelkörperchen (Nebenschilddrüse) aktiviert die Osteoklasten. – Damit wird Knochen resorbiert und der Calciumspiegel im Blut gehoben. Ein Überschuß des Parathormons vermehrt die Phosphatausscheidung in der Niere und verhindert damit die Rückresorption des Phosphats in den Nierentubuli. Der Phosphatspiegel wird trotz der vermehrten Zufuhr aus dem Skelett ins Blut nicht erhöht. Das Löslichkeitsprodukt $[Ca^{++}] \times [HPO_4^{--}] =$ konstant. Der Organismus wird also geschützt vor fatalen Überschreitungen des Löslichkeitsprodukts.
2. Calcitonin aus parafollikulären Zellen der Schilddrüse stimuliert die Osteoblasten.
3. Vitamin A koordiniert die Osteoblasten- und Osteoklastentätigkeit des Knochens.
4. Vitamin C ist für die Bildung der Grundsubstanz durch Bindegewebszellen verantwortlich.
5. Vitamin D steuert die Resorption von Calcium-Ionen aus dem Darm.

Ein Knochen ist zugleich Speicherorgan für verschiedene Stoffe und Stützorgan. Die Korrelation zwischen Knochen und Stoffwechsel wird am besten bei den Vögeln am Beispiel der Eireifung klar. Dort steht das Knochengewebe im Markraum in Beziehung zur Ausbildung und Verkalkung der Eischale, denn während der Verkalkung der Eischale erfolgt etwas Knochenzerstörung.

Der rege Stoffaustausch im Knochen wird auch gut mit Isotopen demonstriert: Bei Versuchen mit radioaktivem Schwefel, Kohlenstoff und Tritium gelangt die Radioaktivität zuerst in die Zellen und dann erst in die Matrix. Ca^{++}-Ionen können substituiert werden durch Pb^{++}, Sr^{++} und Ra^{++}.

Betrachten wir **Stützorgane der WT** vergleichend anatomisch, so zeigt sich folgendes:

1. Bei Fischen:
   a) Beim *Amphioxus* persistiert die Chorda.
   b) Beim Neunauge: Chorda, Knorpel auch in Flossen.
   c) Bei Teleosteern: Deckknochen, Knorpelknochen, Wirbelsäule.
   Der Knochen des Wirbelkörpers besitzt hier keine zelligen Elemente; er setzt sich aus verkalkten, zu Bündeln vereinigten kollagenen Fasern zusammen, die teils zirkulär, teils längs verlaufen. Nach außen werden die Knochenbälkchen und die zwischen ihnen gelegenen Hohlräume durch Periost abgegrenzt.
2. Bei Amphibien kommen vor: Hyalin-Knorpel, Kalkknorpel und Geflechtknochen.
3. Bei Vögeln kommen vor: Knochen und Knorpel. – Der Knochen ist bei Vögeln pneumatisiert, d. h. er wird durchsetzt von lufthaltigen Säcken, die nach und nach das Knochenmark verdrängen. Die Luftsäcke in den Knochen stehen mit der Lunge in offener Verbindung. Lufthaltig sind die Wirbel, die Knochen des Schulter- und Beckengürtels, das Sternum, der Humerus und

die Knochen des Schädels; letztere stehen mit der Nasen- und Paukenhöhle in Verbindung. Knochen der hinteren Extremität weisen dagegen markgefüllte Hohlräume auf.

4. Bei Reptilien kommen im wesentlichen Knochen und weniger Knorpel vor. Der Knochen besteht aus konzentrischen Lamellen, der Femur-Kopf aus spongiösem Knochen.

5. Bei Säugern kommen Knorpel sowie Geflecht- und Lamellenknochen vor.

5 Blut und freie Zellen des Bindegewebes

5.1 Blut

Blut ist eine spezialisierte Form des Bindegewebes, das aus Zellen und flüssiger Interzellularsubstanz, dem Blutplasma, besteht. Lassen wir Säuger-Blut in einem Glasgefäß stehen, so setzt sich nach kurzer Zeit unten der Blutkuchen ab, über dem das Serum als klare gelbe Flüssigkeit steht. Der Blutkuchen besteht aus den Blutzellen und dem Fibrin, einem schwammigen Maschenwerk aus Eiweiß. Insgesamt enthält das Blut etwa 44% Zellen und 56% Plasma; aus letzterem wird das Serum und Fibrin gebildet (Abb. 5.1).

Unter den Blutzellen unterscheidet man:

1. Erythrocyten, rote Blutkörperchen,
2. Leukocyten, weiße Blutkörperchen,
3. Thrombocyten, Blutplättchen.

All diese Blutzellen gehen aus der sog. Blutstammzelle, dem Hämocytoblasten hervor, der in den Maschen des retikulären Bindegewebes im Knochenmark liegt (Tafel 1. s. S. 316). Dieser Hämocytoblast wiederum wird von Mesenchym- oder Retikulumzellen gebildet und teilt sich mitotisch in

a) pluripotente und
b) unipotente Zellen.

Die pluripotente Zelle besitzt die Fähigkeit, erneut eine differentielle Zellteilung einzugehen. Die andere, die unipotente Zelle, ist die eigentliche Vorläuferzelle; sie ist irreversibel unipotent, damit entweder die Ausgangszelle für Erythropoese, Granulopoese, Thrombopoese, Monocytopoese oder Lymphopoese.

5.1.1 Erythrocyten und Erythropoese

Tafel 1 zeigt in der linken Spalte die Entwicklung des roten Blutkörperchens, die Erythropoese. Noch im Knochenmark erfolgen mehrere mitotische Teilungen, so

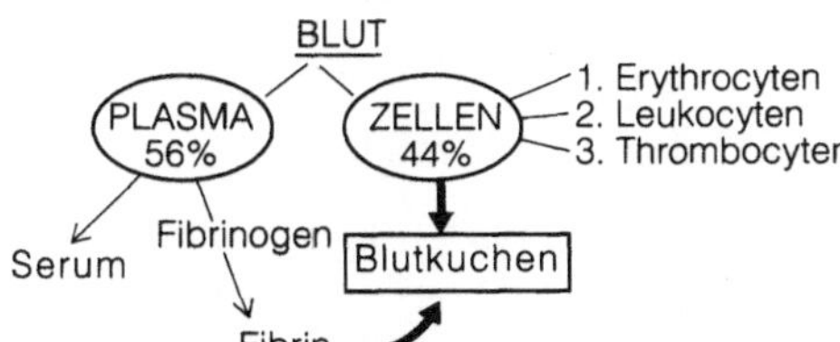

Abb. 5.1. Die Zusammensetzung des Blutes schematisch

daß letztlich aus einem Erythroblasten 16–32 Erythrocyten hervorgehen. Die Entwicklung verläuft über den Proerythroblast, über den polychromatischen Erythroblast, über den Normoblast zum Retikulocyten und schließlich zum Erythrocyten. Der Normoblast enthält, wie die anderen Vorstufen, einen großen Zellkern, einige Mitochondrien und kleine Gruppen von Ribosomen. Diese kernhaltigen Entwicklungsstadien der roten Blutzellen synthetisieren Hämoglobin, ein Sauerstoff bindendes Protein. Das Hämoglobin-Molekül besteht aus vier Untereinheiten, von denen jede eine Hämgruppe enthält, die covalent an Polypeptide gebunden ist. Entwicklungsstadien der roten Blutzellen synthetisieren Hämoglobin. Zu dieser Proteinproduktion werden keine Membransysteme herangezogen wie das endoplasmatische Retikulum und der Golgi-Apparat, die sonst für die Proteinproduktion verantwortlich sind. Mit dem Übertritt des Normoblasten in das Blut wird beim Säugetier der Kern ausgestoßen; dann ist im elektronenmikroskopischen Bild nur eine elektronenoptisch dichte Zone sichtbar, die hervorgerufen wird durch den Eisengehalt des Hämoglobins. Erythrocyten synthetisieren kein Hämoglobin mehr wie die Bildungsstadien, weil Erythrocyten keinen Kern oder andere Organellen, die zur Proteinsynthese nötig sind, enthalten. Die verschiedenen Erythrocyten der Säuger unterscheiden sich in Größe und Gestalt (Abb. 5.2); alle sind im Blut von Säugern kernlos. Demgegenüber stehen die Erythrocyten von Fischen, Reptilien und Vögeln, die alle kernhaltig sind und die sich von Art zu Art ebenfalls in ihrer Form und Größe unterscheiden (Abb. 5.2). Je größer die kernhaltigen Erythrocyten sind, desto primitiver ist aus stammesgeschichtlicher Sicht das Tier, desto geringer ist die Erythrocyten-Oberfläche in Relation zum Blutfarbstoff und desto schlechter ist physiologisch die Effizienz. Erythrocyten der Säuger sind durch den Verlust ihres Kernes bi-

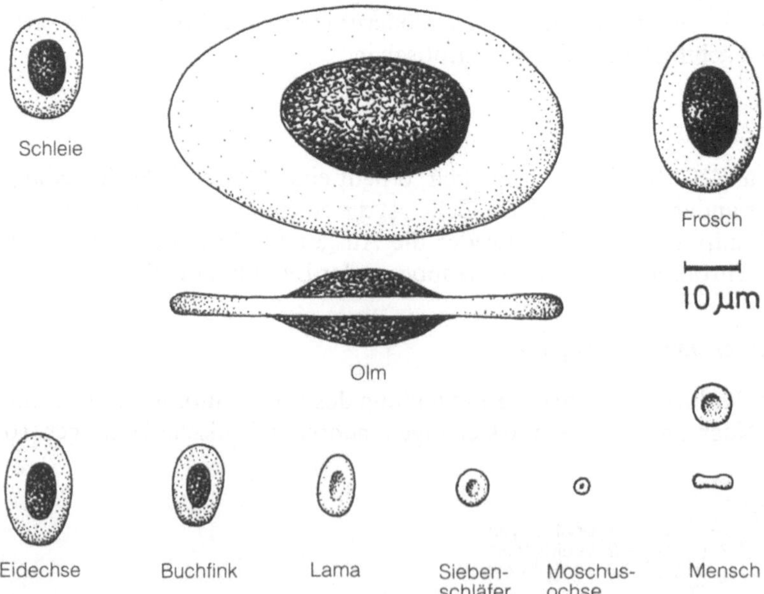

Abb. 5.2. Erythrocyten verschiedener Wirbeltiere

konkav und leicht verformbar; die mit der Membran verbundenen Proteine ermöglichen die Flexibilität der Membran, die notwendig ist, um sich zu verformen. Die Lebensdauer der Erythrocyten beträgt ca. 120 Tage. – Die Blutgruppe A, B oder 0 wird aufgrund von Struktur und Eigenschaften der Glykocalyx der Erythrocyten bestimmt.

5.1.2 Leukocyten

Unter den Leukocyten fassen wir die **Granulocyten** und die **Agranulocyten** zusammen.

Unter Granulocyten unterscheiden wir wiederum:

a) neutrophile (mit Oxydasen, Peroxydasen und Phagocytin),
b) eosinophile (mit Peroxydase und antibakteriellen Proteinen),
c) basophile (mit Heparin, Histamin).

Zu Agranulocyten werden zusammengefaßt:

Monocyten, Lymphocyten.

Die Entwicklung eines **Granulocyten** erfolgt zunächst im Knochenmark über die Stadien Myeloblast, Promyelocyt und schließlich Myelocyt (Tafel 1). Der Metamyelocyt dringt ins Blut ein, wo er sich zum Granulocyten entwickelt.

Lichtmikroskopisch ist das Alter dieser Zellen während der Granulopoese an der Form des Zellkerns erkennbar. In den jüngeren Stadien, wie sie z. B. im Knochenmark vorkommen, ist der Kern noch plump und groß, wird dann aber im Blut stabförmig; man spricht deshalb vom Stabkern. Er erfährt später mehrfache Einschnürungen; dann entstehen getrennte Bruchstücke des Kernes. Ein reifer Granulocyt ist deshalb segmentkernig, d. h. der Kern besteht meistens aus 3–4 Abschnitten, in die er später zerfällt.

Entsprechend der Färbbarkeit von Granulocyten unterscheidet man lichtmikroskopisch eosinophile, neutrophile und basophile Granulocyten. Bei den eosinophilen werden die Granula stark mit Eosin gefärbt, bei den neutrophilen Granulocyten treten die Granula nur sehr schwach hervor; sie sind nur schwach färbbar, und bei den basophilen Granulocyten ist die Färbung mit basischen Farbstoffen dunkelblau. Generell entstehen aus einem Myeloblast ca. 16 neutrophile Granulocyten.

Elektronenmikroskopisch hat sich gezeigt, daß die Granulabildung gleichzusetzen ist mit der Bildung von eiweißhaltigen Sekretionsprodukten in Drüsenzellen, z. B. im Pankreas. Vorstufen der Granula gelangen von Ribosomen in molekularer Form in das Spaltensystem des ER, dann in Vesikeln in das Lamellensystem des Golgi-Apparates. In den endständigen Spalten dieses Golgi-Apparates werden kleine Vakuolen abgeschnürt, die im Cytoplasma kondensieren und durch Wasserentzug an Dichte zunehmen. Über das Passieren des Golgi-Apparates siehe Kap. Drüsen.

Eosinophile Myelocyten enthalten runde, homogene „unreife" (lichtoptisch azurophile) Granula und die spezifischen „reifen" (lichtoptisch eosinophilen) Granula. Letztere sind in ihrer Mitte durch ein elektronenoptisch helleres Kristalloid erkennbar. Die Form der Kristalloide variiert bei verschiedenen Tierarten. Somit sind durch Blutuntersuchungen Rückschlüsse auf die Spezies möglich; z. B. bergen die Granula von Katzen zwei Kristalloide, jene der Maus und Ratte jeweils ein Kristalloid. – Azurophile Granula werden wahrscheinlich vom Stadium der Myelocyten an nicht mehr weitergebildet und durch nachfolgende Zellteilungen eliminiert. Peroxydase ist in allen Zisternen des rauhen endoplasmatischenRetikulums GER, in Bläschen an der Peripherie des Golgi-Apparates und in den kondensierenden Vakuolen in allen Granula nachweisbar. Die kristallhaltigen spezifischen Granula zeigen dieses Reaktionsprodukt ausschließlich in der Matrix. – Vom Metamyelocytenstadium an verschwindet die Peroxydase aus dem ER und aus dem Golgi-Apparat; sie ist in reifen eosinophilen Granulocyten nur noch in den Granula vorhanden. Die Granula des eosinophilen Granulocyten enthalten Kristalloide, während sie cytochemisch große primäre Lysosomen zu sein scheinen. Sie reagieren stark oxydase- und peroxydasepositiv und können Antigen-Antikörper-Komplexe entfernen, so daß den Granula eine Bedeutung bei der Zerstörung aufgenommenen Fremdmaterials zukommt. Bei Parasitenbefall steigt ihre Zahl stark an. Der Granuladurchmesser beträgt bis zu ungefähr 1,3 µm. Je nach Tierart ist Aufbau und Größe unterschiedlich. – Eosinophile Granulocyten fehlen sehr wahrscheinlich den Teleosteern.

Neutrophile Granulocyten enthalten zwei Granulatypen, von denen einer azurophil ist und lysosomale Enzyme enthält; der zweite sog. spezifische Granulatyp enthält Phagocytin, also bakterizide Stoffe. Diese Zellen zeigen hohe Phagocytoseaktivität und Beweglichkeit.

Basophile Granulocyten (8–11 µm) kommen relativ selten im Blut der Wirbeltiere vor; sie fehlen z. B. bei Maus, Katze und Ratte, wurden dagegen im Froschblut beschrieben. Diese Granula enthalten Heparin, das der Blutgerinnung entgegenwirkt und das gefäßerweiternde Histamin. Ihre Größe liegt bei 0,5–1 µm. Die amöboide Beweglichkeit der Basophilen ist gering. Gelegentlich kommt auch hier ein eosinophiles Granulum vor.

Zu **Agranulocyten** gehören die Lymphocyten und die Monocyten. Diese Zelltypen entstehen aus unipotenten Vorläuferzellen, jeweils über Lymphopoese und Monocytopoese (Tafel 1). Es existieren auch Angaben, wonach aufgrund von enzymhistochemischen Untersuchungen die Monocyten von Promyelocyten des Knochenmarks stammen sollen.

Bei **Monocyten** handelt es sich um 15–30 µm große Zellen, die sehr gut beweglich und mononukleär sind. Sie weisen sehr feine Granula auf von etwa 0,2–0,6 µm. Außerdem enthalten Monocyten phagocytiertes Material und können sich mit Hilfe von Pseudopodien fortbewegen. Mittels dieser Pseudopodien weisen sie auch ein unregelmäßiges Äußeres auf. Ihr Kern ist immer groß, oval, nierenförmig, etwas exzentrisch gelagert. Wandern sie aus den Blutgefäßen ins Bindegewebe, dann vergrößern sie sich und wandeln sich zu Makrophagen um (Abb. 5.3). Aus ihnen können Histiocyten, Mastzellen, in verschiedenen Fällen auch Endothelzellen, Fibroblasten, Fettzellen, glatte Muskelzellen, ja sogar Osteoblasten hervorgehen. Monocyten siedeln sich auch in anderen Organen an, z. B. in der Lunge, wo sie als Alveolarphagocyten auftreten. – Man vermutet auch die Möglichkeit zur Bildung von Megakaryocyten aus Monocyten. – Ein Teil der

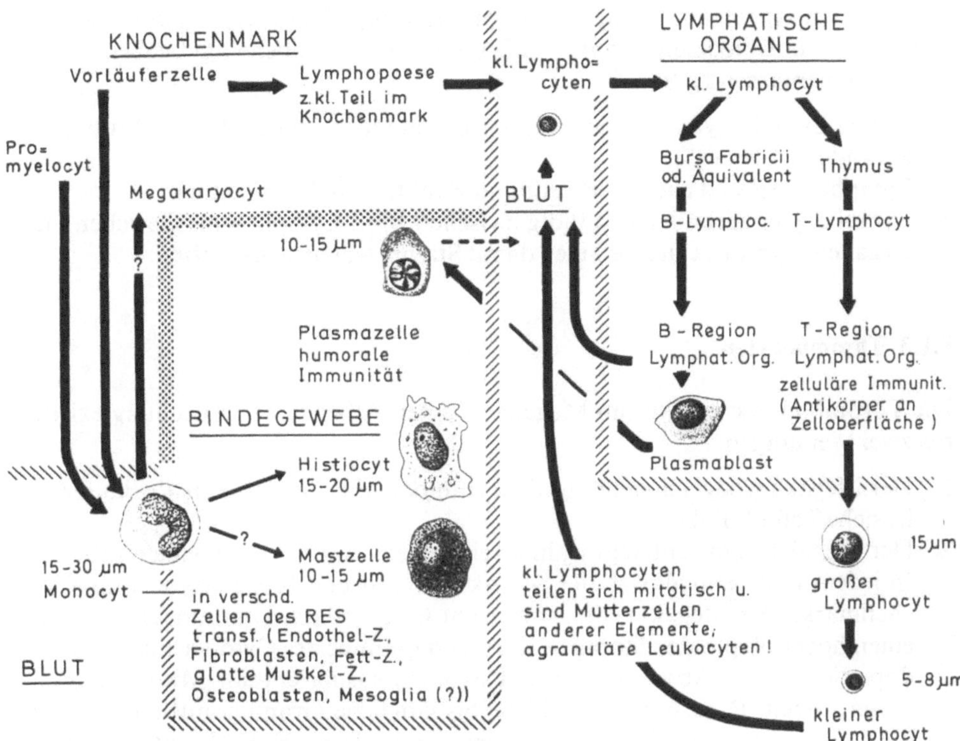

Abb. 5.3. Schema der Beziehungen zwischen Blut und freien Zellen des Bindegewebes im: Knochenmark, Bindegewebe, Blut und in lymphatischen Organen (Raster)

Monocyten ist zur Mitose befähigt. – Monocytose, eine vorübergehende Vermehrung der Monocyten, ist Ausdruck einer Abwehrreaktion.

Lymphocyten sind runde Zellen mit chromatinreichen Kernen und schmalem, basophilem Cytoplasmasaum. In großen Lymphocyten von ca. 15 μm ist dieser Saum etwas größer als in den älteren, kleineren Stadien (5–8 μm), in denen der Kern fast die gesamte Zelle einnimmt. – Lymphocyten haben nur geringe amöboide Beweglichkeit; sie phagocytieren nicht und enthalten nur selten Lysosomen. Ein Teil der Lymphocyten wird im Knochenmark gebildet (Tafel 1 u. Abb. 5.3). Sie wandern über das Blut in lymphatische Organe, entweder in den Thymus, wo sie zu T-Lymphocyten oder in die Bursa Fabricii der Vögel oder ein Äquivalent der Säuger (z. B. lymphatische Gewebe der Tonsillen oder Darmschleimhaut), wo sie zu B-Lymphocyten geprägt werden. Morphologisch sind T- und B-Lymphocyten nicht unterscheidbar. Immunologisch unterscheiden sie sich aber wesentlich. So bilden T-Lymphocyten Antikörper an ihrer Zelloberfläche (zellgebundene Immunität), während B-Lymphocyten die von ihnen gebildeten Antikörper ins Gewebe oder Blut abgeben (humorale Immunität). Sowohl die B- als auch die T-Lymphocyten gelangen von den lymphatischen Organen wiederum ins Blutsystem. T-Lymphocyten übernehmen die Aufgabe z. B. fremde Gewebe abzustoßen; deshalb spielen sie bei Transplantationen eine Rolle. Man kann

heute T-Lymphocyten z. B. mit Cyclosporin (aus dem Pilz *Tolypocladium* isoliert) in ihrer Wirkung blockieren, während B-Lymphocyten unbehelligt bleiben.
Zusammenfassend gilt:

1. Kleine Lymphocyten können sich mitotisch teilen und sind dann Mutterzellen anderer Elemente.
2. Lymphocyten sind nach Herkunft und Funktion nicht einheitlich.
3. Lymphocyten zirkulieren ständig zwischen Blut, Lymphbahn, Geweben und Organen. Lymphocyten besitzen damit Stammzelleneigenschaften.

5.1.3 Thrombocyten

Die Thrombopoese beginnt im Megakaryocyten. Über seine Entstehung existieren zwei Meinungen:

1. Der Megakaryocyt entsteht aus dem Hämocytoblasten, also als Vorläuferzelle, siehe Tafel 1, links.
2. Der Megakaryocyt entsteht wahrscheinlich aus einem Monocyten (Abb. 5.3). In jedem Fall befindet sich der Megakaryoblast und Megakaryocyt im Knochenmark. Der Megakaryoblast erreicht bis zu 50 µm Durchmesser, enthält einen hochpolyploiden lappigen Kern und granuliertes Cytoplasma mit pseudopodienartigen Abschnürungen. Das Cytoplasma enthält Mitochondrien, Golgi-Zonen, Ribosomen, rundliche bis längliche Granula mittlerer Dichte, die von Membranen begrenzt werden. Granulareiche Fraktionen ergaben gerinnungsfördernde Aktivität. Durch Aufteilung des Cytoplasmas in Fragmente, die eigentlichen Blutplättchen, kommt es zur Thrombocytenbildung. Thrombocyten eines Säugers enthalten also nie Kerne, sondern nur die Zellorganellen, die auch sonst im Cytoplasma vorzufinden sind, so endoplasmatisches Retikulum, Mitochondrien, Glykogen, Mikrotubuli und Granula. Unter diesen Granula unterscheidet man α-Granula und Dichtegranula.

Dichtegranula sind die schwersten Granula; sie enthalten Serotonin (gefäßverengend), Calcium, ADP und ATP. α-Granula sind sog. leichte Granula; sie enthalten zahlreiche Proteine, darunter den Plättchenfaktor 4, der einen Gegenspieler des Heparins darstellt.
Blutplättchen enthalten außerdem viel Actomyosin, ein Protein, das sich zusammenziehen kann; dadurch können sie sich kontrahieren. – An der Gerinnung des Blutes sind mehrere Faktoren beteiligt:

1. Die Thrombocyten,
2. einige ihrer Inhaltsstoffe,
3. Substanzen aus Blut und Gewebe.

Der Kontakt eines Thrombocyten mit Kollagen setzt die Reaktionskette der Gerinnung in Gang: Thrombocyten sondern aus den Dichtegranula ADP ab. Das im Gewebe vorhandene Calcium und andere Gerinnungsfaktoren mobilisieren das in der Blutflüssigkeit vorhandene Prothrombin zu Thrombin. Thrombin stimuliert wiederum die Plättchen, die Granula auszuschütten; es macht die Oberfläche der Plättchen klebrig. Thrombin bildet mit dem im Blutplasma vorhandenen Fibrinogen das Fibrin, ein Maschenwerk, das letztlich die roten Blutkörperchen ausfällt und andere Blutzellen zum Blutkuchen agglutiniert. Kollagen, ADP und Thrombin bewirken, daß sich weitere Plättchen an das im Kollagen bereits haftende anlagern, die Plättchen also aggregieren. Fibrinogen wirkt dabei als eine Art Leim. Fibrinfasern verstärken den Pfropf und binden unter Umständen Blutkörperchen, so daß der Pfropf auch dicker wird.

Bei niederen Wirbeltieren fehlen Megakaryocyten und Blutplättchen. Diesen Elementen entsprechen hier Thrombocyten, die aus Stammzellen hervorgehen. Im ausgereiften Zustand sind diese spindelförmig und enthalten einen Kern. Sie haben auch Anteil an der Blutgerinnung. Auch von Vögeln sind Thrombocyten bekannt, die fast vollständig vom Kern erfüllt sind.

5.2 Freie Zellen des Bindegewebes

Als freie Zellen des Bindegewebes bezeichnet man:

1. Histiocyten, die man wie auch die Monocyten als Makrophagen bezeichnet;
2. basophile Rundzellen (Lympho- und Monocyten);
3. Plasmocyten (Plasmazellen), die Antikörper bilden;
4. Mastocyten (Mastzellen), die Heparin und Histamin bilden (Abb. 5.3);
5. Chromatophoren (Pigmentzellen).
Die Zellen 1–4 haben hauptsächlich Abwehrfunktion.

Histiocyten sind große polymorphe Zellen (15–20 µm), die angeregt durch chemische Reize z. B. bei Infektion oder Zellverfall an den entsprechenden Ort wandern. Sie phagocytieren (Freßzellen). Durch ihren hohen Gehalt an lysosomalen Enzymen sind sie histochemisch eindeutig erkennbar (saure Phosphatase, β-Glukosaminidase und andere Enzyme).

Plasmocyten sind meist in kleinen Gruppen zusammen vorzufinden und haben jeweils eine Größe von 10–15 µm. Sie fallen lichtmikroskopisch auf durch einen Kern mit der typischen Radspeichenstruktur und der Basophilie des Plasmas (Abb. 5.3). Das Chromatin dieser Zellkerne ist in großen Massen charakteristisch kondensiert und verursacht die Wagenradstruktur (lichtmikroskopisch). Die starke Basophilie des Cytoplasmas wird durch das GER verursacht, durch die zahlreichen Ribosomen, die der Oberfläche der Zisternen und Vakuolen des ER aufliegen. Charakteristikum der Zelle ist neben dem Kern das granuläre endoplasmatische Retikulum, das die Proteine produziert. – Die Plasmazellen sind wichtig für die Antikörperbildung. Man nimmt an, daß diese Zellen als Antwort auf Fremdmaterial (Antigene) Proteine (Antikörper) produzieren, die sich spezifisch mit den fremden Antigenen verbinden. Ein Lebewesen, das solche Komplexe in sich trägt, wird als immunisiert bezeichnet. Mittels der Elektronenmikroskopie konnte die Synthese von Antikörpern in Plasmazellen bewiesen werden; sie ermöglichte es auch zu lokalisieren, wo sich diese Synthese in der Zelle vollzieht. Werden z. B. Plasmazellen eines Tieres, welches gegen Pferdeferritin immunisiert ist, nahezu fixiert dem Ferritin ausgesetzt und dann für die Elektronenmikroskopie aufgearbeitet, so kann das Ferritin aufgrund seiner Eisenkerne als dichte Partikel sichtbar gemacht werden; es ist dann spezifisch mit dem Inhalt der

Zisternen des endoplasmatischen Retikulums vergesellschaftet. Diese Reaktion zeigt die Lokalisation des Antikörpers an; er wird bei der Synthese, wie die anderen Proteine, in die Spalten des ER abgeschieden. Während der Antikörperbildung sind die Zisternen des endoplasmatischen Retikulums außergewöhnlich stark aufgetrieben; im Ruhezustand sind sie dagegen schmale Spalten. Die Ausbildung des GER läßt also Rückschlüsse auf den Funktionszustand der Zelle zu.

Die Beziehungen zwischen Blut und freien Zellen des Bindegewebes sind in Abb. 5.3 dargestellt. Plasmazellen werden z. B. aus kleinen B-Lymphocyten in lymphatischen Organen (Lymphknoten und Milz) gebildet. Sie haben eine Lebensdauer von 10 bis ca. 30 Tagen (siehe Lehrbuch f. Immunität).

Mastocyten liegen als 10–15 µm große Zellen im lockeren Bindegewebe. Ihre größeren Granula im Cytoplasma weisen Metachromasie auf: die Granula nehmen nach Färbung mit blauem basischen Thiazin-Farbstoff (z. B. Toluidinblau) eine andere Farbe (intensiv rot) an. Die Granula dieser Mastzellen enthalten:

1. Heparin, das die Blutgerinnung verhindert;
2. Histamin, das bei Entzündungen gefäßerweiternd wirkt und als Gewebshormon vorkommt.

Außerdem tragen diese Zellen zur Bildung der Glykoproteine und Proteoglykane der Bindegewebssubstanz bei.

Neuerdings ist ziemlich sicher, daß die freien Zellen des Bindegewebes identisch sind mit den verschiedenen Arten der weißen Blutzellen (Abb. 5.3). So entstehen aus den Monocyten sowohl Histiocyten als auch verschiedene Zellen des RES, des retikuloendothelialen Systems sowie auch Fibroblasten, Fettzellen, glatte Muskelzellen, Osteoblasten und möglicherweise auch Mesoglia. Da die Histiocyten in dieses RES einbezogen sind, spricht man auch vom retikulohistiocytären System RHS. Wahrscheinlich gehen die Mastzellen auch aus Monocyten hervor.

Chromatophoren (Pigmentzellen) sind ektodermalen Ursprungs. Diese Zellen enthalten als Pigment Melanin. Sie kommen vorwiegend vor bei niederen Wirbeltieren (Fischen, Amphibien, Reptilien) und bei Wirbellosen. Das Farbkleid der Tiere ist von der Ausbreitung der Pigmente abhängig. – Diese wird durch Hormone gesteuert. – Chromatophoren sind formveränderlich. Durch Verkürzung der Zellausläufer oder Verlagerung der Pigmentkörner im Cytoplasma erfolgt der Farbwechsel.

Die **Blutbildung** erfolgt bei adulten Säugern nur im roten Knochenmark (Abb. 4.12). Letzteres besteht aus retikulärem Bindegewebe, das von sehr weiten, dünnwandigen Blutgefäßen (Sinusoiden) durchzogen wird. Da sowohl die retikulären Bindegewebszellen als auch die Endothelzellen der Gefäße phagocytieren, spricht man (nach Aschoff 1924) vom retikulo-endothelialen System RES. Die Blutstammzellen liegen in den weiträumigen Maschen des retikulären Bindegewebes. Erst in ausgereiftem Zustand gelangen hier Granulocyten und Erythrocyten durch die fenestrierte Wandung dieser Sinusoide in das fließende Blut.

Bei niederen Wirbeltieren wird das Blut nicht nur im Knochenmark gebildet. So bilden z. B. Urodelen und Gymnophionen in der Randzone der Leber drei Blutzelltypen. Interessant ist: Säuger bilden während kurzer Zeit ihrer Embryonalentwicklung ebenfalls in dem mesenchymalen Gewebe der Leber Blut.

5.3 Blutzellen der Wirbellosen

Die Blutzellen der Wirbellosen sind den Granulocyten der Wirbeltiere ähnlich; sie sind wie diese amöboid beweglich und können phagocytieren.

Oligochaeten enthalten zwei Zelltypen, die Elaeocyten und die Amöbocyten sowie Hämoglobin gelöst im Blut. Elaeocyten enthalten Fett, Proteine, Einschlüsse, die für die Chloragoggewebe typisch sind. Vielfach auch hämoglobinhaltige Proteinvakuolen; bei Verletzungen lagern sich diese Zellen zusammen. Die Amöbocyten sind amöboid beweglich. Diese Zellen enthalten Glykogen, Lysosomen und Filamentbündel.

Bei **Gastropoden** und **Muscheln** tritt ein auffallender Zelltyp, die Porenzelle, im Bindegewebe auf. Sie kann Blutfarbstoff, das Hämocyanin bilden und lagern. Im rauhen endoplasmatischen Retikulum (RER) von *Lymnaea* hat man Hämocyaninpartikel gefunden.

Den **Sipunculiden**, den Spritzwürmern (*Golfingia*), marinen, wurmförmigen Protostomiern, fehlt ein Blutgefäßsystem. In der Hämolymphe dieser Tiere erscheinen drei Zelltypen: die Prohämocyten verschiedener Reife, die Erythrocyten und die Leukocyten.

Unter den **Arthropoden** wurden die Hämocyten der Insekten am besten untersucht. Die Zuordnung der Blutzellen früherer Autoren zu bestimmten Typen war aber verwirrend. Um eine einheitliche Klassifizierung der Blutzellen von Arthropoden hat sich Gupta (1979) aufgrund licht- und elektronenmikroskopischer Untersuchungen bemüht.

Er unterscheidet sieben Blutzell-Typen: den Prohämocyten (PR), den Plasmocyten (PL), den Granulocyten (GR), den Sphaerulocyten (SP), den Adipohämocyten (AD), den Oenocytoiden (OE) und den Coagulocyten (CO). Zwei weitere Typen, die zusätzlich noch bei Insekten genannt werden, die Podocyten (PO) und Vermicyten (VE) sind ultrastrukturell den Plasmocyten sehr ähnlich. – Diese sieben Blutzell-Typen sind morphologisch folgendermaßen charakterisiert:

Prohämocyt: klein, rund, oval oder elliptisch, 6–10 µm breit und 6–14 µm lang. Zellmembran glatt, kann aber Vesikel zeigen. Kern groß. – Cytoplasma homogen, intensiv basophil, kann Granula und Vakuolen enthalten, wenig ER und Golgi-Apparat. Viele freie Ribosomen, RER und Mitochondrien zahlreich.

Plasmocyt: vielgestaltige Zelle, 3,3–50 µm breit und 3,3–40 µm lang. Zellmembran kann unregelmäßige Fortsätze aufweisen, wie auch pinocytotische Vesikel; Kern rundlich; granuläres oder agranuläres Cytoplasma, basophil mit vielen Zellorganellen, viel ER, Golgi-Apparat und Lysosomen, freie Ribosomen und Microtubuli.

Granulocyt: rund-oval, 10–45 µm lang und 4–32 µm breit. Zellmembran mit unregelmäßigen Fortsätzen (Filopodien), Kern groß; Cytoplasma charakteristisch granuliert, viele freie Ribosomen, Golgi-Apparat, ER und RER sowie Lysosomen; wenig Mitochondrien, randständig gebündelte Microtubuli.

Sphaerulocyt: oval bis rund, 9–25 µm lang und 5–10 µm breit. Zellmembran mit Filopodien, unregelmäßige Fortsätze, Kern mit viel Chromatin; intracytoplasmatische Kügelchen sind charakteristisch für diesen Zelltyp; sie enthalten granuläres, feingestaltetes filamentöses oder flockiges Material, neutrale oder saure Mucopolysaccharide und Glyko-Mukoproteine. Zusätzlich enthält das Cytoplasma Polyribosomen, Golgikörper, Lysosomen, Microtubuli, Mitochondrien und RER.

Adipohämocyt: rund bis oval, 7–45 µm; Zellmembran mit unregelmäßigen Fortsätzen; Kern klein; Cytoplasma enthält Fetttropfen, Golgi-Körper, Mitochondrien und Polyribosomen.

Oenocytoide: dick-oval, 16–54 µm; Zellmembran mit unregelmäßigen Fortsätzen, ein oder zwei kleinere Kerne; Cytoplasma charakterisiert durch ein kompliziertes Filamentsystem, das im Phasenkontrast-Mikroskop sichtbar, aber in gefärbten Präparaten nicht sichtbar ist. Neben den üblichen Zellorganellen enthält das Cytoplasma stäbchen- bis nadelförmige Einschlüsse; Lysosomen wurden nicht beschrieben.

Coagulocyt: rundliche, unstabile Zellen, 3–30 µm lang; Zellmembran ohne Filopodien oder irreguläre Fortsätze; Kern klein, mit ausgeprägter perinukleärer Zisterne; dadurch ist diese Zelle morphologisch charakterisiert. Nach Gupta und Sutherland (1966) spielen diese Zellen eine Rolle, wenn die Coagulation beginnt; sie rufen dagegen nicht die Coagulation hervor.

In verschiedenen Insekten-Arten sind außer diesen sieben Blutzelltypen noch einige andere beschrieben worden. – Zur Blutgerinnung bei Insekten liegen Untersuchungen von Bohn (1986) an *Leucophaea* vor. *Leucophaea* besitzt zwei Gerinnungsproteine, nämlich 1. das Hämocyten-Coagulogen (in den Granula der Hämocyten) und 2. das Plasma-Coagulogen (im Hämolymphplasma). Blutgerinnung wird durch Zerfall des Hämocyten ausgelöst, vorausgesetzt Ca^{++} ist vorhanden. Hämocytenfragmente setzen das Hämocyten-Coagulogen und andere Substanzen in die Hämolymphe frei. Auf diese Weise koagulieren das Hämocyten- und Plasma-Coagulogen und bilden den Gerinnungspfropf.

Aquatische Cheliceraten (*Xiphosura*) besitzen nur Granulocyten und einen Cyanocyten, der Hämocyanin produziert. Land-Cheliceraten wie Skorpione, Webspinnen (Araneae) und Milben (Acari) haben alle sieben Blutzell-Typen und den Cyanocyten-Typ.

Unter den Crustaceen besitzen die primitiven Brachiopoden (*Artemia* und *Daphnia*) nur Plasmocyten und Granulocyten, unter den Malacostraca sind bei den Decapoden und Isopoden dagegen alle sieben Blutzell-Typen gefunden worden. Myriapoden besitzen ebenfalls alle sieben Typen. Dagegen wurden in Onychophoren nur die folgenden fünf Typen gefunden: PR, PL, GR, SP und OE. Der vielgestaltige GR-Typ ist der einzige, der sowohl in allen Arthropoden als auch in Onychophoren vorkommt. Vermutlich sind die Prohämocyten und Plasmocyten Vorstadien der Granulocyten. In allen Arthropoden wird den GR die Funktion der Phagocytose und der Blutkoagulation zugeschrieben. Der Blutfarbstoff Hämocyanin mit seiner Sauerstoffträger-Funktion kommt stets extrazellulär vor. Hämocyanin wird von Cyanoblasten ausgeschleust. Dies geschieht bei Arthropoden über merokrine Sekretion, bei Mollusken z. B. über Exocytose. Dieser Blutfarbstoff ist für weniger aktive Crustaceen und viele Arachniden typisch. Kein Hämocyanin wurde bis jetzt bei Onychophoren, Myriapoden (mit Ausnahme des Chilopoden *Scutigera coleoptera*) und Insekten gefunden. Nach Gupta ging bei Arthropoden mit dem Verlust des Hämocyanins die Evolution des Tracheensystems einher, das bei Insekten zur höchsten Entwicklung kommt. Hämoglobin kommt nur als Ausnahme bei Insekten vor (z. B. bei Chironomiden; doch ist um so weniger Hämoglobin in der Blutflüssigkeit gelöst, um so besser das Tracheensystem ausgebildet ist). Auch einige Entomostraceen, z. B. *Triops* enthalten Hämoglobin.

Bei **Echinodermen** kommen Phagocyten und Elaeocyten vor. Diese sind im Blutlakunensystem und in der Coelomflüssigkeit anzutreffen.

Abschließend sei betont, daß bei Wirbellosen kein spezifisches Immunsystem vorhanden ist. Sie besitzen keine Lymphocyten und keine Zellen, die diesen äquivalent wären.

6 Muskelgewebe

Mit dem Muskelgewebe ist eine besondere Terminologie verbunden: (Sarcos = Muskel); Protoplasma = Sarkoplasma, Zellmembrankomplex = Sarkolemm, endoplasmatisches Retikulum = sarkoplasmatisches R., Mitochondrium = Sarkosom; die kleinste Einheit des quergestreiften Muskels ist das Sarkomer (Abb. 6.4).

Typisches Muskelgewebe stammt aus dem Mesoderm. – Die Muskelzellen sind stärker als alle anderen Zellen zur Kontraktion befähigt, eine Eigenschaft, die auf der Ausbildung spezieller Filamentsysteme beruht. Diese Filamente sind in Längsrichtung der Zelle angeordnet. – Nach Bau und Funktion unterscheidet man:

1. glatte Muskulatur;
2. quergestreifte Muskulatur,
   a) Skelettmuskulatur
   b) Herzmuskel
   c) schräggestreifte Muskulatur.

Exakt sind diese Typen nur am elektronenmikroskopischen Bild zu unterscheiden.

6.1 Glatte Muskulatur

Glatte Muskelzellen der **Wirbeltiere** sind in der Regel spindelförmig (Abb. 6.1 a); gelegentlich aber, wie z. B. in der Harnblase des Frosches (Abb. 6.1 b) können diese Zellen mehrzipflig sein. Ihr Kern liegt zentral. Der Durchmesser dieser Zellen beträgt meistens 3–10 µm, die Länge etwa 20–30 µm. An Zellorganellen weist eine glatte Muskelzelle Mitochondrien, Golgi-Apparat, glattes endoplasmatisches Retikulum ER, Glykogen und Filamente auf. Biochemisch bestehen die Filamente dieser Zellen aus komplexen Proteinen: dem Myosin und dem Actin. – Diese Filamente sind in der glatten Muskelzelle im Gegensatz zum quergestreiften Muskel strukturell nur schwer auseinanderzuhalten. Die dünnen Filamente sind hier am häufigsten; sie haben einen Durchmesser von 3–6 nm und unterscheiden sich in der Aminosäuresequenz vom Actin des Skelettmuskels. Die einzelnen stärkeren Myosinfilamente mit 6–8 nm Durchmesser stehen in keiner regelmäßigen geometrischen Beziehung zu dünneren Filamenten. – Das Plasmalemm der glatten Muskelzelle zeigt oft zahlreiche Pinocytosebläschen. Ihre Zahl

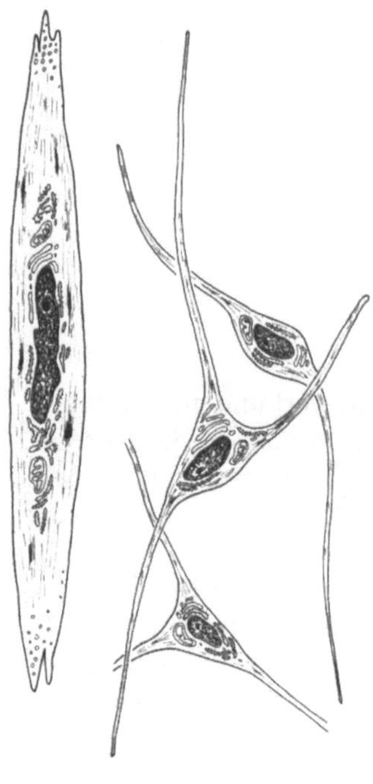

Abb. 6.1 a, b. Glatte Muskelzellen. **a** Spindelförmige Zelle; **b** mehrzipflige, verzweigte Muskelzellen aus der Harnblase des Frosches

a   b

läßt auf die funktionelle Beanspruchung der Zelle schließen. Invaginationen dieser Pinocytosebläschen werden als Äquivalent des T-Systems der quergestreiften Muskulatur angesehen. Benachbarte glatte Muskelzellen stehen häufig über gap junctions (Nexus) in Verbindung. – Somit besteht inniger Kontakt zwischen den Plasmamembranen durch Überleitungsstellen der Erregung von Zelle zu Zelle.

Glatte Muskulatur kontrahiert sich nur langsam. Dieser Vorgang wird durch das Einströmen von Ca^{++} wie beim Skelettmuskel gesteuert; der Trigger-Mechanismus ist aber verschieden; er wird aktiviert von Nerven des autonomen Systems oder Hormonen. Diese Kontraktionen können lange anhalten, weil ca. 5- bis 10fach weniger ATP für die gleiche Arbeit erforderlich ist als beim Skelettmuskel. – Muskelgewebe verbraucht die vom Stoffwechsel bereitgestellte ATP und setzt bei Kontraktion Energie in Bewegung um. Je schneller die gespeicherte Energie freigesetzt und anschließend die Energiereserve wieder aufgefüllt wird, um so effektiver ist die Kontraktion.

Glatte Muskulatur kommt bei Wirbeltieren vor in Eingeweiden: z. B. in der Wand von Blutgefäßen, des Darmes, des Harnleiters, des Uterus, der Luftwege.

Glatte Muskelzellen von **Wirbellosen** enthalten oft lange, dicke Filamente bis zu 150 nm Durchmesser und 20 µm Länge; neben Myosin enthalten sie verschiedene Mengen von Paramyosin. Paramyosin besteht aus Myosin und Tropomyosin. Im Schließmuskel von Muscheln sowie in der Chorda dorsalis von *Branchiostoma* kommt neben Actin auch das Paramyosin vor; letzteres ist besonders für die Haltefunktion von Bedeutung. In Holothurien kommen nur Muskeln vor mit Paramyosin (15–150 nm $\varnothing$, 20 µm Länge).

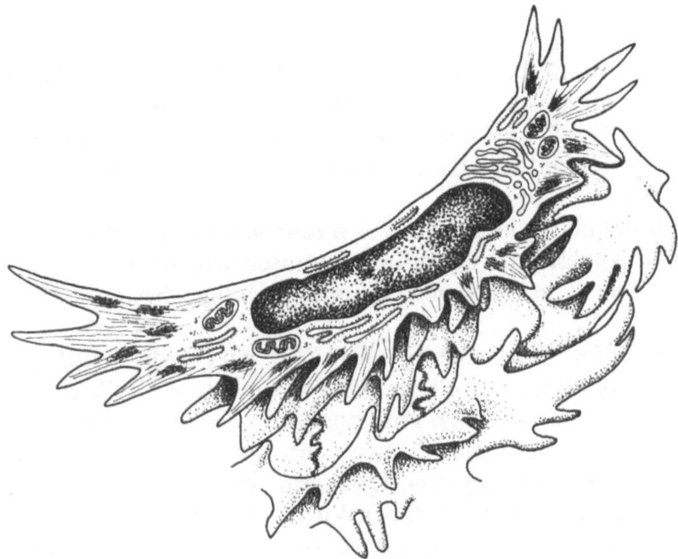

Abb. 6.2. Myoepithelzelle (Korbzelle), wie sie an der Basis von Drüsen-Acini vorkommt

Eine Sonderstellung kommt den **epithelialen Muskelzellen** zu, die auch als **Myoepithelien** bezeichnet werden und von etlichen Autoren zur glatten Muskulatur gezählt werden. Im Gegensatz zu anderen Muskelzellen entstehen diese Myoepithelien aus dem Ektoderm. Bei Wirbeltieren verwendet man den Begriff Myoepithelzellen für glatte Muskelzellen, die in Drüsenepithelien sog. „Korbzellen" bilden. Es handelt sich dabei um sternförmige Zellen, die zwischen sezernierenden Epithelzellen und der Basallamina liegen. Sie hüllen die sezernierenden Endstücke wie ein Korbgeflecht ein. Das Cytoplasma dieser Korbzellen ist von Fibrillen durchzogen, die die Kontraktion der Zellausläufer und dadurch die Entleerung der Drüsenstücke ermöglichen (Abb. 6.2). – Bei Wirbellosen kommen auch Epithelmuskelzellen vor. Die Bewegung der Cnidaria wird z. B. in den meisten Fällen durch sog. Epithelmuskelzellen gewährleistet. In ihren basalen Zellausläufern des Ektoderms ziehen Muskelfilamente und bilden eine geschlossene Längsmuskelschicht (Abb. 8.2). In der Gastrodermis (Entoderm) wird mit den Ausläufern der Zellen die Ringmuskellage aufgebaut (Abb. 8.2).

6.2 Quergestreifte Muskulatur

Im Längsschnitt weist quergestreifte Muskulatur lichtmikroskopisch quere Streifung auf, die aus der Feinstruktur resultiert. Man unterscheidet einen hellen optisch isotropen von einem dunkleren, sich stärker färbenden optisch anisotropen Streifen.

6.2.1 Skelettmuskulatur

Unter Skelettmuskulatur versteht man die quergestreifte Muskulatur des Bewegungsapparates, des Gesichtes, des Kehlkopfs, der Augen. Darüber hinaus kommt diese „Skelettmuskulatur" aber auch vor in der Zunge, Larynx, Pharynx, dem oberen Oesophagusdrittel und bei etlichen Tieren im Magen. Bei Arthropoden stellt sie die gesamte Muskulatur.

Diese quergestreifte Muskulatur kontrahiert sich sehr schnell. Sie arbeitet tetanisch, während glatte Muskulatur im wesentlichen tonisch arbeitet. (Tetanisch: schnell aufeinander folgende Kontraktionen; tonisch: ständiger Spannungszustand).

Die quergestreifte Muskelfaser ist vielkernig (Abb. 6.3). An Fischen wurde gezeigt, daß einkernige Praemyoblasten noch ohne Myofilamente zu vielkernigen Myoblasten verschmelzen, die sich strecken und longitudinal angeordnete Myofilamente bilden. Eine vielkernige Cytoplasmamasse, die so durch Zellverschmelzung entsteht, bezeichnet man als **Syncytium**. Die Kerne dieser quergestreiften Muskelfasern liegen peripher. Das ist der Fall bei Wirbeltieren und bei Insekten. Doch gibt es bei Insekten auch Ausnahmen, z.B. bei der Muskulatur des Darmtrakts, wo der Kern zentral liegen kann. – In den Muskelfasern verlaufen unverzweigte Muskelfibrillen parallel; sie sind in den histologischen Querschnitts-Präparaten oft in größere oder kleinere Felder geordnet (Cohnheimsche Felderung s. Abb. 6.3). Diese Felderung stellt wahrscheinlich ein Fixierungsartefakt dar. Jede Faser ist umgeben von dem Sarkolemm, an das die Basallamina grenzt; sie stellt den Kontakt zwischen Sarkolemm und umgebendem Bindegewebe her. Die Fibrillen in der Muskelzelle sind kontraktil, niemals jedoch die Filamente. Fibrillen sind lange, zylindrische Elemente von 1–2 µm Durchmesser, die sich über die gesamte Länge der Zelle erstrecken. Solch eine Myofibrille kontrahiert sich in Gegenwart von ATP. Jede Fibrille enthält zwei Arten von Filamenten (Abb. 6.4), nämlich Myosin und Actin.

Myosin ist ein Protein, dessen Moleküle eine lange, stabförmige Schwanzregion und zwei globuläre Köpfe aufweisen. Ein dickes Filament enthält ca. 200 Einzelmoleküle. Myosin hat in der Regel einen Durchmesser von 10–12 nm.

Actin ist ein Protein, dessen Moleküle kugelförmig sind (globulär = G-Actin); diese Moleküle sind wie ein gedrehter Doppelstrang aus Perlen aufgereiht (filamentös = F-Actin) und als Doppelhelix gewunden. Ein solches Filament enthält ca. 300 Einzelmoleküle und weist einen Durchmesser von 4–6 nm auf.

Zwei Haupttypen der quergestreiften Muskulatur können aufgrund der geometrischen Beziehung von dicken zu dünnen Filamenten im Querschnittsmuster einer Myofibrille unterschieden werden:

1. Typ, der beim Wirbeltier vorkommt. Myosin- und Actinfilamente sind kompakt und im Verhältnis 1:2 angeordnet; die Myosinfilamente erreichen im Durchmesser 11 nm.
2. Typ, der bei Insekten, Krebsen und *Sagitta* (Pfeilwurm) vorkommt. Myosin- und Actinfilamente sind im Verhältnis 1:3 angeordnet. Während die Actinfilamente auch hier kompakt sind, sind die Myosinfilamente röhrenförmig und breiter als beim Typ 1 (ca. 14 nm Durchmesser).

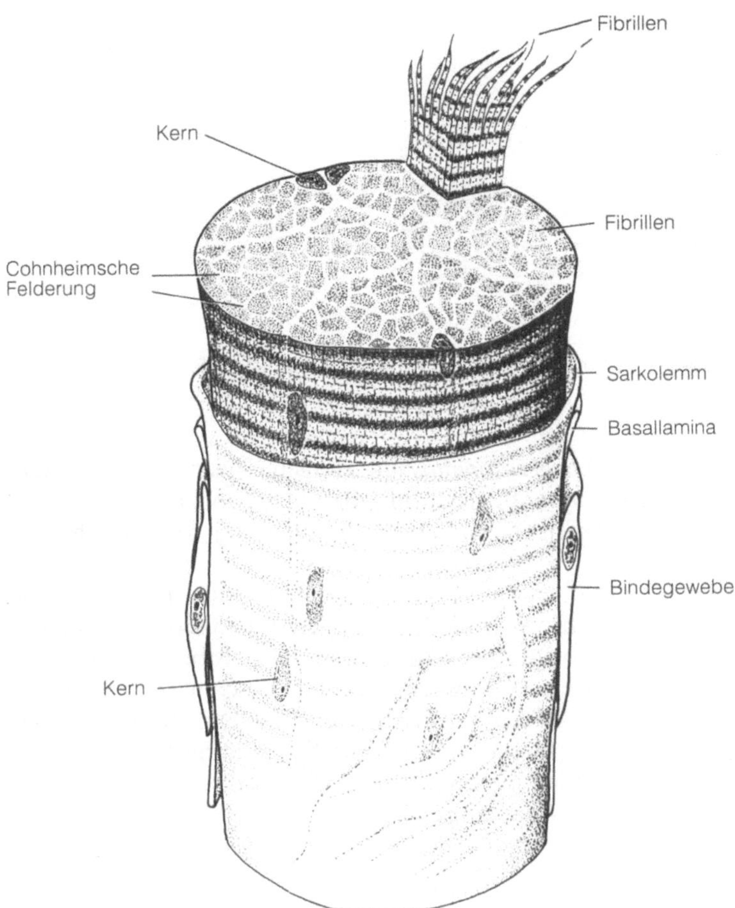

Abb. 6.3. Schema einer quergestreiften Muskelfaser

Streifung. Die lichtmikroskopisch dunklen Streifen, die sich mit Hämatoxylin stärker anfärben (A-Streifen) werden von den dicken Myosinfilamenten verursacht, während die helleren Streifen (I-Streifen) im wesentlichen auf die Actinfilamente zurückzuführen sind (Abb. 6.3 und 6.4). Inmitten des I-Bandes liegt der Z-Streifen (Zwischenscheibe); inmitten des A-Bandes die H-Zone, eine helle Zone (Hensensche Zone), die keine Actinfilamente enthält. Diese Zone wird von einem feinen dunklen M-Streifen (Mittelstreifen) durchzogen. Die Streifung wiederholt sich periodisch. Eine Periode erstreckt sich von Z- zu Z-Streifen und wird als Sarkomer bezeichnet. – Somit ist ein Sarkomer die kleinste Einheit; sie erstreckt sich über 2,5–3 µm. Im Z-Streifen verknüpfen sich die Actinfilamente durch α-Actin intrafibrillär von Ende zu Ende. In der Region, in der sich die im Sarkomer zentralwärts gerichteten Enden der Actinfilamente nicht berühren, erscheint der H-Streifen. – Knötchenförmige Verdickungen der Myosinfilamente bilden den M-Streifen durch Anhäufung von Seitenketten, d. h. Proteinen, die netzartig die Filamente zusammenhalten.

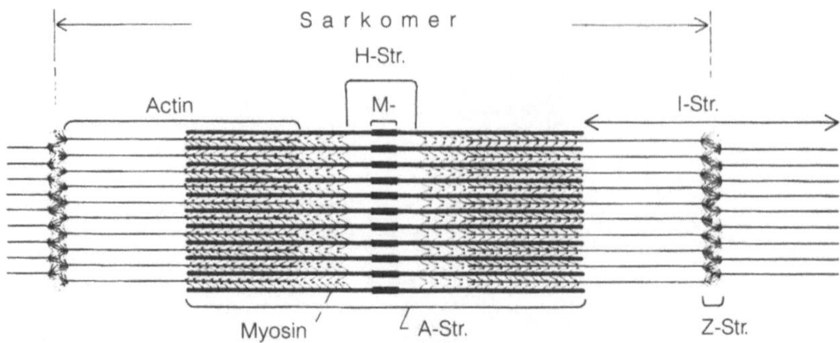

Abb. 6.4. Bau eines Sarkomers. A-Streifen: optisch anisotrope Zone, I-Streifen: optisch isotrope Zone

Bei einigen Käfern, so z. B. bei *Hydrophilus* und einigen Crustaceen ist ein Sarkomer außerdem noch stärker untergliedert. Im I-Band tritt dort noch ein anisotroper Streifen auf, der N-Streifen (Nebenband); dieser enthält vermutlich Tropomyosin.

Funktion. Bei Kontraktion einer Muskelfibrille verkürzt sich das Sarkomer, indem die Actinfilamente in Richtung M-Streifen gleiten (Gleittheorie nach Huxley). Dadurch verkürzen sich sowohl der H- als auch der I-Streifen. – Bei den Arthropoden, bei denen noch ein N-Streifen vorliegt, verschmelzen zuerst Z-Linie und N-Band zu einer sog. C1-Linie. Anschließend verschmelzen mit dieser Linie Teile des A-Bandes zu einer dunklen C2-Linie. Im kontrahierten Sarkomer liegt dann zwischen zwei C2-Linien nur eine helle Zone mit der M-Linie. – Stets verkürzt sich die Fibrille, nie aber Filamente; sie gleiten stets.

Für diesen Gleitmechanismus sind folgende Strukturen verantwortlich:

1. Myosinmoleküle,
2. Actinmoleküle.

Myosin wird unterteilt in a) leichtes Meromyosin und b) schweres Meromyosin, auf dessen Schaft das globuläre Köpfchen sitzt, mit seiner ATP-bindenden Seite. Die globulären Köpfchen liegen sich paarweise gegenüber. Jedes Paar ist gegen das darauffolgende um 120 ° gedreht, wodurch 6 Reihen dieser globulären Einheiten entlang den Myosinfilamenten erscheinen. Im sich kontrahierenden Zustand wird das schwere Meromyosin mit dem Kopf gegen das Actin vorgeklappt, um dort Kontakt zu bekommen. Durch weitere Ausfahrbewegung wird schließlich die Actin-Kette vorgezogen.

Actin liegt in Form von zwei Perlenketten vor, die sich umeinander drehen. Zwischen diesen Perlschnüren dreht sich ein weiteres Protein, das Tropomyosin (Abb. 6.5). Die Drehung Actin – Tropomyosin erfolgt periodisch in exakten Abständen, wobei jeweils im 1. Drittel dieser Periodizität ein weiterer Komplex, der Troponin-Komplex, gelagert ist. Werden Ca^{++} freigesetzt (Abb. 6.5), so verbinden sie sich mit dem Troponinkomplex, welcher dann die Lage der Tropomyosin-Moleküle so ändert, daß die Myosinköpfe mit den Actin-Molekülen Kontakt aufnehmen können. – Mit dem Eintreten eines Nervenimpulses wird ein Signal auf das der Membran anliegende sarkoplasmatische Reti-

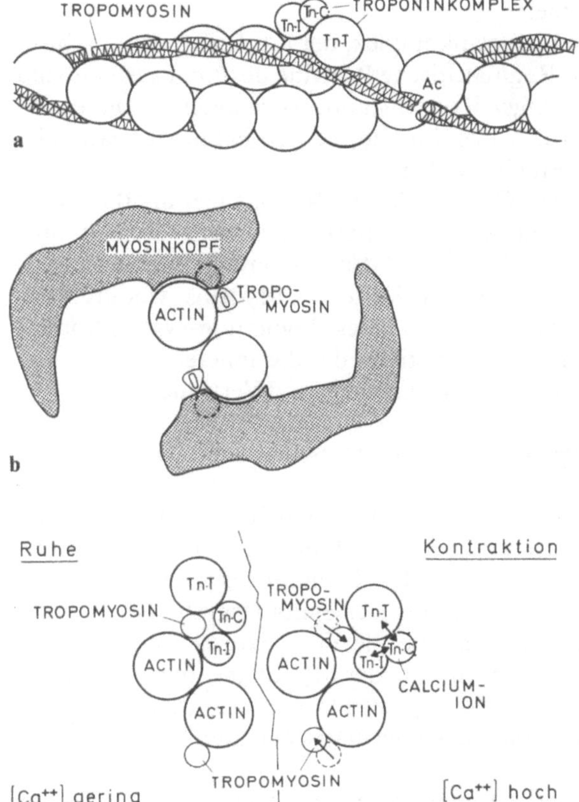

Abb. 6.5 a–c. Anordnung von Actin, Tropomyosin und Troponin in Muskelzellen. (Modell nach Cohen 1975 abgeändert). **a** im Ruhezustand. **b** Querschnitt durch den Actin-Myosin-Tropomyosin-Komplex. Das Tropomyosin ist in zwei Positionen dargestellt. **a** Unterbrochene Kreislinie: „off-effect", das Tropomyosin blockiert den Kontakt von Actin zu Myosinkopf. **b** Durchgezogene Linie: „on-effect", das Tropomyosin liegt seitlich. Der Myosinkopf bindet an das Actin und bewirkt das Gleiten der Filamente und damit Verkürzung der Fibrille. **c** Verlagerung des Troponin-Komplexes und des Tropomyosins bei unterschiedlicher Ca^{++}-Konzentration

kulum vermittelt, das Ca^{++} freisetzt, das Gleiten der Filamente verursacht und die Kontraktion der Fibrillen auslöst. Bei niedriger Ca^{++}-Konzentration versperrt Tropomyosin die Kontaktpunkte für den Myosinkopf am Actin (Abb. 6.5). Hohe Ca^{++}-Konzentration dagegen verstärkt die Bindung von Troponin C (Tn-C) nach Troponin T (Tn-T) und schwächt die Bindung von Troponin (Tn-I) nach Actin. Damit wird das Tropomyosin durch das Troponin weggezogen; am Actin wird Platz frei, so daß die Myosinköpfe am Actin inserieren können. Die Dehnung im Ruhezustand sowie auch die Kontraktion sind also jeweils abhängig von der Ca^{++}-Konzentration.

Doch nicht alle Kontraktionen beruhen auf diesem System. Bis heute wurden bereits drei **Regulationssysteme** bewiesen, nämlich:

a) Das beschriebene actingebundene System, bei dem regulatorisch die aktiven Proteine Troponin Tn-T, Tn-I und Tn-C am dünnen Actinfilament gebunden werden. Dieses System ist am besten untersucht; es kommt vor bei der quergestreiften Muskulatur der Wirbeltiere und Insekten, den schnellen Muskeln der Dekapoden, im Herzmuskel und beim schräggestreiften Annelidenmuskel.

b) Zwei myosingebundene Systeme:

α) Ca^{++} bindet direkt an den Myosinkomplex, der aus leichten und schweren Myosinketten besteht. Regulatorische Proteine des Actinsystems sind hier nur in schwindend geringer Konzentration vorhanden. – Dieses System kommt vorwiegend vor bei Mollusken, einigen Echinodermata, Nemertinen, Echiuriden und Brachiopoden.

β) Ca^{++} tritt in Interaktion mit Calmodulin (CaM), das hier als Bindeprotein fungiert und strukturell wie auch funktionell sehr ähnlich dem Troponin-C ist. Dabei aktiviert der Ca^{++}-CaM-Komplex eine Proteinkinase; diese phosphoryliert eine leichte Kette des Myosins, wodurch das Acto-Myosin-System aktiviert wird. – Dieses Regulationssystem kommt vor in glatter Muskulatur der Wirbeltiere, die die inneren Organe versorgt, in Nichtmuskelzellen sowie bei Anneliden und Verwandten.

Bei den meisten Invertebrata arbeiten sowohl das actin- als auch myosingebundene System nebeneinander.

Wie wird die **Ca^{++}-Konzentration** gesteuert? Die Signalübertragung von der Plasmamembran auf das sarkoplasmatische Retikulum SR, d. h. die Kopplung von Erregung und Kontraktion wird durch das Transversalsystem (T-System) gewährleistet. Ca^{++} werden aus der Membran des endoplasmatischen Retikulums (sarkoplasmatisches Retikulum), das um die Filamente herumgeschlagen ist, freigesetzt. Mit der periodischen Anordnung der Myofilamente in den Fibrillen korrespondiert eine periodische Einfaltung des Plasmalemms, das T-System, sowie eine periodische Anordnung des sarkoplasmatischen Retikulums, das L-System (Abb. 6.6).

T-System: Das Plasmalemm bildet transversale, tiefe, enge, schlauchförmige Einfaltungen, sog. Tubuli. Sie bilden ein quer zum Myofibrillenverlauf orientiertes Gitter, durch dessen Poren die Myofibrillen senkrecht ziehen (Abb. 6.6). Der Innenraum der Tubuli des T-Systems ist extrazellulärer Raum. Über diese quere T-Verbindung stehen alle Filamente einer Muskelfaser in gleicher Höhe gleichzeitig miteinander in Verbindung. Dadurch wird die außergewöhnlich rasche Kontraktion eines quergestreiften Muskels verursacht. Denn eine Depolarisation des Plasmalemms wird so schnell dem gesamten Faserquerschnitt mitgeteilt (elektrisch-mechanische Kopplung). – Das T-System liegt beim Säuger am Übergang vom A- zum I-Band, bei Amphibien dagegen in der Höhe der Z-Linie.

Das **L-System** besteht aus sarkoplasmatischem Retikulum, das in longitudinaler Richtung ein Netz aus Zisternen bildet; dieses schließt jede Myofibrille ein und erweitert sich an der Grenze zum T-System (Abb. 6.6). Den Anschnitt einer T-Einfaltung mit den Anschnitten der terminalen Zisternen der benachbarten L-Systeme bezeichnet man als Triade.

Funktion: Das L-System setzt Ca^{++} zur Auslösung einer Kontraktion frei und speichert Ca^{++} im Ruhezustand. – Zugabe von ATP verkürzt die Actin-Myosinfäden. Das Myosin wirkt als ATPase, indem es das ATP zu ADP und Phosporsäure spaltet (ATP → ADP + P + Energie). Die freiwerdende Energie wird zu etwa 30% für die Muskelkontraktion und zu etwa 70% für die Wärmebildung verwendet. Zur Resynthetisierung von ATP wird Glykogen als wichtige Energiequelle verbraucht. Bei Verkürzung des Actomyosins gleiten die Actinfilamente

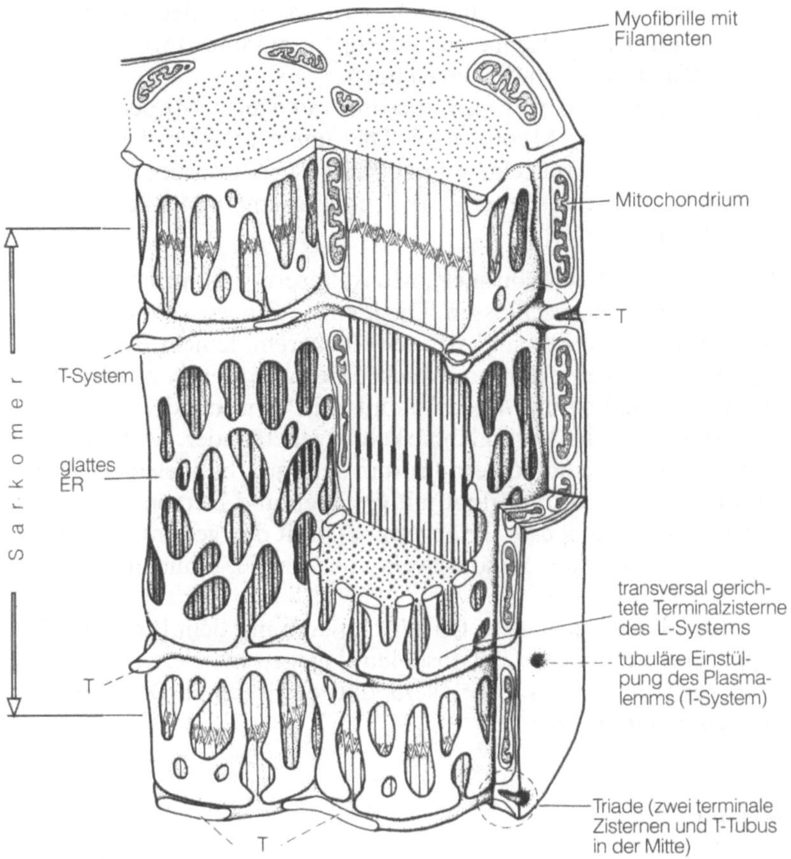

Abb. 6.6. Quergestreifte Muskelfaser im Blockdiagramm. (Nach Krstic abgeändert).
Gerissen: Triade (zwei terminale Zisternen und T-Tubulus in der Mitte)

tiefer zwischen die Myosinfilamente; diese laufen schließlich mit ihren „Füßchen" auf der Stelle. Dadurch werden die Actinfilamente bewegt, und damit erfolgt das Gleiten. – Nach dem Tod sinkt die Konzentration von ATP; es kommt
zur Muskelstarre, wobei die Myosinfüßchen fest mit den Actinfäden verbunden
werden.

Was verleiht einer Muskelfaser ihre Färbung? Die Farbe eines Muskels wird
verursacht durch ein globuläres Protein, das durch starke Windung der Polypeptidketten zustande kommt und als **Myoglobin** bezeichnet wird. Myoglobin ist ein
im Sarkoplasma gelöster Farbstoff, der als Sauerstoffspeicher fungiert. Wie Hämoglobin kann er reversibel Sauerstoff anlagern. – Säuger, die im Wasser leben
und einige Zeit ohne Sauerstoffzufuhr auskommen müssen, wie etwa Seehunde
und Wale, besitzen eine 10fach höhere Myoglobinkonzentration im Herzmuskel
als etwa ein Hund.

Aufgrund ihres Myoglobingehaltes, ihrer Funktion und unterschiedlichen en-
zymatischen Ausstattung kann man bei Warmblütern weiße und rote quergestreifte Muskelfasertypen unterscheiden.

a) Weiße Muskelfasern sind dick, enthalten sehr viele Myofribrillen, aber wenig Mitochondrien, wenig Sarkoplasma und wenig Myoglobin. Ihre Kontraktions- und Erschlaffungsgeschwindigkeit ist hoch.

b) Rote Muskelfasern enthalten viel Sarkoplasma mit vielen Mitochondrien, viel Myoglobin und weniger Myofibrillen. Da zudem rote Muskeln besser durchblutet sind als weiße Muskeln, sind stärkere Oxidationsprozesse möglich. Es handelt sich um eine ausdauerndere aber langsamere Muskelfaser, als die weiße Muskelfaser es darstellt.

Makroskopischer Aufbau des Skelettmuskels. Muskelfasern sind durch Bindegewebe zum „Muskel" zusammengeschlossen. Die kleinste Einheit ist die Muskelfaser. Diese einzelnen Muskelfasern sind von sehr lockerem, feinem Bindegewebe, dem Endomysium, umgeben. Mehrere Muskelfasern werden vom Perimysium internum zusammengehalten und bilden damit ein Primärbündel. Das Perimysium internum ermöglicht die Verschiebbarkeit gegeneinander. Mehrere Primärbündel werden vom Perimysium externum zum Sekundärbündel zusammengefaßt. Dieses Perimysium externum dringt mit Gefäßen und Nerven ins Innere des Muskels ein. Epimysium (lockeres Bindegewebe) hüllt den gesamten Muskel ein und wird von einem sehr festen Bindegewebe, der Faszie, schließlich umgeben.

Der Muskel ist über das Bindegewebe bei Wirbeltieren mit dem Bindegewebe des Bewegungsapparates verbunden. Bei Insekten dagegen inserieren die Muskelfasern direkt an der Cuticula des Exoskeletts und bewirken so Deformation oder Bewegung der cuticulären Gelenke.

6.2.2 Herzmuskulatur

Beim Herzmuskel handelt es sich um eine besondere Form der quergestreiften Muskulatur. Mit dem glatten Muskelgewebe hat es die Netzbildung sowie die zentrale Lage des Kerns gemeinsam. Diese Ähnlichkeit erklärt sich aus der gleichen Herkunft aus dem Mesoderm.

Typisch für den Herzmuskel ist die Verzweigung der Muskelzellen, die mit der Verzweigung einzelner Myofibrillen durch Aufspaltung des Myofilamentbündels einhergehen kann (Abb. 6.7). Zwischen den einzelnen Muskelzellen liegt lockeres Bindegewebe, das Endomysium. Für den Herzmuskel sind ferner die zahlreichen Mitochondrien charakteristisch, die außergewöhnlich lang und groß sind sowie die große Anzahl einzelner, verstreuter Glykogenpartikel. Letztere bilden keine rosettenförmigen Häufungen, wie sie in anderen Geweben für Glykogen charakteristisch sind.

Herzmuskelzellen sind durch besondere Zellhaften, die Glanzstreifen (Disci intercalares) miteinander in Längsrichtung verbunden. Diese Disci sind meistens gegeneinander stark verschoben, weil die Zellen miteinander verzahnt sind (Abb. 6.7). Die Verzahnung ist um so stärker ausgebildet, je stärker der entsprechende Abschnitt des Herzmuskels belastet wird. Lichtmikroskopisch sind diese Disci intercalares farbdichte Querbänder. Elektronenmikroskopisch findet man die üblichen drei Zellkontakt-Typen, nämlich Desmosomen, gap junctions und tight junctions. Gap junctions spielen hier funktionell eine besondere Rolle:

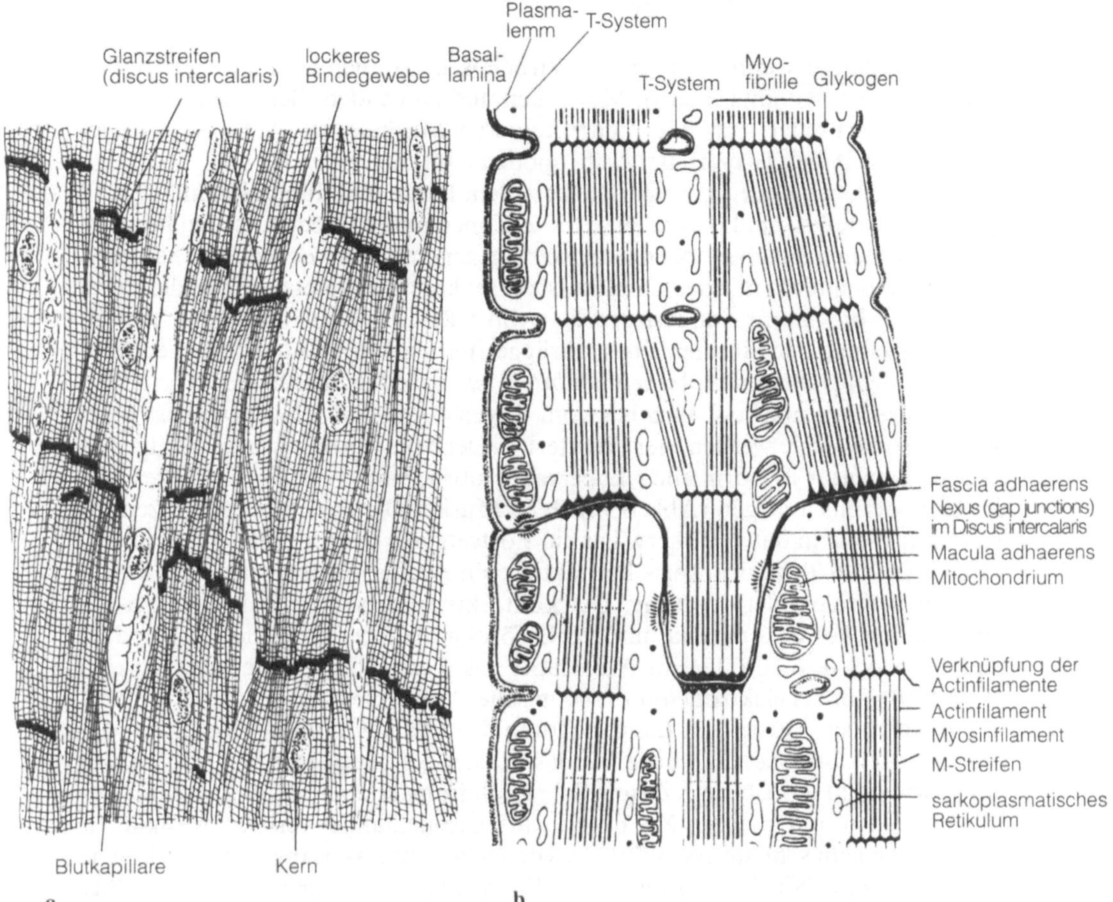

Abb. 6.7 a, b. Herzmuskelgwebe schematisch. **a** lichtmikroskopisch. **b** elektronenmikroskopisch. (Nach Lindner, vereinfacht aus Leonhardt 1985)

durch sie werden Aktivitäten benachbarter Zellen koordiniert. Die Kontraktion einer Zelle stimuliert am anderen Ende die nächste Zelle. Die Zelle mit der schnellsten Kontraktionsrate mobilisiert die anderen und kann diesen Rhythmus der gesamten Zellmasse auferlegen.

Während das L-System im Herzmuskel nur spärlich ausgebildet ist, ist das T-System stark entwickelt. Die transversalen Einfaltungen des T-Systems liegen auch bei Säugern in Höhe des Z-Streifens, im Gegensatz zum Skelettmuskel, wo das T-System zwischen A- und I-Streifen liegt. Diese T-Tubuli besitzen ein weites Lumen (80–300 nm), in das die Basallamina von der Zelloberfläche aus eindringt. – Die feinstrukturellen Unterschiede zwischen Skelett- und Herzmuskel (T-System, sarkoplasmatisches Retikulum, Zellkontakte) machen funktionelle Unterschiede, wie z. B. die autonome Aktivität des Herzmuskels, verständlich.

6.2.3 Schräggestreifte Muskulatur (Spiral-, helicoidal gestreift)

Dieser Muskeltyp kommt nur vor bei Wirbellosen, nämlich bei Turbellarien, Nemathelminthes (Rundwürmern), Mollusken und Anneliden. Bei diesen Gruppen ist er weit verbreitet, entweder neben anderen Muskeltypen (z. B. bei *Hirudo*) oder allein (z. B. bei *Ascaris*). Bei Arthropoden fehlt er.

Es handelt sich um einkernige Muskelzellen. Dicke und dünne Filamente sind geordnet, so daß A- und I-Banden sowie Z-Zonen unterschieden werden können. Da die einzelnen Filamentlagen aber stark gegeneinander versetzt sind, erscheinen die Banden nicht in jeder Längsaufsicht senkrecht abgesetzt, wie in der quergestreiften Muskulatur, sondern schräg (Abb. 6.8). – Eine ausführliche schematische Darstellung der Fibrillen eines schräggestreiften Muskels haben Rosenbluth (1965) an dem Nematoden *Ascaris lumbricoides* sowie Heumann und Zebe (1967) anhand des Hautmuskelschlauches vom Regenwurm *Lumbricus terrestris* gegeben. Diese Beispiele werden hier erläutert. – Der Spulwurm, *Ascaris*, besitzt nur Längsmuskulatur in Form einer Lage von großen, längs orientierten Zellen, die der Hypodermis anliegen (Abb. 6.9a). Jede Muskelzelle besteht aus dem zentralen Perikaryon, an das peripherwärts ein Fortsatz mit kontraktilem Material anschließt (Abb. 6.9); zentralwärts kontaktiert ein zweiter Fortsatz mit dem dorsalen oder ventralen Nervenstrang. Der kontraktile Fortsatz enthält helles, mitochondrienreiches Cytoplasma, um das U-förmig die Muskelfibrillen angeordnet sind (Abb. 6.9 u. 6.10a). – Ein Ausschnitt aus diesem filamenthaltigen Bereich (Abb. 6.10) läßt bei elektronenmikroskopischer Vergrößerung in zwei verschiedenen Ebenen der Aufsicht in Längsrichtung der Filamente unterschiedliche Muster erkennen. So weist die Ebene YZ das Muster der quergestreiften Muskulatur auf, während in der Ebene XZ stets Schrägstreifung erkennbar ist. Die einzelnen Filamentlagen sind in dieser XZ-Ebene stark gegeneinander versetzt, weshalb die Banden in einem sehr spitzen Winkel α von ca. 6 ° zur Faserlängsachse verlaufen. Im Querschnitt (XY-Ebene) zeigen die Filamente von *Ascaris* eine regelmäßige Folge von fünf Bändern, während bei quergestreifter Muskulatur von Wirbeltieren eine Fibrille nur in einer Zone getroffen wird (vergl. Abb. 6.6).

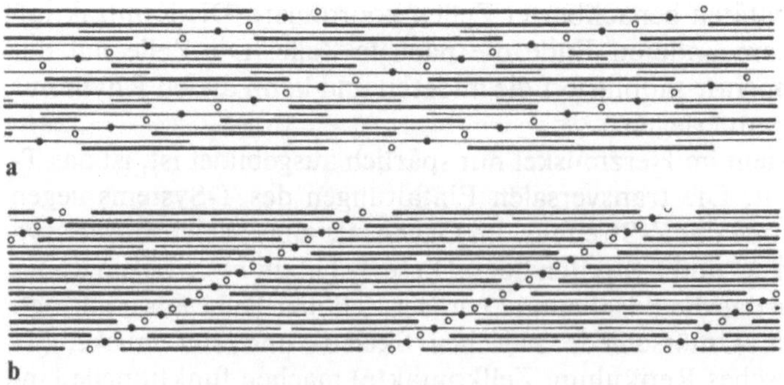

Abb. 6.8a, b. Schräggestreifte Muskulatur schematisch im Längsschnitt; **a** erschlafft, **b** kontrahiert

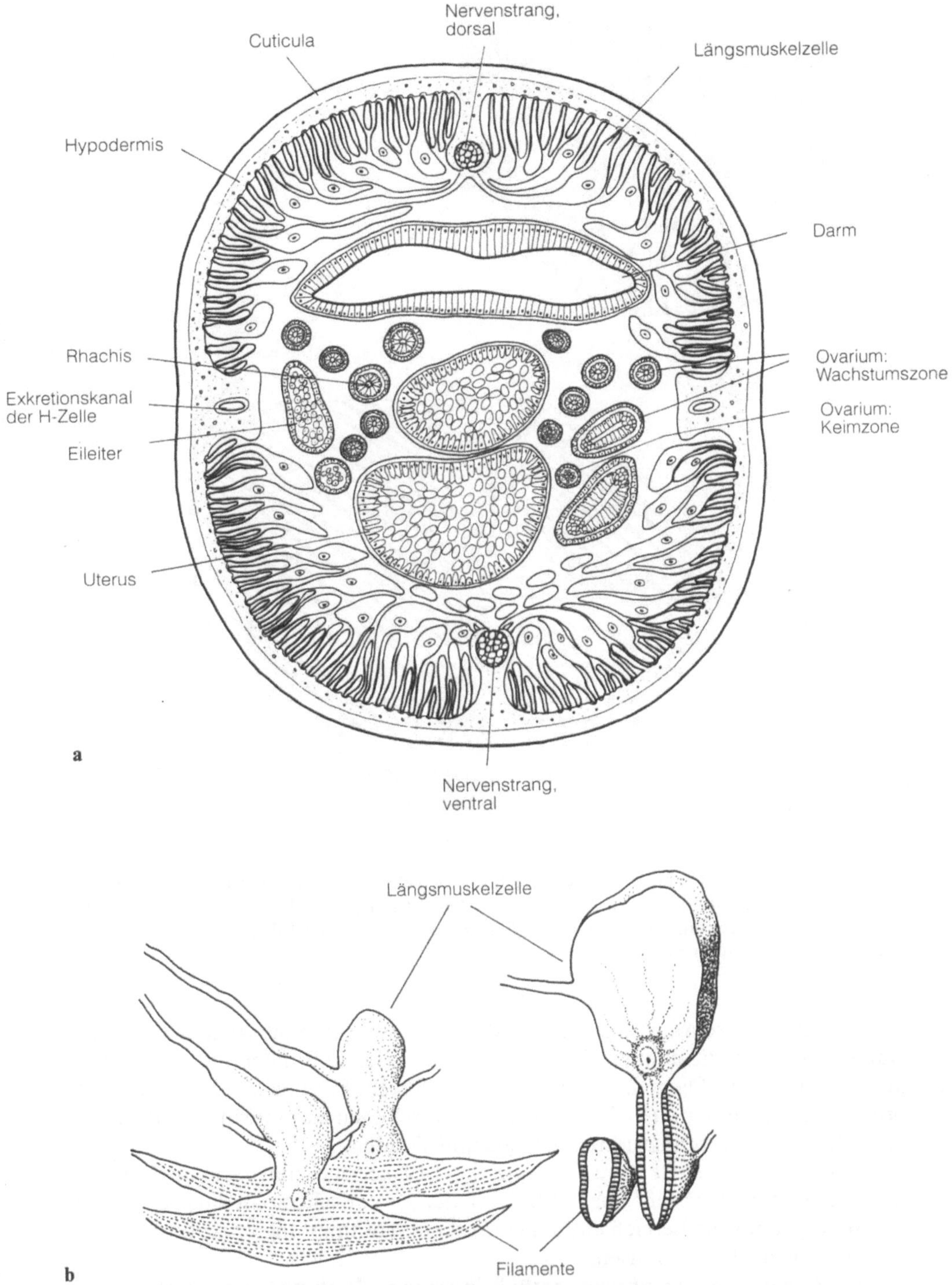

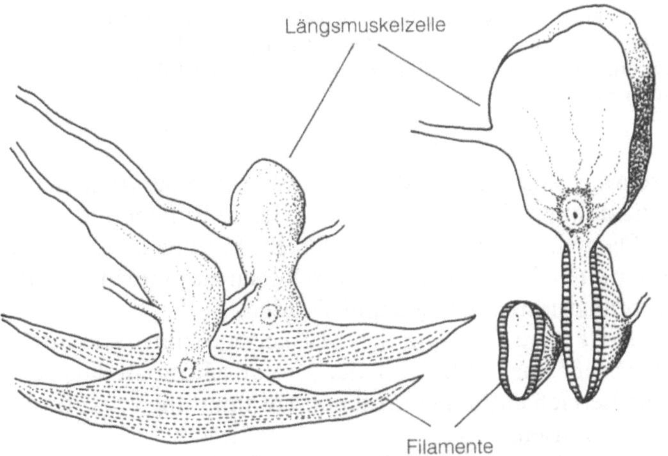

Abb. 6.9 a, b. *Ascaris megalocephala.* **a** Histologischer Querschnitt. (Nach Renner-Kükenthal modifiziert). **b** Einzelne Längsmuskelzellen; links: längs, rechts: quer

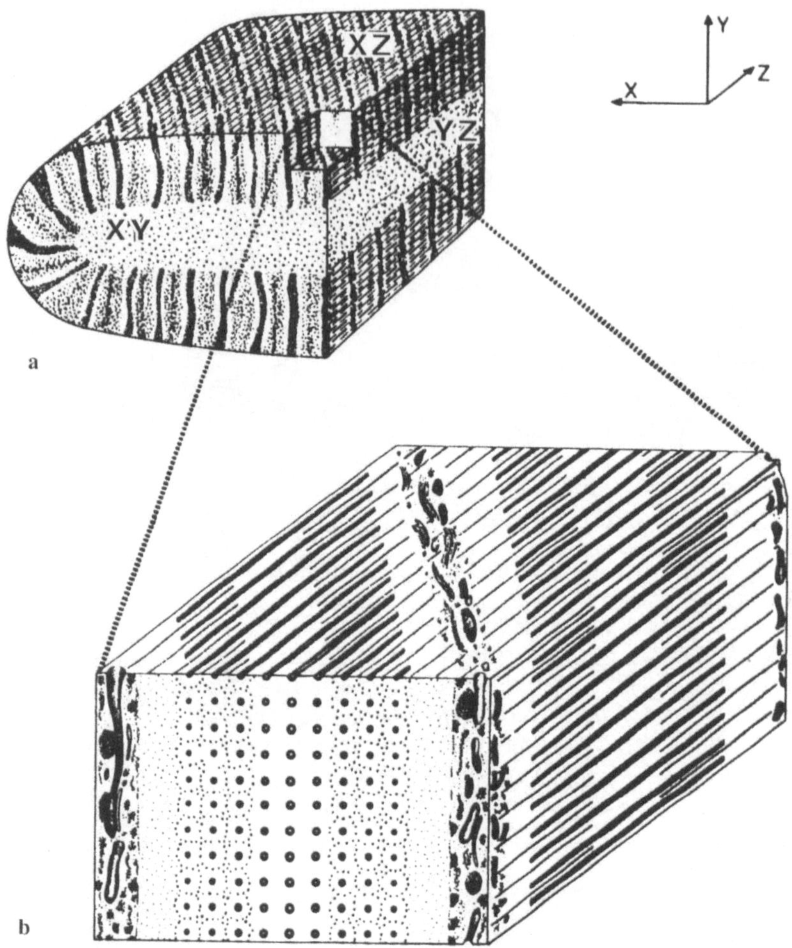

Abb. 6.10. Ausschnitt aus einer schräggestreiften Muskelzelle von *Ascaris*; Inset im Blockdiagramm (Nach Rosenbluth 1965). XY-Ebene = Querschnitt; XZ-Ebene = Längsschnitt mit sichtbarer Schrägstreifung; YZ-Ebene = Längsschnitt, in dem die Filamente wie im quergestreiften Muskel sichtbar sind

Z-Streifen der schräggestreiften Muskulatur erscheinen bei *Ascaris* als dunkle Bündel, an denen die dünnen Filamente ansetzen. Diese Bündel sind eng verbunden mit fibrillären Dichtekörpern und mit tiefen Einfaltungen der Plasmamembran. – Die Invaginationen der Plasmamembran bilden zusammen mit intrazellulären, flachen Membranzisternen Diaden und Triaden.

An der Kontaktstelle vom Fortsatz der Muskelzelle zum Nervenstrang beträgt der Interzellularspalt nur 1,0–0,5 nm, der synaptische Spalt dagegen 50 nm. Der praesynaptische Bereich enthält eine dichte Ansammlung synaptischer Vesikel und großer Mitochondrien.

Der Regenwurm, *Lumbricus*, enthält in seinem Hautmuskelschlauch wesentlich kleinere Muskelzellen als *Ascaris* in Form von Ring- und Längsmuskulatur;

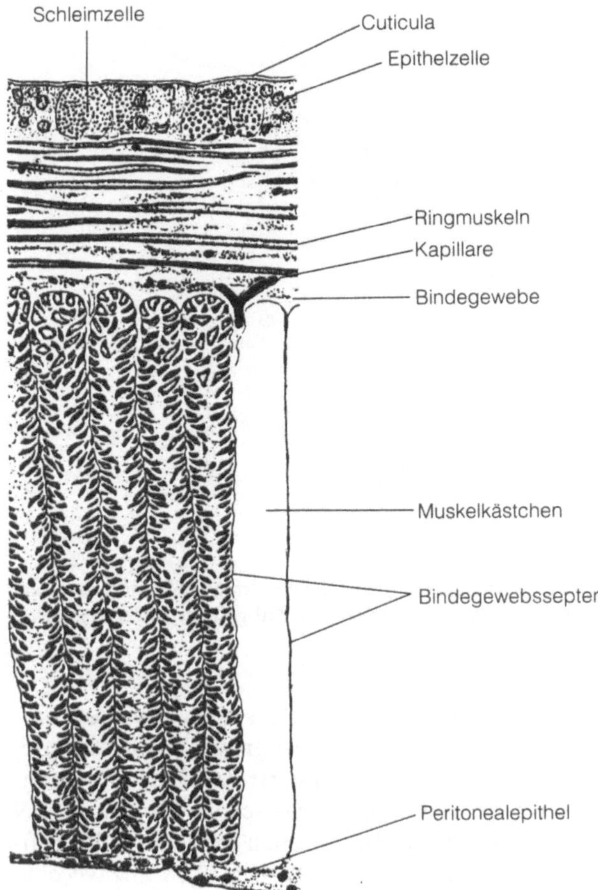

Abb. 6.11. Querschnitt durch Epidermis und Hautmuskelschlauch von *Lumbricus terrestris*. (Aus Hoffmann 1931 nah K. C. Schneider Histolog. Praktikum)

er wird außerdem noch von dorsoventral verlaufenden Muskelsträngen durchzogen. Während die Ringmuskelfasern einzeln im lockeren Bindegewebe liegen, sind die Längsmuskelfasern von *Lumbricus* an Bindegewebssepten angeheftet (Abb. 6.11). Letztere erstrecken sich im Querschnitt radial, so daß ein charakteristisches federförmiges Muster erscheint. – Elektronenmikroskopische Untersuchungen der Muskulatur des Hautmuskelschlauches zeigten, daß dünne und dikke Filamente regelmäßig durch Querbrücken miteinander verbunden und die Z-Elemente stäbchenförmig ausgebildet sind. Darüber hinaus weist diese Muskulatur ein ausgedehntes sarkoplasmatisches Retikulum auf. Dieses besteht aus: 1. voluminösen Vesikeln, die direkt unter dem Sarkolemm liegen, 2. peripheren und transversalen Tubuli, die miteinander in Verbindung stehen, wobei letztere alternierend mit den Z-Stäbchen quer durch den kontraktilen Apparat ziehen. – Einfaltungen des Plasmalemms fehlen dagegen. – Das sarkoplasmatische Retikulum von *Lumbricus* kann Ca^{++} aus der Umgebung aufnehmen und im Innern speichern, was auf eine dem ER der Skelettmuskulatur entsprechende Funktion schließen läßt.

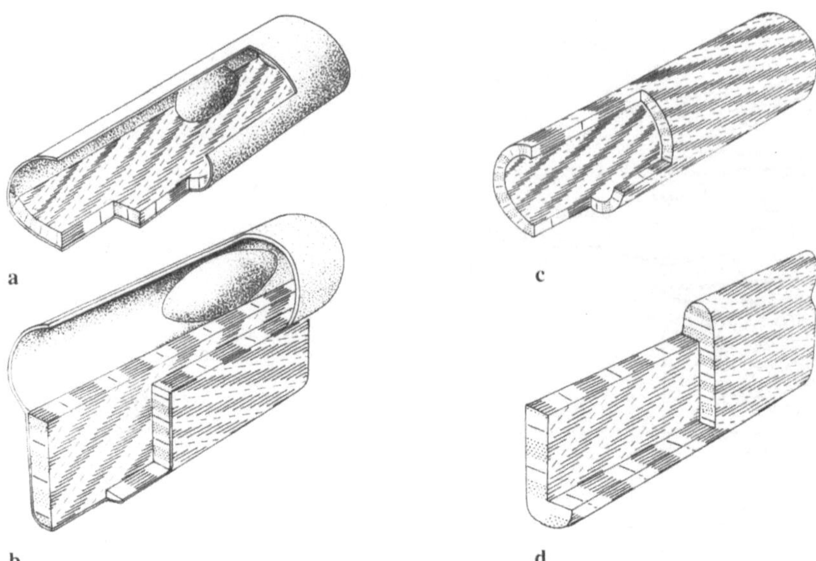

Abb. 6.12 a–d. Verschiedene schräggestreifte Muskelzelltypen. (Nach Hope 1969 und Lanzavecchia 1977.) **a** Platymyarisch, **b** coelomyarisch, **c** rund circomyarisch, **d** abgeflacht circomyarisch

Sowohl die Gestalt der schräggestreiften Muskelzellen als auch ihres kontraktilen Anteiles kann schon innerhalb verschiedener Wurmgruppen sehr differie-
ren. Stets liegen die kontraktilen Fibrillen an der Peripherie der Zelle; dort können sie den ganzen oder nur einen Teil der Zellperipherie besetzen. Hope hat 1969
die verschiedenen Typen der schräggestreiften Muskelzellen im Schema klassifiziert, das von Lanzavecchia (1977) modifiziert wurde (Abb. 6.12). Lanzavecchia
unterscheidet:

a) Den **platymyarischen Typ** (Abb. 6.12 a), der bei abgeflachten Zellen vorkommt; hier ist die einseitige kontraktile Region an der Kante der Fibrille um
   die abgeflachte cytoplasmatische Achse gefaltet. Dieser primitivste Typ
   kommt nur bei ursprünglichen Nematoden vor.
b) Den **coelomyarischen Typ** (Abb. 6.12 b). Bei diesen Muskelzellen liegt das Perikaryon außerhalb der kontraktilen Region; die Sarkomere bilden kein kon-
   tinuierliches helicales System an der Peripherie der Fibrille. Vorkommen: bei
   höheren Nematoden (z. B. *Ascaris*).
c) Den **rund circomyarischen Typ** (Abb. 6.12 c), bei dem die Fibrillen um die zentrale cytoplasmatische Achse, die den Kern enthält, eine periphere Lage bilden; diese Zelle ist im Querschnitt rund. Vorkommen: einige Nematoden,
   aber typisch für Anneliden, z. B. Hirudineen.
d) Den **abgeflachten circomyarischen Typ** (Abb. 6.12 d), der sich vom runden
   Typ ableitet. Bei diesem Typ wird die cytoplasmatische Achse mit Kern und
   Mitochondrien ausgestoßen. Die verbleibenden kontraktilen Wände haften
   in der medianen Längsebene aneinander; die Streifung jeder Wand verläuft
   entgegengesetzt. Vorkommen: Oligochaeten.

Zu den schräggestreiften Muskelzellen gehören auch doppelt, ja sogar multipel schräggestreifte Fasern, bei denen die kontraktilen Elemente zwei (resp. multiple) Schichten bilden. In jeder Schicht sind die Sarkomere schraubig angeordnet; sie verlaufen nicht parallel, sondern entgegengesetzt gewunden.

Bei Mollusken werden Muskelzellen vom helicoidalen Typ, z. B. auch bei den Chromatophoren-Muskelzellen, beschrieben. Außer der Schrägstreifung ist dort noch eine deutliche Verdrehung der innen gelegenen Myofilamente um die Längsachse erkennbar. Ihre Hauptrichtung bleibt parallel zur Längsachse orientiert.

Funktionell ergibt sich aus der Struktur der schräggestreiften Muskulatur eine physiologische Besonderheit: sie ist nämlich dehnbarer als die quergestreifte Muskulatur, da sich der Gleitbewegung noch eine zusätzliche Komponente überlagert, nämlich die Verschiebung der einzelnen Lagen der Sarkomere. – Da dieser Muskeltyp sowohl Merkmale der glatten als auch der quergestreiften Muskulatur beinhaltet, steht die schräggestreifte Muskulatur dazwischen. Die ultrastrukturelle und funktionelle Ähnlichkeit mit der quergestreiften Muskulatur rechtfertigt aber ihre Einordnung unter quergestreifter Muskulatur. Die Ausbildung der schräggestreiften Muskulatur wird offensichtlich durch die Funktion bestimmt. So ist die weite Verbreitung unabhängig von systematischer Stellung und stammesgeschichtlichen Beziehungen erklärbar.

Am aktiven Bewegungsapparat haben die Skelettmuskulatur und die schräggestreifte Muskulatur Anteil, während am passiven Bewegungsapparat Bänder, Sehnen, Knorpel und Knochen beteiligt sind.

7 Systeme der Aufnahme und Weiterleitung von Information

Zu diesen Systemen gehören:

Die Sinnesorgane, die Reize rezipieren und in Erregung transformieren,
das Nervengewebe, das über den axonalen Transport und die Synapsen Erregung
weiterleitet,
die neurosekretorischen Zellen und Hormonsysteme, die ihre synthetisierten Botenstoffe in kleinsten Mengen ins Blut freisetzen und die Aktivität bestimmter
Organe gemeinsam mit dem Nervensystem steuern.

Die Pheromondrüsen synthetisieren ebenfalls in kleineren Mengen hochwirksame Substanzen, die Ektohormone, die im Gegensatz zu den Hormonen an die
Umwelt abgegeben werden und Stoffwechsel sowie Verhalten anderer Individuen
einer Art beeinflussen.

7.1 Nervengewebe und Nervensystem

Nervengewebe kommt bei allen Metazoen vor. Wir unterscheiden im Nervengewebe Neuronen und Gliazellen.

7.1.1 Neurone (Nervenzellen)

Die Nervenzellen haben die Fähigkeit, Erregung weiterzuleiten. Die Geschwindigkeit der Weiterleitung bei verschiedenen Nervengeweben ist unterschiedlich
und in Korrelation zu bringen zu ihrem Bau. – Man unterscheidet morphologisch nach der Anzahl der Fortsätze **unipolare** Nervenzellen, die nur einen Fortsatz aufweisen (Abb. 7.1 a), **bipolare** Nervenzellen mit zwei Fortsätzen (Abb. 7.1 b
u. c) von **multipolaren** Nervenzellen mit mehreren Fortsätzen (Abb. 7.1 d u. 7.2).
Die **multipolare Nervenzelle** (Abb. 7.2) besteht in der Regel aus dem Perikaryon mit vielen dünnen verästelten Fortsätzen, den Dendriten, und einem größeren
dickeren Fortsatz, dem Neurit oder dem Axon. Dieses Axon verzweigt sich endständig, bildet Endbäumchen mit knopfförmigen Verdickungen, den Boutons.
Sie tragen die spezialisierten Kontakthaften zu weiteren Neuronen, die Synapsen.
Synapsen können darüber hinaus am Perikaryon sowie am basalen Verlauf der
neuronalen Fortsätze vorhanden sein. – Die Dendriten leiten die Erregung zur
Zelle, die Neuriten von der Zelle weg. Strukturell sind Dendriten kleiner und

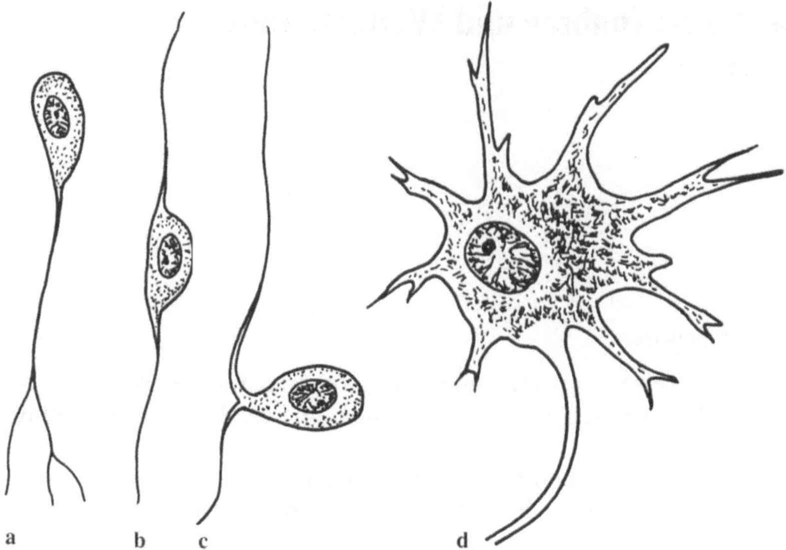

Abb. 7.1. Nervenzellen: **a** unipolar; **b** und **c** bipolar; **d** multipolar

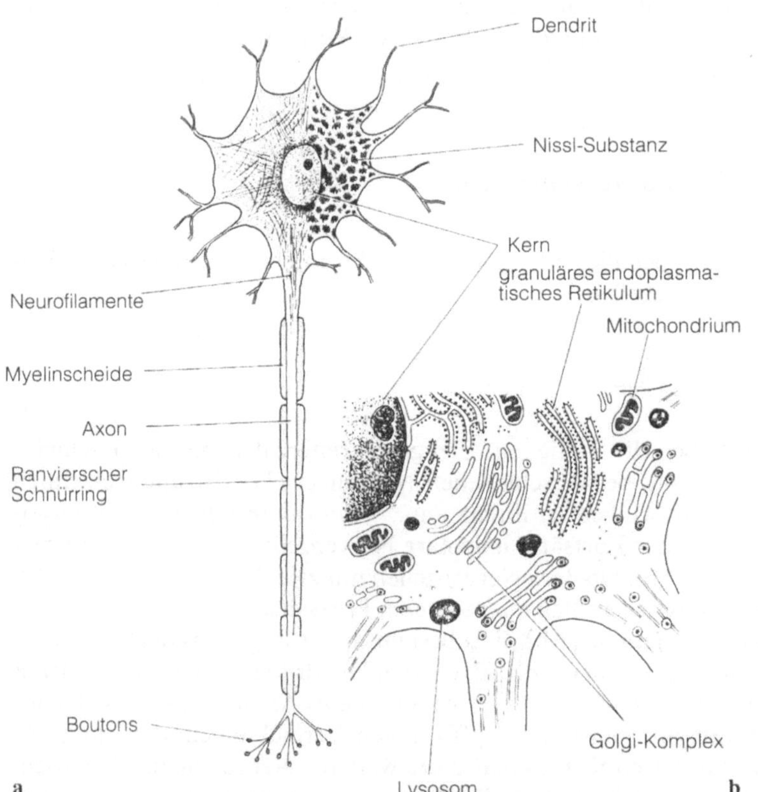

Abb. 7.2 a, b. Markhaltige Nervenzellen schematisch. **a** Lichtmikroskopisch; links Imprägnation der Neurofibrillen; rechts Nisslfärbung. **b** Elektronenmikroskopisch, Ausschnitt aus dem Perikaryon

dünner als Neuriten; in vielen Fällen bestehen aber morphologisch kaum Unterschiede. – LM: Im Perikaryon der Nervenzelle befindet sich sehr viel Nisslsubstanz in Form von Schollen (Abb. 7.2 a); EM: Jede Scholle besteht aus granulärem endoplasmatischem Retikulum (Abb. 7.2 b). Diese Organellen produzieren sehr viel Eiweiß, das von den Nervenzellen im Stoffwechsel umgesetzt wird. Die Eiweißsynthese ist mit dem Axoplasmafluß korreliert. In 14 Tagen wird im Gehirn der Säuger z. B. das Gesamteiweiß einmal umgesetzt. Darüber hinaus enthält eine Nervenzelle Mitochondrien, Golgi-Apparat, Neurofibrillen und Neurofilamente, die besonders am Ansatz der Dendriten und Axone sichtbar sind. – Der Neurit besteht aus Neuroplasma, den Neurotubuli, den Neurofilamenten und außerdem aus Mitochondrien. In seinem Verlauf gibt er da und dort Seitenzweige ab, die Kollateralen; dann spaltet er sich endständig zum Endbäumchen, dem Terminalorgan, auf. Über diese Boutons tritt der Neurit an das Erfolgsorgan heran.

Nervenfaser. Der erregungsleitende Teil des Neurons, das Axon, wird von einer Gliascheide eingehüllt. Dabei entsteht entweder die markhaltige oder die marklose Nervenfaser (Abb. 7.3).

Markhaltige Nervenfaser (Abb. 7.3 a). Einzelne Gliazellen, sog. Schwannsche Zellen, umwickeln hintereinander das zentrale Axon. Dabei bleibt der Kern der Schwannschen Zelle peripher, während ihr cytoplasmareicher Mantel mit seinem großen Membrananteil, dem Neurolemm, das Axon einwickelt. Diese gewickelte Hülle wird als Markscheide oder auch als Myelin bezeichnet. Wie die Elektronenmikroskopie zeigt, ist sie aus periodisch wechselnden Protein- und Lipidlamellen aufgebaut und innen (periaxonal) von einer dünnen, außen von einer dickeren Cytoplasmaschicht, der Schwannschen Zelle, umschlossen. Da die Myelinscheide einen großen Membran- und damit sehr hohen Lipidanteil aufweist (vergl. Zellmembran), läßt sie sich mit Osmiumsäure schwärzen; sie erscheint dann lichtmikroskopisch homogen. – Das Axon und diese Markscheide zusammen bilden die markscheidenführende (markhaltige) Nervenfaser.
Zwischen jeder Schwannschen Zelle und der folgenden besteht eine Lücke, die als Schnürungsstelle erkennbar ist und als der Ranviersche Schnürring bezeichnet wird (Abb. 7.4). An ihm ist das Axon nur von fingerförmigen Fortsätzen der Schwannschen Zellen bedeckt. Die Basallamina überspannt sowohl die Schwannsche Zelle als auch den Schnürring vollkommen. Funktionell spielt dieser Ranviersche Schnürring eine Rolle, da die Erregung besonders schnell saltatorisch von Schnürring zu Schnürring geleitet wird. – Die saltatorische Erregungsleitung ist charakteristisch für die myelinisierte Nervenfaser.
Marklose Nervenfaser (Abb. 7.3 b). Lichtmikroskopisch ist bei ihr kein Myelin nachzuweisen. Elektronenmikroskopisch zeigt sich aber, daß sich hier mehrere Axone in eine Schwannsche Zelle einsenken, wobei die gesamte Schwannsche Zelle mit den Axonen von der Basallamina umgeben wird. Die Einsenkungsstellen der Axone werden strukturell jeweils durch eine Doppelmembran angezeigt, die Mesaxone. Durch das Cytoplasma der Schwannschen Zelle ziehen oft zahlreiche Axone hindurch. Oft sind sie nicht ganz von der Zelle bedeckt (Abb. 7.3 b, unten rechts). Die Basallamina schließt aber alle Strukturen ein, sowohl Schwannsche Zellen als auch Axone.

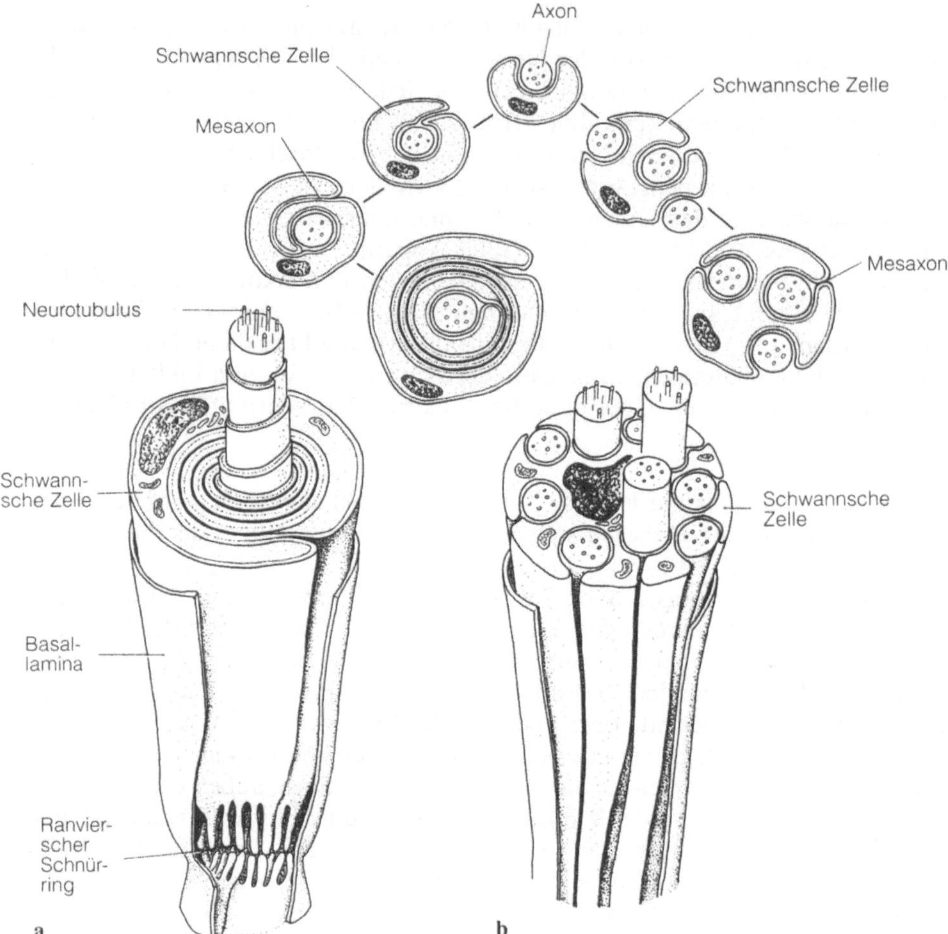

Abb. 7.3 a, b. Bildung einer Nervenfaser: **a** markhaltig, **b** marklos; oben: im Querschnitt, unten: in Längsansicht

Zwischen der Struktur der Nervenfaser, ihrem Durchmesser und der **Leitungsgeschwindigkeit** der Erregung besteht eine Korrelation.

Die stark markhaltige Nervenfaser von 3–20 µm Durchmesser leitet die Erregung mit einer Geschwindigkeit bis zu 120 m/s. Eine solche Nervenfaser kommt beispielsweise bei der Mechanorezeption der Haut vor (Berührung, Druck, Vibration).

Die schwach markhaltige Nervenfaser von bis zu 3 µm Durchmesser leitet die Erregung mit einer Geschwindigkeit bis zu 15 m/s. Solche Nervenfasern kommen vor im vegetativen Nervensystem bei der präganglionären (vor dem Ganglion) Nervenfaser.

Die marklose Nervenfaser mit einem Durchmesser bis ca. 1 µm leitet die Erregung mit einer Geschwindigkeit unter 2 m/s. Eine solche Nervenfaser kommt vor im vegetativen Nervensystem als postganglionäre (nach dem Ganglion) Nerven-

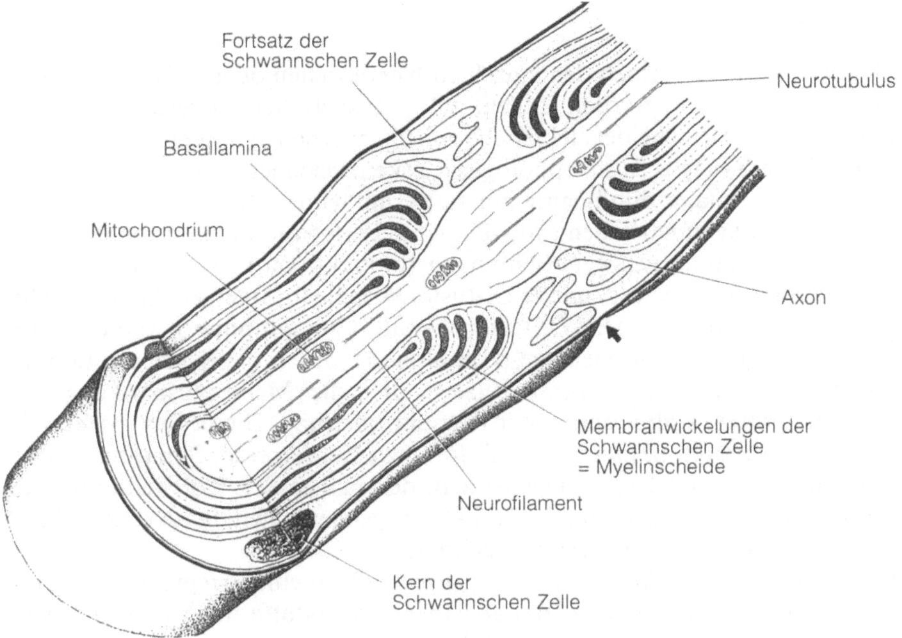

Abb. 7.4. Myelinisierte Nervenfaser mit Ranvierschem Schnürring (Pfeil)

faser. Bei solchen markscheidenfreien Nervenfasern kann die Leitungsgeschwindigkeit der Erregung gewaltig vergrößert werden durch Vergrößerung des
Durchmessers der Faser. Das ist z. B. der Fall bei der Riesenfaser der Tintenfische, die durch Verschmelzung vieler Axone aus vielen Zellen entsteht.

Erregungsleitung erfolgt durch Fortwandern der Depolarisation über die Nervenfaser. In marklosen Nervenfasern kommt es zur kontinuierlich fortschreiten-
den Erregung unmittelbar benachbarter Stellen. Die Depolarisation kann sich
dabei elektrotonisch, d. h. mit Dekrement, ausbreiten oder über Spikes. In markhaltigen Nervenfasern dagegen wird die Erregung sprunghaft von Ranvierschem
Schnürring zu Schnürring weitergeleitet.

In einem Nerven wie z. B. dem Nervus ischiadicus des Frosches werden die
einzelnen markhaltigen Nervenfasern über lockeres Bindegewebe, das Endoneurium, zusammengehalten. Dieses lockere Bindegewebe führt zahlreiche Blutgefäße dem Nerven zu. Mehrere markhaltige Nervenfasern, die vom Endoneurium
zusammengehalten werden, werden von einem strafferen Bindegewebe, dem Perineurium, zu Bündeln zusammengehalten. Dieses enthält elastische und Kollagenfasern und wird auf der den Nervenfasern zugewandten Seite von abgeplattetem
Epithel ausgekleidet. Das Epineurium, ein lockeres und faserführendes Bindegewebe, umgibt die vom mehrschichtigen Perineurium eingefaßten Faserbündel. Es
geht in das Bindegewebe der Umgebung über, führt die Blutgefäße und wirkt einer Verletzung der Nerven durch Überdehnung und Knickung entgegen.

Entsprechend ihrer Funktion unterscheidet man sensible Nerven, die von der
Sinneszelle zum Zentralnervensystem leiten, von motorischen Nervenzellen, die
umgekehrt vom Zentralnervensystem ZNS zum Muskel leiten.

7.1.2 Synapsen

Die Kontaktstellen zwischen den einzelnen Nervenzellen oder zwischen Nerven-endigungen und nichtnervösen Zellen, z.B. Muskelzellen, bezeichnet man als Synapsen. Man unterscheidet elektrische von chemischen Synapsen.

Die **elektrische Synapse** ist morphologisch gekennzeichnet durch einen sehr engen Membrankontakt durch gap junctions mit einer Distanz von ca. 2 nm (Abb. 7.5a). Die symmetrischen transzellulären Diffusionskanäle ermöglichen eine elektrische Leitung in zwei Richtungen (bidirektional). Nach Payton et al. (1969) befinden sich noch sekundär Diffusionskanäle im Interzellularspalt in hexagonaler Anordnung. – Die Diffusionskanäle (Synaptoporen) werden durch verschiedene Faktoren aktiviert (resp. moduliert): durch die Konzentration des intrazellulären Ca^{++}, den intrazellulären pH, die Membranspannung, das Ca^{++}-Bindeprotein Calmodulin oder Phosphorylierung. Dieser Synapsentyp ist relativ weit verbreitet, nämlich überall dort, wo Nerven resp. Sinneszellen über gap junctions Kontakt haben. Das ist z.B. der Fall in den Kolossalfasern von *Lumbricus*, dann in der Lamina der Insektenaugen zwischen den Axonen, die zu einem Neuroommatidium (Cartridge) gehören.

Chemische Synapse (Abb. 7.5b u. c): Sie ermöglicht eine Erregungsleitung nur in einer Richtung, also unidirektional. Über Trägerstoffe mit Transmittersubstanz wandern Vesikel an den Mikrotubuli entlang zur präsynaptischen Membran; vor ihr häufen sich die Vesikel. Diese präsynaptische Membran ist elektronenmikroskopisch wesentlich dichter als die postsynaptische Membran; zwischen beiden befindet sich ein synaptischer Spalt von 20–30 nm. Die präsynaptische Membran bildet ein hexagonales Muster mit Haftstellen für die Transmitterbläschen (Abb. 7.5). Die Maschen dieses präsynaptischen Gitters nehmen die einzelnen Transmitterbläschen auf. Wir finden hier Poren von 3–5 nm Durchmesser, die Synaptoporen. Kleine Kanäle, die vermutlich nach dem gleichen Prinzip wie bei elektrischen Synapsen gebaut sind, verbinden das Innere des Transmitterbläschens mit dem Synapsenspalt. Die Transmitterausschüttung erfolgt durch vorübergehenden innigen Kontakt zwischen Bläschen und Synaptolemm; sie wird durch Nervenimpulse ausgelöst.

Gefrierbruch-Präparate zeigen auf der inneren Oberfläche des äußeren Blattes der postsynaptischen Membran intramembranöse Partikel. Sie stellen möglicherweise Kanäle für Ca^{++} dar, das eine bedeutende Rolle spielt bei der synaptischen Übertragung und dem Zellstoffwechsel. Wenn die intramembranösen Partikel in hoher Dichte vorhanden sind, können sie als zusätzliches morphologisches Kriterium zur Bestimmung der Synapse herangezogen werden; denn sie sind nur in gewissen Synapsentypen, vorwiegend in erregenden, vorhanden. Neuere Untersuchungen haben gezeigt, daß bei Wirbellosen intramembranöse Partikel sowohl in der prä- als auch postsynaptischen Membran vorkommen.

In jüngster Zeit wurde biochemisch über den Übertragungsvorgang mehr bekannt. Einige Proteine wurden gefunden, die für Synapsen spezifisch sind.

An der **präsynaptischen Membran** ist das Synapsin I das wichtigste. Es ist hauptsächlich an die Membran der Vesikel gebunden. Wird dieses Synapsin I phosphoryliert, so dissoziiert es von der Vesikelmembran; der Vesikel kann sich dann entlang der Mikrotubuli zur präsynaptischen Membran bewegen, mit dem

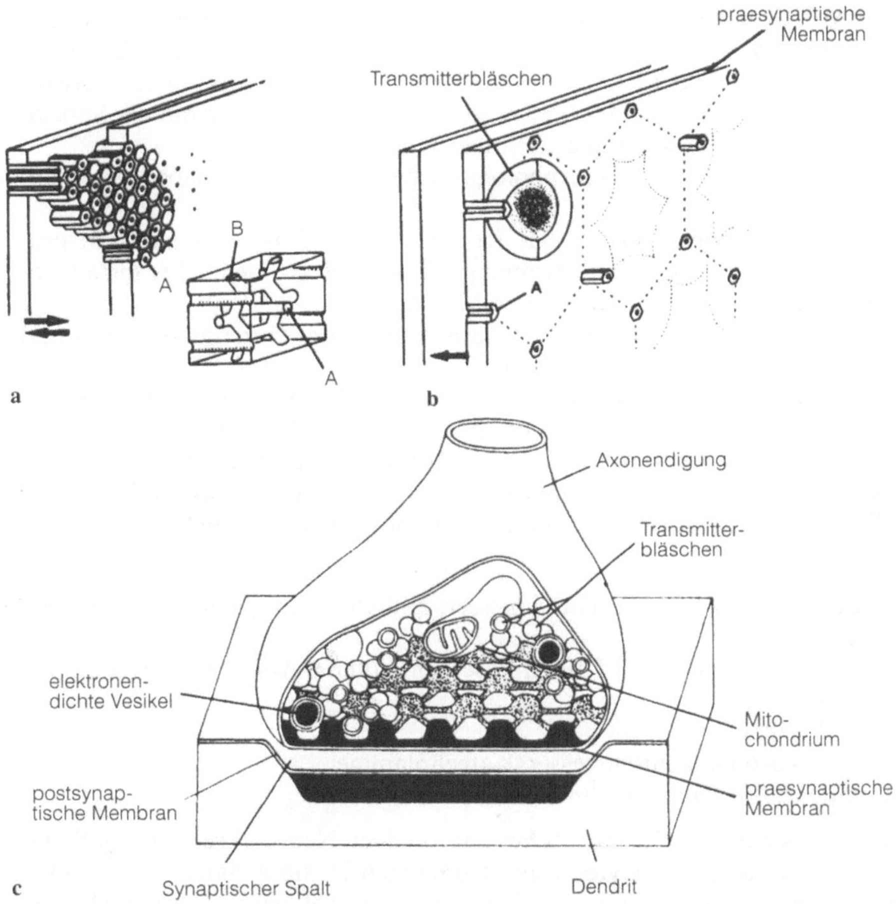

Abb. 7.5 a–c. Synapsen: **a** elektrische Synapse; **b** u. **c** chemische Synapse, A transzellulärer Ionenkanal; B Diffusionskanal. (Nach Akert 1971)

Plasmalemm verschmelzen, so daß über Exocytose die Neurotransmitter freigesetzt werden. Man glaubt, daß die Phosphorylierung auf die Protein-Kinase I zurückzuführen ist, die korreliert ist mit dem Ca^{++}-Bindeprotein Calmodulin; dessen Konformation ändert sich, wenn es Ca^{++} bindet. Bei Einstrom von Ca^{++}, und damit als Folge der Membrandepolarisation durch einen Impuls, wird das Enzym aktiviert. Bei der Fusion eines Vesikels mit der präsynaptischen Membran bewegen sich die Proteine der Vesikel und der präsynaptischen Membran lateral.

An der **postsynaptischen Membran** gibt es zwei Rezeptortypen, die Neurotransmitter-Moleküle binden. Der erste besteht aus „Kanalprotein", das das Neurotransmitter-Molekül bindet, und den Ionen den Transfer durch den Kanal ermöglicht. Beim zweiten Rezeptor bindet der Neurotransmitter an ein „Nichtkanalprotein". – Darüber hinaus laufen weitere Reaktionen ab, wie Phosphorylierung von Enzymen und Proteinen, die letztlich die Membraneigenschaften bestimmen.

Die EM-Dichte der postsynaptischen Membran wird hervorgerufen von den Neurotubuli und Neurofilamenten und den Proteinen, die hier verankert sind. Die Phosphorylierung der Proteine ist auch hier für die postsynaptische Antwort wichtig. – Das wichtigste Protein der postsynaptischen Dichte ist mit der Subeinheit der Ca/Calmodulin abhängigen Protein-Kinase II identisch.

Nach Gray (1959) werden morphologisch zwei chemische Synapsentypen unterschieden:

Typ 1: Synapsenspalt 30 nm; das Kontaktareal 1–2 nm Durchmesser; prä- und postsynaptische Membran asymmetrisch, viele elektronendichte intramembranöse Partikel in der postsynaptischen Membran.

Typ 2: Synapsenspalt 20 nm; das Kontaktareal 1 nm Durchmesser; prä- und postsynaptische Membran symmetrisch.

Sowohl bei elektrischen als auch bei chemischen Synapsen liegen die Fusionskanäle (Synaptoporen) im Zentrum der junction. Bei elektrischen Synapsen sind die Porenöffnungen der transzellulären Diffusionskanäle eng nebeneinander, bei chemischen Synapsen weit auseinander gerückt. Unter den Vesikeln der chemischen Synapsen unterscheidet man elektronenoptisch helle und dichte.

1. Helle Vesikel:
    a) klein, rund, 40–60 nm Durchmesser; enthalten Acetylcholin, Aminosäuren
    b) klein, flach, 30–60 nm Durchmesser; enthalten γ-Aminobuttersäure (GABA), Glycine.
2. Dichte Vesikel:
    a) klein, 40–60 nm Durchmesser; Katecholamine;
    b) mittel, 80–100 nm Durchmesser; Katecholamine.

Nervenzellen können außerdem im Perikaryon auch Neurosekret, ein tropfbares Sekret, bilden, das durch Cytoplasmaströmungen in die Zellausläufer gelangt, die oft mit Neurosekretgranula reich beladen sind (vergl. neurosekretorische Zellen u. Hormonsysteme).

Motorische Endplatte. Auch die Kontaktstellen zwischen Nerven und Muskelfasern sind den Synapsen zuzuordnen. Die motorische Endplatte ist eine spezielle Form der Synapsen, ihr Bau ist unterschiedlich. Am besten sind motorische Endplatten an Wirbeltieren untersucht worden; ihr Bau wird in Abb. 7.6 dargestellt. – Ein motorisches Axon verzweigt sich endständig im Perimysium des Skelettmuskels. Das Axon ist bis zum Kontakt mit dem Muskel myelinisiert. Nach Verlust der Markscheide verdickt es sich endständig kolbenförmig und senkt sich in eine Vertiefung der Skelettmuskelfaser. Die Schwannsche Zelle bedeckt noch die Endplatte, läßt aber den Endkolben frei. Die Endkolben des Axons enthalten Synapsenbläschen und Mitochondrien. Das kontaktierende Plasmalemm des Endkolbens ist die präsynaptische Membran, das der Muskelfaser die post- oder subsynaptische Membran. Diese subsynaptische Membran des Muskels ist teils parallel, teils radiär ca. 2 µm tief gefaltet, so daß man vom subneuralen Faltenfeld spricht. Im Synapsenspalt befindet sich eine glykoproteinreiche amorphe Substanz, die außerhalb der Synapse in die Basallamina der Muskelfaser übergeht.

Funktion: Erreicht die Erregung den motorischen Endkolben des Axons, so setzt die präsynaptische Membran Acetylcholin in den synaptischen Spalt frei.

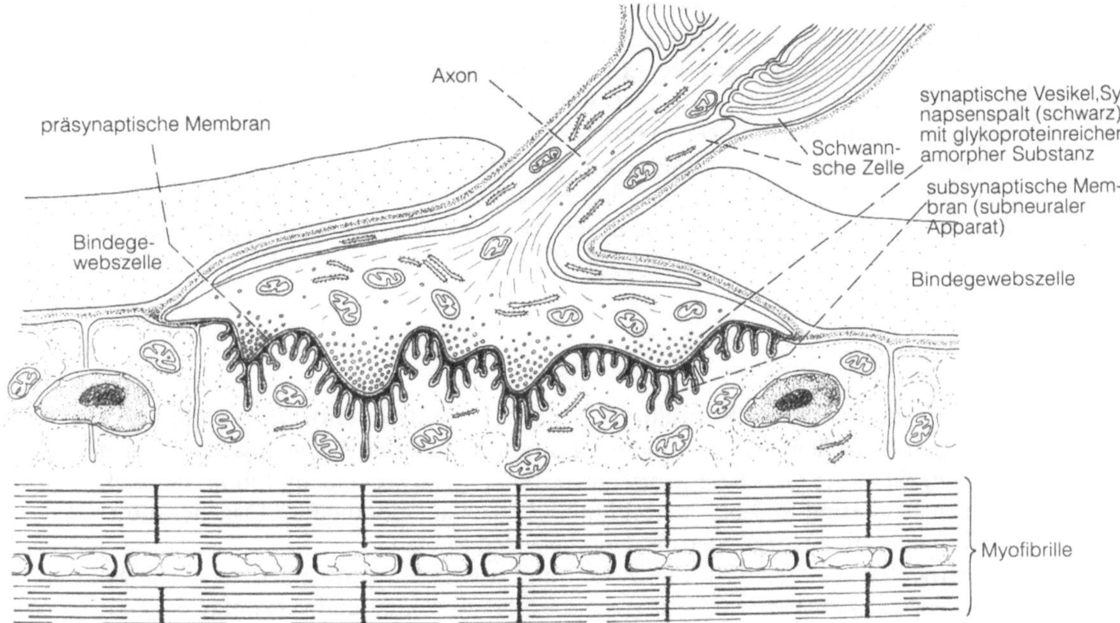

Abb. 7.6. Motorische Endplatte eines Säugers, schematisch. (Modifiziert nach Junqueira et al. 1986 und Leonhardt 1985)

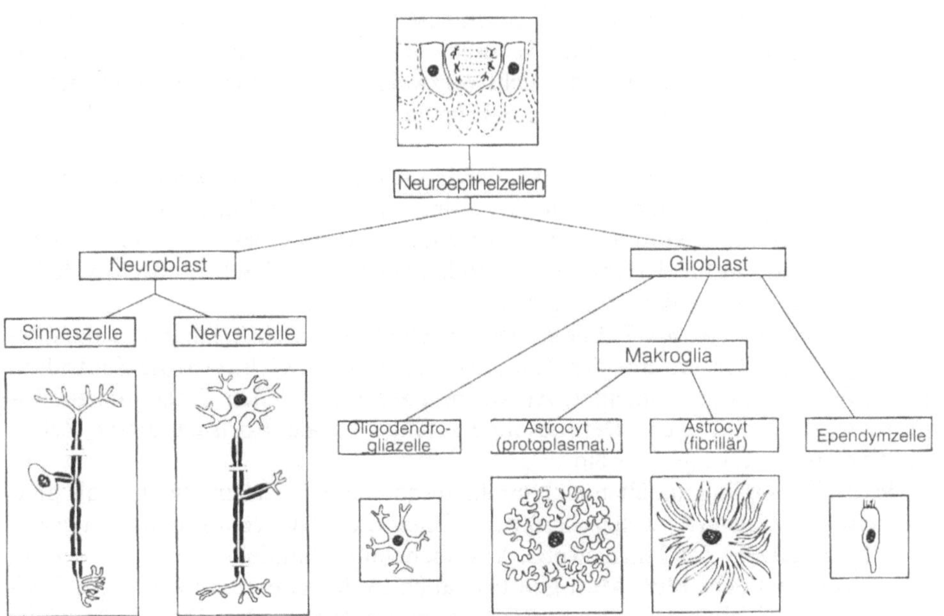

Abb. 7.7. Schema der ontogenetischen Differenzierung von Sinnes-, Nerven- und Gliazellen bei Wirbeltieren

Dieses wirkt auf die subsynaptische Membran depolarisierend und erhöht die Permeabilität des Sarkolemms einschließlich des T-Systems. Dieses überträgt die Permeabilitätserhöhung auf das sarkoplasmatische Retikulum; dadurch wird die Kontraktion des Muskels ausgelöst. Vor jeder neuen Erregungsübertragung wird Acetylcholin durch Cholinesterase zerstört.

Herkunft: Aus Neuroepithelzellen, die dem Ektoderm entstammen, bilden sich einerseits Neuroblasten, aus denen Nerven resp. Sinneszellen hervorgehen und andererseits Glioblasten, aus denen die Gliazellen, die eigentlichen Stützzellen des Nervensystems, entstehen (Abb. 7.7).

7.1.3 Gliazellen

Die zentrale Glia des ZNS enthält die Makroglia (Astrocyten), Oligodendrocyten und Ependymzellen. Die periphere Glia besteht aus den Schwannschen Zellen. Generell dient die Glia dem Stofftransport, der Markscheidenbildung, der elektrischen Isolierung und Narbenbildung. Gliazellen sind auch an Degenerations- und Regenerationsvorgängen des Nervensystems beteiligt.

Astrocyten sind relativ große Zellen und mit vielen Fortsätzen versehen. Bei protoplasmatischen Astrocyten sind diese Fortsätze kurz und verzweigt. Sie endigen mit kleinen Auftreibungen, den sog. Gliafüßchen, mit denen sie Blutgefäßen aufsitzen. Durch sie wird ein Stoffaustausch zwischen Nervenzellen und Blutgefäßen ermöglicht und das Elektrolytgleichgewicht im ZNS reguliert. Generell liegen die Gliafüßchen dicht nebeneinander an der Gefäßwand und bilden eine Grenzmembran, die Membrana limitans gliae vascularis. Diese gehört mit dem Endothel und der Basallamina zur Bluthirnschranke. Protoplasmatische Astrocyten kommen meist in der grauen Substanz des ZNS vor. – Bei fibrillären Astrocyten sind die Fortsätze lang und nicht verzweigt. Diese Zellen enthalten besonders viele Mikrotubuli und Filamente. Fibrilläre Astrocyten kommen in der weißen Substanz des ZNS vor.

Oligodendrocyten besitzen membranartige Ausläufer. Sie wickeln ihre zungenförmigen Cytoplasmalamellen um die Axone im ZNS und bilden so die Myelinscheiden im ZNS. Sie kommen also vorwiegend in der weißen Substanz des ZNS vor. Die Ultrastruktur der von den Oligodendrocyten und Schwannschen Zellen gebildeten Myelinlamellen ist die gleiche.

Ependymzellen (Abb. 7.7) bilden den einschichtigen Zellverband, der die flüssigkeitsgefüllten Hohlräume des ZNS, wie Ventrikel im Gehirn sowie Zentralkanal im Rückenmark, auskleidet. Apikal besitzen diese Zellen Cilien, die zur Liquorbewegung beitragen. Der besonders lange basale Fortsatz dieser Zellen senkt sich in das Hirngewebe ein.

Bei der **Mesoglia** handelt es sich um kleinere, schmale Zellen, die man als phagocytierende Zellen (Abwehrzellen) bezeichnet. Sie wandern aus dem perivasculären Bindegewebe ins Hirngewebe. Wahrscheinlich handelt es sich hierbei um Monocyten aus dem Blut. Mesoglia tritt auch in der grauen Substanz des ZNS auf. – Die Mikroglia wird oft von der Mesoglia unterschieden. Ihre Herkunft ist jedoch nicht gesichert. Man nimmt an, daß sie aus dem Neuralepithel hervorgeht.

7.1.4 Nervensysteme im Tierreich

Schwämme haben ein einfaches Nervensystem. Meistens kommen Neurone von zwei Typen vor, nämlich 1. die bipolaren mit hoher Noradrenalinkonzentration und 2. die multipolaren mit viel Adrenalin. – **Cnidaria** haben im Ento- und Ektoderm netzförmig verknüpfte Neurone. Auch hier kommen bi- und multipolare Nervenzellen vor sowie neurosekretorische Zellen mit elektronendichten Granula. Nervennetze wie bei den Cnidariern kommen auch vor bei den **Plathelminthen**, den **Echinodermen** und den **Hemichordaten.** Die Netzmaschen der Cnidarier bestehen aus einzelnen Nervenzellfortsätzen, die der Plathelminthen aus Marksträngen, also Nervenbahnen, in denen sowohl Perikaryen als auch Nervenfortsätze (Nervenfasern) auftreten.

Bei **Nemathelminthen** ist bereits eine Konzentration der Nervenzellen in mehrere Längsnervenstränge, die vom Schlundring ausgehen, erfolgt. Am Schlundring liegen die Ganglien von 2–33 Nervenzellen. Als Ganglion bezeichnet man eine Ansammlung von Perikaryen der Neuronen. Die Konstanz der Zahl der Nervenzellen ist für diese Tiere charakteristisch (uni- und multipolar).

Bei **Polychaeten** ist die Konzentration der Nervenzellen bereits zu einem typischen Strickleiternervensystem mit Cerebralganglion und Schlundkonnektiven fortgeschritten. In einem Querschnitt durch ein Schlundkonnektiv liegen die Perikaryen der Nervenzellen stets außen, die Nervenfaser, das Neuropil, stets innen. – Riesenfasern entsprechen den Fortsätzen einzelner Nervenzellen oder sie entstehen durch Verschmelzung der Axone mehrerer Neurone. Laterale und dorsale Riesenfasern besitzen in jedem Segment zwei Perikaryen, die zur mittleren Faser gehören. Unter Neuropil versteht man den Abschnitt mit Fasern und Synapsen. Die Nervenfasern sind von einer myelinscheidenähnlichen Hülle (Gliazellen) umgeben.

Arthropoden weisen ein typisches Strickleiternervensystem auf. Bei Insekten wurde in bestimmten Ganglien Konstanz der Neuronenzahl festgestellt. – **Mollusken** besitzen ein Cerebralganglion, in dem in der Rindenlage die Ganglienzellen liegen und in den Zentralpartien die Nervenfasern, das Neuropil.

Branchiostoma enthält ein wie bei den Echinodermen in die Tiefe verlagertes Nervensystem. Es soll hier näher erläutert werden, da es nach seiner Entwicklung und Lage Parallelen zum Rückenmark der Vertebraten aufweist. Bei *Branchiostoma* handelt es sich um ein epitheliales Rohr mit Zentralkanal in epichordaler Lage. Am vorderen Ende erweitert sich der Zentralkanal zu einem kleinen Ventrikel („Hirnbläschen"). Dorsal zieht sich der Zentralkanal zu einem schmalen geschlossenen Spalt, der Raphe, aus. Das Lumen des Zentralspaltes wird von Ependymzellen (Abb. 7.8) ausgekleidet. Nervenzellen finden sich in den ventralen und seitlichen Teilen des Neuralrohres.

Die Stütz- und Ependymzellen sind klein, fast kegelförmig, mit relativ großen, chromatinreichen Kernen. Stets sind die Stützzellen auf der der Raphe abgewandten Seite in eine Faser ausgezogen, die peripherwärts zieht. Vielfach liegen die Fasern zu Bündeln vereinigt (Abb. 7.8).

Zwischen den Gliazellen liegen Nerven- oder Ganglienzellen, die sich morphologisch wie folgt unterscheiden:

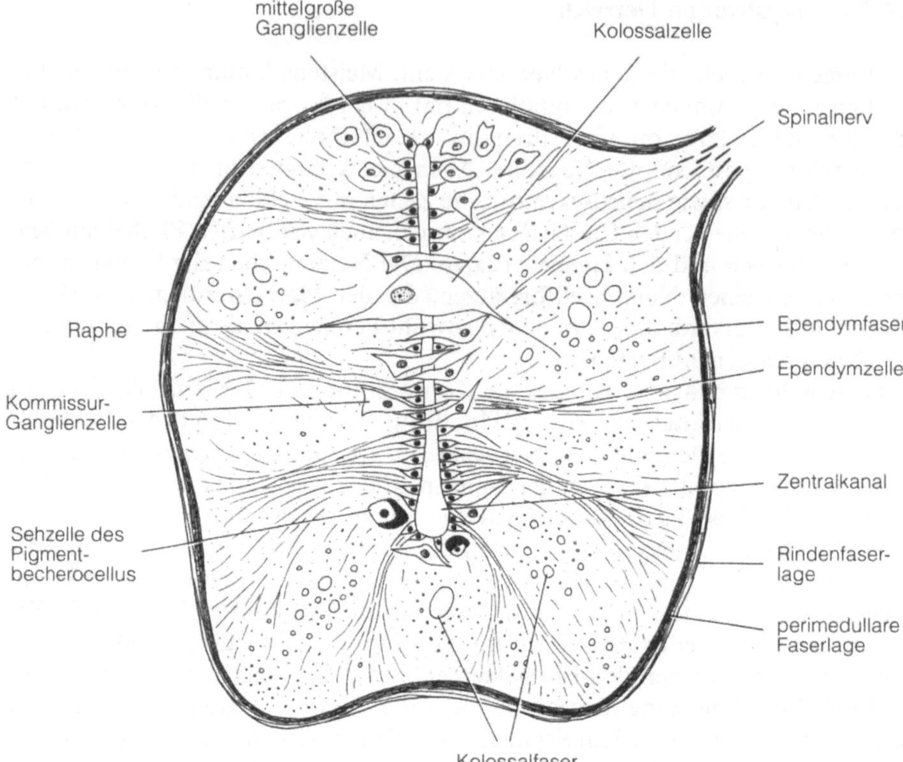

Abb. 7.8. Querschnitt durch das Rückenmark von *Branchiostoma lanceolatum*. (Modifiziert nach Hoffmann). Vergr. etwa 400fach

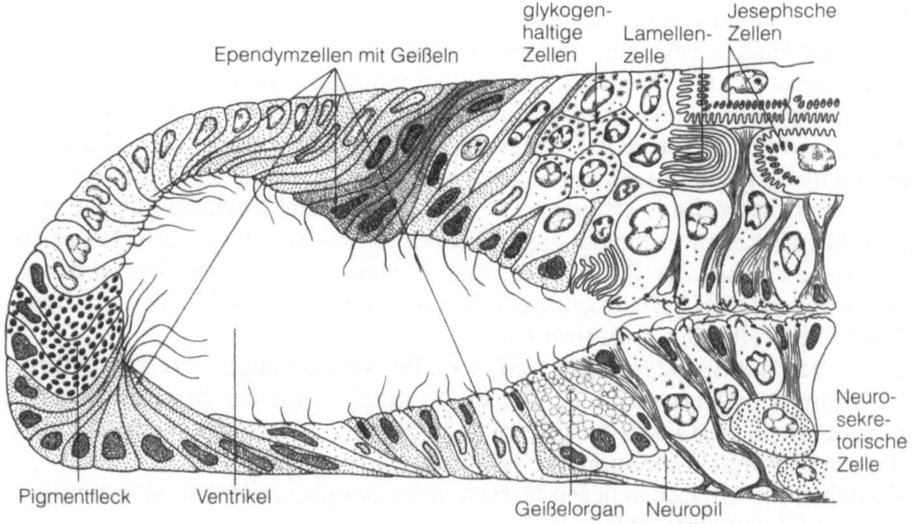

Abb. 7.9. Hirnbläschen von *Branchiostoma*, elektronenoptisch. (Nach Meves)

1. Mittelgroße Ganglienzellen; sie sind kugelig bis sternförmig oder bipolar.
2. Kommissurganglienzellen, die stets über die Raphe hinweg ziehen; sie enthalten große runde Kerne.
3. Kolossalzellen, die weniger zahlreich vorkommen; sie sind mächtige bipolare Zellen, die mancherorts die Raphe überspannen. Ihr auffallend großer Kern ist chromatinarm und mit einem deutlichen Nucleolus versehen.

Alle Ganglienzellen gehen in Nervenfasern über, die zwischen den Stützfasern verlaufen. Sensorische und motorische Nerven gehen völlig getrennt in der Längsrichtung alternierend vom Rückenmark ab. Alle peripheren Nerven sind marklos wie in anderen Wirbellosen.

In der näheren Umgebung des Zentralkanals liegen im Rückenmark von *Branchiostoma* einige Pigmentbecherocellen (Abb. 7.8). Jedes Auge besteht aus einer Sehzelle und einer schalenförmigen Pigmentzelle. Der dem Pigmentbecher zugekehrte Zellsaum rezipiert Licht. Die Axone der Rezeptoren ziehen vorwiegend caudalwärts und gehen in die Längsfaserbündel ein.

Die bindegewebige Hülle des Rückenmarks (perimedullare Faserlage) besteht aus zwei Faserschichten, die annähernd zirkulär verlaufen. Die Innenlage ist dikker und intensiver färbbar als die Außenlage. Außen grenzt eine Endothelschicht das Bindegewebe gegen die Muskulatur ab.

Am rostralen „Hirnbläschen" werden verschiedene Zelltypen unterschieden (Abb. 7.9). LM: sind rostral die hochzylindrischen Ependymzellen und eine Zellgruppe zu unterscheiden, deren Zellen Pigmentgranula enthalten. Am Übergang zum Rückenmark fallen dorsal große Zellen, die Josephschen Zellen, auf. – EM: Welsch wies in diesen Josephschen Zellen Rhabdomstruktur nach. Diese Zellen ähneln also den Photorezeptoren vom rhabdomeren Typ, wie sie bei vielen WL vorkommen. Rostral vor den Josephschen Zellen liegen Lamellenzellen, die ebenfalls als Lichtrezeptoren gedeutet werden. – Eine Gruppe kleiner glykogenhaltiger Zellen liegt davor. Diese Zellen tragen einen basalen Fortsatz; sie werden als Neuronen angesehen. – In der Wand des Ventrikels lassen sich elektronenmikroskopisch mehrere Zelltypen unterscheiden:

1. die Pigmentzellen, deren Pigmentgranula membranumschlossen sind.
2. Ependymzellen, die apikal Cilien tragen und spezialisiert sind. So liegt basal eine Gruppe hoher Zellen, die vor dem Pigmentfleck konvergieren; ihre langen Cilien erstrecken sich teilweise über den pigmentierten Zellen. Wahrscheinlich handelt es sich um Rezeptorzellen. – Caudalwärts folgen zunächst niedrige Ependymzellen, dann eine Gruppe länglicher Zellen, das Geißelorgan. Diese Zellen enthalten Granula, die sich wie Neurosekretgranula anfärben lassen. Sie sezernieren aber ein wolkiges bis fädiges Sekret; dieses bildet den caudalwärts orientierten „Reissnerschen Faden", der auch bei WT durch den Zentralkanal zieht. Die Funktion des Reissnerschen Fadens ist noch unbekannt.

Das ZNS der Wirbeltiere gliedert sich in Gehirn und Rückenmark. Der zentrale Hohlraum im Gehirn ist zum Ventrikelsystem erweitert und setzt sich im Rückenmark als Zentralkanal fort. Er ist mit Liquor cerebrospinalis gefüllt. Sein Lumen wird von Ependymzellen begrenzt, die den epithelialen Charakter behalten. Sie besitzen oft einen langen basalen Fortsatz, der sich bis zur äußeren Oberfläche des Neuralrohres erstrecken kann. Ontogenetisch später entwickeln sich aus dem Ependym sowohl Nervenzellen als auch die ektodermale Neuroglia. Die Perikaryen der Neurone ordnen sich um das Neuralrohr. So bilden z. B. die Rückenmarksneurone die graue Substanz um den Zentralkanal herum. Um diese graue Substanz liegt die weiße Substanz, die vorwiegend markhaltige Nervenfasern birgt. – Im Laufe der Höherentwicklung erfolgte eine Verlagerung der grauen Substanz an die Peripherie (z. B. Mittelhirndach der Teleosteer, Kleinhirnrinde der Säuger).

Rückenmark. Bei den meisten Wirbeltieren bildet die graue Substanz des Rückenmarks im Querschnitt die Form eines H, in dessen Mittelbalken der Zentralkanal liegt. Er ist mit bewimperten Ependymzellen ausgekleidet. Die graue Substanz der ventralen Schenkel des H bildet die vorderen Hörner; in ihnen liegen die Motoneuronen, deren Axone die ventralen Wurzeln der Spinalnerven bilden. Die hinteren Hörner (dorsale Wurzeln) der grauen Substanz erhalten sensorische Fasern von Neuronen im Spinalganglion. Die graue Substanz des Rückenmarks besteht aus Nervenzellen mit ihren Fortsätzen, marklosen und markarmen Nervenfasern, Synapsen und Neuroglia (protoplasmatische Astrocyten, Oligodendrocyten und Mikrogliazellen). Sie ist sehr gut kapillarisiert, entsprechend des hohen Sauerstoffbedarfs der Nervenzellen. Nach Form und Größe werden die Nervenzellen des Rückenmarks z. T. zu Gruppen, sogenannten Kernen, zusammengefaßt. In Höhe der Nervenwurzel sind diese am stärksten ausgebildet. Die auffälligsten Nervenzellen des Rückenmarks sind ventral die Vorderhornzellen. Sie sind große multipolare Elemente, die viel Nisslsubstanz enthalten; an den Seiten sind Säulen kleiner Nervenzellen.

Die weiße Substanz, der sog. Markmantel, besteht meist aus markhaltigen, longitudinal verlaufenden Nervenfasern, im Querschnitt durch das Rückenmark quer getroffen. Fasern der weißen Substanz sind Fortsätze von Zellen, deren Perikaryen in der grauen Substanz oder in peripheren Ganglien liegen. Vereinzelt treten hier marklose und markarme Fasern auf. Als Glia sind hier vertreten Oligodendrocyten, fibrilläre Astrocyten und Mikrogliazellen. Die weiße Substanz wird nur wenig mit Blutkapillaren versorgt.

Die **Hüllmembranen des ZNS** der WT, die Meninges, entstehen ontogenetisch aus dem Mesenchym. Bei den Säugern wird das ZNS umgeben von der Basallamina, die die Verbindung zur weichen Hirnhaut, der Pia mater, herstellt. Bei letzterer handelt es sich um eine gefäßreiche, lockere Bindegewebsschicht mit weiten, faserhaltigen Interzellularräumen. Auf sie folgt peripherwärts die Arachnoidea, die aus zwei Teilen besteht: aus einem Liquorraum, der durchzogen wird von Trabekeln aus Kollagenfasern (zwischen Pia und außen liegender Dura mater) und dem mehrschichtigen Arachnoideablatt unter der Dura mater. Flache Meningealzellen kleiden den Liquorraum aus und überziehen die einzelnen Trabekel. An einigen Stellen perforiert die Arachnoidea die außen liegende Dura mater mit Fortsätzen, die in Venensinus der Dura mater enden. Diese Fortsätze (Arachnoidea Villi), sind bedeckt von Endothelzellen der Venen. Sie resorbieren Cerebrospinalflüssigkeit in das Blut der Venensinus.

Peripherwärts folgt die feste Hirnhaut, Dura mater, aus Kollagen und elastischen Fasern, in der große venöse Blutgefäße, die Sinus, auftreten. Im Bereich des Rückenmarks folgt auf die Dura mater der fett- und venenreiche Epiduralraum. Im Bereich des Gehirns dagegen ist die Dura mater mit dem Schädel fest verwachsen; ihre äußere Lamelle entspricht hier dem Periost.

Die Hirnhäute der anderen Wirbeltiere sind einfacher gebaut. Bei Cyclostomen und Fischen wird nur die dünne Ectomeninx (periphere Mesenchymlage, die dem Skelett anliegt) und die Endomeninx (Mesenchymlage, die dem ZNS aufliegt) beschrieben; zwischen diesen beiden Mesenchymlagen liegt das Intermeningealgewebe, das Fettzellen enthält. In ihm liegen intermeningeale Venen. Bei den Tetrapoda sondert sich die Dura von der Ectomeninx. Zwischen beiden liegt epidurales Füllgewebe, das eine Verschiebeschicht bildet. Erst bei den Säugern differenziert sich die periphere Lage der Endomeninx zur Arachnoidea, die sich der Innenseite der Dura anlegt.

Der Liquor cerebrospinalis wird im Plexus choroideus der gefalteten Pia mater (im Dach des 3. u. 4. Ventrikels und zum Teil in Wänden des Lateralventrikels) gebildet. Vermutlich wird er aus Blutkapillaren dem Blutplasma abgepreßt. Das Ultrafiltrat wird von Epithelzellen aufgenommen und modifiziert in das Ventrikelvolumen abgegeben. Die Cerebrospinalflüssigkeit erfüllt die Ventrikel, den Zentralkanal des Rückenmarks, den Subarachnoidalraum und den perivasculären Raum. Sie ist bedeutend für den Stoffwechsel des ZNS. Der Abfluß des Liquor erfolgt auf dem Lymph- und Blutweg.

7.2 Neurosekretorische Zellen und Hormonsysteme

Früher nahm man an, daß Neurotransmitter und Hormone nichts miteinander zu tun hätten. Neuere Untersuchungen zeigten dagegen, daß die Neuropeptide, die von echten Neuronen als Hormone freigesetzt werden, häufig auch als Transmitter dienen. Hormone sind Botenstoffe, die ins Blut und in die Lymphbahnen abgegeben werden, die Leistungen des Organismus auslösen, koordinieren und kontrollieren. Sie sind für die Funktion eines Organismus unentbehrlich. Ursprünglich wurden vermutlich alle Hormone in Nervenzellen gebildet. – Ein System von Neurosekret produzierenden Nervenzellen und der Blutbahn, in die Hormone abgegeben werden, bezeichnet man als **Neurohämalsystem**.

Die **neurosekretorischen Zellen** bilden im Perikaryon Neurosekret, ein tropfbares Sekret aus Peptiden, das durch Cytoplasmaströmungen in die Zellausläufer gelangt, die oft mit Neurosekretgranula reich beladen sind. Lichtmikroskopisch sind die neurosekretorischen Zellen an den Sekretgranula zu erkennen, die sich mit Farbstoffen, wie z. B Aldehyd-Thionin, anfärben lassen. Meistens ist nur die Trägersubstanz, an die die Hormonmoleküle – die Neurohormone – gebunden werden, färbbar. Elektronenmikroskopisch gesehen handelt es sich um Elementargranula, die homogen dicht und von einer Membran umgeben sind. Ihr Durchmesser beträgt in der Regel ca. 100–160 nm. Auf dem Wege der Axone wird dieses Sekret in die Blutbahn gebracht. Hier treten die Hormone in den Kreislauf über. Nur selten werden Neurohormone ohne diesen axonalen Transport direkt ins Blut abgegeben. Neurosekretorische Zellen sind bei Wirbellosen sehr verbreitet. Bei WT produzieren z. B. die großzelligen neurosekretorischen Elemente der Säuger das Vasopressin (Adiuretin) und das Oxytocin (Tabelle 7.1).

Sowohl bei WT als auch bei WL sind Neurohormone meistens Peptide, nur selten biogene Amine.

Eine Ansammlung von hormonproduzierenden Zellen zu Drüsen tritt erst bei Wirbeltieren auf. Bei ihnen handelt es sich ontogenetisch um Epithelorgane, die ihren Zusammenhang mit Oberflächenepithelien verloren haben (vergl. Abb. 3.1 e u. f). Deshalb besitzen Hormondrüsen generell keinen Ausführgang (endokrine Drüsen). Alle drei Keimblätter können am Aufbau der endokrinen Organe beteiligt sein. Gewebe mesodermaler Herkunft produzieren Steroidhormone, während ento- und ektodermale Hormondrüsen Eiweiß- und Peptidhormone sezernieren. – Spezifische Zellen anderer Organe wie z. B. des Magens, produzieren „Gewebshormone". Sowohl bei Hormondrüsen als auch bei einzelnen spezifischen Zellen wird das Hormon in den Interzellularraum abgegeben und gelangt von hier durch fenestrierte Endothelien der Kapillaren in das Blut (endokrine Drüsen).

7.2.1 Wirbellose

Bei den Wirbellosen ist die Hormonbildung der Insekten und der Crustaceen am besten untersucht worden.

Insekten besitzen im Protocerebrum neurosekretorische Zellen. In den Perikaryen dieser Zellen wird das Neurosekret gebildet. Es wird in den Axonen zu den Corpora cardiaca geleitet und schließlich dort freigesetzt. (Diese Zellen werden auch als „extrinsic cells" der Corpora cardiaca bezeichnet). Hormone der Corpora cardiaca wirken auf die Prothoracaldrüse (Ecdysondrüse), die Häutungen einleitet. Diese Prothoracaldrüse fungiert also als Häutungsdrüse. Über nervöse Verbindung stehen die Corpora cardiaca mit den Corpora allata in Verbindung; letztere synthetisieren das Juvenilhormon, das Neotenin (Abb. 7.10). Während das Ecdyson ein Häutungshormon darstellt, bewirkt das Juvenilhormon in Kombination mit dem Ecdyson stets eine Häutung von Larve zu Larve. Bei den holometabolen Insekten wird von Larvenstadium zu Larvenstadium die Ausschüttung des Juvenilhormons weniger und schließlich eingestellt, so daß schließlich

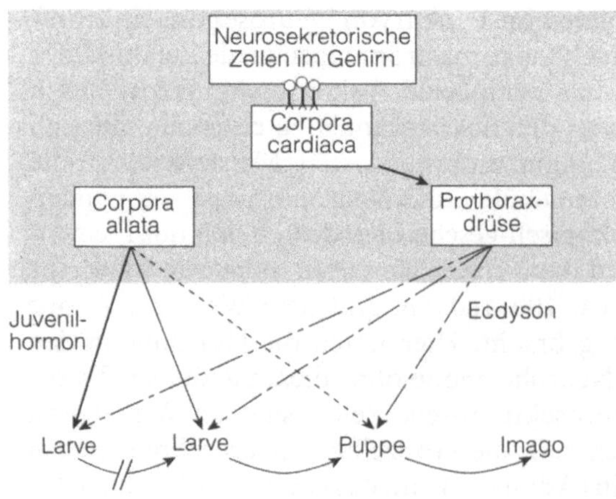

Abb. 7.10. Hormone und ihr Zusammenwirken bei der Entwicklung holometaboler Insekten. (Nach Reinboth 1980)

nur noch Ecdyson ausgeschüttet wird. Korreliert mit der Verminderung des Gehalts an Juvenilhormon erfolgt die Häutung zur Puppe und beim alleinigen Ausschütten von Ecdyson schließlich die Häutung zur Imago.

In den **Corpora cardiaca** werden zwei Zelltypen unterschieden: 1. die „extrinsic cells", deren Axone sich vom Gehirn aus in die Corpora cardiaca erstrecken und neurosekretorische Granula verschiedener Größe und Elektronendichte enthalten; 2. die „intrinsic cells", die Neurosekrete in den Corpora cardiaca synthetisieren und Zellorganellen wie RER, Golgi-Apparat und Dichtekörper besitzen.

Die Axontypen dieser Zellen werden nach Größe und Färbung sowie Dichte dieser Granula bestimmt. So sind die Axone vom Typ A peptiderg und enthalten Granula von 100–300 nm Durchmesser; sie färben sich mit Aldehyd-Fuchsin. Damit sind diese Axone den klassischen neurosekretorischen Neuronen zuzuordnen.

Axone von Typ B sind aminerg und enthalten Monoamine wie Noradrenalin, Serotonin und Dopamin in kleineren Granula. Diese Stoffe müssen die lockere Basallamina und Kollagenfibrillen durchdringen, um in die Hämolymphe zu gelangen. Diese Hormone beeinflussen den Häutungszyklus, die Aktivität des ZNS, das Gonadenwachstum und die Herzfrequenz.

Zellen der **Corpora allata** enthalten gut entwickeltes glattes ER, viele Mitochondrien, gelegentlich auch parallel angeordnetes GER. Darüber hinaus sind vorhanden: Kern, Ribosomen, Golgi-Apparat, Lysosomen und verschiedene Einschlüsse. Strukturen, die auf Hormonsynthese schließen lassen, fehlen. Die Corpora allata produzieren aber Neotenin, das mit Fettsäuren verwandt ist und in Bindung an Protein zirkuliert.

Die **Ecdysondrüse** leitet die Häutung ein. Ihre Zellen enthalten wenig Zellorganellen und Einschlüsse, kleine und rundliche Mitochondrien, wenig glattes oder rauhes endoplasmatisches Retikulum. Dieser letzte Befund läßt erkennen, daß keine oder nur wenig Proteine synthetisiert werden; solche Zellen bilden Steroidhormone.

Unter den **Crustaceen** wurde der endokrine Apparat der decapoden Krebse am besten untersucht. Sie besitzen sowohl neurosekretorische Zellen als auch epitheliale Drüsenkomponenten. – Die neurosekretorischen Zellen sind im gesamten NS verteilt; in den Augenstielen konzentrieren sie sich zu Komplexen, wie z. B. den X-Organen. Letztere stehen mit den optischen Ganglien in Verbindung. Vom X-Organ verlaufen Axone zur Sinusdrüse, an der neurosekretorische Axone aus dem Gehirn enden. – Von den ganglionären X-Organen wird das Sinnesporen-X-Organ unterschieden. Es fungiert lediglich als Neurohämalorgan und wird von neurosekretorischen Axonen aus der Medulla terminalis versorgt.

Bei den Crustaceen wurden 2–7 Kategorien neurosekretorischer Granula gefunden. Sie sind jeweils von einer Membran umgeben und zwischen 50–300 nm Durchmesser groß. Diese Granula werden über Exocytose freigesetzt.

Neben den neurosekretorischen Zellen und Zentren unterscheidet man bei Crustaceen folgende drei epithelialen endokrinen Drüsen:

1. die Y-Organe im Antennen- und Maxillarsegment;
2. die androgenen Drüsen, die zwar auch bei Weibchen vorkommen, aber nur bei Männchen zur vollen Entwicklung gelangen;
3. Ovarien.

Das Y-Organ liegt im Antennensegment und wird vom suboesophagialen Ganglion innerviert. In seiner Form variiert es bei den verschiedenen Gruppen; es besteht aus gleich großen Zellen (10 μm Durchmesser). In seiner Funktion ähnelt es der Prothoracaldrüse der Insekten.

7.2.2 Wirbeltiere

Bei Wirbeltieren existieren neurosekretorische Zellen in großer Zahl im ventralen Teil des Zwischenhirns, so z. B. beim kleinen Dornhai. – Die meisten Hormone werden innerhalb der Vertebraten entweder in inkretorischen Drüsen oder in bestimmten Einzelzellen anderer Organe gebildet (Gewebshormone). **Gewebshormone** sind z. B.:

1. **Gastrin**, das von G-Zellen im Pylorus und Duodenum gebildet wird; es fördert Wasser-, Elektrolyt- und Enzymsekretion im Magen, Duodenum und Pankreas.
2. **Sekretin**, das von S-Zellen im Duodenum und Jejunum produziert wird. Es fördert die Abgabe von Pepsin sowie Darm-, Gallen- und Pankreassekretion.
3. **Serotonin**, das von EC-Zellen, enterochromaffinen Zellen des Magens, Dünndarms und vereinzelt des Pankreas, der Gallenblase und der Bronchien gebildet wird. Es bewirkt die Kontraktion der glatten Muskulatur von Blutgefäßen und der Darmwand. Diese Zellen sind „chromaffin", d. h. sie bilden mit $K_2Cr_2O_7$ ein braunes Reaktionsprodukt durch Oxidation.
4. **Histamin**, das von ECL-Zellen (entero-chromaffin-like) des Magens abgesondert wird; es verstärkt die Durchlässigkeit von Blutkapillaren.
5. **Cholecystokinin** (CCK), das im Dünndarm gebildet wird; es stimuliert die Säure- und Peptidsekretion des Magens, die Magen-Darmmotorik, die Entleerung der Gallenblase, wie auch Sekretion des Pankreas.

Diese Gewebshormone wirken auf dem Blutweg wie die Hormone der endokrinen Drüsen. – Darüber hinaus gibt es aber noch andere Gewebshormone (z. B. Somatostatin, Neurotensin), die nur kurz (weniger als eine Minute) im Blut beständig sind; sie wirken wahrscheinlich über den Extrazellularraum. Nur bestimmte Zellen, Gewebe oder Organe zeigen eine Wirkung, nämlich diejenigen, die Bindungsstellen, sog. Rezeptoren, für die ihnen entsprechenden Hormone besitzen.

Zellen, die Gewebshormone bilden, gehören nach Pschyrembel (1989) dem APUD-System ("Amine and/or amine Precursor Uptake and Decarboxylation") an; darunter versteht man ein peripheres, endokrines System von Zellen, die alle vom neuralen Ektoderm abstammen und den peripheren, endokrinen Anteil des NS bilden. Etwa 40 Apud-Zellen sind bis jetzt bekannt. Sie können auf verschiedene Art sezernieren: a) in eine Ganglienzelle (neurokrin), b) über Axone in das Blut (neuroendokrin), c) direkt in das Blut (endokrin) und d) in die unmittelbare Nachbarschaft (parakrin). Zu diesem Apud-Zellsystem gehören neben den oben genannten endokrinaktiven Zellen der Magen-Darm-Schleimhaut und der Lunge, Zellen des Hypothalamus, der Hypophyse, des Pinealorgans, der Nebenschilddrüse und endokrinaktive Zellen der Plazenta, die Zellen des Pankreas-

Tabelle 7.1. Funktionsschema der wichtigsten Hormondrüsen. Hypophyse: VL-, ZL- u. HL Vorder-, Zwischen- und Hinterlappen; GL. parath. Glandula parathyreoidea Epithelkörperchen oder Nebenschilddrüse; LHI Langerhanssche Insel, Pankreasinsel; NN Nebenniere, R Rinde, M Mark; Paraf. Z. Parafollikuläre Zellen; STA Stanniussche Körperchen, THY Glandula thyreoidea; RH und RIH Releasing- und Release-Inhibiting-Hormone; ACTH adrenocorticotropes H.; ADH antidiuretisches H. Adiuretin; FSH gonadotropes H.; Gluko-C. Glukocorticoide; LH gonadotropes H.; LTH Prolactin; Mineral-C. Mineralcorticoide; MSH Melanotropin (Melanophoren stimulierendes H.); Melatonin: Melanosomen konzentrierendes H. (Bleichwerden von Amphibien und Fischen) sowie antigonadotroper Effekt; STH somatotropes H.

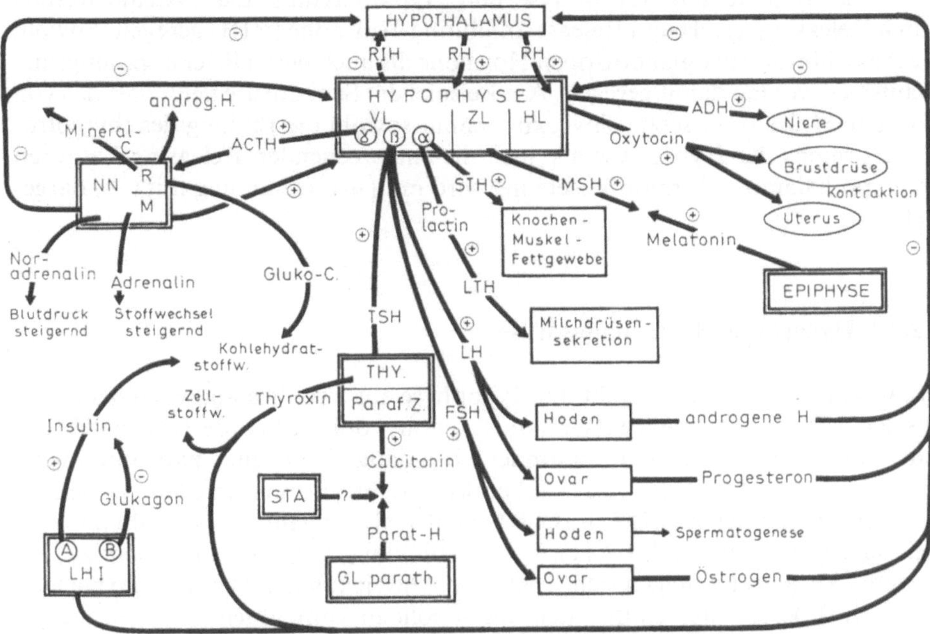

Inselsystems, die parafollikulären Zellen der Schilddrüse, wie auch Zellen des Nebennierenmarks, des Sympathikus und die Melanoblasten.

Entsprechend ihrem chemischen Aufbau unterscheidet man: Peptid- und Proteohormone (z. B. Insulin), Steroidhormone (z. B. Cortison, Testosteron). Elektronenmikroskopisch kann man unterscheiden, welche dieser Hormongruppen in einer Zelle gebildet werden. **Peptid-** und **Proteohormone** werden nach dem Prinzip der Proteinbiosynthese an den Ribosomen des granulierten ER gebildet. Diese Zellen enthalten deshalb ein sehr gut ausgebildetes GER, viele Mitochondrien, einen gut entwickelten Golgi-Apparat. In der Regel enthalten diese Zellen zahlreiche elektronendichte Granula, die von einer Einheitsmembran umgeben werden. – **Steroidhormone** synthetisierende Zellen sind erkennbar an ihrem hohen Gehalt an glattem ER sowie Mitochondrien vom tubulären Typ (bei niederen Wirbeltieren auch vom Cristae-Typ).

Folgende Hormondrüsen kommen bei Wirbeltieren vor:

1. Hypophyse,
2. Nebenniere,
3. Schilddrüse und parafollikuläre Zellen,

4. Gonaden,
5. Epiphyse,
6. Epithelkörperchen (Nebenschilddrüse),
7. Langerhanssche Inseln,
9. Juxtaglomeruläre Zellen.

Tabelle 7.1 gibt einen unvollständigen Überblick über die wichtigsten Regelkreise und Rückkopplungsmechanismen der bedeutendsten Hormondrüsen. Oberste steuernde Systeme sind Hypophyse und Hypothalamus; die Systeme werden durch Releasing- (RH) und Release-Inhibiting-Hormone (RIH) geregelt. Sowohl die Ausschüttung der glandotropen Hormone als auch deren Rückkopplungsmechanismen werden damit geregelt. Am Beispiel der Schilddrüse heißt das: das von der Schilddrüse freigesetzte Thyroxin hemmt sowohl die Bildung des thyreotropen Hormons der Hypophyse als auch die entsprechenden Releasing-Faktoren im Hypothalamus. Hormonfreisetzung wird mit ($+$), Hemmung mit ($-$) dargestellt.

7.2.2.1 Hypophyse (Hirnanhangsdrüse)

Entwicklungsgeschichtlich geht die Hypophyse aus zwei Bestandteilen hervor: 1. aus dem Mundhöhlendach entsteht die Adenohypophyse (Vorderlappen). Zu der Adenohypophyse können insbesondere bei Säugetieren eine Pars intermedia (Zwischenlappen) und eine Pars tuberalis (Trichter) unterschieden werden. 2. Aus dem Boden des Zwischenhirns (II. Ventrikel) entsteht die Neurohypophyse (Hinterlappen) (vergl. Abb. 7.11). Diese Abbildung trifft für Säugetiere zu; bei niederen Vertebraten zeigen sich erhebliche Abweichungen. Die **Adenohypophyse** (Abb. 7.11) besteht aus epithelialen, meist soliden kompakten Strängen ungleicher Dichte, die von einer Basallamina umhüllt werden. Diese Stränge sind zusammengesetzt aus helleren und dunkleren Zellen. *Helle Zellen* sind Hauptzellen ohne Granula; *dunkle Zellen* sind Zellen, die acidophile und basophile Granula enthalten. Zellen mit acidophilen Granula sind die α-Zellen; sie machen 40% aller Drüsenzellen aus und produzieren Somatotropin. Basophile Zellen sind die β-Zellen; sie stellen 10% aller Drüsenzellen, liegen am Rand der Hypophyse und produzieren gonadotropes und thyreotropes Hormon. γ-Zellen sind chromophob; sie sind zu 40–50% in der Drüse enthalten; ihre Wirkung ist umstritten. Sie sind neutrophil und produzieren jedenfalls adrenocorticotropes Hormon (Corticotropin, ACTH) (vergl. Tabelle 7.1). Insgesamt schüttet die Adenohypophyse ca. 20 Wirkstoffe aus, wobei die Hormone an verschieden große Granula gebunden sind. Die Zuordnung des Zelltyps zu einem Hormon ist jedoch heute noch schwer möglich.

Der **Zwischenlappen**, Zona intermedia (Abb. 7.11) besteht aus hohlen Strängen basophiler, polygonaler Zellen und aus kolloidgefüllten Bläschen mit mehrschichtiger Wand, gelegentlich mit Haarsaum. Bei einigen Säugern (Katze, Ratte) weist der Zwischenlappen helle und dunkle verästelte Zellen auf. Bei wechselwarmen Wirbeltieren ist der Zwischenlappen viel stärker ausgebildet und mit der Neurohypophyse stark verzahnt. Dieser Zwischenlappen produziert Melanotro-

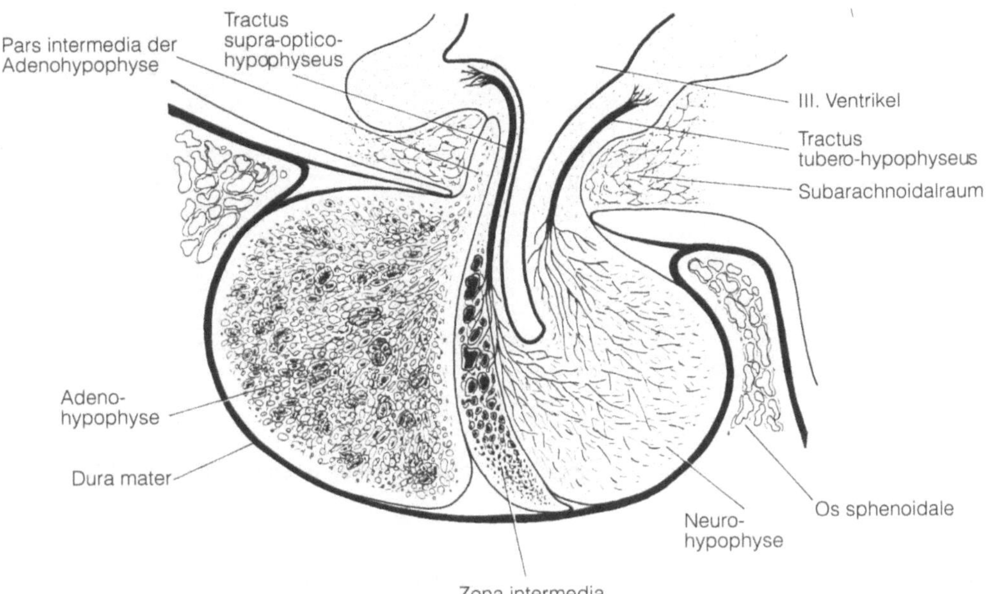

Abb. 7.11. Hypophyse (Mensch) im Mediansagittalschnitt. (Nach Turner aus Romer 1983 modifiziert)

pin, das Pigmenthormon, das die Melaninbildung und die Ausbreitung von Melanin in den Chromatophoren steuert (vergl. Tabelle 7.1). Bei Säugern ist die Bedeutung dieses Hormons noch nicht vollkommen geklärt.

Der **Trichterlappen**, Pars infundibularis (pars tuberalis) besteht aus 2–3 Lagen von meistens chromophoben Zellen.

Die **Neurohypophyse** (Abb. 7.11) besteht aus Nervenfasern, Gliazellen (Elemente des NS, jedoch nicht nervöser Natur), Blutgefäßen und Bindegewebe. Hormone des Hinterlappens werden in Zellen gebildet, die im Boden und in der Wand des Hypothalamus liegen (Neurosekretion). Diese Hormone werden von hier durch Nervenfasern (Axone), an ein Trägerprotein gebunden, zum Hinterlappen transportiert; dieser dient lediglich als Stapel- und Abgabeort der Wirkstoffe. Sein Anteil ist innerhalb der Säuger sehr verschieden. Im Hinterlappen wird freigesetzt:

1. das Adiuretin, welches die Rückresorption von Wasser aus den Nierenkanälchen bewirkt;
2. das Oxytocin, das die Kontraktion der glatten Uterusmuskulatur hervorruft (vergl. Tabelle 7.1). In der Milchdrüse sorgt Oxytocin für die Kontraktion der Myoepithelzellen und damit für die Sekretauspressung aus den Drüsenendstücken.

7.2.2.2 Nebenniere (Glandula suprarenalis)

Die Nebenniere der Säuger besteht aus zwei entwicklungsgeschichtlich und funktionell unterschiedlichen Anteilen, dem **Mark** und der **Rinde**. Die Rinde stammt

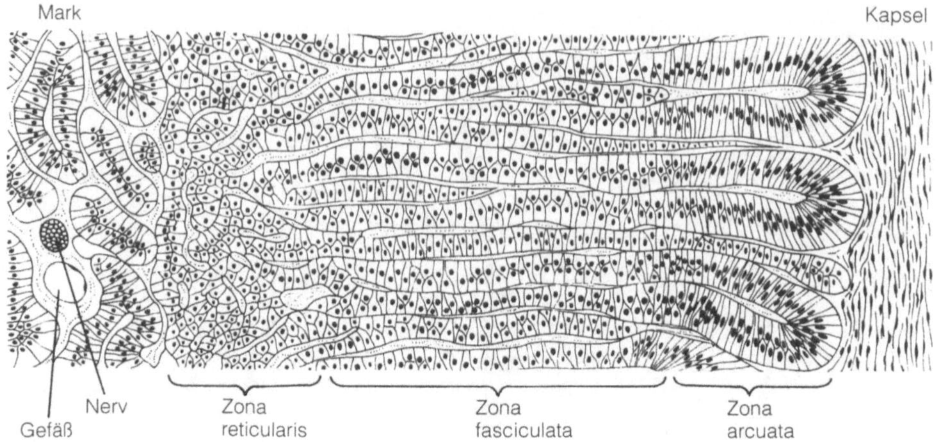

Abb. 7.12. Nebenniere von *Equus* im Querschnitt. (Nach Krolling u. Grau 1960 aus Welsch u. Storch 1973)

aus dem Coelomepithel (Mesoderm), das Mark aus der Sympathikusanlage (Ektoderm). Diese beiden Komponenten kommen auch bei niederen Wirbeltieren vor, aber in Form von zwei anatomisch getrennten Drüsen, während bei den Säugern mit Ausnahme der Monotremen das Mark vom Rindengewebe umgeben wird. Außen wird das Organ von einer starken bindegewebigen Kapsel umgeben, von der aus Gefäße und Nerven enthaltende Septen radiär in die Rinde ziehen. In das Mark ziehen sie nur noch als feine Fasern.

Die **Rinde** besteht aus folgenden drei Zonen:

1. Zona glomerulosa,
2. Zona fasciculata und
3. Zona reticularis (vgl. Abb. 7.12).

Die peripher angeordnete *Zona glomerulosa* (resp. *arcuata*) besteht aus schmalen, kleinen Epithelzellen, die zu rundlichen oder unregelmäßigen Nestern und Strängen zusammengesetzt sind. Ihre Kerne sind chromatinreich und relativ groß. Das Cytoplasma enthält wenig Lipoid. – Die Zellen der Zona glomerulosa bilden Mineralcortikoide (z.B. Aldosteron) (Tabelle 7.1), die die Na^+- und Ca^{++}-Konzentration im Gleichgewicht halten und den Wasserhaushalt regeln.

Die *Zona fasciculata* besteht aus säulenartigen Zellsträngen, deren Epithelzellen zu radiären Verbänden geordnet sind. Durch weite Blutsinus werden sie voneinander getrennt. Die Kerne sind groß, die Zellen reich an Lipoiden. Diese Zellen produzieren vor allem Glukocorticoide, z.B. Cortison, die den Zuckerverbrauch in den Zellen herabsetzen (bei Anstieg des Blutzuckerspiegels) und den Fettstoffwechsel regulieren.

Die zentralwärts anschließende *Zona reticularis* liegt zwischen Fasciculata und dem Mark. Ihre Epithelzellen sind klein, lipoidarm, mit dichtgedrängten Pigmentgranula. Je nach Entwicklungsstadium des Tieres enthalten diese Zellen einen pyknotischen (zugrunde gehenden) Kern. In dieser Zone werden Geschlechtshormone gebildet, von denen die androgenen Hormone überwiegen.

Die Größenordnung dieser drei Zonen ändert sich korreliert mit Geburt, Pubertät und Gonadenrückbildung.

Das zentral gelegene **Mark** besteht aus einem dichten Netzwerk von Zellsträngen mit langgestreckten polygonalen Zellen. Allseitig ist es vom Blutsinus umgeben. Im Cytoplasma der Zellen befinden sich Körnchen, die sich mit Chromsalzen braun färben (chromaffine Zellen). Diese Anfärbung beruht auf der Oxydation der in den cytoplasmatischen Granula enthaltenen Katecholamine Adrenalin und Noradrenalin. Adrenalin wirkt stoffwechselsteigernd und anregend auf Herz und ZNS. Noradrenalin wirkt gefäßverengend und blutdrucksteigernd. – Außer den chromaffinen Zellen kommen vegetative Ganglienzellen vor.

7.2.2.3 Schilddrüse (Glandula thyreoidea)

Stammesgeschichtlich ist die Schilddrüse aus der Hypobranchialrinne des Lanzettfischchens abzuleiten. Biochemisch sind sowohl bei Tunicaten als auch bei *Branchiostoma* die typischen Schilddrüsenhormone der Wirbeltiere nachgewiesen worden. Die Vorläufer der Schilddrüse sind also oberflächlich liegende Zellen in

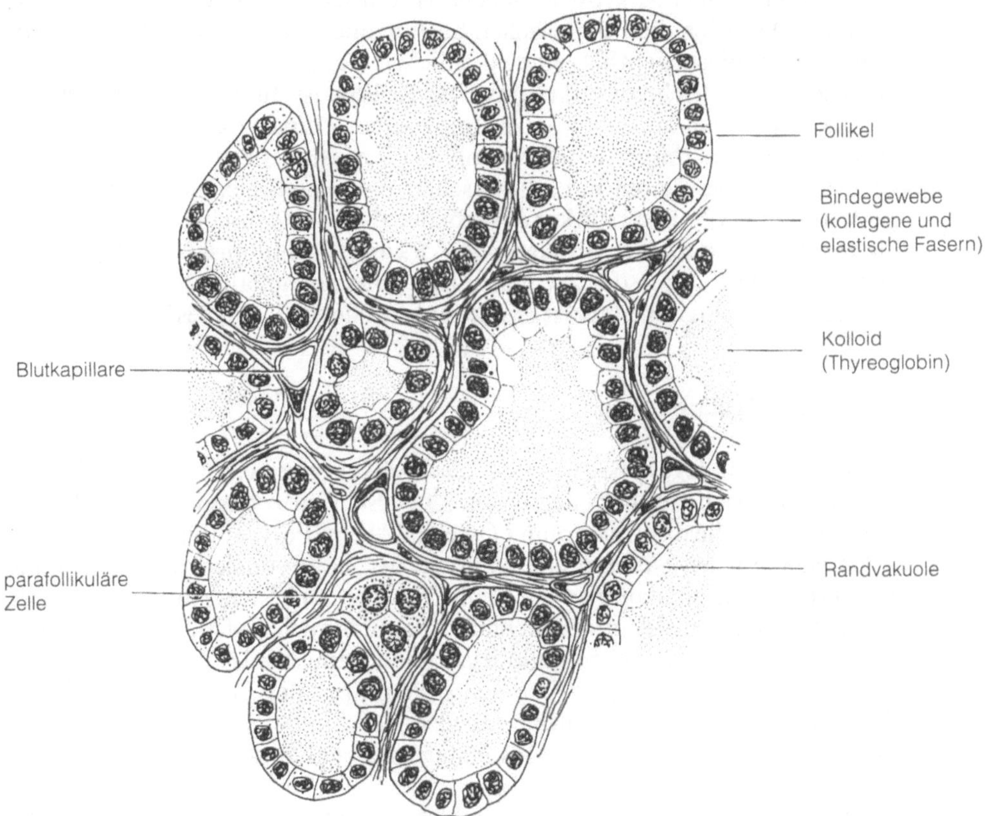

Abb. 7.13. Schnitt durch die Schilddrüse einer Ratte. Vergr. ca. 400fach

einem Organ, das der Nahrungsaufnahme und der Schleimbildung dient. Bei *Petromyzon*, wie bei allen Wirbeltieren, handelt es sich um eine geschlossene Drüse; immer entsteht sie aus dem Material des Schlunddarmbodens.

Histologisch besteht die Schilddrüse aus Follikeln (Abb. 7.13), die von einer bindegewebigen Kapsel (Capsula fibrosa) umgeben werden. Von ihr dringen gefäß- und nervenhaltige Bindegewebstrabekel in das Innere vor und unterteilen das Organ in Läppchen (Lobuli). Jeder Lobulus enthält zahlreiche Follikel. Diese werden von einschichtigem Epithel ausgekleidet; je nach Funktionszustand besteht es aus flachen kubischen oder zylindrischen Zellen. Das Follikellumen ist von dem homogenen, kolloidalen Sekret der Epithelzellen, dem Thyreoglobin, ausgefüllt. Thyreoglobin ist die Speicherform der Schilddrüsenhormone Thyroxin, Trijodthyronin. Es ist ein Protein, an das die Schilddrüsenhormone nach ihrer Bildung gebunden werden. Bei Bedarf kann der Organismus proteolytische Enzyme aus dem Follikelepithel freisetzen; sie spalten aus dem gestapelten Kolloid freies Hormon ab, das dann von Follikelepithel resorbiert und ins Blut abgegeben wird. Dafür ist der enge Kontakt der Blut- und Lymphgefäße mit der Follikelwand von funktioneller Bedeutung (vergl. Abb. 7.13).

Im Ruhezustand sind die Follikel groß, das Kolloid viskos, die Thyreocyten und Kerne abgeflacht; sie enthalten wenig endoplasmatisches Retikulum und nur eine kleine Zahl kleiner Mikrovilli. Bei der Mobilisierung des Sekrets (Sekretausschwemmung) werden die Follikelzellen hochprismatisch, tragen viele große Mikrovilli, ihr Cytoplasma enthält einen deutlichen Golgi-Apparat und große Spalten des endoplasmatischen Retikulums. Das Kolloid ist durch Fermente verflüssigt. – Randvakuolen entstehen im histologischen Präparat durch apikale Epithelprotrusionen bei Immersionsfixierung; bei Perfusionsfixierung treten sie dagegen nicht auf. Bei Tieren mit Winterschlaf und einem Sexualzyklus sind die Veränderungen der Follikel stärker ausgebildet als beim Menschen.

Thyroxin hat 1. stoffwechselsteigernde Wirkung (Grundumsatz), 2. beeinflußt es die vegetativen Zentren des Zwischenhirns (Wärmeregulation), 3. die Zentren des Großhirns. Biologisch aktiv ist nur die linksdrehende Form des Thyroxins.

7.2.2.4 Parafollikuläre Zellen

Diese liegen im Bindegewebe zwischen den Follikeln der Schilddrüse und bestehen aus granulierten Epithelzellen (Abb. 7.13). Sie stellen einen zweiten Zelltyp dar, die C-Zellen, die das Calcitonin (Tabelle 7.1), ein Polypeptidhormon bilden. C-Zellen wandern bei Säugern erst während der Embryonalentwicklung in die Schilddrüse ein. Sie entstammen der Schlundtasche. Bei Nichtsäugern bilden sie eine eigene Drüse, den Ultimobranchialkörper, der auch Calcitonin produziert. Bei Fischen, denen eine Nebenschilddrüse fehlt, kann der Ultimobranchialkörper sehr groß sein; er bildet regelmäßige Zellstränge oder Follikel. – Calcitonin senkt den Calciumspiegel im Blut und fördert den Einbau von Calciumsalzen in das Knochengewebe. Es wirkt also als Antagonist zum Parathormon der Nebenschilddrüse (Tabelle 7.1).

Gonaden, die Geschlechtshormone bilden (Tabelle 7.1), werden im Kapitel Geschlechtsorgane besprochen.

7.2.2.5 Epiphyse (Zirbeldrüse)

Die Epiphyse (auch Pinealorgan genannt) ist aus dem Dach des Zwischenhirns (Epithalamus) entstanden. Sie ist ein unpaares, zapfenförmiges Organ. Stammesgeschichtlich ist sie ein Rudiment des schlauchförmigen Stiels des Parietalauges, das bei manchen Reptilien und niederen Wirbeltieren noch vorhanden ist. So haben Fische und Anuren noch Pinealocyten vom Bau von Lichtsinneszellen, und auch das Parietalauge der Eidechsen ist von solchem Bau (siehe Sinnesorgane). Bei Schlangen und Vögeln fehlen diesen Pinealocyten, die typischen Sehzellen gleichen, die Außensegmente; letztere sind dort degeneriert. An ihrer Stelle findet man Sekretgranula, die aber auch in geringem Maße in typischen Sehzellen niederer Wirbeltiere aufzufinden sind.

Bei Säugern ist die Epiphyse in Läppchen unterteilt, nur inkretorisch aktiv und reich kapillarisiert. Die Hauptmasse des Parenchyms besteht aus zwei Zelltypen, den runden, polygonalen Pinealocyten und den fortsatzreichen Astrocyten. Dazwischen liegt ein Netzwerk von vegetativen Nervenfasern. – Ein Pinealocyt besitzt einen oder mehrere Ausläufer, die ein Netzwerk bilden. Er enthält einen großen, gelappten Zellkern mit charakteristischem Nucleolus, ausgedehntem Golgi-Apparat, Polyribosomen, verschiedene Vesikel und viel ER. Auffallend sind die „subsurface cisterns". Darunter versteht man die Teile des ER, die sich in Form flacher Zisternen am Plasmalemm erstrecken. Ihre dem Zellinneren zugewandte Membran ist meist mit Ribosomen besetzt (die aber auch fehlen können), während die äußere Membran in ca. 15 nm Abstand vom Plasmalemm stets glatt ist.

Versuche mit Rennmäusen, *Meriones unguiculatus*, (Cricetidae) (Tutter 1989) erhellten die Funktion dieser „subsurface cisterns": sie können tagsüber Ca^{++} anreichern; nachts sind sie leer. Sie regeln den cytosolischen Calciumspiegel.

In den Pinealocyten verschiedener Tierarten kommen häufig „synaptic ribbons" vor; das sind Synapsen, die für Sehzellen der WT charakteristisch sind (siehe Kap. WT-Augen). – Auch hierin drückt sich die phylogenetische Abstammung der Pinealocyten von der „Rezeptorlinie" aus.

Die Pinealocyten bilden Kolloidcysten, die durch ständige Einlagerung von Hydroxylapatitkristallen anwachsen.

Schließlich stirbt die umgebende Zelle ab, so daß die Kristalle in den extrazellulären Raum gelangen und dort als große runde Kristallisationskeime weiter Ca^{++} anlagern. So entstehen die Acervuli (Hirnsand).

Das Hormon der Epiphyse, das Melatonin, wird im Tag-Nacht-Rhythmus ausgeschüttet. Es löst die Kontraktion der Melanophoren aus (vergl. Tabelle 7.1) und wirkt als Antagonist des Melanotropins. Bei Ratten hemmt es auch die Gonaden-Entwicklung. – Bei allen bisher untersuchten Arten der Säuger produziert die Zirbeldrüse ein zeitmessendes Enzym, das wahrscheinlich für die Tag-Nacht-Rhythmik vieler physiologischer Funktionen von Bedeutung ist (innere Uhr).

7.2.2.6 Epithelkörperchen (Glandula parathyreoidea)

Die Glandula parathyreoidea der Nebenschilddrüse liegt bei Wirbeltieren von den Amphibien an aufwärts auf der Dorsalseite der Schilddrüse. Histologisch handelt es sich um dichtgelagerte, knäuelige Stränge, von denen drei Zelltypen beschrieben werden:

1. kleine helle Hauptzellen, die wenig acidophil und polygonal sind;
2. dunkle Hauptzellen, die kleiner, dichter, acidophil, glykogenreich sind und wenige Mitochondrien enthalten und
3. oxyphile, stark acidophile Zellen mit Granula und vielen Mitochondrien, deren Funktion noch unbekannt ist.

Elektronenmikroskopische Untersuchungen lassen etliche Übergangsformen dieser „drei Zelltypen" erkennen; vermutlich handelt es sich bei ihnen um verschiedene Funktionszustände einer einzigen Zellart.

Die Epithelkörperchen sondern das **Parathormon** ab, welches den Calcium- und Phosphatstoffwechsel reguliert (Tabelle 7.1) und die Osteoklasten zum Knochenabbau stimuliert. Überfunktion führt zu Entkalkungskrankheiten und damit zum Anstieg der Ca^{++}-Konzentration im Blut.

7.2.2.7 Langerhanssche Inseln (Pankreasinseln)

Den endokrinen Abschnitt des Pankreas bezeichnet man als Langerhanssche Insel, die sich durch eine hellere Tingierung und starke Durchblutung auszeichnet (siehe Kapitel Pankreas und Tabelle 7.1).

7.2.2.8 Stanniussche Körper

Sie treten nur bei Teleosteern auf, wo sie dem Mesonephrons anliegen. Histologisch bestehen sie aus zwei Zelltypen, die beide viel granuläres ER und Sekretionsgranula enthalten, wobei aber beim ersten Typ der Kern apikal, beim zweiten der Kern basal liegt. Die Funktion ist noch nicht eindeutig geklärt, man vermutet aber eine Senkung des Calciumspiegels im Blut.

7.2.2.9 Juxtaglomeruläre Zellen

Sie bilden ein weiteres Hormonsystem, das **Renin** sezerniert. Diese Zellen liegen bei niederen Wirbeltieren an präglomerulären, bei Säugern an afferenten Arteriolen neben dem Glomerulus. In ihrer Gesamtheit werden sie bei Säugern als Polkissen bezeichnet. – Renin ist ein Enzym, das die Umwandlung eines globulären Blutproteins, des Angiotensins I in Angiotensin II bewirkt. Dieses löst eine Kontraktion von Arteriolen aus und stimuliert die Zona glomerulosa der Nebenniere (Natriumionen- und Wasserresorption).

7.3 Pheromondrüsen

Pheromondrüsen sind in der Regel umgewandelte endoepitheliale Drüsen in den Intersegmentalhäuten bei etlichen Insekten. Bei ihnen handelt es sich um wenig differenzierte Drüsen, die keine Drüsenorgane bilden. Das Sezernieren des Drüsensekrets (Pheromone) stellt man sich merokrin vor, wobei die Pheromone über feine Porenkanäle in der Cuticula auf molekularer Ebene freigesetzt werden (Steinbrecht 1964). Pheromone haben sich aus Kohlenwasserstoffen der Cuticula entwickelt. Ein solches Pheromon ist z. B. das Bombykol, das von den Weibchen des Seidenspinners *(Bombyx mori)* als Sexuallockstoff abgegeben wird und die Männchen sexuell stimuliert.

Beim Seidenspinner liegen diese Drüsen paarig angeordnet am Ende des Abdomens; sie sind ausstülpbar. Laterale Verzahnungen (Interdigitationen) und Desmosomen gewährleisten den seitlichen Zusammenhalt der Zellen während der Formveränderungen beim Ein- und Ausstülpen. – Elektronenmikroskopische Untersuchungen zeigten in diesen Drüsenzellen einen großen gelappten Zellkern, sehr stark ausgeprägtes agranuläres ER, das korreliert mit Anstieg der Lockaktivität das granuläre ER ersetzt. Der Golgi-Apparat ist nur klein, Mitochondrien sind dagegen zahlreich. Mit Beginn der Lockaktivität treten zunehmend Lipidtröpfchen auf; in ihnen wird auf Grund histochemischer Befunde eine Vorstufe des Lockstoffes vermutet. An der Grenzfläche zur Cuticula vergrößern die Drüsenzellen ihre Oberfläche, indem ihre Cytoplasmamembran einen „Faltensaum" bildet. Vermutlich dient dieser mit seiner Oberflächenvergrößerung dem Stofftransport. Die Cuticula besteht hier nur aus Endo- und Epicuticula.

7.4 Sinnesorgane

Sinnesorgane nehmen Reize aus ihrer Umwelt – dazu gehört die äußere Umgebung und das Innere des Körpers – auf. Die Sinneszellen perzipieren die für sie spezifischen Reize und wandeln sie in Erregung um. Diese wird über Axone und Synapsen an das Nervensystem NS weitergeleitet. Entsprechend der topographischen Verknüpfung mit dem NS unterscheidet man grundlegend folgende Sinneszellen:

a) primäre Sinneszellen,
b) sekundäre Sinneszellen,
c) Sinnesnervenzellen (vergl. Abb. 7.14).

Bei den **primären Sinneszellen** liegt das Perikaryon im Epithelverband, und die Zelle besitzt einen die Erregung ableitenden Fortsatz, das Axon (Abb. 7.14a). Dieses bildet endständig mehrere Äste, die über Synapsen mit einer sekundären Nervenzelle in Verbindung stehen. Primäre Sz sind bei Wirbellosen weit verbreitet, kommen aber auch bei Wirbeltieren vor. Sie stellen die Photo- und Chemorezeptoren und treten generell auf in Insektensensillen.

Sekundäre Sinneszellen (Abb. 7.14b) liegen ebenfalls im Epithelverband; sie sind schon dort über Synapsen mit einer afferenten Nervenfaser verbunden. Die-

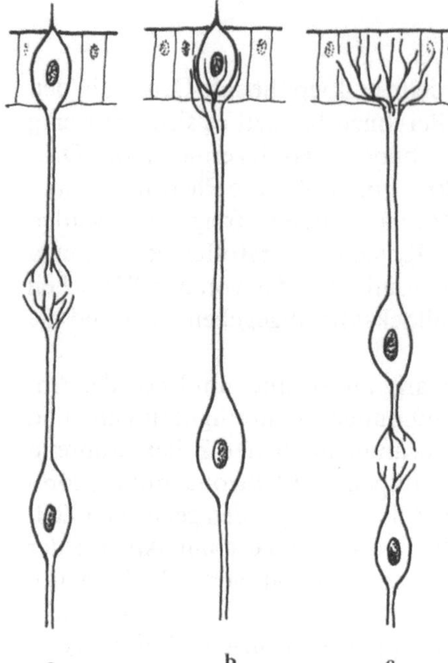

a   b   c

Abb. 7.14 a–c. Schema der drei Sinneszelltypen Sz entsprechend ihrer topographischen Verknüpfung mit dem NS. **a** Primäre SZ; **b** sekundäre Sz; **c** Sinnesnervenzelle

se Rezeptoren bilden kein Axon aus. – Sekundäre Sinneszellen fungieren vorwiegend als Mechanorezeptoren der Seitenlinienorgane, des inneren Ohres und als Geschmacksrezeptoren in Geschmacksknospen. Sie kommen hauptsächlich bei Wirbeltieren vor, darüber hinaus aber auch bei den Cnidaria, den Mollusken, den Priapuliden, den Chaetognathen und den Anneliden.

Bei **Sinnesnervenzellen** (Abb. 7.14c) liegen die Perikaryen unter dem Epithel und senden Dendriten (sog. freie Nervenendigungen) zum Ort der Reizaufnahme (meist Epithel). Ihr sensitiver Rezeptorpol wird häufig von Hüllzellen umgeben. In der Regel sind diese Sinnesnervenzellen mechanorezeptiv.

Betrachten wir Sinnesorgane nach ihrem Funktionsbereich, also nach der Energieform, auf die sie spezialisiert ansprechen, so unterscheiden wir Chemo-, Thermo-, Hygro-, Elektro-, Mechano- und Photosensitivität. – Den unterschiedlichen Reizarten entsprechen Unterschiede sowohl im Bau der verschiedenen Rezeptoren, als auch der sie umgebenden Hilfszellen.

7.4.1 Chemorezeptoren

Sie sind verbreitet in den Geschmacks- und Geruchsorganen.

Allgemein handelt es sich um primäre oder sekundäre Sinneszellen, die in Gruppen angeordnet sind. Bei Wirbellosen tragen sie distal in der Regel mehrere Cilien. Die Cilien können die Cuticula (der Anneliden) oder den apikalen Mikrovillisaum (der Nemertinen, Mollusken) durchbrechen oder in diesen eingebettet sein. Derartige Strukturen kommen vor am Kopfrand und den Tentakeln von

Cnidariern, von Turbellariern, von Nemertinen, von Anneliden und Mollusken.
– Sichere morphologische Kriterien, wie solche Chemorezeptoren, also einfache
Zellen mit Cilien, von Mechanorezeptoren ultrastrukturell zu unterscheiden sind,
gibt es bisher nicht. – Generell dürfte der Reizvorgang eingeleitet werden zwischen dem Molekül der reizwirksamen Substanz und einem Rezeptorprotein an
der Zellmembran. Die meisten Chemorezeptoren reagieren spezifisch und selektiv auf bestimmte Stoffe, wobei manchmal verschiedenartige Stoffe die gleiche
Geschmacksempfindung hervorrufen (z. B. Zucker und Saccharin). Geruchsor-
gane reagieren auf gasförmige Substanzen mit niedriger Reizschwelle, Geschmacksorgane dagegen auf gelöste Stoffe mit hoher Reizschwelle. Eine Unter-
scheidung zwischen Geschmacks- und Geruchsorganen ist also nur bei landle-
benden Tieren möglich.

7.4.1.1 Geschmacksorgane

Bei Wirbeltieren gruppieren sich in der Regel sekundäre Sz zu **Geschmacksknospen**. Diese sind bei Fischen über die Körperoberfläche (Lippen, Barteln), bei Tetrapoden im Schleimhautepithel der Mundhöhle (Zunge, Pharynx) verteilt. In allen fünf Wirbeltier-Klassen kommen Geschmacksknospen vor; diese unterscheiden sich zwar etwas, im Prinzip aber sind sie wie folgt aufgebaut:
   LM: 30–50 spindelförmige Zellen liegen zusammen; sie erreichen zwar die Basallamina, nicht aber die Oberfläche des umgebenden Epithels und lassen deshalb
an ihrer Oberfläche eine kleine Grube frei, den Geschmacksporus (Abb. 7.15). In
diese Grube ragen zahlreiche mikrovilliartige Cytoplasmafortsätze vom apikalen
Pol der Sinneszellen (Abb. 7.15). – Eine Geschmacksknospe ist ca. 50–80 µm
hoch und 30–50 µm im Durchmesser. Lichtmikroskopisch sind schlanke dunkle
Zellen (Stützzellen), die am häufigsten sind, von hellen, etwas breiteren Zellen zu
unterscheiden. – Elektronenmikroskopisch werden 1. Stützzellen, 2. Sinneszellen
in drei Entwicklungsstadien und 3. Basalzellen unterschieden. Die **Stützzellen**
oder „dunkle Zellen" (LM) sind schmale Zellen mit apikalen Mikrovilli, die in
den Geschmacksporus ragen. – Neben zahlreichen Filamenten enthalten sie viele
Ribosomen, zahlreiche elektronenoptisch opake Granula, die wahrscheinlich
Glukosaminoglykane enthalten. Diese werden in den Trichter des Geschmacksporus abgegeben.
   Die „hellen Zellen" sind die nächst häufigsten. – Bei ihnen handelt es sich um
junge Sinneszellen Sz 1. Sie sind von vielen Dendriten umgeben. Diese Zellen sind
etwas rundlicher als die Stützzellen, enthalten weniger Filamente und viel glattes
ER. Ihr apikaler Mikrovillisaum ragt ebenfalls in den Geschmacksporus.
   Die **reifen Sinneszellen** Sz 2 ähneln in vielem den jungen Sz. Sie sind aber
durch zahlreiche Vesikel im basalen Cytoplasma charakterisiert. – Diese Vesikel
von 40–60 nm Durchmesser gleichen synaptischen Vesikeln. Da Dendriten in der
Nähe dieser Vesikelhäufungen liegen, wird angenommen, daß sie funktionell aktiv sind.
   Die **Basalzellen** sind verhältnismäßig undifferenzierte Zellen. Sie werden als
Vorläufer der spezialisierten Zellen angesehen. Im Bereich der Knospe findet eine
ständige Neubildung der Sinneszellen statt, die nach neueren Untersuchungen

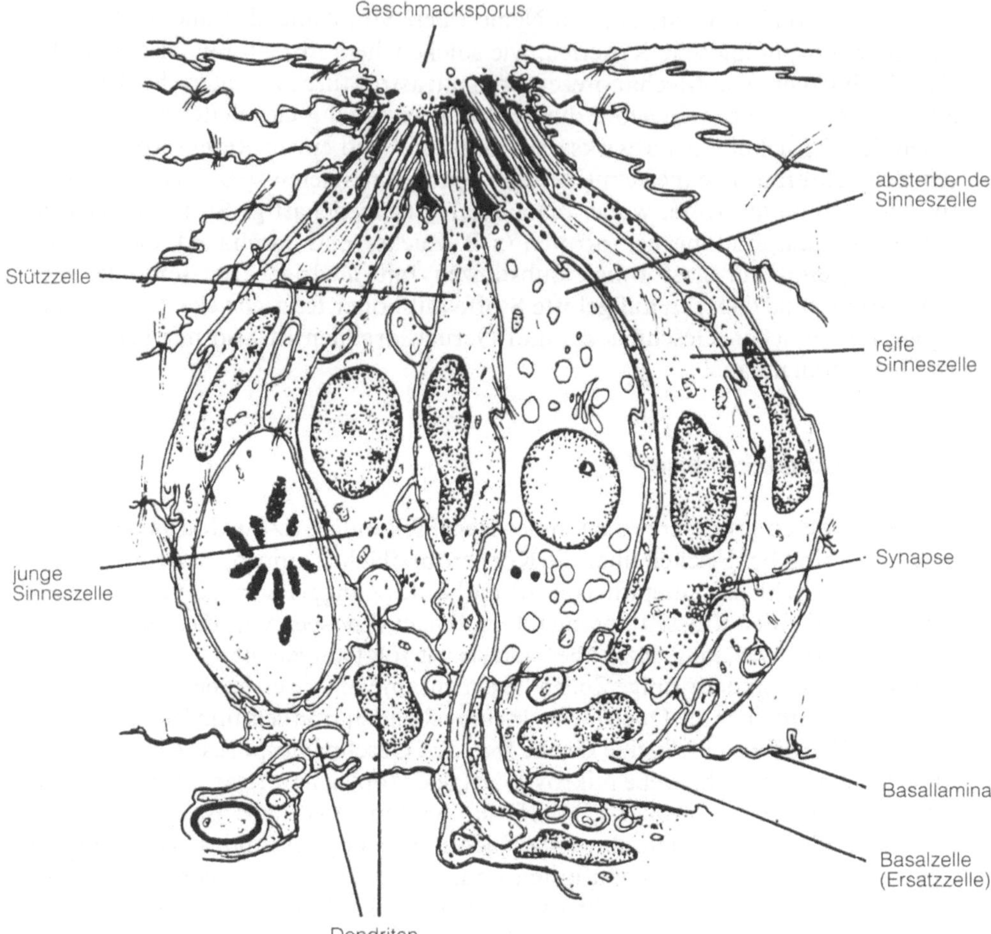

Abb. 7.15. Geschmacksknospe aus einer Papilla foliata des Kaninchens. (Nach Andres)

aus dem Epithel entstehen und regenerieren können. Autoradiographischen Untersuchungen zufolge wird beim Menschen jede Sinneszelle nach ca. 10 Tagen aus Mitosen der Basalzellen ersetzt.

Den vier Geschmacksqualitäten (süß, sauer, salzig, bitter) entsprechen wahrscheinlich auch vier verschiedene Rezeptoren. Bis jetzt können aber weder licht- noch elektronenmikroskopisch diese Rezeptoren unterschieden werden. – Funktionell von Bedeutung ist die Entfernung von Speiseresten und damit Geschmacksstoffen durch Spüldrüsen; durch diese Reinigung wird die Geschmacksknospe stets wieder bereit zur Rezeption neuer Reize.

Unter den Geschmacksorganen der Wirbeltiere weisen die des Frosches in den fungiformen Papillen der Zunge besonderen Bau auf (Abb. 7.16). Die fungiforme Papille bildet distal eine Scheibe, die umgeben wird von einem Flimmerkranz und Epithelzellen. Diese Scheibe besteht apikal aus abgrenzenden akzessorischen Zellen, zwischen denen die Dendriten der Sinneszellen beginnen. Jede dieser Sinnes-

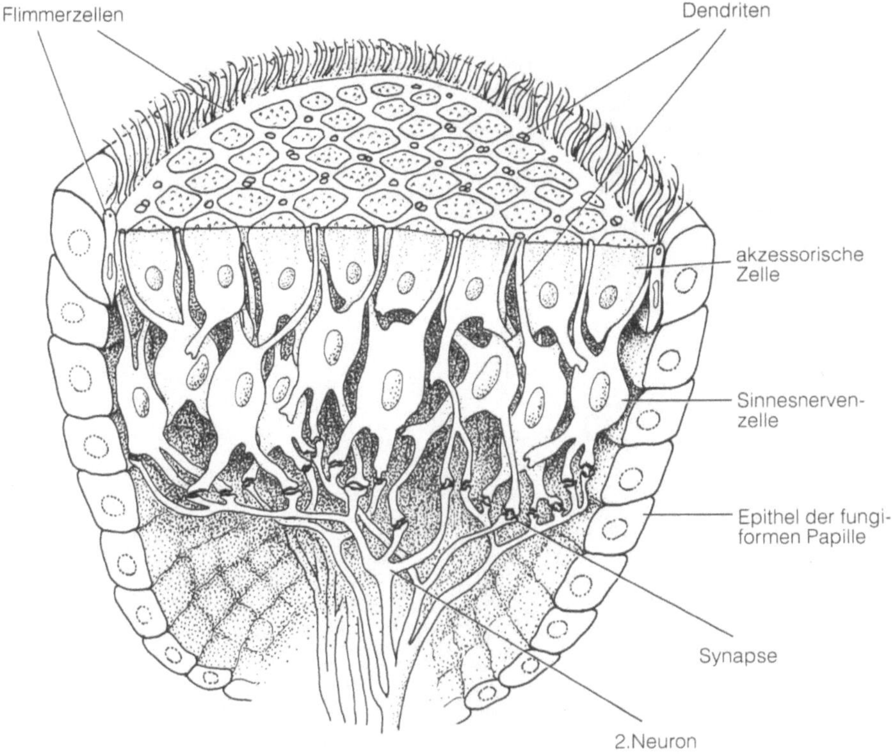

Abb. 7.16. Geschmacksorgan des Frosches. Medianschnitt durch eine fungiforme Papille. (Nach Graziadei und Dettan 1971) Vergr. ca. 450fach

zellen streckt mehrere Dendriten apikalwärts aus und ist basalwärts verbunden mit den Neuronen benachbarter Sinneszellen, die zusammen eine Nervenfaser bilden (Abb. 7.16). Diese fungiformen sensorischen Papillen stehen zwischen zahlreichen filiformen Papillen (vergl. Kap. Zunge).

7.4.1.2 Geruchsorgane

Bei **Insekten** liegen die Chemorezeptoren verschiedener Gestalt in Sensillen an Antennen, Palpen der Maxillen und den Tarsen der Beine. Ein **Sensillum** besteht im Prinzip aus einer oder mehreren bipolaren Rezeptorzellen, die mit einem Cuticular-Apparat und Hüllzellen in Verbindung stehen. Als Hüllzellen umgeben die trichogenen, tormogenen und die thecogenen Zellen die Sinneszellen. Die trichogene Zelle sondert die Haarcuticula, die tormogene Zelle die Haarbasis ab, und die thecogene Zelle bildet die Scheide der Dendriten. Die Hüllzelle 4 bildet den Sockel und Ringwall des Sensillums. Außerdem sondern die Hüllzellen die Sensillenlymphe ab. Die Gestalt der Sensillen ist sehr verschieden.

Beim **Riechsensillum** von *Necrophorus*, dem Totengräber, ist der Dendrit, der distale Fortsatz des Rezeptors, in ein Innen- und Außensegment gegliedert, an

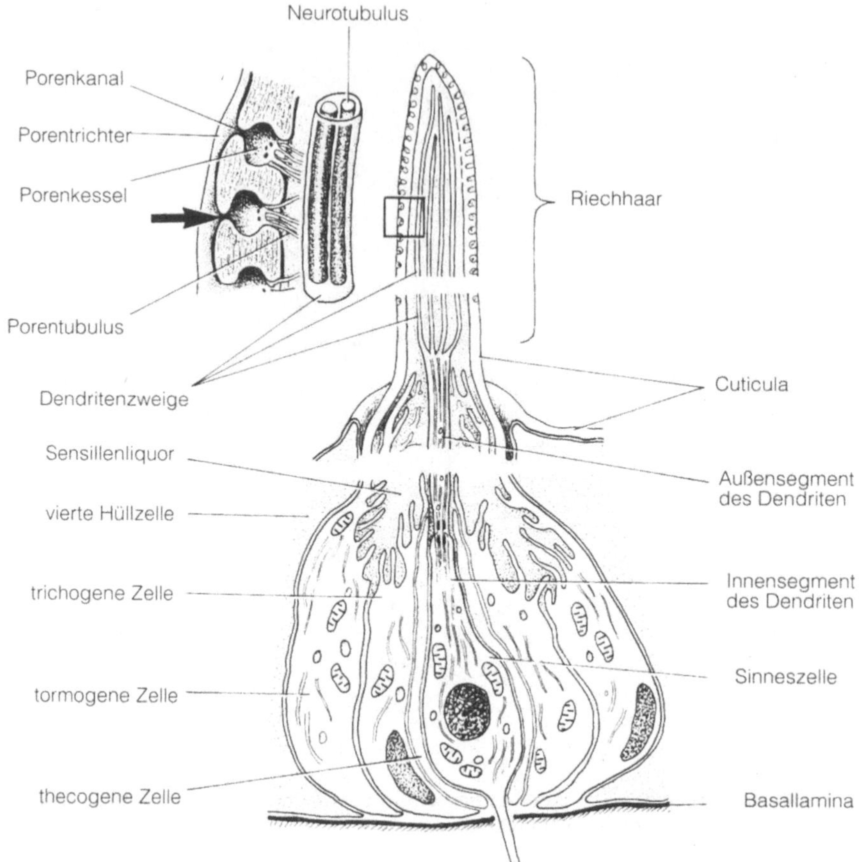

Abb. 7.17. Riechsensillum von *Necrophorus*. (Nach Ernst 1969 u. 1972 modifiziert)

deren Übergang sich eine Cilienstruktur befindet. Das Außensegment teilt sich
an der Haarbasis in mehrere Zweige, die bis in die Haarspitze reichen und Reize
rezipieren. Zwischen Außensegment des Dendriten und cuticulärem Apparat befindet sich Sensillenlymphe. In jedem Dendritenzweig verlaufen Neurotubuli.
Die Wand der Riechhaare wird von einem Porensystem in hexagonaler Anordnung durchbrochen (Abb. 7.17). Duftmoleküle gelangen in die Porentrichter,
passieren Porenkessel und Porentubuli und erreichen die Dendritenmembran
durch direkten Kontakt oder die Rezeptorlymphe.

Bei **Wirbeltieren** besteht das **mehrreihige Riechepithel** im Prinzip aus Rezeptorzellen, Stützzellen und Basalzellen (Abb. 7.18). Auch bei diesen Riechzellen handelt es sich um primäre Sinneszellen, deren Axon (Neurit) durch die Basallamina
zieht. Die Neuriten vereinigen sich dann zu Bündeln und ziehen als Fila olfacto-
ria zum Riechhirn. Die hellen Riechzellen sind spindelförmig; sie enthalten einen
runden Kern, der in der Mitte des Epithels liegt. Der apikale Rezeptorfortsatz
trägt eine kölbchenartige Verdickung (Riechkolben) mit ca. 10–20 Riechhaaren
($9 \times 2 + 2$ Tubuli). Sie ragen in den dünnflüssigen Schleim, der diese Schleim-

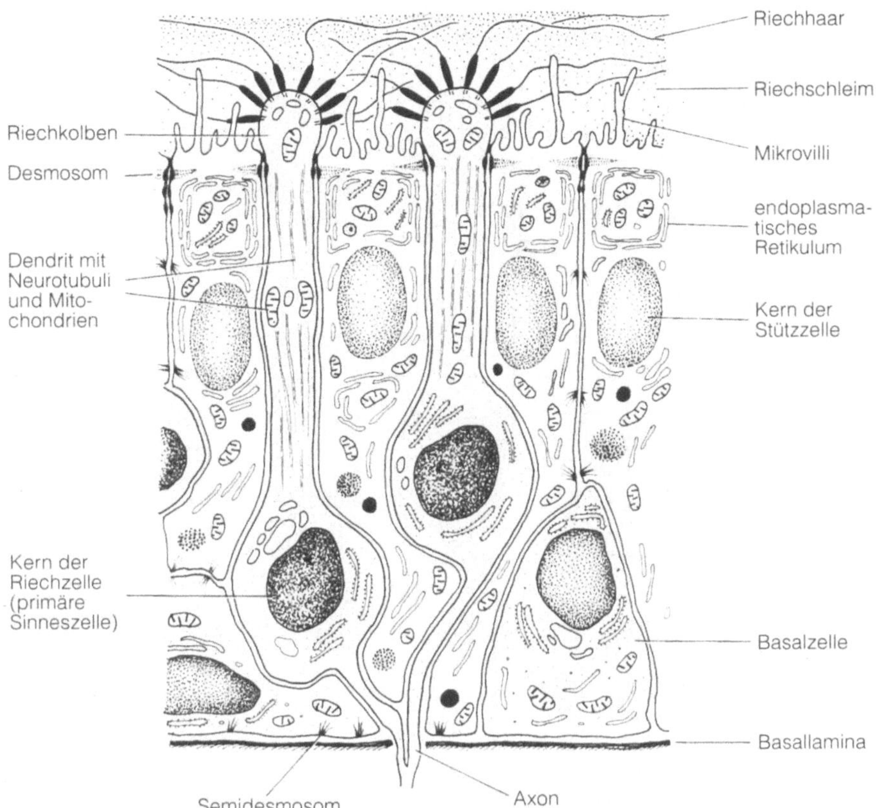

Abb. 7.18. Riechschleimhaut des Hundes. (Nach Andres u. Seifert verändert)

haut bedeckt. Er wird bei Säugern hauptsächlich von tubulösen Drüsen, aber auch von Stützzellen abgesondert. Der Schleim absorbiert die Duftstoffe. Den tubulösen Drüsen wird Spülfunktion zugesprochen, um zu lange Anlagerung der Duftstoffe zu verhindern und die Rezeption neuer Reize zu ermöglichen. Die länglichen, dunklen Stützzellen enthalten einen ovalen, distal im Epithel gelegenen Kern, viel ER und am apikalen Pol unterschiedlich lange Mikrovilli. Diese tragen zur Haftung des Riechschleims bei. Darüber hinaus bilden Stützzellen tight junctions aus, die Stützfunktion übernehmen können. Kleine, dreieckige, basale Zellen liegen der Basallamina breit auf. Wahrscheinlich gehen aus ihnen die Stützzellen hervor.

Während bei Säugern das Riechepithel die Nasenhöhle auskleidet, die Nasenmuschel sowie obere Teile des Nasenseptums bedeckt, befindet sich bei Fischen die Riechschleimhaut in einer Riechgrube dorsalwärts vor den Augen. Um so mehr Erhebungen eine Nasenmuschel aufweist, um so größer ist ihre Oberfläche und um so besser riechen diese Tiere. Säuger mit besonders gutem Geruchssinn bezeichnet man als **Makrosmaten**, dazu gehören z. B. die Hirschartigen; während die **Mikrosmaten**, zu denen der Mensch zählt, weit weniger Reliefs in der Nasenmuschel besitzen. Sie können entsprechend schlechter riechen.

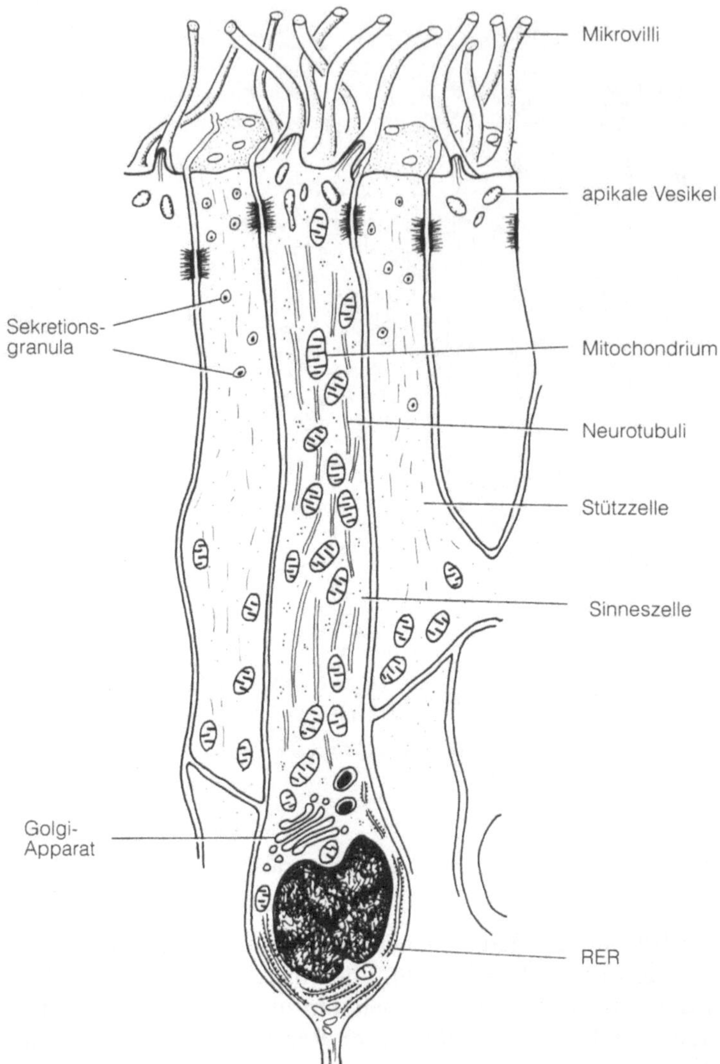

Abb. 7.19. Ausschnitt aus der Schleimhaut des Jacobsonschen Organs in *Lacerta* (Reptilien). (Nach Altner et al. 1970 modifiziert)

Ein Vergleich der olfaktorischen Sensillen von Insekten und Wirbeltieren ergibt erstaunliche Ähnlichkeit beider Systeme. In beiden Systemen existieren primäre Sinneszellen. Die Sinneskolben und die daraus entspringenden Cilien der Riechschleimhaut von Wirbeltieren sind den sich in mehrere Äste aufspaltenden dendritischen Außensegmenten der Insekten analog. Duftmoleküle erreichen in beiden Fällen die Rezeptormembran erst nach Passieren einer wäßrigen Phase, dem Riechschleim bzw. dem Sensillenliquor. – Bei Insekten, bei denen die Entfernung von Duftmolekülen aus dem Riechliquor nicht so schnell möglich ist wie bei WT (Spüldrüsen), leiten die Porentubuli weitgehend die Duftmoleküle zur Dendritenmembran.

Bei vielen Arten von Reptilien fungiert das **Jacobsonsche Organ** zusätzlich zur Nase als Geruchsorgan. Dieses Organ ist bei Reptilien vom Nasenraum abgekapselt und mündet in den Mundraum. Es weist im Gegensatz zum nasalen Riechepithel keine Cilien auf (Abb. 7.19). Diese Schleimhaut besteht aus:

a) Rezeptorzellen mit apikalen langen Mikrovilli, typischen apikalen Vesikeln und vielen Mitochondrien;
b) Stützzellen, die in wesentlich geringerer Zahl vorkommen, ihr Cytoplasma enthält Granula nahe der Oberflächenmembran;
c) Basalzellen, die den Stützzellen ähneln und an ihren Gehalt an elektronendichten Tonofibrillenbündeln kenntlich sind. Sie ersetzen die Stützzellen im niederen Teil des Epithels.

Die langen Mikrovilli dieser Sinneszellen ragen in den Riechschleim wie die Cilien bei der sonstigen Riechschleimhaut. – Führen Schlangen ihre Zungenspitze ins Jacobsonsche Organ ein, so gelangen die Riechstoffe, die auf der Zungenschleimhaut haften, auf den Flüssigkeitsfilm, der das Riechepithel des Jacobsonschen Organs überzieht und werden dort rezipiert. – Bei den Rodentia öffnet sich das Jacobsonsche Organ in die allgemeine Nasenhöhle. Bei Amphibien und Säugern tritt dieses Organ vomero-nasal auf; bei Primaten ist es rückgebildet.

7.4.2 Mechanorezeptoren und ihre Organe

Mechanische Sinnesorgane, wie Tast-, Strömungs-, statische Sinnes- und Gehörorgane rezipieren verschieden starke Verformungen des apikalen Pols ihrer Sinneszellen (Kinocilien, Stereocilien oder Mikrovilli). Hörhaare werden z. B. durch Reibung bewegt. Sie erzeugen an den Sinneszellen Verformungen.

7.4.2.1 Wirbellose

Bei im Wasser lebenden, weichhäutigen Wirbellosen sind **cilienbesetzte primäre Sinneszellen** als Mechanorezeptoren weit verbreitet. Gelegentlich kommen auch sekundäre Sinneszellen vor. Diese Sinneszellen sind gekennzeichnet durch Haarzellen. Eine Haarzelle dieser nicht zu den Athropoden gehörenden Wirbellosen trägt am apikalen Pol zwischen 1 bis 700 Cilien mit der $9 \times 2 + 2$-Tubulistruktur z. B. Turbellarien, Nemertinen, Mollusken und Chaetognathen. – In einigen Fällen steht nur eine Cilie auf der Zelloberfläche, die aber umgeben wird von Stereocilien. Stereocilien sind Mikrovilli mit besonders dicht parallel gelagerten Filamenten. Sie weisen keine Eigenbewegung auf. Stereocilien einer Zelle ähneln einem verklebten Pinsel. – Diese Kombination Cilie/Stereocilie kommt vor bei Cnidariern, bei Priapuliden, bei Anneliden, einigen Chaetognathen und Echinodermen. Freie Nervenendigungen als Mechanorezeptoren kommen bei Wirbellosen selten, bei Wirbeltieren dagegen häufig vor.

Komplizierte **Statocysten** liegen bei *Octopus* (Cephalopoden) in den ventralen Kammern der Kopfkapsel. Diese Statocysten beinhalten ein Macula-Statolithen-System zur Wahrnehmung von Linearbeschleunigung (Schwerkraft) und ein

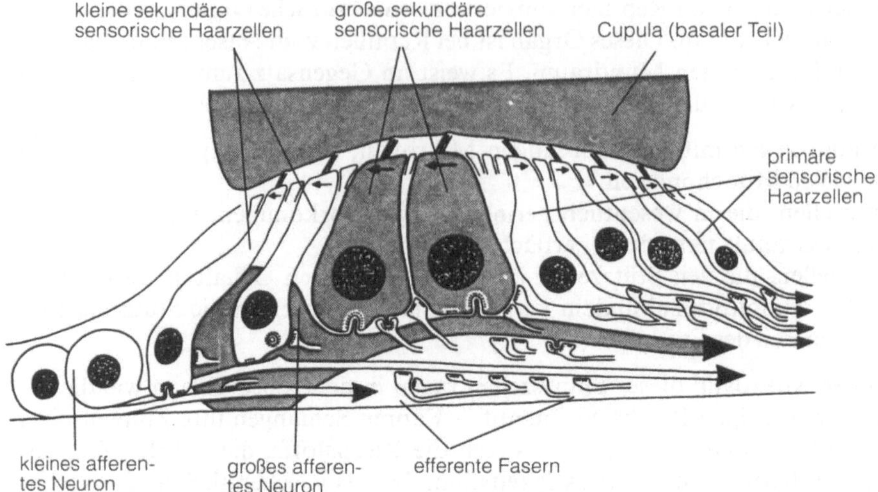

Abb. 7.20. Crista von *Octopus vulgaris* im Querschnitt, schematisch, mit aufliegender Cupula. (Nach Budelmann et al. 1987). Die Sinneszellen sind in Reihen angeordnet, die hier quer getroffen sind. Die distalen Pfeile in den Sinneszellen kennzeichnen die Richtung ihrer morphologischen Polarisation. Die afferenten und efferenten synaptischen Kontakte sind zum Verständnis vergrößert dargestellt

Crista-Cupula-System (Abb. 7.20) zur Wahrnehmung von Winkelbeschleunigungen (Drehbewegungen). Die Maculae und Cristae bestehen aus Haarzellen, Stützzellen und Neuronen. Nach Budelmann et al. (1987) werden in einer Crista von *Octopus* drei Haarzelltypen unterschieden:

1. primäre sensorische Haarzellen;
2. große, sekundäre Sinneszellen, die über Synapsen mit großen, afferenten Neuronen verbunden sind;
3. kleine, sekundäre Sinneszellen mit kleinen assoziierten afferenten Neuronen.

Die Gallertkegel (Cupulae) unterscheiden sich in Größe und Form. Bei Bewegung wird der Gallertkegel, der der Crista aufliegt und in die Endolymphe ragt, abgelenkt. Diese Ablenkung verursacht ein Scheren der Kinocilien; dadurch werden Winkelbeschleunigungen rezipiert.

Die Mechanorezeptoren der Arthropoden lassen sich von Sinneshaaren ableiten. Sie sind Bestandteil von Sensillen. Die Sinneszellen der Insekten und Spinnen sind primäre Sinneszellen; sie tragen ein modifiziertes Cilium (mit der $9 \times 2 + 0$ Struktur). Man unterscheidet Haarsensillen von Lochsensillen. Das Lochsensillum ist vom Haarsensillum abzuleiten. Ein **Haarsensillum** (Abb. 7.21) ist aufgebaut aus:

a) einem cuticulären Tasthaar;
b) einem bipolaren Rezeptor mit Cilienstruktur und mit einem Tubularkörper aus parallel angeordneten Mikrotubuli in der Spitze des Dendriten;
c) einer Dendritenscheide (Scolops).

Bewegung der Haarcuticula infolge eines mechanischen Reizes bewirkt eine Eindellung des Dendriten im Bereich des Tubularkörpers. Die Innenlamelle der Ein-

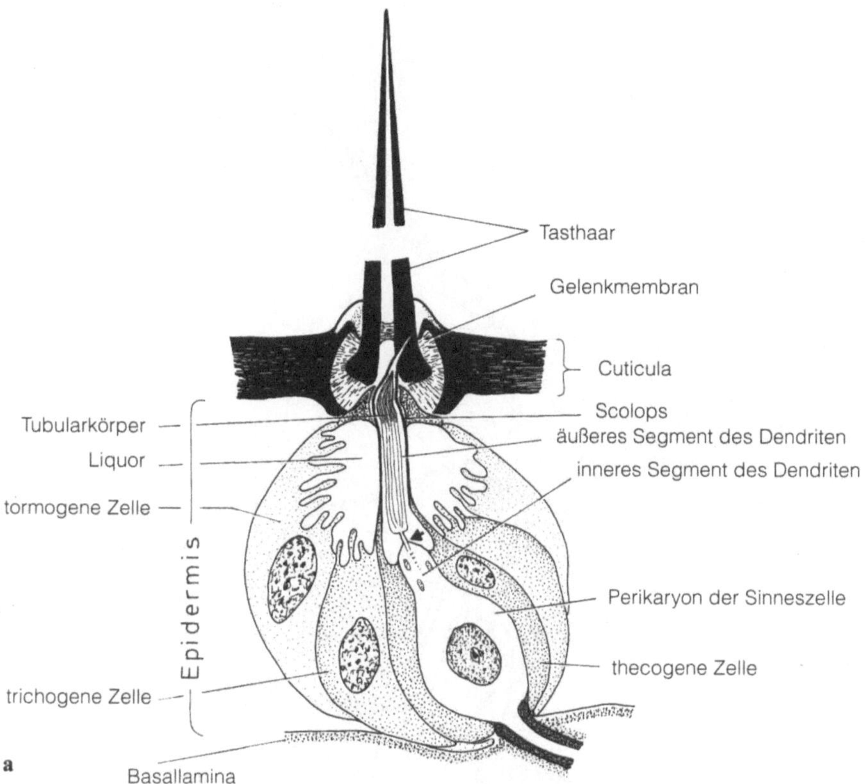

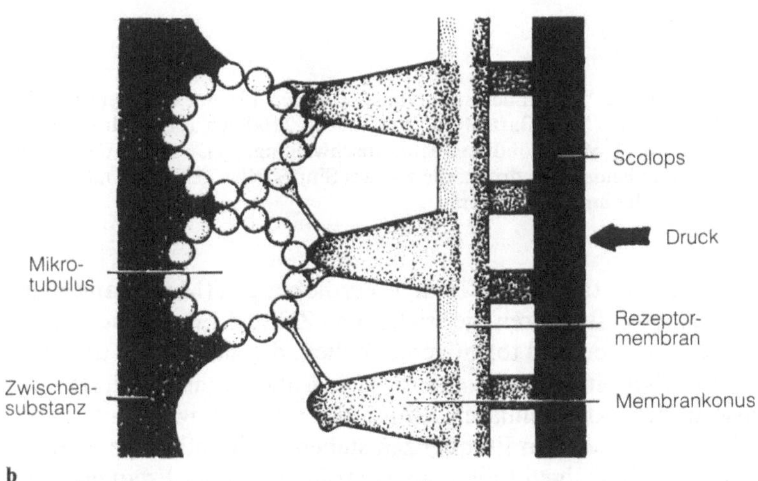

Abb. 7.21 a, b. Haarsensillum. **a** Schema eines Mechanosensillums der Insekten. **b** Querschnitt durch die Sinneszellregion im Bereich des Tubularkörpers. (Nach Völker 1982) Breiter Pfeilkopf: Druck; kleiner Pfeilkopf: Cilienstruktur

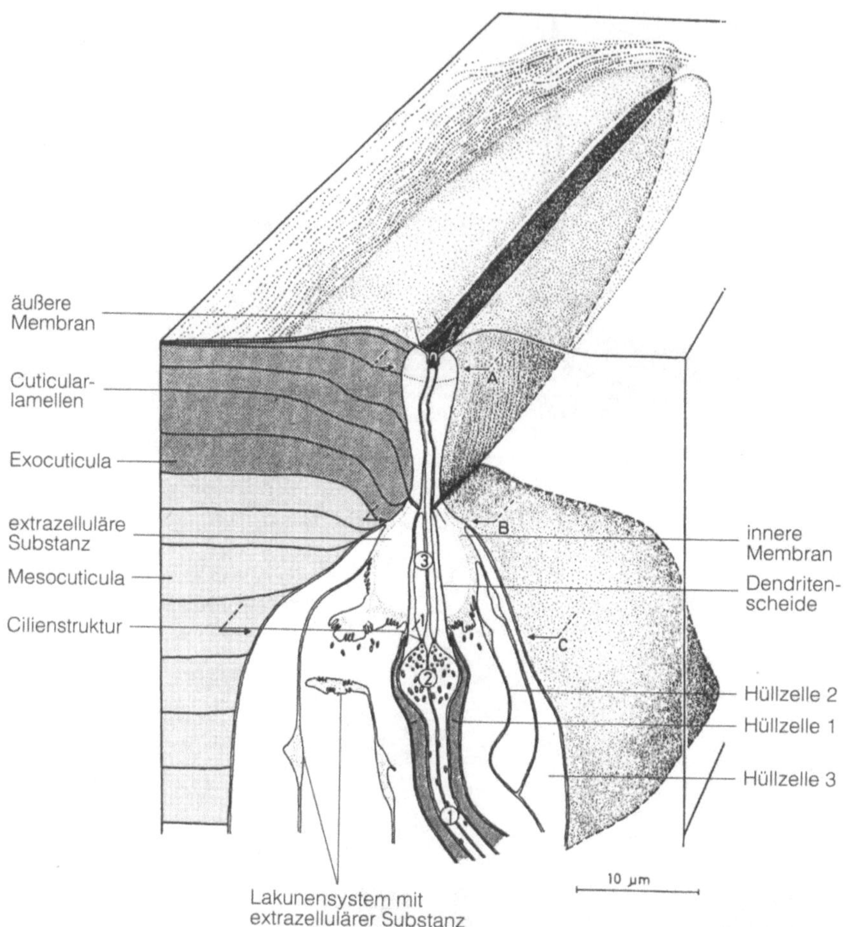

Abb. 7.22. Lochsensillum. Schema Spaltsinnesorgan von *Cupiennius* (Spinnen), Querschnitt in der Mittelzone (ohne Perikaryon). (Nach Barth 1971) Vergr. etwa 2 100fach. ① Dendrit (innerer Abschnitt) mit Mitochondrien. ② Mitochondrienreiche Anschwellung; ③ Dendrit (äußerer Abschnitt) tubulusreich. Von den beiden Dendriten, die zu zwei Sinneszellen gehören, endigt einer an der äußeren, der zweite vor der inneren Membran

heitsmembran des Rezeptors trägt kegelförmige Verdickungen (Membrankonen) (Abb. 7.21 b). Als Hüllzellen fungieren die trichogene Zelle, die das Tasthaar gebildet hat sowie die thecogenen und tormogenen Zellen, die gleichzeitig die Flüssigkeit in den Rezeptorlymphraum absondern. Die Außensegmente dieser Rezeptoren ragen also in den extrazellulären Raum, der mit Flüssigkeit gefüllt ist. Kleinere Haare bleiben bei niederen Frequenzen stehen, während längere Haare abgebogen werden. So ist in einigen Fällen die Haarlänge mit der Frequenz korreliert.

Bei **Lochsensillen** befindet sich in der Cuticula ein Loch oder Spalt (Abb. 7.22). In diesem Spalt endet ein Dendrit an einer äußeren Membran, die den Spalt nach außen abschließt. Der zweite Dendrit einer weiteren Sinneszelle endet nahe der inneren Membran, die noch in der Region der Exocuticula den extrazellulären Raum überspannt. Infolge des mechanischen Drucks oder Zugs wird die äußere Membran verformt. Dabei drückt die Membran auf den Dendriten und überträgt so den Reiz. Jeder dieser Dendriten erfährt eine Dreigliederung (Abb. 7.22).

1. In den somanahen Teil mit Tubuli und einigen Mitochondrien ①
2. In die mitochondrienreiche Anschwellung ②
3. In den tubulusreichen Endabschnitt ohne Mitochondrien ③.

Ein Ciliarsegment trennt mitochondrienreiche Anschwellung von tubulusreichem Abschnitt. Distal von der Ciliarstruktur befindet sich eine Scheide um den Dendriten herum. – Die äußere Membran gleicht strukturell der innersten Lage der Epicuticula. Innere und äußere Hüllzellen umgeben die Dendriten. Der apikale Teil der Hüllzelle 2 bildet eine große, nach distal offene Invagination aus, gesäumt von Mikrovilli und daraufliegender extrazellulärer Substanz. Das Lakunensystem besteht aus extrazellulärem Raum und ist von weiten Zellinvaginationen gebildet (Abb. 7.22). – Spinnen nehmen Erschütterungen mit solchen Spaltsinnesorganen, die an den Tarsen liegen, wahr.

Bei den **Tympanalorganen** der Heuschrecken stehen Scolopidien in Verbindung mit Tracheen, unter denen straff gespannte, dünne Integumentareale liegen. Das spezialisierte Integument (Trommelfell, Tympanalraum) arbeitet als Schalldruck- oder zum Teil Druckgradientenempfänger.

7.4.2.2 Wirbeltiere

Bei Wirbeltieren liegen die einfachsten Mechanorezeptoren in der Epidermis oder im Bindegewebe der Haut. Sie kommen häufig als freie Nervenendigungen vor. Meistens werden sie von Hüllzellen umgeben, so daß „Körperchen" gebildet werden. In diese Körperchen eintretende, markhaltige Nervenfasern verlieren ihre Myelinscheide. Die Nervenendigungen sind dann nur noch von einer Schwannschen Scheide umgeben, so die Meissnerschen Tastkörperchen, Vater-Pacinische Lamellenkörperchen.

Meissnersche Tastkörperchen (Abb. 7.23) liegen im Stratum papillare, sind ca. 50–150 μm lang und 60 μm breit und bestehen aus netzförmig angeordneten, marklosen Nervenfasern und übereinandergestapelten Kolben- oder Tastzellen, deren Kerne peripher lokalisiert sind (Abb. 7.23). Von der Kernregion der Tastzellen gehen viele Cytoplasmalamellen ab, die sich mit gleichartigen Fortsätzen gegenüberliegender Kolbenzellen verzahnen. Jede Nervenfaserendigung ist endständig kolbenförmig verdickt, bildet mit der Tastzelle synapsenartige Kontakte und stellt ein an Mitochondrien reiches Axon dar; sie wird von einer Schwannschen Zelle eingehüllt und diese wiederum von einer Basallamina umgeben. Die Tastzellen befinden sich in einer Kapsel; sie gehört zum Perineurium und besteht aus verlängerten Fibroblasten in ein oder zwei Lagen. Kollagene Mikrofibrillen und Fasern verbinden in Zwischenspalten die Tast- und Kapselzellen mit den Wurzelfüßchen der basalen Epithelzellen. Funktionell ist diese Verbindung des Körperchens mit dem Epithel von Bedeutung, denn jede Deformation der Epidermis wird durch Druck auf die Meissnerschen Körperchen übertragen.

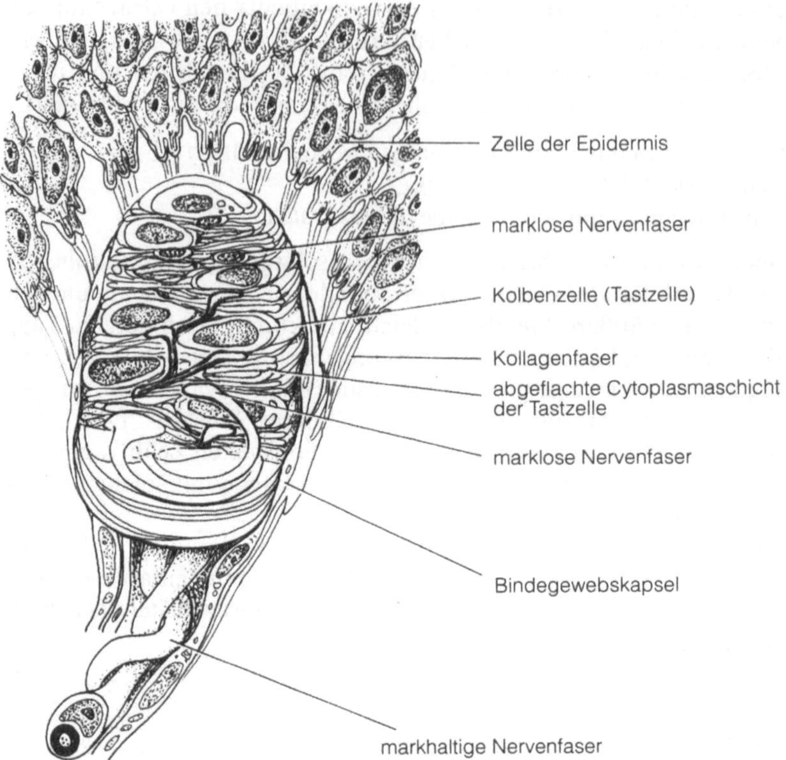

Abb. 7.23. Meissnersches Tastkörperchen; oben: Ausschnitt; unten: in Aufsicht dargestellt. (Nach Krstic modifiziert)

Vater-Pacinische Lamellenkörperchen (Abb. 7.24) sind mit 3–4 mm Länge und ca. 2 mm Breite die größten aller eingekapselten Nervenendigungen. Lichtmikroskopisch erkennt man die zwiebelschalenartige Lamellenschicht und elektronenmikroskopisch ergänzend den Innenkolben im Zentrum, der das Axon enthält. Der Kapsel liegen außen Blutkapillaren und Bindegewebsfasern eng an. Kapsel und Lamellen stellen direkte Fortsetzungen des Perineuriums dar. Die Räume zwischen den Zellschichten sind flüssigkeitsgefüllt und enthalten außer kollagenen Mikrofibrillen noch vereinzelte Kapillaren. Schwannsche Zellen bilden den Innenkolben, in dem das Axon mit knotenartiger Verdickung endigt. Bei Druck gibt es eine Deformation der Vater-Pacinischen Körperchen, die sich überträgt auf die mit Flüssigkeit gefüllten Räume zwischen dem Perineurium und damit die marklose Axonstrecke im Innenkolben erregt.

Vater-Pacinische Körperchen kommen nicht nur in der Subcutis der Haut, sondern auch in der Umgebung von arteriovenösen Anastomosen vor, wo sie blutdruckregulierende Funktionen haben sollen. Außer durch Druck werden sie auch durch Vibration gereizt.

Krausesche Endkolben hat man noch vor kurzem als Kälterezeptoren betrachtet; aufgrund neuer Ergebnisse wurden sie den Mechanorezeptoren zugeordnet. Diese Organe liegen im Bindegewebe der Haut und der Schleimhäute von Wirbel-

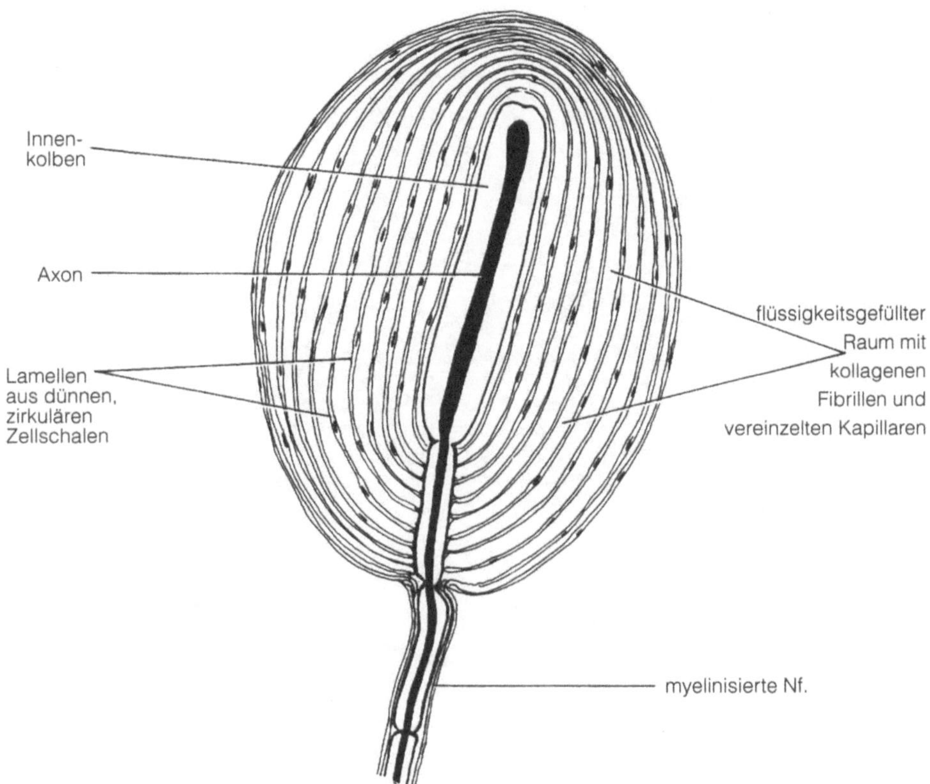

Abb. 7.24. Vater-Pacinisches Lamellenkörperchen. Vergr. ca. 30fach

tieren oberflächennah. Sie sind oval, ca. 40 μm lang und werden umgeben von einer zellulären Kapsel. Im Innern des Körperchens befindet sich gallertartige Masse mit einem marklosen Nervenknäuel.

Auch die **Ruffinischen Körperchen**, die bisher als Wärmerezeptoren betrachtet wurden, werden neuerdings den Mechanorezeptoren zugeordnet. Diese Körperchen sind bis zu 1,5 mm lang, liegen in der Subcutis oder Submucosa, bilden knäuelartige Geflechte markloser Fasern, die von Bindegewebe umgeben sind.

Die **Merkelschen Körperchen** liegen in der Basisschicht des Epithels. Sie bestehen aus einer oder mehreren Zellen, die Granula enthalten. Der Durchmesser einer Merkelzelle erreicht in Schnitten 9–16 μm. Eine scheibenförmige Nervenendigung (dendritisches Axonende) liegt einer Merkelzelle an und steht synaptisch oder nichtsynaptisch mit ihr in Verbindung (Abb. 7.25). Ein Axon kann mehrere solcher Merkelschen Zellen versorgen. Die Funktion dieses Körperchens ist noch nicht völlig geklärt. Bis jetzt wurden sie als mechanorezeptiv, als Tastkörperchen, angesehen. Neuere Untersuchungen zeigten aber, daß ihnen ein weit breiterer Funktionsbereich zukommt, der in Abb. 7.25 in Form eines hypothetischen Modells nach Hartschuh et al. (1986) dargestellt ist. Aufgrund mechanischer und anderer Reize werden Botenstoffe aus den Merkelschen Granula freigesetzt, die auf die Axon-Endigung synaptisch oder nichtsynaptisch einwirken. Botenstoffe wer-

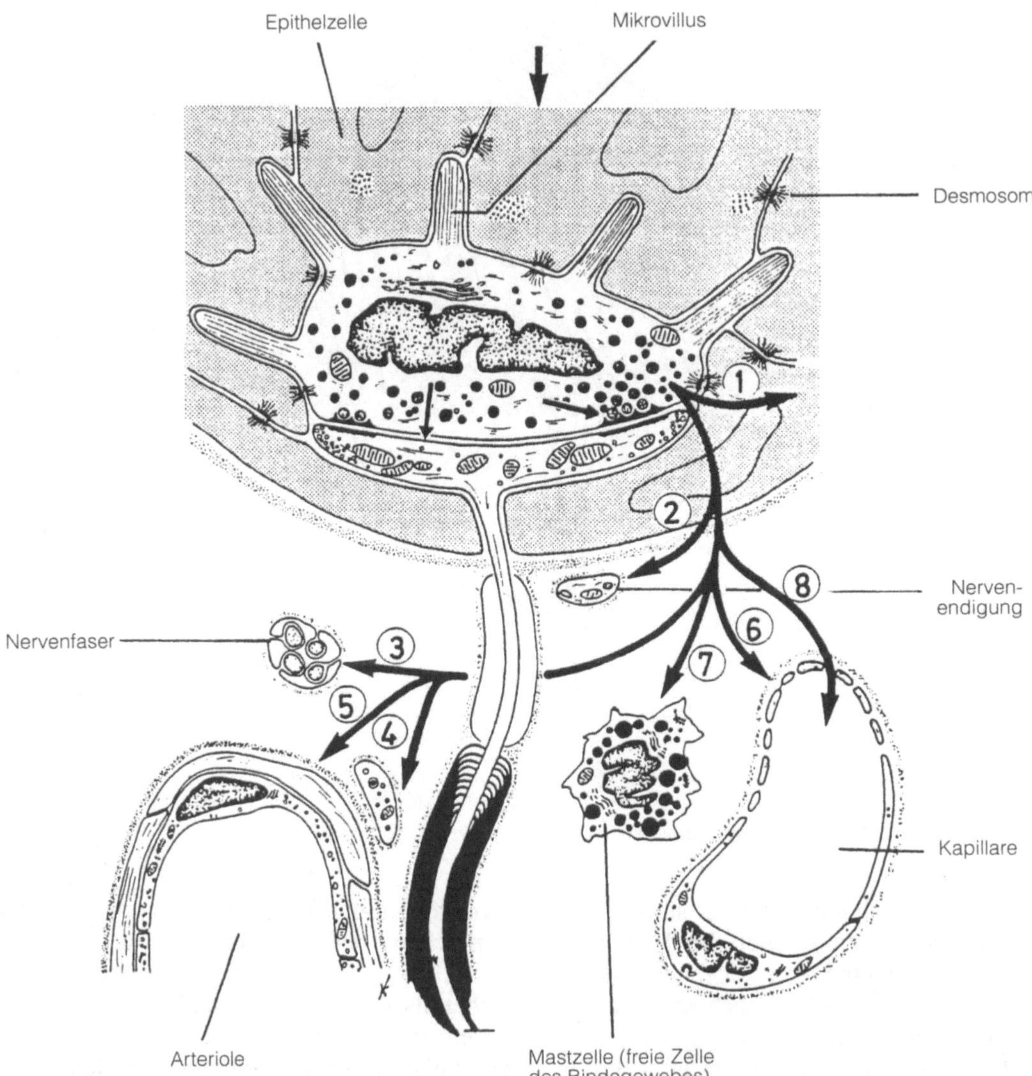

Abb. 7.25. Schematische Zusammenfassung des hypothetischen Funktionsmodells der Merkelschen Körperchen. Erklärung der Ziffern im Text. (Nach Hartschuh et al. 1986)

den in die unmittelbare Nachbarschaft abgegeben (parakrine Sekretion). Diese Botenstoffe beeinflussen umliegende Epidermiszellen mit sensitiven Nervenendigungen ① und ②, wirken auf Entwicklung und Regeneration sensorischer Fasern ein ③ und ④, wirken auf Blutgefäße, indem sie den Tonus ihrer glatten Muskelzellen ⑤ und die Permeabilität der Kapillaren ⑥ ändern und wirken auf Mastzellen ⑦, indem sie die Freisetzung von Histamin beeinflussen. Schließlich können Botenstoffe in den allgemeinen Blutkreislauf gelangen ⑧ und hormonell über größere Entfernungen wirken. Zusätzlich kompliziert die Variation der Neuropeptide innerhalb der Säuger die Charakterisierung der jeweiligen Funk-

tionen. Es ist deshalb fraglich, ob Merkelsche Körperchen in allen Wirbeltier-
klassen gleiche Funktionen erfüllen.

Entsprechend ihrer Adaptationsgeschwindigkeit hat man die sensorischen
Nervenendigungen der Vertebraten klassifiziert in a) langsam adaptierende, wie
die freien Nervenendigungen, die Ruffinischen Körperchen, die Krauseschen
Körperchen und b) inhomogen, d. h. langsam und schnell adaptierende, wie freie
Nervenendigungen, Merkelsche Körperchen und c) sehr schnell adaptierende,
wie Meissnersche Körperchen und Vater-Pacinische Lamellenkörperchen. – In
den verschiedenen Klassen der Vertebraten kommen verschiedene Arten von sensorischen Nervenendigungen vor. Nach Malinovsky (1986) unterscheidet man
bei Fischen drei, bei Amphibien und Reptilien fünf, bei Vögeln acht, bei den meisten Säugern neun und bei den Primaten zehn Arten von verschiedenen sensorischen Nervenendigungen.

7.4.2.3 Seitenlinienorgan

Während es sich bei den bisher genannten Mechanorezeptoren der Wirbeltiere
um sensorische Nervenendigungen handelt, wird der mechanische Reiz in den
Seitenlinienorganen der Fische und Amphibien, wie auch im Innenohr der Wirbeltiere, von sekundären Sinneszellen rezipiert.

Die Seitenlinienorgane der Fische und Amphibien erstrecken sich seitlich vom
Kopf bis zum Schwanz resp. Rumpf. Sie existieren sowohl als offene, frei in der
Epidermis liegende Organe bei Fischen und Amphibien als auch in einem Kanal
(Abb. 7.26), der in dem Bindegewebe der Fischhaut verläuft (Abb. 7.26 c) und mit
dem umgebenden Wasser durch Öffnungen in Verbindung steht. In das Wasser
der Umwelt oder des Kanallumens hinein ragen Gallertkegel (Cupulae), die se-
kundären Sinneszellen und Stützzellen aufliegen. Dabei handelt es sich um den
gleichen Sinneszelltyp, der auch im vestibulären Labyrinth der Vögel und der
Säuger vorkommt (Abb 7.28 a). Dieser Sinneszelltyp trägt am apikalen Pol eine
Cilie und eine Gruppe von Stereocilien (Abb. 7.27). Letztere sind wie in einem
Amphitheater angeordnet, wobei ihre Länge zum Kinocilium zunimmt. – Die
Basis dieser sekundären Sinneszellen hat Kontakt mit afferenten (sensorischen)
und efferenten (inhibitorischen) Nervenendigungen. Wasserbewegungen bewirken die Abbiegung dieser Gallertkegel und entsprechend der Richtung der Biegung eine positive oder negative Reizung der Sinneszelle. Dabei spielt die Orientierung der Sinneszelle eine Rolle. Während die Pole der Kinocilien im Seitenlinienorgan abwechselnd in entgegengesetzter Richtung orientiert sind, liegen sie
in der Crista ampullaris, d. h. im sensorischen Epithel der Bogengänge, stets in
gleicher Richtung.

Von den Seitenlinienorganen läßt sich phylogenetisch das Bogensystem des
Labyrinths im Innenohr der Wirbeltiere ableiten. Das Innenohr beinhaltet drei
Organe mit Mechanorezeptoren: Bogengänge mit Ampullen zur Wahrnehmung
von Winkelbeschleunigungen, Utriculus und Sacculus für statischen Sinn und
Cochlea für Gehörsinn (Abb. 7.29). Es ist ein mit Endolymphe gefülltes Kanalsystem, das durch Einsenkung des Ektoderms entstanden ist und als Labyrinth bezeichnet wird. Dieses häutige Labyrinth ist in das Felsenbein (das knöcherne La-

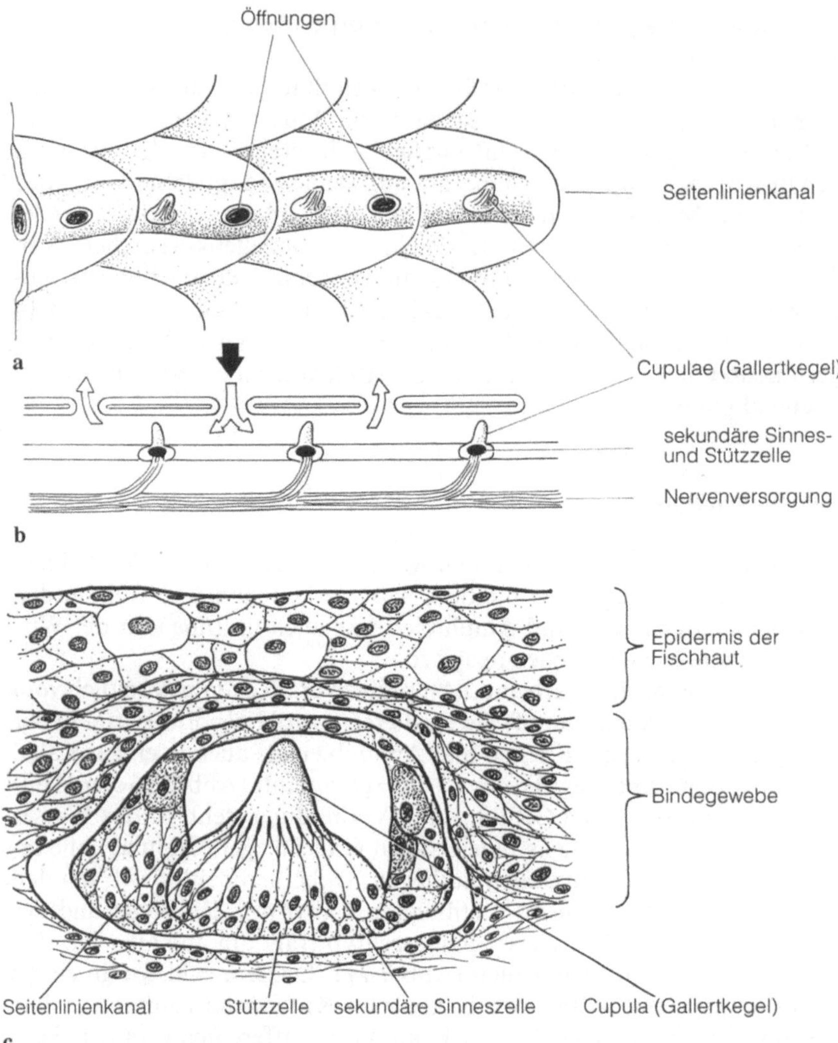

Abb. 7.26 a–c. Seitenlinienorgan der Fische. **a** Aufsicht (durchsichtig dargestellt); **b** im medianen Längsschnitt; Wasserströmung (Pfeile) bei einem sich nähernden Gegenstand (Pfeilspitze). **c** Seitenlinienkanal im Querschnitt mit Cupula

byrinth) eingelagert, liegt aber dem Knochen nicht direkt an, sondern wird von Perilymphflüssigkeit umgeben. Der Perilymphspalt ist schmal und wird im Bogengangabschnitt des Labyriths von bindegewebigen Bälkchen durchsetzt.

Die Rezeptoren des Vestibularorgans (für Drehsinn und statischen Sinn) sind in drei ampullenförmigen Erweiterungen der Bogengänge (Ampullae) sowie in der Wand von Utriculus und Sacculus (Maculae utriculi und sacculi) lokalisiert. Jede der drei Ampullen enthält eine leistenartige Erhebung (Crista ampullaris) mit einem gallertigen, aus Glykoproteinen und Proteoglykanen bestehenden Aufsatz (Cupula). Dieser erstreckt sich bis zur gegenüberliegenden Ampullen-

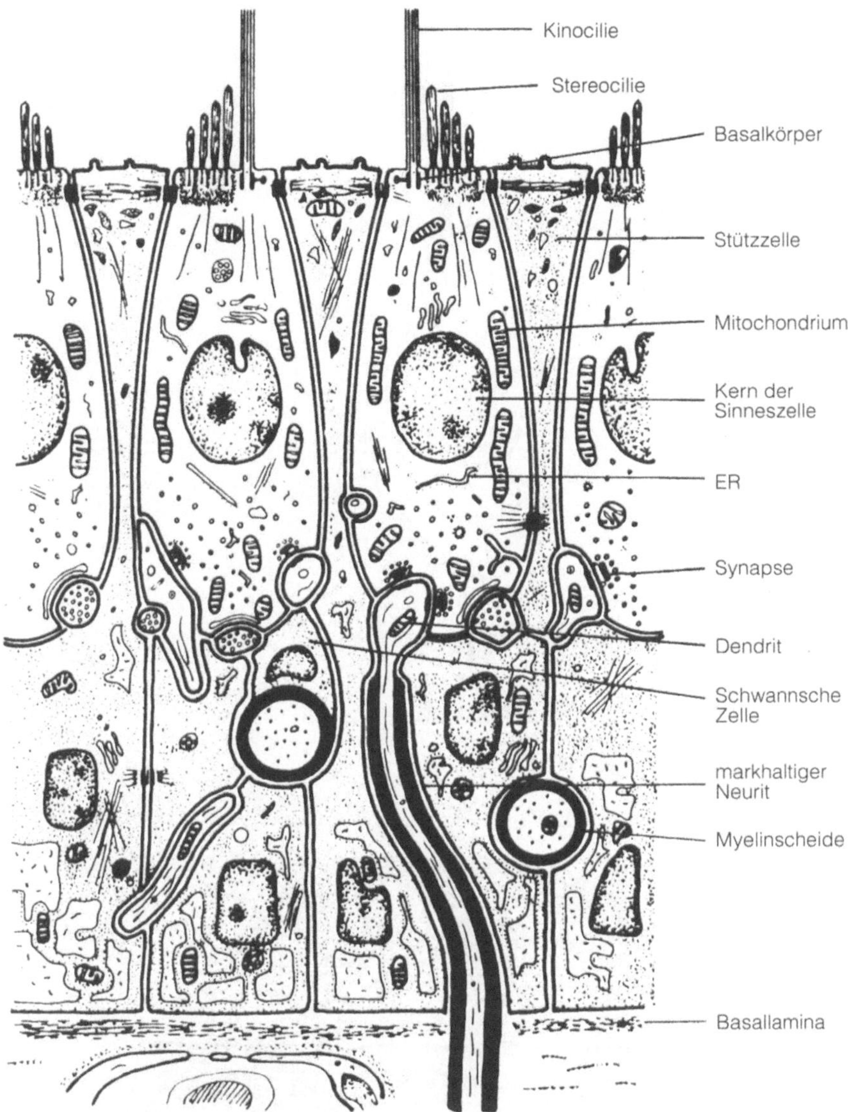

Abb. 7.27. Schema des sensorischen Epithels im Seitenlinienorgan der Quappe *Loto vulgaris* im Schnitt. (Nach Flock 1967)

wandung und kann innerhalb der Ampulle wie ein aufgespanntes Segel ausgelenkt werden. In die Crista sind sekundäre Sinneszellen eingelagert. Ihre langen Kinocilien mit ihrem $9 \times 2 + 2$ Muster ragen weit in die Cupula hinein; dadurch ist der mechanische Kontakt zwischen Sinneszellen und der langen Cupula gewährleistet. Stützzellen halten die Rezeptorzellen in ihrer Lage. Je nach den synaptischen Kontakten mit den anschließenden bipolaren Ganglienzellen unterscheidet man zwei Sinneszelltypen: zu dem üblichen Sinneszelltyp II, der auch im Seitenlinienorgan auftritt (Abb. 7.27 u. 7.28 a), kommt ein Typ I, bei dem eine

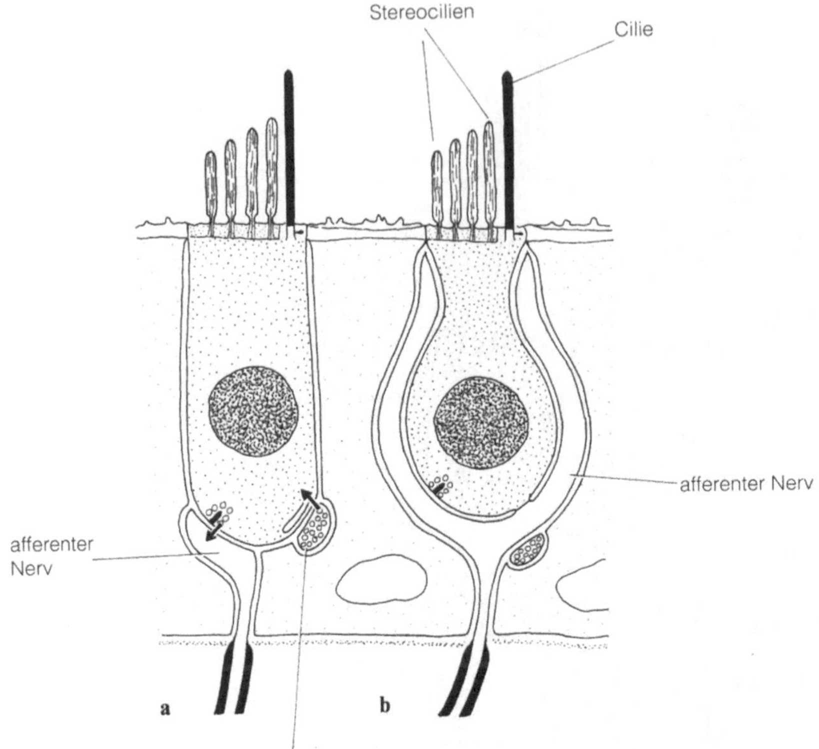

Abb. 7.28 a, b.

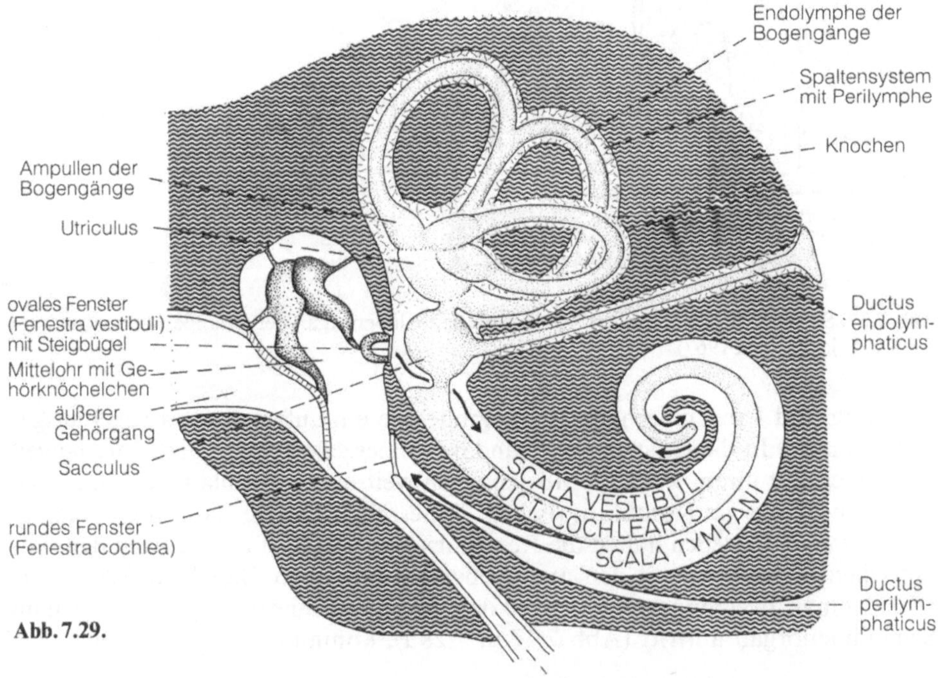

Abb. 7.29.

einzelne Nervenfaser die sekundäre Sinneszelle becherartig umgibt (Abb. 7.28 b). – Im Gegensatz zu den Cristae ampullares der Bogengänge sind die Rezeptorfelder im Utriculus und Sacculus etwas anders gebaut. Die wesentlich kürzeren Stereocilien dieser Rezeptoren ragen in eine gallertige Deckschicht mit Calciumphosphat- und Calcium-Carbonat-haltigen Kristallen (Statolithen). – Grundsätzlich besitzt eine Crista eine zarte Cupula, während Maculae von mineralisierten Partikeln bedeckt werden.

7.4.2.4 Gehörorgane

Sinnesorgane der Lagena werden dem Hören zugeordnet. Bei Tetrapoden vergrößert sich die Lagena; die dem Hören zugeordnete und dorsal von der Macula lagenae liegende **Papilla basilaris** ist im ursprünglichen Zustand sehr klein, so z. B. bei den Amphibien. Bei den Sauropsiden ist die Macula lagenae am Grunde der Lagena gut ausgebildet. Das Gehörorgan, die Papilla basilaris, ist stärker entwickelt und führt bereits bei einigen Reptilien zur Verkleinerung des Sacculus und einer Streckung der Lagena bei Vögeln, die bei Säugern die eigentliche Schnecke, Cochlea, bildet. Unter den Säugern ist die Macula lagenae nur bei den Monotremen erhalten (Gehörorgan reptilienhaft). Die übrigen Mammalia haben hoch entwickelte Gehörorgane mit 1½–4½ Windungen, die nur die Papilla basilaris enthalten. Die Papillen besitzen Deckplatten (z. B. Membrana tectoria), die an Zellen neben dem Rezeptorfeld befestigt sind. Die Übertragung von Schwingungen der Perilymphe auf die Schnecke wird bei den Amnioten dadurch erleichtert, daß im perilymphatischen Raum dieses Organs das Bindegewebe zurückgebildet ist. Das Gehörorgan ist dort im Flüssigkeitsraum (Perilymphraum) aufgehängt (Abb. 7.29).

Bei den **Säugern** führt die knöcherne Schneckenspindel (Modiolus) neben den Blutgefäßen vor allem den Cochleanerven mit dem Ganglion spirale, dessen Fasern seitlich abziehen (Abb. 7.30). Um den Modiolus herum läuft in Windungen der beiderseits blind endende Schneckengang, der Ductus cochlearis (Abb. 7.29 u. 7.30). Dieser ist mit Endolymphe gefüllt. Im Querschnitt bildet der Ductus cochlearis ein Dreieck aus Reissnerscher Membran (oben), Stria vascularis des Ligamentum spirale (peripher) und Basilarmembran (basal) (Abb. 7.31). Die Spitze des Dreiecks ist gegen das freie Ende der knöchernen Schneckenspindel median zur Lamina spiralis gerichtet. Der Ductus cochlearis wird beiderseits von weiten Gängen begleitet: distal von der Scala vestibuli, proximal von der Scala tympani (Abb. 7.29 u. 7.30). Diese beiden perilymphatischen Gänge sind einwärts über den Vorhof (Vestibulum) durch das ovale bzw. direkt durch das runde Fenster abgeschlossen. In der Schneckenspitze kommunizieren beide Gänge im Helicotrema.

Histologisch besteht die **Reissnersche Membran** aus zwei, durch eine Bindegewebslamelle getrennte Endothelien. Bei Vögeln ist diese Membran verhältnismäßig dick und mit Blutkapillaren gut versorgt. – Das seitliche Ligamentum spirale

---

Abb. 7.28 a, b. Die beiden Sinneszelltypen des vestibulären Apparates von Vögeln und Säugern. **a** Typ II, gewöhnliche Haarzelle; **b** Typ I (wie auch im Seitenlinienorgan). (Nach Flock 1971)

Abb. 7.29. Schema des statoakustischen Organs eines Säugers mit Endo- und Perilymphräumen.

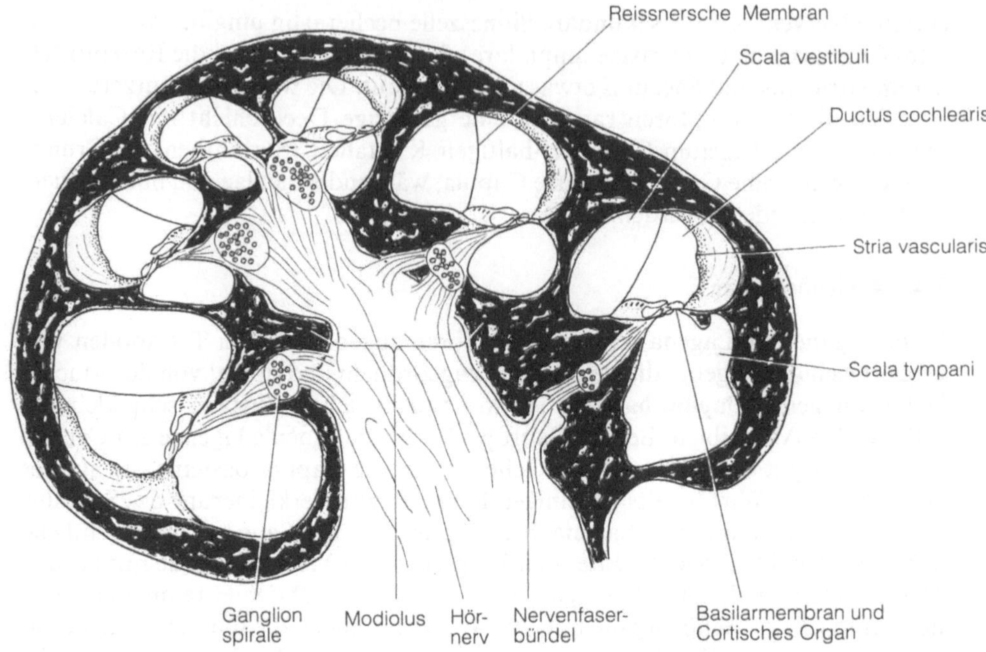

Abb. 7.30. Medianschnitt durch die Cochlea der Fledermaus *Hipposideros lankadiva*. (Nach Vater 1987, unveröffentlicht)

besteht innen aus der Stria vascularis, aus der Mittelschicht und aus der Grenzschicht. Die Stria vascularis weist 1- bis 3schichtiges Epithel auf. Blutkapillaren ziehen zwischen die Epithelzellen. Die Zonulae occludentes verbinden Epithelzellen mit Endothel der Kapillaren und rufen Faltung der Epithelzellmembran hervor. Somit ist dieses Epithel das einzige Epithel im Organismus, das gefäßhaltig ist. Wahrscheinlich regelt es die Stoffwechselvorgänge des Cortischen Organs, das selbst keine Gefäße enthält. Die Feinstruktur der mitochondrienreichen Epithelzellen sowie ihr enger Kontakt mit den intraepithelialen Kapillaren lassen auf intensive Stoffwechsel- und Austauschvorgänge schließen. Man nimmt an, daß die Stria vascularis die Ionenkonzentration der Endolymphe konstant hält (hohe K^+-Konzentration, geringe Na^+- und Proteinkonzentration). Umgekehrt sind die Konzentrationsrelationen in der Perilymphe. Die unter der Stria vascularis liegende Mittelschicht ist breit, besteht aus Bindegewebe, das stark kapillarisiert ist. Die Epithelzellen ragen mit langen Fortsätzen in diese Schicht. Außen schließt das Ligamentum spirale durch eine Grenzschicht ab.

Die **Basilarmembran** besteht aus Epithel und kollagenen Fasern; letztere fächern zum Ligamentum spirale auseinander. Ihr in den Ductus cochlearis hineinragendes Epithel ist der funktionell wichtigste Teil der Basilarmembran, das Cortische Organ. Hier wird der Reiz in Erregung transformiert.

Im **Cortischen Organ** (Abb. 7.31) kommen zwei Epithelzelltypen vor:

1. Haarzellen (Sinneszellen) in zwei Zellpopulationen;
2. Stützzellen (Phalangen-, Pfeiler-, Hensensche- und Claudiussche Zellen).

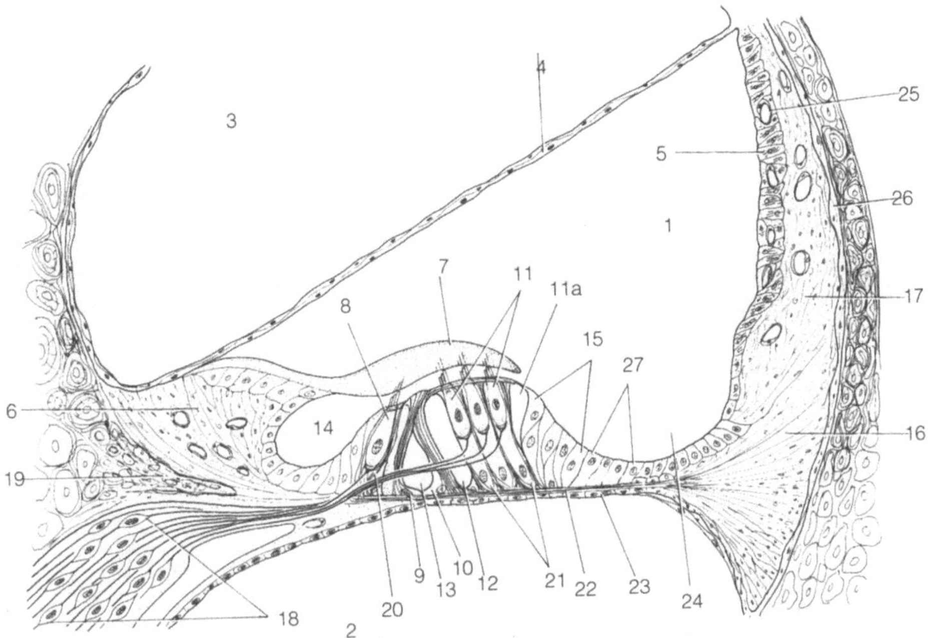

Abb. 7.31. Ductus cochlearis mit Cortischem Organ von *Cavia* (Meerschweinchen) im Querschnitt. Vergr. ca. 180fach. *1* Endolymphraum (Ductus cochlearis), *2* Perilymphraum (Scala tympani), *3* Perilymphraum (Scala vestibuli), *4* Reissnersche Membran (Membrana vestibularis), *5* Stria vascularis, *6* Limbus spiralis, *7* Membrana tectoria, *8* innere Haarzelle, *9* innere Pfeilerzelle, *10* äußere Pfeilerzelle, *11* äußere Sinneszellen, *11 a* äußerer Tunnel, *12* Nuelscher Raum, *13* innerer Tunnel, *14* Sulcus spiralis internus, *15* Hensensche Zellen, *16* Ligamentum spirale, *17* Prominentia spiralis (Mittelschicht), *18* Ganglion spirale cochleae, *19* Lamina spiralis osseae, *20* innere Phalangenzelle, *21* äußere Phalangenzelle (Deiterssche Zelle), *22* Basilarmembran, *23* tympanale Belegschicht, *24* Sulcus spiralis externus, *25* Blutkapillare der Stria vascularis, *26* Grenzschicht des Ligamentum spiralis, *27* Claudiussche Zellen

Alle in Abb. 7.31 aufgeführten Strukturen des Cortischen Organs bilden ganze Reihen, da dieses Organ wie ein Wulst auf der Membrana basilaris verläuft. – Der einschichtige Epithelüberzug der Basilarmembran (Claudiussche Zellen) geht medianwärts in hohe zylinderförmige Zellen (Hensensche Zellen) über. Daran schließen 3–5 sesselförmige Phalangenzellen (Deiterssche Zellen) an. Auf dem „Sitz" jeder Phalangenzelle ruht je eine äußere Sinneszelle (Abb. 7.31 u. 7.32). Der apikale Fortsatz jeder Phalangenzelle umgibt den apikalen Pol der Sinneszelle. An diese äußeren Sinnes- und Phalangenzellen schließen medianwärts zwei geneigte Pfeilerzellen an. Durch ihre Neigung bilden sie zwischen äußerer Sinneszelle und äußerer Pfeilerzelle den Nuelschen Raum, zwischen den geneigten Pfeilerzellen den inneren oder Cortischen Tunnel. Diese Pfeilerzellen werden durch intrazelluläre Filamente gefestigt. Die apikalen Teile dieser Phalangenzellen verbinden sich zur netzförmigen Membrana reticularis. Durch die Löcher des Netzes ragen die apikalen Pole der Hörzellen. – Medianwärts schließt eine Reihe mit Phalangenzellen an, auf denen die inneren Hörzellen sitzen. Stützzellen, die zentralwärts folgen, werden zum Modiolus hin kleiner und bilden mit dem Limbus spiralis die Wand des Sulcus spiralis.

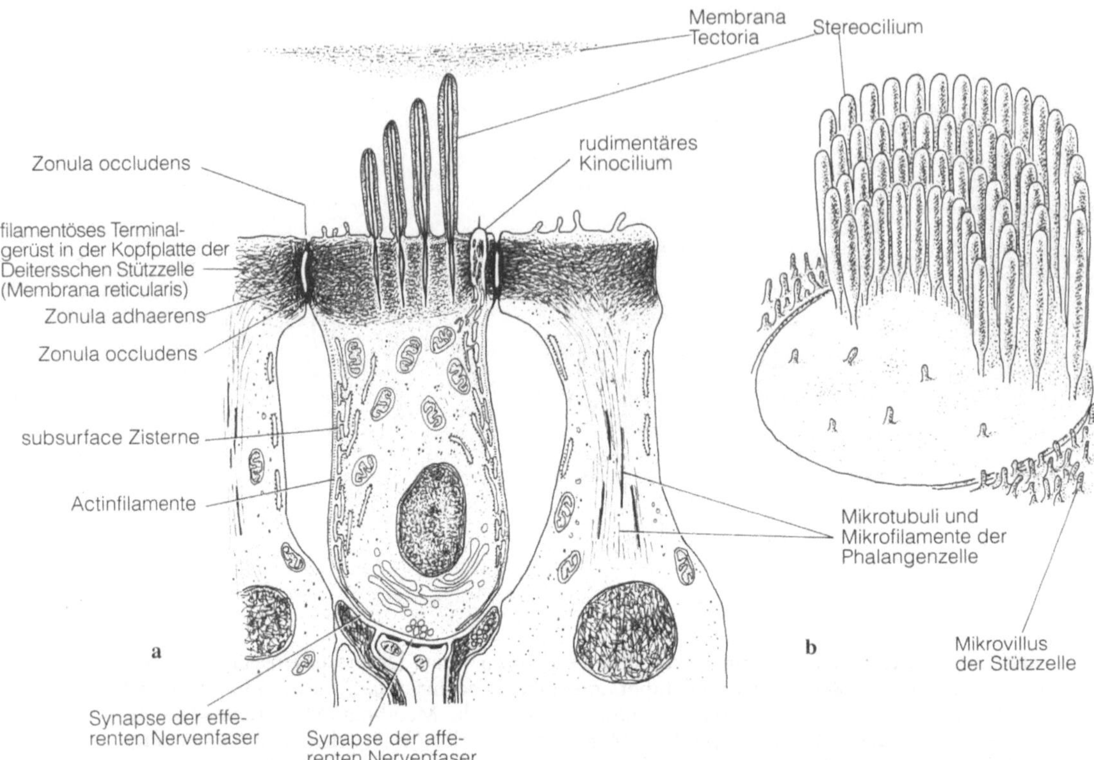

Abb. 7.32 a, b. Äußere Hörzelle der Ratte mit Phalangenzelle und neuronaler Verbindung.
a Längsschnitt. (Nach Lim 1986 und Krstic 1976.) **b** Aufsicht auf die Hörzelle

Das **Cortische Organ der Vögel** weicht von dem der Säuger ab. Es besteht aus
einer kompakten Gruppe von Sinnes- und Stützzellen; das bedeutet, es gibt bei
Vögeln keine Tunnel, keine Phalangenzellen und keine Membrana reticularis.
Die Stützzellen bilden eine kompakte Schicht auf der Basilarmembran. Die sekundären Sinneszellen sitzen den Stützzellen in der apikalen Region auf; dabei
wird jede Sinneszelle bis zum apikalen Pol von Stützzellen eingefaßt. Außerdem
ist die Zahl der Sinneszellreihen wesentlich höher als bei den Säugern.

Die **Membrana tectoria** überdeckt das Cortische Organ (Abb. 7.31). Sie liegt
mit ihrem festen Teil der Innenseite des Limbus spiralis auf, der freie dickere Teil
endet über den äußeren Hörzellen. Diese Membrana tectoria ist eine Absonderung des Epithels des Ductus cochlearis und ist verwachsen mit den Sinneshaaren. Sie besteht aus dichtgepackten Fibrillen in amorpher Grundsubstanz. Elektronenmikroskopische Bilder zeigen, daß die Membrana tectoria zwischen den
Sinneshaarbündeln bis an die apikalen Teile der Zellen reicht. Man vermutet, daß
bei der Lichtmikroskopie Schrumpfung der gallertigen Substanz auftritt und deshalb die Membrana tectoria in diesen Präparaten von den Sinneszellen absteht.

Innere und äußere **Haarzellen** der Säuger ähneln dem Typ der Mechanorezeptoren vom Vestibularapparat und Seitenlinienorgan. Innerhalb der Säuger verlieren sie das äußere Kinocilium während der Entwicklung, so daß beim Adulten

nur noch der Basalkörper des Kinociliums und die Stereocilien vorkommen. Bei Vögeln bleibt dagegen das äußere Kinocilium erhalten. Die Steifheit der Stereocilien ist umgekehrt korreliert zur Länge der Stereocilienbündel. – Generell bestehen zwischen inneren und äußeren Haarzellen Unterschiede in Struktur und Funktion.

Innere Haarzellen ähneln in vieler Hinsicht dem Rezeptortyp II des vestibulären Apparates (Abb. 7.28 a). Diese Zellen besitzen ein schwach ausgebildetes ER; die Stereocilien stehen frei ohne Kontakt mit der Membrana tectoria. Die Zellen sind nicht kontraktil. Dieser Zelltyp wird zu 90–95% mit afferenten Fasern und mit nur wenigen efferenten Fasern innerviert.

Äußere Haarzellen kommen dagegen etwa 10mal so viele als innere vor. Diese Zellen können sich kontrahieren, besitzen zwischen innerer Zellwand und peripherer Wand des gut entwickelten ER α-Actinmoleküle in paralleler Anordnung, Fimbrin und wahrscheinlich Myosin. Die funktionelle Bedeutung der Kontraktion ist jedoch noch nicht geklärt. Das ER liegt flach der seitlichen Zellwand mit den kontraktilen Elementen auf, so daß man von „subsurface cisterns" spricht; diese sind einseitig mit Ribosomen besetzt, in diesen „subsurface cisterns" vermutet man die Regulation der Ca^{++}-Konzentration dieser Zellen (vergl. Epithelkörperchen). Viele Mitochondrien, die als Energielieferant fungieren, liegen zwischen Zellwand und äußeren Zisternen. Die großen Stereocilienbündel sind fest verbunden mit der Membrana tectoria. Hauptsächlich efferente und nur 5–10% der afferenten Fasern innervieren diese Zellen, nachdem sie den inneren Tunnel und Nuelschen Raum frei durchsetzt haben (Abb. 7.31 u. 7.32).

Vergleichen wir abschließend Haarsensillen von Insekten mit den entsprechenden Hörzellen der Säuger, so ragen in beiden Fällen die sensorischen Spitzen in eine Flüssigkeit.

Reizleitende Apparate des inneren Ohres sind das Trommelfell und das Mittelohr. Das **Trommelfell**, die Membrana tympani, ist in den unteren ¾ gespannt, im oberen Viertel locker. Die äußere Seite, die dem Gehörgang zugewendet ist, besteht aus mehrschichtigem, wenig verhorntem Plattenepithel. Die Seite zum Mittelohr hin ist einschichtig. Dazwischen liegt die Lamina propria aus äußeren radiären und inneren zirkulären Kollagenfasern. Diese Schicht ist reich mit Nerven und Blutgefäßen versorgt sowohl aus der Paukenhöhle als auch aus dem äußeren Gehörgang, so daß zwei Kapillarnetze unterschieden werden.

Die Schleimhaut der **Paukenhöhle** besteht aus einschichtigem, kubischem Plattenepithel, unter dem sich Bindegewebe mit weitmaschigem Kapillarnetz befindet. Die Gehörknöchelchen sind aus lamellären Knochen aufgebaut, in denen vereinzelt Inseln von Hyalinknorpel zu finden sind. Die Gelenke haben Bandscheibenstruktur, bestehen also aus Faserknorpel.

7.4.3 Hygrorezeptor- und Thermorezeptor-Organe

Schon seit mehr als 40 Jahren ist bekannt, daß viele Arthropoden kleine Schwankungen in Temperatur und Feuchtigkeit wahrnehmen können. Die Sensillen, die dafür verantwortlich gemacht werden, wurden jedoch erst in jüngster Zeit an wenigen Beispielen erkannt und sind bei Insekten durch folgende strukturelle Krite-

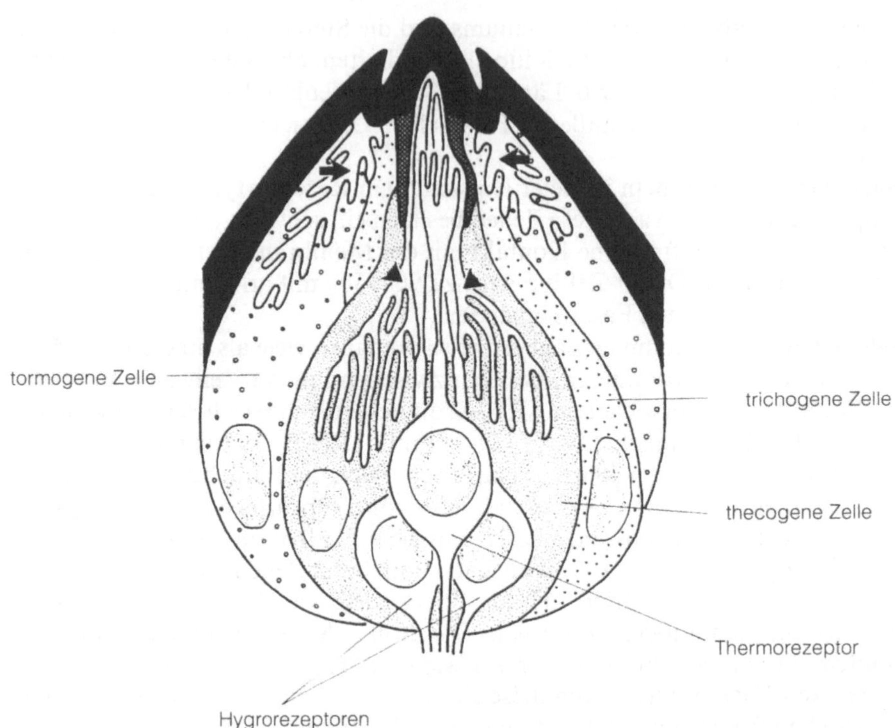

Abb. 7.33. Schema eines hygro- und thermoempfindlichen Sensillums von *Bombyx* und *Antheraea*, Pfeile ragen in Sensillenlymphe; Cuticula schwarz. (Nach Steinbrecht 1989); Vergr. etwa 1 600fach

rien charakterisiert: Es sind kleine, wenige porenlose Sensillen, die in Gruben oder zwischen längeren anderen Sensillen lokalisiert sind. Gewöhnlich bilden zwei Hygrorezeptoren eine Triade mit einem Thermorezeptor. Zwei oder drei Dendriten füllen den Stift aus ohne elektronenmikroskopisch sichtbare Rezeptorlymphe darum herum; obwohl sich basal ein Rezeptorlymphraum befindet. Einer der Dendriten endigt oft unter der Basis des Stifts; dieser kann dann sehr verschieden ausgebildet sein (verzweigt, unverzweigt oder lamelliert). – Die Dendriten, die inneren Hüllzellen sowie die Verbindung zwischen Dendrit und Hüllzellen gleichen Mechanorezeptoren.

Bei *Bombyx mori, Antheraea perny* und *A. polyphemus* (Lepidoptera) liegen in einem **Hygro-Thermo-Sensillum** (Abb. 7.33) neben einem großen Thermorezeptor zwei kleinere Hygrorezeptoren. Der Thermorezeptor besitzt einen Dendriten mit einem lamellierten Außensegment, einem verhältnismäßig dicken inneren Segment und einem besonders großen Somaanteil. Als Hüllzellen fungieren die thecogene, trichogene und tormogene Hüllzelle. Die thecogene Zelle bildet apikal ein ausgedehntes Labyrinth, mit dem sie den inneren Lymphraum des Sensillums begrenzt. Bei diesem Sensillum ragen die Dendriten in den inneren Lymphraum. Der kleine, äußere Lymphraum des Sensillums wird von der kleinen trichogenen und mittelgroßen äußeren tormogenen Zelle umgeben.

Ein Sinnesorgan, das wahrscheinlich CO_2 und die Feuchtigkeit der Luft rezipiert, stellt das **Tömösvarysche Organ** (Postantennalorgan) der anamorphen Chilopoden dar. Es liegt am Kopf in einer Epidermisgrube. Die Grube ist mit einem Gitterwerk cuticulärer Stäbe ausgestattet. Die Cilien jedes bipolaren Rezeptors ragen in den Sensillenliquor am Gitterwerk. Die dünne Epicuticula des Gitterwerkes wird von kleinen Poren durchsetzt. Die umhüllende Cuticula besteht aus Epicuticula; Exo- und Epicuticula kleiden die Basis der Epidermisgrube aus.

Bei Wirbeltieren wurden bis vor nicht allzu langer Zeit die Krauseschen Endkolben, Ruffinische Körperchen, die Lorenzinischen Ampullen und das Eimersche Organ als temperatursensitiv betrachtet; sie werden aufgrund neuerer Untersuchungen mit mechano- oder elektrorezeptiven Funktionen in Zusammenhang gebracht, daher unter Mechanorezeptoren erläutert. Das Eimersche Organ kommt besonders häufig im Rüssel des Maulwurfs vor. – Es liegen nur wenige

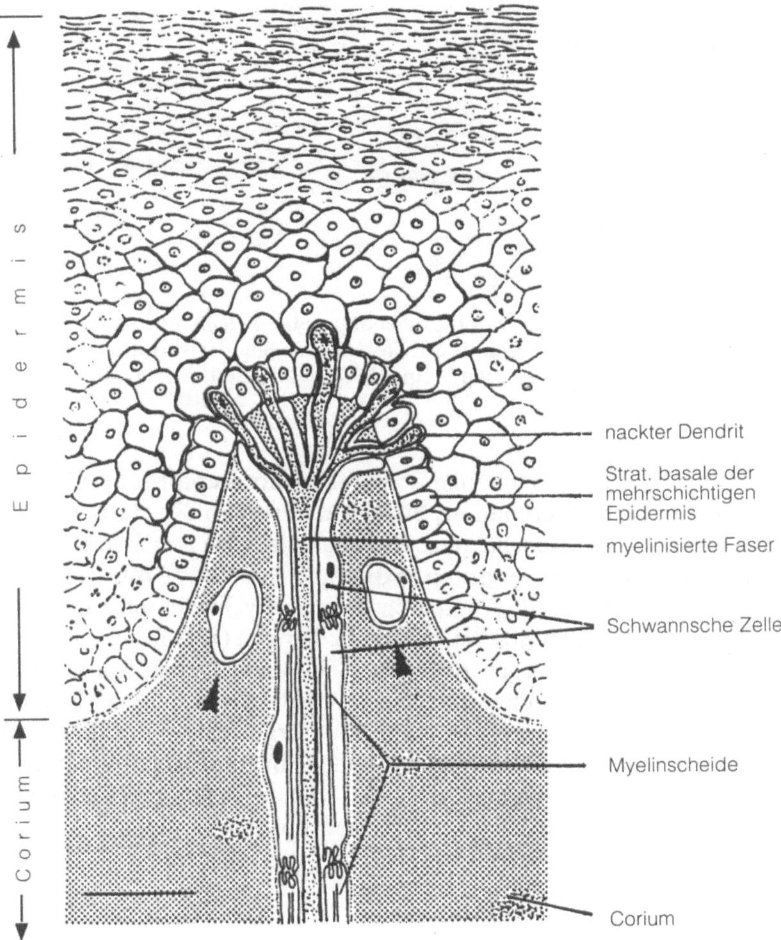

Abb. 7.34. Schema einer Kälte-rezeptiven afferenten Faser mit dendritischem Bäumchen an der Basis der Epidermis, Meßstrich ca. 50 µm. (Nach Breipohl 1986)

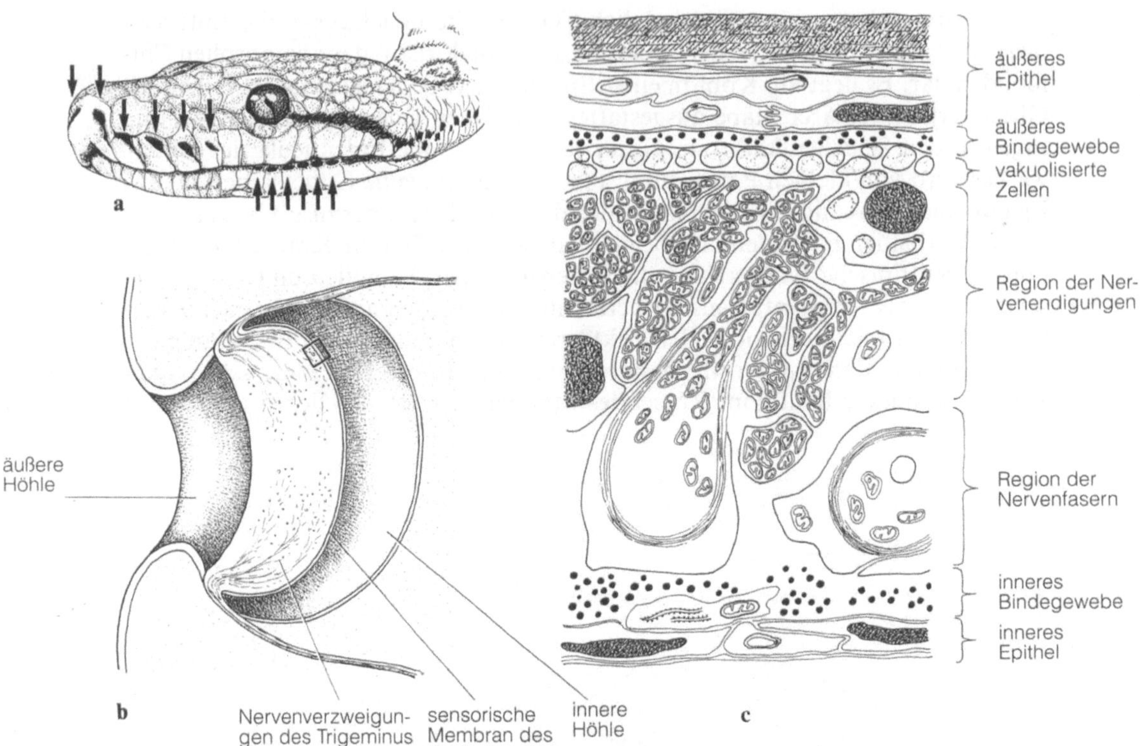

Abb. 7.35 a–c. Infrarotorgan. **a** Lage der Infrarot-Grubenorgane bei *Python reticularis* mit Pfeilen markiert. **b** Grubenorgan im Medianschnitt. **c** Histologischer Bau der sensorischen Membran. (Nach Bleichmar und de Robertis 1962 und Breipohl 1986 modifiziert)

funktions-morphologische Untersuchungen über thermorezeptorische Organe vor. Als thermorezeptiv betrachtet man myelinisierte Fasern in der Haut, die peripher nicht myelinisierte dendritische Rezeptorbäumchen tragen. Bei **Kältefasern** z. B. dringen zahlreiche feine Dendriten in die Epidermis ein (Abb. 7.34); unter der Epidermis, im Corium, vereinigen sie sich zu einer myelinisierten Faser.

Infrarotorgane wurden bis jetzt nur bei einigen Schlangen (Viperidae und Boidae) untersucht. Solche Organe liegen paarig in Schuppen über und unter der Mundöffnung (Abb. 7.35 a). Sie bilden jeweils eine Grube von wenigen Millimetern im Durchmesser. Eine wärmeempfindliche Membran (ca. 15 µm dick und von 30 mm² Fläche) überspannt die Grube und teilt sie in eine luftgefüllte innere und äußere Höhle. Äste des Trigeminus-Nerven ziehen myelinisiert in diese Membran und verzweigen sich in ihr zu marklosen, büschelförmigen Endigungen. – Diese wärmesensitive Membran besteht aus folgenden 7 Lagen (Abb. 7.35 c):

1. dem äußeren Epithel;
2. dem äußeren Bindegewebe;
3. der vakuolisierten Zellage;

4. sehr vielen Nervenendigungen mit auffallend dicht gepackten Mitochondrien, diese Lage ist am umfangreichsten;
5. den Nervenfasern des Trigeminus;
6. der inneren Bindegewebsschicht mit den Fibrocyten, Fibroblasten sowie den Kollagenfilamenten;
7. der inneren Epithelschicht.

Die empfindlichen Nervenendigungen werden nur durch 2–5 µm dicke Epithelzellagen von der Luft getrennt. Damit liegen diese Infrarotorgane der Schlangen oberflächlicher als jeder Kälterezeptor. Eine Änderung der Membrantemperatur von nur 0,03 °C genügt schon, um ein Feuern des Trigeminus-Nerven auszulösen.

7.4.4 Augen

Augen sind Organe, die mit lichtempfindlichen Zellen, den Sehzellen (Photorezeptoren), ausgestattet sind. Die Lichtempfindlichkeit beruht auf Sehfarbstoffen, den Rhodopsinen. Sie sind in die Membranen der Sehzellen mit stark vergrößerter Oberfläche eingelagert. Morphologisch wird diese Vergrößerung der Oberfläche auf verschiedenen Wegen erreicht: durch Mikrovilli – das sind dicht beieinander stehende, röhrenförmige Vorstülpungen der Zelloberfläche (Bürstensäume) – oder durch flächen- bis kissenartige Falten der Zellmembran (Scheibchen). Die verschiedenen Rhodopsine unterscheiden sich in den Eiweißgruppen (Opsinen), an die das Retinal (ein Carotinanteil, Aldehyd eines Stereoisomeren des Vitamins A) gebunden ist oder in der abweichenden chemischen Bindung zwischen Retinal und Protein. So entstehen zahlreiche Sehpigmente mit maximaler Absorption in Teilbereichen zwischen dem Ultraviolett und Rot. Alle sind erstaunliche Anpassungen an die Lebensbedingungen der Tiere.

7.4.4.1 Wirbellose

Der Aufbau des Auges bestimmt seine Leistungen. Die primitivste Lichtwahrnehmung ist etwa bei *Lumbricus terrestris* (Regenwurm) verwirklicht. Bei ihm liegen die Sehzellen vereinzelt endoepithelial in der Epidermis, in kleineren Nervenästen des Prostomiums und im Cerebralganglion; sie nehmen Licht aus allen Richtungen wahr. – Stehen die Photorezeptoren in Verbänden zusammen, so spricht man von einer **Retina**. – Für das Richtungssehen sind Sehzellen von Pigmentzellen becherförmig umhüllt und damit optisch abgeschirmt. Die Pigmentzellen sind dann zum Pigmentepithel zusammengeschlossen; sie enthalten Melanine.

Der apikale Teil der Sehzellen trägt Mikrovilli, in deren Membran das Rhodopsin eingelagert ist. Diesen photosensitiven Teil bezeichnet man als Rhabdomer. – Zusammenliegende Rhabdomere mehrerer Sehzellen bilden ein **Rhabdom**.

Sehzellen von Augen der Planarien sind mit ihren Rhabdomeren entgegengesetzt zum Lichteinfall ausgerichtet; sie sind invers, d.h. das Licht muß erst die

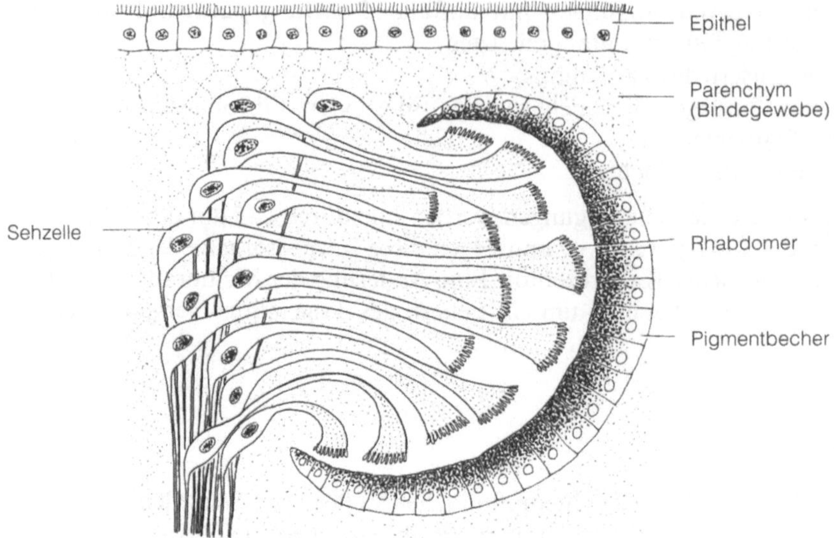

Abb. 7.36. Auge von *Planaria gonocephala* (Turbellaria); histologischer Schnitt, schematisch. (Nach Hesse)

Cytoplasmaregion dieser Sehzellen durchdringen, um den photosensitiven Teil der Sehzellen zu erreichen (Abb. 7.36). Es handelt sich hier um bipolare Sehzellen, deren Perikaryen außerhalb des Pigmentbechers liegen; ihr Cytoplasma enthält Mitochondrien, Glykogen, Neurofilamente und Neurotubuli.

Bei *Hirudo medicinalis*, dem Blutegel, liegen in einem Auge mehrere Sehzellen mit großen lichtmikroskopisch sichtbaren Phaosomen und umgeben von Pigmentzellen (Abb. 7.37 a). Als Phaosom bezeichnet man einen mit Flüssigkeit gefüllten Raum, der von einem Bürstensaum (Mikrovilli) begrenzt wird. An der Basis des Augenbechers tritt der Nerv aus. Elektronenmikroskopische Untersuchungen haben gezeigt, daß es sich bei diesem Phaosom um keinen Binnenkörper oder intrazelluläre Vakuole handelt, sondern um eine Einstülpung der Zelloberfläche, die sich distal fast schließt. Das Rhabdomer ragt also in die Flüssigkeit des extrazellulären Raumes (Abb. 7.37 b). Als Hilfsapparate dieses Auges dienen die Pigmentzellen, die die Sehzellen eines Auges umstellen.

Für *Lumbricus terrestris* beschrieben Röhlich et al. (1970) einen Photorezeptor mit intrazellulärem Lumen, das von Mikrovilli sowie vereinzelten Cilien vom Typ $9 \times 2 + 0$ umstellt sei. Diese Aussage sollte überprüft werden, nachdem sich gezeigt hat, daß auch die ersten Interpretationen über einen intrazellulären Raum bei der Sehzelle von *Hirudo* nicht zutreffen. Bestätigte sich jedoch die obige Aussage für *Lumbricus*, so wäre das der einzige Fall im Tierreich, bei dem Rhabdomere der Sehzellen in einen intrazellulären Raum ragten.

Die Entwicklung vom einfachen grubenförmigen Auge zum Lochkameraauge und schließlich zum Blasenauge ist bei den verschiedenen Mollusken realisiert (Abb. 7.38). – Bei *Patella*, der Napfschnecke, sitzen die Augen auf den Fühlern. Das Epithel der Augen ist grubenförmig eingesenkt. In diesem Epithel alternieren Photorezeptoren mit apikalen Rhabdomeren und Stützzellen. Die Photore-

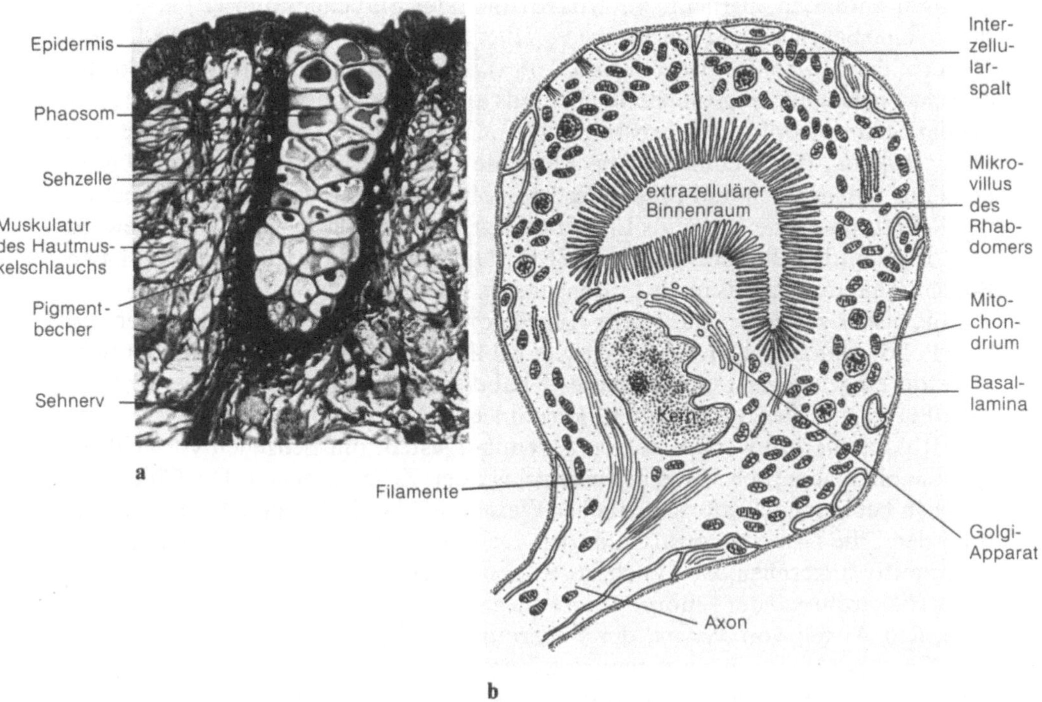

Abb. 7.37 a–b. Auge von *Hirudo*. **a** Histologischer Längsschnitt, Hansen-Grossmann Färbung; Vergr. 130fach. **b** Sehzelle von *Hirudo*, schematisch. (Modifiziert nach Röhlich u. Török 1964 sowie White u. Walter 1968)

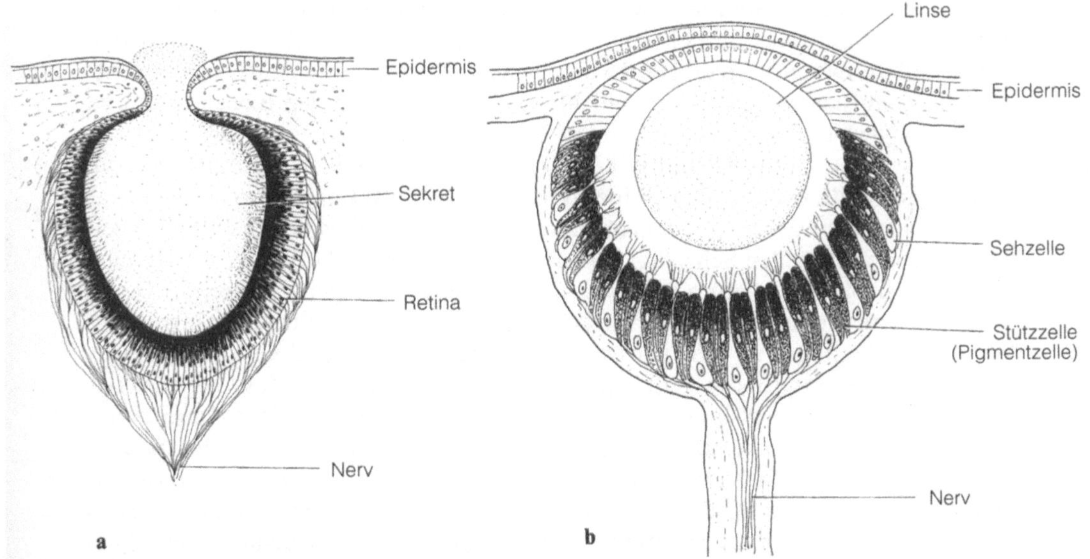

Abb. 7.38 a, b. Medianschnitt duch das Auge von **a** *Haliotis* (Meerohrschnecke), **b** *Helix*. (Nach Hesse u. Doflein) Vergr. ca. 180fach

zeptoren enthalten Pigment; ihr Mikrovilli- oder Stäbchensaum (Rhabdomer) ragt in eine Sekretschicht hinein, die von den Stützzellen abgesondert wird. – Bei *Haliotis*, der Meerohrschnecke (Abb. 7.38 a), senkt sich das Epithel weiter so ein, daß ein **Lochkameraauge** entsteht; ebenfalls alternieren Seh- und Stützzellen, wobei der Sekretpfropf in der Einstülpung einen gallertigen Glaskörper bildet. Bei *Helix pomatia*, der Weinbergschnecke, trennt sich die eingesenkte Blase, bestehend aus Sinneszellen und Pigmentzellen, völlig vom Hautepithel ab, schließt einen Sekretkomplex ein, der als Linse fungiert. Dieses Auge liegt im Bindegewebe vom Hautepithel überdeckt (Abb. 7.38 b). Die Sinneszellen tragen am apikalen Pol das Rhabdomer, das in die Linsensubstanz hineinragt.

Alle bisherigen Beispiele zeigten Augen vom **Rhabdomertyp**, bei denen der apikale Pol der Sinneszellen von Mikrovilli gebildet ist, in deren Membran der Sehfarbstoff eingelagert ist. Augen dieses Rhabdomertyps kommen vor bei Rotatorien, Plathelminthes, Pulmonaten, Hirudineen, Cephalopoden und *Nereis*. Diesem Rhabdomertyp werden Augen gegenübergestellt mit Sehzellen vom Cilientyp, die phylogenetisch von einer cilientragenden Zelle ausgehen. Die Cilie wandelt sich bei ihnen in unterschiedlicher Weise um. Häufig bildet die Plasmamembran der Cilie Lamellen aus (Cnidarier, Deuterostomier). Dieser **Cilientyp** wird als primitiv angesehen, weil auch im Rhabdomertyp oft eine später meist reduzierte Cilie während der Embryogenese ausgebildet ist.

In den Augen von *Pecten*, der Pilgermuschel, kommen nicht nur Sehzellen vom Cilientyp, sondern gleichzeitig auch vom Rhabdomertyp vor. Außerdem ist dieses Auge (Abb. 7.39) sowohl invers als auch evers, was durch seine Entwicklung bedingt ist. – Während der Entwicklung schnürt sich von der Epidermis eine Blase vollkommen ab. Die Epidermis über dieser Abschnürung wird zum Corneaepithel, die mesodermalen Zellen zwischen der Blase und der Epidermis werden sehr hoch, vermehren sich, werden polygonal und bilden die Linse (Abb. 7.39 a). Die distale Blasenwand wird zur distalen Retina; sie besteht aus einer Lage von Sehzellen des ciliären Typs, die ihre Axone distalwärts aussenden (Abb. 7.39 b). Die proximale Hälfte der Blase wird zum einschichtigen Pigmentepithel. Vom Blasenäquator aus schichten sich Sehzellen in den Blasenraum und bilden eine zweite Retina, die proximale Retina mit Sehzellen vom rhabdomeren Typ (Abb. 7.39). Der lichtempfindliche Teil dieser proximalen Sehzellen ist vom Licht abgewandt; es handelt sich hier um eine inverse Retina, während die distalen Sehzellen vom Cilientyp evers angeordnet sind. Zwischen den distalen Sehzellen und den proximalen Sehzellen liegen große Stützzellen. Unter der proximalen Retina schließt ein Tapetum an. Es besteht aus einer einzigen Zellage, die bis zu 30 Lagen von rechteckigen, flachen Guanin-Kristallen enthält. Diese intrazellulären Kristalle liegen so geschichtet, daß ständig Kristall und Cytoplasma verschiedener Brechungsindices alternieren. Der Brechungsindex des Cytoplasmas beträgt $n = 1{,}34$, der der Guanin-Kristalle $n = 1{,}83$. Die Schichtdicke der Guanin-Kristalle und die Dicke des dazwischenliegenden Cytoplasmas liegen im $\lambda/4$-Bereich des sichtbaren Lichtes; deshalb ist diese Schichtung in Kombination mit den Brechungsindices für die Reflexion des Lichtes dieses Wellenlängenbereichs besonders effektiv. Dieses Tapetum fokussiert das Bild auf die distalen Sehzellen. Die Linse allein würde das Bild außerhalb des Auges abbilden. Auf der proximalen Retina ist das Bild unscharf. – Mit Eintritt der Dunkelheit antwortet die di-

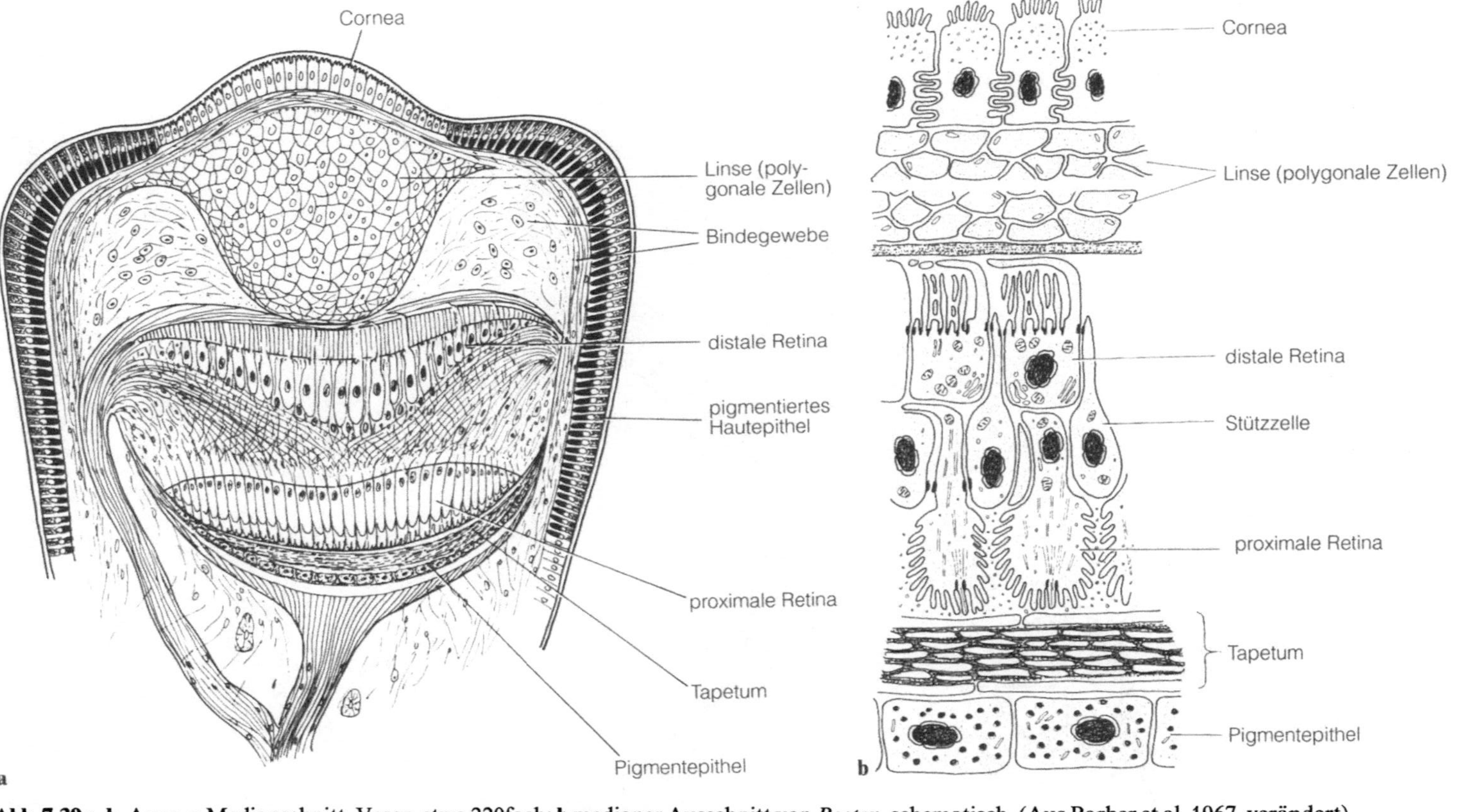

Abb. 7.39 a, b. Auge. **a** Medianschnitt, Vergr. etwa 220fach; **b** medianer Ausschnitt von *Pecten*, schematisch. (Aus Barber et al. 1967, verändert)

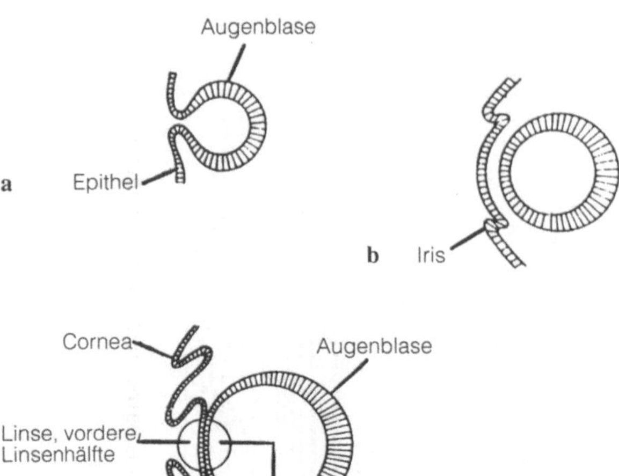

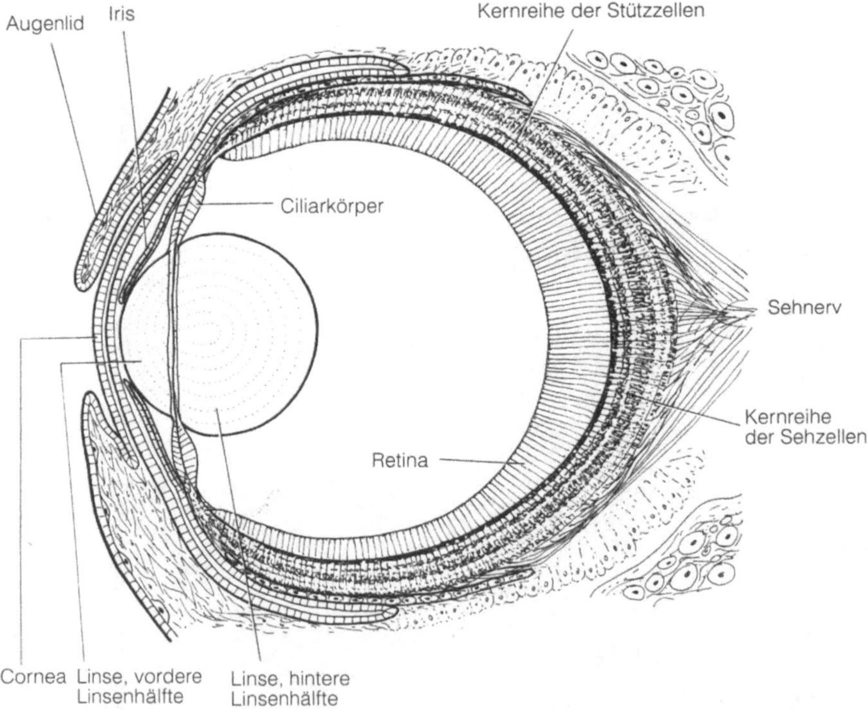

Abb. 7.40 a–d. Entwicklung des Auges von Cephalopoden, schematisch. **a** Einsenkung der Augenblase, **b** Auffaltung der Irisanlage, **c** Bildung der vorderen und hinteren Cuticularlinse, **d** fertiges Cephalopodenauge. (Nach Kühn verändert)

stale Retina elektrophysiologisch mit einem „off-effect"; Lichteinschalten dagegen beantwortet die proximale Retina mit dem „on-effect". – Die Zahl der Augen nimmt während des Gesamtwachstums einer Pilgermuschel ständig zu, so daß bei alten Tieren der sehr großen *Pecten tenvicostatus* bis zu 100 Augen am Mantelrand sitzen.

Eine Weiterentwicklung des **Blasenauges** ist bei **Cephalopoden** realisiert. Auch hier wird während der Entwicklung des Auges eine Blase abgeschnürt, deren Vorderteil aber die spätere hintere Linsenhälfte absondert, während das darüberliegende Epithel die vordere Linsenhälfte bildet (Abb. 7.40). Die Linse der Cephalopoden ist eine cuticuläre Abscheidung. Die vordere Linsenhälfte wird überwachsen von einer Hautfalte, der Iris, und diese wiederum von einer zweiten Hautfalte, die als Cornea fungiert (Abb. 7.40). Die hintere Augenblase bildet die everse einschichtige Retina. – Diese Retina besteht aus Sehzellen vom Rhabdomertyp und Stützzellen. Die Perikaryen der Sehzellen liegen unter der Basallamina (Abb. 7.41); die Mikrovillisäume (Rhabdomere) dieser Zellen erstrecken sich seitlich nach zwei entgegengesetzten Richtungen (Abb. 7.41). Sowohl in den Sehzellen als auch in den benachbarten Stützzellen liegen Pigmente. Die Perikaryen der Stützzellen liegen über der Basallamina. Distalwärts schließen die Stützzellen durch eine Limitans, die Grenzmembran, die gesamte Retina nach außen ab. Es handelt sich bei dieser Retina um ein einschichtiges Epithel, dessen Sehzell-Perikaryen durch die Basallamina hindurch in die Tiefe gerückt sind. Der distale Teil der Sehzellen besteht aus der protoplasmatischen Achse, die beiderseits zwei Halbrinnen von Rhabdomeren trägt (Abb. 7.41). Je vier benachbarte Halbrinnen verschmelzen zu einem Rhabdom von quadratischem Querschnitt. Jede Ecke die-

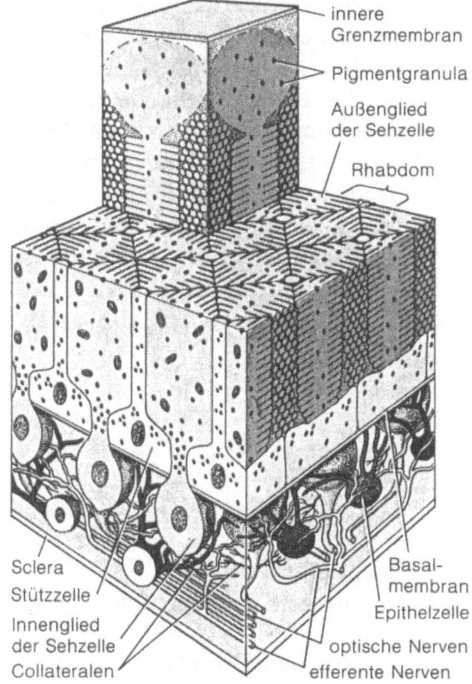

Abb. 7.41. Retina vom Tintenfisch im Blockdiagramm. (Nach Wells, verändert aus „Biologie" 1981)

ses Quadrates wird optisch isoliert durch je einen Ausläufer der Pigmentzellen. Um die Retina herum zieht dichtes Bindegewebe, in das Knorpel eingelagert ist. Bei Akkommodation wird die Linse von der Netzhaut fortgerückt (Nahakkommodation) oder zu ihr hingerückt (Fernakkommodation). Bei Hell-/Dunkel-Adaption wandern die Pigmente der Seh- und Pigmentzellen in der Längsachse ihrer Zellen.

Die **Entwicklung der Photorezeptoren** erfolgte in zwei großen Richtungen. Einmal in der Ausbildung eines Mikrovillisaums, dem Rhabdomertyp, der vor allem bei Protostomiern vorkommt, und zum zweiten in der Ausbildung des Cilientyps, wie es der Fall ist bei Cnidariern und Deuterostomiern. Über die phylogenetischen Zusammenhänge gibt es zwei Auffassungen: Salvini-Plaven und Mayr (1977) nehmen an, daß die nicht mit Cilien ausgestatteten Sehzellen der Mollusken, Anneliden und Arthropoden vielfach immer wieder und unabhängig bis zu 40mal neu entstanden sind, während Eakin (1982) die Reihe der Entwicklung der nichtciliären Sehzellen in einer mehr oder weniger einheitlichen Linie sieht.

Komplexaugen

Einen besonders leistungsfähigen Augentyp stellen die Komplexaugen, die typischen Augen der **Arthropoden** (Insekten und Crustaceen) dar. Ihre Sehzellen sind vom Rhabdomertyp. Zu beiden Seiten des Kopfes sind diese Augen so vorgekrümmt, daß sie ein großes Gesichtsfeld nach möglichst allen Richtungen haben. Als Komplex- oder zusammengesetztes Auge bezeichnet man dieses Auge, weil es aus zahlreichen Einzelaugen, den **Ommatidien**, zusammengesetzt ist. Die Ommatidien sitzen wie viele nebeneinanderliegende längliche Kegelstümpfe mit ihrem schmalen Durchmesser der Basallamina auf. In der Aufsicht verleihen sie der Cornea ein facettiertes Aussehen; daher rührt der Name Facettenauge. Je zahlreicher die Ommatidien eines Komplexauges und je kleiner die Winkel zwischen den Achsen der Ommatidien sind, desto größer ist die Leistungsfähigkeit des Gesamtauges. Fliegende Insekten haben z. B. in der Regel mehr Sehkeile als nichtfliegende [z. B. besitzt das Männchen des Leuchtkäfers *(Lampyris)*, das fliegt, 2 500 Ommatidien, während das Weibchen, das nicht fliegt, nur 300 Ommatidien besitzt]. Mit der Anzahl der divergierenden Sehkeile wird das Gesamtgesichtsfeld vergrößert. Je mehr Ommatidien in der Flächeneinheit angeordnet sind, um so kleiner sind zwar die Öffnungswinkel, aber um so größer ist das Auflösungsvermögen, denn in um so kleinere Felder wird das Gesamtgesichtsfeld zerlegt. Lichtmikroskopisch zeigt ein Längsschnitt durch das Komplexauge (Abb. 7.42):

1. Einzelaugen (Ommatidien),
2. Basallamina,
3. Lamina ganglionaris,
4. Medulla,
5. Lobus opticus.

Im Ommatidium wird unterschieden:

a) der dioptrische Apparat, der lichtsammelnde optische Teil;
b) der sensorische Teil, der die Strahlung aufnimmt und in elektrische Energie transformiert (Retina);
c) der Licht abschirmende Teil (Pigmentzellen mit Pigmentgranula).

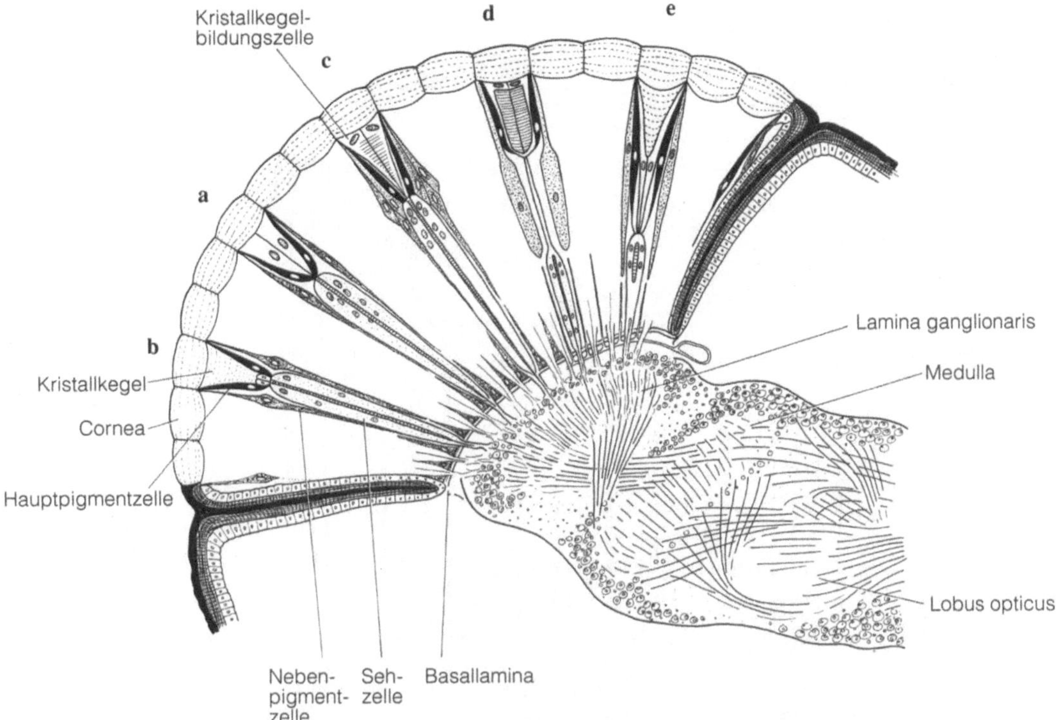

Abb. 7.42 a–e. Kombiniertes Schema eines Schnittes durch ein Komplexauge mit Lobus opticus; nicht alle Ommatidien wurden durchgezeichnet. **a–c** Appositionsauge; **d–e** Superpositionsauge; **a** aconer Typ, **b** u. **e** pseudoconer Typ; **c** u. **d** euconer Typ. (Modifiziert nach Weber)

a) Das *Linsensystem* besteht aus der plan- bis bikonvexen Cornea mit dem Kristallkegel (Abb. 7.43). Die Cornea ist die cuticuläre transparente Absonderung der Epidermiszellen. Der Kristallkegel wird gebildet von den vier Semperschen Zellen oder Kristallkegelzellen.

b) Den *sensorischen Teil* des Ommatidiums (Abb. 7.43) bilden die im Querschnitt radiär angeordneten Sehzellen mit dem Rhabdom in ihrem gemeinsamen Zentrum. Das Wort Rhabdom wurde zuerst von Grenacher (1879) benützt für den prismatischen Stab, den er als Rhabdom bezeichnete. In der Regel weist das Ommatidium 6–8 Sehzellen auf; doch gibt es Abweichungen (z. B. 4 Sehzellen bei Cladoceren, bis 17 Sehzellen in einem Isopoden, *Oniscus asellus*).

c) Der *Licht abschirmende Teil* besteht aus zwei Pigmentzelltypen, die die Einzelaugen optisch isolieren. Zwei Hauptpigmentzellen isolieren in der Regel den dioptrischen Apparat, die Nebenpigmentzellen (häufig sechs) den sensorischen Teil jedes Ommatidiums.

An der Basis des sensorischen Teils des Ommatidiums befinden sich bei Schmetterlingen Tracheenverästelungen, die zuerst Leydig beschrieb und bereits 1864 als Tapetum erkannte.

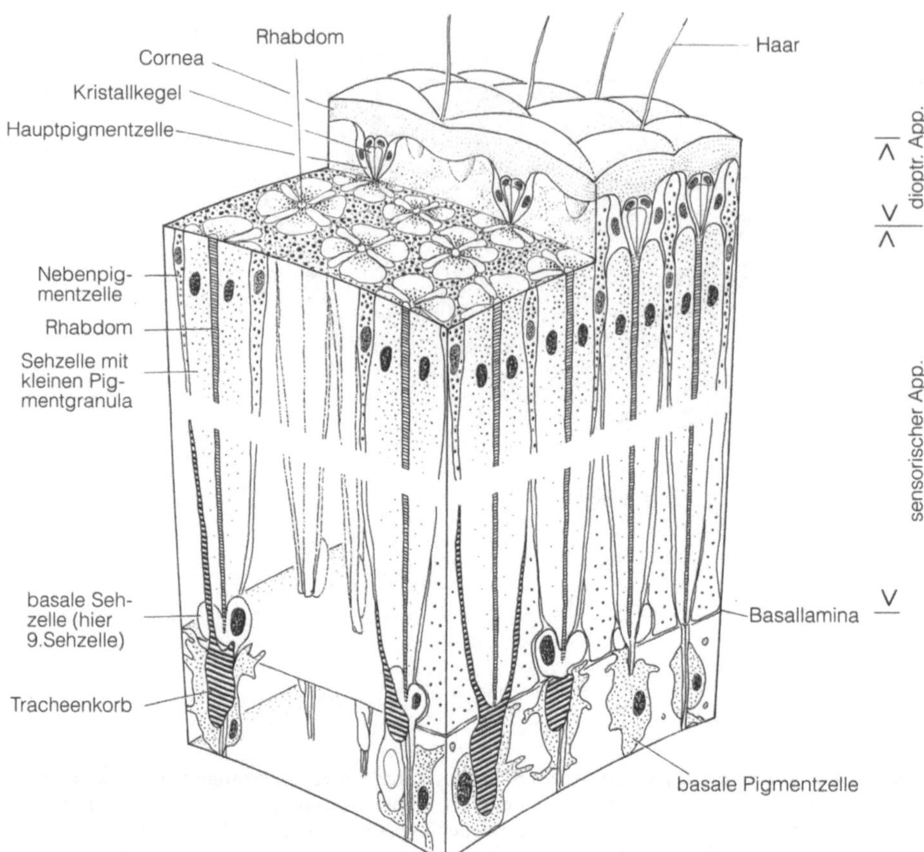

Abb. 7.43. Retina von *Aglais urticae* (Tagfalter) im Blockdiagramm. Vergr. etwa 145fach

Hinsichtlich der feineren Ausgestaltung hat man lichtmikroskopisch Augentypen unterschieden nach:

1. dem Bau des dioptrischen Apparates (Cornea u. Kristallkegel);
2. Lage des Rhabdoms und der Pigmentzellen.

1. a) **Acones Auge** (Abb. 7.42): vier Kristallkegelzellen zeigen mit zentral liegenden Kernen keine besonderen Differenzierungen. Dieses acone Auge ist der ursprüngliche Kristallkegel-Typ. Ihm sind die Augen vieler Apterygoten, z. B. *Archesella* (Collembola) zuzuordnen. Vom aconen Typ leitet sich ab:

    b) Das **eucone Auge** (Abb. 7.42), dessen vier Kristallkegelzellen einen intrazellulären weichen oder festen, terminal oder zentral gelegenen Kristallkegel mit besonderen lichtbrechenden Eigenschaften des Zylinders ausscheiden. Die Kerne werden zur Cornea hin gedrängt (Biene).

    c) Das **pseudocone Auge** (Abb. 7.42), dessen Kristallkegelzellen einen extrazellulären Kegel, den Pseudoconus zur Cornea hin absondern. Diese Kristallkegelzellen werden proximalwärts zur Retina hin gedrängt. Der Pseudoconus kann dabei vollkommen mit der Cornea verschmelzen, z. B. *Calliphora.*

2. Nach der Lage des Rhabdoms und der Pigmentverteilung unterscheidet man Appositions- und Superpositionsaugen.

   a) Im **Appositionsauge** erstreckt sich das Rhabdom vom Kristallkegel bis zur Basallamina; die Pigmentzellen isolieren optisch jedes Ommatidium (Abb. 7.42 a–c). Nur Lichtstrahlen, die in optischer Achse des Ommatidiums einfallen, werden im Rhabdom dieses Ommatidiums ausgewertet.

   b) Im **Superpositionsauge** liegt das Rhabdom dagegen in Distanz vom Kristallkegel; diese Ommatidien sind nur bei Helligkeit optisch isoliert (Abb. 7.42 d–e).

Bei geringer Lichtintensität wird die optische Isolierung der Ommatiden aufgehoben und Bilder benachbarter Ommatidien superponiert (Superpositionsauge). Lichtstrahlen, die von einem Objektpunkt ausgehen, gelangen zu einem bestimmten Rhabdom sowohl durch Einfall in optischer Achse als auch durch Nachbarommatidien; dort werden sie im lichtbrechenden Apparat sowohl zum ihm angehörenden Rhabdom, als auch zu Rhabdomen von Nachbareinheiten gebrochen. Zahlreiche von verschiedenen Kristallkegeln entworfene Bilder eines Objektpunktes fallen so auf einem Rhabdom aufeinander (Superpositionsauge). Die Lichtstärke solcher Superpositionsbilder wird auf ein Vielfaches der Lichtstärke von Appositionsbildern erhöht. Bei starker Belichtung werden aber auch in diesen Augen die Einzelaugen optisch durch verschiebbares Pigment isoliert. Das Superpositionsauge ist das typische Auge dämmerungsaktiver Insekten und Krebse (Nachtschmetterlinge, Flußkrebs).

Elektronenmikroskopische Untersuchungen zeigten, daß der Bau dieser Komplexaugen eine strukturelle Vielfalt aufweist, so daß die bisherigen Einordnungsprinzipien nicht mehr allen Strukturbildern gerecht werden. Man bemüht sich jetzt, die Funktionen, die jeweils mit diesen Strukturen korreliert sind, zu verstehen.

Die **Cornea** ist im EM von charakteristischem lamellösem Bau. Dabei handelt es sich um den typischen Aufbau einer Insektencuticula (siehe Kap. 8, Integument) mit oder ohne Poren. Zum Rande der sechseckigen Facetten hin verkleinert sich der interlamelläre Raum. – Senkrecht zur Lamellenschicht im Zentrum der Facette einfallendes Licht wird optimal durchgelassen. Daraus resuliert eine optische Isolierung schon durch die einzelnen Corneafacetten; diese optische Abschirmung der einzelnen Ommatidien wird in tieferen Retinabereichen von Pigmentzellen übernommen.

Der **Kristallkegel** besteht in der Regel aus feinst granulierter, elektronenoptisch dichter Substanz (Abb. 7.44 a).

Die **Sehzellen** enthalten sehr viele große, längliche Mitochondrien, die meistens peripher angeordnet und in Längsrichtung orientiert sind. Außerdem enthalten diese Sehzellen einen Kern, einen Golgi-Apparat, glattes und rauhes ER sowie den Lysosomenkomplex (Multivesikulär-, Lamellär- und Dichtekörper sowie autophage Vakuolen). Das glatte ER wie auch der Lysosomenkomplex ist in Abhängigkeit des Funktionszustandes verbreitet. Das ist an Bienen untersucht; es gibt aber Anhaltspunkte dafür, daß dies auch für andere Arthropoden zutrifft.

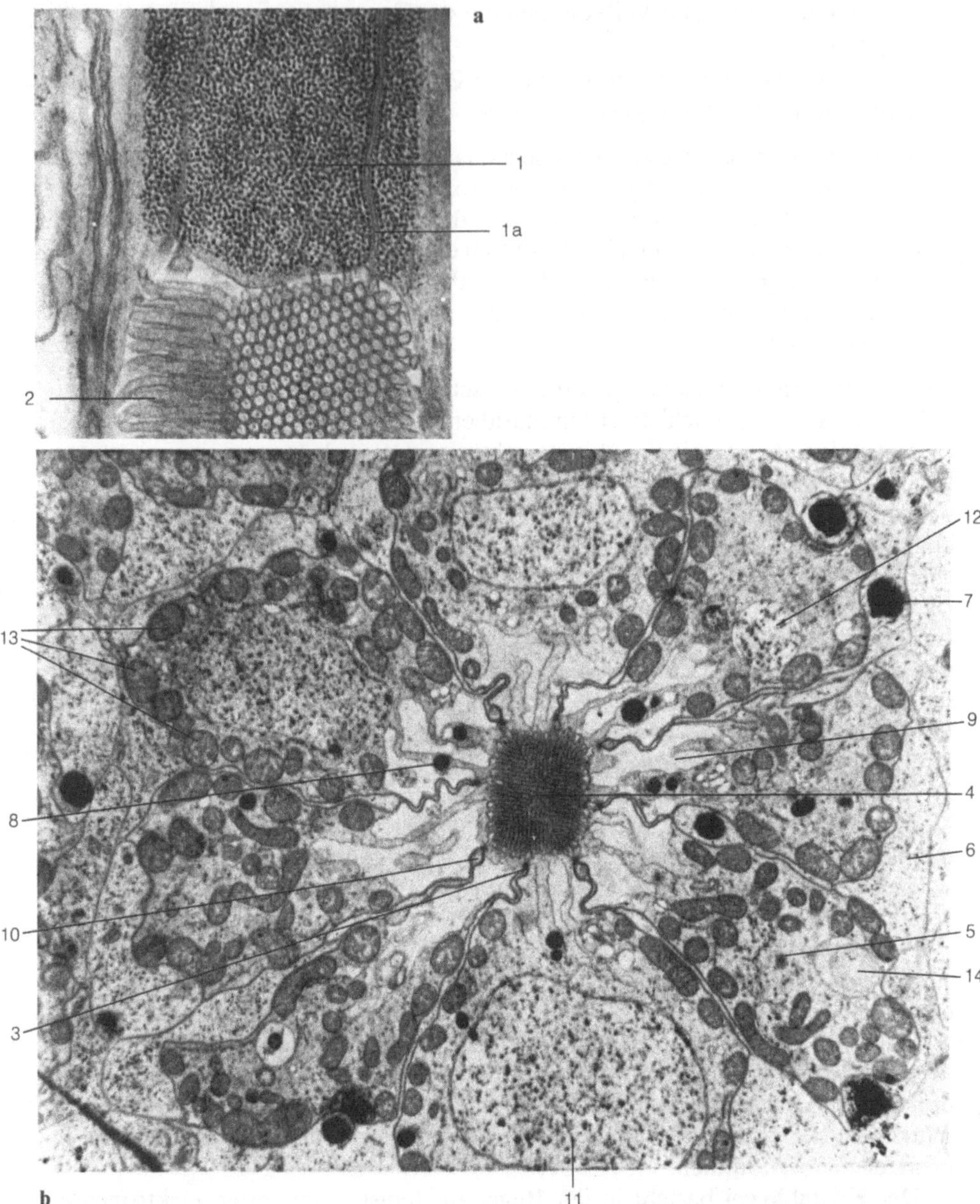

Abb. 7.44a, b. Ommatidium der Biene. **a** Längsschnitt: Übergang Kristallkegel-Rhabdom (Vergr. 30000fach). **b** Querschnitt in der Kernzone (Vergr. 10000fach). *1* Kristallkegel, *1a* Wand der Kristallkegelzelle, *2* Mikrovillus des Rhabdomers, *3* Desmosom, *4* Rhabdom, *5* Sehzelle, *6* Nebenpigmentzelle, *7* Granulum der Nebenpigmentzelle, *8* Pigmentgranulum der Sehzelle, *9* perirhabdomerer Raum (glattes ER), *10* Kristallkegelfortsatz, *11* Kern der Sehzelle, *12* Multivesikulärer Körper (MVB), *13* Mitochondrien, *14* Dichtekörper (densebody)

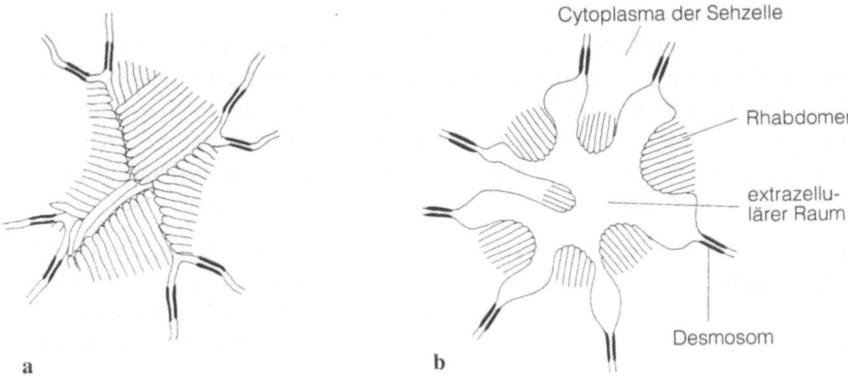

Abb. 7.45 a, b. Rhabdome im Querschnitt. **a** „geschlossen" mit gebündelten Rhabdomeren von *Pieris* im distalen Bereich; **b** „offen" von Dipteren. Vergr. ca. 15 000 fach

Ein Mikrovillisaum, das Rhabdomer, erstreckt sich meistens von distal bis proximal (Abb. 7.43); es bildet mit den benachbarten Rhabdomeren der Sehzellen eines Ommatidiums das Rhabdom.

Rhabdom: Das Rhabdom kann vielfältig ausgebildet sein. Man unterscheidet „geschlossene", „offene" und „gebänderte" Rhabdome.

Beim geschlossenen Rhabdom stoßen alle Rhabdomere eines Ommatidiums aneinander und bilden zusammen das Rhabdom [z. B. Hymenopteren, Lepidopteren, Odonaten, *Gammarus* und andere (Abb. 7.44 b u. 7.45 a)].

Beim offenen Rhabdom berühren sich die Rhabdomere der einzelnen Sehzellen nicht. Sie erstrecken sich in einem extrazellulären, flüssigkeitsgefüllten Raum. Dieser Rhabdomtyp ist charakteristisch für Dipteren (Abb. 7.45 b).

Beim gebänderten Rhabdom besteht jedes Rhabdomer aus Bündeln mehrerer Mikrovilli, die in Abständen einseitig der Sehzelle angeordnet sind (Flußkrebse und andere decapode Malacostraca).

Twisten. Neuere Untersuchungen haben gezeigt, daß die Mikrovilli der Rhabdomere verschiedener Insekten in großen Augenbereichen mit Ausnahme der dorsalen Randzone von distal bis proximal nicht immer gleiche Anordnung erfahren. Z. B. drehen sich (twisten) bei Dipteren einzelne Rhabdomere um etwa 180°; im halben Verlauf der Rhabdomerlänge schwenken sie dann wieder um und twisten in die gleiche Ausgangsrichtung um 180° zurück. Alle bisher untersuchten Augen von Dipteren zeigen diesen Twist-Typ. – Bei Hymenopteren dagegen dreht sich das gesamte Ommatidium in seiner ganzen Länge total um 180 °. – Bei einigen Tagfaltern (Nymphaliden, Pieriden) wurde ein Twistersatz gefunden in der Form, daß gebündelte, gebogene Mikrovilli um den Winkel α in regelmäßigen Intervallen schwenken und damit einen „Twistersatz" herstellen.

Aus diesen morphologischen Befunden lassen sich folgende Funktionen für die entsprechenden Augentypen ableiten.

1. Mit dem Öffnungswinkel der Facettenglieder ist das Auflösungsvermögen des Einzelauges korreliert, wobei ein geringer Öffnungswinkel den Nachteil mit sich bringt, geringere Helligkeit der Bildpunkte zu erzielen. Dieser Nachteil wird bei Superpositionsaugen ausgeglichen.

2. Der dioptrische Apparat bündelt das Licht.
3. Die Feinstruktur des Rhabdoms beeinflußt die Helligkeit des Auges und die Fähigkeit, polarisiertes Licht zu rezipieren, denn mit der Ausrichtung der Mikrovilli sind auch die Moleküle der Sehfarbstoffe orientiert, da letztere im Komplexauge nicht drehbar sind (Abb. 7.49 c). Damit wird mit der Orientierung der Mikrovilli auch die Rezeptionsmöglichkeit für polarisiertes Licht kund. Ein Twisten setzt die Polarisationsempfindlichkeit herab.

Die zwei Hauptpigmentzellen, die um den Kristallkegel herum angeordnet sind, enthalten neben den üblichen Zellorganellen in Nähe des Kristallkegels viele Mikrotubuli in Längsrichtung, also in gleicher Richtung des Kristallkegels angeordnet; sie dienen wahrscheinlich als Führungsskelett, d. h. sie bieten eine gewisse Festigkeit.

Bei etlichen Insekten, z. B. Schmetterlingen, findet man unter dem Rhabdom ein Tapetum ausgebildet. Dieses ist aufgebaut aus einem Tracheenkorb und den davon ausgehenden Tracheen mit Taenidien. Im Tracheenkorb sind Plättchen senkrecht zum Lichteinfall parallel so angeordnet, daß sie stets mit einer Luftschicht abwechseln. Liegen die Querstäbe und die Luftzwischenräume in ihrer Breite im Bereich von $\lambda/4$, dann können sie effizient sein für die Reflexion der entsprechenden Wellenlänge. – Bei Nachtschmetterlingen sind die Rhabdome seitlich von zahlreichen Ausläufern der Tracheen umhüllt.

Die Axone der Sehzellen einzelner Ommatidien durchdringen die Basallamina und bilden die ersten Synapsen mit den sekundären Nervenzellen entweder in der Lamina oder in der Medulla. Bei den Axonbündeln in der Lamina spricht man von Cartridges oder Neuroommatidien. Nur in seltenen Fällen wie bei der Biene entsprechen die Axone in den Cartridges jenen der darüberliegenden Ommatidien. In den meisten Fällen aber, und so bei den Dipteren, sind in einem Cartridge Axone von verschiedenen Ommatidien versammelt.

Das histologische Bild ändert sich bei Hell- und Dunkeladaptation des Auges.

1. **Helladaptation**. Während in Superpositionsaugen Pigmente in den Pigmentzellen bei Hell- und Dunkeladaptation in Richtung der Ommatidienachse verlagert werden, adaptieren Appositionsaugen mit den Sehzellen wie folgt:
   a) Entweder durch Pupillenreaktion, indem die Pigmente der Sehzellen zum Rhabdom horizontal wandern (z. B. Bienen, Tagfalter wie *Aglais urticae, Pieris brassicae*) oder
   b) durch Bewegung des gesamten Rhabdoms in die Kristallkegelspitze, also in Längsachse des Ommatidiums (z. B. *Lethocerus*, etliche Mücken wie *Aedes*, alle Insekten mit aconen Appositionsaugen) oder
   c) durch Wanderung der distalen Pigmente im Pigmentzellfortsatz der Nebenpigmentzellen (z. B. *Pieris brassicae*).
2. Bei **Dunkeladaptation** erfolgt der entgegengesetzte Effekt. Bei der Pupillenreaktion wandern die Pigmente peripherwärts, wobei dann in vielen Fällen um das Rhabdom ein großer perirhabdomerer Raum gebildet wird, der aus aufgetriebenem endoplasmatischem Retikulum besteht.
   Bei der obengenannten Vertikalverschiebung verlängert sich der Kristallkegel, so daß er durch seine Spitze das Rhabdom proximalwärts drückt. All diese Adaptationsreaktionen sind meistens nur auf das distale Drittel der Retina beschränkt.

7.4.4.2 Wirbeltiere

Seitenaugen

Wirbeltiere besitzen zwei Seitenaugen und bei einigen Fischen sowie Reptilien zusätzlich ein medianes Auge.

Das Seitenauge der Wirbeltiere besteht aus:
1. der Augenblase und
2. der Linse.

Die Augenblase stammt aus dem Zwischenhirn, die Linse aus der Epidermis. – Der Aufbau des Auges erklärt sich aus seiner Entstehung.

Entwicklungsgeschichte

Durch Vorstülpung des Zwischenhirns bis an das Ektoderm wird das Wachstum des Ektoderms an dieser Stelle induziert (mit einigen Ausnahmen); die Augenblase erfährt eine Einstülpung in Form eines Bechers (Abb. 7.46). Die Epidermiswucherung stülpt sich ebenfalls ein und bildet ein Bläschen (Abb. 7.46 b u. c). Dieses schnürt sich ab und wird zur Augenlinse. Der Becher wird immer tiefer, das Innenblatt des Bechers zur Retina, das Außenblatt zum einschichtigen Pigmentepithel. Die Verbindung mit dem Zwischenhirn wird zum Nervus opticus. – Diese Entwicklung hat ein inverses (umgestülptes) Auge zur Folge.

Die Wand des Seitenauges besteht aus drei Augenhäuten:

1. Der inneren Augenhaut, aus der sowohl die Retina und das Pigmentepithel als auch das innere Blatt der Iris hervorgehen;

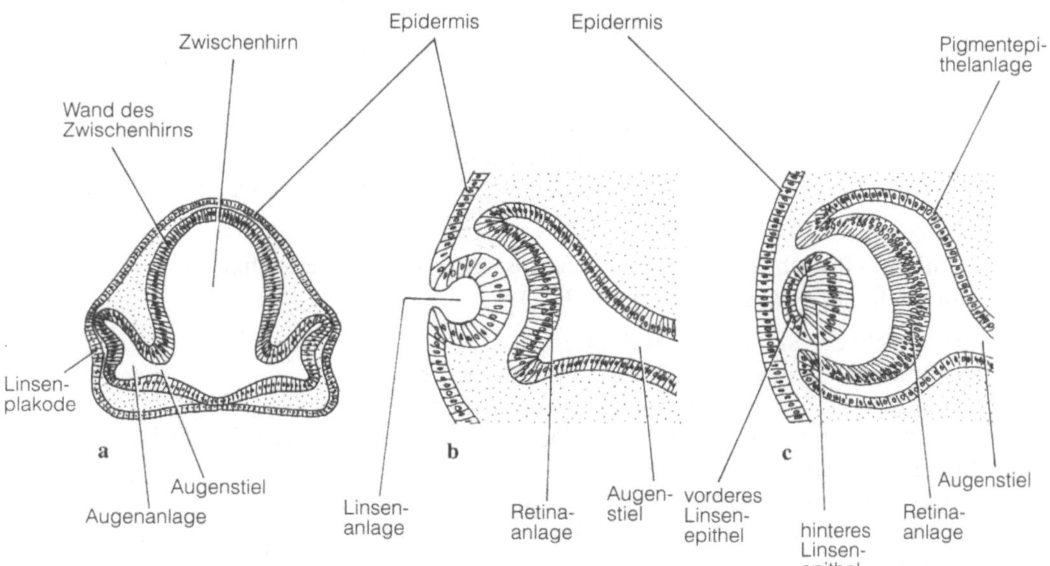

Abb. 7.46 a–c. Entwicklung des Wirbeltierauges. **a** Ausstülpung der paarigen Augenblasen aus dem Zwischenhirn und Induktion der Linsenplakode. **b** Einstülpung des Linsenbläschens über dem Augenbecher. **c** Augenanlage mit Linsenbläschen. (Nach Krstic 1988)

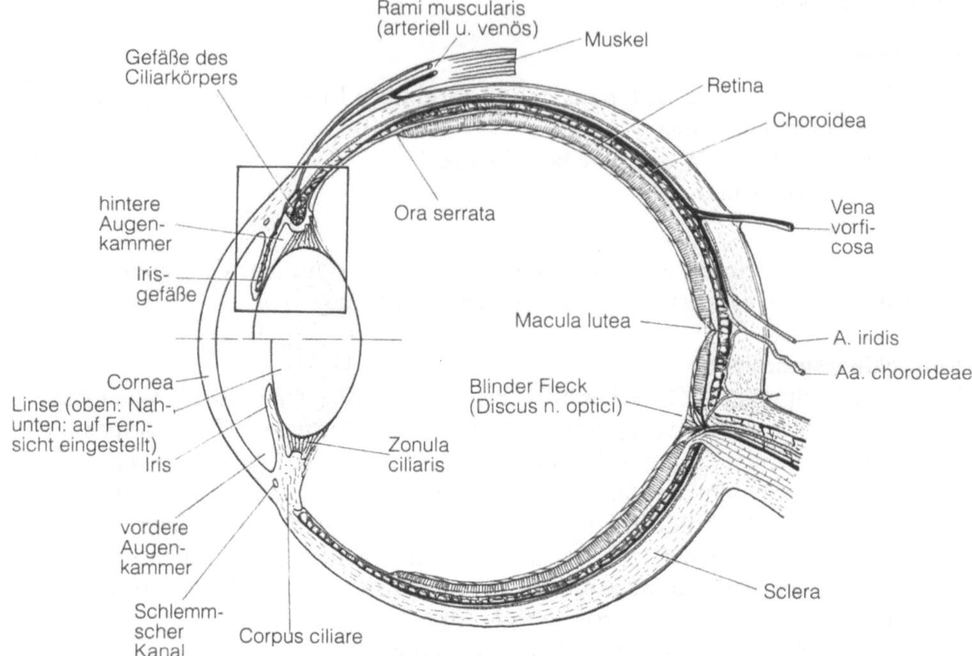

Abb. 7.47. Retina einer Katze im schematischen Schnitt. Vergr. ca. 238fach

2. der mittleren Augenhaut, aus der die Choroidea, Aderhaut, das Stroma iridis und das Corpus ciliare hervorgehen;
3. der äußeren Augenhaut, die sowohl die Sclera liefert als auch die Cornea und die Augenlider.

Der Hauptteil des Augapfels ist vom Glaskörper ausgefüllt. Vor ihm liegen die Linse und das Kammerwasser der hinteren und vorderen Augenkammer. Zum Hilfsapparat des Auges gehören die Augenmuskeln, die Tränenorgane und die Lider.

Der funktionell wichtigste Teil des Auges ist die Retina. Die **Retina** (Netzhaut) besteht aus folgenden Schichten (Abb. 7.47):

1. der Schicht der Stäbchen und Zapfen,
2. der äußeren Gliagrenzmembran (Limitans externa),
3. der äußeren Körnerschicht (Perikaryenschicht der Sinneszellen),
4. der äußeren plexiformen Schicht, das ist die Schicht der Synapsen zwischen Sinneszellen und II. Neuronen,
5. der inneren Körnerschicht (Perikaryenschicht der II. Neuronen),
6. der inneren plexiformen Schicht (Synapsenschicht zwischen II. und III. Neuronen),
7. der Ganglienzellschicht,
8. der Nervenfaserschicht,
9. der inneren Gangliengrenzmembran (Limitans interna).

Die gesamte Retina wird von der Limitans interna bis zur Limitans externa von Bindegewebszellen, den Müllerschen Stützfasern, durchzogen. Ihre Ausläufer bilden sowohl die Limitans externa als auch die Limitans interna. Außerdem existieren horizontale Assoziationszellen in Form von Horizontalzellen und amakrinen Zellen.

Horizontalzellen stellen Querverbindungen zwischen den Sinneszellen dar, während die amakrinen Zellen als Horizontalverbindungen zwischen den Bipolaren fungieren. Die Neurite der Horizontalzellen können bis zu 1 000 µm lang werden. – Neuere Untersuchungen an der Karpfenretina zeigten, daß beim Karpfen vier Typen von Horizontalzellen in Lage und Form sowie Axonen unterschieden werden können. Bestimmte Horizontalzellen sind beispielsweise einer bestimmten Zapfensorte zugeordnet. Man vermutet hier Rückkopplung, evtl. Hemmung auf die Zapfen.

Die **amakrinen Zellen** liegen in der inneren plexiformen Schicht; sie bilden sowohl mit den bipolaren Schaltzellen als auch mit den Dendriten der Optikusganglienzellen Synapsen. – Neuere Untersuchungen an der Katze zeigten auch eine direkte Verschaltung der Zapfen auf die Ganglienzellen, während Stäbchen stets über amakrine Zellen auf Ganglienzellen verschaltet sind. Für die Interaktion zwischen Stäbchen und Zapfen spielen ebenfalls amakrine Zellen eine Rolle.

Als **Area centralis** bezeichnet man ein verdicktes Areal der Retina, in dem die Rezeptoren dichter stehen und vielfach länger sind als in der übrigen Netzhaut. Die Area centralis ist die Zone des schärfsten Sehens; ihre Lage und Ausdehnung ist innerhalb der WT unterschiedlich. – Bei Knorpelfischen ist sie oft als horizontaler Streifen (Zona horizontalis) differenziert. Bei Reptilien, Vögeln und Säugern ist diese Zone mit einer Vertiefung (Fovea) versehen, in der die Zapfen besonders zahlreich sind. Nur bei den Primaten liegt die Area centralis als rundovales Feld temporalwärts der Eintrittsstelle des Sehnerven. Die Zone wird bei Primaten als Macula lutea (gelber Fleck) bezeichnet (Abb. 7.48). Hier liegen nur Zapfen mit monosynaptischen Verbindungen. Die inneren Retinaschichten sind hier seitlich verlagert, so daß das Licht nur die Rezeptoren trifft. Durch die Verlagerung der inneren Retinaschichten entsteht zentral ein Grübchen, die Fovea centralis. In ihrer Umgebung sind die innere Körnerschicht und die Opticusganglienschicht verdickt. – Eine Zone mit besonders vielen Zapfen kommt bei allen Säugern mit Ausnahme der Insectivoren und einigen Nagern (Maus, Eichhörnchen) vor. Diese Zone ist rund bei: Carnivoren, Robben, Schaf und Ziege; streifenförmig bei: Lagomorphen, Delphin, Pferd, Rind und Schwein. – Zapfen sollen fehlen bei Fledermäusen, Igel, Maulwurf, Maus, Meerschweinchen, Kaninchen sowie Wassersäugern.

Papille. Eine spezialisierte Region der Retina ist die Papille. Es ist die Stelle, wo der Nervus opticus den Augapfel verläßt. Sie wird auch Blinder Fleck (Abb. 7.48) genannt, weil sie unempfindlich für Licht ist. Bei Primaten, Hunden, Hyänen und Artiodactyla tritt eine starke Arteria centralis retinae mit dem Nervus opticus in das Auge ein und durchblutet durch Verästelungen die Opticusfaserschicht, die innere plexiforme Schicht und die innere Körnerschicht. Diese Blutkapillaren dringen nicht in die äußere plexiforme Schicht, nicht in die äußere Körnerschicht und nicht in die Stäbchen-Zapfenschicht vor. Bei den meisten Carnivoren, Eichhörnchen und Hasen strahlen zahlreiche Gefäße vom Rand der

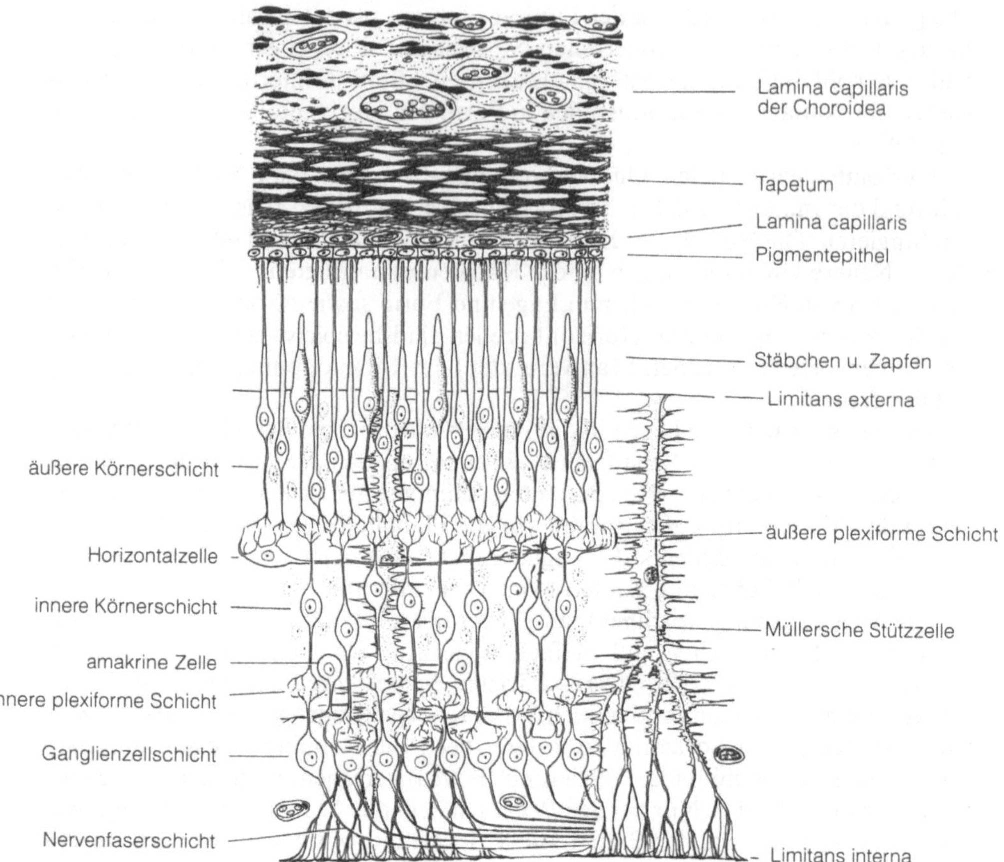

Abb. 7.48. Das Auge eines Primaten, Vergr. etwa 2.5fach, schematisch im Medianschnitt

Papille über den größten Teil der Netzhaut aus. Bei den meisten Beuteltieren, Perissodactyla, Edentaten und Rodentia sind die Netzhautgefäße noch so klein, daß sie die Opticuspapille nicht überschreiten.

Bei den Reptilien springt an der Opticuspapille eine gut durchblutete, zapfenartige Vorwölbung in den Glaskörper vor. Diese bildet bei Vögeln ein fächerartiges Gebilde, den Pecten. Er erstreckt sich von der Eintrittsstelle des Sehnerven dorsal- und etwas caudalwärts. Der Pecten besteht ausschließlich aus Kapillaren und pigmentiertem Stroma, ihm fehlt Muskulatur und nervöses Gewebe. Die komplette Gefäßlosigkeit der Vogelretina scheint von dieser ernährenden Ersatzstruktur kompensiert zu werden. Viele Funktionen wurden dem Pecten bereits zugeschrieben; die plausibelste dürfte wohl die Ernährung und die Sauerstoffversorgung der Vogelretina sein.

Die Retina wird aber nicht nur von innen (Arteria centralis, Pecten) ernährt, sondern auch von außen über die Laminae vascularis und capillaris der Choroidea. Diese Blutkapillaren der Lamina capillaris dringen aber nicht zwischen die Zellen des Pigmentepithels vor. Die Sinneszellen werden also durch Stofftrans-

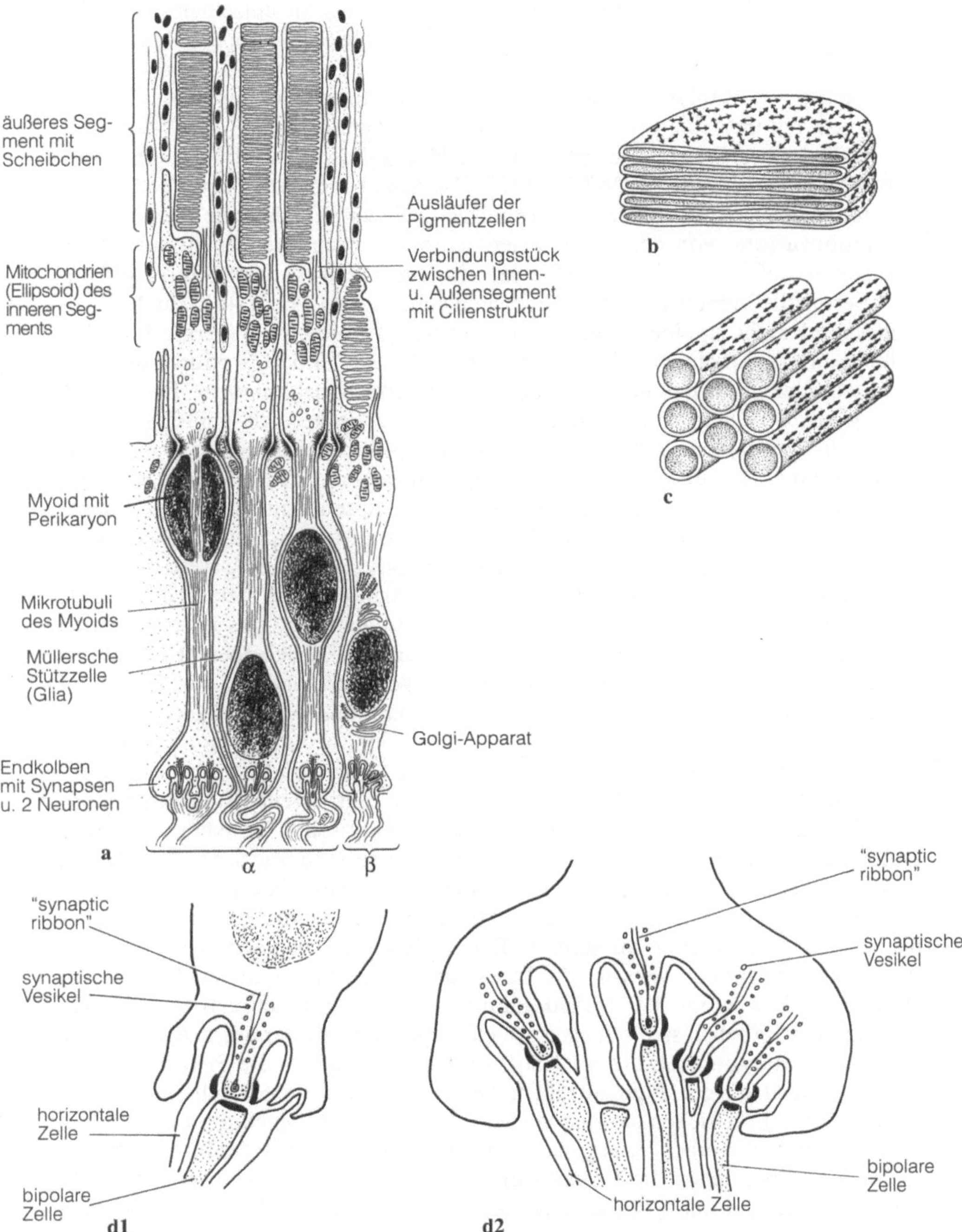

Abb. 7.49 a–d. Schema von Sehzellen der Wirbeltiere. **a** Stäbchen u. Zapfen. Stäbchen α, β Zapfen. **b** Scheibchen der WT-Rezeptoren mit Sehfarbstoff willkürlich orientiert. **c** Mikrovilli des Rhabdomers; Pfeilrichtung gibt die Orientierung des Sehfarbstoffs wider. **d** Synaptischer Komplex in der Umgebung des synaptischen „ribbons", **d1** vom Stäbchen, **d2** vom Zapfen (a, α aus Bargmann 1977; a, β aus Nilsson (1964) und Ali u. Klyne 1985; b u. c. nach Wehner 1976; d nach Ali u. Klyne 1984) modifiziert

port durch das Pigmentepithel hindurch ernährt, wobei die einzelnen Zellen des Pigmentepithels lange Mikrovilli zwischen die äußeren Segmente der Rezeptoren schicken.

Stäbchen und **Zapfen** bestehen aus Außen- und Innenglied, die über ein Verbindungsstück mit Cilienstruktur miteinander verbunden sind (Abb. 7.49 a). Die Außenglieder bestehen aus gestapelten Scheibchen (Discs), die von der Rezeptormembran umgeben werden (Abb. 7.49 b). Die Scheibchen entstehen durch Invaginationen der Rezeptormembran, wobei sich bei den Stäbchen die einzelnen Invaginationen total von der Oberflächenmembran abschnüren, während sie bei den Zapfen auf einer Seite offen bleiben. In jedem Fall ist der Sehfarbstoff unorientiert in die Membranen der Scheibchen eingelagert (Abb. 7.49 b), in denen lipoides und nicht lipoides eiweißreiches Material abwechselt (vergl. Kap. 2.1, Zellmembran). An diesen Schichten wird das Licht reflektiert, wodurch die Wirkung des Lichts auf das lichtempfindliche Rhodopsin erhöht wird. Im Verbindungsglied zwischen Außen- und Innenglied erstreckt sich ein Cilium mit $9 \times 2 + 0$-Muster, d. h. die zentralen paarigen Mikrotubuli fehlen. Das Innenglied besteht apikal aus dem Ellipsoid, proximalwärts aus dem Myoid. Das Ellipsoid, ein lichtmikroskopisch stark eosinophiler, ellipsenförmiger Bezirk, erweist sich elektronenmikroskopisch als Ansammlung von Mitochondrien. Das Myoid enthält Mikrotubuli, GER, Myosin und das Perikaryon. Ständig werden Proteine im Innenglied produziert und durch den Cilienschaft in neu sich bildende Querscheiben transportiert. Diese Querscheiben entstehen stets im proximalen Ende des Außengliedes der Stäbchen (bei Anuren z. B. 30 Scheiben pro Tag); die Scheibchen werden zum distalen Ende des Außengliedes geschoben. Hier wird die entsprechende Anzahl Querscheibchen abgebaut und von Pigmentzellen phagocytiert.

Am Rezeptorenende bilden die Zapfen kleine Stielchen, die Stäbchen rundliche kleine Fortsätze (Abb. 7.49 d 1 u. 2). In diese ragt jeweils ein elektronenoptisch dichtes Band (synaptic ribbon), das von synaptischen Vesikeln (30–50 nm Durchmesser) umgeben wird. Diese Ribbon-Synapse ist für die Sehzellen typisch; sie kontaktiert mit den Dendriten der horizontalen und bipolaren Zellen.

Morphologische Untersuchungen haben Unterschiede im Adaptationsmechanismus der Innenglieder aufgezeigt. Bei niederen Wirbeltieren (Fischen und Amphibien) adaptieren sowohl die Innenglieder der Zapfen als auch der Stäbchen durch Bewegung. Bei Helladaptation kontrahieren sich z. B. die Zapfen, während die Stäbchen sich schwach strecken; bei Dunkeladaptation erfolgt diese Bewegung entgegengesetzt (Abb. 7.50). Zusätzlich wandern die Pigmentgranula in den Fortsätzen der Pigmentzellen; bei Helladaptation expandieren sie, bei Dunkeladaptation ziehen sie sich zurück. Anamnia, bei denen die Pupille starr ist, adaptieren also über Bewegung der Innensegmente der Rezeptoren. Amnioten dagegen, bei denen die Rezeptorinnenglieder nicht oder weniger kontraktil sind, adaptieren durch Pupillenreaktion der Iris, d. h. mit Größenveränderung der Pupille.

Morphologisch sind die Außenglieder der Rezeptoren unterschiedlich. Bei Stäbchen verschiedener Tierarten unterscheiden sie sich nur in den Größenverhältnissen. Zapfen dagegen können darüber hinaus ein oder zwei Außenglieder besitzen. In den meisten Fällen haben Zapfen ein Außensegment, wie z. B. beim

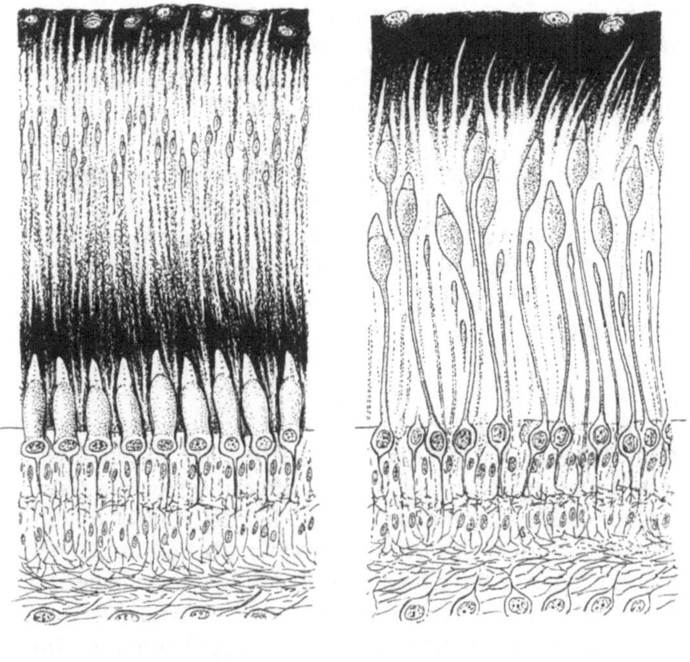

Abb. 7.50. Fischretina dunkel- und helladaptiert. (Aus der Kartensammlung des Zoolog. Instituts der Universität München und Blaxter and Jones 1967 modifiziert)

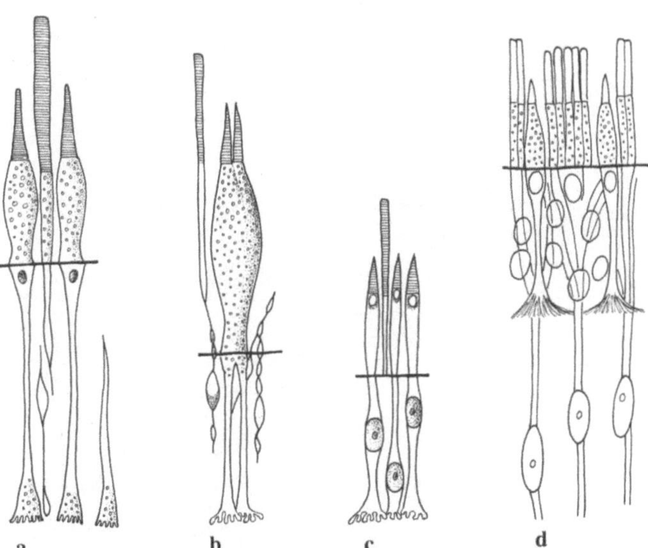

Abb. 7.51 a–d. Zapfen und Stäbchen von: **a** Hecht, **b** Flußbarsch, **c** Falke, **d** Schaf. (Nach Crescitelli 1972 modifiziert)

Karpfen und Hecht (Abb. 7.51 a); sie können aber auch zwei Außensegmente tragen, wie z. B. beim Barsch (Abb. 7.51 b). Bei Vögeln (Abb. 7.51 c) und einigen Eidechsen kommen in den Außensegmenten Ölkugeln vor. Auch das Zahlenverhältnis von Stäbchen zu Zapfen schwankt innerhalb der WT sehr (vergl. Abb. 7.51 a–d).

Es ist erstaunlich, wie vielfältig die Rezeptoren der Wirbellosen ausgebildet sind, wogegen innerhalb der Wirbeltiere das Bild recht einheitlich ist.

In der äußeren Randzone des Auges sind Retina und Choroidea miteinander verschmolzen und modifiziert. Gegenüber dem Linsenäquator sind die beiden vereinigten Schichten verdickt und bilden den Ciliarkörper, der anschließende Teil der beiden Schichten formt die Iris.

Ciliarkörper

Das Corpus ciliare bildet einen kontinuierlich verdickten Ring, der an der inneren Oberfläche des vorderen Teiles der Sclera liegt. Bei Säugern setzen am Corpus ciliare die Zonula ciliaris, die Linsenfasern an, die die Linse halten (Abb. 7.52). Dieser Ciliarkörper sondert das Kammerwasser ab und spielt bei Amnioten für die Akkommodation eine entscheidende Rolle. Er setzt vorne am Scleralvorsprung an, kontaktiert mit der anderen Seite den Glaskörper und reicht mit der dritten Fläche bis an die Linse und die hintere Augenkammer. – Im Sagittalschnitt erscheint er dreieckig (vergl. Abb. 7.52). Bei Tieren mit großer

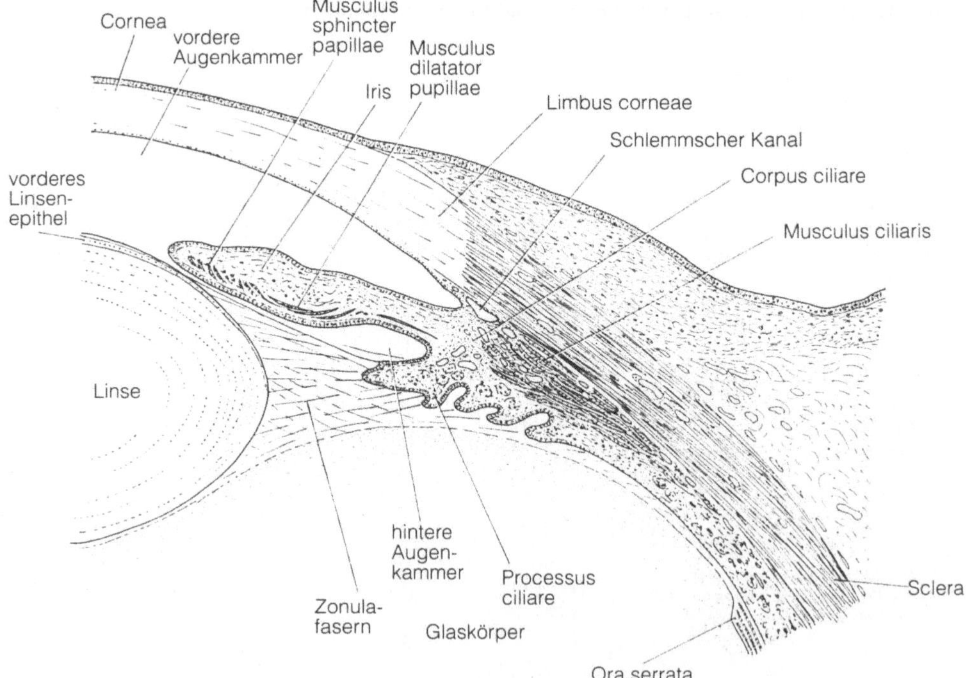

Abb. 7.52. Sagittalschnitt durch den vorderen Augenbereich des Menschen. Vergr. ca. 12fach

Akommodationsfähigkeit durch Linsenverformung (Primaten, Mensch; Abb. 7.47) besteht der Ciliarmuskel aus drei Teilen; außen: den Meridionalfaserzügen (Brückescher Muskel), innen: zirkulären Bündeln (Müllerscher Muskel), dazwischen: schrägen Faserzügen. Die zirkulären Bündel fehlen Tieren, die weniger gut akkommodieren können. – Der Musculus ciliaris besteht bei Säugern aus glatter, bei Sauropsiden dagegen aus quergestreifter Muskulatur. – Bei Schlangen, die sekundär einen Akkommodationsmechanismus durch Verschiebung der Linse erworben haben, fehlt ein Ciliarmuskel. Als Ersatzmechanismus fungiert bei Schlangen die Irismuskulatur, die bei Kontraktion einen Druck auf den Glaskörper ausübt, über den die Linse in Richtung Cornea verschoben wird.

Der Ciliarmuskel wird von einem zweischichtigen Epithel bedeckt. Diese beiden Epithelschichten repräsentieren die beiden Blätter der inneren, embryonalen Augenhaut. – Dementsprechend ist die innere Lage des Zylinderepithels reich an Melaninen, während die äußere Lage unpigmentiert ist. Bei Säugern bildet der Ciliarkörper radiär gestellte Wülste, die Processus ciliares. Diese Ciliarfortsätze enthalten lockeres Bindegewebe, mehrere fenestrierte Kapillaren und werden umgeben von zweischichtigem Epithel. An ihrem Epithel inserieren die Zonulafasern, die zur Gegend des Linsenäquators ziehen. Sie strahlen pinselartig in die äußere Schicht der Linsenkapsel ein. – Die unpigmentierte innere Epithellage des Ciliarfortsatzes weist ausgedehnte basale Einfaltungen mit vielen Mitochondrien und Verflechtungen auf, die charakteristisch sind für Ionen transportierende Zellen. Diese Zellen transportieren aktiv Bestandteile des Plasmas in die hintere Augenkammer und bilden so das Kammerwasser. Dieses hat eine anorganische Ionenzusammensetzung ähnlich dem Plasma, aber weniger als 0,1% Protein. Das Kammerwasser fließt zwischen Iris und Linse in die vordere Kammer, durchdringt das Gewebe des Kammerwinkels, gelangt in das Maschenwerk des Bindegewebes und schließlich in den Schlemmschen Kanal, der mit Endothel ausgekleidet ist. Dieser Kanal steht mit kleinen Venen der Sclera in Verbindung, über die das Kammerwasser abströmt.

Abweichungen in der Struktur des Ciliarkörpers gibt es bei Nichtsäugern. Bei Vögeln z. B. besteht der Ciliarmuskel aus dem Cramptonschen Muskel und dem Müllerschen Muskel. Beide sind quergestreift. Der Cramptonsche Muskel inseriert an der Cornea.

Linse
Säuger: Das vordere Epithel des Linsenbläschens bleibt kubisch, während das hintere Epithel sich zu Linsenfasern, den Fibrae lentis, differenziert. Diese Zellen verlieren ihre ursprüngliche Form, flachen sich ab; die Kerne werden durch Wasserverlust zurückgebildet und schrumpfen etwas. Die Volumenabnahme wird durch neue Linsenfasern kompensiert. Eine Linsenfaser ist im Querschnitt sechseckig und durch kleine Fortsätze mit benachbarten Fasern verzahnt. Diese starken wechselseitigen Verbindungen der Fibrae lentis sind für den Zusammenhalt des Linsengewebes bei den Verformungen während der Akkommodationsbewegungen (vergl. Abb. 7.47) notwendig. Die Festigkeit der Linse wird durch Verdichtung des Cytoplasmas erhöht; damit steigt das Brechungsvermögen. – Durch Veränderungen des physikalisch-chemischen Zustandes bei Alterung wird die Fasersubstanz trüb (Altersstar); dies ist auch durch innersekretorische Störungen

bedingt. Die Linse enthält weder Gefäße noch Nervenendigungen; sie wird nur von dem zirkulierenden Kammerwasser ernährt und besitzt keine Regenerationsfähigkeit. Eine Basallamina von ungewöhnlicher Dicke umgibt die Linse als dikke elastische Kapsel. Diese Basallamina stellt die Verbindung her von Linsenkörper zu Zonulafasern.

Bei anderen WT-Klassen (Vögel, Reptilien) wird die Linse anstatt durch Zonulafasern durch einen Linsenwulst (Verdickung des Linsenepithels z.B. im Äquatorbereich) mit dem Ciliarkörper verankert.

Innerhalb der WT bestehen Unterschiede in der Art der Akkommodation mit der Linse. So akkommodieren z.B. Anamnia durch Veränderung des Abstandes zwischen Linse und Retina, Amnioten (mit Ausnahme der Ophidia) dagegen durch Verformung der Linse. Bei Teleosteern ist die Lage der Linse auf Nahsehen eingestellt. Eine Akkommodation in die Ferne erfolgt durch Verschiebung der Linse nach rückwärts durch den Musculus retractor lentis. Bei Amphibien und Selachii ist die Linse auf Fernsicht eingestellt und durch Vorwärtsverschiebung zur Betrachtung naher Gegenstände fähig. Intraoculäre Muskulatur bewirkt die Verlagerung der Linse. Bei Selachiern fungiert der Musculus protractor lentis, der in einer von der Rückseite der Iris ausgehenden Linsenmuskelpapille liegt. Bei Amphibien entspringt der Musculus protractor lentis an der Sclera (am Übergang in die Cornea) und inseriert im Corpus ciliare. – Wird dagegen durch Verformung der Linse akkommodiert (Amnioten), so treten dabei die Muskulatur des Ciliarkörpers und die Zonulafasern in Aktion. – Unter den Wirbeltieren können nur Vögel durch Abflachung der Hornhaut akkommodieren; dies bewirkt neben dem Musculus ciliaris der Cramptonsche Muskel, der sich zwischen knöchernem Scleralring und Cornea erstreckt.

Iris

Die Iris stellt eine Lochblende dar, die mit der Hinterfläche der Linse aufliegt und mit ihrem freien Rand die zentrale Öffnung der Blende, die Pupille, umgrenzt. Die Hinterfläche der Iris ist von einem zweischichtigen Epithel, die gefältelte Vorderfläche von einer lückenhaften Lage platter, aus Bindegewebe entstandener Epithelien bedeckt. – Nahe der Pupille liegt der glatte Musculus sphincter pupillae und vor dem hinteren Irisepithel der Musculus dilatator pupillae. Eine zirkuläre und eine radiäre Muskulatur verursachen bei Säugern die Verkleinerung resp. Vergrößerung der Pupille. Die Bindegewebsfasern des Stromas in der Iris sind scherengitterartig angeordnet; dadurch wird die reflektorische Erweiterung der Pupille ermöglicht. Durch Blutgefäße wird die Iris ernährt und versteift. Chromatophoren liegen im Irisstroma und verleihen der Iris ihre Färbung.

Cornea (Hornhaut) und Sclera

Der Aufbau der Cornea wurde im Kapitel 2, Epithelgewebe (Abb. 2.6), erläutert. Die Cornea setzt sich mit ihrem bindegewebigen Anteil in die Sclera fort, die zusammen mit der Cornea eine Kugel bildet. Beim Säuger besteht die Sclera aus straffem Bindegewebe, bei anderen Gruppen, z.B. Amphibien, ist zusätzlich Knorpel- oder Knocheneinlagerung in der Sclera vorhanden. Die Sclera stellt ein

Geflecht dar aus dichten, ringförmig, meridional und kreuzweise verflochtenen Kollagenfaserbündeln. Am Übergang von der Sclera in die Cornea, dem Limbus corneae, dominieren zirkuläre Fasern, die in die Sehnen der geraden Augenmuskeln einstrahlen. Im Gegensatz zur Sclera ist die Cornea gefäßlos und transparent.

Die **Choroidea** (Aderhaut) (Abb. 7.47 u. 7.48) besteht im wesentlichen aus Bindegewebe, das reich mit Blutgefäßen versorgt ist. In der Choroidea liegen große Pigmentzellen, die viele Melaningranula enthalten. Dem inneren Pigmentepithel anliegend lagert in der Choroidea die Lamina capillaris, die aus dünnen Blutkapillaren besteht. Bei vielen Säugern folgt ihr das Tapetum, worauf peripherwärts die Lamina vascularis folgt, die große Gefäße führt. Bei nacht- oder dämmerungsaktiven Wirbeltieren kommen verschiedene Tapetumtypen vor, die entweder an der inneren Oberfläche der Choroidea oder in Fortsätzen der Zellen des Pigmentepithels liegen. Man unterscheidet bei Säugern:

a) Ein Tapetum fibrosum, das aus Kollagenfasern besteht. Dieses Tapetum liegt an der inneren Oberfläche der Choroidea. Diese Fasern reflektieren Licht wie eine frische Sehne. Solch ein Tapetum kommt vor bei Wiederkäuern, Pferden, Marsupialiern, Elefanten und Cetaceen.

b) Ein zelluläres Tapetum, das aus regelmäßig angeordneten, flachen, rechteckigen Zellen der inneren Choroideaschicht besteht. Doppelmembranen schließen die flachen, kristallähnlichen Strukturen wie z. B. Zink-Cysteinathydrat bei Hunden ein. Bei der Katze und dem Buschbaby ist kristallines Riboflavin eingelagert, das durch fluoreszierende Eigenschaften den Farbton des Tapetums und erhöhte Lichtreflexion hervorruft. – Dieses Tapetum kommt darüber hinaus vor bei Landraubtieren und Robben.

Bei einigen Teleosteern und bei Krokodilen wird das Tapetum von den Pigmentzellen gebildet. In diesen Fällen enthalten die Fortsätze der Pigmentzellen anstatt Melanin verschiedene Substanzen wie Guanin, Harnsäure, Pteridine oder Melanoide kombiniert mit decarboxyliertem S-Adenosyl-Methionin. – Dieser Tapetumtyp wird bei Helladaptation verdunkelt, indem die Pigmentgranula dann in Richtung zur äußeren Grenzmembran wandern. Damit wird die Wirkung des reflektierenden Spiegels aufgehoben.

Der **Glaskörper** (Corpus vitreum) stellt eine weiche Gallertkugel mit einem Wassergehalt von 89% dar. Seine flüssige Komponente enthält hochviskose Hyaluronsäure. Außer Fibrillen kommen im Glaskörper vereinzelt rundliche oder verästelte granulierte Zellen vor, die Makrophagen ähneln. Wahrscheinlich spielt für die Erhaltung des Corpus vitreum der Ciliarkörper eine Rolle.

Parietal- oder Pinealauge oder Drittes Auge

Dieses mediane Auge liegt bei einigen Fischen und Reptilien median an der Kopfkapsel. Es entsteht durch dorsale Evagination des Zwischenhirns, das eine Blase bildet. Ihr hinterer Teil stellt die Retina dieses eversen Auges. Der vordere Teil des Blasenepithels bildet die Linse (Abb. 7.53). Die Retina besteht aus unpigmentierten Sinneszellen und pigmentierten Stützzellen. Die Sinneszellen sind vom Cilientyp und entsprechen mit dem $9 \times 2 + 0$-Muster den Rezeptoren des

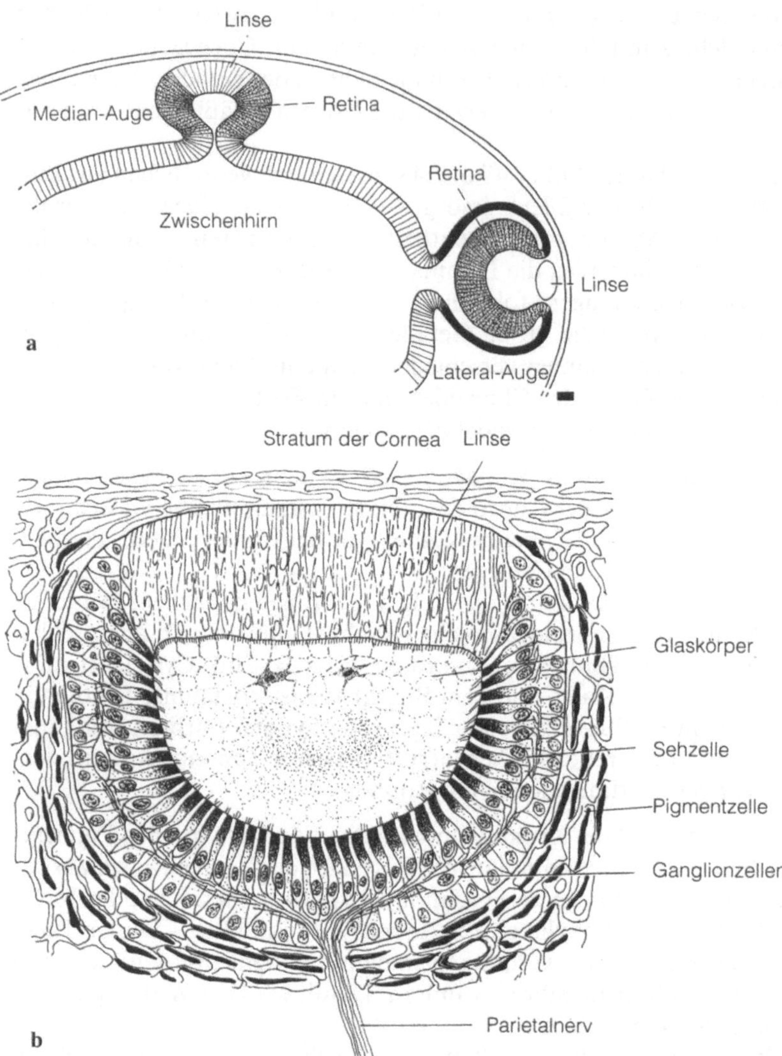

Abb. 7.53 a, b. Parietalauge. **a** Entwicklung des Parietalauges im Vergleich zum Seitenauge. **b** Medianauge von *Lacerta* im histologischen Sagittalschnitt, schematisiert. (**a** nach Eakin 1970, **b** nach Nowikoff modifiziert)

lateralen Wirbeltierauges mit Innen- und Außenglied. Unter diesen Sinnes- und Stützzellen liegen die Ganglienzellen. Auf ca. 10 Sinnes- und Stützzellen kommt etwa eine Ganglienzelle.

Bei allen Vertebraten entwickelt sich solch ein Bläschen aus dem Zwischenhirn; in jenen ohne Medianauge erreicht dieses Bläschen aber nie die Körperoberfläche, sondern differenziert sich stattdessen zur Pinealdrüse.

Das Pinealorgan ist als lichtgesteuerte Hormondrüse von Bedeutung. Es kann auch Wellenlängen unterscheiden. Dieses Auge fungiert als eine Art Photozelle, über die Licht in die Circadianrhythmik und damit in biologische Prozesse eingreift. Von den lichtempfindlichen Rezeptoren zieht der Nervenstrang zum anderen Teil des Pineals zur Zirbeldrüse oder Epiphyse und von dort zum Zwischenhirn. Elektrophysiologische Untersuchungen zeigten, daß Ultraviolett und Violett die Aktivität hemmt, während Blaugrün und langwelligere Bereiche erregen. Da entsprechend der Lichtrezeption schwankende Hormonmengen produziert werden, fungiert das Pinealorgan als Vermittler, als Zeitgeber physiologischer Prozesse.

8 Integument

Die Körperoberfläche der Metazoa wird bedeckt vom Integument (Haut). Bei Wirbellosen setzt sich das Integument im wesentlichen zusammen aus der ektodermalen Epidermis, der darunterliegenden Basallamina und der apikal von den Epidermiszellen gebildeten Cuticula (Abb. 8.1). In der Regel ist die Epidermis der Wirbellosen einschichtig, mit Ausnahme der Chaetognatha (Pfeilwürmer), bei denen ein mehrschichtiges Epithel vorkommt. Pfeilwürmer gehören systematisch zu den Deuterostomiern. – Bei Wirbeltieren besteht das Integument stets aus einer mehrschichtigen Epidermis, der Basallamina und den darunterliegenden mesodermalen Anteilen.

Funktion

1. Das Integument hat als erstes Schutzfunktion gegen mechanische Beschädigung.
2. Das Integument hat Ausscheidungsfunktion; Abbauprodukte werden ausgeschieden. Schweiß- und Talgdrüsen produzieren antibakterielle Sekrete.
3. Bei vielen Tieren können über das Integument Nährstoffe resorbiert werden. Parasitische Würmer, wie z. B. die Cestoden, ernähren sich auf diese Art.
4. Das Integument hat generell überall dort, wo es nicht sklerotisiert ist, Atmungsfunktion. Diese Funktion wird um so mehr gesteigert, je feuchter die Haut ist. So erfolgt z. B. bei Amphibien ein sehr großer Prozentsatz der Atmung über die Haut.

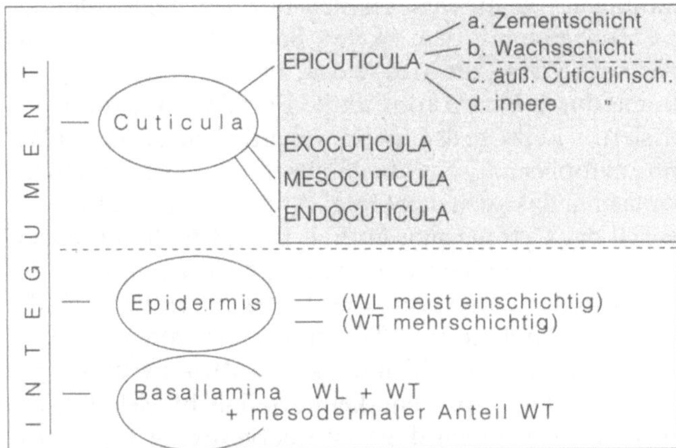

Abb. 8.1. Aufbau des Integuments schematisch.

5. Dem Integument kommt die Funktion der Thermoregulation, z. B. durch das
   Fell und das Sträuben von Federn und Haaren, zu. (Durch die Haare werden
   Luftpolster gehalten, die thermoisolierend wirken.)
6. Das Integument dient der Aufrechterhaltung des Wasserhaushaltes, was besonders bei Wüstentieren eine große Rolle spielt. Diese Funktion wird gewährleistet durch einen dicken Chitinpanzer bei Arthropoden oder durch ein
   nahezu wasserdichtes Stratum corneum bei Wirbeltieren.
7. Stützfunktion hat das Integument bei den meisten Arthropoden, wo der Chitinpanzer als Skelett dient.
8. Das Integument kann auch als Sinnesorgan dienen, wenn Rezeptoren für
   Druck, Temperatur und Schmerz in ihm lokalisiert sind (sowohl bei Wirbellosen als auch Wirbeltieren verbreitet).
9. Die Haut, zumindest die des Menschen, ist an der Immunabwehr beteiligt.
   Dies geschieht durch Langerhanssche Zellen. Langerhanssche Zellen sind
   verästelte Zellen, die im Knochenmark gebildet werden und später in die Epidermis einwandern; sie beeinflussen die Reifung der T-Lymphocyten.

Entsprechend ihrer Beanspruchung bildet die Epidermis spezialisierte Zellen aus:

a) sezernierend (Drüsenzellen),
b) bewimpert und mit Mikrovilli besetzte Zellen (zum Herbeistrudeln und zur
   Resorption von Nahrung),
c) Myoepithelzellen (Kontraktion),
d) Tonofilamente (Stärkung bei mechanischer Beanspruchung).

8.1 Wirbellose

Bei Metazoen finden wir eine geschlossene Epidermis vor. – **Coelenteraten** nehmen eine Übergangsstellung ein. Das einschichtige Epithel der Coelenteraten besteht aus Epithelzellen, die meistens als Epithelmuskelzellen spezialisiert sind;
zwischen ihnen liegen die Sinneszellen (Abb. 8.2). Große interzelluläre Zwischenräume zwischen den Epithelzellen werden von Cnidoblasten, Nervenzellen oder
interstitiellen Zellen eingenommen. Bei etlichen sessilen Formen stellen Desmo-
cyten die Verbindung der Fußscheibe mit dem Skelett her. – An die Epidermis
schließt nach innen eine gelatinöse Masse, die Mesogloea, an.
   Die **Epithelmuskelzellen** sind durch basale kontraktile Fortsätze und die große
zentrale Vakuole charakterisiert. – Letztere drängt im wesentlichen das Cytoplasma peripherwärts; nur dünne cytoplasmatische Ausläufer durchqueren sie. In ihnen oder im seitlichen Cytoplasma, das auch den Golgi-Apparat enthält, liegt der
große Kern. – Der apikale Teil des Cytoplasmas enthält ER, Mitochondrien sowie viele Sekretvakuolen, multivesikuläre Körper und autophage Vakuolen. – Jeder basale Zellfortsatz verläuft in der Längsachse des Tieres. Er enthält Bündel
kontraktiler Fibrillen aus dicken (Durchmesser 10–15 nm) und zahlreichen dünnen Filamenten (Durchmesser 5–6 nm). Sie bilden die glatte Muskulatur, die bei
Kontraktion Verkürzung von Körper resp. Tentakeln ermöglicht. Sessile Formen enthalten glatte, schwimmende Formen dagegen quergestreifte Myofibril-

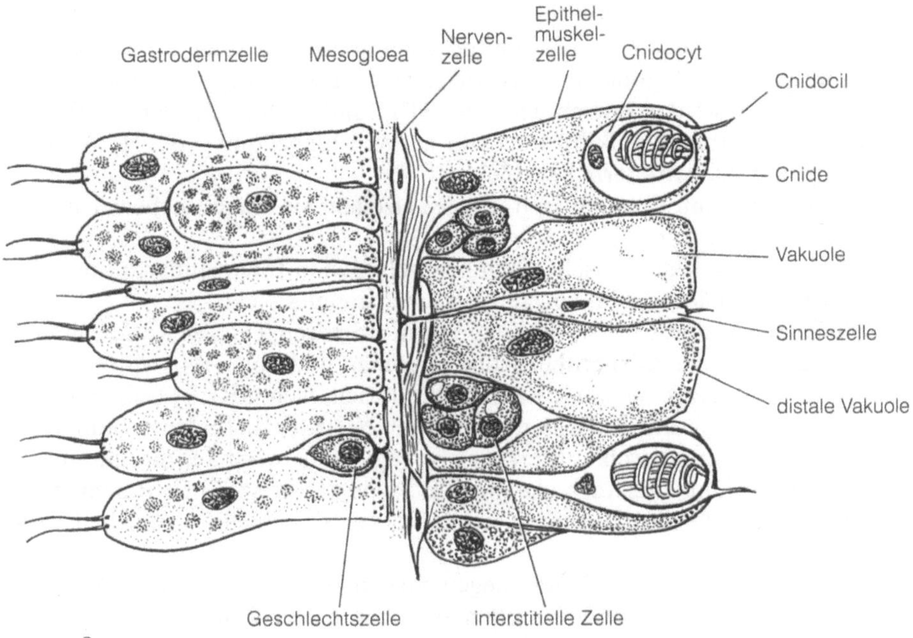

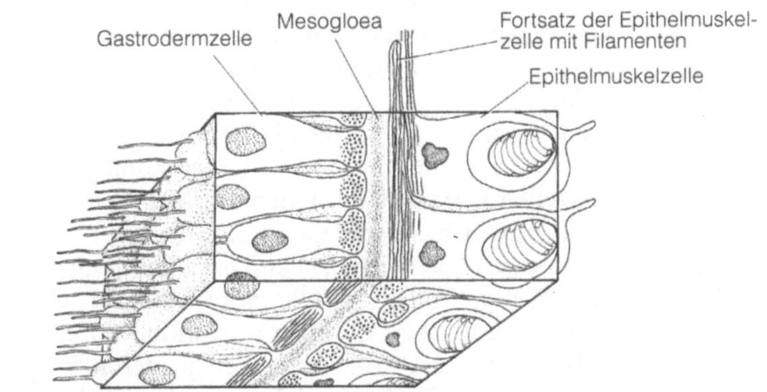

Abb. 8.2 a, b. Mauerblatt von *Hydra* im Schema. **a** Histologischer Schnitt. **b** Räumliche Darstellung der Fortsätze von Epithel- und Gastrodermzelle.

len. – Die Zellen der Gastrodermis bilden entsprechende zirkulär verlaufende Fortsätze, die die Ringmuskulatur dieser Tiere stellen (Abb. 8.2). – Im Ektoderm ist der Inhalt der Vakuolen im apikalen Cytoplasmasaum der Epithelmuskelzellen von der gleichen Substanz wie der Sekretsaum, der die Glykocalyx zwischen den Mikrovilli überzieht. Daraus wird geschlossen, daß diese kleinen Vakuolen den die Oberfläche des Epithels säumenden Sekretfilm absondern.

Während apikal die Zellen durch septierte Junctionen und gap junctions miteinander verbunden sind, kontaktieren die basalen Myoid-Fortsätze über intermediate Junctionen, die den Fasciae adhaerentes gleichen und auch vom Intercalarstreifen der Herzmuskulatur der Wirbeltiere bekannt sind.

Drüsenzellen liegen nicht bei allen Coelenteraten in der Epidermis, wohl aber bei Planula-Larven wie auch bei Scyphopolypen und Anthozoen. Sie sind apikal angefüllt mit vielen polygonalen Sekretvakuolen; ihr Kern liegt in der Mitte der Zelle, während basal das gut entwickelte RER und Mitochondrien zu finden sind. Diese Zellen tragen apikal Mikrovilli und ein Flagellum. – Bei Hydrozoen ist dagegen nur das Gastroderm begeißelt.

Nährzellen sind entodermale Epithelmuskelzellen; sie tragen neben den Mikrovilli stets zwei Geißeln.

Die **Nervenzellen** liegen zwischen den Epithelzellen in Interzellularräumen; sie sind bi- oder multipolar und bilden ein zweidimensionales Netz.

Die **Sinneszellen** sind bei Coelenteraten vom primären Typ. Sie tragen apikal ein Sinneshaar, das die Körperoberfläche erreichen und von Mikrovilli ringförmig umgeben sein kann. Viele kleine Mitochondrien, wenig RER, freie Ribosomen und Neurotubuli sind im Perikaryon und im Neuriten zu finden. – Sinneszellen mit diesen morphologischen Merkmalen reagieren sowohl auf mechanischen (Vibration, Berührung), als auch chemischen sowie Lichtreiz. Einer Reizmodalität konnte bis jetzt keine morphologisch definierte Sinneszelle zugeordnet werden.

Die **interstitiellen Zellen** (I-Zellen) liegen einzeln oder in Gruppen auf den basalen Fortsätzen der Epithelmuskelzellen zwischen diesen Zellen. Sie sind amöboid beweglich und können an den Ort wandern, wo sie gebraucht werden. Interstitielle Zellen sind rund-oval und basophil. Letzteres resultiert aus dem RER und den vielen freien Ribosomen; ihr Zellkern ist groß. – Bei interstitiellen Zellen handelt es sich um undifferenzierte Zellen, die sich teilen können und aus denen sich Nervenzellen und Cnidoblasten differenzieren können. Nervenzellen und Nesselzellen können sich nämlich im Interzellularraum im Gegensatz zu Epithelmuskel- und Drüsenzellen nicht teilen. Aus I-Zellen können im Interzellularraum auch Geschlechtszellen hervorgehen. Doch können diese I-Zellen dann keine Epithelmuskelzellen bilden, d. h. sie sind nicht totipotent.

Als **Cnidocyten** = Nematocyten = Nesselzellen bezeichnet man ausdifferenzierte Cnidoblasten. Dieser Zelltyp bildet Nesselkapseln (Cniden) aus. Dazu vergrößert sich der Golgi-Apparat und das RER einer interstitiellen Zelle. Die künftige Nesselkapsel wird als Vakuole (Abb. 8.3 A) angelegt, deren Wandstruktur anfangs schon Differenzierungen in Dichte und Form aufweist. Diese Vakuole vergrößert sich durch Verschmelzung mit ständig neu sich bildenden Vakuolen. Im Zuge der Vergrößerung lagern sich weitere Golgi-Vesikel in einer Richtung an und kondensieren zum Cnidenschlauch. Mikrotubuli umgeben korbförmig den Wachstumspol des Schlauches (Abb. 8.3 B), wodurch der Durchmesser des Schlauches und seine Orientierung typspezifisch reguliert werden. Der so zunächst außen angelegte Schlauch invaginiert (Abb. 8.3 D) und macht einen Aussortierungsprozeß durch. Dabei werden zunächst Stilett, Stacheln und Klebekapsel gebildet. – Entsprechend der Cnidendifferenzierung spricht man von Stenotelen = Penetranten, Desmonemen = Volventen sowie holotrichen resp. atrichen Isorhizen = streptoline resp. stereoline Glutinanten. Letztere unterscheiden sich hauptsächlich in Fadenwickelung und Länge sowie Breite der Kapsel. Am apikalen Pol der Cnide kann sich z. B. bei den Hydrozoa, Scyphozoa und Cubozoa ein elektronendichtes Operculum (Abb. 8.3) ausdifferenzieren. Daneben inseriert das

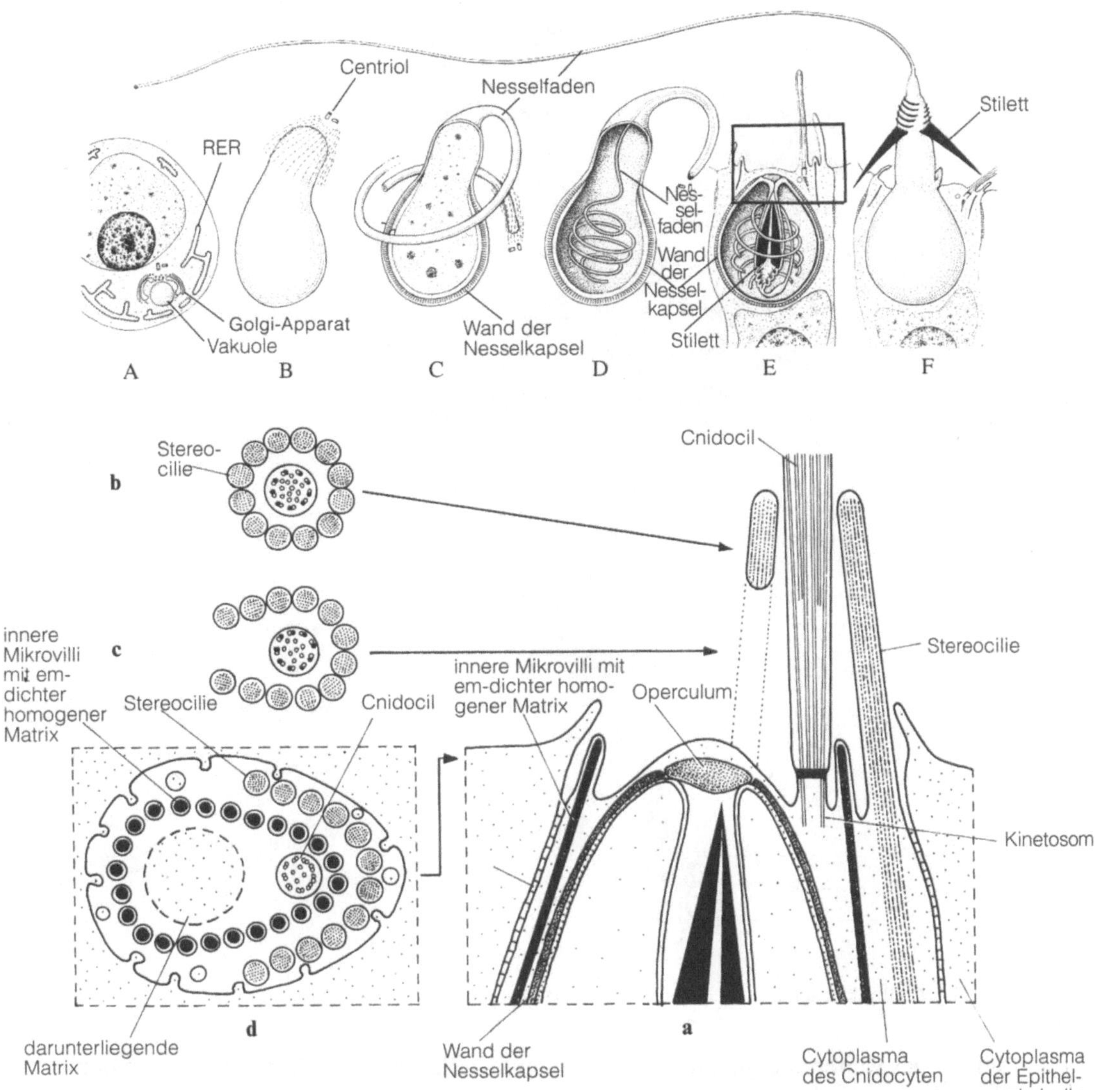

Abb. 8.3 A–F u. a–d. Morphogenese der Nematocyste im Schema. **A** Nematoblast. **B** Ein Korb von Mikrotubuli umgibt den Wachstumspol des Schlauches. **C** Weiterentwicklung des Außenschlauches. **D** Schlauch invaginiert. **E** Cnidocyt, Inset: schematische Rekonstruktion des Cnidocil-Nematocysten Komplexes. **a** Längsschnitt; **b–d** Querschnitt in mit Pfeil markierter Höhe, **F** Explodierter Cnidocyt. (Nach Holstein 1981)

Cnidocil, das bei den Anthozoa die übliche $9 \times 2 + 2$-Struktur aufweist. Bei den Hydrozoa ist nur der basale Teil der freien Cilie von dieser Struktur, während sich weiter distal zusätzliche n-Mikrotubuli bis zur Zellmembran erstrecken ($9 \times 2 + n$-Struktur, wobei $n > 2$). Mit diesen zusätzlichen n-Tubuli ergibt sich eine Analogie zum Tubularkörper der Mechanosensillen sowie zum Riechsensillum der Insekten, wo ebenfalls distal zusätzliche Mikrotubuli ausgebildet wer-

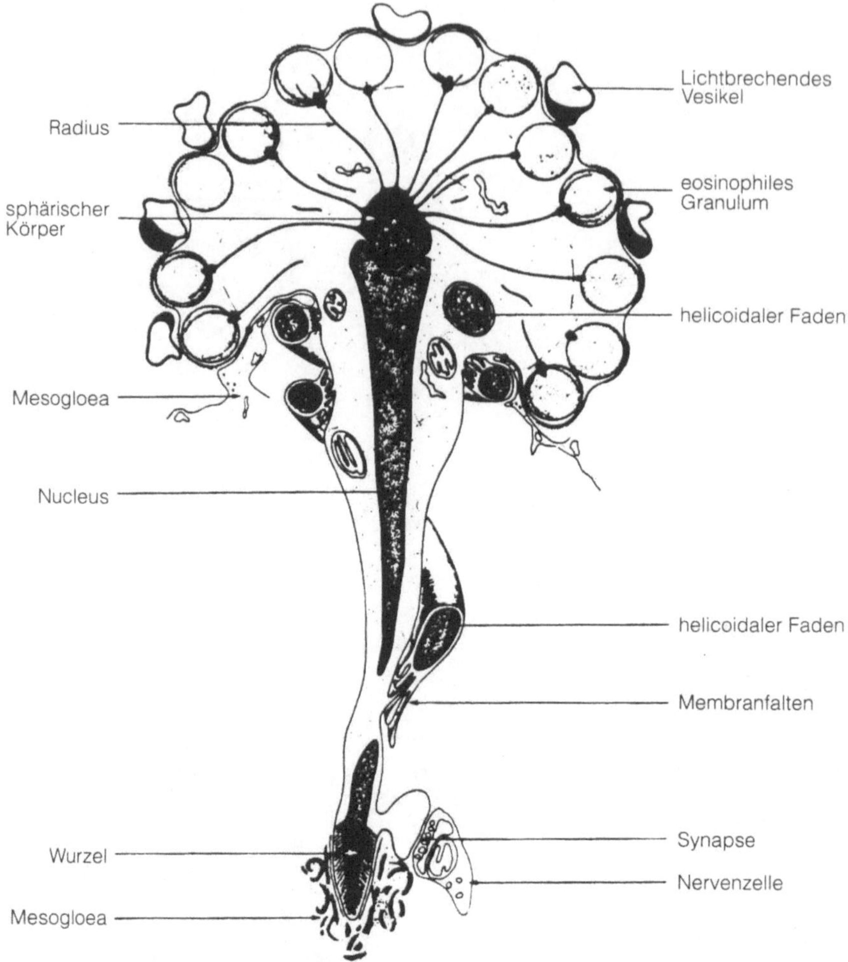

Abb. 8.4. Colloblast schematisch. (Nach Franc 1978)

den. – Des weiteren ergeben sich aber auch Parallelen zu Mechanorezeptoren der
Wirbeltiere, da das Cnidocil wie auch die Cnide von Stereocilien umstellt sind,
deren Länge cnidocilwärts zunimmt. – Außerdem ist die Cnide umgeben von inneren Mikrovilli (Abb. 8.3, Inset), die von einer homogenen, elektronendichten
Matrix durchzogen werden (Abb. 8.3 a u. d). Diese dichte Matrix erstreckt sich einerseits bis zur Zellmembran, andererseits weit ins Cytoplasma entlang der Cnide
und steht mit den Wurzeln der Stereocilien in Verbindung. Diese Zellorganellen
umstellen somit korbförmig die Cnide und verleihen ihr zusammen mit parallel
angeordneten Mikrotubuli mechanische Stabilität. Die ausdifferenzierten Nesselzellen wandern an den apikalen Pol einer Epithelmuskelzelle, wo sie sich so einsenken, daß die Epithelmuskelzelle sie vasenartig umgibt. Beide Zelltypen kontaktieren über septierte Junctionen.

Ein extrem spezialisierter Zelltyp, die **Klebzellen** (Colloblasten), ersetzen bei
den Ctenophora, den Rippenquallen, die Cnidocyten. Colloblasten (Abb. 8.4) be-

stehen aus einem apikalen, runden bis schirmförmigen Teil, der peripher eosinophile, klebrige Granula unter der Zellmembran birgt. Der basale, stielförmige Teil sitzt der Mesogloea auf; er wird von einem Spiralfaden umgeben. Die elektronendichten Granula stehen über fibrilläre Stützen (Radius) mit dem zentralen elektronen-dichten, sphärischen Körper in Verbindung. Der längliche Kern umgibt tassenförmig den sphärischen Körper und erstreckt sich weit in den Stiel. Außer den üblichen Zellorganellen wie einigen Mitochondrien, wenig RER und Mikrotubuli enthält die Zelle einen helicoidal angeordneten Faden. Dieser beginnt am sphärischen Körper, rollt sich um den Stiel, dringt in ihn ein und endigt in einer dichten, kegelförmigen Wurzel. Diese ist mit der basalen Zellmembran über fibrilläre Strukturen verbunden. Die kontaktierende Basallamina ist in dieser Wurzelregion dick und mehrschichtig. – Am basalen Stiel der Zelle über der Wurzel werden Synapsen mit Nervenendigungen beschrieben.

Franc bewies 1978, daß die eosinophilen Granula das Haften von Plankton verursachen. Bei Berührung mit der Beute reißt die Membran des Colloblasten, so daß die Granula freigesetzt werden und ihr klebriger Inhalt die Oberfläche der Beute verschmiert. Wahrscheinlich dienen die Radii und der helicoidale Faden der Verankerung und als Stoßdämpfer, während die eingefangene Beute zappelt.

Die **Mesogloea** der Coelenteraten ist zwar dicker als die übliche Basallamina, weist aber ebenfalls ein Typ-IV-ähnliches Kollagen auf. Sowohl ultrastrukturell als auch funktionell ist die Mesogloea als Basallamina zu betrachten.

Innerhalb der **Plathelminthes** besitzen die meisten Turbellaria (Strudelwürmer) eine vollständig oder wenigstens auf der Ventralseite bewimperte Epidermis ohne spezielle Außenschicht (Abb. 8.5a). – Die meisten Epidermiszellen enthalten Vakuolen mit verschiedenen Sekreten. Außerdem kommen sehr viele Rhabditen vor. Jede Rhabdite liegt in einer Vakuole. Ihre elektronendichte Innensubstanz ist z. B. bei *Gonocephala flava* von einer dünnen Schicht weniger dichten homogenen Materials überzogen. Rhabditen verschiedener Familien und Arten sind verschieden geformt und strukturiert. Sie bestehen aus Protein, das stark quellen kann. – Des weiteren enthalten die Epithelzellen ein System aus Mikrofilamenten, das als Cytoskelett dient. – In bestimmten Regionen kommen Drüsenzellen vor. In der Regel kontaktieren die Epithelzellen über Zonulae adhaerentes und septierte Junctionen, die beide einen apikalen Gürtel um die Zellen bilden, dabei liegen die Zonulae adhaerentes apikal, die septierten Junctionen darunter.

Acoele Turbellaria haben jedoch ein versenktes Epithel entwickelt, in dem der den Zellkern enthaltende Teil der Zelle zwischen Parenchym- und Nervenzellen sinkt. Bei diesen Formen enthalten die an der Oberfläche bewimperten Zellen auch Muskelfilamente.

Trematoden und **Cestoden** besitzen eine **Pseudocuticula** (Abb. 8.5c). Sie kommt durch die Ausläufer eines versenkten Epithels zustande. Die Perikaryen der Epithelzellen sind in das Parenchym versenkt, die apikalen Anteile der Epidermiszellen über Zellausläufer miteinander verbunden. In dieser äußeren Cytoplasmalage haben sich die senkrecht zur Oberfläche angelegten Zellwände zurückgebildet; dadurch entsteht ein syncytialer Epidermisverband, die Pseudocuticula (Abb. 8.5c). Bei darmlosen Stadien (z. B. Cestoden) trägt die Pseudocuticula apikal zusätzlich einen Mikrovillibesatz. Er trägt zur Oberflächenvergrößerung bei, wodurch die Nahrungsaufnahme der Parasiten begünstigt wird.

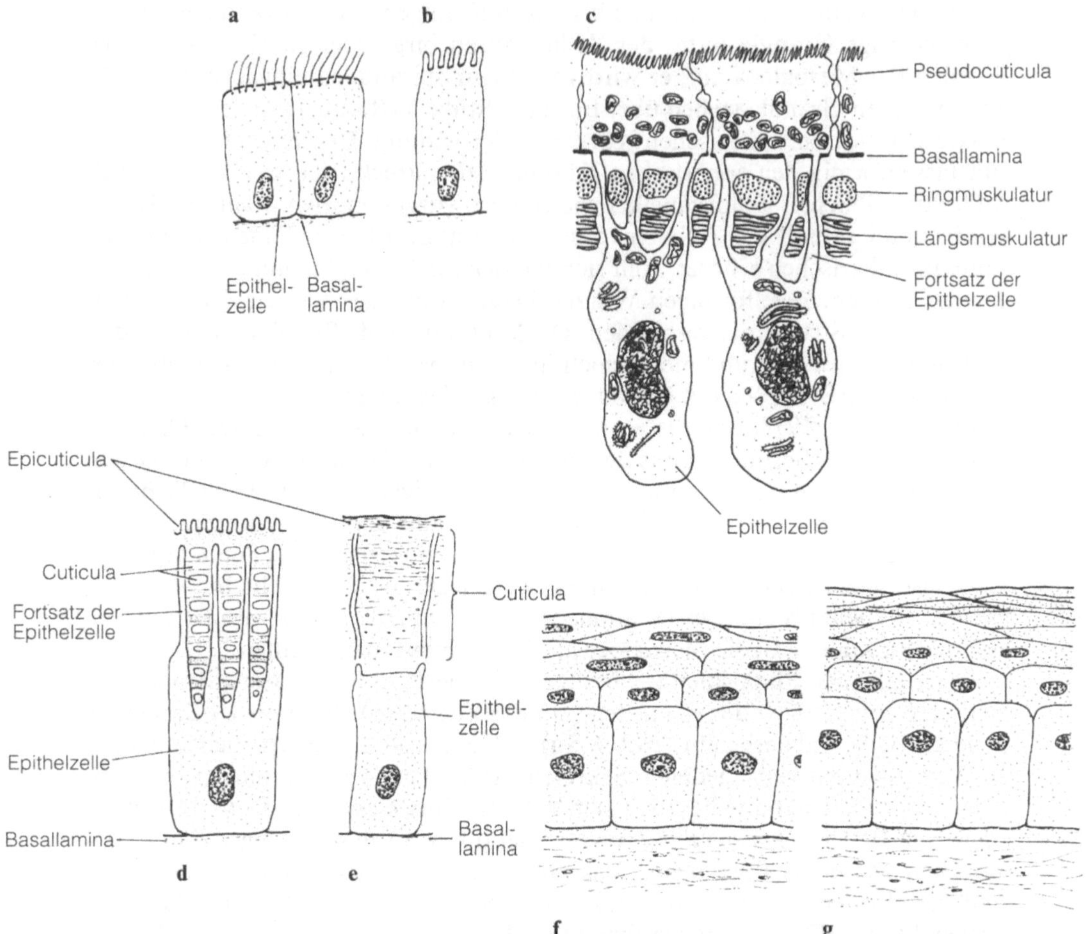

Abb. 8.5 a–g. Die verschiedenen Strukturtypen des Integuments im Tierreich. **a** Turbellarien, Epithelzellen mit Cilien. **b** Mollusken, Epithelzellen mit apikalem Mikrovillisaum. **c** Trematoden, versenktes Epithel mit Pseudocuticula. **d** *Lumbricus*, Cuticula vom Typ eines Scherengitters; Epithelzellen mit langen Mikrovilli. **e** Arthropoden, Cuticula mit Porenkanälen. **f** Unverhorntes, mehrschichtiges Epithel (Fische, Amphibien). **g** Verhorntes, mehrschichtiges Epithel (Reptilien, Vögel, Säuger). (Nach Horstmann modifiziert)

Als **Cuticula** wird eine extrazelluläre zellfreie Schicht bezeichnet, die von Epidermiszellen abgesondert wird. Die Epidermiszellen liegen dann unter der Cuticula und werden deshalb Hypodermis genannt. Meist ist die Cuticula zu einem Panzer verstärkt und muß beim Wachstum erneuert, d. h. gehäutet werden.

Nematoden besitzen solch eine „echte Cuticula". Während bei niederen freilebenden Nematoden die Hypodermis zellig gegliedert ist, bildet sie bei höheren Nematoden wie z. B. *Ascaris* ein Syncytium. – Die Cuticula von *Ascaris* besteht aus zehn Schichten. Sie ist fest und elastisch und wirkt bei den Schlängelbewegungen dem nur aus Längsmuskeln bestehenden Haut-Muskelschlauch als Antagonist entgegen.

Anneliden besitzen ebenfalls eine echte Cuticula. Als Beispiel dient der Regenwurm mit einer Cuticula vom Scherengittertyp (Abb. 8.5 d). Diese Cuticula besteht aus einem Gitterwerk, bei dem in einer Ebene parallele Faserlagen vorhanden sind, in der darauffolgenden rechtwinklig dazu die nächsten Faserlagen usw. Darüber befindet sich die Epicuticula.

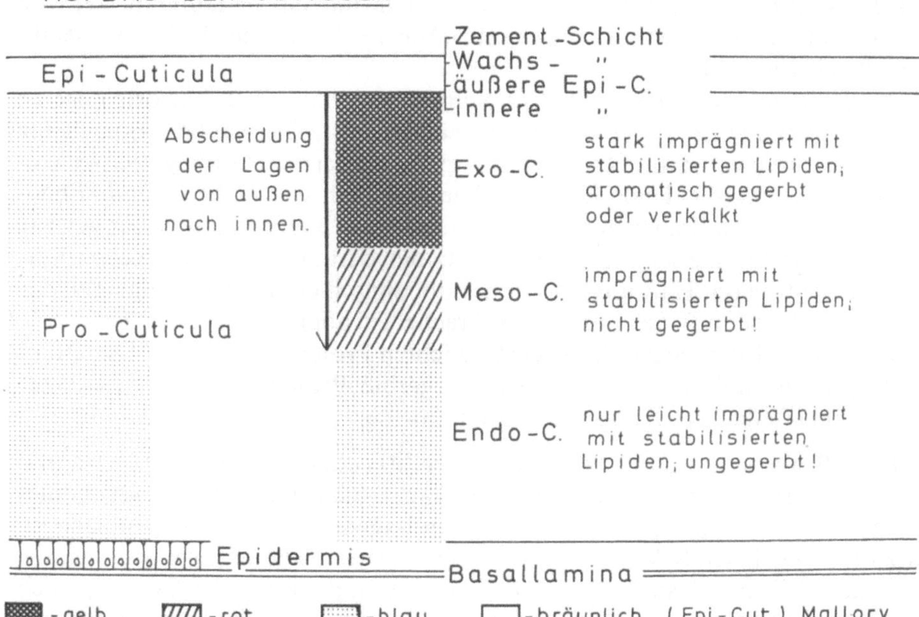

Abb. 8.6. Aufbau der Cuticula von Arthropoden schematisch

Bei allen **Arthropoden** wird eine kräftige Cuticula ausgebildet, von der die Insektencuticula im folgenden näher besprochen wird. Lichtmikroskopisch ist sie geschichtet. Man legt heute zur Bestimmung dieser Schichten die Mallory-Färbung zugrunde. Dieser Terminologie zufolge färbt sich bei adulten Tieren die Exocuticula chromophob (bernsteingelb oder farblos), die Mesocuticula rot, die Endocuticula blau (Abb. 8.6). Nach Neville (1975) existieren über eine Million Arten der Arthropodencuticula. Generell ist sie das Sekretionsprodukt eines einschichtigen Epithels. Dieses Sekretionsprodukt besteht aus einer Proteinmatrix mit eingelagerten, nahezu parallel verlaufenden Chitinmikrofibrillen. Die Sekretion kann sowohl in der Zeitfolge variieren, in der die übereinander gestapelten Lagen abgesondert werden wie z. B. bei Epi-, Exo-, Meso- und Endocuticula als auch lateralwärts von Ort zu Ort. Die feste Cuticula der Tergite oder Sternite eines Käfers ist daher an den Gelenken sehr dünn.

Außen wird zunächst die 0,03–2 µm dicke Epicuticula, dann die einige 100 µm dicke Procuticula abgesondert. Ihre äußeren Schichten werden nach jeder Ecdysis gegerbt. Im selben Maß, in dem die Cuticulalagen sezerniert werden, werden die Epidermiszellen nach innen gestoßen.

Die **Epicuticula** bedeckt die gesamte Körperoberfläche einschließlich der Intima. Als Intima bezeichnet man die cuticuläre Absonderung der ektodermalen Darmabschnitte (Vorder- und Enddarm). – Die Epicuticula besteht von außen nach innen aus folgenden Schichten (Abb. 8.6):

a) Der Zementlage, die hart und dünn ist und gegerbte Proteine und Lipide enthält. Sie hat ausgesprochene Schutzfunktion.

b) Der Wachslage, die verzweigte Porenkanäle mit einem Durchmesser von 6 nm enthält. Wachskanälchen durchziehen sie. Diese Schicht hat wasserabstoßende Eigenschaft.

c) Der äußeren Epicuticula, der Cuticulinschicht (nach Wigglesworth); sie ist der erste Teil einer Cuticula, die neu gebildet wird. Diese äußere Epicuticula enthält Poren von 3 nm Durchmesser und spielt bei der Häutung von Arthropoden eine entscheidende Rolle. Sie kann nämlich sowohl bestehende Endocuticula, die von Enzymen abgebaut wurde, resorbieren, als auch für gewisse Enzyme undurchlässig sein, zum Schutz der darunter liegenden neuen Epithelschicht (vergl. Häutung). – Diese Cuticulinschicht ist der einzige Teil der Epicuticula, der z. B. das Lumen von Tracheolen abgrenzt.

d) Der inneren Epicuticula, die aus einer dichten Proteinlage besteht. Sie nimmt Polyphenole auf und in ihr werden gegerbte Proteine gebildet. In dieser Schicht befinden sich Polyphenoloxydasen.

Die **Procuticula** ist die Cuticula, die nach der Epicuticula abgesondert wird und die sich bei der Mallory-Färbung rein blau färbt. Sie besteht aus der Grundmatrix und den Chitinfilamenten. Ihre einzelnen Lagen werden von außen nach innen zu verschiedenen Sekretionszeiten abgesondert. – Die nächste Stufe ist die Sonderung in Exo-, Meso- und Endocuticula; sie ist die Folge der Gerbung nach der Ecdysis (Abb. 8.6, rechts). Über Porenkanäle, die senkrecht die gesamte Cuticula durchziehen, wird die Exocuticula mit stabilisierten Lipiden imprägniert. Sie wird aromatisch gegerbt oder verkalkt. Stets sind Porenkanäle vorhanden, durch die die Phenole an die Oberfläche gelangen, dort oxydieren und als Chinone in die Exocuticula zurückfließen und sich in dunkle Pigmente verwandeln. Durch diese Ablagerung der Chinone und in etlichen Fällen von Kalk werden Zwischenräume blockiert, so daß bei der Färbung kein Farbstoff in die Exocuticulaschicht eindringen kann. Ihre gelbbraune Färbung entsteht durch Gerbung, Kalkablagerung und durch Melanine.

In der Mesocuticula wird mit stabilisierten Lipiden imprägniert, aber nicht gegerbt. Die Räume zwischen den Molekularketten werden durch die Imprägnierung etwas kleiner, so daß Säurefuchsin noch eintreten kann, das diesem Abschnitt der Cuticula bei der Mallory-Färbung rote Färbung verleiht.

Die innerste Zone der Cuticula, die Endocuticula, wird nur leicht mit stabilen Lipiden imprägniert und bleibt ungegerbt. Dadurch haben große Anionen in diesen Zwischenräumen Platz; somit kann das Anilinblau der Mallory-Färbung hier eingelagert werden und dieser Zone die blaue Färbung verleihen.

Endo-, Meso- und Exocuticula bestehen aus einer Grundmatrix, die von Mikrofasern (ca. 3 nm Durchmesser) durchzogen wird. Diese Chitinmikrofasern verlaufen nahezu parallel zur Cuticulaoberfläche, haben aber in verschiedenen oberflächenparallelen Ebenen verschiedene Orientierung. Dabei rotiert die

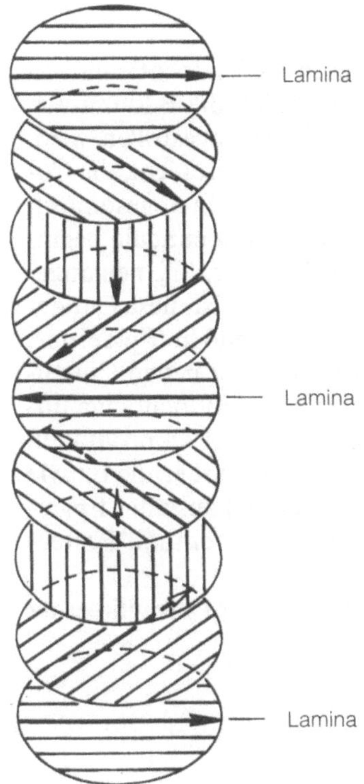

Abb. 8.7. Ausrichtung der Filamente in der Insekten-Cuticula. (Nach Neville)

Richtung des Verlaufs der Mikrofasern innerhalb einer Lamelle um 180°
(Abb. 8.7). Man bezeichnet den Abstand von Lamina zu Lamina als Lamelle. Die
Mikrofasern verlaufen also nicht in Bögen wie manche elektronenmikroskopische Aufnahmen vermuten lassen, sondern durch Drehung nahezu parallel zur
Oberfläche. – In den Laminae, in denen die Mikrofasern parallel zur Betrachtungsoberfläche verlaufen, erscheinen die Mikrofasern elektronenoptisch dicht,
also dunkel. Hell erscheint dagegen der Interlamellarraum, wo die Mikrofasern
nicht parallel zur Betrachtungsoberfläche liegen. – Aus der Geschwindigkeit der
Absonderung von Grundmatrix und Mikrofibrillen resultiert die Breite einer Lamelle.

Porenkanäle durchsetzen senkrecht die Cuticulaschichten, wobei sie in ihrem
Querschnittsverlauf der Richtung der Mikrofasern folgen. In ihrer Gestalt sind
sie vergleichbar mit axial in sich verdrehten Bändern. An ihrem elliptischen
Durchmesser ist die Rotation in Korrelation zur Richtung der Mikrofasern zu
verfolgen. Der Porenkanal vergrößert seinen Durchmesser in der Mitte der Lamina beträchtlich. – Bei Eintritt in die Epicuticula geht der Porenkanal in mehrere ca. 110 nm breite Kanälchen über. Phenole werden durch die Porenkanäle an
die Oberfläche auf die Epicuticula gebracht und dort oxydiert; als Chinone dringen sie wieder in die Cuticula ein. In Korrelation damit erfolgt die Sklerotisie-
rung.

Häutung

Wächst ein Individuum, so vermehren sich die Hypodermiszellen, was zur Faltung des Epithels unter der Cuticula führen würde, falls kein neuer Raum für die

neu gebildeten Zellen zur Verfügung stünde. Deshalb muß die Endocuticula von der Epidermis getrennt werden. Dies geschieht zunächst durch die Bildung von Häutungsflüssigkeit (Exuvialflüssigkeit). Bevor alte Cuticula abgestoßen wird, wird neue Cuticula angelegt, und zwar erst die äußere Epicuticulaschicht, die Cuticulinschicht, die von der Epidermis gebildet wird. Ist diese Schicht abgesondert, so werden Enzyme aktiviert, die mit der Zerlegung der alten Endocuticula beginnen. Die nach dieser Zersetzung entstandenen Stoffe werden durch die neu angelegte Cuticulinlage in die Epidermis aufgenommen. Für Enzyme ist diese Cuticulinlage jedoch undurchlässig, zum Schutze der darunterliegenden Epidermis. Während der Rückpassage aus der alten Cuticula wird unter der neuen Cuticulinlage die neue Procuticula gebildet. Von der aufgelösten alten Endocuticula findet man eine Flüssigkeit vor, eine Mischung aus Endocuticula-Rückprodukten und Enzymen; das ist die Exuvialflüssigkeit. Sie trennt die abzusondernde Exuvie der alten Cuticula, die im wesentlichen aus alter Exocuticula und aus alter Epicuticula besteht, von der neuen Cuticula. Die Häutungsflüssigkeit enthält Proteasen und Chitinasen.

Mollusken besitzen oft ein einschichtiges Epithel mit Mikrovillibesatz (Abb. 8.5 b).

8.2 Wirbeltiere

Wirbeltier-Integumente bestehen aus einer mehrschichtigen Epidermis (Abb. 8.5 f u. g), der Basallamina und einem mesodermalen Anteil, dem Corium, vielfach auch Dermis genannt (Abb. 8.8). Letzteres besteht im wesentlichen aus Bindegewebe. – Dermis und Epidermis zusammen bezeichnet man als Cutis. – Die Epidermis ist bei Fischen und den meisten Amphibien unverhornt, bei Reptilien, Vögeln und Säugern dagegen verhornt (Abb. 8.5 f u. g). In der unteren Zellage der Epidermis entstehen durch mitotische Teilung neue Zellen. Diese neuen Zellen wandern in die oberen Schichten. – Beim unverhornten Epithel bleiben dabei Kerne und Zellen aller Schichten voll funktionsfähig. Bei verhorntem Epithel dagegen erfolgt Kernpyknose. Dabei degenerieren die Zellen, je weiter sie nach oben kommen, so daß in den obersten Schichten nur noch verhornte Zellbestandteile übrig bleiben.

Funktion: Die Epidermis dichtet die gefäßreichen, subepithelialen Schichten nach außen ab und stellt den Kontakt mit der Umwelt her. Zum weiteren Schutz kann das Integument durch Spezialeinrichtungen in tieferen Schichten verstärkt sein. Bei Säugern z. B. durch die derbe Lederhaut (Cutis), bei Fischen und Reptilien können Knochenpanzer ausgebildet werden.

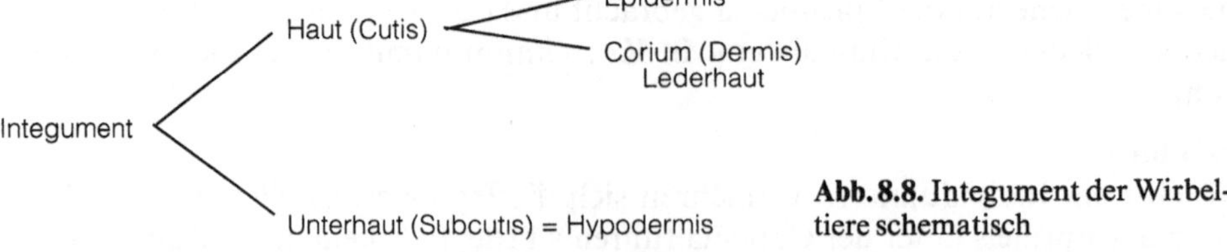

Abb. 8.8. Integument der Wirbeltiere schematisch

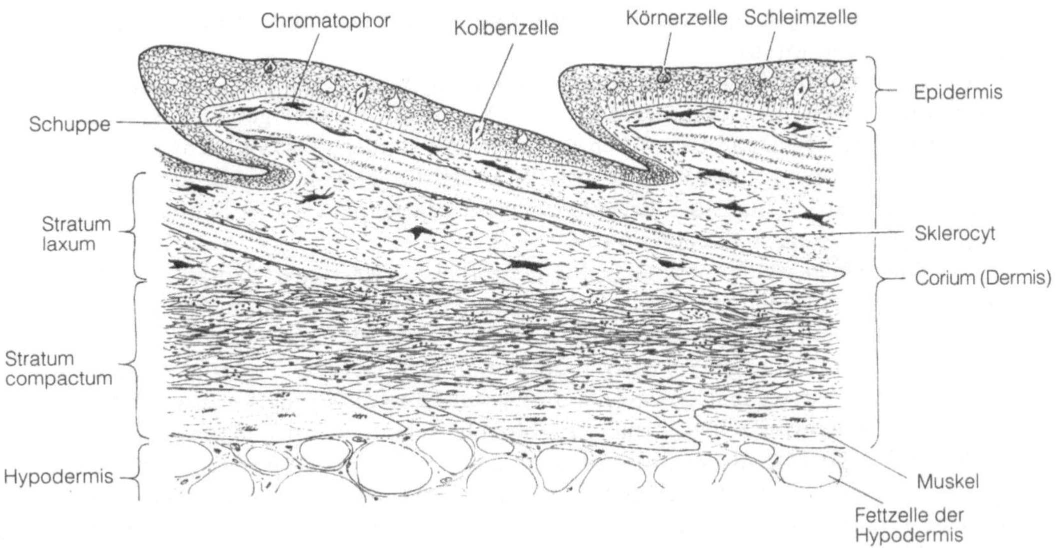

Abb. 8.9. Fischhaut schematisch, im Schnitt; alle Zelltypen, die bisher in der Fischhaut gefunden wurden, sind hier eingezeichnet

Fische. Das histologische Bild der Fischhaut (Abb. 8.9) variiert von Art zu Art sowohl in der Gestalt der Epidermiszellen als auch der Anordnung der Schuppen außergewöhnlich stark. Die Abbildung stellt deshalb ein Schema dar von all den Zelltypen, die in der Regel vorkommen, aber nicht alle gleichzeitig in einer Fischart vertreten sind. – In den Larvalstadien ist die Epidermis zwei-, bei den Adulten zehn- und mehrschichtig. In der Regel werden in der *Epidermis* in die oberen Schichten wandernde Zellen zu zwei bis drei Typen von Drüsenzellen umgewandelt und nach und nach an der Oberfläche abgestoßen. So entstehen die Schleim-, Kolben- und Körnerzellen. Die **Schleimzellen** runden sich ab und produzieren den schlüpfrigen Schleim, der den Körper bedeckt. Dadurch bietet das Wasser weniger Widerstand beim Schwimmen. Außerdem schützt der Schleimfilm vor Bakterien- und Pilzbefall. – Auch die **Körnerzellen** runden sich ab. – Sie enthalten bei einigen Arten eine Substanz in Form von Öltropfen. Man nimmt an, daß diese Substanz giftig ist und von der Haut ins Wasser abgegeben wird. Wahrscheinlich sind Schreckstoffe an sie gebunden. – Auffällig große **Kolbenzellen** durchsetzen fast das ganze Epithel. Sie sitzen mit leicht verbreitertem Fuß der Basallamina auf. – Sinneszellen und Merkelsche Tastkörperchen werden von einigen Autoren in der Fisch-Epidermis beschrieben; doch sind solche Angaben mit Vorbehalt aufzunehmen, denn der Nachweis einer Innervierung dieser Zellen wurde bis jetzt nicht erbracht.

Das Corium (Dermis) besteht aus Bindegewebe, das reich ist an Kollagen. Der an die Epidermis anschließende Teil des Bindegewebes ist lockerer (Stratum laxum); darauf folgt das festere Stratum compactum und Muskulatur, unter der die an Fettgewebe reiche Hypodermis anschließt (Abb. 8.9). Besonders in der oberen Coriumschicht liegen Chromatophoren, von denen man ihrem Pigment entsprechend insgesamt folgende fünf Typen bei Fischen unterscheidet: a) Melanophoren, b) Erythrophoren, c) Xanthophoren, d) Leucophoren und e) Iridophoren (Guanophoren).

Ebenfalls im oberen Teil des Bindegewebes liegen die Schuppen. Sie bestehen im zentralen Teil aus Kollagenfasern, die von Fibroblasten gebildet werden. Rundliche Osteoblasten ordnen sich peripher und sondern Osteoid zentralwärts ab. Diese Schuppengrundsubstanz verkalkt in der Regel nicht. Die Schuppenbildungszellen werden auch oft als Skleroblasten bezeichnet. Ist die Schuppenbildung abgeschlossen, so flachen sie ab.

Bei **Amphibien** ist das mehrschichtige Epithel in der Regel ebenfalls unverhornt, mancherorts jedoch schwach verhornt. Die Haut der Amphibien ist sehr drüsenreich, aber im Gegensatz zu den Fischen, bei denen die Hautdrüsen einzellig in der Epidermis liegen, existieren bei Amphibien mehrzellige Drüsen, deren Acinus im Bindegewebe liegt und deren Ausführgang die Epidermis durchzieht. Die basalen Epidermiszellen enthalten zahlreiche Filamente und ein schwach entwickeltes ER. Während der Differenzierung vergrößern sich die Golgi-Vesikel; große muköse Granula erscheinen im perinukleären Cytoplasma, während kleine muköse Granula an der Zellperipherie auftauchen, wo sie in den Interzellularraum abgegeben werden. – Wenn verhornte Zellen gebildet werden, so ist ihre Plasmamembran verdickt. Diese Zellen enthalten Reste von Zellorganellen, Filamente und dazwischen Schleim. Der Schleim wird also teilweise in der Zellmatrix zurückgehalten, teilweise aber in den Interzellularraum abgegeben, wo er den Raum zwischen den verhornten Zellen füllt. – Filamente von Epidermiszellen der Amphibien sind von ca. 7 nm Durchmesser und bestehen aus dehnbaren, weichen α-Keratin Polypeptiden. Die Haut der Amphibien ist reich an Chromatophoren, die im Bindegewebe unter der Epidermis liegen.

Bei den **Reptilien** werden außer wenigen Schleimgranula auch neutrale und polare Lipide gebildet, die Teil der Matrix und der Interzellularsubstanz werden. Die Haut der Squamaten und Krokodile unterscheidet sich aber von der anderer Vertebraten insbesondere durch die Bildung von sowohl dehnbarem α- als auch steifem β-Keratin. β-Keratin ist weder dehnbar noch flexibel und besteht aus Polypeptidketten, die sich zu Filamenten von 3 nm Durchmesser vereinen. Es verleiht dieser Haut die Festigkeit. – Diese beiden Keratintypen werden in prospektiven α- resp. β-Zellen gebildet, die sich schon in den germinativen Epidermiszellen, die auf die Basallage folgen, unterscheiden. α-Zellen bilden Schleimgranula und möglicherweise Lamellenkörperchen. Beide entladen ihren Inhalt in den interzellulären Raum, wo Lipidlamellen mit Schleim vermischt werden. Diese verhornten Zellen weisen α-Filamente mit entweder elektronendichter oder heller Matrix auf. – Der Golgi-Apparat der β-Zellen bildet membrangebundene Pakete, die sich später mit den Filamenten vereinigen und Bündel bilden. Diese verhornten Zellen bestehen aus β-Filamenten und verschieden elektronendichter Matrix.

Lichtmikroskopisch zeigt die Haut einer Eidechse Schuppen, die sich je nach Körperregion in Größe und Anordnung unterscheiden; Bauchschilder stehen z. B. dachziegelartig (Abb. 8.10), Kopfschilder sind durch seichte Furchen getrennt. Unter der Epidermis folgt auf die Basallamina die Cutis mit lockerem Bindegewebe und Chromatophoren, dann mit straffem Bindegewebe. Die darunterliegende Subcutis führt zahlreiche Blutgefäße, Nerven und Fettläppchen; sie geht ohne scharfe Grenze in die Muskulatur über (Abb. 8.10).

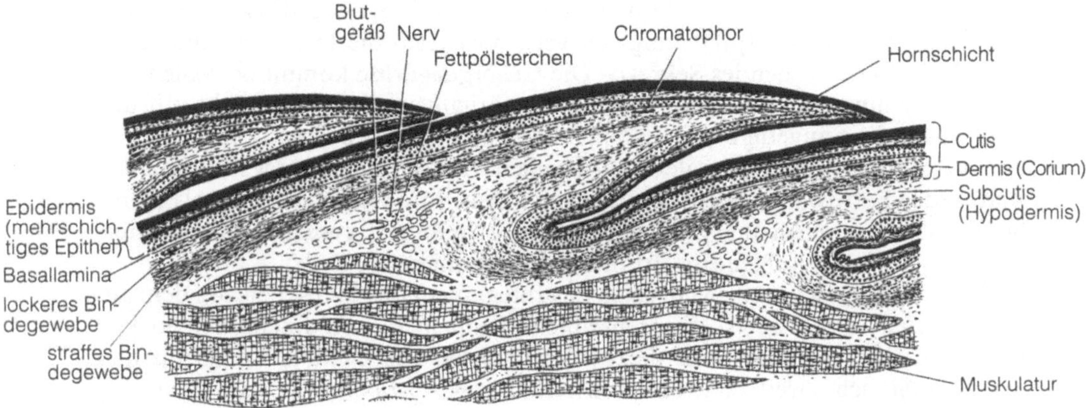

Abb. 8.10. Bauchhaut der Eidechse im Längsschnitt

Die **Vogelhaut** ist charakterisiert durch die Federn, die auf S. 188 besprochen werden. Nach Lucas und Stettenheim (1972) besteht der unbefiederte Hautanteil aus folgenden Schichten:

Epidermis
Stratum corneum – Hornschicht
Stratum germinativum – Regenerationsschicht
Stratum transitivum
Stratum intermedium
Stratum basale – Basalschicht
Membrana basalis – Basallamina

Dermis (Corium)
Stratum superficiale dermi – obere Lage
Stratum profundum dermi – tiefe Lage
Stratum compactum dermi – dichte Lage
Stratum laxum dermi – lockere Lage
Stratum musculo-elasticum – Muskellage
Lamina elastica dermi – elastische Lamina

Die Terminologie der Dermis gibt die Beschaffenheit des Bindegewebes jeder Lage wieder. Die Schichtung der Epidermis muß dagegen näher erläutert werden. Zellen ihrer Basallage enthalten glattes und rauhes ER. Filamente, Fetttropfen und Glykogen sind wenig vorhanden. Im Stratum intermedium und transitivum vergrößern sich die Vesikel des Golgi-Apparates und andere Zellorganellen. Multigranuläre Körper, die lamellierte Granula enthalten, und relativ große Fetttropfen erscheinen im zentralen Cytoplasma. Filamentbündel liegen vorwiegend an der Zellperipherie, wo sich auch Keratohyalin ablagert. Der Inhalt der multigranulären Körper wird in die Interzellularräume entleert. Die Hornzellen sind gekennzeichnet durch eine verdickte Zellmembran und enthalten Lipide, Filamente und amorphe Matrix, die sich vom Keratohyalin ableitet.

Hautdrüsen finden sich nicht im allgemeinen Integument der Vögel. Sie kommen nur als Bürzeldrüse und als Gehörgangdrüse vor. Die **Bürzeldrüse** liegt über den letzten Schwanzwirbeln, ist polyptych (vergl. Abb. 8.19) und sezerniert holo-krin. Während der Fortpflanzungszeit vergrößert sich die Drüse oft und sezer-niert dann stark riechendes Sekret. – Die **Gehörgangdrüse** kommt bei vielen Vö-geln in der hinteren Wand des äußeren Gehörganges vor; sie ist nicht mit den Talgdrüsen der Säugetiere in Zusammenhang zu bringen. Beim adulten Vogel ist die Drüse polyptych mit basalen Matrixzellen. Im Cytoplasma der Drüsenzellen sind weder Fetttropfen noch Granula zu finden. Ihre Sekretion wird als mero-holokrin? bis holokrin angegeben. (Unter mero-holokrin versteht man: auf einige merokrine Zellagen folgen einwärts holokrin sezernierende Zellen.)

Bei den **Säugern** unterscheidet sich das Integument des Menschen von dem an-derer Säuger etwas. So ist die menschliche Haut nicht von einem dichten Fell überwachsen, besitzt eine viel dickere und stärker geschichtete Epidermis und enthält zahlreiche, weit verstreute Schweißdrüsen. – Maximal besteht das mehr-schichtige, verhornte Epithel der Säuger aus folgenden Schichten:

Epidermis (Abb. 8.11)
Stratum basale
Stratum spinosum
Stratum granulosum
Stratum lucidum
Stratum corneum

In der Regel sind die Zellen des einschichtigen **Stratum basale** durch basale Zell-fortsätze, sog. Wurzelfüßchen, gekennzeichnet und können auch mit ihnen im unter der Basallamina angrenzenden Corium verankert sein. Außer den üblichen Zellorganellen kommen in den Basalzellen auch Tonofibrillen vor. Im **Stratum spinosum** sind die Zellen polygonal. Interzellularbrücken verbinden sie über Des-mosomen miteinander. Im Cytoplasma ziehen feinste Filamente (Tonofilamente) zu den Haftplatten; ihre Gesamtheit bildet ein auf die mechanische Beanspru-chung des Epithels eingestelltes trajektorielles System. – Das Stratum basale und das folgende untere Stratum spinosum werden als Stratum germinativum zusam-mengefaßt, weil hier neue Zellen durch Teilung entstehen. Zellen gelangen aus den tiefen Schichten zur Oberfläche. Besonders im oberen Drittel des Stratum spinosum enthalten die Zellen vermehrt Tonofibrillen und elektronenmikrosko-pisch feine Keratohyalin-Körnchen. Aber erst in dem aus 3–5 Lagen bestehenden **Stratum granulosum** sind die Keratohyalin-Körnchen so groß, daß sie auch licht-mikroskopisch als basophile Granulierung erkennbar sind. Die Bildung dieser Granula geht mit einer Degeneration der Spinosazellen von unten nach oben ein-her und leitet die Verhornung (Keratinisation) der Epidermis ein. – Diese Keratohyalin-Granula werden von keiner Membran eingehüllt. Sie weisen so-wohl ein an Histidin reiches Protein als auch Cystein enthaltende Proteine auf. Die histidinhaltigen Proteine sind stark phosphoryliert und Vorläufer des Pro-teins Filaggrin. Die Phosphat-Gruppen verursachen die starke Basophilie der Keratohyalin-Granula. Das Filaggrin spielt wahrscheinlich eine Rolle für das Zusammenhalten der Tonofilamente zu dick gepackten Aggregaten.

Außer den Keratohyalin-Granula kommen im Stratum granulosum membran-umhüllte Granula vor. Diese ovalen, stäbchenförmigen Granula von 0,1–0,3 μm Durchmesser werden vom Golgi-Apparat gebildet und wandern zur

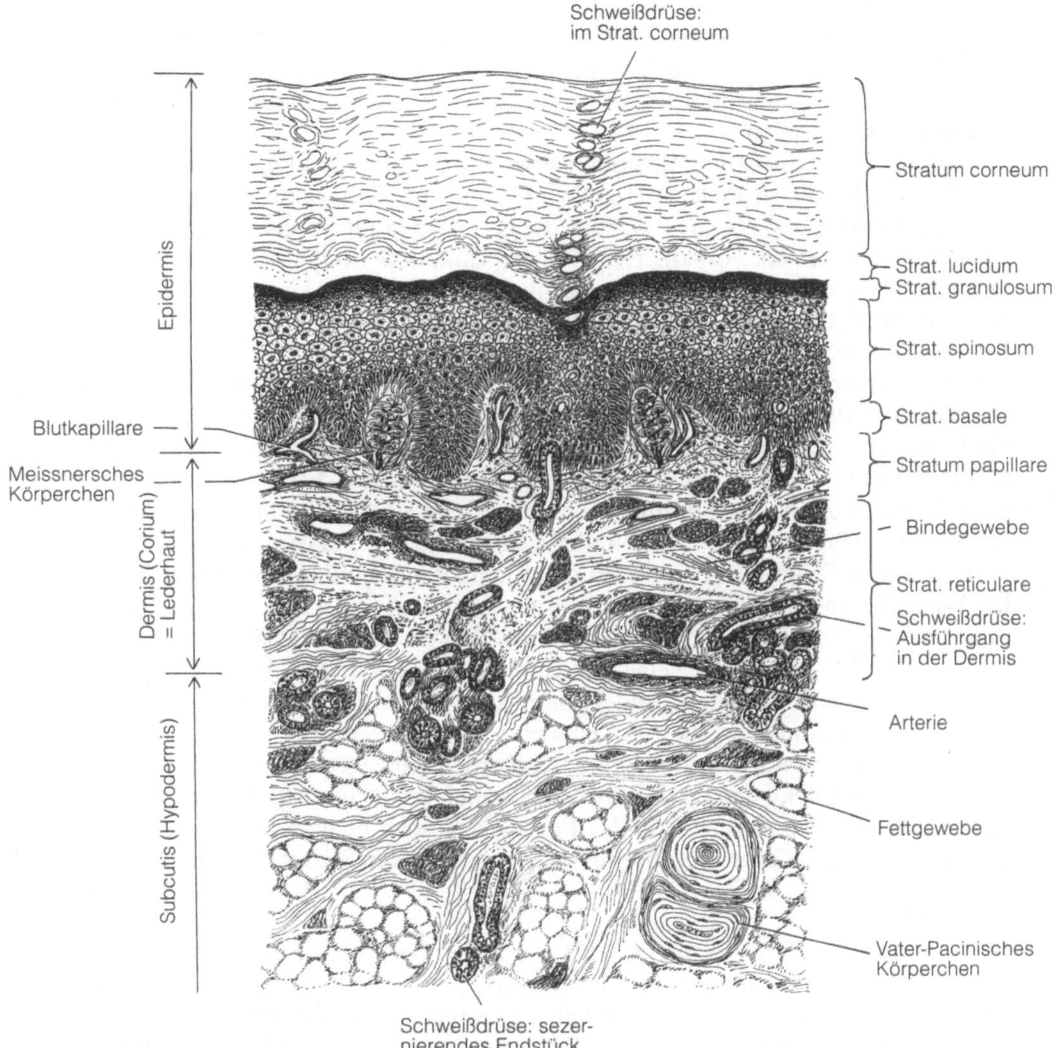

Abb. 8.11. Schnitt durch die Haut der menschlichen Fingerbeere. Vergr. etwa 120fach

Zellperipherie; sie verschmelzen mit der Zellmembran und entleeren ihren Inhalt in den Interzellularraum des Stratum granulosum. Elektronenmikroskopisch weisen diese Granula Lamellenstruktur auf. – Sie enthalten Glukosamin-Glykane und Phospholipide. Das sezernierte Material fungiert als Durchlässigkeitsbarriere; sie stellt gewissermaßen die Voraussetzung dar für das Leben auf dem Land. – Peroxydase- und Lanthantracer können beispielsweise nirgends eindringen, wo dieses Material vorhanden ist.

Wie im Stratum spinosum ist auch im Stratum granulosum die Zellmembran durch eine der Innenseite der Membran anliegende Proteinhülle verdickt. Diese Hülle ist ca. 10 nm dick.

In Handflächen und Fußsohlen kann oberflächenwärts das **Stratum lucidum** folgen. Es ist durchsichtig und besteht aus einer dünnen Lage abgeflachter, eosinophiler Zellen. Außer den dicht gepackten Filamenten, die in einer elektronendichten Matrix liegen, sind keine Zellorganellen erkennbar. Desmosomen verbinden benachbarte Zellen.

Nach außen schließt das **Stratum corneum** die Epidermis ab. Es besteht aus 15–20 Lagen kernloser Zellen, deren Cytoplasma angefüllt ist mit Filamenten aus Keratin. Keratin besteht aus 6 verschiedenen Polypeptiden von hohem Molekulargewicht (40000 bis 70000). Drei Polypeptidketten winden sich umeinander und bilden die Untereinheit eines Tonofilaments. Neun der Untereinheiten winden sich umeinander und bilden ein Filament mit ca. 10 nm Durchmesser. Durch End-zu-End Aneinanderlagerungen entstehen die Längen der Tonofilamente. Sie werden in einer Matrix zusammengepackt, an deren Bildung die Keratohyalin-Granula teilhaben. – Im noch unverhornten Zustand sind die Fibrillen reich mit SH-Gruppen versehen. Bei der Keratinisierung werden diese -SH-Gruppen größtenteils in -SS-Gruppen umgewandelt; damit wird das Proteingerüst stabilisiert. Weiches α-Keratin kommt in der Epidermis und in der äußeren Wurzelscheide vor. Hartes β-Keratin befindet sich in Nägeln, Haaren, den Hufen, im Horn sowie in Federn und im Stratum corneum der Reptilien-Epidermis. Bei allen Wirbeltieren strömen aus dem Stratum germinativum kontinuierlich Zellen durch die gesamte Dicke der Epidermis zur Oberfläche. – Bei Säugern und Vögeln werden die verhornten Zellen kontinuierlich abgeschilfert, während bei den meisten Reptilien Neubildung und Verhornungsvorgang rhythmisch in bestimmten Häutungsperioden erfolgen; so entsteht das „Natternhemd". – Das Stratum corneum ist verantwortlich für die wasserabstoßende Eigenschaft der Haut. Generell wird die Dicke der Epidermis ursprünglich nicht durch Belastung hervorgerufen. Ein Beweis dafür bildet der Foetus, der noch nicht belastet wurde und schon dickere und dünnere Epidermis an entsprechenden Stellen aufweist.

Pigmentierung

Melanocyten wandern bereits im Foetus aus der Neuralleiste in die Haut, d.h. zunächst in das Stratum basale. **Melanocyten** (Abb. 8.12) sind rundliche Zellen mit langen Zellausläufern, die sich teilweise verzweigen und sich zwischen den Zellen des Stratum germinativum und Stratum spinosum erstrecken. Die Spitzen der Zellausläufer endigen in Invaginationen der Epidermiszellen. Über Hemidesmosomen sind Melanocyten mit der Basallamina verbunden; darüber hinaus bestehen keine weiteren Zellkontakte zwischen Melanocyten und Epidermiszellen. An Zellorganellen enthalten Melanocyten RER, einen gut entwickelten Golgi-Komplex, kleine Mitochondrien, Filamente und Melaningranula. Melanocyten synthetisieren Melanin, wobei Tyrosinase die entscheidende Rolle spielt. – Tyrosinase wird im RER gebildet und in Vesikeln des Golgi-Apparates gespeichert. Abgespaltene Golgi-Vesikel bezeichnet man als Melanosomen. Dieses erste Melanosomen-Stadium wird länglich, weist parallele Filamente auf und beginnt in der Matrix mit der Melaninablagerung (Stadium I). Melaninhäufung erfolgt im II. Stadium. Später verliert das Melanosom die Tyrosinaseaktivität und wird zum Melaningranulum. – Bei Abwesenheit von Tyrosinase entstehen Albinos. – Säugetiere besitzen nur zwei Melaninsorten: Eumelanin, das braun bis schwarz

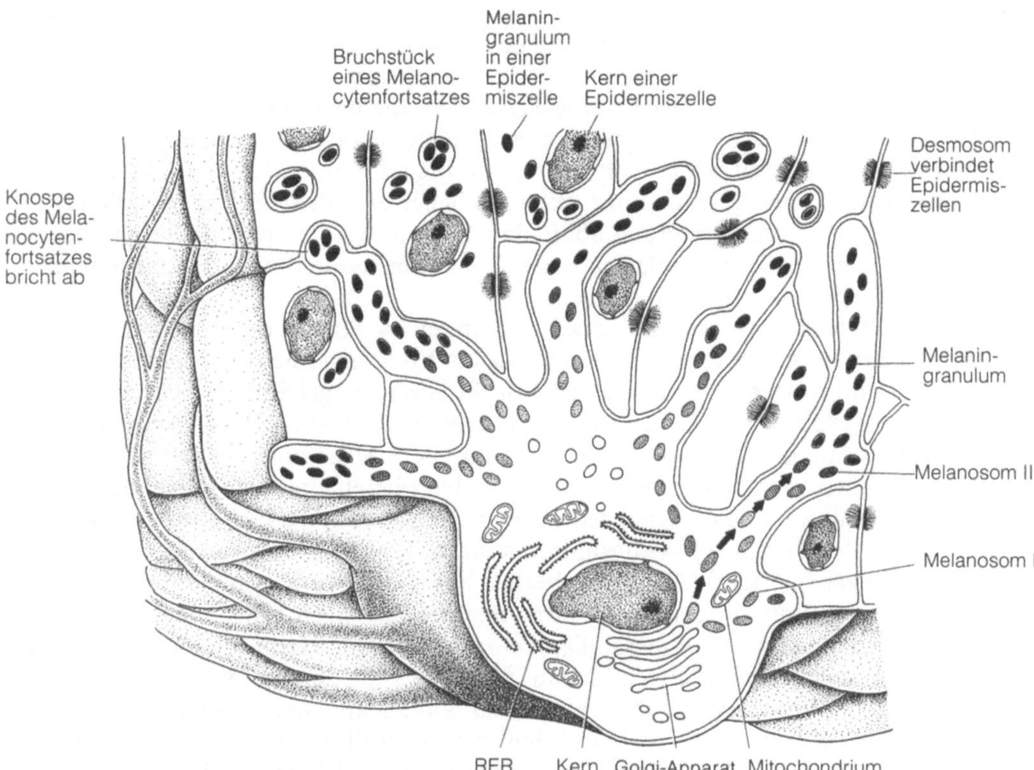

Abb. 8.12. Melanocyt schematisch. (Nach Junqueira et al. modifiziert)

färbt sowie Phaeomelanin, das eine gelbe bis rötlich-orange Färbung verleiht. Bruchstücke der Melanocyten-Fortsätze brechen vom Melanocyten ab und geben Melaningranula an die Epidermiszellen ab (Abb. 8.12). Wenngleich Melanocyten das Melanin synthetisieren, so enthält ein Teil der Epidermiszellen mehr Melaningranula als die Melanocyten. – In den Epidermiszellen werden Melaningranula von den Lysosomen aufgenommen und abgebaut. Deshalb verschwinden die Melaningranula in den oberen Epithelzellen. – Melanocyten stimulierendes Hormon, das im Zwischenlappen der Hypophyse gebildet wird, hat bei Amphibien einen entscheidenden Einfluß sowohl auf die Pigmentwanderung in den langen Fortsätzen als auch auf den Anstieg der Melaningranula in den Epithelzellen. Diese Hormone existieren bei Säugern nicht in freier Form. Beim Menschen verursacht eine Überproduktion von ACTH einen Anstieg der Pigmentierung in der Haut. – In menschlicher Haut kommen schwarzbraune und rötliche Melaningranula vor; letztere bleiben auf der halben Entwicklungsstufe eines schwarzen Melaningranulums stehen. Die Hautfarbe wird hervorgerufen durch unterschiedliche Anteile an arteriellem und venösem Blut, Carotin und Melanin. Die unterschiedliche Hautfarbe der verschiedenen Rassen des Menschen wird durch den quantitativen Gehalt an Melanin verursacht.

Langerhanssche Zellen. Wie man seit wenigen Jahren weiß, spielen einzelne Langerhanssche Zellen für die Stärke der immunisierenden Wirkung lokal eingebrachter Antigene eine Rolle. Diese Funktion kann durch entsprechend hohe Ultraviolett-Dosen unterbunden werden. – Bei diesen Langerhansschen Zellen handelt es sich um dendritisch verästelte Zellen, die im Knochenmark gebildet werden und später in die Epidermis (vorwiegend ins Stratum spinosum) der Haut einwandern. Sie sind aber auch in den Epithelien der oralen und vaginalen Schleimhaut zu finden. Lichtmikroskopisch heben sich diese Zellen nach Goldimprägnierung vom Untergrund ab. Elektronenmikroskopisch ist für sie ein zerklüfteter Kern, helles Cytoplasma ohne Tonofilamente und ohne Desmosomen an ihrer Zellmembran typisch.

Merkelsche Körperchen sind näher im Kapitel 7.4, Sinnesorgane, besprochen. Bei Säugern liegen sie vereinzelt in der basalen Epidermis, stets in Regionen, die mechanisch beansprucht werden. Bei Vögeln liegen sie gehäuft im Corium, bei Reptilien sowohl in der Epidermis als auch in der Dermis, und bei Amphibien sind sie auf die basale Epidermis beschränkt. Bei Cyclostomen, Knochen- und Lungenfischen werden sie immer wieder in den oberen Epidermisschichten beschrieben, während sie bei Knorpelfischen bis jetzt nicht gefunden wurden. Gesichert ist ihr Vorkommen jedoch zumindest für die Knochenfische nicht.

Die **Dermis** (Corium) (Abb. 8.11) besteht aus dem Stratum papillare und reticulare. Dieses Bindegewebe ist in Form von papillenartigen Erhebungen mit der Basis der Epidermis (Stratum papillare) verzahnt. Ein Beispiel für außergewöhnlich tiefe Papillen stellt die Delphinhaut (Abb. 8.13) dar. In die Bindegewebspapillen des Coriums ragen Lymphgefäße und lange Kapillarschlingen, die bis an das Epithel reichen. Sie ermöglichen den intensiven Stoffaustausch, der für die Regeneration des Epithels erforderlich ist. Auch für die Wärmeregulation spielen sie eine bedeutende Rolle. Die Epidermis ist nie durchblutet. Die Verzahnung hat eine Vergrößerung der Kontaktfläche Corium zu Epidermis zur Folge. Sie ermöglicht nicht nur den intensiven Stoffaustausch, der für die Regeneration des Epithels erforderlich ist, sondern erhöht auch den mechanischen Zusammenhalt zwischen Epidermis und Corium. – Das Stratum papillare besteht aus lockerem Bindegewebe, das außer Fibroblasten auch viele freie Zellen des Bindegewebes enthält wie Mastzellen und Makrophagen. Meissnersche Körperchen liegen in vielen der Bindegewebspapillen. Das Stratum reticulare enthält weniger Zellen, aber viele kollagene und elastische Fasern, die ein Maschenwerk herstellen. Aus dieser Region ziehen Fasern, werden dünner und endigen in der Basallamina. Mit Annäherung an die Basallamina verlieren sie ihre Elastin-Komponente, so daß nur die Mikrofibrillen in der Basallamina inserieren. – Dieses elastische Netzwerk ist verantwortlich für die Elastizität der Haut.

Mesodermale **Pigmentzellen** (Chromatophoren) liegen an pigmentierten Hautstellen wie Zitzen, Genitalien und Anus vor. Manchmal treten im Corium auch glatte Muskelzellen auf, die sich mit elastischen Fasern zu einem elastisch-muskulösen System verbinden.

Unter dem Corium schließt die **Subcutis** (Unterhaut) an (Abb. 8.8), eine Schicht aus lockerem Bindegewebe. Fettgewebsläppchen und Hautdrüsen liegen hier in einem weiträumigen Kammerwerk (Abb. 8.11). Besonders bei Meeressäugern ist der Fettgewebsanteil groß. – Die Wände der Kammern bestehen aus kollagenen und elastischen Fasern. Diese Subcutis-Schicht kann außerordentlich dick sein. Sie dient nicht nur als Energiereserve (Fettspeicher), sondern ermög-

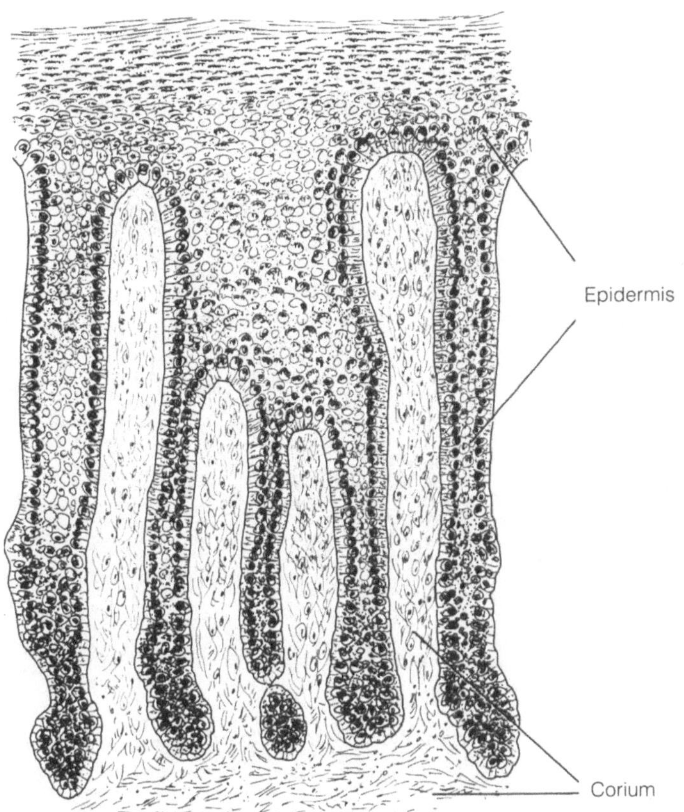

Abb. 8.13. Delphinhaut. Vergr. ca. 200fach

licht auch ein Verschieben der Haut über den darunterliegenden Organen. Vater-Pacinische Körperchen (s. Kap. 7.4, Sinnesorgane) liegen in der oberen Hypodermis.

8.3 Bildungen der Haut

Das Integument bildet innerhalb der verschiedenen Tierstämme besondere Differenzierungen wie z. B. Haare, Schuppen, Nägel, Hörner und Drüsen aus.

8.3.1 Wirbellose

Bei den Wirbellosen seien hier die Haare der Insekten erwähnt. Sie stellen bei unechten Haaren besondere Differenzierungen der Cuticula dar. Bei echten Haaren dagegen sind besondere Differenzierungen von Cuticula und Epidermis an ihrer Bildung beteiligt.

Mikrotrichia sind unechte Haare; sie werden bei Arthropoden nur von der Exocuticula und der Epicuticula gebildet ohne jegliche Beteiligung der Hypoder-

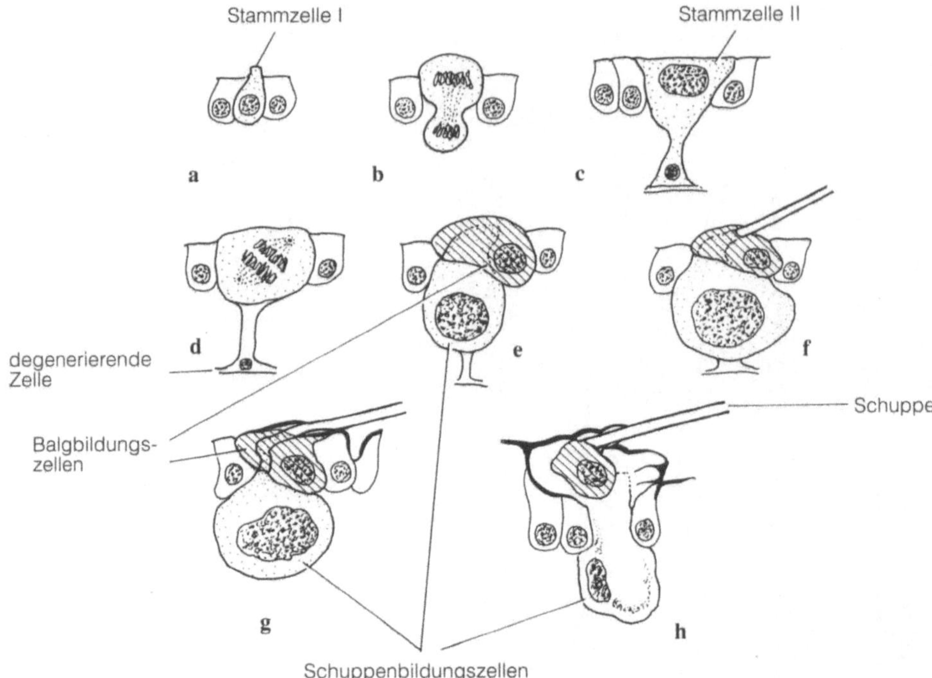

Abb. 8.14 a–h. Entwicklung einer Schuppe der Mehlmotte *Ephestia kühniella*. (Nach Stossberg modifiziert)

mis. Diese Mikrotrichia bestehen aus Buckeln, Dornen, zuweilen auch aus haarartigen Gebilden.

Makrotrichia sind echte Haare; sie werden von spezifischen Zellen, den Schuppen- oder Haarbildungszellen, den trichogenen Zellen gebildet. Makrotrichia sind in Form von Haaren, Schuppen oder Sensillen vorhanden. Abb. 8.14 zeigt die Entwicklung der Schuppe eines Schmetterlings. Aus einer Epidermiszelle geht durch mitotische Teilung die Schuppenstammzelle I (Abb. 8.14 a) hervor; sie teilt sich wieder mitotisch (Abb. 8.14 b); so entsteht die große Stammzelle II und eine degenerierende kleine Zelle (Abb. 8.14 c). Durch mitotische Teilung der Stammzelle II entsteht sowohl die Schuppenbildungszelle, die trichogene Zelle, als auch die Balgbildungszelle oder tormogene Zelle (Abb. 8.14 e). Aus der Schuppenbildungszelle entsteht die eigentliche Schuppe oder das Haar, aus der tormogenen Zelle entsteht der Haftapparat (Abb. 8.14 f–h), der die Schuppe umgreift und für die Halterung der Schuppe oder des Haares sorgt. Die trichogene Zelle hypertrophiert, während sie das Haar bildet (Abb. 8.14 f u. g); nach Fertigstellung des Haares bildet sie sich zurück (Abb. 8.14 h). Die tormogene Zelle dagegen bleibt erhalten.

Schuppen der Insekten sind abgeplattete echte Haare, im fertigen Zustand hohl, luftgefüllt und unbeweglich in einen Basalring, den Schuppenbalg oder Haltering so eingekeilt, daß sie flach liegend sich gegenseitig dachziegelartig decken (Abb. 8.15 a). – Eine Schuppe besteht in der Regel aus Längsleisten, die durch Querbrücken miteinander und über Trabekel mit der Unterlamelle in Verbin-

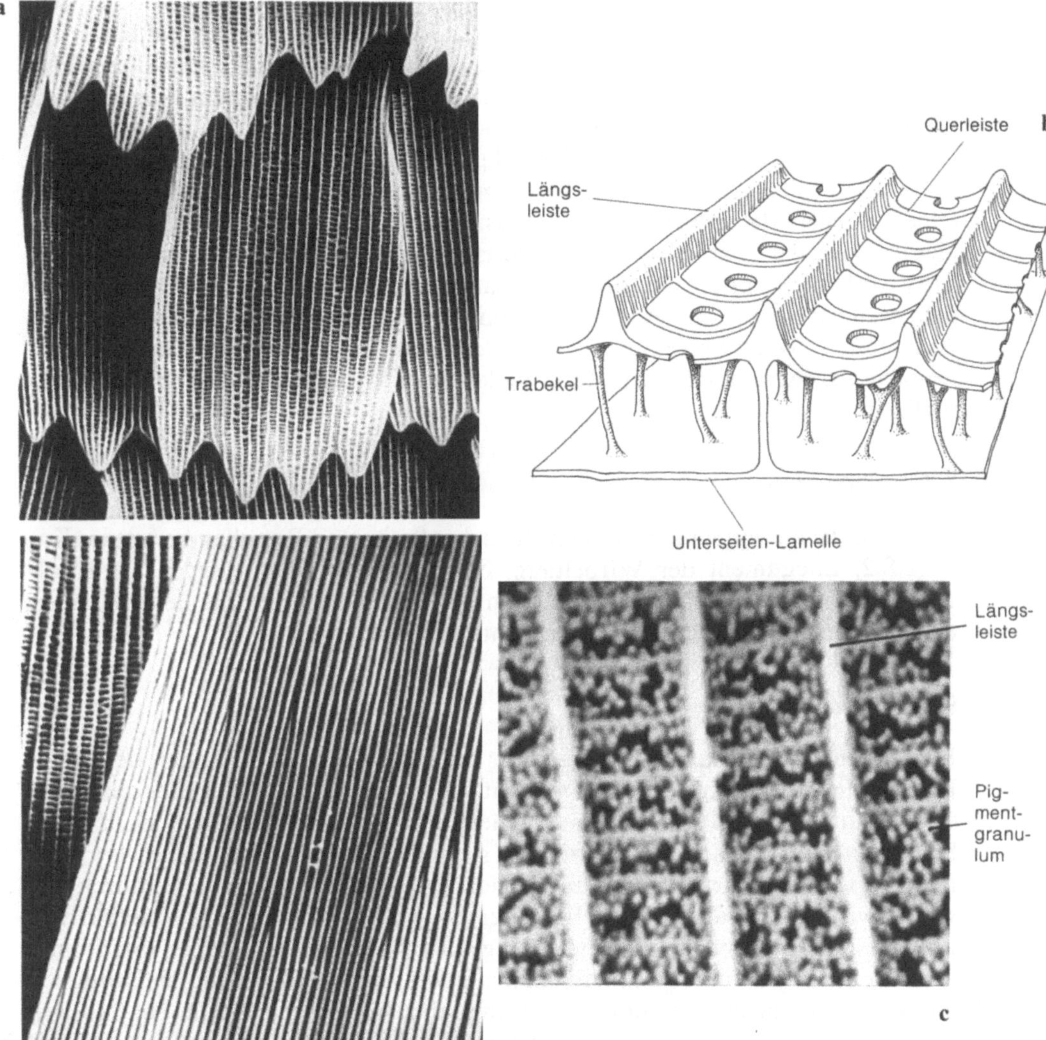

Abb. 8.15 a–d. Schmetterlingsschuppen. **a** *Pieris brassicae*. Vergr. 4000fach. **b** Schema einer Schuppe. (Nach Kühn aus Weber und Weidner.) **c** Aufsicht auf die Oberseite einer Schuppe des Hinterflügels von *Pieris manii*. Vergr. 40000fach. **d** Aufsicht auf eine Schuppe des Schillerfalters (Oberseite) *Apatura ilia* in der schillernden Zone des Vorderflügels. Vergr. 8000fach

dung stehen (Abb. 8.15 b). Unter den Rippen und Querbrücken haften Pigmentgranula verschieden dicht (Abb. 8.15 c). Sie verleihen der Schuppe in den meisten Fällen die Färbung. – Außer durch Pigmente kann aber die Flügelfärbung auch durch **Strukturfarben** hervorgerufen werden (z. B. bei Schuppen des südamerikanischen Falters *Morpho* oder des Vorderflügels des einheimischen männlichen Schillerfalters). Je nach Lichteinfall schillern diese Flügel verschieden intensiv blau. – Unter Strukturfarben versteht man Farben, die durch Interferenzerscheinungen an den cuticulären Strukturen einer Schuppe je nach Lichteinfall resp.

Flügelbewegung entstehen. – Remissionsmessungen an schillernden Schuppen von *Apatura ilia* (Schillerfalter) haben starke Remission von ultraviolettem Licht ergeben. Rasterelektronenmikroskopische Aufnahmen von Schuppen dieser Flügelareale zeigen wesentlich enger gestellte Längsleisten mit einem Abstand von 0,8 µm (Abb. 8.15 d) als nicht reflektierende Schuppen (Abb. 8.15 a), in denen der Längsleistenabstand stets größer als 1,8 µm, meistens 2,2–2,6 µm beträgt. – Die Längsleisten aller reflektierenden Schuppen sind einheitlich gebaut. Sie enthalten feine Lamellen, die sich zur Schuppenbasis nach unten neigen. Der winkelabhängige Anstieg der Remission im UV-Bereich kann nur dann erfolgen, wenn der Lichtstrahl in Richtung der Flügellängsachse einfällt. Da solche Ultraviolett reflektierenden Schuppen geschlechtsgebunden sind, kommt ihnen wahrscheinlich Bedeutung zu beim Auffinden der Geschlechtspartner; denn diese Schmetterlinge rezipieren Licht vom Ultraviolett bis in den längerwelligen Spektralbereich (Gelb bis Rot).

8.3.2 Wirbeltiere

Während die Schuppen der rezenten Knochenfische und Reptilien bereits im Kapitel 8.2, Integument der Wirbeltiere, besprochen wurden, werden die Hautschuppen der Haie (Placoidschuppen) im Kapitel 9, Zahn und Zahnentwicklung, behandelt, da sie in ihrem Bau Zähnen entsprechen.

8.3.2.1 Federn

Eine besondere Bildung des Integuments bei den Vögeln ist die Feder, der das β-Keratin die notwendige Steifheit verleiht. Die Entwicklung der Feder geht vom Corium aus (Abb. 8.16 a). Corium wuchert und treibt die Epidermis nach oben. So entstehen zapfenartige Erhebungen; sie sind in der Follikelanlage verankert und von verhornendem Epithel überzogen (Abb. 8.16 b). Querschnitte durch dieses Entwicklungsstadium in der Basis der Zone α zeigt das Innere ausgefüllt von Corium, das umgeben ist von einem Ring aus Epidermis. Im mittleren Stadium β wuchert dieses Corium radiär nach außen in die Epidermis hinein; im Stadium γ, das weiter apikal liegt, trennt das Corium einzelne Epidermisteile ab; dadurch werden Dunenstrahlen der Dunenfeder bereits abgetrennt. Insgesamt erfolgt eine dreifache Verhornung: 1. der Hornstrahlen, 2. der Federscheide, die alles umgibt und 3. der Federspule, in die sich die gesamte spätere Feder nach unten fortsetzt. Die Strahlen gehen im Follikel in die Federspule über. Die Federspule ist ein kontinuierlicher Hornmantel. Die Feder schiebt sich nun mehr und mehr nach vorn, und das dem Corium entstammende Pulpagewebe zieht sich rhythmisch zurück. Bei jedem Rückzug hinterläßt die Epidermis über dem Corium eine Hornkappe der Federseele (Abb. 8.16). Bei Jungvögeln entsteht so zuerst die Dunenfeder, später die Konturfeder.

Ganz allgemein können Federn als zerschlissene Kriechtierschuppen aufgefaßt werden. Die in der Feder ablaufenden Entwicklungsprozesse bestätigen ihrerseits nochmals die phylogenetische Abstammung der Vögel von den Kriechtieren. Die getrennte Entwicklung begann in der Jurazeit vor ca. 150 Millionen Jahren.

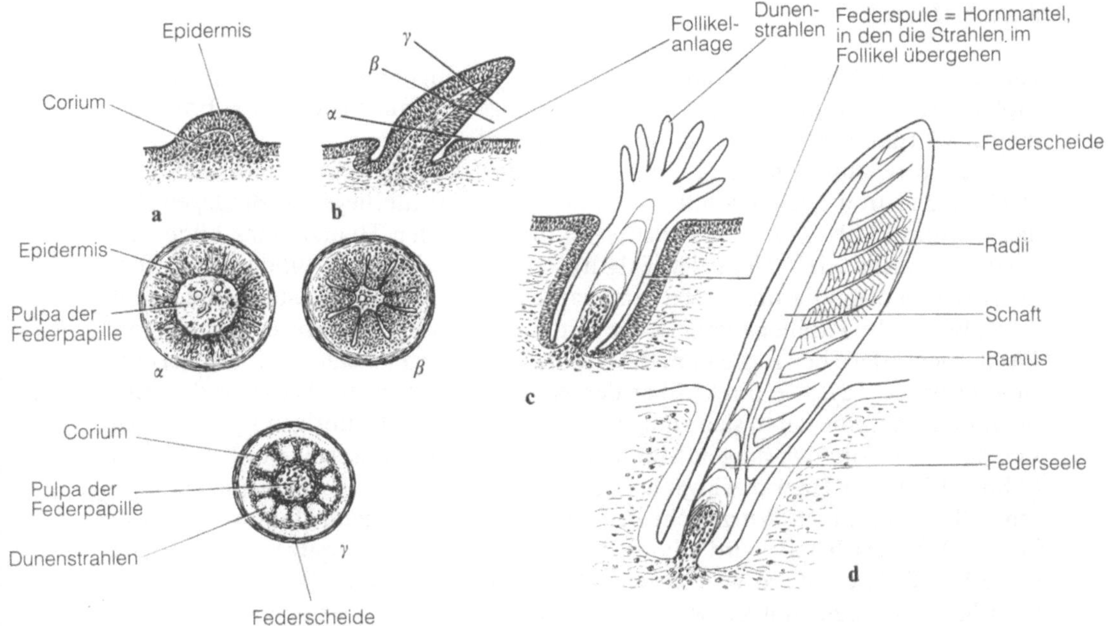

Abb. 8.16 a–d. Federentwicklung eines Hühnchens: **a** ca. 9 Tage alt; **b** ca. 14 Tage alt; α, β u. γ Querschnitte in der angegebenen Höhe. **c** Dunenfeder; **d** Konturfeder

Flug- und Deckfedern werden zusammen als **Konturfedern** bezeichnet. Konturfedern entstehen zum großen Teil in den Follikeln der Dune. Der Follikel vergrößert sich, wächst tiefer ins Corium, und die Papille wird stärker. Wiederum bilden sich zahlreiche Falten, von denen eine dorsale weit und zum Schaft wird, während die übrigen zu den Seitenästen erster Ordnung, den Rami, auswachsen; diese sind mit kleinen Strahlen, den Radii, besetzt. Auch die fertige Feder ist von einer dünnen Hornhaut, der Federscheide, umhüllt. Nach dem Prinzip des Reißverschlusses sind die einzelnen Radii durch Ausbildung von Haken und vorspringenden Bogen miteinander verbunden. Durch diese lockere Befestigung wird die große Widerstandsfähigkeit gegenüber Druck und Wind gewährleistet. Die Färbung der Feder wird hervorgerufen: 1. durch Strukturfarben (Lichtreflexion an den lufterfüllten Strukturen), 2. durch Pigmentfarben und 3. durch Haftfarben, die von außen angelagert werden, z. B. Eisenoxyd oder Kahmhäute von Gewässern.

Welch großen Wärmeschutz die Federn einem Vogel durch den Stau von Luftpolstern verleihen, zeigen Ergebnisse, die man an federlosen Küken erzielte. Ohne Spezialbehandlung sterben federlose Küken an übermäßigem Wärmeverlust; sie überleben aber Hitzewellen, die normale Hühner töten. Federlose Küken konnten nur bei Temperaturen über 25 °C aufgezogen werden. 25% des Proteins eines normalen Huhns sind üblicherweise in den eiweißreichen Federn enthalten. Ein federloser Vogel dagegen verwendet Aminosäuren effizienter, um die Filamente der Muskulatur zu erzeugen, als gefiederte Küken; er nimmt schneller an Gewicht zu.

8.3.2.2 Haare

Haare sind ein Charakteristikum der **Säuger**. Sie entstehen aus den Epidermiszapfen, die ins Corium eindringen. Ganz im Gegensatz zur Feder, deren Entwicklung im Corium beginnt, das sich vorwölbt und die Epidermis vortreibt.

Haarentwicklung. Das Stratum germinativum der mehrschichtigen Epidermis wuchert und treibt einen soliden Zapfen in das darunterliegende Bindegewebe, das Corium (Abb. 8.17 b). Auf der Seite dieses soliden Haarzapfens bildet die Epidermis distal die Anlage der Talgdrüse (Abb. 8.17 c). Das Bindegewebe formiert sich endständig um diesen Haarzapfen herum besonders stark und bildet zentralwärts die Papillenanlage sowie seitlich die Anlage des Musculus arrector. Basal wächst der Haarzapfen um die Papille herum, so daß eine Haarzwiebel entsteht (Abb. 8.17 d). Die direkt über der Papille liegenden Epithelzellen des Bulbuszapfens differenzieren sich zum Haarkegel, während die übrigen Epithelzellen sich zu einem röhrenförmigen Mantel der äußeren Wurzelscheide differenzieren (Abb. 8.17 e). Der Haarkegel wächst der Hautoberfläche zu, wobei seine peripheren Zellen zur inneren Wurzelscheide, seine axialen Zellen zum Haar werden. Die innere Wurzelscheide wird dann vom Haar an der Spitze durchstoßen (Abb. 8.17 f). Die äußere Wurzelscheide ist durch die durchsichtige Basallamina (Glashaut) mit dem Bindegewebe (Haarbalg) verbunden. Der Haarbalg umgibt den gesamten Bulbus und gliedert sich in die innere Schicht aus bindegewebigen Ringfasern und äußere Schicht aus Längsfasern. Bei diesen Fasern handelt es sich um Kollagenfäserchen und elastische Fasern.

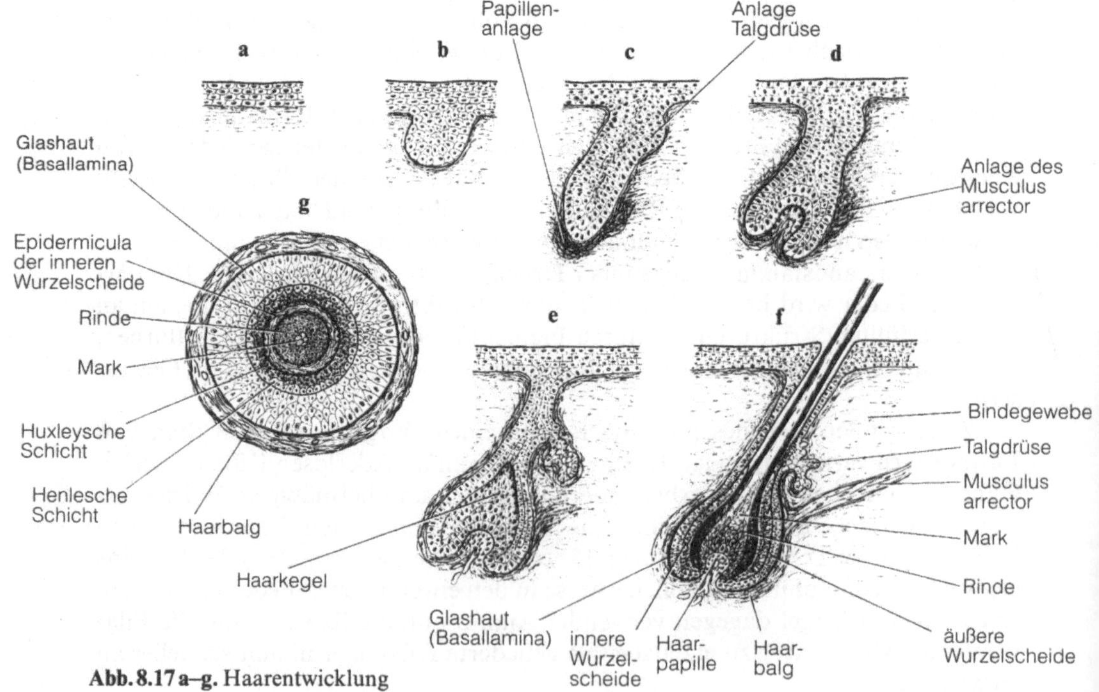

Abb. 8.17 a–g. Haarentwicklung

Bau des Haares

Der Teil des Haares, der in der Haut steckt, also der Follikel und der Haarbalg, wird als Haarwurzel oder Radix bezeichnet; der Teil, der aus der Haut herausragt, als Haarschaft oder Scapus. Der Haarbalg ist die bindegewebige Hülle, die die Haarzwiebel unterhalb der Talgdrüse umgibt. Er besteht aus innen zirkulär und außen längs und locker angeordneten Kollagenfäserchen, zwischen denen längliche Zellen liegen. Am Haarbalg inseriert der Musculus arrector, der bei Kontraktion ein Aufrichten des Haares bewirkt. Dieses Aufrichten der Haare hat generell zwei Funktionen: 1. Wärmeisolation, denn durch das Stehen der Haare werden Luftpolster an der Haut gehalten; 2. läßt es das Tier größer erscheinen und damit kräftiger gegenüber Gegnern. Letzteres hat Bedeutung im Sozialverhalten der Tiere.

Anhand des Querschnittes (Abb. 8.17 g), der unterhalb der Einmündung der Talgdrüse geführt ist, wird der Aufbau des Haares und der Haarwurzel klar. Außen liegt der Haarbalg (Abb. 8.17 g), der durch die Glashaut (Basallamina) mit der äußeren mehrschichtigen Wurzelscheide (Abb. 8.17 g) verbunden wird; zentralwärts folgt die zweischichtige innere Wurzelscheide (Abb. 8.17 g). Sie besteht 1. aus der äußeren Henleschen Schicht und 2. aus der inneren Huxleyschen Schicht (Abb. 8.17). Die Henlesche Schicht besteht aus platten, oft kernlosen Epidermiszellen, in der Mehrzahl beinhalten sie aber einen atrophierenden Kern. – Die Huxleysche Schicht besteht aus mehreren Reihen länglicher Zellen, deren Cytoplasma Trichohyalingranula enthält, die dem Keratohyalin ähneln. Zentralwärts folgt die Scheiden-Epidermicula, eine durch Verhornung entstandene Schicht der inneren Wurzelscheide. Die innere Wurzelscheide verhornt also von innen nach außen, während das Haar von außen nach innen verhornt.

Über der Haarmatrix liegen axial im Haar die Markzellen (Abb. 8.18). Diese bestehen aus abgeflachten, vielfach wie Geldstücke aufeinander gestapelten Zellen, die schwach pigmentiert sind und acidophile lichtbrechende Granula (Trichohyalin) enthalten. Die Markzellen verhornen unvollständig; sie werden, abgesehen vom Kernrest, von Bläschen erfüllt. Um das Mark liegt die Rinde, deren Zellen viele Tonofibrillen enthalten. – Auf diesen Tonofibrillen beruht die Festigkeit und die Elastizität eines Haares. Je weniger Mark und je mehr Rinde das Haar enthält, um so größer ist die Reißfestigkeit und die Elastizität des Haares (Roßhaar). In den Tonofibrillen der Rindenzellen sind die Polypeptidketten des α-Keratins enthalten. Durch die Wirkung der Seitenketten schnurren diese Ketten z. B. im Dampfbad so erheblich zu Schrauben zusammen, daß das Haar sich bis auf 70% der Ausgangslänge verkürzt. Die Herstellung von Dauerwellen stellt also einen Eingriff in das Keratingerüst (in die Ultrastruktur der Rinde) dar. Nach Sprengung der Seitenketten kommt es an den gebogenen Stellen des Haares zu einer Umordnung des Keratins durch die Bildung neuer Brücken zwischen den Ketten. – Nach außen verhornt die Rinde mehr und mehr und bildet die Haarepidermicula. Funktionell ist von Bedeutung, daß sowohl die Epidermicula des Haares als auch die Epidermicula der inneren Wurzelscheide schuppenförmig ist, wobei die Schuppen des Haares und die der inneren Wurzelscheide entgegengesetzt angeordnet sind. Durch die umgekehrt orientierten Epidermiculae des Haares und der inneren Wurzelscheide erhält das Haar zusätzlichen Halt. Die Schuppen der Epidermicula des Haares sind artspezifisch strukturiert (spielt in

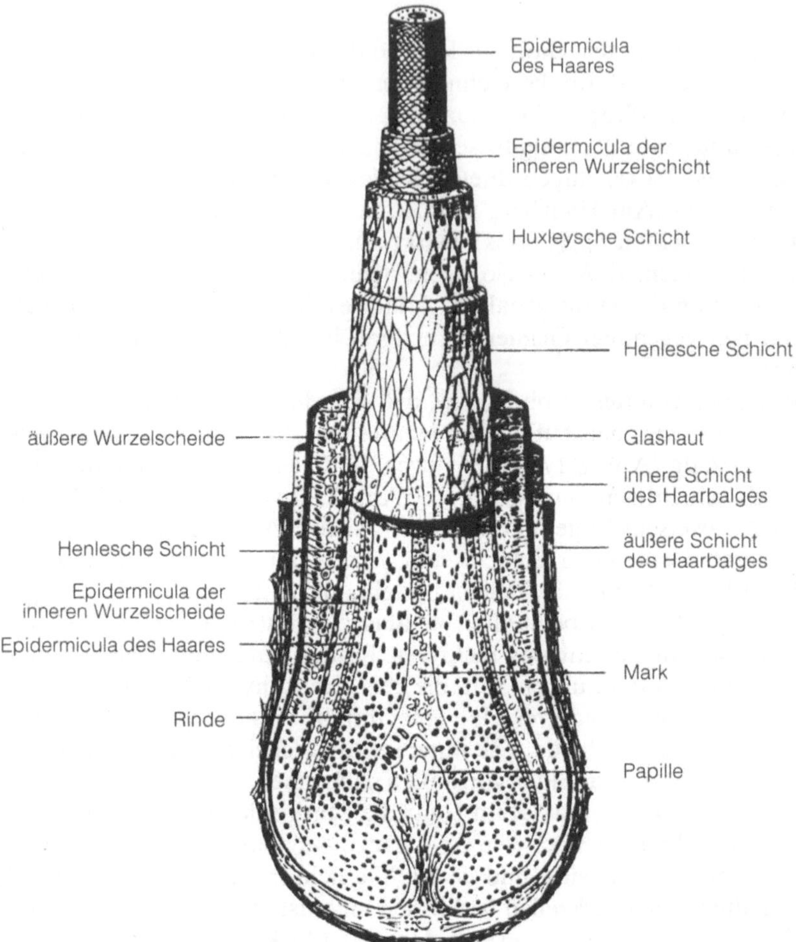

Abb. 8.18. Bau des Haares schematisiert. (Nach Benninghoff aus Bargmann)

der Kriminalistik eine Rolle). – Die Ernährung des Haares erfolgt durch die Haarpapille, die mit Blutkapillaren und Nerven versorgt ist.

Man unterscheidet im Fell eines Säugers Wollhaare von Deckhaaren. Wollhaare sind kurz, dünn und oft gekräuselt; manchmal fehlt ihnen die Markschicht. Deckhaare oder Konturhaare sind länger, dicker und starrer als Wollhaare; sie liegen schützend über den Wollhaaren.

Die **Tasthaare** (Sinushaare) von Katzen, Rind und Pferd z. B. sind in gekammerte Bluträume (Sinus) eingelassen, die innerhalb eines stark vergrößerten Haarbalges liegen. Die bindegewebige Papille des Haares ist kontinuierlich mit dem Haarbalg verbunden und frei von elastischen Fasern. Sie umschließt eine Kapillarschlinge für die Ernährung der Matrix; die reichliche Versorgung mit Nerven läßt ihre Tastfunktion erkennen. Tasthaare sind besonders kräftig.

Die **Haarfarbe** wird durch den Melaningehalt des Haares verursacht. Embryonal wandern Melanocyten aus der Neuralleiste in die Matrix des Haares, bilden hier lange Fortsätze und geben Pigment an junge Haarzellen ab. Dieses wird von dem im Haarschaft aufsteigenden Zellstrom mitgeführt. Beim Menschen sinkt im Alter die Stärke der Pigmentierung, dazu treten Gasbläschen in der Marksubstanz auf, wodurch insgesamt das Ergrauen und Weißwerden verursacht wird.

Beim **Haarwechsel** wird die Haarzwiebel von der Bindegewebspapille abgehoben und nach außen abgeschoben (Kolbenhaar). Gleichzeitig entsteht aus der Wurzelscheide ein neuer Epithelstrang, der an seinem inneren Ende eine neue Haarzwiebel entwickelt, die schließlich ein Ersatzhaar produziert.

Nägel, Krallen, Hufe sind flächenhafte epidermale Hornbildungen an den Endphalangen der Finger bzw. Zehen der Amnioten. In Bau und Entwicklung stellen sie gewissermaßen ein flächenhaftes Haar dar. Die epitheliale Nagelwurzel bildet in einer Hauttasche am proximalen Ende durch Zellvermehrung die Matrix. Die Matrixzellen verhornen. Hornplättchen werden im Nagel übereinander geschichtet. Sie bestehen aus Tonofilamenten in Kittsubstanz. Längs und quer orientierte Fibrillensysteme lagern schichtweise übereinander, was die Festigkeit des Nagels bewirkt.

Hörner der Boviden (Rinder, Schafe) sind ebenfalls Hornbildungen von Epidermiszellen. Im Innern des Hornes liegt ein Knochenzapfen. Er wird von der epidermalen hohlen Hornscheide umhüllt. Weder der Knochenzapfen noch die Hornscheide werden jemals gewechselt im Gegensatz zum Geweih, das aus Knochen besteht und jährlich abgeworfen wird.

8.3.2.3 Hautdrüsen

Säugetiere besitzen unter den Tetrapoden die vielfältigsten, mehrzelligen Hautdrüsen. Während beim Menschen die vier Typen 1. ekkrine (merokrine) Schweißdrüsen, 2. apokrine Duftdrüsen, 3. holokrine Talgdrüsen und 4. apo- sowie ekkrine Milchdrüsen unterschieden werden, kann eine derartige Klassifizierung für die anderen Säugetiere nicht übernommen werden. Bereits Duft- und Schweißdrüsen können bei den verschiedenen Ordnungen der Säuger nicht eindeutig mit den entsprechenden morphologischen Kriterien in Beziehung gebracht werden. – Deshalb unterscheidet man bei Säugetieren

1. monoptyche Drüsen mit einschichtigem, sezernierendem Epithel von
2. polyptychen Drüsen, deren sekretbildende Zellen viele Schichten bilden (Abb. 8.19).

1. **Monoptyche Drüsen** können das Drüsensekret bei Fortbestand der Zelle ausschleusen. Die Sekretion kann dann entweder ekkrin (merokrin) erfolgen oder apokrin. Dem Sekretionstyp ekkrin resp. apokrin entsprechend unterscheidet man darüber hinaus e- resp. a-Drüsen.

e-Drüsen bilden feine Sekrettropfen; ihr Lumen ist eng, ihre Drüsenschläuche sind aufgeknäuelt, ihr Sekret ist wäßrig und dünnflüssig. Ein Beispiel dafür geben die Schweißdrüsen der Primaten. Echte Schweißdrüsen fehlen innerhalb aller anderer Säuger-Ordnungen und stellen bei den Primaten eine Neuerwerbung dar, wo sie beim Menschen am zahlreichsten sind. – Echte Schweißdrüsen bilden lange, unverzweigte, tubuläre Drüsen, deren Endabschnitte sich zu einem Knäuel

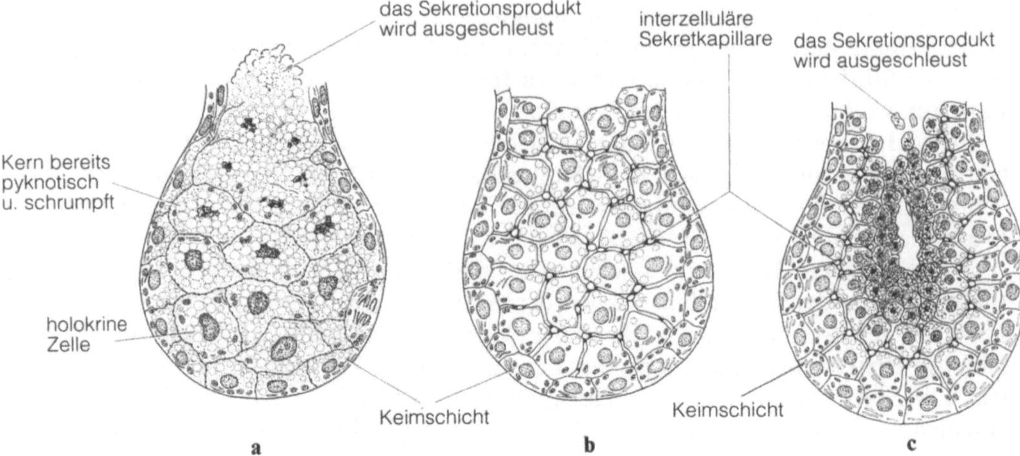

Abb. 8.19 a–c. Polyptyche Hautdrüsen der Säugetiere. **a** Holokrin, **b** merokrin, **c** holomerokrin. (Nach Starck 1982 u. Krstic 1988 modifiziert)

aufwickeln (Abb. 8.11). Der sekretorische Teil der Drüse liegt sowohl im Corium als auch in der obersten Hypodermis und wird von einer diskontinuierlichen Schicht aus Myoepithelzellen umgeben. Er besteht aus zwei Zelltypen: a) dunklen Schleimzellen mit Mitochondrien, gut entwickeltem Golgi-Apparat, granulärem ER, vielen freien Ribosomen und Glykoprotein enthaltenden Sekretgranula im apikalen Cytoplasma; b) hellen Zellen mit Glykogen, aber ohne Sekretgranula. Das basale Plasmalemm weist Invaginationen auf, die charakteristisch sind für Flüssigkeitstransport und Reabsorption von Salz (siehe auch Kap. 12.3, Exkretionsorgane!). Während der sekretorische Drüsenteil einschichtig ist, kleidet zweischichtiges kubisches Epithel den dünneren Ausführgang aus, der leicht geschlängelt durch die Dermis verläuft und an einem Epithelzapfen endet. In der Epidermis besitzt der spiralig geknäuelte Gang keine eigene Epithelwandung mehr. – Die funktionelle Bedeutung der Schweißdrüsen liegt in der Bildung von Verdunstungskälte.

a-Drüsen bilden große Sekrettropfen mit komplexem, protein- und lipidhaltigem Sekret; auch Pigmente werden von ihnen gebildet. Basal besitzen diese Drüsen stets Myoepithelzellen. a-Drüsen bilden weitlumige Schläuche, die oft alveoläre Form annehmen, aber auch aufgeknäuelt sein können. Pferde sezernieren z. B. ihren eiweißhaltigen, schaumigen Schweiß mit a-Drüsen. In der Regel kommen aber a-Drüsen kombiniert mit polyptychen Drüsen, z. B. Talgdrüsen, vor.

2. **Polyptyche Drüsen** sind alveolär, besitzen basal eine Lage teilungsfähiger Matrixzellen und zentralwärts mehrere Zellschichten. Sie können holokrin, merokrin oder holomerokrin sezernieren (Abb. 8.19). Bei holokriner Sekretion degeneriert die Drüsenzelle, zerfällt und wird zu Sekret.

Polyptyche Drüsen existieren in jeder Ordnung der Säuger. – Typisch polyptych sind z. B. Talgdrüsen. Sie stehen meistens in Beziehung zu Haaranlagen, kommen aber auch ohne Haaranlagen als freie Talgdrüsen vor, so z. B. in der menschlichen Gesichtshaut.

Talgdrüsen bestehen aus mehreren Acini, die sich in einen kurzen Ausführgang öffnen. – Die Randzone der Acini besteht aus epithelialen Zellen, die sich teilen und das Innere des Drüsenläppchens völlig mit Zellen füllen (Abb. 8.19a). Diese zentral liegenden Zellen vergrößern sich durch Einlagerung von Fetttropfen, sehen schaumig aus, und die anfangs rundlichen Kerne werden pyknotisch, d. h. werden dicht und schrumpfen. Gleichzeitig schwinden die Zellgrenzen, die Talgvakuolen verlassen das nunmehr amorphe Cytoplasma, dessen Endprodukt kernlose, fettreiche Klümpchen sind (holokrine Sekretion).

Keineswegs sind polyptyche Drüsen nur Talgbildner; entscheidend sind sie nämlich an der Bildung von Duftstoffen beteiligt.

Eine spezielle Form holokriner Drüsen stellen die meist pigmentierten und verzweigten perigenitalen Drüsen vieler Säuger dar (Hermelin, Rodentia, Boviden). Sie färben und modifizieren den Urin und haben eine Funktion bei der Reviermarkierung.

Beispiele für holomerokrine polyptyche Drüsen (Abb. 8.19c) sind die Violdrüse des Fuchses und die Brunstdrüse der Gemse. Die **Violdrüse** liegt in der dorsalen Schwanzhaut, 5–6 cm hinter der Schwanzwurzel. Der Drüsenkörper bildet solide Stränge, die sich verästeln. Dünne, bindegewebige Scheidewände, die elastische Fasern und viele Mastzellen enthalten, unterteilen sie in Drüsenläppchen. Jedem Drüsenkörper ist ein Haar zugeordnet. – Umgeben werden die Drüsenläppchen von derbem, geflechtartigem Bindegewebe, in das dicke Bündel glatter Muskelfasern eingelagert sind. Letzteren kommt Bedeutung für die Entleerung der Drüse zu. – Die Drüse mündet vorwiegend seitlich der äußeren Wurzelscheide des Haares. Neben großen, polyedrischen, unregelmäßig vakuolisierten, eosinophilen Zellen mit großem, rundem Kern, finden sich am Rand eines Drüsenläppchens kleinere Zellen mit chromatinreicheren Kernen, die mitotische Teilungen durchmachen. Die großen Zellen sezernieren merokrin in interzelluläre Spalten (hier Sekretkapillaren, Abb. 8.20); diese münden in den gemeinsamen Ausführungsgang. Wegen der Ähnlichkeit dieser Sekretkapillaren mit Gallenkapillaren der Leber spricht man bei einer Drüse mit derartigem interzellulärem Kapillarsystem von einer hepatoiden Drüse. – Neben dieser vorwiegend merokrinen Sekretion findet aber in geringem Maß auch holokrine Sekretion statt, bei der es zum Zerfall ganzer Zellen ohne Verfettung kommt. – Daran sind dunkler gefärbte,

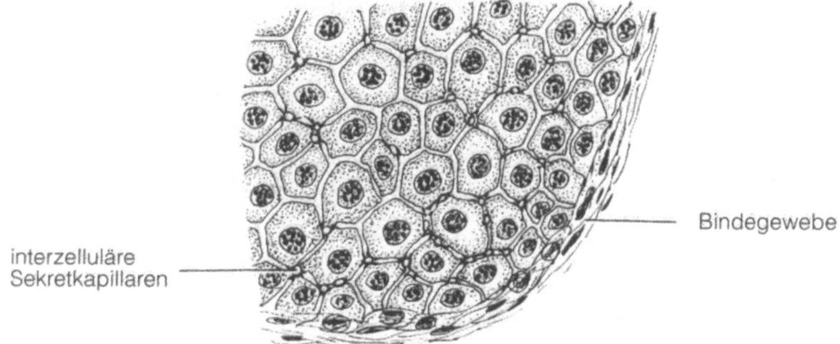

Abb. 8.20. Ausschnitt aus dem Schnitt durch ein hepatoides Randläppchen aus der Violdrüse des Fuchses. (Nach Schaffer 1940)

zentralwärts liegende, spindelförmige Zellen mit degenerierenden Kernen beteiligt. Nahe einem Haarbalg dieser Violdrüse liegen (nach Schaffer 1940) Hohlräume, die bis zu 112 μm Durchmesser erreichen. Sie sollen durch Zerfall der kleinen Zellen entstanden sein.

Während bei der Violdrüse die merokrine Sekretion überwiegt, sezerniert die Brunstdrüse am Kopf der Gemsen vorwiegend holokrin und nur wenig merokrin.

Kombinierte Drüsenorgane der Haut enthalten sowohl monoptyche als auch polyptyche Drüsen. Die monoptychen Drüsen kommen meistens als apokrine, die polyptychen als Talgdrüsen vor. In der Regel handelt es sich bei diesen kombinierten Drüsenorganen um Duftdrüsen, die bei Säugern die Hauptmasse der Drüsen stellen und Signalfunktionen übernehmen (Markierung von Revieren,

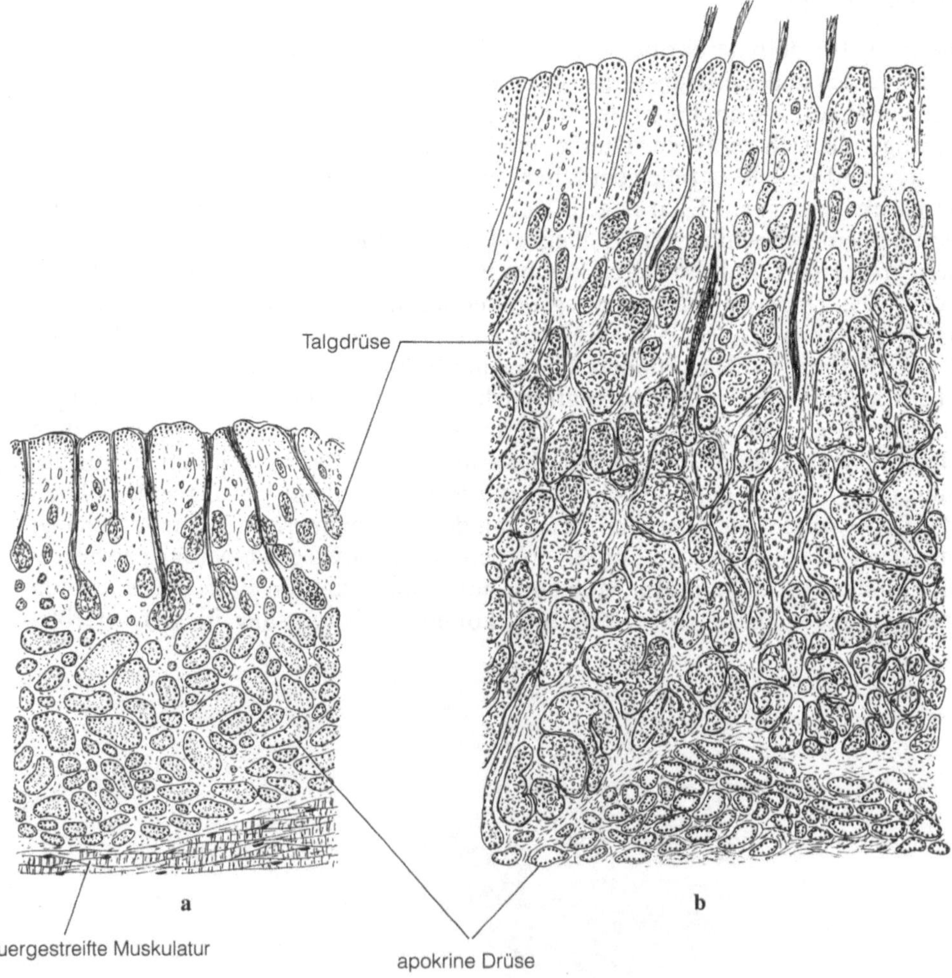

Abb. 8.21a, b. Schnitt durch die Seitendrüse der Spitzmaus *Neomys fodiens*. **a** Nichtbrünstiges ♂; **b** brünstiges ♂. Vergr. ca. 25fach. (Nach Schaffer 1940 modifiziert)

Arterkennung, sexuelle Kommunikation). – Man vermutet, daß das Talgsekret als Trägersubstanz für die Duftstoffe fungiert.

Die apokrin sezernierenden Endstücke dieser Drüsen sind durch ein weites Lumen charakterisiert. Die Zellen des einschichtigen Drüsenepithels enthalten Pigmentkörnchen, viel ER, viele Lysosomen und vielfach eisenhaltige Einschlüsse. Die Höhe der Epithelzellen läßt ihre sekretorische Aktivität erkennen. Hohe Zellen sind aktiv, während flache Zellen sich in Ruhe befinden und ihr Sekret abgegeben haben. – Zwischen den Drüsenzellen und der Basallamina erstrecken sich Myoepithelzellen, die bei Kontraktion das Sekret herausdrücken.

Bei den **Seitendrüsen von Spitzmäusen** erzeugen z. B. die apokrinen Schlauchdrüsen als „Schweißdrüsen" den spezifischen Geruch, während die holokrinen Talgdrüsen zur Zeit der Brunst aktiv sind, was durch Hyperplasie dieser Drüsen morphologisch sichtbar wird. Abb. 8.21 a zeigt einen Ausschnitt aus der ca. 3–4 mm langen und 2 mm breiten Seitendrüse einer männlichen Spitzmaus der Gattung *Neomys*. Gewöhnlich bestehen diese Seitendrüsen bei beiden Geschlech-

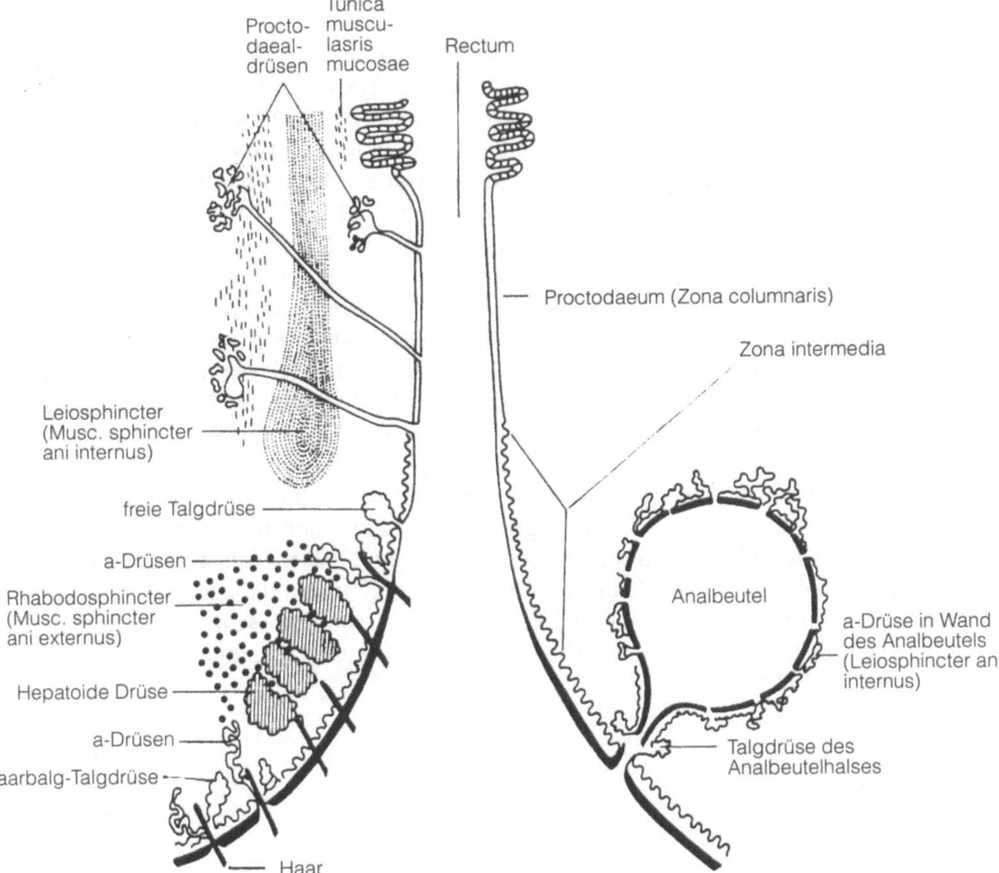

Abb. 8.22. Drüsenkomplex vom Hund in der Analregion. Schematischer Längsschnitt durch Rectum und Anus. (Nach Schaffer 1940)

tern aus einer Häufung von a-Drüsen, die von dicht behaarter Haut mit kleinen Haarbalgdrüsen überzogen wird. Während der Brunst vergrößern sich die Talgdrüsen (Abb. 8.21 b); anschließend bilden sie sich wieder zurück.

Vielfältige Drüsenkombinationen kommen hauptsächlich in der Analregion der Marsupialia und Carnivora vor (vergl. Ortmann 1960 und Abb. 8.22 der circumanalen Drüsenkomplexe). Circumanale Drüsen fehlen dagegen etlichen Tieren wie z. B. den Ungulata, Insectivora, Chiroptera und Primates. Von keiner Drüsenform der Analregion kennen wir aber exakt ihre Funktion, d. h. ihre bestimmte Beteiligung an bekannten Funktionen.

Milchdrüsen. Ein wichtiges Charakteristikum der Säugetiere sind die Milchdrüsen (Mammaorgane). Sie werden in beiden Geschlechtern angelegt; bei männlichen Säugern bleiben sie aber in der Regel rudimentär, während sie bei Weibchen, dem Sexualzyklus entsprechend, Veränderungen unterliegen. In voller Aktivität ist die Milchdrüse nur während der Gravidität und Laktation.

Herkunft. Bei den Eutheria (Placentalia) entstehen die Milchdrüsen aus den beiderseits angeordneten Milchleisten (longitudinal zwischen den Abgangsstellen der Extremitäten). Epidermisverdickungen bilden Epithelzapfen, die sich verzweigen und bis in die Subcutis vorwachsen.

Bau. Die Milchdrüse besteht aus verzweigten tubulo-alveolären Drüsen. Jede Einzeldrüse wird von lockerem Binde- und Fettgewebe umhüllt; straffes Bindegewebe trennt die Nachbardrüsen septenartig (Abb. 8.23 a). Dabei ändert sich das histologische Bild je nach Aktivitätszustand. Ruhende (nicht laktierende) Milchdrüsen besitzen wenig Endknospen. Sie liegen mit den Ductus lactiferi von lockerem Bindegewebe umgeben in einer großen Masse kollagener Fasern (Abb. 8.23 b). – Während der Gravidität wachsen die Milchgänge aus, und das Bindegewebe wird zurückgedrängt. – In der aktiven (laktierenden) Milchdrüse vergrößern sich die Alveolen, die Masse der kollagenen Fasern, und das lockere Bindegewebe nimmt ab (Abb. 8.23 c). Die Drüsenendstücke bestehen aus einschichtigem, kubischem Epithel und werden teilweise von Myoepithel umschlossen. Kontraktion der Myoepithelzellen trägt zur Entleerung der Milch bei. Eine Drüsenzelle sezerniert Milchfett sowie einige Proteine der Milchfettkugel-Membran apokrin, während sie Caseine sowie α-Lactalbumin ekkrin sezerniert.

Jeder anschließende Ausführgang ist zunächst zweischichtig; mehrere dieser Gänge münden in einen mehrschichtigen Ausführgang, der auf einer Zitze mündet. Bei den Beuteltieren münden diese einzelnen Drüsen frei auf der Hautoberfläche an der Basis von Haaren. – Bei anderen Säugern dagegen münden separate Ausführgänge auf Zitzen, die keine Haare aufweisen. Beim Menschen erweitert sich jeder Gang vor der Mündung auf der Brustwarze zu einem spindelförmigen Milchsäckchen.

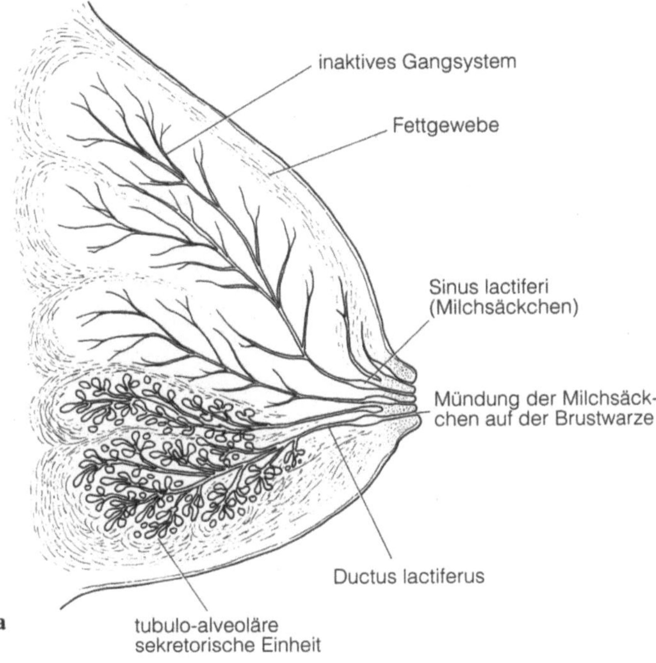

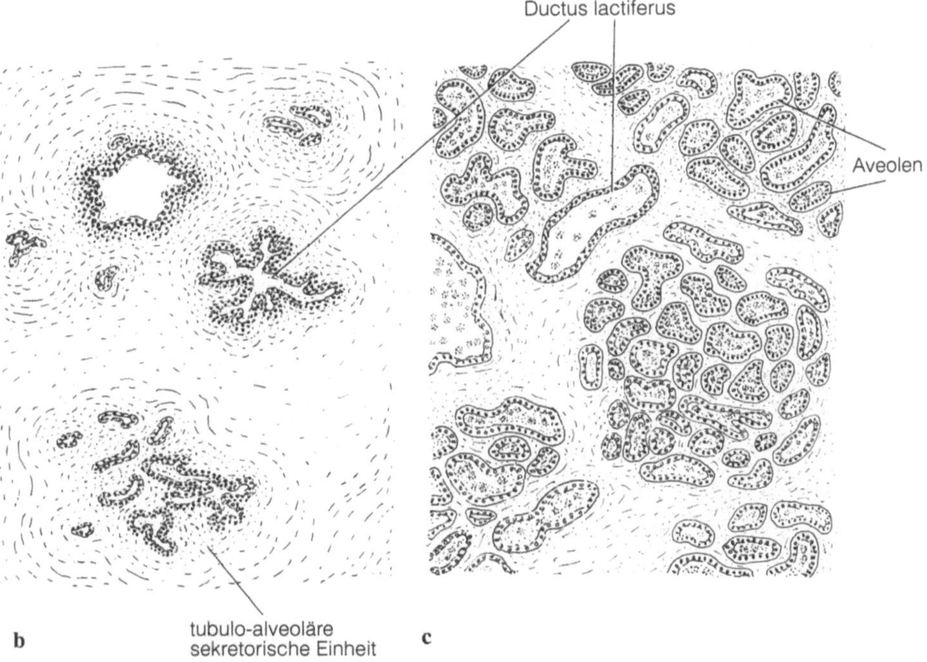

Abb. 8.23 a–c. Milchdrüse (Glandula mammaria). **a** Schema der Milchdrüse des Menschen; oben inaktiv; unten aktiv. **b–c**: Im Schnitt; **b** ruhend; **c** laktierend; Milchfett durch O_sO_4 geschwärzt) (**a** nach Junqueira et al. 1986, **b** nach Leonhardt)

9 Zahn und Zahnentwicklung

Zahnförmige Hartsubstanzen treten stammesgeschichtlich zuerst in der Selachier-Haut als Placoidschuppen oder Hautzähne auf. Placoidschuppen und Mundzähne werden als homolog betrachtet. Beide gehen phylogenetisch auf Deckknochenplatten früherer Wirbeltiere zurück.

9.1 Hautzahn von *Squalus acanthias* (Dornhai)

Zum Verständnis seines Baus sei zunächst die Ontogenie des Hautzahnes erörtert. – Sowohl die ektodermale basale Epidermislage der Haut, als auch die mesodermalen Odontoblasten des Bindegewebes haben Anteil an der Zahnbildung (Abb. 9.1).

An den Zahnbildungsstellen invaginiert die basale Zellschicht der mehrschichtigen Epidermis (Abb. 9.1 a); in diese Einbuchtungen dringt mesenchymales Bindegewebe ein. Aus dieser Bindegewebspapille ordnet sich ein einschichtiger Zell-

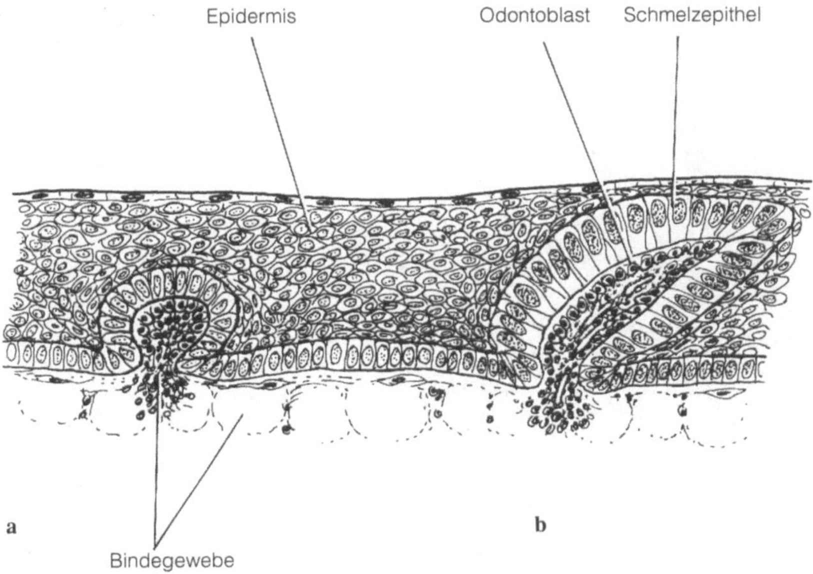

Abb. 9.1 a, b. Entwicklung eines Hautzahnes (Placoidschuppe) bei *Squalus acanthias*

verband flächenhaft an der Grenzfläche zur Epidermis. Zellen dieses Verbandes werden als Odontoblasten bezeichnet. Sie schließen die Ausstülpungen der Bindegewebspapille gegen die basale Epidermislage ab (Abb. 9.1 b). Die Zellen des Stratum basale der Epidermis strecken sich prismenförmig; sie bilden das Schmelzepithel. Die Form der Einbuchtung dieses Schmelzepithels verleiht dem heranwachsenden Zahn seine Form wie eine Kuchenform dem Kuchen. Während die Odontoblasten das Dentin absondern, bildet das Schmelzepithel der Epidermis den Schmelz des Zahnes.

Bau des Hautzahnes. Der Hautzahn besteht aus zwei Teilen:

a) dem eigentlichen Zahn oder Schuppenstachel und
b) der Basalplatte (Abb. 9.2).

Der Zahn besitzt als äußeren Überzug den Schmelz; er ist an der Spitze am dicksten. Der größte Teil des Zahnes besteht aus Dentin, dem eigentlichen Zahnbein. Im Zentrum des Zahnes befindet sich die Pulpa aus Bindegewebe, das Blutkapillaren und Nerven enthält. Von der Pulpa aus dringen ins Dentin radiär Kanälchen vor, die sich peripherwärts verzweigen. Sie werden durchzogen von Fortsätzen einer an der Oberfläche des Bindegewebes der Pulpa gelegenen Zellschicht, der Odontoblasten. – In der basalen Zahnregion setzt sich das Zahnbein in eine knöcherne Basalplatte ohne Zellen fort. Diese Basalplatte des Zahns ist durch ihre Form sowie über Bindegewebsfasern fest im Corium verankert.

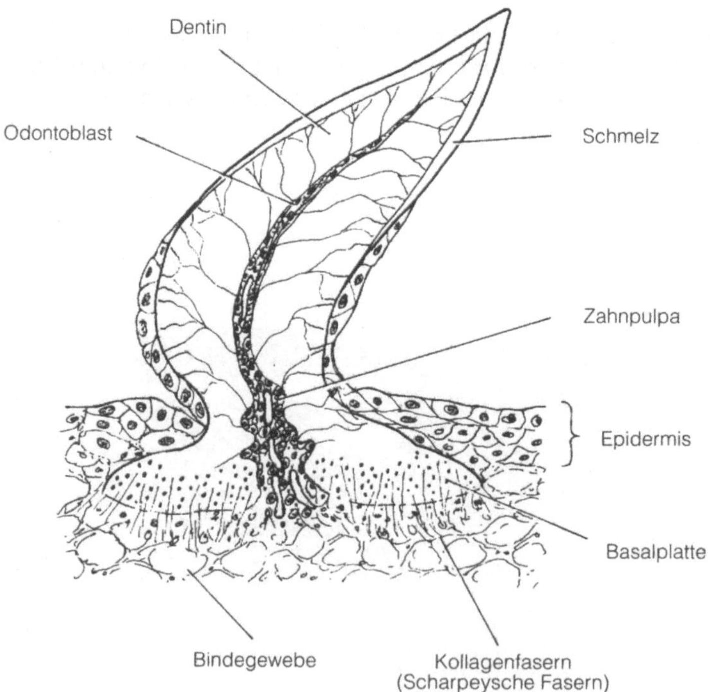

Abb. 9.2. Placoidschuppe von *Squalus acanthias* (Dornhai) im Medianschnitt. (Nach Klaatsch, Jollie aus Starck)

9.2 Mundzahn

Die Entwicklung der Mundzähne bei Selachiern beginnt in der Epidermis, der Mundschleimhaut, also dem Ektoderm. Epithelzellen wuchern ins embryonale Bindegewebe, das Mesenchym (Abb. 9.3 a); sie bilden eine solide Falte, die Zahnleiste, die sich längs über dem gesamten Kieferknorpel ausbreitet. In ihr spielt sich auf die gleiche Art wie in der Haut die Zahnentwicklung ab. – In der dem Knorpel zugewandten Fläche der Zahnleiste invaginiert an den Zahnbildungsstellen die basale Zellschicht der soliden Zahnleiste (Abb. 9.3 b). Gleichzeitig dringen mesenchymale Zellen in die Invaginationen vor; aus ihren peripher gelegenen Zellen formiert sich wie beim Hautzahn die Odontoblastenlage. Der Bindegewebszapfen wird als Zahnpulpa bezeichnet. In sie treten Nerven und Gefäße ein. – Von der invaginierten basalen Epithelschicht der Zahnleiste, dem Schmelzepithel, wird der Schmelz abgeschieden. Er besteht chemisch aus 95,4% Calcium-Phosphat und Calcium-Carbonat, 1% Magnesium-Phosphat und 3% organischen Substanzen. Er stellt die härteste organische Substanz im Tierreich, die bekannt ist. In Säuren löst er sich; entsprechend zeigt sich bei Fixierung z.B. mit Bouinscher Lösung ein Spaltraum.

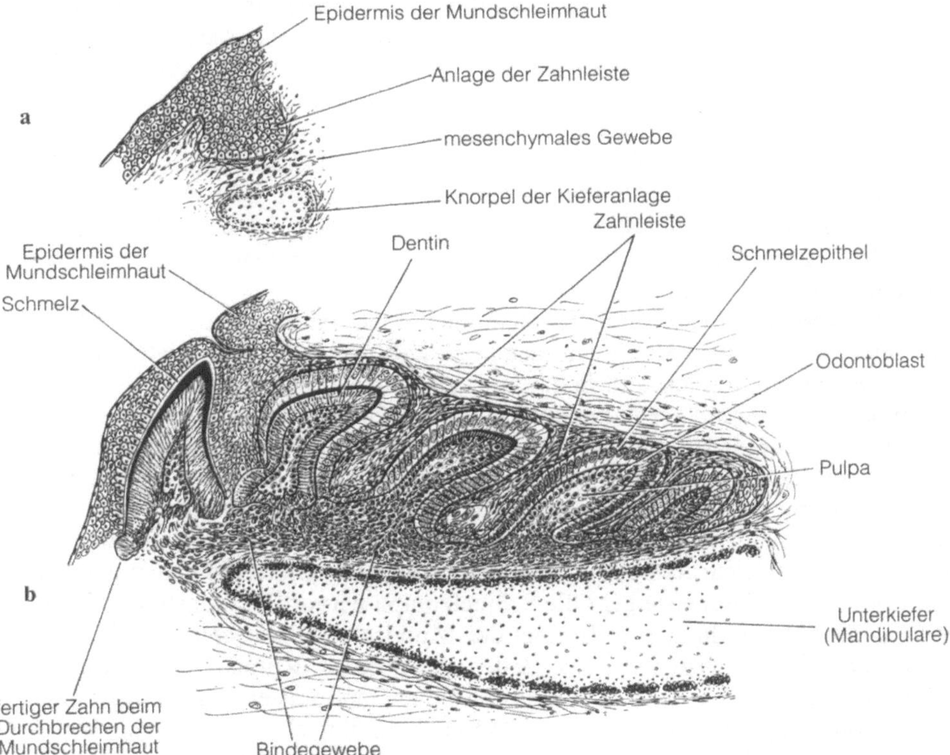

Abb. 9.3 a, b. Mundzahnentwicklung beim Hai, im Kieferquerschnitt: **a** Embryonalstadium, **b** adultes Stadium

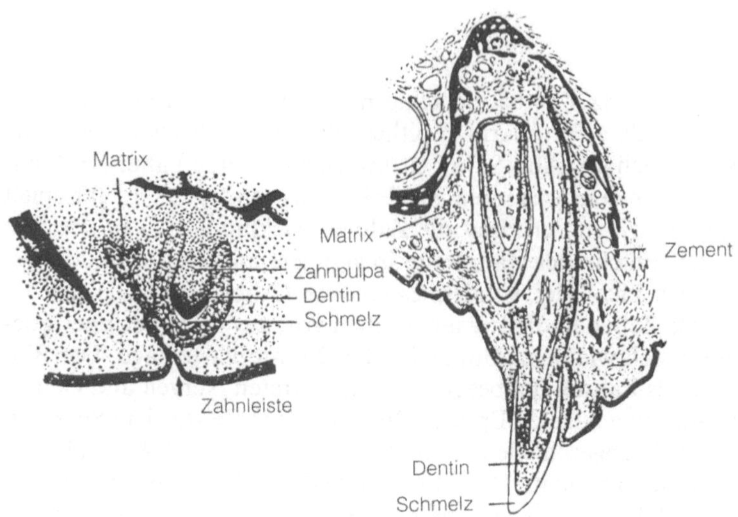

Abb. 9.4. Zahnentwicklung bei niederen Tetrapoden (Krokodil) im Oberkiefer. (Nach Röse aus Romer-Parson)

Die Odontoblasten sondern das Zahnbein, das **Dentin**, ab. Es ist osteoidem Gewebe nahe verwandt. Dentin enthält aber keine eingeschlossenen Zellen wie der Knochen, sondern nur Ausläufer der Odontoblasten. Mit der Absonderung des Dentins ziehen sich die Perikaryen der Odontoblasten ins Bindegewebe zurück, so daß nur ihre Zellfortsätze das Dentin durchziehen. – Da beim Hai ständig neue Zähne gebildet werden, befinden sich mehrere (frühe, mittlere und späte) Stadien der Zahnentwicklung in der gleichen Zahnleiste (Abb. 9.3 b). – Generell bilden niedere Wirbeltiere mehrere Zahngenerationen aus; sie sind polyphyodont. Ihre Zahnleiste bleibt erhalten und birgt endständig stets Matrix für die Bildung der Ersatzzähne (Abb. 9.4).

Bei **Säugern**, die bis auf wenige Ausnahmen mono- oder diphyodont sind, d. h. eine oder zwei Zahngenerationen ausbilden, entwickelt die Zahnleiste nur eine oder zwei Invaginationen und Schmelzorgane. Danach geht die Zahnleiste bei Diphyodontie während der Zahnentwicklung zugrunde.

Ein **Schmelzorgan** ist glockenförmig; es besteht aus dem inneren hochprismatischen und dem äußeren niedrigen Schmelzepithel sowie der dazwischenliegenden Schmelzpulpa. Das innere Schmelzepithel bildet die innere invaginierte Wand der Glocke. Die äußere konvexe Wand der Glocke wird von der äußeren Schicht der Zahnleiste gebildet. Aus den dazwischenliegenden Schichten des soliden Epithels der Zahnleiste geht die Schmelzpulpa hervor. Die sonstige Zahnleiste mit ihrer Verbindung zum Epithel der Mundschleimhaut geht während der Zahnentwicklung zugrunde. – Die Zellen des inneren Schmelzepithels werden auch als Adamantoblasten, Ameloblasten oder Ganoblasten bezeichnet. – Die Schmelzpulpa besteht aus einem dem Mesenchym ähnlichen Gewebe mit sternförmigen Zellen. Das dem inneren Schmelzepithel anliegende Pulpagewebe differenziert sich zum Stratum intermedium; es enthält Enzyme (z. B. Phosphatasen), die für den Aufbau des Schmelzes von Bedeutung sind. Mesenchymales Bindege-

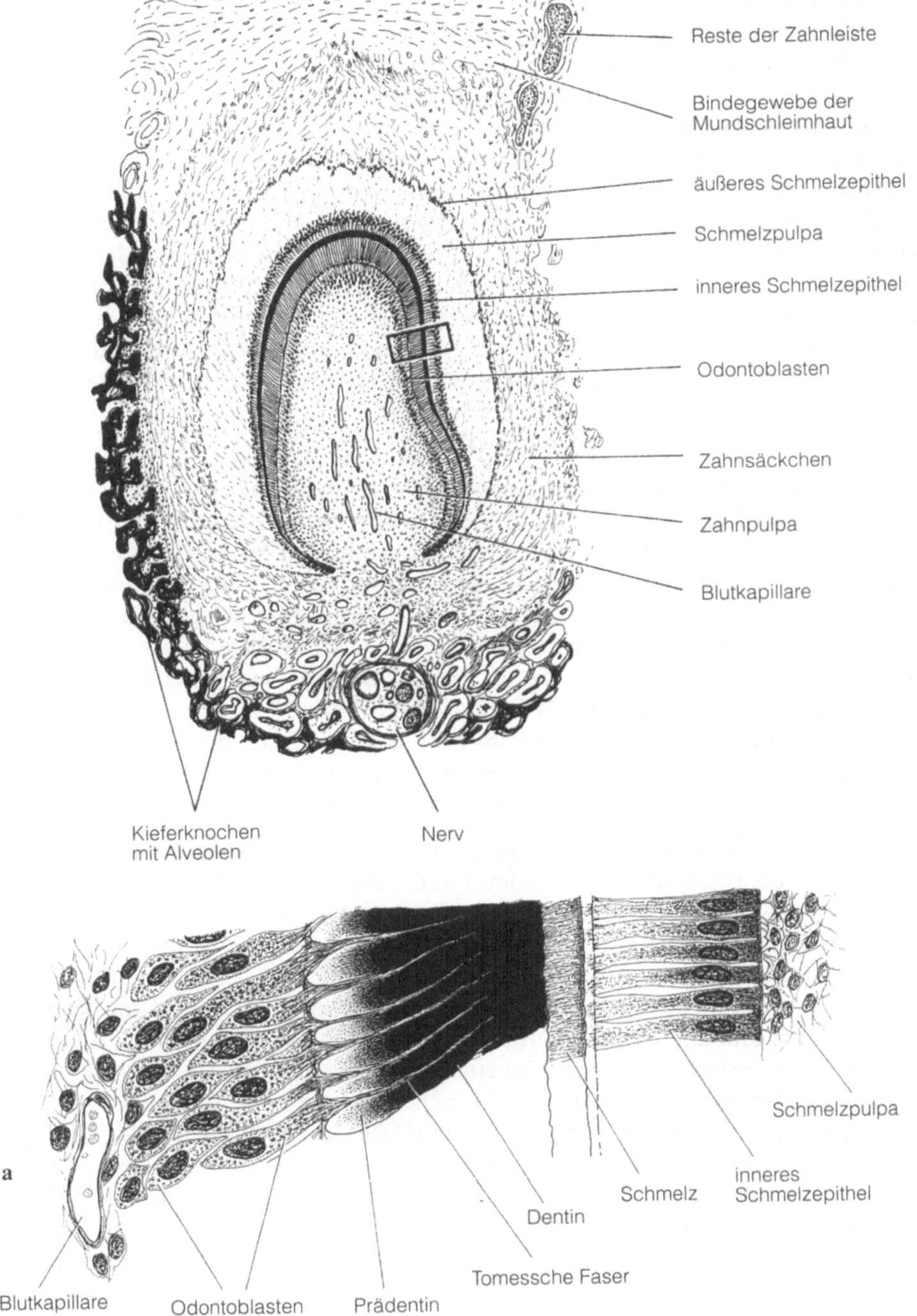

Abb. 9.5. Zahnentwicklung einer Katze im Längsschnitt. Vergr. ca. 30fach. **a** Inset; Vergr. ca. 730fach

webe mit Blutgefäßen und Nerven wächst in die Zahnglocke und bildet die Zahnpulpa. Das sehr zellenreiche Bindegewebe, das die Schmelzglocke samt Zahnpulpa umgibt, wird als Zahnsäckchen bezeichnet (Abb. 9.5).

In der Regel wird das **Dentin** vor dem Schmelz gebildet. Odontoblasten produzieren das Prädentin; es besteht aus Knochengrundsubstanz und Kollagenfasern. Wird die Prädentinschicht dicker, so ziehen sich die Perikaryen der Odontoblasten zurück, lassen aber einen verlängerten Cytoplasma-Fortsatz, die sog. Tomesschen Fasern, in dieser Prädentinschicht zurück (Abb. 9.5a). Erst später erfolgt durch radiäre Einlagerung von Apatitkristallen die Verkalkung dieses Prädentins; so entsteht Dentin. Diese Mineralisierung wird hormonell durch die Epithelkörperchen (Nebenschilddrüse) gesteuert. Im Gegensatz zum Knochen enthält der Zahn eine Hartsubstanz ohne Perikaryen. Sie enthält nur Ausläufer der Odontoblasten in den Dentinkanälchen. Diese feinen Kanälchen verzweigen sich und kommunizieren endständig miteinander.

Der Schmelz wird in zwei Schritten gebildet:

1. durch Sekretion der Schmelzmatrix von den Adamantoblasten und
2. durch Ausreifung der Matrix infolge Einstrom von Calciumsalzen und Bildung von langgestreckten, mannigfach gekrümmten Schmelzprismen sowie Entfernen von Wasser und organischen Bestandteilen. – Die Schmelzprismen gehen also auf individuelle Zellen des Schmelzepithels zurück. Durch Kittsubstanzen sind die Schmelzprismen zu einem schraubigen Verlauf verbunden. Lichtmikroskopisch ist sie als Hunter-Schregersche-Streifung sichtbar und parallel zur Oberfläche als Retziussche Streifung. Eisenhaltiges Pigment der Adamantoblasten erzeugt Gelb- oder Braunfärbung des Schmelzes. Der Funktionswechsel der Adamantoblasten geht parallel mit der Strukturveränderung dieser Zellen (Zellhöhe, Granulagehalt, Mitochondriengehalt).

Im fertigen Zahn (Dens, Abb. 9.6) unterscheidet man die **Krone**, Corona dentis, die sich über dem Zahnfleisch befindet und die **Zahnwurzel**, Radix dentis, die in der Alveole des Kiefers steckt. Der Teil zwischen Krone und Wurzel, der nicht mehr vom Schmelz der Krone und auch nicht mehr von der Mundschleimhaut des Unterkiefers bedeckt ist, wird als **Zahnhals** bezeichnet. – Vom Zahnhals bis zur Wurzelspitze ist der Zahn des Säugers über eine dem Dentin aufliegende Zementschicht und eine Wurzelhaut mit der Kieferalveole verbunden (Abb. 9.6). Nur in der Zementschicht findet man eingemauerte Knochenzellen; hier handelt es sich um geflechtartigen Knochen. – Manche Pflanzenfresser bilden auch in der Krone der Backenzähne Zement aus. Da die Härte des Zahnes in der Reihenfolge Schmelz-Dentin-Zement abnimmt, werden diese drei Substanzen beim Kauen verschieden stark abgenützt. So entstehen z. B. die Schmelzleisten, weil Dentin und Zement weicher sind als Schmelz. Die **Wurzelhaut** (Desmodontium) besteht aus kollagenen Fasern, die eine federnde Verbindung darstellen, über die der Zahn in der Alveole des Kieferknochens aufgehängt ist. Abwärts gerichtete Fasern fangen beim Kauen den Druck des Zahnes auf den Kieferknochen auf. Durch die Verteilung der Kollagenfasern wird diese Druckminderung erzielt. – Zement, Wurzelhaut, Alveolarperiost mit Fasersystemen werden vom Zahnsäckchen gebildet.

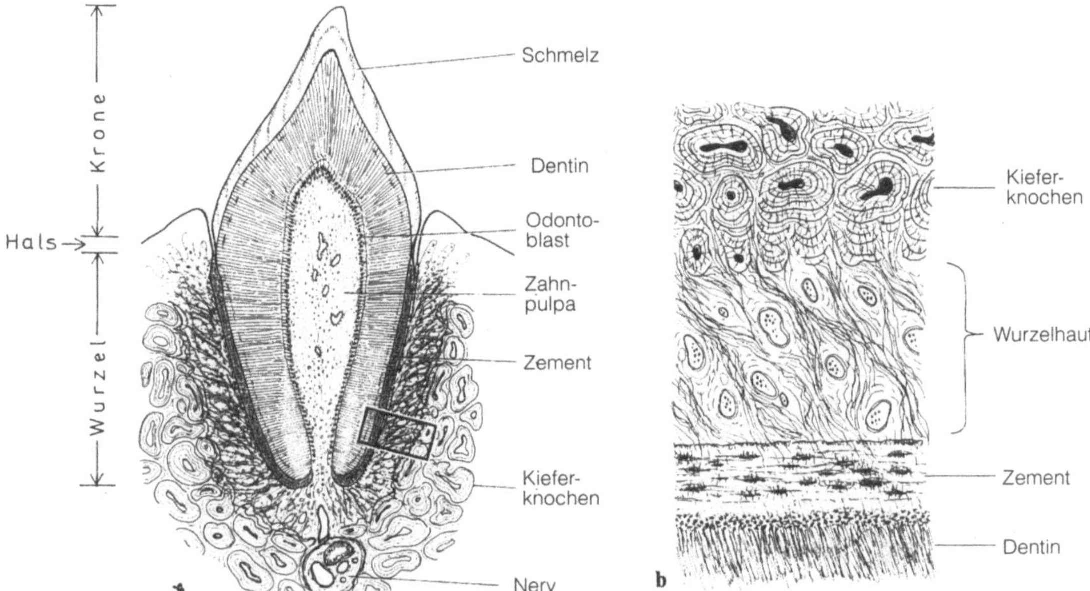

Abb. 9.6 a, b. Medianschnitt durch den Zahn eines Säugers. **a** Geschliffen in den Schnitt einer Alveole projiziert; halbschematisch. **b** Inset

Bei Haien sind die Zähne durch faseriges Gewebe befestigt. Der Kiefer bildet hier keine Alveolen aus. Diese Zahnbefestigung kommt auch vor bei Schlangen und Eidechsen. Sonst sind jedoch die Zähne fest mit der unterlagernden Knochenstruktur oft nur über das knochenähnliche Material, den Zement, verbunden. Entsprechend der Verbindung eines Zahnes mit dem Kieferknochen unterscheidet man acrodont, pleurodont und thecodont. Unter acrodont versteht man: lockere Verbindung, pleurodont: an Innenfläche des Knochens angeheftet, thecodont: Verbindung in einer Knochenalveole. Diese drei Befestigungstypen kommen innerhalb der Reptilien vor; zudem bei Teleosteern acrodont und bei Säugern sowie einigen niederen Wirbeltieren thecodont.

Die wenigsten Tiere haben nur eine Zahngeneration, sind monophyodont. Zu ihnen gehören die Zahnwale und viele Rodentia. Zwei Zahngenerationen sind in der Regel bei Säugern verbreitet. Sehr viele Zahnwechsel weisen niedere Wirbeltiere auf wie die Fische, Amphibien und Reptilien. Bei Vögeln haben Hornschnabel und Muskelmagen funktionell das Gebiß ersetzt.

Ist ein Zahn ausgewachsen, so verschließt sich in der Regel die Wurzel, deren Pulpa nur noch über eine kleine Öffnung mit dem übrigen Bindegewebe, Blutkapillaren und Nerven verbunden ist. Demgegenüber steht der **hypselodonte** Zahn mit der offenen Wurzel; hier bleibt die Pulpahöhle an der Basis offen. Solche Zähne wachsen ständig nach und werden in dem Maß, in dem sie abgenutzt werden, basal nachgebildet und nach außen vorgeschoben. Schmelz- und Dentinbildung gehen hier kontinuierlich weiter. Das ist der Fall bei den Schneidezähnen der Nager, bei den Stoßzähnen der Elefanten (obere Incisivi), beim Hauer von Walrossen (Canini) und bei Eckzähnen des Schweines und des Flußpferdes.

10 Zunge

Der Zungenkörper besteht im wesentlichen aus quergestreifter Muskulatur, die von Schleimhaut bedeckt wird. Die Muskelfasern verflechten sich in drei Ebenen (transversal, vertikal und longitudinal); sie werden durch Bindegewebe zu Muskelbündeln zusammengehalten. Die Schleimhaut besteht meistens aus mehrschichtigem Plattenepithel und darunterliegendem Bindegewebe (Propria). Am Zungenrücken bildet die Schleimhaut Papillen von großer Formenmannigfaltigkeit aus. Diese Papillen bestehen aus zapfenförmigen Vorsprüngen der Lamina propria; darüber liegt das Epithel. Letzteres ist durch dichtstehende Bindegewebspapillen und Kollagenfasern fest mit dem darunterliegenden Muskelkörper verzahnt. Eine Submucosa (Verschiebeschicht) fehlt; sie würde der mechanischen Beanspruchung entgegenwirken. Zwischen den Papillen münden basal oft schlauchförmige, seröse Drüsen. Die Zunge enthält aber auch muköse Drüsen, deren Sekret Nahrung schlüpfrig macht. – Die Schleimhaut der Zungenunterseite ist glatt und verhältnismäßig dünn; sie ist locker mit dem zentralen Muskelkörper der Zunge verbunden. – Bei Fischen und Amphibien ist dieses Epithel niedrig und kann Cilien besitzen.

Die **Zungenpapillen** sind makroskopisch sichtbare Erhebungen der gesamten dorsalen Schleimhaut und verleihen ihr das charakteristische Relief des Zungenrückens. Dieses sowie das gesamte histologische Bild ist bei verschiedenen Tieren auch innerhalb einer Klasse sehr unterschiedlich. Bei der Zunge der Frösche werden die dorsalen Zungenpapillen zum Zungenrand hin kleiner und verschwinden (Abb. 10.1). Am Zungenrand und auf dem ersten Abschnitt der Zungenunterseite ist das Epithel dicht besetzt mit einzelligen endoepithelialen Drüsen, während die basale Zungenunterseite ein niedriges einschichtiges Epithel aufweist. Der dorsale Zungenteil enthält mehr Spüldrüsen als ihr ventraler Teil; letzterer ist reich an mukösen Drüsen.

Die Papillen sind ihren diversen Aufgaben entsprechend innerhalb der WT sowohl in Gestalt als auch im Epithel verschieden. So ist z. B. das Epithel der Papillen des Frosches einschichtig, das der Katze dagegen mehrschichtig und verhornt. Morphologisch unterscheidet man: Papillae filiformes, Papillae fungiformes, Papillae foliatae, Papillae vallatae.

1. **Papillae filiformes** sind in der Regel fadenförmig (Abb. 10.1 u. 10.3 a) und haben mechanische Funktion; sie wirken dem Zurückgleiten der Nahrungsteile zur Mundöffnung entgegen. – Über dem bindegewebigen Grundstock der Fadenpapille erhebt sich das Epithel. – Bei der Katze, die beim Lecken des Felles die Zunge besonders stark mechanisch beansprucht, bildet jede Papille ein

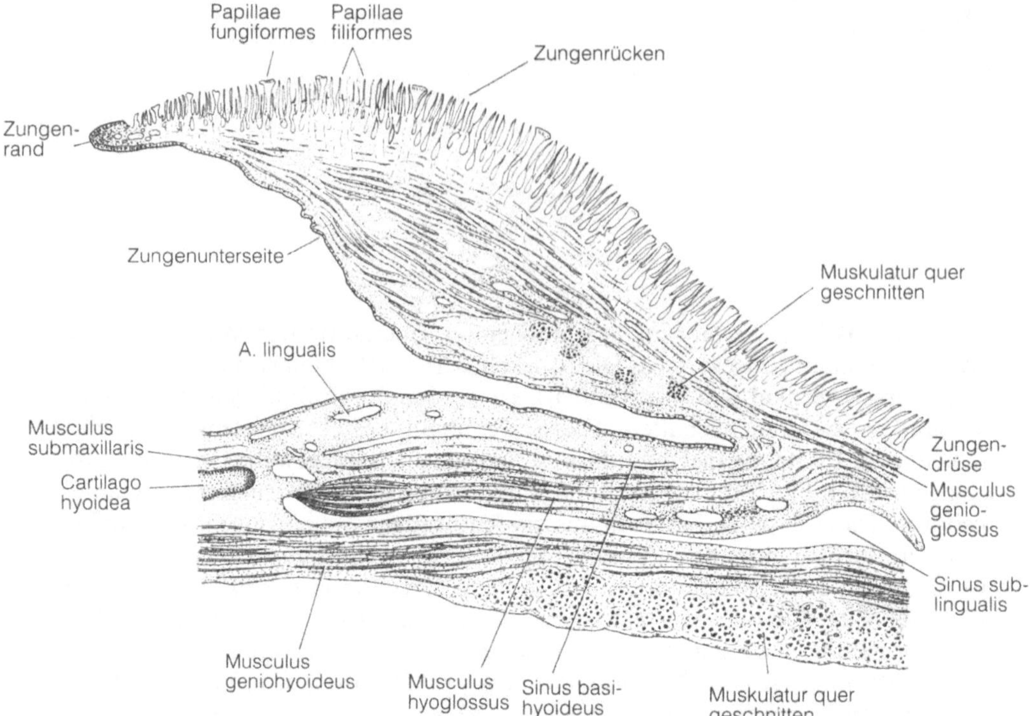

Abb. 10.1. Längsschnitt durch die ausklappbare Zunge vom Wasserfrosch (*Rana esculenta*). (Nach Krause modifiziert)

Polster aus, das starken Widerstand bietet (Abb. 10.2); außerdem trägt dieser Papillentyp der Katze einen zahnförmigen, verhornten Fortsatz.

Papillae fungiformes, vallatae, foliatae sind Geschmacksorgane; sie perzipieren gelöste Geschmacksstoffe. Deshalb münden zwischen diesen Papillen Spüldrüsen, die einen ständigen Abtransport der Geschmacksstoffe gewährleisten, so daß keine Adaptation durch Dauerreiz entsteht. In ihrem Aufbau unterscheiden sich diese Papillen.

2. Die **Papillae fungiformes** des Frosches (Abb. 10.3) erscheinen im medianen Längsschnitt pilzförmig. Im wesentlichen besteht diese Papille aus Bindegewebe, das von einschichtigem Epithel überzogen wird. Seitlich ist dieses Epithel kubisch. Im apikalen Teil dieser Papille ist eine Scheibe ausgebildet, deren Boden von einem größeren apikalen kubischen Epithel gestellt wird; zirkulär wird es eingefaßt von einem einschichtigen Flimmerepithel; letzteres wird außen ringförmig von einschichtigem Epithel begrenzt (Abb. 10.3 b u. 7.16). Die großen kubischen Zellen, die die Scheibe stellen, werden als akzessorische Zellen bezeichnet; zwischen ihnen endigen die Dendriten von Sinnesnervenzellen. Die Flimmerzellen sind in 1–4 Reihen angeordnet. Jede Sinnesnervenzelle entsendet mehrere Dendriten apikalwärts, ist im ableitenden Teil mehrästig und steht über Synapsen mit den folgenden Nerven in Verbindung (Abb. 7.16). In den bindegewebigen Grundstock dieser Papille dringt Musku-

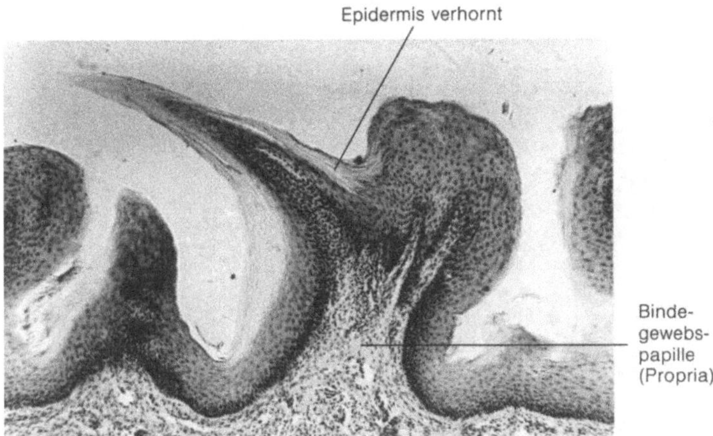

Abb. 10.2. Papillae filiformes der Katze im Sagittalschnitt; Vergr. ca. 128fach; Färbung Hämatoxylin-Eosin

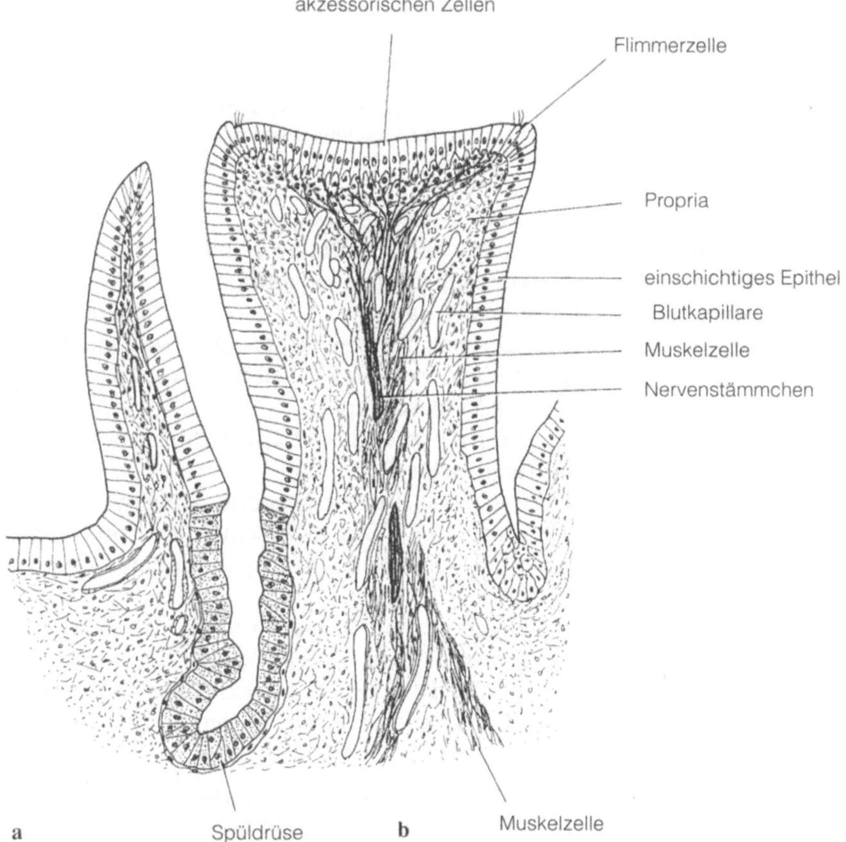

Abb. 10.3 a, b. Zungenpapillen vom Frosch im histologischen Medianschnitt (schematisch); Vergr. ca. 100fach. **a** Papillae filiformes. **b** Papillae fungiformes.

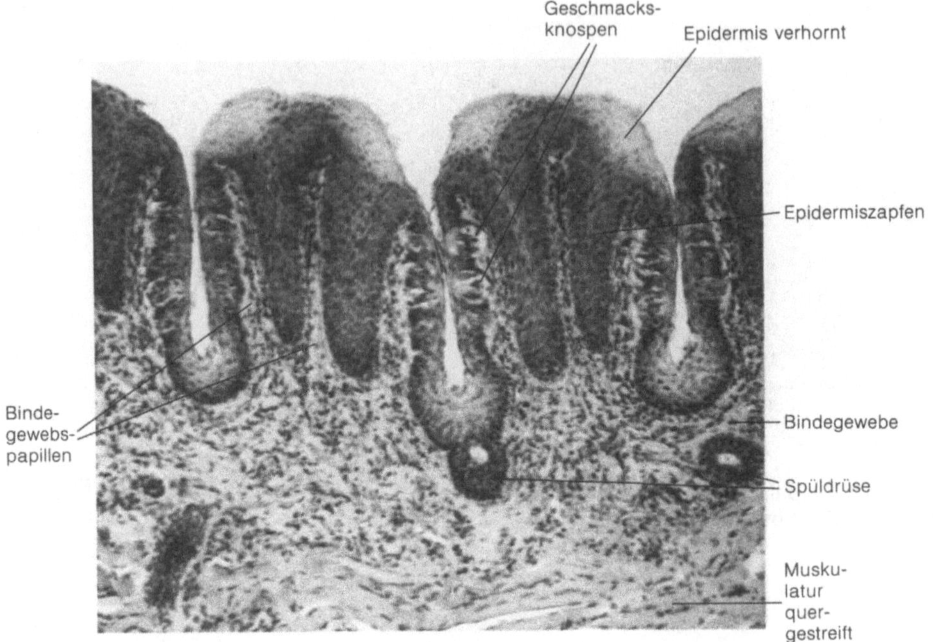

Abb. 10.4. Papillae foliatae. Querschnitt durch Blattpapillen einer Kaninchenzunge mit einmündender Spüldrüse; Seitenwände der Blattpapillen mit Geschmacksknospen; Vergr. ca. 102fach; Färbung Hämatoxylin-Eosin

latur und ein arterielles Gefäßstämmchen ein. Letzteres bildet endständig einen Kapillarknäuel, von dem Venenendstämmchen ausgehen.

Eine fungiforme Papille eines Säugers dagegen, z. B. einer Rattenzunge, besteht aus Propria und mehrschichtigem Plattenepithel. Der Geschmacksporus liegt distal im Zentrum und bildet den apikalen Teil der darunterliegenden Geschmacksknospe (s. Kapitel 7.4, Sinnesorgane).

Sowohl bei Säugern als auch beim Frosch sind die Papillae filiformes zahlreicher und höher als die Papillae fungiformes.

3. Die **Papillae foliatae** der Säuger stellen querliegende Schleimhautfalten am seitlichen Zungenrand dar (Abb. 10.4). Das mehrschichtige Epithel ihrer senkrechten Wände enthält ebenfalls Geschmacksknospen. Spüldrüsen münden an der Basis dieser Papillen ein.

4. Als **Papillae vallatae** der Säuger werden warzenförmige, das Zungenniveau nur wenig überragende Geschmackspapillen bezeichnet. Sie werden von einem Graben und Wall umgeben. Das den Graben auskleidende Mundhöhlenepithel wird von Geschmacksknospen durchsetzt. In den Graben münden seröse Drüsen.

Während bei Fischen die den Mundhöhlenboden einnehmende Zunge nur im rostralsten Abschnitt frei ist, ist die Zunge des Frosches z. B. caudalwärts vom Boden abgelöst und zum Ausklappen geeignet (Abb. 10.1). Der Musculus genioglossus zieht die Zunge hervor, der Musculus hyoglossus zurück. – Die Zunge der

Reptilien sei am Beispiel der Eidechse erläutert. Diese Zunge liegt dreieckig dem Zungenboden auf. Sie hat einen breiten Zungengrund; die Zunge verschmälert sich vorn und läuft in Spitzen aus. Am Zungenkörper sind die Papillen groß, werden vorne aber immer niedriger. Diese Papillen sind so stark caudalwärts gekrümmt, daß die vordere die folgende stets dachziegelartig überdeckt. Die Spitze dieser Zunge ist bei Eidechsen stark verhornt und ohne Papillen. Während die sonstige Zungenoberfläche pigmentiert ist, sind die Papillen pigmentfrei.

Vögel besitzen nur eine schmale Zunge, die am caudalsten Ende mit dem Mundhöhlenboden verwachsen ist.

Die Zunge der Säuger ist wohl am beweglichsten, da sie sowohl zur Reinigung des Felles als auch zur Nahrungsaufnahme dient. Dazu ist diese Zunge rauh und durch kleine verhornte Vorsprünge der Schleimhaut ausgezeichnet. Stets sind die Spitzen der Papillen caudalwärts gerichtet.

11 Transport-, Speicher- und Resorptionssysteme

Struktur und Funktion. Systeme, denen diese Funktionen zukommen, sind in der Regel röhrenförmig, wobei der Bau der Röhrenwand funktionelle Details erkennen läßt. Auch Systeme, die Fett und Glykogen speichern wie z. B. die Leber, sind in ihrem elementaren Bau als röhrenförmig zu betrachten. Instruktiv ist sowohl die Struktur der Zellen des auskleidenden Röhrenepithels als auch das Vorkommen und der Bau der an der Röhrenwand beteiligten Muskulatur.

1. Wird das Epithel von einer kräftigen Längs- und Ringmuskelschicht umgeben, so kann Transport der Substanzen durch Peristaltik erfolgen. Diese Ausstattung ermöglicht die Beförderung zäher, breiiger Substanzen (z. B. Darmtrakt der Wirbeltiere). – Erweiterungen bestimmter Röhrenabschnitte ermöglichen Speicherung von Substanzen (z. B. im Magen).
2. Ist nur wenig Muskulatur in der Röhrenwand vorhanden, so wird in der Regel verflüssigte Substanz transportiert (z. B. Darmtrakt etlicher Wirbelloser, Blut- und Lymphgefäße). Durch spiralige Anordnung der Muskulatur kann z. B. bei den Blutgefäßen Verengung resp. Erweiterung des Röhrenlumens auf benachbarte Röhrenbereiche kontinuierlich ausgedehnt werden.
3. Fehlt eine eigene Muskulatur in der Tubuluswand, so werden in der Regel Flüssigkeiten transportiert; solche Tubuli sind gewöhnlich stärker spezialisiert auf einen Austausch zwischen ihrem Inhalt und dem extrazellulären Raum. Meistens ist ihr Röhrendurchmesser verhältnismäßig klein, wobei große Oberflächen im Vergleich zu ihrem Volumen von den Epithelzellen ausgebildet werden. Die Tubuluswand ist dann oft auf minimale Dicke reduziert und kann den Austauschprozeß fördern (z. B. Blutkapillaren, lymphatische Kapillaren, Nierentubuli, malpighische Gefäße, Darmtrakt etlicher Wirbelloser).
4. Die Epithelzellen lassen Resorption erkennen bei apikalem Mikrovillibesatz und basalem Labyrinth ihrer Zellen. Cilienbesatz verrät Transport von verflüssigten Substanzen (Darmtrakt etlicher Wirbelloser) oder von Luft und Schleim (Luftröhre und Bronchien). Drüsenzellen sezernieren Schleim zum Schutz der Oberfläche und zur Weichung des Röhreninhalts.

In all diesen Fällen spielt die nervöse und endokrine Koordination eine entscheidende Rolle, a) für die wellenförmige Weiterleitung von Substanzen im Darmtrakt, b) für die Schleimbeförderung in der Luftröhre (Räuspern und Husten) und generell für die Schleimsekretion; darüber hinaus schützen zahlreiche Lymphfollikel gegen Infektionen dieser exponierten Organe.

11.1 Blutgefäße

Obwohl Blutgefäße stets nur flüssige Substanz transportieren, unterscheidet sich ihre Wandung gemäß ihrer Beanspruchung. So ist die Gefäßwand der Arterien durch viel Muskulatur verstärkt, die durch Druck das Blut über Kapillaren an die Verbrauchsorte des Organismus transportiert. Bei Venen genügt dagegen eine dünne Gefäßwandung mit weniger Muskulatur, um den Ablauf des Blutes von den Verbrauchsorten zu gewährleisten.

11.1.1 Arterien und Venen

Arterien und Venen der Wirbeltiere haben im Prinzip gleichen Grundbauplan. Bei der **Arterie** ist die Wandung viel stärker ausgebildet und deutlicher geschichtet als bei den Venen. Sie besteht aus den 3 von innen nach außen aufeinanderfolgenden Schichten: 1. der Tunica interna, 2. der Tunica media und 3. der Tunica externa (Abb. 11.1), kurz Intima, Media und Adventitia genannt. Die **Intima** regelt den Stoffaustausch durch die Gefäßwand, die **Media** dient mehr der Blutbewegung und die **Adventitia** dem Einbau der Blutgefäße in ihrer Umgebung.

Die Intima besteht aus dem das Lumen auskleidenden Endothel und bei Arterien zusätzlich der Membrana elastica interna. Die Media besteht aus glatten Muskelzellen und elastischen Fasern sowie Kollagenfäserchen vom Typ II und III. Zellen und Fasern der Intima verlaufen in Längsrichtung, die der Media mehr zirkulär und in der Adventitia wieder annähernd längs. Die Adventitia, auch muskelarme Externa genannt, besteht aus locker gebautem Bindegewebe. Am Übergang zur Adventitia kann eine Elastica externa ausgebildet sein (vom Kollagen-Typ I). Bei Venen ist weder die Elastica interna noch die Elastica externa ausgebildet.

Man unterscheidet Arterien des elastischen vom muskulösen Typ. – Beim elastischen Typ überwiegen elastische Fasern, während beim muskulösen Typ die glatte Muskulatur stärker entwickelt ist. Funktionell ist in der Media die helixartige Anordnung der glatten Muskulatur mit geringem Steigungswinkel (Abb. 11.1, Pfeil) für den Transport von Blut von Bedeutung. Sie bewirkt bei Kontraktion eine kontinuierliche, in Längsrichtung des Gefäßes verlaufende Verengung; ihr schraubiger Verlauf sichert somit den Zusammenhalt der Gefäßwand bei entsprechender Dehnung. Die Innervierung der Gefäßwand erfolgt durch vegetative Fasern, die bis zu den Muskelzellen der Media vordringen. Endständig (distalwärts) verjüngen sich die Gefäße in Kapillaren.

Elektronenmikroskopisch weisen die Endothelzellen Mikrovilli, mikropinocytotische Vesikel, granuliertes ER, Filamente und Lysosomen auf. Als Zellkontakte zwischen den Endothelzellen der Blutgefäße findet man bei Arterien, Arteriolen und Venen durchgehende Zonulae occludentes (tight junctions) und mit Ausnahme der Venen gap junctions (Blutkapillaren, siehe Kapitel 12, Stoffaustausch und Permeabilität).

Venenklappen. Mittelgroße bis kleine Venen können Venenklappen enthalten. Dabei handelt es sich um halbmondförmige Segel, die an ihrem angewachsenen Rand einen Wulst bilden. Die Klappen sind so gestellt, daß sie den Blutstrom

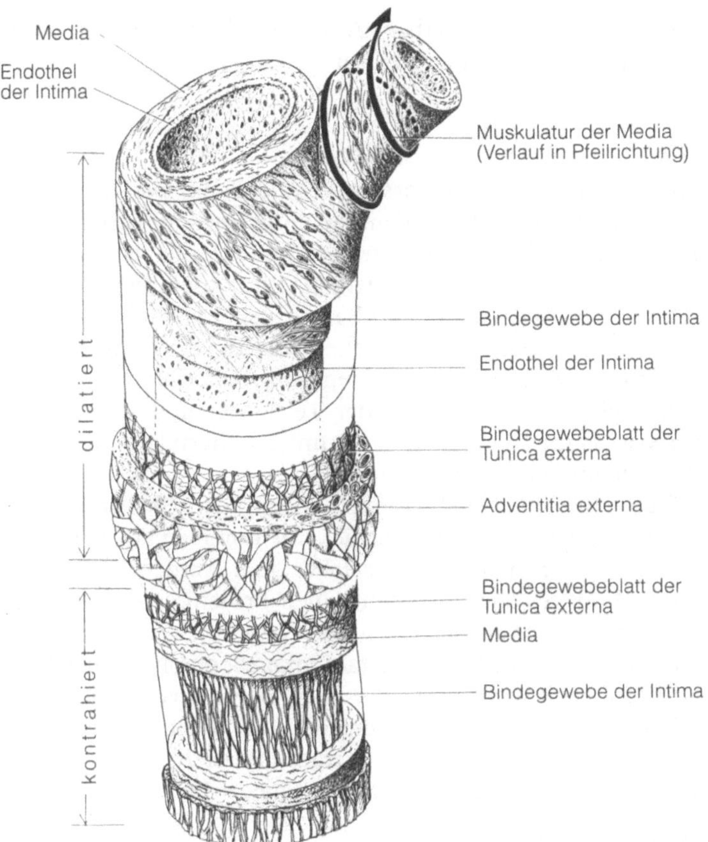

Abb. 11.1. Aufbau einer Arterie, schematisch. (Nach Staubesand aus Bargmann modifiziert)

zum Herzen freigeben, sich aber bei Strömungsumkehr entfalten und den Rückstrom verhindern. Die Klappe besitzt ein derbes, faseriges Skelett (kollagene und elastische Fasern) und wird von Endothel überzogen. – Das Vorkommen der Klappen im Strombett ist abhängig von besonderen hydrostatischen Verhältnissen. So kommen Klappen der Herzvenen z. B. vor bei Carnivoren, fehlen dagegen bei kleinen Tieren (z. B. Insectivoren). Viele Venen der Extremitäten besitzen Klappen, die den Rückfluß des Blutes verhindern.

11.1.2 Sinusoide

Sinusoide sind großlumige, beutelförmige Kapillaren. Anstatt eines Strömens in Röhren von 5–8 µm Durchmesser fließt das Blut in irreguläre große Räume. Ihre Wandung ist sehr dünn und ähnlich der von Kapillaren gebaut. Das Blut fließt in diesen weiten Sinusoiden viel langsamer als in den engen Kapillaren. Sinusoide kommen in biologischen Filtern vor, wo unerwünschtes Material von Makrophagen aus dem Blut entfernt wird. Sinusoide können fenestriert sein oder wie in

Milz und Leber Lücken in der Wandung haben. Außerdem kommen Siunsoide vor im Knochenmark und einigen endokrinen Drüsen.

11.1.3 Lymphgefäße

Lymphgefäße kommen in Form eines geschlossenen Systems nur bei Wirbeltieren vor. Ihre Wände bestehen aus Endothelzellen, die umgeben sind von der Basallamina; sie ist wiederum eingehüllt in eine Gitterfaserhülle (Kollagen) von unregelmäßiger Gestalt. Lymphgefäße sind weitlumiger als Blutkapillaren; ihre größeren Gefäße ähneln den Venen. Bei Vögeln und Säugern sind Lymphknoten in die Lymphbahn eingeschaltet. Sie stellen biologische Filter für die Lymphe dar, die Fremdkörper, Zelltrümmer und Krankheitserreger festhalten und phagocytieren. – In den oberflächlichen Lymphbahnen der Teleosteer und Amphibien kommen Lymphherzen vor. Dabei handelt es sich um Erweiterungen, die eine muskelhaltige Wand besitzen und pulsieren können.

Funktion: Lymphgefäße führen Gewebeflüssigkeit, die mit dem Stofftransport ins Bindegewebe gelangt ist, in das venöse Blut zurück. Sie kommen nur in lockeren Bindegewebsstrukturen vor. Etliche Zellen sterben und werden in flüssigkeitsgefüllen Räumen des Bindegewebes abgebaut; auch Proteine aus dem Blut gelangen somit in extrazelluläre Flüssigkeit. Es ist aber wesentlich, daß der Proteingehalt der extrazellulären Flüssigkeit auf konstantem niederem Niveau gehalten wird. – Der osmotische Druck wird durch Plasmaproteine verursacht; er ist bedeutend, um extrazelluläre Flüssigkeit in die Venenkapillaren zurückzuziehen; das kann sich nur bei geringem Proteinniveau in extrazellulärer Flüssigkeit vollziehen. Es gibt zwei Mechanismen, um den Proteingehalt niedrig zu halten:

1. Phagocytose durch Makrophagen;
2. Flüssigkeits- und Proteinaufnahme in lymphatische Gefäße, die sie schließlich in die große Vene zurückbefördern. Lymphkapillaren leiten den Inhalt in die Lymphgefäße, die schließlich in das Venensystem einmünden.

Die Endothelzellen des Lymphgefäßsystems sind nicht fest miteinander verankert wie in Blutkapillaren, sondern liegen locker überlappend mit Lücken aneinander. Feine Kollagenfäserchen verankern die Endothelzellen mit umgebenden Strukturen. Ein vergrößerter extrazellulärer Flüssigkeitsstrom trennt diese Zellen eher, als daß der lymphatische Sack kollabiert. Flüssigkeit mit Proteinen und Zelltrümmern kann somit gleich eindringen. Der lokale Innendruck bewirkt, daß die Endothelzellen in ihrem überlappenden Muster kontaktieren; sie verhindern eine Entleerung des Sackes in die extrazelluläre Flüssigkeit. Statt dessen strömt sie in die Lymphkapillaren.

Lymphe: Die Zusammensetzung der Lymphe entspricht nicht ganz der der Gewebeflüssigkeit. Lymphe enthält einen größeren Wasser- und geringeren Eiweißgehalt als Blut. Sie enthält Lymphocyten und vereinzelt Granulocyten und fast keine Blutzellen. Außerdem ist die Lymphe gerinnungsunfähig, da sie kein Fibrinogen besitzt. Aus dem Darmtrakt wegführende Lymphe ist nach fetter Mahlzeit von Fetttröpfchen milchig trübe; sie wird als Chylus bezeichnet.

Über die Histologie der **Gefäßwände von Wirbellosen** ist nur wenig bekannt. Zudem zeigen die wenigen untersuchten Beispiele sehr unterschiedlichen Bau.

Bei Oligochaeten und Polychaeten begrenzt die Basallamina das Gefäßlumen. Gelegentlich liegen ihr lumenwärts Zellen mit vielen schmalen Fortsätzen an, die oft Vesikel enthalten. Diese Zellen werden gewöhnlich als „Amoebocyten" bezeichnet. Die peripherwärts folgende Basallamina (20–100 nm dick) enthält Kollagenfasern. Sie ist durchlässig für den Blutfarbstoff Erythrocruorin. Nach außen liegt die Endothellage auf. Diese Endothelzellen sind mit der Basallamina über Hemidesmosomen verbunden; sie enthalten Vesikel. In größeren Gefäßen, die kontraktil sind, enthalten diese Zellen viele Fibrillen von ca. 25 nm Durchmesser. Einige Fibrillen erstrecken sich longitudinal, während andere in derselben Zelle zirkulär verlaufen. Bei *Hirudo medicinalis* dagegen sind die Wandschichten des segmental gegliederten und kontraktilen Seitengefäßes durch folgende strukturelle Merkmale charakterisiert: die Innenauskleidung besteht aus einer kontinuierlichen, einschichtigen Zell-Lage; sie ist ein Coelomabkömmling. Diese Vasothelzellen sind zum Teil fenestriert. Durch Zonulae adhaerentes sind sie miteinander und durch Hemidesmosomen mit der Basallamina verankert. Lumenwärts sitzen diesem Vasothel elektronendichte Zellen auf, die durch schlanke Ausläufer mit den Vasothelzellen verzahnt sind. Sie werden als Amoebocyten gedeutet. Interzelluläre Haftstrukturen zwischen beiden Zellformen fehlen. – Das breite subendotheliale Bindegewebslager besteht aus verfilzten Filamenten in einer feinstgranulierten Matrix eingebettet. – Die Media wird aus einer inneren Schicht von längs und einer äußeren Lage zirkulär verlaufender Muskelzellen gebildet. Dabei handelt es sich um schräggestreifte Muskulatur. – Die Adventitia enthält zahlreiche Bündel markloser Axone.

Von den Echinodermen wurde der ultrastrukturelle Aufbau der Blutgefäße einiger Holothuroidea und Echinoidea untersucht (Ritz und Storch 1978). Diese Autoren unterscheiden großkalibrige von kleinkalibrigen Gefäßen. Bei den großkalibrigen Gefäßen wird die Gefäßwandung außen von begeißeltem Zylinderepithel (Coelothel) begrenzt. Die Cilien ragen ins Coelom. Zwischen den basalen Fortsätzen der Coelothelzellen liegen Muskelzellen. Eine Bindegewebslage schließt subepithelial an; sie begrenzt das Gefäßlumen und enthält außer Fibrocyten verschiedene Amoebocyten. Ausläufer von Neuronen erstrecken sich intraepithelial und im Bindegewebe. – Bei den kleinkalibrigen Gefäßen übernehmen Epithelmuskelzellen die Kontraktionen; ihre Basallamina begrenzt den Blutraum.

Bei vielen Wirbellosen, besonders bei kleinen Arten, fehlen Blutgefäße völlig oder das Gefäßsystem ist bis auf das Herz reduziert. In diesen Fällen ist das Blut mit der Leibeshöhlenflüssigkeit identisch und zirkuliert in den Spalten zwischen den Organen. – Die Wand des Herzens der Insekten besteht im wesentlichen nur aus einer Adventitia (meist Basallamina), einer zentralen Muskellage (quergestreifter Ringmuskulatur mit nur wenigen Längsmuskelzellen) und einer inneren Basallamina, die viel Kollagen enthält. Die Angaben über eine Endothelbegrenzung sind unterschiedlich. Bei *Locusta* (Wanderheuschrecke) beobachteten Hoffmann und Levi (1965) an der Basallamina des Herzens mehrere Zellen, die Fibroblasten gleichen und die diese Autoren als Endothel bezeichneten.

Vergleichend sei vermerkt: die Blutgefäße werden von primitiveren zu höheren Tieren und von der Peripherie zum Zentrum undurchlässiger und korreliert damit steigt der hydrostatische Druck beträchtlich. Da durch die undurchlässigeren Gefäßwände keine großen Moleküle der Gewebeflüssigkeit aufgenommen werden können, wird in diesen Fällen ein zweites Gefäßsystem, das Lymphgefäßsystem benötigt; durch seine durchlässigen Wände können große Moleküle der Gewebeflüssigkeit in die Lymphgefäße eindringen. Sie werden in die Venen gepumpt und gelangen so in den Blutkreislauf.

11.2 Verdauungsorgane

11.2.1 Wirbellose

Das Urbild des Darmes ist afterlos, entspricht damit dem Gastrulastadium. Es ist verwirklicht bei niederen Metazoen (Coelenteraten, Plattwürmern). Der Darm ist entodermal. Durch Einstülpung des Ektoderms am vorderen Körperende entsteht der Vorderdarm, das Stomodaeum. Bei Protostomiern wird der Urmund zum Mund. Von den Nematoden und höheren Würmern an aufwärts erfolgt eine zweite Einstülpung am Hinterende des Körpers; sie wird zum Enddarm, zum Proctodaeum. So entsteht das durchgehende Darmrohr. Bei Deuterostomiern wird der Urmund zum After; der eigentliche Mund wird neu gebildet. Das ist der Fall bei Chordaten und Echinodermen. Im durchgehenden Darm wird sowohl bei Proto- als auch Deuterostomiern die Nahrung durch Cilienschlag transportiert. Eine Ausnahme existiert jedoch bei Arthropoden, Nemathelminthen und Wirbeltieren, deren Darm cilienfrei ist.

Im primitivsten Fall wird die Nahrung **intrazellulär verdaut**, d. h. Nahrungspartikel werden phagocytär aufgenommen und intrazellulär abgebaut, indem Fermente in Organellen der Zellen abgegeben werden. Das ist der Fall bei Protozoen. Bei Metazoen kommt intrazelluläre Verdauung bei Schwämmen vor. Kragengeißelzellen (Choanocyten) bilden im Epithelverband die Gastrodermis. Sie tragen im Zentrum eines Cytoplasmakragens eine lange Geißel. Der Kragen besteht aus zahlreichen Mikrovilli; das Cytoplasma dieser Zellen enthält Vakuolen. Nahrungspartikel werden von diesen Choanocyten phagocytiert. Je nach Art findet die intrazelluläre Verdauung in diesen Kragengeißelzellen statt oder in darunterliegenden Amoebocyten, an die die Partikel von ihnen weitergegeben werden. Im Unterschied zu Epithelzellen anderer Metazoen können einzelne Choanocyten den Verband verlassen und zu frei beweglichen Amoebocyten werden.

Bei allen anderen Metazoen ist das entodermale Darmepithel aus resorbierenden und Sekret (Enzym und Schleim) sezernierenden Zellen aufgebaut; das bedeutet, daß zur intrazellulären auch die extrazelluläre Verdauung hinzukommt (z. B. Coelenteraten, Plathelminthes). Bei **extrazellulärer Verdauung** werden Verdauungssäfte von Drüsenzellen in die Darmhöhle sezerniert oder wie die neuesten Untersuchungen an Säugern zeigen, membrangebunden mit der Glykocalyx oder Zellfragmenten ins Darmlumen abgegeben. – Künftige Untersuchungen werden noch klären müssen, ob dieser letzte Weg nicht generell überall dort stattfindet, wo extrazelluläre Verdauung beschrieben wird (Anneliden, Cephalopoden, Arthropoden und Chordaten).

Bei den Cnidariern, Ctenophoren und Plathelminthen besteht die Wand des Darmtrakts aus Zylinderepithel. Die resorbierenden Zellen des entodermalen Anteils tragen Cilien und nehmen Nährstoffe phagocytotisch auf. Die Drüsenzellen sezernieren Enzyme. Eine Besonderheit der den Gastralraum der Coelenteraten auskleidenden Epithelzellen sind basal zirkulär angeordnete Fortsätze, die Muskelfilamente enthalten und somit die Ringmuskulatur dieser Tiere stellen. Der Anteil des Entoderms am Gesamtaufbau des Darmes ist bei den einzelnen Tierstämmen verschieden umfangreich. Den größten Kontrast zeigt in dieser Beziehung ein Vergleich von Insekten und Wirbeltieren. Insekten besitzen im Gegensatz zu Wirbeltieren einen außergewöhnlich kurzen Mitteldarm und einen langen Vorder- und Hinterdarm.

Im Vorderdarm der Tiere wird die Nahrung in der Regel mechanisch zerkleinert (Kieferzähne, Radula), im Mitteldarm verdaut, anschließend resorbiert, begünstigt durch innere Oberflächenvergrößerung (Falten und Zotten) sowie Anhangsorgane. Im Hinterdarm erfolgt die Resorption von Wasser.

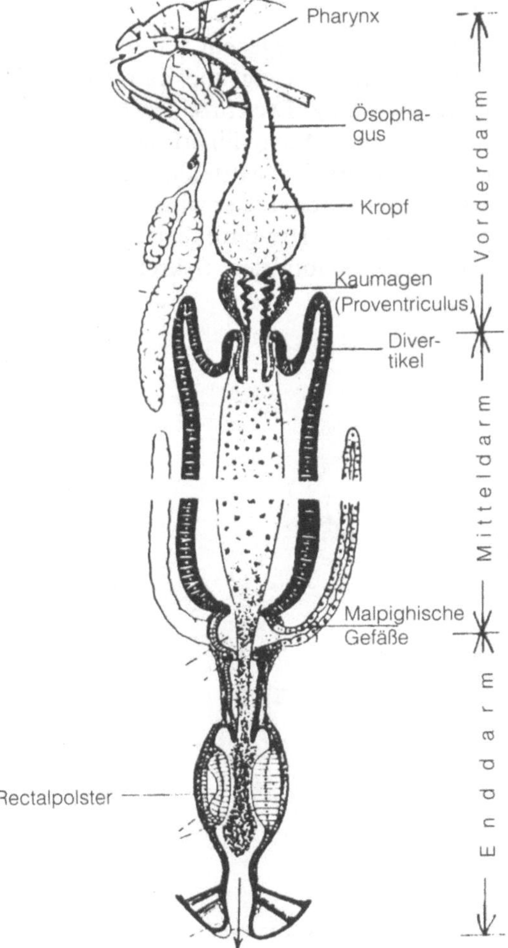

Abb. 11.2. Insektendarm im medianen Längsschnitt, schematisch. (Nach Weber)

Da die **Insekten** unter den Arthropoden die umfangreichste Klasse darstellen, sei ihr Darmtrakt hier eingehend besprochen. – Ihr Vorder- und Enddarm (Abb. 11.2) besteht nicht nur aus einem einfachen einschichtigen Epithel wie der Mitteldarm, sondern ist entsprechend seiner ektodermalen Herkunft mit einer inneren chitinigen Cuticulalage, einer Intima, ausgekleidet. Über die Basallamina ist das Epithel des gesamten Darms mit wenig Bindegewebe (Propria) und einer unvollkommen quergestreiften Ring- und Längsmuskulatur verbunden. Hier kommen auch Nervenfasern mit neurosekretorischen Granula vor. Im Gegensatz zu den Wirbeltieren weist die Darmwand der Insekten keine Blutgefäße auf. Tracheen übernehmen die Sauerstoffversorgung. Der Abtransport von resorbierten Stoffen erfolgt über die Matrix zwischen den Muskelzellen in die Hämolymphe. Bei einigen Insekten, z. B. Schaben, Maulwurfsgrillen, ist das Ende des Vorderdarms zu einem kräftigen Kaumagen entwickelt (Abb. 11.2), wo sowohl die Muskulatur als auch die Intima besonders stark ausgebildet sind (Abb. 11.3). Die Intima bildet Zähnchen, die in regelmäßigen Längsreihen angeordnet sind. Zwischen den Zähnchen liegen weiche Chitinpolster. Durch die entsprechend ihrer Lage geformten Zähnchen (vergl. z. B. dorsalen und ventralen Zahn, Abb. 11.3) wird ein besonders effizientes Kauen ermöglicht.

Bei den Epithelzellen des Mitteldarmes sorgt in der Regel ein Mikrovillisaum (Abb. 11.4 u. 11.6) für wirksame Oberflächenvergrößerung und damit für die wirksame Voraussetzung zur Resorption der Nahrung. Die einzelnen Mikrovilli sind von einer Glykocalyx überzogen. Zwischen den Mikrovilli erfolgt Mikropinocytose. Phagocytose kommt bei Insekten nicht vor. Die Mitteldarmepithelzellen resorbieren nicht nur Nahrung, sondern sezernieren auch zwischen den Mikrovilli Enzyme. Das Cytoplasma dieser Zellen ist reich an granuliertem ER, gut entwickeltem Golgi-Apparat und zahlreichen Mitochondrien. Sekretion erfolgt

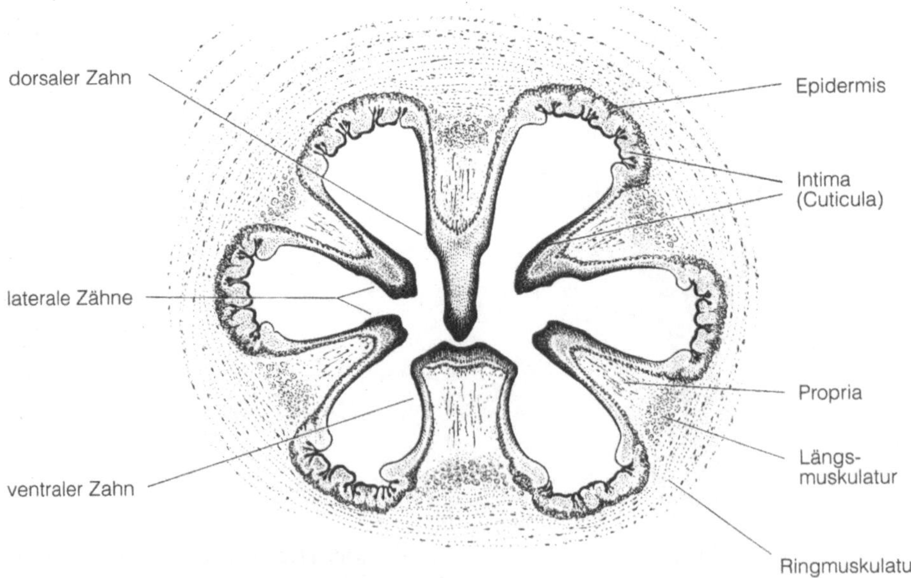

Abb. 11.3. Querschnitt durch den Kaumagen einer Schabe. Vergr. ca. 38fach

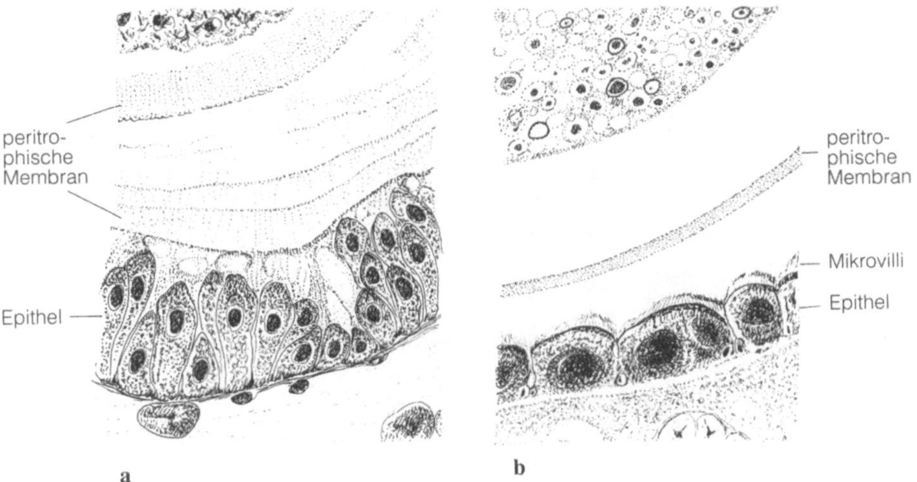

Abb. 11.4 a, b. Ausschnitt aus dem Querschnitt durch den Mitteldarm mit peritrophischer Membran. Vergr. ca. 160fach. **a** einer Biene mit peritrophischer Membran vom Typ 1; **b** von *Calliphora* mit peritrophischer Membran Typ 2

oft merokrin, aber auch apokrin und sogar holokrine Sekretion kann vorkommen. – Junge teilungsfähige einzelne Regenerationszellen oder mehrzellige Nester basal zwischen den Epithelzellen bilden Regenerationsherde. Bei *Dytiscus* z. B. werden Regenerationskrypten gebildet.

Obgleich das Mitteldarmepithel der Insekten keine kompakte Cuticula absondert, ist auch in diesem Teil des Verdauungstrakts bei den meisten Insekten die Nahrung vom apikalen Zellteil durch eine extrazelluläre Hülle, die peritrophische Membran, getrennt. Dieser Struktur wird oft Schutzfunktion vor harten Nahrungsstücken zugesprochen, aber auch Speicherfunktion bei flüssiger Nahrung wurde ihr zugeschrieben. Neue Untersuchungen zeigen, daß die peritrophische Membran hochmolekulare Verdauungsenzyme aufnimmt; damit kommt ihr eine bedeutende Funktion für die Verdauung zu.

Histologisch werden zwei Typen der **peritrophischen Membran** unterschieden. – Beim 1. Typ wird die Hülle durch Delamination entlang des gesamten Mitteldarmes in Intervallen, d. h. mehreren Hüllen, sezerniert (Abb. 11.4 a). Die verschiedenen Hüllen akkumulieren dann im Mitteldarmlumen und bilden ein korbartiges Gitter von Chitinfibrillen (6–10 nm Durchmesser), das in eine Grundmatrix aus Protein eingebettet ist. Die Durchlässigkeit einer solchen peritrophischen Membran schwankt von Art zu Art. – Dieser 1. Typ kommt vor bei Orthopteren, Ephemeropteren, Odonata, Hymenopteren und einigen Lepidoptera.

Der 2. Typ der peritrophischen Membran erscheint lichtmikroskopisch als einheitliche Membran (Abb. 11.4 b); elektronenmikroskopisch wird ein Netzwerk feiner, unregelmäßig hexagonal angeordneter Fibrillen sichtbar (Abb. 11.6). An *Calliphora* wurde gezeigt, daß die peritrophische Membran aus drei Komponenten besteht, die in drei spezialisierten Regionen mit jeweils spezialisierten Zelltypen der vorderen Mitteldarmdivertikel sezerniert werden (Abb. 11.5). Dieser 2. Typ kommt vor bei Dipteren.

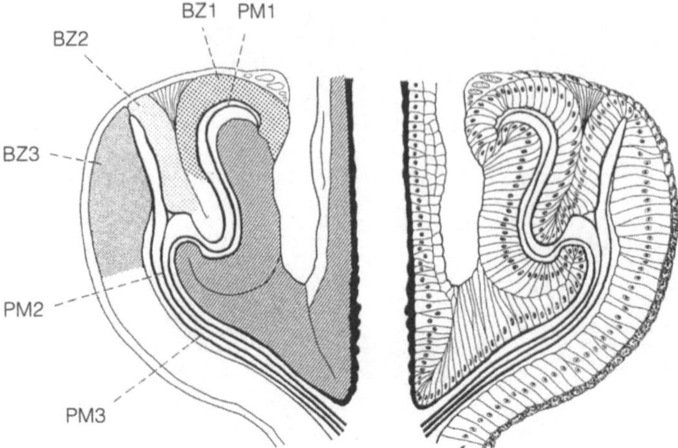

Abb. 11.5. Bildung der peritrophischen Membran von *Calliphora* vom Typ 2; links: die drei Epithelzellbezirke, von denen jede eine Komponente der peritrophischen Membran absondert, mit drei Rastertypen gekennzeichnet BZ 1–3; PM 1–3 Komponenten der peritrophischen Membran. (Nach Becker 1977 modifiziert)

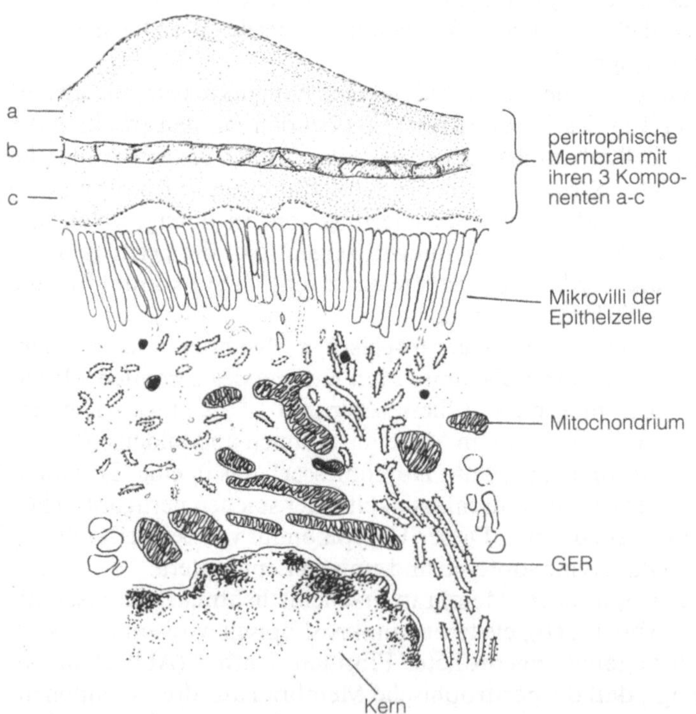

Abb. 11.6. Peritrophische Membran von *Calliphora*, dem Mitteldarmepithel aufliegend. Vergr. ca. 7 700fach (Modifiziert nach Smith D. S.)

Generell fehlt eine peritrophische Membran in folgenden Fällen bei Insekten:

a) wenn extraintestinal verdaut wird (z. B. Carabiden, *Dytiscus, Panorpa*);
b) wenn Mitteldarmepithel von chitinigen Lamellen des Vorderdarms bis zum Hinterdarm überdeckt wird (z. B. *Gryllotalpa*).

Die peritrophische Membran kommt aber innerhalb aller Arthropodengruppen, Anneliden, Mollusken, Tentaculaten, Echinodermen und vereinzelt bei Chordaten vor. Sie fehlt stets bei Plathelminthen, Nemathelminthen und bei den bisher untersuchten Muscheln.

Der Enddarm der Insekten ist wie der Vorderdarm mit einer Intima ausgekleidet. Hier werden Wasser und verschiedene Solute in die Hämolymphe reabsorbiert. Bei zahlreichen Insekten kommen zusätzlich im Rectum spezialisierte Bereiche in Form von Rectalpolstern vor (vergl. Kapitel 12, Stoffaustausch und Permeabilität).

11.2.2 Wirbeltiere

Bei Wirbeltieren bildet die Darmwand in frühen Stadien kein geschlossenes Rohr, sondern breitet sich über den Dottersack aus. Später erfolgt die Verengung des Sackes zur Röhrenform des Darmes. Bei den meisten Formen bleibt er für einige Zeit an beiden Enden geschlossen. Spätere endständige Einsenkungen des Ektoderms bilden Stomo- und Proctodaeum. Der Mitteldarm ist entodermal.

Der **Vorderdarm** besteht aus Oesophagus und Magen. Letzterer ist gegliedert in Cardia, Fundus und Pylorus. Der Anteil der verschiedenen Magenabschnitte variiert bei den verschiedenen Wirbeltieren sehr, auch kann der Cardia-Typ fehlen (Abb. 11.9). – Der **Mitteldarm** ist bei Wirbeltieren sehr lang. Bei niederen Wirbeltieren ist er einheitlich gebaut, während bei Säugern entsprechend der Differenzierungen in der Darmwand histologisch und funktionell unterschieden wird zwischen Duodenum (Zwölffingerdarm), Jejunum (Leerdarm) und Ileum (Krummdarm). – Der **Enddarm** besteht bei Säugern aus dem Colon (Dickdarm) und Rectum (Mastdarm). In den Dickdarm mündet der Appendix vermiformis (Wurmfortsatz).

Bei niederen Wirbeltieren ist diese Gliederung etwas verschwommen, besonders am Übergang vom Dünndarm zum Dickdarm. Überall befindet sich zwischen Magen und Darm der Pylorus, eine muskulär bedingte Verengung des Darmlumens, die den Zugang zum Intestinum steuert.

Wenngleich sich das histologische Bild des Darmtraktes der Wirbeltiere in den verschiedenen Abschnitten sehr unterscheidet, so geht es doch auf einen einheitlichen Bau zurück (Abb. 11.7); was variiert, ist lediglich der Größenanteil der einzelnen Schichten in den verschiedenen Abschnitten. Stets besteht der Darmtrakt von innen nach außen aus einer Schleimhaut, der Tunica mucosa, die zusammengesetzt ist aus dem Epithel, der Lamina epithelialis mucosae, dem darunterliegenden Bindegewebe, der Lamina propria mucosae und einer sehr dünnen, glatten Muskelschicht, der Lamina muscularis mucosae. Unter dieser Schleimhaut liegt eine bindegewebige Verschiebeschicht, die sog. Tunica submucosa. Hierbei handelt es sich um lockeres Bindegewebe, das mit Blutgefäßen und Nerven versorgt

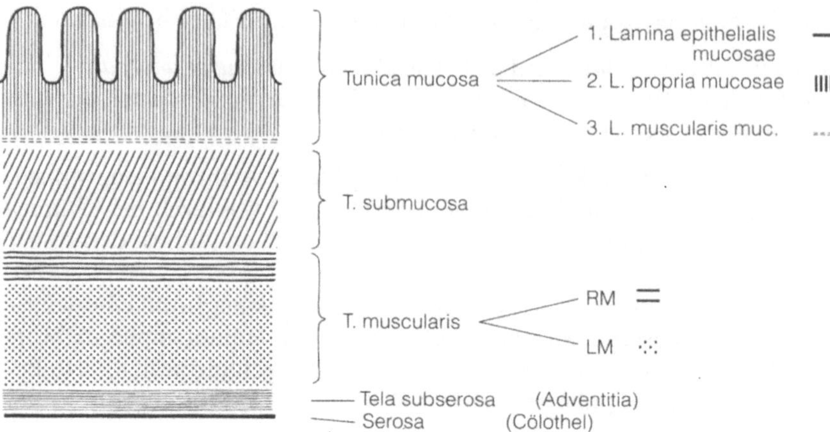

Abb. 11.7. Schema der Schichten des Darmtrakts von Wirbeltieren von innen, dem Lumen (oben) nach außen (unten) dargestellt

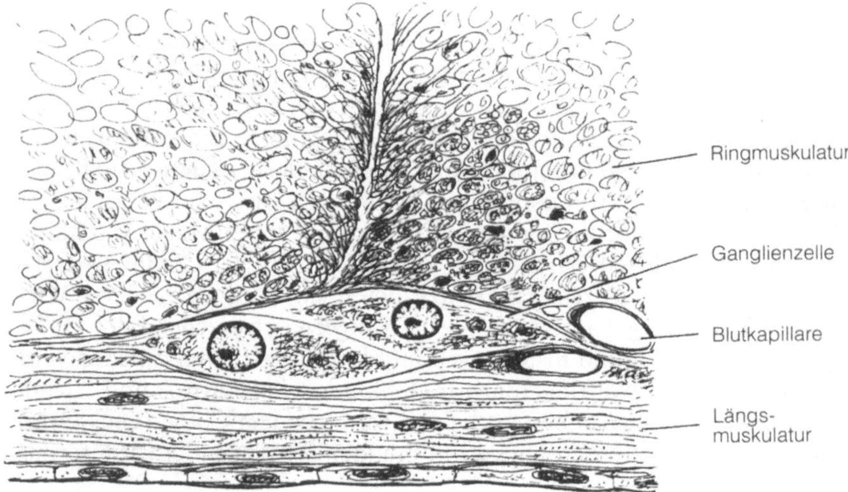

Abb. 11.8. Ausschnitt des Plexus myentericus (Auerbachscher Plexus) aus dem Magen einer Ratte. Vergr. etwa 1 500fach

ist. Daran schließt die Tunica muscularis an; sie besteht aus Ring- und Längsmuskulatur, die nach außen abgesetzt ist durch die Tela subserosa (Adventitia), ein Bindegewebe, das den Darmtrakt in seiner Lage hält. – Entsprechend der Lage des Darms im Körper wird er außen noch von Coelothel, der Serosa, umgeben. Die Darmmotorik wird gesteuert durch das intramurale, d. h. innere Nervensystem in der Wand des Darmtraktes. Es ist in den Plexus submucosus (Meissner) und Plexus myentericus (Auerbach) (Abb. 11.8) gegliedert. Beide sind zwar gleichartig aufgebaut, unterscheiden sich aber in der Lage. Jeder Plexus stellt ein autonomes Nervengeflecht dar, das in seinen Knotenpunkten Ganglienzellen enthält. Fasernetze verbinden diese und die beiden Plexus. Der Plexus submucosus versorgt die Lamina muscularis mucosae und die Drüsen. Der Plexus myentericus innerviert die Darmmuskulatur. Beide Plexus werden über Blutgefäße versorgt. Überträgersubstanzen sind: Acetylcholin, Noradrenalin, Serotonin, GABA, Dopamin und weitere Peptide.

Im **Oesophagus** (Speiseröhre) ist der in Abb. 11.7 aufgeführte Schichtenbau deutlich erkennbar. Das Epithel der Lamina epithelialis mucosae ist hier meistens mehrschichtig; in einigen Fällen sind bei Elasmobranchiern, Amphibien und Reptilien Cilien vorhanden. Bei Säugern, die harte Nahrung fressen, ist das Epithel verhornt, während es z. B. beim Menschen, der verhältnismäßig weiche Nahrung zu sich nimmt, unverhornt auftritt. Bei Vögeln ist es sehr stark verhornt. – In der Submucosa liegen muköse zusammengesetzte Drüsen und ein umfangreicher Venenplexus vor. – Die Tunica muscularis besteht bei den meisten Vertebraten aus glatter Muskulatur, doch ist bei vielen Fischen und bei Säugetieren auch quergestreifte Muskulatur vorhanden. – Eine Spezialbildung eines Teils des Oesophagus bei Vögeln stellt der Kropf (Ingluvies) dar. Er ist stark dehnbar, enthält gewöhnliche Oesophagusdrüsen und ist mit mehrschichtigem Plattenepithel ausgekleidet.

Im **Magen** erfährt die Schleimhaut ganz spezifische Umbildungen, deren Bezirke sich innerhalb der Wirbeltiere sowohl in der Größenordnung (Abb. 11.9) als auch histologisch unterscheiden (Abb. 11.10). Am größten sind die Unterschiede der Schleimhautareale bei den Säugetieren. Sie werden deshalb zuerst erläutert. – Im Abschnitt des **Fundus** bildet das Epithel der Schleimhaut Grübchen, die sog. Foveolae gastricae. Vom Grund dieser Foveolae gastricae ziehen tubulöse Magendrüsen in dichter Packung bis zur Muscularis mucosae. Jeder Drüsenschlauch

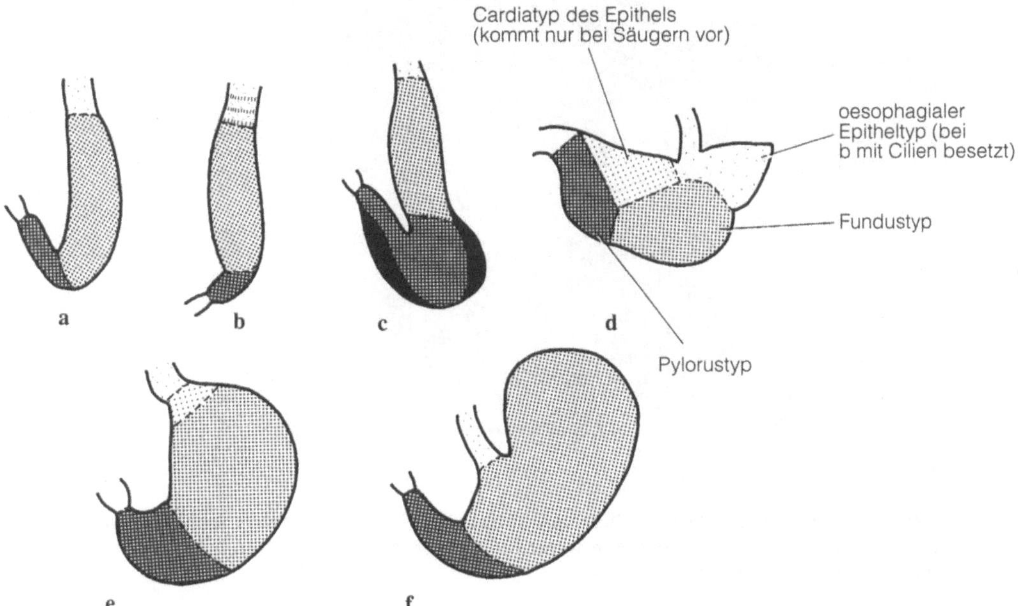

Abb. 11.9 a–f. Magenformen und Lage ihrer verschiedenen Schleimhautbezirke. **a** Hai, **b** Molch, **c** Pfau, **d** Ratte, **e** Mensch, **f** Hase. (Nach Pernkopf)

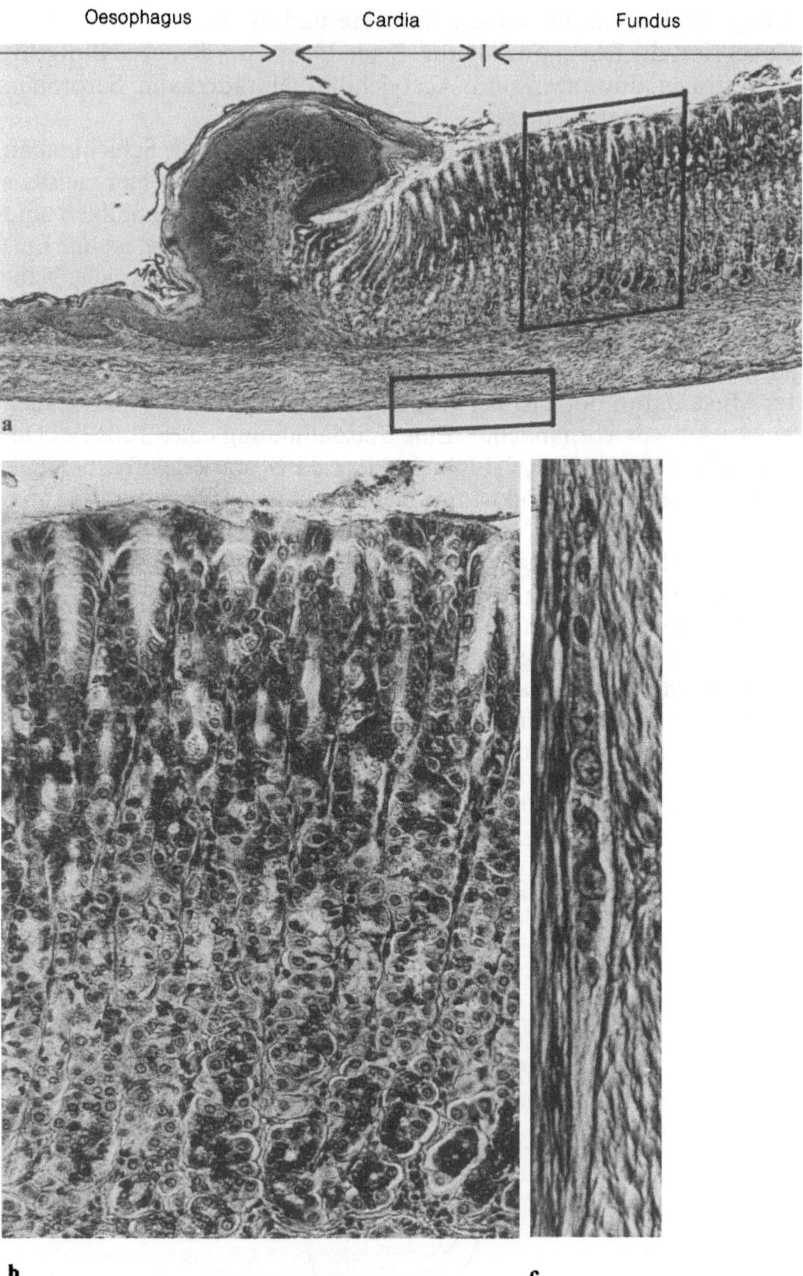

Abb. 11.10 a–c. Längsschnitt durch den Darmtrakt der Ratte. **a** Übergang von Oesophagus zum Magen-Bereich. Vergr. ca. 60fach; **b** Inset: Fundus. Vergr. ca. 200fach; **c** Inset: Auerbachscher Plexus. Vergr. ca. 400fach

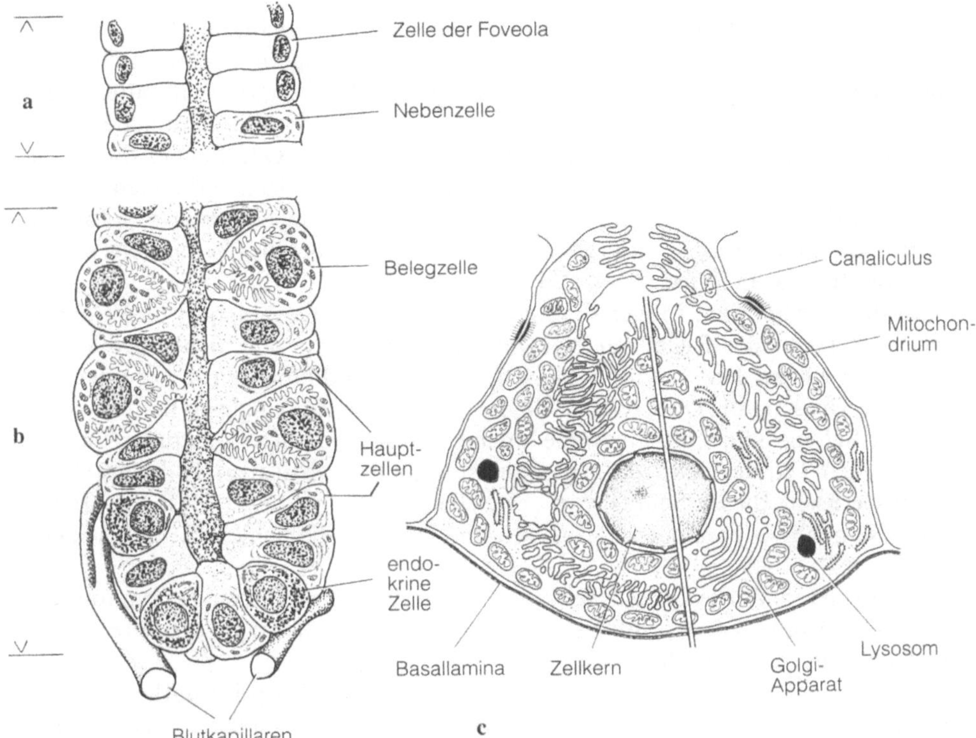

Abb. 11.11 a–c. Tubulöse Drüse aus dem Fundus einer Ratte; **a** im oberen Bereich; **b** im unteren Bereich, modifiziert, Vergr. ca. 1 280fach; **c** Feinstruktur einer Belegzelle, modifiziert; links: Ruhestadium; rechts: aktive Zelle. Vergr. ca. 4 230fach; (**b** nach Krstic, **c** nach Welsch u. Storch 1972)

enthält 3 Zelltypen (Abb. 11.11): 1. Die Nebenzellen, die vorwiegend im Drüsenhals vorkommen, leicht basophil sind und den Magenschleim bilden. Bei diesen Zellen treten sehr viele Mitosen auf, so daß man annimmt, daß von ihnen die Regeneration sowohl des Epithels der Oberfläche als auch des Drüsenschlauches ausgeht. – 2. Die Hauptzellen, die vorwiegend im mittleren und im basalen Teil jedes Drüsenschlauches vorkommen; sie sind zylindrisch, stark basophil, enthalten sehr viel Ergastoplasma und bilden das Pepsinogen. Letzteres wird im Magen bei Anwesenheit von HCl (ungefähr pH 2,0) zum eiweißspaltenden Pepsin aktiviert. – Der 3. Zelltyp, die Belegzellen, sind die größten Zellen dieser Drüsentubuli. Sie sitzen oft den Tubuli außen auf, leiten aber ihr Sekret durch interzelluläre Sekretkapillaren zwischen den Tubulusepithelien ins Drüsenlumen hinein. Sie sind acidophil, haben einen runden Kern und erscheinen lichtmikroskopisch nicht homogen. Mit Silberfärbungen lassen sich intrazelluläre Sekretkapillaren darstellen. – Elektronenmikroskopisch handelt es sich um ein kompliziertes System der Oberflächen-Invagination. Die apikale Zellmembran bildet intrazelluläre Canaliculi, die sich in der ruhenden und aktiven Zelle unterscheiden. Im Ruhezustand liegen viele tubuläre Strukturen, insbesondere unter der apikalen Zellmembran im Cytoplasma. Wird die Zelle zur HCl-Produktion angeregt, dann verschmelzen die Tubuli mit der Zellmembran und bilden mehr Mikrovilli

(Abb. 11.11 c). Das Lumen der Canaliculi reagiert sauer, während das Cytoplasma der Zelle alkalisch bleibt. Die Säureproduktion erfolgt an der freien Oberfläche der Canaliculi. Außer dieser labyrinthartigen Invagination enthalten diese Zellen Tubuli, Lysosomen, Golgi-Apparat, einen Kern, und zahlreiche Mitochondrien häufen sich lateral gegen die gefaltete basale Oberfläche. Ihre hohe Zahl läßt den hohen Energieverbrauch der Stoffwechselprozesse erkennen.

Außer diesen genannten drei Zelltypen kommen vereinzelt isolierte endokrine Zellen vor, die Gewebshormone produzieren. Diese Zellen liegen meistens an der Basis der tubulären Drüse (Abb. 11.11 b).

In der **Cardia**, dem Magenabschnitt, der zwischen Oesophagus und Fundus liegt, kommt in der Regel nur eine mucoide Zellart vor, die Schleim bildet. – Auch im **Pylorus**, dem Abschnitt zwischen Fundus und Dünndarm, kommen nur mucoide Drüsen vor. Dort reichen die Foveolae gastricae ungleich tief, bis zu einem Drittel, ins Schleimhautgewebe hinein. Der Schleim dieser mucoiden Drüsen bildet einen Teil des Schutzes gegen Selbstverdauung. Mit dem Tode des Organismus erlischt dieser Schutz vor der Selbstverdauung rasch; deshalb greifen dann die noch vorhandenen Salzsäuren und Enzyme die Schleimhautoberfläche an.

Bei niederen Wirbeltieren weisen die Magendrüsen nur einen Zelltyp auf, die Magenhauptzelle. Diese produziert sowohl Pepsinogen als auch Salzsäure. Canaliculi kommen in diesen Zellen nie vor.

In all diesen Magenabschnitten ist das Bindegewebe (Propria) stark zurückgedrängt. Schmale Streifen von faserigem Bau ziehen zwischen die Tubuli; sie sind reich an Blutgefäßen. Die Muscularis ist schwach entwickelt. Auf sie folgt peripherwärts die Subserosa, eine dünne Bindegewebsschicht.

Eine Sonderstellung nimmt der **Vogelmagen** ein. Er weist bei Körnerfressern Zweiteilung auf, nämlich 1. im vorderen Teil den Drüsenmagen oder Vormagen, der dünnwandig ist, und 2. im hinteren Teil den Muskelmagen oder Hauptmagen, der dickwandig ist. – Im **Drüsenmagen** ist die Schleimhaut gefaltet (Abb. 11.12); hier werden zwei Drüsentypen unterschieden: a) kurze Drüsenschläuche, die am Grunde der Schleimhautfalten münden und nur wenig in das darunterliegende Bindegewebe eindringen. Sie bestehen aus niederem kubischem Epithel. b) Große, zusammengesetzte Drüsen, die in Abständen in den länglichen Hohlraum münden, der mit dem Lumen des Drüsenmagens in Verbindung steht. Dabei bildet das Epithel des schlauchförmigen zentralen Hohlraums dieser Drüsenmündung eine Fortsetzung der Lamina epithelialis. Es besteht hier aus einer einfachen Lage zylindrischer Zellen. In diesen Zentralraum münden die allseitig radiär gestellten Drüsenschläuche. Ihr Epithel besteht aus niedrigen, kubischen Zellen mit stark acidophilen Granula am apikalen Pol. – Die Propria wird bei der reichen Drüsenentwicklung auf schmale Streifen zwischen den Tubuli zurückgedrängt. Zwischen und unterhalb der zusammengesetzten Drüsen breitet sie sich stärker aus. Sie ist gut durchblutet und von dichtem, faserigem Bau. Die Muscularis ist dünn und besteht aus einer inneren Längs- und äußeren Ringmuskelschicht. Peripherwärts folgt eine dünne mit Nerven versorgte Bindegewebeschicht, die von flachem Peritonealepithel überzogen wird.

Der **Muskelmagen** (Abb. 11.13) ist reich an Muskulatur und arm an Drüsen; er dient der mechanischen Zerkleinerung und Speicherung der Nahrung. Bei

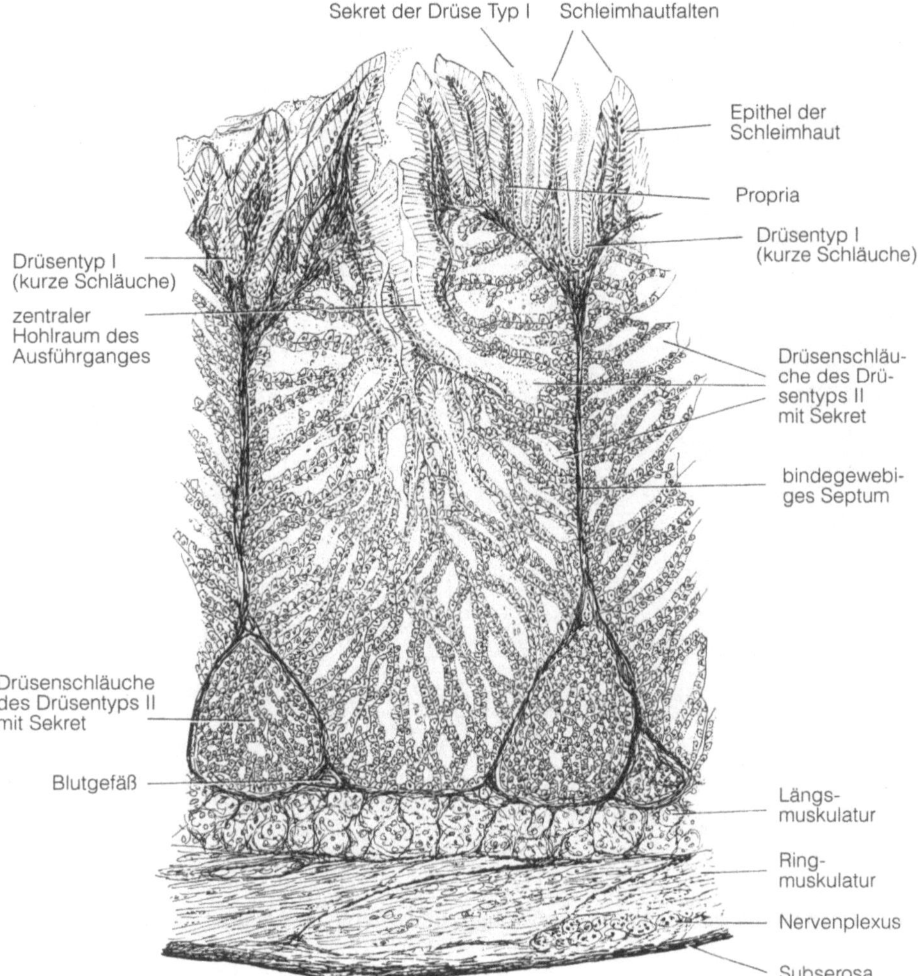

Abb. 11.12. Drüsenmagen des Sperlings im Querschnitt. Vergr. ca. 118fach

Fleisch- und Insektenfressern werden hier unverdauliche Substanzen zu Gewöllen geformt und dann ausgewürgt. – Die Lamina epithelialis mucosae bildet hier viele Drüsenschläuche mit langen Tubuli. Sie sondern die sog. Koilinschicht ab, die in ihrer Konsistenz an Horn erinnert; da ihre innersten Lagen ständig erneuert werden und das Sekret dann erhärtet, erscheint dieses Koilin sowohl horizontal als auch vertikal geschichtet. Die senkrechte Streifung entsteht, wenn der aus einer Drüse austretende Sekretstrom die Lamellen durchbricht. Die Koilinschicht kleidet das Lumen des Muskelmagens aus; sie wird periodisch abgelöst und ausgewürgt. Die Drüsenzellen sind kubisch und enthalten große, runde Kerne. – Die Propria ist locker und hat nur kleinen Anteil an dieser Schleimhaut. Die Submucosa besteht aus fest geflochtenen Bindegewebsfasern, die bündelförmig und längs verlaufen. Die mächtige Muscularis besteht aus glatter, vorwiegend zirkulär verlaufender und wenig Längsmuskulatur zwischen Bindegewebssepten.

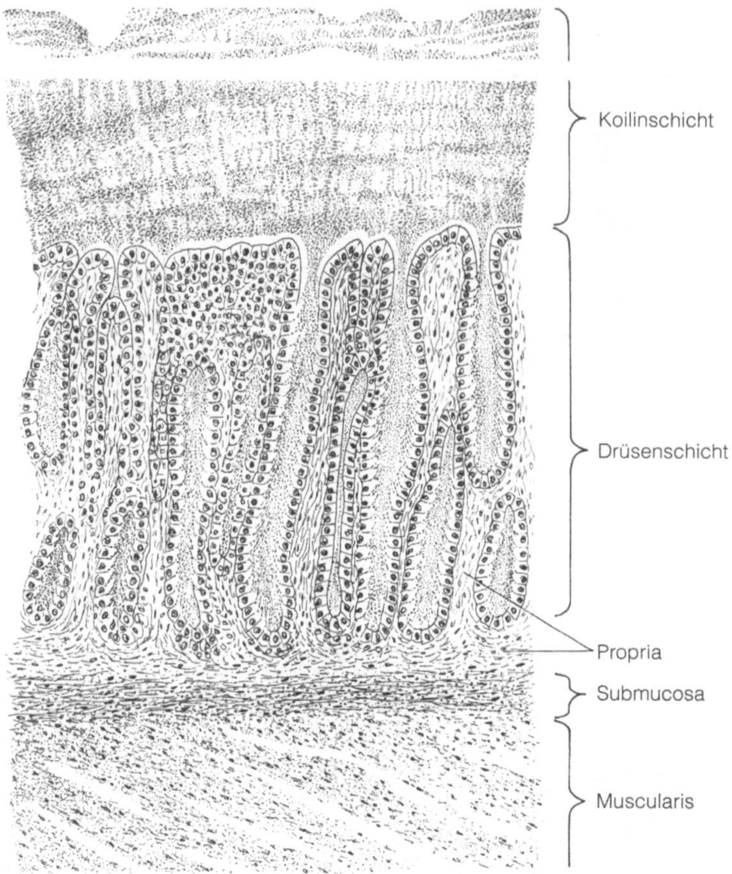

Abb. 11.13. Muskelmagen des Sperlings im Längsschnitt. Vergr. ca. 325fach

Unter den Säugern gliedert sich der **Magen der Wiederkäuer** in drei Vormägen und den eigentlichen Drüsenmagen. Die Vormägen (Pansen, Netz- und Blätter-magen) sind mit mehrschichtigem Plattenepithel ausgekleidet und drüsenlos. Nur der Labmagen (Abomasus) entspricht mit Drüsen dem Magen der übrigen Säu-ger.

Im **Dünndarm** wird im wesentlichen die Nahrung resorbiert; damit steht im Zusammenhang die Vergrößerung der Oberfläche von der Schleimhaut 1. durch Falten, 2. durch Zotten, 3. durch den Mikrovillisaum der Darmepithelzellen und 4. die Darmlänge. – So haben beispielsweise Säugetiere einen ca. dreimal länge-ren Verdauungskanal als Reptilien gleicher Größe. Bei großen Pflanzenfressern ist das Verhältnis noch größer. Da die Zottenzahl bei Reptilien wesentlich gerin-ger ist als bei Säugern, kann ein Säuger in der gleichen Zeit etwa zehnmal so viel Nahrung verdauen als ein Reptil. (Säuger benötigen zur Erhaltung der Konstanz ihrer Körpertemperatur etwa zehnmal so viel Nahrung als die wechselwarmen Reptilien.) – Auch innerhalb der Säuger variiert die Darmlänge entsprechend der Nahrung. So besitzen Pflanzenfresser einen längeren Darm als Fleischfresser.

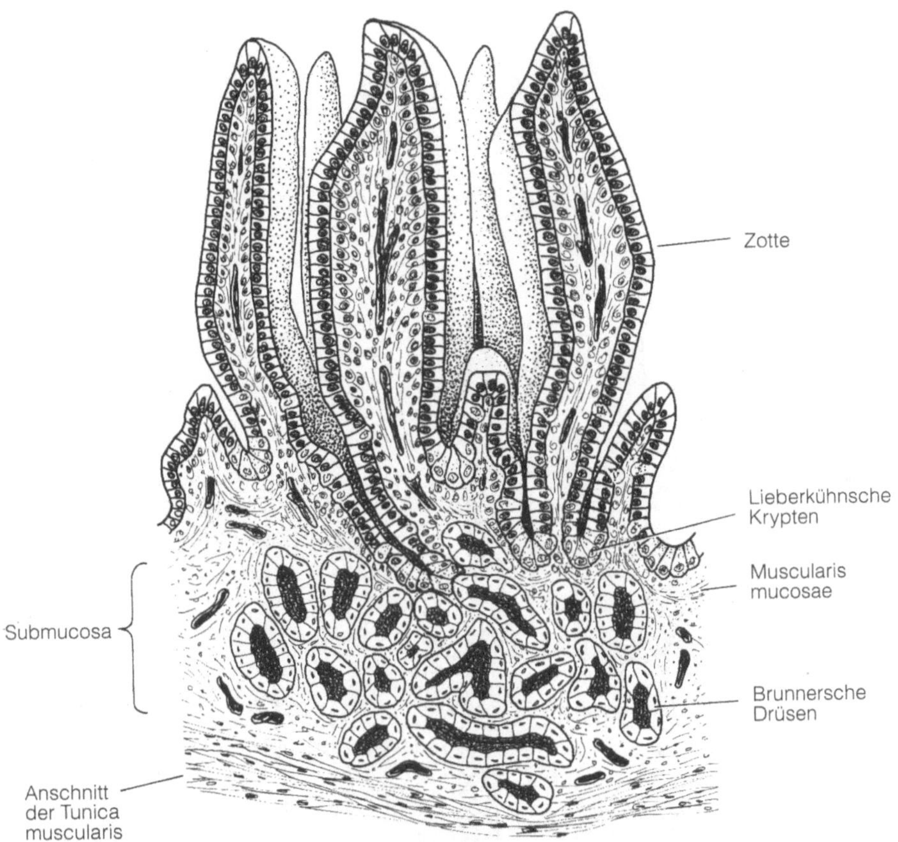

Abb. 11.14. Mitteldarmzotten im Bereich des Duodenums (Maus). Vergr. ca. 110fach

Ringförmige Kerckringsche Falten springen bei Säugern ins Darmlumen. Sie entstehen durch Auffaltung der Mucosa und Submucosa.

Wenngleich sich verschiedene Abschnitte des Mitteldarms histologisch unterscheiden, so entspricht trotzdem der Aufbau der Darmwand dem Schema (Abb. 11.7). Entscheidend ist nur in den verschiedenen Abschnitten die Größe der Zotten, die Größe der Falten und Krypten sowie der Drüsen. – Die **Zotten** (Abb. 11.14 u. 11.15) bestehen einzig aus Ausstülpungen der Tunica mucosa, der Schleimhaut. Im wesentlichen ist daran das Bindegewebe der Lamina propria und die darüberliegende Lamina epithelialis beteiligt (Abb. 11.14). Die Propria besteht aus retikulärem Bindegewebe, das Gefäße führt, nämlich die zentrale Arterie, die das Zottenkapillarnetz versorgt und arterio-venös Anastomosen bildet (Abb. 11.15). Des weiteren zieht im Zentrum der Propria das zentrale Lymphgefäß (das Chylusgefäß). Aus der Muscularis mucosae, der Schleimhaut, strahlen einzelne Muskelzellen in die Zotten hinein. Sie sind funktionell von großer Bedeutung. Bei ihrer Kontraktion pressen sie die Blut- und Lymphgefäße der Zotten aus. Durch den Blutdruck können die Zotten sich dann wieder ausdehnen; so ist eine regelrechte Zottenpumpe gewährleistet.

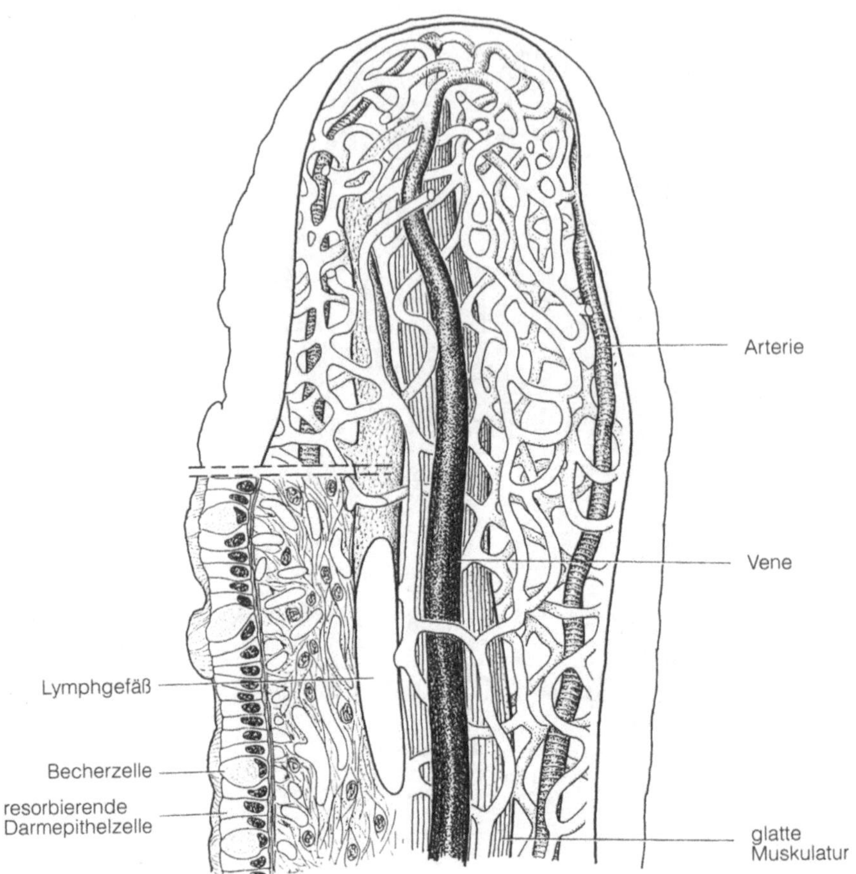

Abb. 11.15. Zotte des Mitteldarms im Schema; links im histologischen Medianschnitt, rechts dreidimensional geöffnet

Zwischen den Zotten bildet die Lamina epithelialis Einstülpungen, die Lieber-kühnschen Krypten, die bis zur Muscularis mucosae reichen (Abb. 11.14). So-wohl Zotten als auch Krypten tragen einschichtiges hochprismatisches Epithel, in dem resorbierende und sezernierende Zellen zu unterscheiden sind (Abb. 11.16). Am häufigsten sind die Saumzellen, die auf Resorption und Ver-dauung spezialisiert sind. Sie entstehen in den Krypten (Abb. 11.16) und wandern zur Zottenspitze. Diese Darmepithelzellen haben durchschnittlich eine Lebens-dauer von 30–100 Stunden; sie sind gegen Schädigungen sehr empfindlich. Le-blond und Messier haben 1958 mit radioaktivem Tritium den Nachweis erbracht, daß bei Säugern etwa in 40 Stunden die Wanderung von der Krypte zur Zotten-spitze erfolgt. An der Zottenspitze werden diese Zellen und mit ihnen ihre mem-brangebundenen Verdauungsenzyme in die Darmhöhle abgestoßen. Während der Wanderung differenzieren sich die Saum- und Becherzellen. – An Zellorga-nellen enthalten sie Mitochondrien, endoplasmatisches Retikulum, Golgi-Apparat und seitlich im Bereich der Darmhöhle tight junctions. Letztere lassen

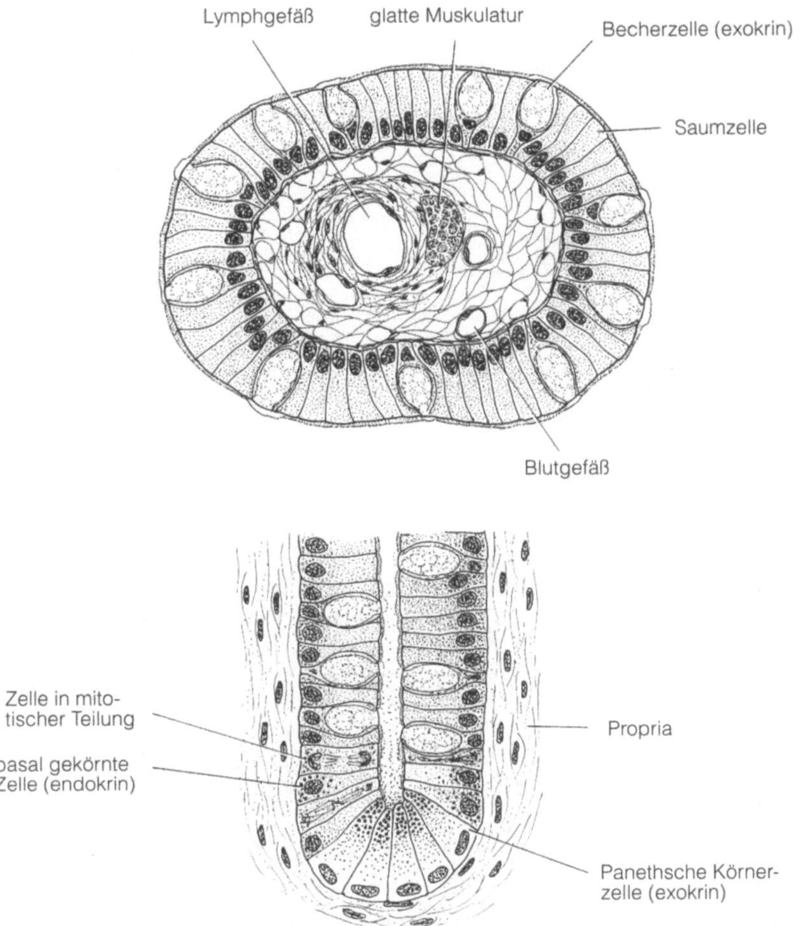

Abb. 11.16a, b. Mitteldarmzotte (Maus). **a** Querschnitt, **b** Längsschnitt durch Lieberkühnsche Krypte. Vergr. ca. 310fach

keine Moleküle zwischen die benachbarten Epithelzellen oder etwa ins Blut wandern. Sie gewährleisten damit einen geschlossenen Epithelüberzug. – Der apikale Teil der Epithelzellen ist besetzt mit einem Mikrovillisaum. Jeder Mikrovillus enthält in Längsordnung ein Faserbündel aus Actin, das in die Cytoplasmaschicht unter dem Mikrovillisaum ausläuft und dort divergiert; zusammen mit Myosinfilamenten, die parallel zur Zelloberfläche verlaufen, bilden die Actinfilamente das Schlußleistennetz. Die Fasern sind hier zu einem Filz verflochten. – Jeder Mikrovillus ist von der Einheitsmembran mit ihrer Glykocalyx umgeben. An dieser Membran spielt sich die Aufnahme der Nährstoffe ab über Enzym- und Transportsysteme. Enzyme können die Nahrungsmittel in Moleküle spalten; dann können die Spaltprodukte über Transportsysteme in das Cytoplasma der Epithelzelle gelangen. Dort werden sie oft noch modifiziert, bevor sie in die Blutkapillaren im Innern der Zotten gelangen (Abb. 11.17a). – Auf den Bürstensaum

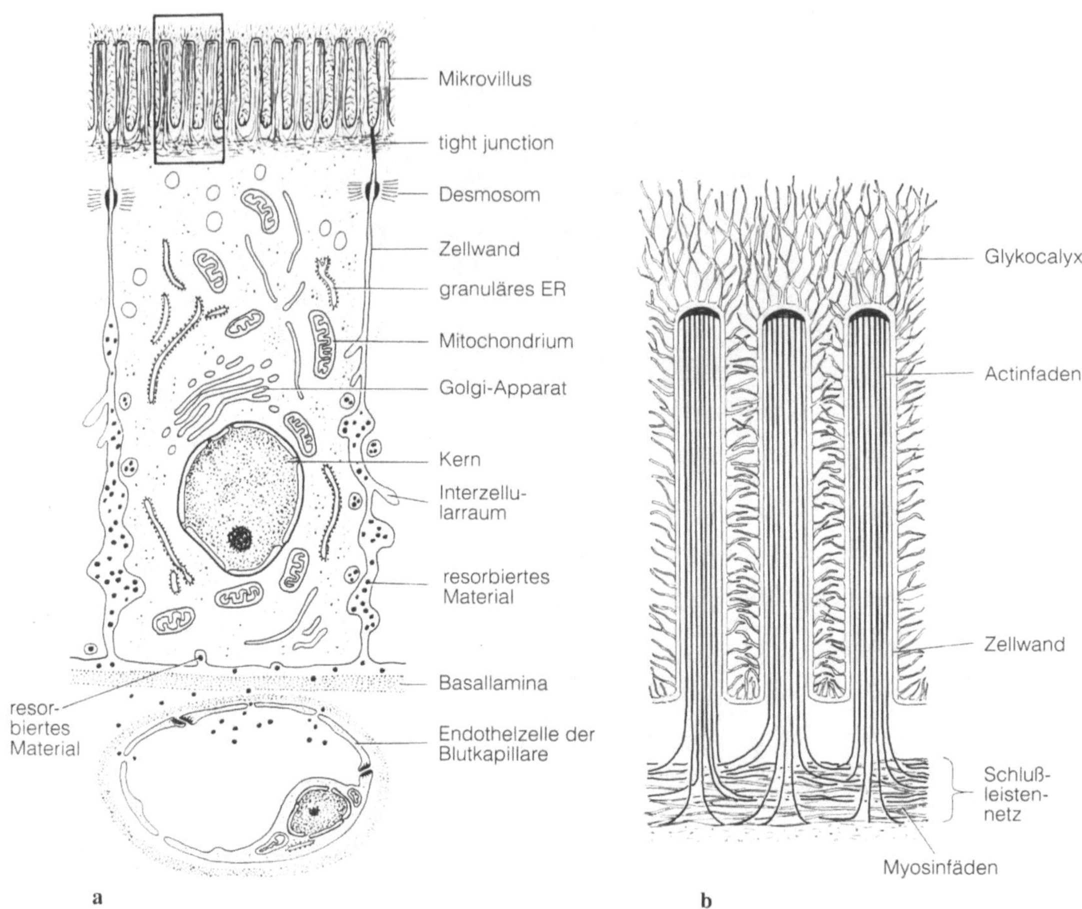

Abb. 11.17 a, b. Schema einer resorbierenden Mitteldarmzelle mit Nahrungstransport in die darunterliegende fenestrierte Blutkapillare; **b** Inset Mikrovillisaum. (Nach Moog 1982 abgeändert)

(Abb. 11.17 b) beschränkt ist 1. die Alkaliphosphatase (Glykoprotein), ein Protein mit Seitenketten aus Kohlenhydraten, 2. die Invertase und Maltase und 3. die Laktase. Seit den 70er Jahren weiß man, daß diese Enzyme fest mit der Membran der Mikrovilli verbunden sind und nur mit der Membran, aber nie durch Sekretion, wie früher angenommen wurde, ins Darmlumen gelangen. Daraus wurde folgende Theorie aufgestellt: „Verdauungsenzyme sind Glykoproteine, die mit ihrer Proteinkomponente verschieden tief in die Membran vordringen, während ihre Seitenketten aus Kohlenhydraten in die Darmhöhle ragen und das faserige Netzwerk der Glykocalyx bilden" (Moog 1982). – Der Bürstensaum ist sehr empfindlich, wird rasch zerstört und muß während der Wanderung von seiner Zelle ständig repariert werden.

Wie werden Nährstoffe (Spaltprodukte) durch die Membran der Saumzelle transportiert? Darüber ist noch wenig bekannt, doch werden mehrere Mechanismen diskutiert. So sollen z. B. Kohlenhydrate stets in Monosaccharide gespalten werden. Dann soll entweder ein Membrantransport über ein Trägermolekül (Carrier) erfolgen, oder das in der Zellmembran lagernde Enzym soll sich nach innen drehen, während es das Zuckermolekül spaltet. Die Einfachzucker können dann in das Cytoplasma der Zelle geschleust werden (vergl. Lehrbuch Biochemie). – Für die Aufnahme von Proteinen wird seit den sechziger und siebziger Jahren folgende Vorstellung akzeptiert: Proteine (Polypeptidketten) werden in der Darmhöhle teilweise verdaut und bilden dort ein Sammelsurium einzelner Aminosäuren und kleiner Peptidketten. Die Membran der Mikrovilli verfügt über vier Systeme, mit denen sie die freien Aminosäuren in das Cytoplasma transportieren kann. Jedes System transportiert Aminosäuren ähnlicher Struktur, gekoppelt mit einem parallel laufenden Einstrom von Na^+. Für Peptidketten mit 2–3 Aminosäuren besteht ein eigener Transportmechanismus. Haben diese kleinen Peptide die Membran passiert (direkt), werden sie von Peptidasen im Cytoplasma der Zelle in einzelne Aminosäuren zerlegt. Stets gelangen die Proteine in Form von Aminosäuren aus dem Cytoplasma in die Blutgefäße.

Im Epithel der Zotten kommen neben den Saumzellen exokrin sezernierende Zellen vor. Dabei handelt es sich um a) die schleimbildenden Becherzellen auf

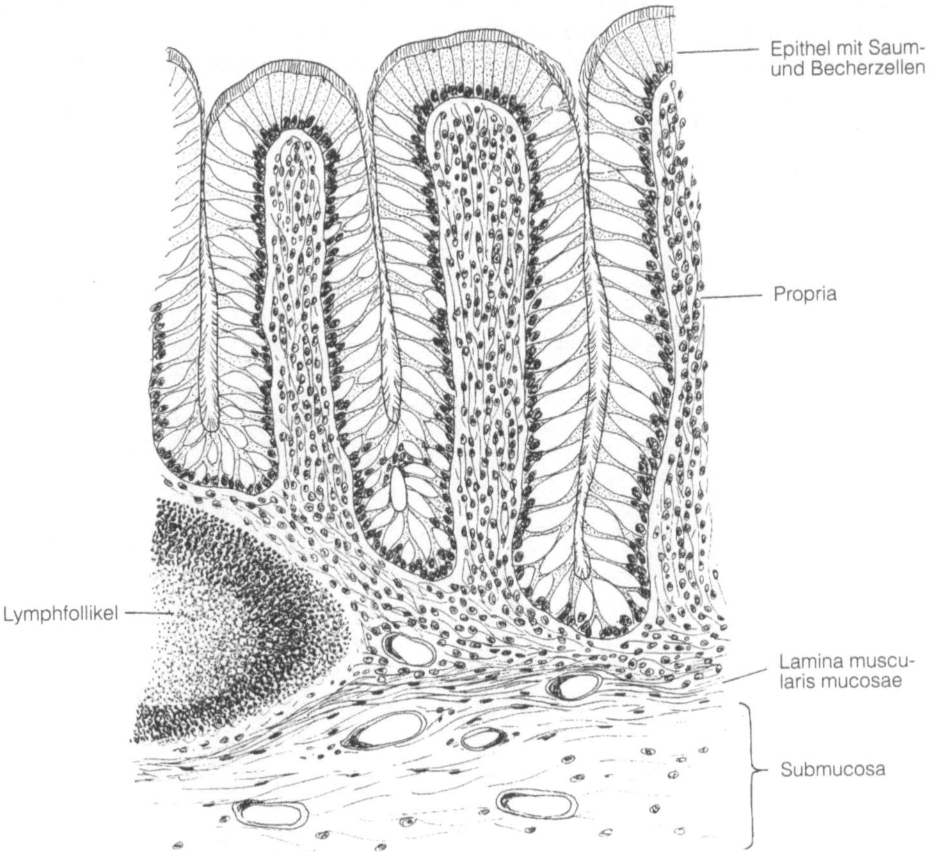

Abb. 11.18. Ausschnitt aus einem Dickdarmquerschnitt

Zotten und in Krypten und b) die Panethschen Körnerzellen vorwiegend in Krypten; letztere enthalten apikal acidophile Sekretgranula (Abb. 11.16 b). Sie sondern Lysozym ab, ein mukolytisch wirkendes Enzym der unspezifischen Abwehr, das Bakterienwachstum hemmt oder Bakterien auflöst. Wahrscheinlich entstehen diese Zellen als undifferenzierte Epithelzellen; Mitosen dieser Zellen wurden nie beobachtet. Sie sondern als Verdauungsenzyme Dipeptidasen ab. – Endokrin sezernieren dagegen die basal gekörnten enterochromaffinen, „gelben" Zellen, die in geringer Zahl im Fundus der Krypten liegen. Sie enthalten basal fei ne Granula, die hauptsächlich Serotonin ans Blut abgeben.

In der Lamina propria der Schleimhaut, die aus retikulärem Bindegewebe besteht, sind Lymphocyten, Plasmazellen, Makrophagen, eosinophile Granulocyten und Mastzellen. – Derartige Zellen häufen sich zu sogenannten Folliculi lymphatici aggregati (Peyersche Plaques); sie bilden einen großen Teil des Immunapparats.

Im Dünndarm der Säugetiere unterscheidet man die Abschnitte Duodenum (Zwölffingerdarm), Jejunum (Leerdarm) und Ileum (Krummdarm). Das **Duodenum** ist gekennzeichnet durch tief in die Submucosa eindringende, verzweigte Drüsen, die Brunnerschen Drüsen (Abb. 11.14). Sie produzieren alkalischen Schleim und bestehen aus auffallend kubisch angeordneten hellen Zellen. – Zotten und Falten nehmen im unteren Dünndarm an Zahl und Höhe ab. Krypten werden dagegen zunehmend tiefer. Im Leerdarm, dem **Jejunum**, sind die quer zur Längsachse des Darms verlaufenden Kerckringschen Falten noch ähnlich wie im Duodenum, während sie im Ileum wesentlich niedriger ins Lumen vorspringen.

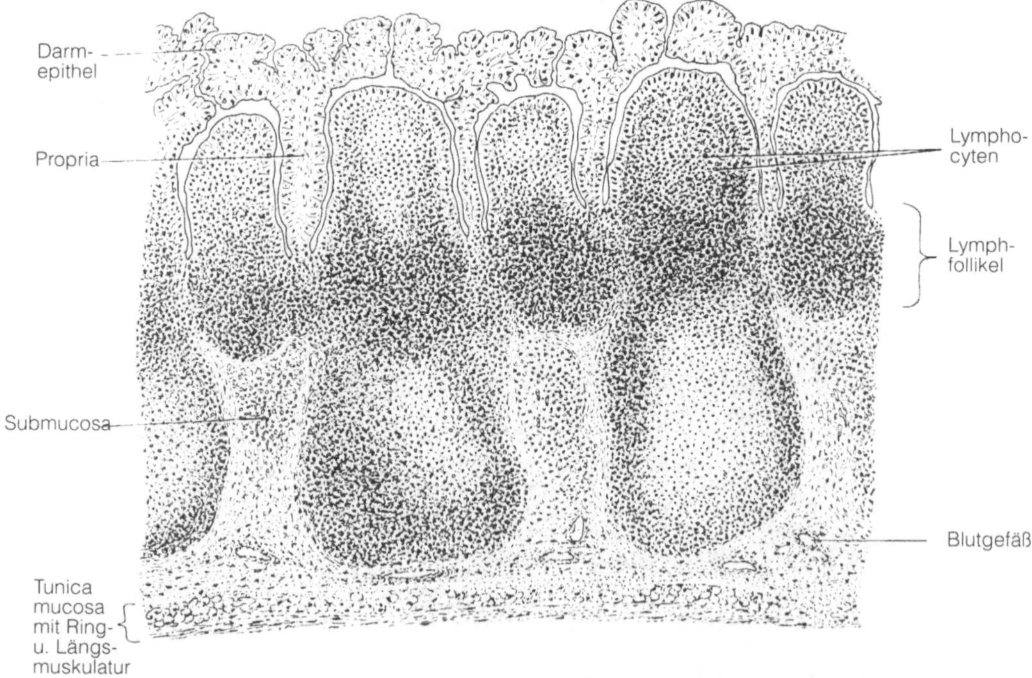

Abb. 11.19. Ausschnitt aus dem Blinddarm vom Kaninchen, Längsschnitt. Vergr. ca. 40fach

Im **Ileum** nimmt die Zahl der Folliculi lymphatici zu. Lieberkühnsche Drüsen kommen sowohl im gesamten Dünndarm als auch im Colon vor.

Im **Enddarm** sind keine Zotten, aber viele Krypten ausgebildet (Abb. 11.18). Zahlreiche Becherzellen sezernieren den Gleitschleim. Während im Dickdarm (Colon) das übrige Epithel mit Bürstensaum die Resorption von Wasser und Salzen bewirkt, ist das Epithel vom Rectum schwach verhornt. Auch in der Lamina propria gibt es in diesen beiden Abschnitten des Enddarms Unterschiede. Im Colon enthält diese Propria viele lymphatische Solitärfollikel, während im Rectum diese Propria sehr dünn ist und eine ausgeprägte Schließmuskelschicht folgt.

Im **Blinddarm** werden die Krypten durch das ausgedehnte lymphatische Gewebe stark verdrängt. Lymphocyten, die teilweise in die untere Mucosa, großteils in die Submucosa, einwandern, verursachen die vielen Kernfärbungen im Schnitt. Die Lymphfollikel sind hier groß (vergl. Abb. 11.19). Der Blinddarm mündet am Übergang von Dünn- und Dickdarm ein. Sein Epithel ist stark gefaltet und besteht aus zylindrischen Zellen und Becherzellen, die Schleim sezernieren. Bei Säugern fehlt den Insectivoren, Bären und Mardern der Blinddarm. – Bei Vögeln sind die Blinddärme zusätzlich an der Verdauung und Resorption beteiligt. Ihr Sekret hydrolysiert die Stärke, invertiert Zucker und verdaut Proteine. Rauhfußhühner (Auerhahn usw.) können im Winter z. B. Koniferennadeln verdauen. Die Blinddärme sind klein: bei Singvögeln, Raubvögeln, Spechten und Röhrennasen; groß dagegen: beim Kuckuck, den Racken und den Seglern; auffallend groß sind die Blinddärme bei Rauhfußhühnern und dem afrikanischen Strauß.

11.3 Anhangsdrüsen des Intestinaltrakts

Wesentlichen Anteil am Transport- und Resorptionssystem haben die Anhangsdrüsen des Intestinaltrakts. Die Speicheldrüsen, die 1. Gleitmittel sezernieren und 2. den Verdauungsprozeß einleiten und die Mitteldarmdrüsen, denen zum Teil Speicherfunktion, vielfach Resorption und Sekretion, zukommt.

11.3.1 Wirbellose

11.3.1.1 Speicheldrüsen

Bei Wirbellosen kommen Speicheldrüsen vor bei: Anneliden, Arthropoden, Mollusken und Onychophoren. Sie sezernieren in der Regel Verdauungsenzyme, können aber z. B. bei den Octobrachia auch giftige Proteine zur Tötung der Beute absondern, oder bei Blutsaugern wie Blutegeln auch ein Antikoagulans wie Hirudin.

Das histologische Bild von Speicheldrüsen variiert sehr. Bei *Helix pomatia* handelt es sich um sehr unterschiedlich strukturierte Drüsenzellen, die um feinste Kanälchen geordnet sind. Diese schließen sich zu Sammelkanälchen zusammen, die schließlich in den Ausführkanal übergehen; letzterer besteht aus einschichtigem Epithel. Die Drüsenzellen unterscheiden sich im Gehalt an Granula, an Vakuolen, in der Färbbarkeit, Kernform und im Chromatingehalt. Wahrscheinlich handelt es sich um verschiedene Sekretionsstadien der gleichen Drüsenzellart.

11.3.1.2 Mitteldarmdrüsen

Unter den Wirbellosen spielen die Mitteldarmdrüsen bei Mollusken und Crustaceen funktionell eine bedeutende Rolle. Sie werden oft als Hepatopankreas bezeichnet.

Bei *Helix* handelt es sich um kleine Schläuche (Läppchen), die in den Darm münden. Jeder Schlauch besteht aus einer tubulösen Verdauungsdrüse, die von dünnem Bindegewebe mit spärlich eingelagerten Muskelfasern umgeben wird. Kleine Nahrungspartikel werden mit Cilien in diese Mitteldarmdrüse befördert. Das Tubulusepithel besteht aus zylindrischen Zellen und großen, breiten Kalkzellen. Die zylindrischen Zellen bilden Enzyme und phagocytieren (Verdauungszellen). – Die Kalkzellen erreichen nie die Höhe der zylindrischen Zellen. Sie enthalten außer Calciumphosphat-Konkrementen Fettvakuolen.

Im Aufbau ähnlich ist die Mitteldarmdrüse der **Crustaceen**; sie ist am besten bei den decapoden Malacostraca untersucht. Sie besteht aus vielen feinen Tubuli, deren einschichtiges Epithel aus drei Zelltypen aufgebaut ist. Typ-1-Zellen sind große, Enzyme bildende Blasenzellen; diese entstehen aus fibrillären, zylinderförmigen Zellen, die außergewöhnlich viel rauhes endoplasmatisches Retikulum enthalten; es bildet die Vorstufen für die Verdauungsenzyme, die schließlich in einer Vakuole gespeichert werden. Diese Zellen nehmen pinocytotisch Nahrung auf; damit korreliert vergrößert sich die Vakuole. – Typ-2-Zellen resorbieren und sind länglich; ihr Cytoplasma ist reich an Fettvakuolen, Glykogen und bei etlichen Arten auch zeitweise an Calcium. Typ-3-Zellen sind Bildungszellen. Sowohl Typ 1 als auch Typ 2 tragen apikal einen kleinen Mikrovillisaum. Ein Netz feinster Muskelfasern, an denen Nerven endigen, liegt dem Epithel der Tubuli unter der Basallamina mit Bindegewebe an und bewirkt bei Kontraktion den Transport des aus winzigen Partikeln bestehenden Nahrungsfiltrats.

11.3.2 Wirbeltiere

11.3.2.1 Speicheldrüsen

Bei Speicheldrüsen der Säuger handelt es sich um zusammengesetzte tubuloacinöse Drüsen (Abb. 11.20). Eine Speicheldrüse wird von Bindegewebe in Läppchen unterteilt; acinöse endständige Abschnitte stehen in Verbindung mit muköden Tubuli, die in die Ausführgänge übergehen (Abb. 11.20). Folgende Abschnitte der Ausführgänge werden unterschieden: 1. dünne Schaltstücke, das sind im Durchmesser dünne Ausführgänge aus niedrigen Epithelzellen, 2. dicke Streifenstücke aus hohen prismatischen Zellen, an deren Basis lichtmikroskopisch Streifung sichtbar ist. Diese Streifung besteht bei elektronenmikroskopischer

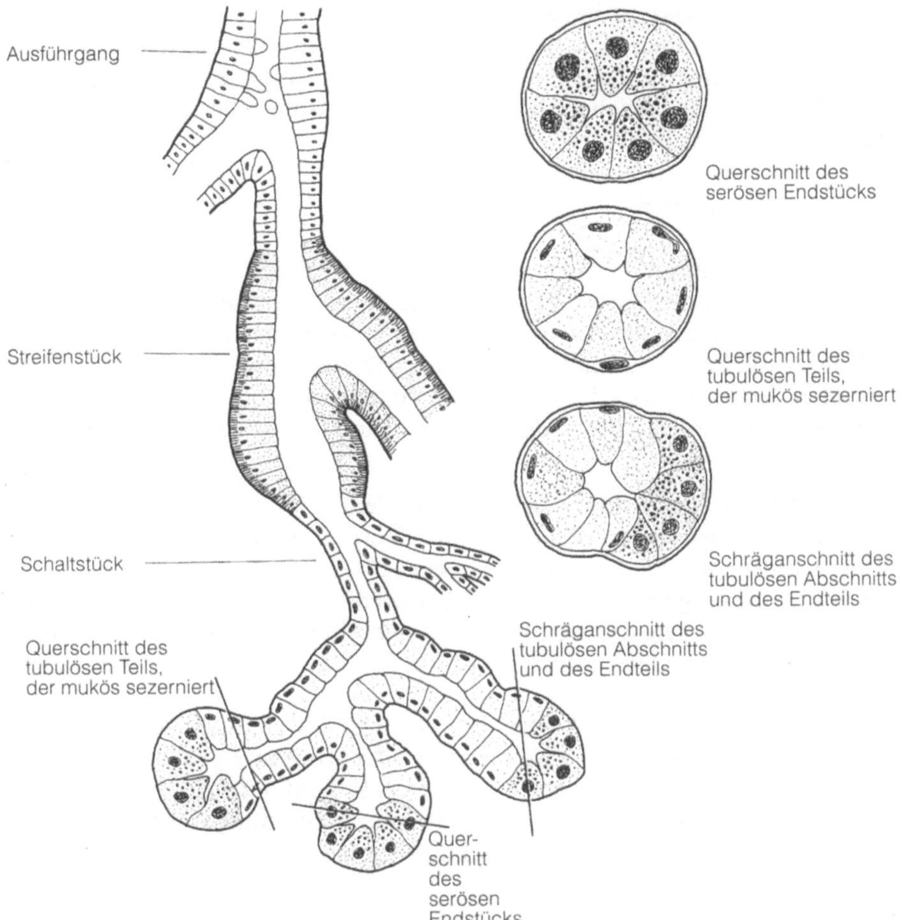

Abb. 11.20. Glandula sublingualis eines Säugers schematisch; zusammengesetzt tubulo-acinäre Drüse mit seröser und muköser Sekretion

Auflösung aus senkrecht zur Basallamina parallel orientierten Mitochondrien, zwischen denen das basale Plasmalemm tief eingefaltet ist. Derartige Strukturen lassen auf Transportfunktion durch diese prismatischen Zellen schließen. Bei Speicheldrüsen resorbieren sie in diesem Streifen-Abschnitt Na$^+$ zurück. Diese intralobulären Abschnitte führen in den großen interlobulären Ausführgang, der im Bindegewebe verläuft. Er besteht aus hochprismatischem ein- oder zweischichtigem Epithel, das ein weites Lumen einschließt.

Bei Säugern unterscheidet man bei den Speicheldrüsen die Glandula sublingualis (Unterzungendrüse) von der Glandula submandibularis (Unterkieferdrüse) und der Parotis (Ohrspeicheldrüse). Sie alle gehen auf das Schema (Abb. 11.20) zurück, wobei der Anteil serös-mukös, wie auch der Schalt- und Streifenstücke je nach Drüsenart schwankt. Ein Vergleich läßt erkennen, daß die Schaltstücke in dem Maß zurückgehen, in dem die mukösen Tubuli zunehmen. Man vermutet daher Verschleimung der Schaltstücke.

Bei anderen WT-Klassen bestehen Abweichungen in der Ausgestaltung der Speicheldrüsen. So finden sich bei Reptilien im mehrschichtigen Epithel der Mundschleimhaut muköse Zellen; während zahlreiche tubuläre, muköse und wenige seröse Drüsen die Speicheldrüsen ersetzen. Giftdrüsen der Schlangen sind modifizierte Speicheldrüsen.

11.3.2.2 Mitteldarmdrüsen

Leber. Bei allen Vertrebraten ist eine große Leber vorhanden. Phylogenetisch hat sie sich als exokrine Drüse entwickelt, die Gallenflüssigkeit sezerniert. Ontogenetisch entsteht die Leber als Ausbuchtung des entodermalen Darmes. Die ursprüngliche Aufgabe der Leber bestand in der Absonderung von Drüsensekret; beim adulten Wirbeltier tritt diese Funktion heute gegenüber ihrer Tätigkeit als Stoffwechselorgan zurück. So werden folgende Funktionen von der Leber übernommen:

1. Die aus dem Darm resorbierten Stoffe werden in körpereigene Substanzen umgebaut und gespeichert (Proteine, Cholesterin, Fett, Phosphatide, Vitamine und Kohlenhydrate in Form von Glykogen).
2. Das Blut wird entgiftet durch Filterung störender Elemente (Partikelentfernung durch Phagocytose) und toxische Metaboliten; z. B. werden Aminosäuren in der Leber in Harnstoff umgewandelt und als solcher über die Nieren ausgeschieden.
3. Gallebildung. Das im Blut kreisende Bilirubin, das zum größten Teil beim Hämoglobinabbau entsteht, wird meist an Glucuronsäure gebunden und mit ihr als Gallenfarbstoff ausgeschieden. Die Galle dient des weiteren zur Emulgierung des Fettes. Durch sie werden bestimmte Verbindungen resorbiert.
4. Blutspeicherung (bis zu 1 Liter Blut beim Menschen).
5. Während der Fetalzeit Blutbildung.

Diese vielseitigen physiologischen Aufgaben werden im wesentlichen nur von einem Zelltyp, dem **Hepatocyt** (Leberparenchymzelle) und den Blutkapillaren erfüllt. Bei Fischen, Amphibien und Reptilien sind die Hepatocyten zu verzweigten Zellbalken zusammengefügt, die von Blutkapillaren umsponnen werden. In diesen Gruppen besteht noch keine Gliederung in Läppchen. Beim **Frosch** (*Rana esculenta*) z. B. besteht die Leber aus einer zusammengesetzten verzweigten tubulösen Drüse, deren Tubuli netzartig miteinander zum Leberparenchym verbunden sind (Abb. 11.21). Maschen des Netzwerkes werden von Blutgefäßen eingenommen. In einem Tubulus sind im Querschnitt vier bis fünf Leberzellen um ein enges Lumen, nämlich die Gallenkapillare, radiär angeordnet (Abb. 11.21). Im apikalen Pol dieser Leberzellen ist das Plasma dichter. Basal unter dem Kern liegen die Fetttröpfchen, im Zentrum des Tubulus die Gallenkapillare. Mehrere Gallenkapillaren vereinigen sich zu kleineren Gallengängen, die zu größeren Gängen zusammenfließen. – Das Wandepithel der großen Gallengänge besteht aus kubischen Zellen; ihr Cytoplasma ist dichter und körniger als das der Leberzellen. Der Bindegewebsgehalt dieser Froschleber ist nur spärlich. – Jahreszeitlich wechselnd kommen in besonderen Zellen gelbes und braunes Pigment vor. In Schollen sind diese Pigmente auch im Blut und in den Lymphgefäßen enthalten.

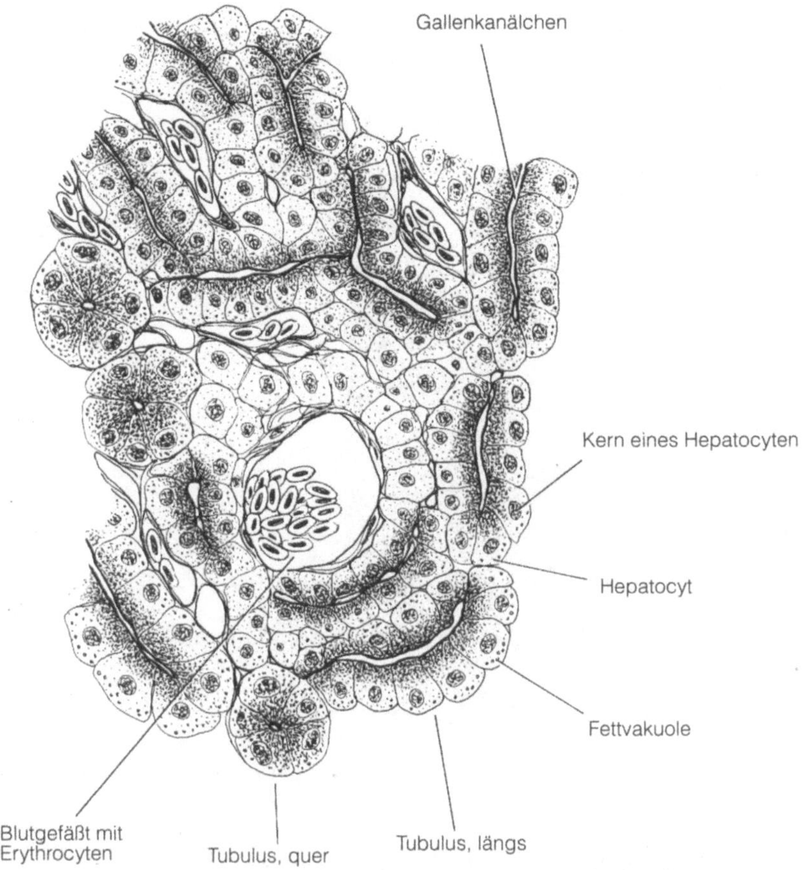

Abb. 11.21. Leber vom Frosch, histologischer Schnitt. Vergr. ca. 400fach

Die Leber der **Vögel** zeigt Übergänge zum Läppchenbau, der charakteristisch ist für Säuger. Aber auch bei Vögeln ist die Leber eine zusammengesetzt verzweigte tubulöse Drüse, die aus Leberzellbalken, Gallenkapillaren und Blutkapillaren sowie dem interlobulären Gallengang (Abb. 11.22) besteht. In der Mitte des Bildes ist der Gallengang, der aus dem Leberläppchen austritt, zu sehen. – Körnerfressenden Vögeln fehlt eine Gallenblase. Endothelzellen der Blutkapillaren z. B. der Taube, zeigen tiefgeschwärzte Einschlüsse. Dabei handelt es sich um Trümmer von Erythrocyten, die von dem Kapillarendothel anliegenden Zellen aufgenommen und verarbeitet werden. Diese Zellen bezeichnet man als Kupffersche Sternzellen; ihnen kommt phagocytäre Eigenschaft zu.

Beim **Säuger** besteht die Leber aus Läppchen (Abb. 11.23 a). Jedes Läppchen (Lobulus hepatis) stellt eine Baueinheit dar. Die gesamte Leber ist umgeben von einer straffen Bindegewebskapsel, der Tunica fibrosa (Glissonsche Kapsel). Bindegewebe dieser Kapsel unterteilt das Leberparenchym in die einzelnen Läppchen. Der Anteil des Bindegewebes ist bei den verschiedenen Säugern sehr unterschiedlich groß. Viel Bindegewebe ist vorhanden in der Leber vom Bären, vom Kamel und vom Schwein. – An der Kontaktstelle, an der drei Läppchen zusam-

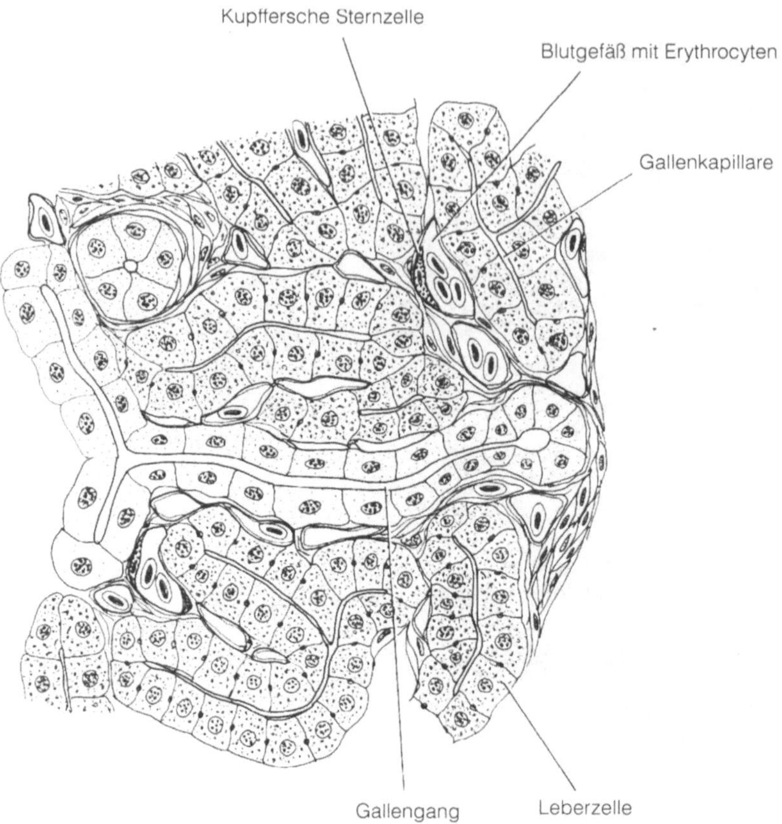

Abb. 11.22. Schnitt durch die Vogelleber. (Nach Krause modifiziert)

menstoßen, liegen dreieckige Bindegewebsfelder, sog. periportale Felder (Trias, Abb. 11.23 b). In einer Trias liegen die Arteria interlobularis, die Vena interlobularis und die Gallenkapillare (Ductus interlobularis). Zusätzlich können auch Lymphgefäße in der Trias vorkommen.

Der Aufbau der Leber wird vom Blutgefäßsystem her bestimmt. Deshalb sei der Blutkreislauf der Leber zunächst erörtert. Zwei Versorgungsgefäße dringen durch die Bindegewebskapsel in die Leber ein. Die Vena portae (Pfortader) erhält Blut aus Milz, Magen und Darm und tritt an der Leberpforte (Porta hepatis) in die Leber ein. Dabei nehmen die Gefäße Bindegewebe mit, das sowohl die Gefäße als auch die Leberläppchen umhüllt. Alle Darmvenen sind mit resorbierter Nahrung angefüllt. Nach einigen Teilungsschritten erscheinen die Äste der Pfortader als dünnwandige Venae interlobulares im periportalen Feld und teilen sich auf die Venulae interlobulares, die das Läppchen mit kapillarem Gefäßnetz überziehen. Aus diesen werden die zwischen den Leberbalken radiär verlaufenden sinusoiden Kapillaren gespeist; sie münden schließlich in die Vena centralis (Abb. 11.24). Die Vena centralis mündet in die Sammelvenen (Vv. hepaticae) und schließlich in die Vena cava inferior. Die Arteria hepatica (Leberarterie) bringt arterielles Blut durch die Leberpforte in das Organ, teilt sich auf in die Arteriae

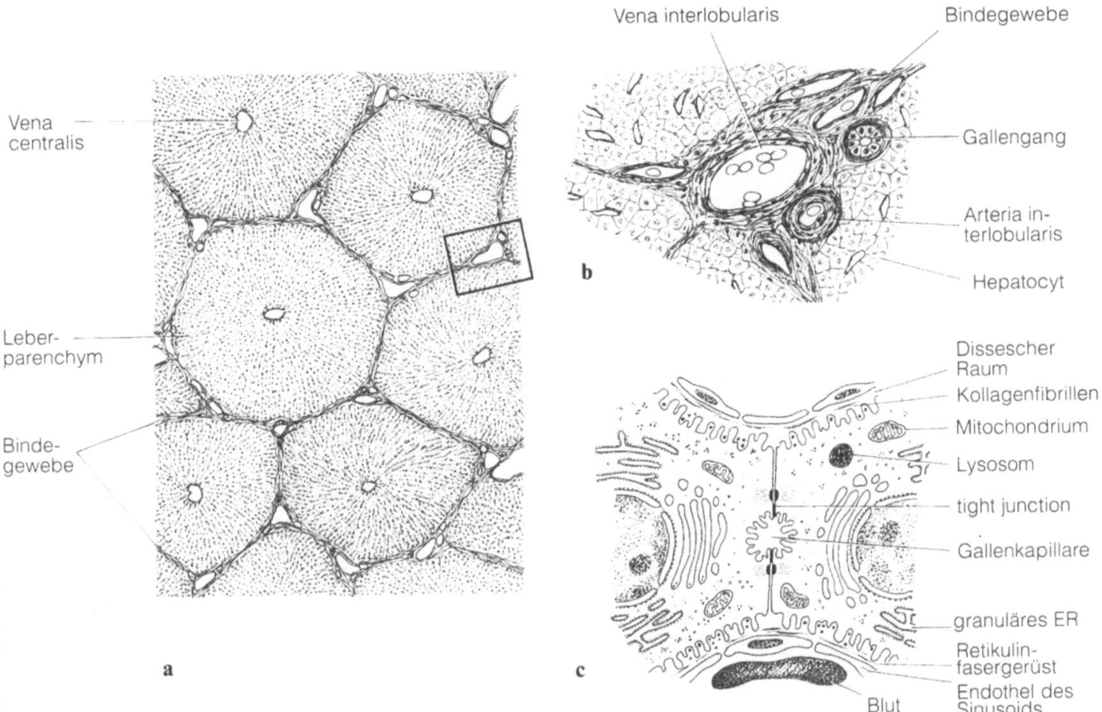

Abb. 11.23 a–c. Leber; a u. b: vom Schwein, c: vom Menschen. **a** Sechs Leberläppchen im Querschnitt. Vergr. etwa 12fach **b** Trias im Querschnitt. Vergr. ca. 140fach **c** Zwei benachbarte Hepatocyten bilden die Gallenkapillare, schematisiert. (Nach Leonhardt modifiziert)

interlobulares, die auch Blut in die sinusoiden Kapillaren bringen, über die es in die Venae (Vv. hepaticae) gelangt.

Gallenkapillaren (Canaliculi biliferi) werden vom Plasmalemm der begrenzenden Leberepithelien gebildet (Abb. 11.23 c). Sie besitzen also keine eigene Wand (Abb. 11.25). Das durch Mikrovilli vergrößerte Plasmalemm der Epithelien begrenzt sie. Seitliche Spalten werden durch tight junctions und Desmosomen geschlossen. Gallenkapillaren führen die Galle aus dem Zentrum des Läppchens zur Läppchenperipherie, entgegengesetzt zum Blutstrom. In den Hepatocyten wird viel Glykogen in Form von typischen Rosetten gespeichert; ferner enthalten die Zellen viele Mitochondrien, Lysosomen, Golgi-Apparat, Fetttropfen und granuläres endoplasmatisches Retikulum, was auf rege Stoffwechselaktivität schließen läßt. – Der Raum zwischen einer Leberzelle und dem Endothel des Sinus oder des Sinusoids wird als Dissescher Raum bezeichnet. Er wird von einem feinen retikulären Netzwerk aus Kollagenfibrillen gestützt (Abb. 11.23 c), das dem Endothel anliegt. Die Kollagenfibrillen werden von vereinzelt vorkommenden Fibroblasten gebildet. – In den Disseschen Raum ragen Mikrovilli der Leberzellen (Abb. 11.25). Diese Mikrovilli vergrößern die Oberfläche der Zelle, die von Flüssigkeit aus den Sinusoiden umspült wird. Durch die echten Poren der Endothelien gelangen die resorbierten Substanzen der Nahrung in den Disseschen Raum; außerdem phagocytieren sog. Kupffersche Sternzellen, die dem Endothel

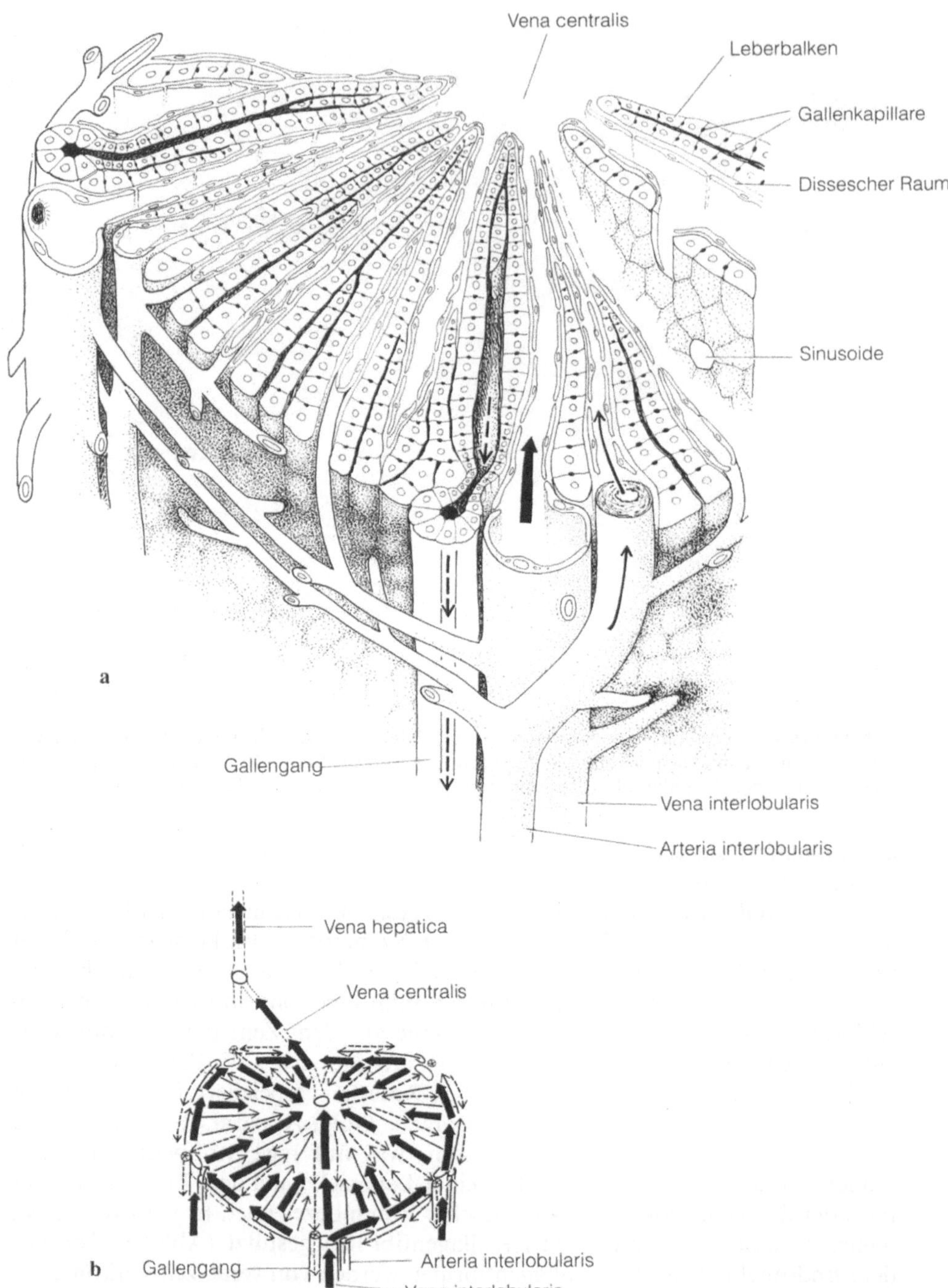

Abb. 11.24 a, b. Schema eines Leberläppchens eines Säugers, dreidimensional; **a** anatomisch. **b** Blut u. Gallenfluß. Dicker Pfeil: venöses, dünnerer Pfeil: arterielles Blut, gestrichelter Pfeil: Gallenstrom; zwischen dem Endothel der Blutgefäße und den Hepatocyten erstreckt sich der Dissesche Raum. (Nach Welsch u. Storch modifiziert)

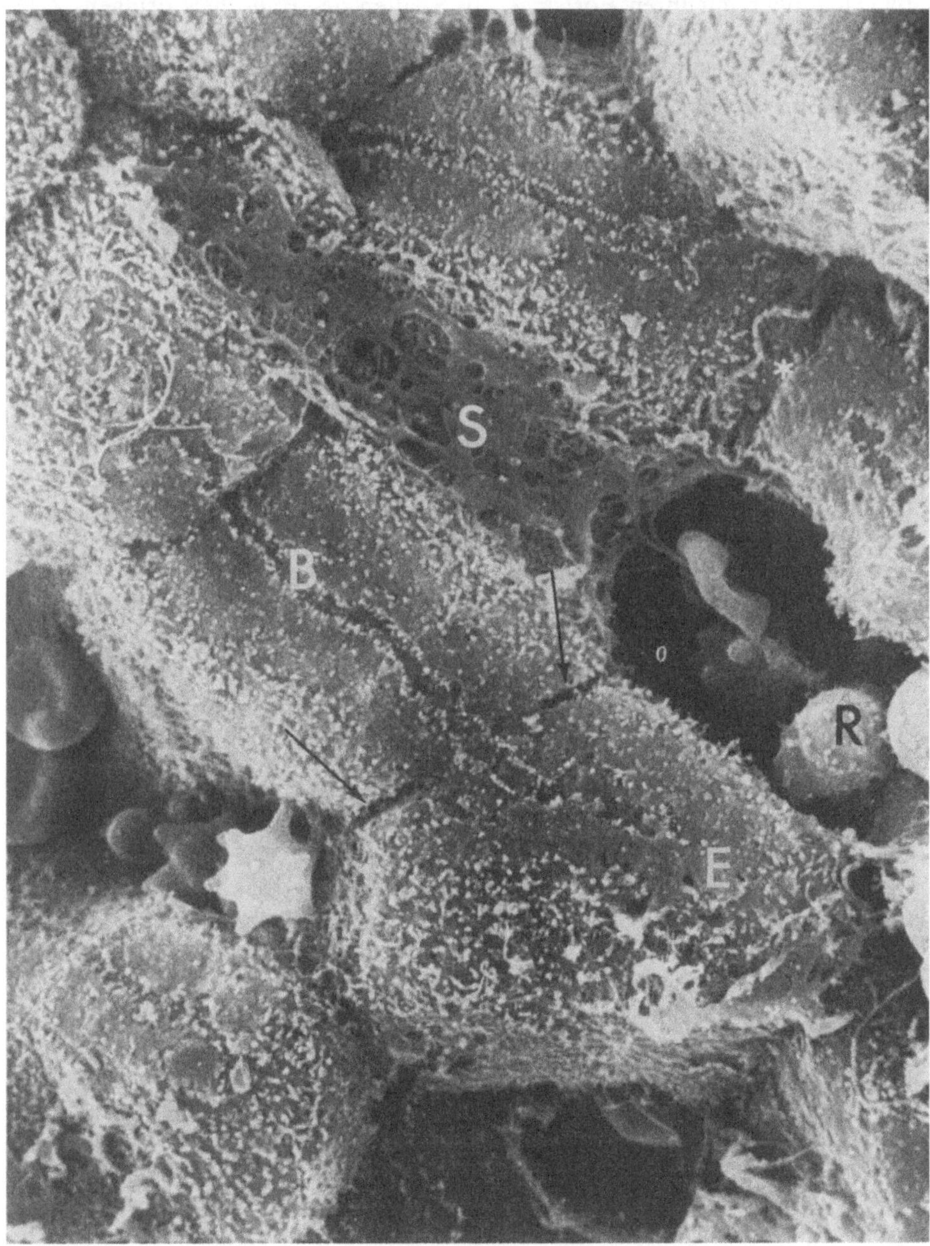

Abb. 11.25. Rasterelektronenmikroskopische Aufnahme des Leberparenchyms einer Ratte, Albino. Das Gewebe wurde mit der Kritischen-Punkt-Methode (s. Kap. 1, Technik) behandelt, gebrochen u. besputtert. Vergr. 3 570fach. (Von Motta und Porter). E = Hepatocyt, B = Gallenkapillare, S = Sinusoid, R = Blutzelle

aufliegen – oder mit ihren Fortsätzen in Spalten des Endothels dringen, Zellbruchstücke und Bakterien. Über die Mikrovillimembran werden Nahrungssubstanzen in die Hepatocyten aufgenommen; intrazellulär werden sie dort verarbeitet (siehe Funktionen der Leber). Die zahlreichen Lysosomen, die für Leberzellen charakteristisch sind, zeugen von der intrazellulären Verarbeitung der Abbauprodukte. – Fett wird in Vakuolen dieser Leberzellen gespeichert. Dies darf nicht mit Verfettung der Leber verwechselt werden, die bei Vergiftungen und Infektionen auftritt. Bei intensiver Fettablagerung ist die Leber schon makroskopisch durch Gelbfärbung gekennzeichnet (Fettleber). Stoffe, die in den Gallengang abgegeben werden, haben die gesamte Leberzelle jeweils passiert. Die **Galle** besteht vor allem aus Gallensäuren, Cholesterin, Gallenfarbstoffen und Wasser. Die wichtigsten Gallenfarbstoffe sind Bilirubin und Bilirubinglucuronsäure. Das Bilirubin entsteht als eisenfreier Abkömmling des Hämoglobins (siehe Kapitel 5.1, Blut, Lebensdauer der Erythrocyten).

Pankreas (Bauchspeicheldrüse). Als weitere Anhangsdrüse des entodermalen Darms ist stammesgeschichtlich schon früh das Pankreas aus der Wand des Duodenum entstanden. Es ist bei den meisten Vertebraten ein gut definiertes, wenn auch etwas amorph gestaltetes Organ, das außerhalb der Darmwand im dorsalen Mesenterium liegt. Das Organ ist in Läppchen gegliedert, die durch Bindegewebe verbunden werden. Letzteres verdichtet sich an der Drüsenoberfläche zu einer dünnen Kapsel, die außen von der Serosa überzogen wird.

Der **exokrine Abschnitt** produziert die Vorstufen des eiweißspaltenden Trypsins und Chymotrypsins, fettspaltende Lipase sowie Polysaccharide spaltende Amylase und Maltase. Beim Menschen sind das täglich 2 Liter Sekret. – Die exokrine Drüse verzweigt sich; sie besteht aus einer serösen Drüse mit acinösen Endstücken. Diese Drüsenzellen sind kubischkonisch mit acidophilen Zymogengranula im apikalen Teil der Zellen (vergl. Abb. 11.26). Diese Zellen enthalten außergewöhnlich viel granuläres endoplasmatisches Retikulum; lichtmikroskopisch sind sie deshalb stark basophil. Die Vorstufen für den Aufbau der Sekretgranula entstehen zunächst im ER; sie reifen innerhalb von 30–40 Minuten im Golgi-Apparat. Das ist durch Autoradiographie bewiesen. Die Lebensdauer von einem Zymogengranulum wird auf nur 50 Minuten geschätzt. Bei hungernden Tieren sind die Acinuszellen prall mit Zymogen gefüllt. Wenn saurer Mageninhalt mit Schleimhaut in Berührung kommt, so wird Sekretin auf dem Blutweg dem Pankreas zugeführt und veranlaßt die Ausschüttung des Pankreassaftes. Auch elektrische Reizung des Nervus vagus oder Verabfolgung von Pilocarpin hat starke Sekretion zur Folge. Die aus den Zellen dann austretenden Granula fließen in der Endstücklichtung zu klarem, dünnflüssigem Sekret von alkalischer Reaktion (pH 8,7) und hohem Eiweißgehalt zusammen. Helle Zellen, die im Schnitt in der Mitte der Acini liegen, bezeichnet man als zentroacinäre Zellen. Sie setzen sich in die Wandung der Schaltstücke mit abgeflachtem Epithel fort. Die anschließenden, noch intralobulär liegenden Ausführgänge werden von kubischzylindrischem Epithel ausgekleidet. Da diese Gangzellen apikal feine Mukoidgranula enthalten und das Lumen sich gleich färbt, wird auf ihre sekretorische Tätigkeit geschlossen. Diese Mukoidgranulation erstreckt sich bis in den Hauptausführungsgang. Die interlobulären Gänge weisen gelegentlich Inseln mehr-

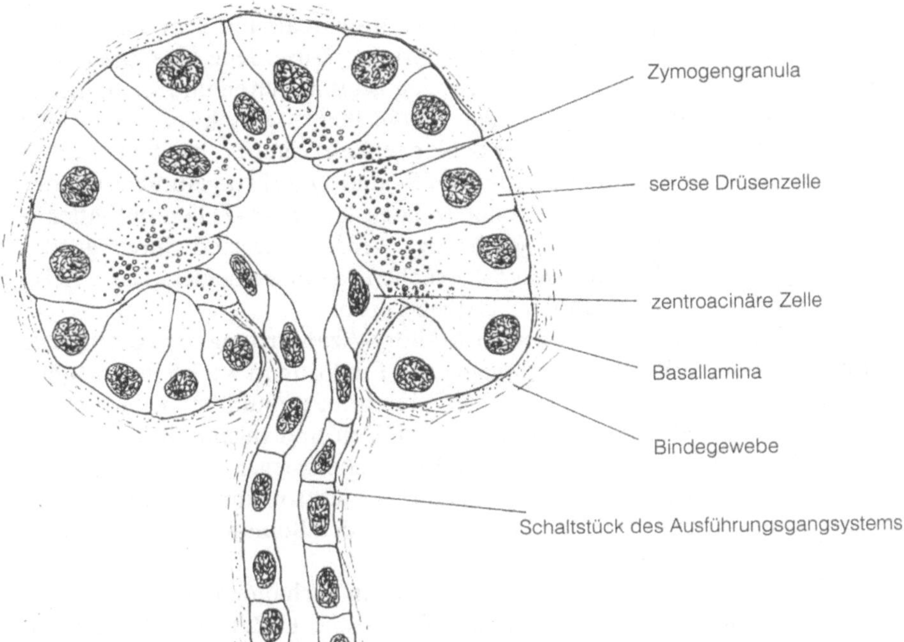

Abb. 11.26. Pankreas (exokriner Teil), seröser Acinus im Längsschnitt, schematisiert

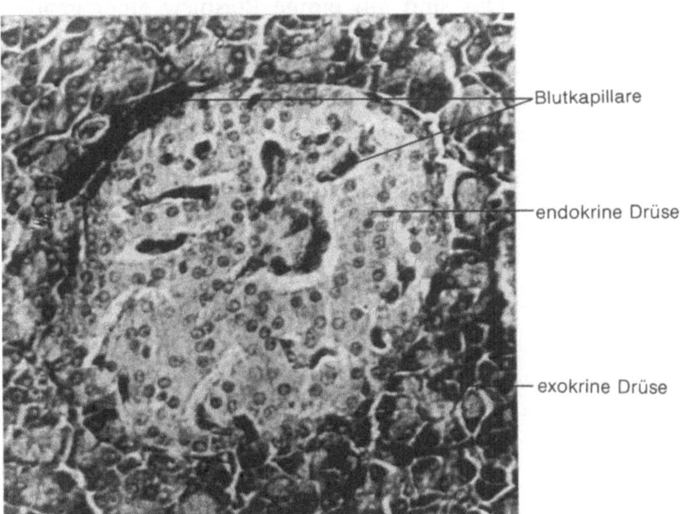

Abb. 11.27. Pankreas einer Ratte, Langerhanssche Insel. Vergr. ca. 330fach

schichtigen Epithels auf. – Das inter- und intralobuläre Bindegewebe des Pankreas, das in einer Gitterfaserhülle an die Basalmembran des Epithelgefüges angrenzt, enthält außer Blut- und Lymphgefäßen zahlreiche, meist marklose Nervenfasern, die vornehmlich den Gefäßen folgen.

Der **endokrine Drüsenanteil** des Pankreas liegt in Form von zahlreichen Inseln im Pankreas vor (Abb. 11.27). Sie werden deshalb als Langerhanssche Inseln bezeichnet. Lichtmikroskopisch erscheinen diese Inselareale nur sehr schwach gefärbt innerhalb der sich stark färbenden exokrinen Drüse. Jede Insel besteht aus netzartig verbundenen Strängen, die von vielen Blutkapillaren und wenig Bindegewebe durchsetzt sind. Beim Menschen, Kaninchen, Meerschweinchen, Goldhamster, Delphin, der Schildkröte, der Schlange *Natrix natrix*, bei *Rana ridibunda*, dem Axolotl und dem Karpfen sind A-, B- und D-Zellen gefunden worden, die sich mit speziellen Färbungen unterscheiden lassen. A-Zellen enthalten α-Granula, die durch Versilberung geschwärzt werden. Sie sind durch größere Dichte im Elektronenmikroskop von β-Körnchen zu unterscheiden. Diese Zellen setzen Glukagon frei, das den Blutzuckerspiegel erhöht.

B-Zellen enthalten β-Granula, bei der Mallory-Azanfärbung orangebraun gefärbt. Im Elektronenmikroskop sind sie je nach Funktion in wechselnder Zahl in kleinen Granula vorhanden, die von einer Membran umhüllt sind. Dichte und Form des Inhalts der Bläschen schwanken. B-Zellen sind Insulinbildner. Insulin fördert den Glykogenaufbau und senkt den Blutzuckerspiegel.

D-Zellen sind bei Azanfärbung blau gefärbt. Elektronenmikroskopisch enthalten sie Granula geringer Dichte. Diese Zellen bilden Somatostatin, das im Hypothalamus als Release-inhibiting-factor wirkt.

Beim Menschen sind am häufigsten die B-Zellen vorhanden (80%), dann folgen die A-Zellen mit 20%, und nur wenige Zellen sind D-Zellen. – Andere Zellkombinationen wurden dagegen gefunden, z. B. beim Opossum A-, B-, D- und E-Zellen, beim Hund A-, B-, D-, F-Zellen, bei der Maus Aa-, Ab-, Ac-, B-, C- und D-Zellen sowie E- und F-Zellen. – Das sind nur einige Beispiele einer großen Vielfalt der Zelltypen.

12 Stoffaustausch und Permeabilität

Für jeden Organismus ist die schnelle Passage von Stoffen durch zelluläre Begrenzungen von größter Bedeutung. Dazu ist die Regelung der Diffusionsrate durch eine Barriere wesentlich. Der Bau dieser Barriere wird der Passage von Stoffen angepaßt durch:

a) eine Vergrößerung der Oberflächen;
b) eine dünne Gewebeschicht, die äußeres von innerem Medium trennt;
c) eine Basallamina, deren Permeabilität und Wassergehalt sich in manchen Fällen ändert (z. B. Malpighische Gefäße).

Der Diffusionsweg wird reduziert, indem die die Barriere bildenden Zellen dünner werden, ja sogar Poren oder Schlitze bilden, die in einigen Fällen von einem Diaphragma überspannt sein können. Diese Anpassungen sind realisiert im Bau der Blutkapillaren, dem respiratorischen Epithel der Atmungsorgane und den Filterstrukturen der Exkretionsorgane. Ihre auf Permeabilität spezialisierten Zellen werden im folgenden mit diesen Organen besprochen.

12.1 Blutkapillaren

Blutkapillaren stellen die wichtigsten Barrieren im Körper zwischen Blut und den verschiedenen Geweben. Sauerstoff und Stoffwechselprodukte müssen die Kapillarwand in beiden Richtungen durchdringen. Um diesen Anforderungen zu genügen, besteht dieses feinste Röhrensystem aus stark abgeflachten Endothelzellen, die sich nur im Bereich des Perikaryons etwas verbreitern. Sie enthalten einen kleinen Golgi-Apparat, Vesikel und gelegentlich Mitochondrien. Dieses Kapillarendothel sondert basal eine dichte Basallamina ab, über die die Befestigung mit dem Bindegewebe erfolgt. In mehr oder weniger großen Abständen liegt der Basallamina des Endothels eine lückenhafte zweite Zellage von **Pericyten** auf. Pericyten sind verzweigte Zellen, die mit ihren langen Fortsätzen ein Maschenwerk bilden, das dem Endothelrohr aufliegt. Die Funktion der Pericyten ist noch unklar. Sie werden als kontraktile Zellen betrachtet, die möglicherweise modifizierte, glatte Muskelzellen darstellen. Anneliden haben noch eine vollständige Pericytenumhüllung und geringe endotheliale Auskleidung. Bei Elasmobranchiern ist der innere Endothelmantel bereits geschlossen und die Anzahl der Pericyten reduziert. In dieser Reihe wird die zunächst noch lockere Gefäßwand immer dichter.

In der Wand der Kapillaren kommt das Endothel in folgender Form vor:

a) Als geschlossenes Endothel ohne Fensterung (vergl. Abb. 12.1 a). Diese Kapillaren treten auf: im Skelettmuskel, im Gehirn von Säugern, in Muskeln und in der Lunge.

b) Als fenestriertes Endothel mit Poren, diese mit oder ohne Diaphragma (Abb. 12.1 b). Darunter liegt abschließend die Basallamina. Dieses fenestrierte Endothel kommt vor im Nierenglomerulus der Säuger wie auch im Exkretionsorgan von *Hirudo*, in dem die Kapillaren die Metanephridien begleiten; es kommt darüber hinaus vor in den Darmzotten und endokrinen Drüsen der Säuger. – Generell tritt das fenestrierte Endothel überall dort auf, wo erhöhte Permeabilität von Vorteil ist.

c) Als Endothel mit interzellulären Lücken, sog. Stomata, mit mangelhafter oder fehlender Basallamina (s. Abb. 12.1 c). Derartige Kapillaren treten auf in der Leber und in der Milz.

An den dünnsten Stellen ist die Kapillarwand nur einige 10 nm dick (Abb. 12.1). Dort liegen die Spezialstrukturen, die die Permeabilität gewährleisten, nämlich die mikropinocytotischen Vesikel (Abb. 12.1) und Fenestrierungen im Endothel (Abb. 12.1) wie auch interzelluläre Lücken. – Die Vesikel entstehen durch Invaginationen der inneren und äußeren Wand der Endothelzellen. Sie enthalten kleine

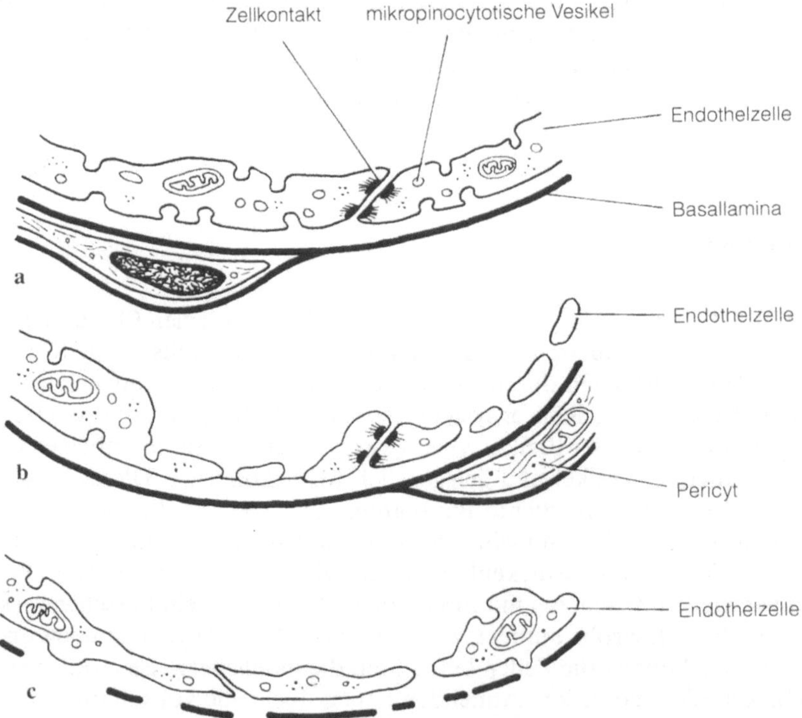

Abb. 12.1 a–c. Wand der Blutkapillaren im Schema. Endothel: **a** geschlossen; **b** fenestriert; **c** mit zellulären Lücken. (Verändert nach Leonhardt 1985)

Mengen extrazellulärer Flüssigkeit, schnüren sich von der Oberfläche ab und bilden isolierte Vesikel, die das Cytoplasma der Endothelzellen durchwandern; sind sie an der gegenüberliegenden basalen Membran angekommen, so verschmilzt ihre Membran mit der der Endothelzellen, und ihr Inhalt entleert sich nach außen. – Als zweite Spezialisierung des Kapillarendothels können Poren mit einigen 10 nm Durchmesser über die Kapillarwand verteilt sein. Werden sie von einem Diaphragma überbrückt, so ist dieses dünner als die Zellmembran. – Zusätzlich spielen in jedem Fall die Basallamina und die Membran der Endothelzellen selbst für die Permeabilität eine Rolle.

Sinusoide sind großlumige, beutelförmige Kapillaren. Anstatt in Röhren von 5–8 µm Durchmesser fließt das Blut in irregulären großen Räumen. Ihre Wandung ist sehr dünn und ähnlich der von Kapillaren gebaut. Da der Querschnitt dieser Sinusoide größer ist als der der Kapillaren, fließt das Blut hier langsamer. Sinusoide kommen in biologischen Filtern vor, wo unerwünschtes Material von Makrophagen aus dem Blut entfernt wird. Sinusoide können fenestriert sein oder wie in Milz und Leber Lücken in der Wandung haben. Außerdem kommen Sinusoide vor im Knochenmark und einigen endokrinen Drüsen.

12.2 Atmungsorgane

Während an Kapillarwänden ein Austausch von Stoffwechselprodukten und gasförmigen Stoffen erfolgt, ist der Austausch in den Atmungsorganen auf Gase beschränkt. Bei hinreichend kleinen Tieren erfolgt ein Gasaustausch nur durch die Haut, da bei ihnen im Verhältnis zum Gesamtvolumen die erforderlich große Körperoberfläche vorhanden ist. Aber auch bei größeren Tieren kann die Hautatmung einen beträchtlichen Teil der Gesamtatmung ausmachen (z. B. Amphibien). In der Regel sind aber Atmungsorgane ausgebildet, deren Bauplan die Permeabilität begünstigt.

Als Atmungsorgane fungieren drei Typen:

1. Tracheen,
2. Kiemen,
3. Lunge.

12.2.1 Tracheen

Tracheen sind röhrenförmige Einstülpungen des Integuments, die sich in alle Gewebeteile verzweigen. Während diese Tracheen bei Apterygoten (z. B. Felsenspringern) segmental angelegt sind, anastomosieren sie bei Pterygoten miteinander und bilden größere longitudinale und transversale Stämme. Durch wiederholte Verzweigungen werden sie auf 2–5 µm Durchmesser reduziert und endigen meistens in einer sternförmigen Tracheenendzelle (Abb. 12.2 a). Der histologische Bau einer Trachee entspricht im Prinzip der eingestülpten Körperoberfläche, d. h. die Epithelzellen der Epidermis werden zur Hypodermis. Sie liegen außen, während die Cuticula das Lumen der Röhre auskleidet (Abb. 12.2 b). Die Epi-

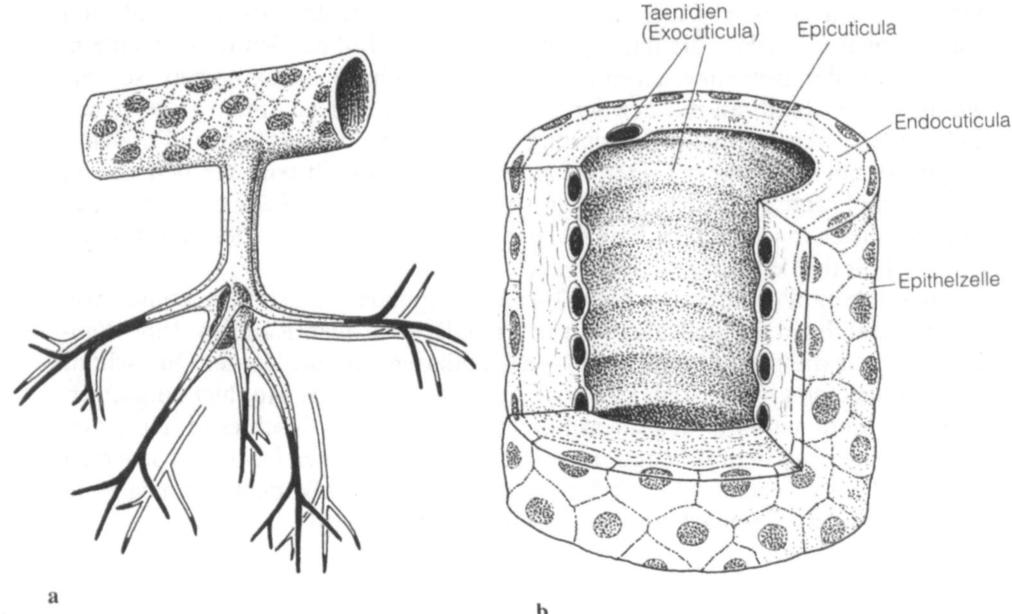

Abb. 12.2 a, b. Tracheen. **a** Mit Endzelle u. Tracheolen; Flüssigkeit schwarz; in den Endstücken variiert der Flüssigkeitsstand entsprechend der Funktion. **b** Blockdiagramm. (**a** nach Wigglesworth, **b** nach Seifert verändert)

thelzellen der größeren Tracheen sind kubisch, die der feineren Äste abgeplattet. Die zuinnerst liegende Cuticula bildet spiralförmige Falten, die Taenidien (Abb. 12.2 b). Sie verhindern ein Kollabieren. – Die Endzelle bildet feinste Tracheolen von 1 μm Durchmesser und weniger. Die feinsten Ästchen der Tracheolen sind je nach Funktion verschieden weit mit Flüssigkeit gefüllt. Hier diffundiert der Sauerstoff auf kleinstem Diffusionsweg zu den Zellorganellen (meist Mitochondrien), wo er verbraucht wird. Bei den Tracheaten ist der Diffusionsweg die Strecke zwischen Tracheolenende und Mitochondrien. – Bei allen anderen Tieren, die mit Kiemen oder Lungen atmen, wird der Sauerstoff erst an einen Blutfarbstoff gebunden und mit dem Blut in die Nähe des Verbrauchsorts transportiert. Infolge des dort niedrigen Partialdrucks geht dann der Sauerstoff wieder in Lösung und diffundiert über eine zweite, weit größere Wegstrecke vor allem zu den Mitochondrien; CO_2 legt den gleichen Weg in umgekehrter Richtung zurück.

Fächerlungen (Buchlungen, Fächertracheen) sind die Atmungsorgane der Spinnen und Skorpione. Anstelle von Fächertracheen oder zusätzlich können auch Röhrentracheen vorkommen. – Zwei oder vier Fächerlungen liegen bei Spinnen paarig ventral im vorderen Opisthosoma.

Im folgenden wird der Bau der Fächerlunge von der Vogelspinne, *Eurypelma californicum*, besprochen. Wie bei Röhrentracheen stellen die Fächerlungen cuticuläre Einstülpungen dar, denen die Hypodermis aufliegt. Jede der vier Fächerlungen besitzt ein schlitzförmiges Stigma, das den Umschlagrand (Einstülpung) der Epidermis zur Hypodermis der Fächertracheen darstellt. Das Stigma mündet in den Atemvorhof, von dem flache, horizontale, ca. 1 mm breite und bis zu

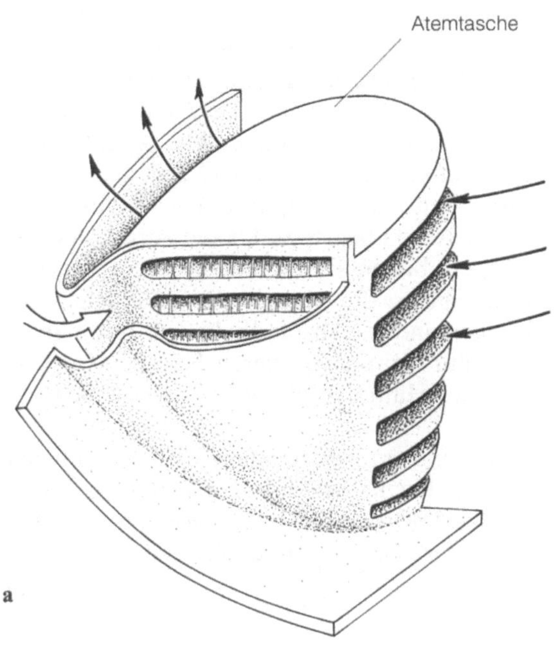

Abb. 12.3 a, b. Fächerlunge schematisch. **a** Blockdiagramm des unteren Teils. **b** Schematischer Querschnitt durch die Fächerlunge von *Eurypelma californicum* (Vogelspinne) feinstrukturell. Vergr. ca. 1 000fach. Heller Pfeil: durch das Stigma einströmende Luft; dunkle Pfeile: quer verlaufender Hämolymphfluß. (**a** nach Kaestner aus Foelix 1979, **b** nach Reisinger)

4 mm lange Atemtaschen cranialwärts ausgehen. Das gesamte Luftsystem ist also von Cuticula ausgekleidet. In jeder Atemtasche verhindern cuticuläre Streben ein Kollabieren des Atemgasraums (Abb. 12.3 b). Diese Streben, bei anderen Spinnen meist mit einer endständigen Verdickung versehen, sind bei *Eurypelma* distal durch ein Netzwerk von Trabekeln aus Cuticula verbunden. Alle Atemtaschen ragen in einen großen Blutsinus. Die dunklen Pfeile (Abb. 12.3 a) deuten den querverlaufenden Hämolymphfluß an. Der Hämolymphraum wird von einer sehr dünnen Basallamina der Hypodermiszellen begrenzt. Da die Perikaryen der Hypodermiszellen paarig zusammenliegen, bilden sie ein Säulchen; bei *Eurypelma* besteht es aus 4 Perikaryen. Vermutlich ist es die Aufgabe dieser Säulchen, die Hypodermis mit Metaboliten zu versorgen und als Abstandhalter für benachbarte Atemtaschen zu fungieren. In der Hämolymphe flottieren Hämocyten. Das Atmungspigment (Hämocyanin) ist in der Hämolymphe gelöst; es ist nicht an Hämocyten gebunden.

Die Fächertracheen der Vogelspinne sind im wesentlichen Diffusionslungen (Paul et al. 1987). Entscheidend für ihre Effizienz ist der kurze Weg vom Atemgasraum zum Hämolymphraum (Luft-Hämocyanin-Weg). Diese Barriere besteht aus: Cuticula, Hypodermiszellausläufern (sehr dünn) und Basallamina.

12.2.2 Kiemen

Kiemen sind Ausstülpungen der Körperoberfläche von wasserbewohnenden Wirbellosen oder des Vorderdarmes bei Wirbeltieren. Bei Kiemen wird außen das Atemwasser vorbeigeführt, während innen das Blut fließt (Abb. 12.5 a). Die Permeabilitätsbarriere zwischen dem Sauerstoff im Wasser und dem Blut besteht hier aus dem respiratorischen Epithel (einschichtig bei WL und zweischichtig bei WT), der Basallamina, flachem Endothel der Blutkapillaren oder zum Teil auch flachen Stützzellfortsätzen oder nur Oberflächenepithel.

Kiemen der Wirbellosen stellen meist sehr reich verästelte Körperausstülpungen dar (Anneliden, Krebse, Mollusken). – Bei etlichen **Polychaeten** ist die Kiemenoberfläche mit Cilien besetzt, die in Reihen oder Mustern angeordnet sind. Entsprechend ihrer Durchblutung werden bei Polychaeten folgende Kiemen nach Storch und Alberti (1978) unterschieden:

1. Kiemen mit echten Blutgefäßen, die von Epithelmuskelzellen begrenzt werden (Abb. 12.4 a),
2. Kiemen mit teilweise fenestrierten Gefäßen (Abb. 12.4 b),
3. Kiemen mit Bluträumen direkt unter dem Oberflächenepithel (Abb. 12.4 c),
4. Kiemen mit intraepithelialen Bluträumen (Abb. 12.4 d).

Die Permeabilitätsbarriere ist damit sehr unterschiedlich effizient.

Bei **Crustaceen** trägt das Kiemenepithel apikal einen Mikrovillisaum, der von einer dünnen Cuticula bedeckt ist. Des weiteren enthalten diese Epithelzellen viele Mitochondrien und ein tiefes basales Labyrinth. Diese strukturellen Merkmale des Kiemenepithels der Crustaceen und auch etlicher anderer Wirbelloser lassen mehr auf osmoregulatorische als auf respiratorische Funktion schließen. – Zusätzlich zum basalen Labyrinth der Epithelzellen bestehen die Wände von Blut-

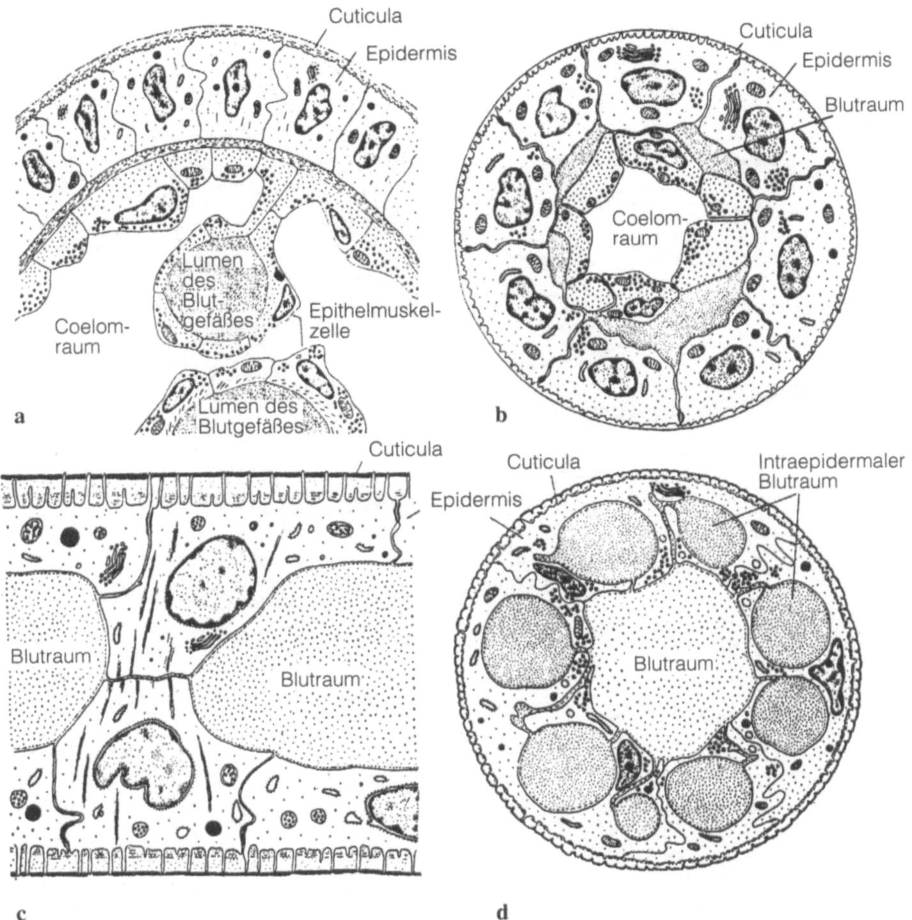

Abb. 12.4 a–d. Kiementypen der Polychaeten. **a** *Malococeros*, **b** *Scalibregma*, **c** *Pectinaria*, **d** *Dendronereides*. Vergr. ca. 10 000fach (Nach Storch u. Alberti 1978)

gefäßen in den Kiemen der Reiterkrabbe *Ocypode* aus Podocyten; zentralwärts liegt ihnen eine Basallamina an. Diese zusätzliche Feinstruktur deutet neben osmoregulatorischer auch auf exkretorische Funktion hin (siehe Exkretionsorgane!).

Unter den Chordatieren besitzen auch Amphibienlarven und Ascidien Kiemen in Form von verästelten Körperausstülpungen, während Fischkiemen stets als paarige Kiemenblätter angeordnet sind.

Bau der Fischkieme. Dem Kiemenbogen sitzt das äußere und das innere Kiemenblatt auf. Auf jedem Kiemenblatt stehen in senkrechter Anordnung die Kiemenlamellen in großer Zahl (Abb. 12.5 a). An ihnen erfolgt der eigentliche Gasaustausch; sie sind Träger des respiratorischen Epithels (Abb. 12.5 c). In jedes Blättchen dringt ein Ast der Kiemenblattarterie ein. Er bildet viele kleinere Verzweigungen, wobei das Blut in kleinsten feinen Kanälen die sekundären Kiemenblättchen durchdringt und sich letztlich wieder auf der anderen Seite der Kieme

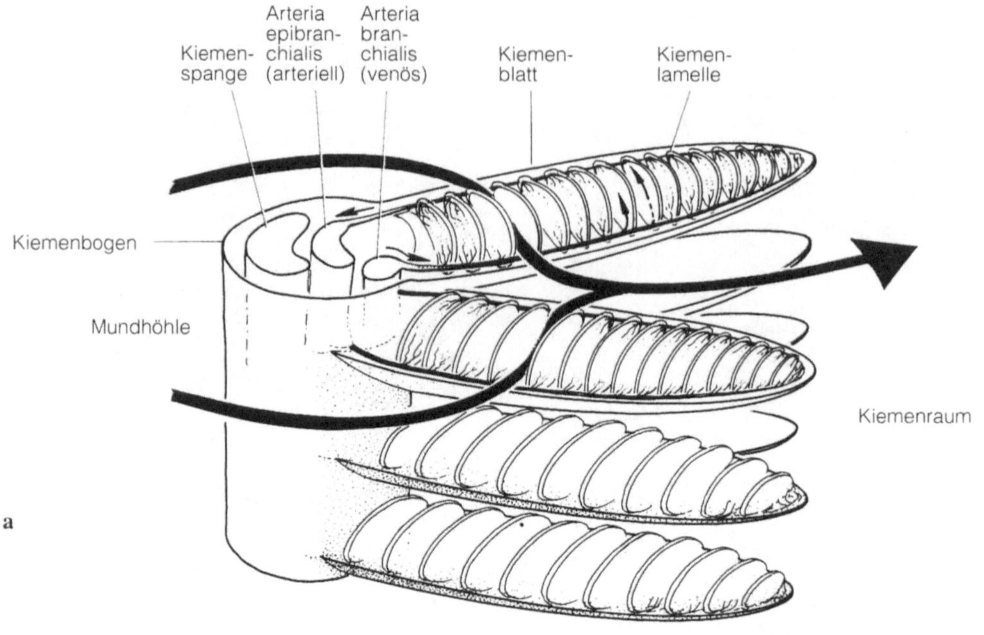

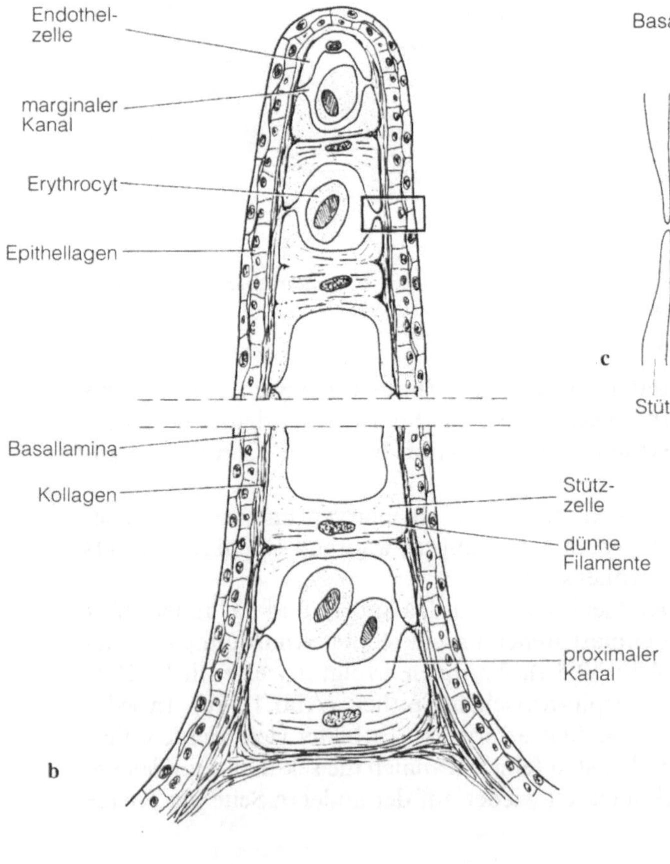

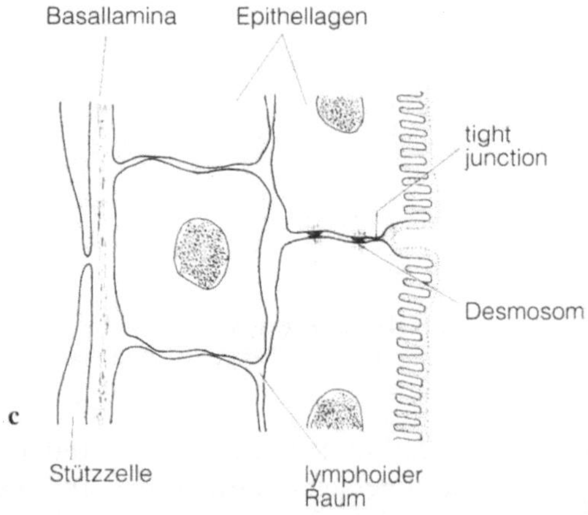

Abb. 12.5 a–c. Fischkieme.
a schematisch makroskopisch, dicker Pfeil: Wasserstrom; dünne Pfeile: Blutstrom.
b Kiemenlamelle im Querschnitt verändert, **c** Inset.
(**a** aus „Biologie" 1981 modifiziert, **b** nach Hughes 1967, **c** nach McDonald 1983)

im Gefäß, das zum Kiemenbogen zurückführt, sammelt (Abb. 12.5a). Dabei fließt das Blut im Gegenstromprinzip zum Wasser. Nur in den Grenzkanälchen der Kiemenlamellen (Abb. 12.5b) wird das Blut von Endothel mit großen flachen Zellen eingefaßt, die längliche, spindelförmige Kerne enthalten. Alle anderen Kanäle werden nur von Stützzellen begrenzt. Elektronenmikroskopisch zeigt das Endothel des Grenzkanälchens die für Blutkapillaren typischen pinocytotischen Vesikel, während in den Stützzellen reichlich Mikrofilamente gefunden wurden und auch Kontraktilität nachgewiesen werden konnte. Diese Stützzellen werden als spezialisierte Endothelzellen der Blutkapillaren angesehen. Endothel, resp. Stützzellen, stehen mit dem respiratorischen zweischichtigen Epithel über eine dünne Basallamina in Kontakt (Abb. 12.5c). Das respiratorische Epithel ist flach; es besteht aus folgenden drei Zelltypen:

1. Einfachen Platten- oder „respiratorischen" Zellen mit viel granulärem endoplasmatischem Retikulum. Sie bedecken den größten Teil der Oberfläche.
2. Chloridzellen, die hauptsächlich an der Basis der sekundären Kiemenblättchen zu finden sind. Diese Zellen sind acidophil, enthalten viel ER und viele Mitochondrien. Sie haben Bedeutung für den Ionentransport und sind in Meeresfischen verbreitet, selten dagegen in Süßwasserfischen. Wandern Süßwasseraale z. B. ins Meer, so wird die Bildung von Chloridzellen innerhalb weniger Tage aktiviert.
3. Schleimbildende Zellen, die am apikalen Pol viele Mikrovilli aufweisen. Sie sind besonders im basalen Epithel der sekundären Kiemenlamellen zu finden.

Zwischen der äußeren und inneren Zellschicht des respiratorischen Epithels befindet sich ein kleiner lymphoider Raum (vergl. Abb. 12.5c).

12.2.3 Lungen

Lungen sind entwicklungsgeschichtlich Abkömmlinge des Vorderdarms. Es sind Ausstülpungen eines Stückes des Darmrohres nach dem Körperinneren. Sie bestehen aus dem luftleitenden und dem respiratorischen Teil. Die Permeabilitätsschranke zwischen Luft und Blut besteht bei Lungen aus dem den Luftraum abgrenzenden einschichtigen respiratorischen Epithel, der Basallamina, die das Endothel der Blutkapillaren mit dem respiratorischen Epithel verbindet und den dazwischenliegenden sehr dünnen Bindegewebsanteilen. Bei Tieren mit sehr großem Anteil der Hautatmung stellen die Lungen nur einfache Säcke dar (Molch, Abb. 12.6a). In dem Maß, in dem die Hautatmung zurücktritt, nimmt die innere Oberfläche der Lunge zu. Das ist am besten zu beobachten bei Amphibien: beim Frosch springen bereits Septen erster, zweiter und dritter Ordnung ins Lumen der Froschlunge vor (Abb. 12.6b); sie sind mit dem respiratorischen Epithel bedeckt.

Froschlunge. Die Septen erster Ordnung springen am weitesten in das Innere vor und umgrenzen die einzelnen Lungenkammern. Septen zweiter und dritter Ordnung dringen weniger weit in den zentralen Hohlraum vor und unterteilen ihn in Kammern, die miteinander in Verbindung stehen. Jedes Septum bildet gegen den zentralen Hohlraum eine leistenartige Erhebung (Abb. 12.7a). Diese ist auf ihrem First mit Flimmerepithel bedeckt, dem luftleitenden Teil des Lungen-

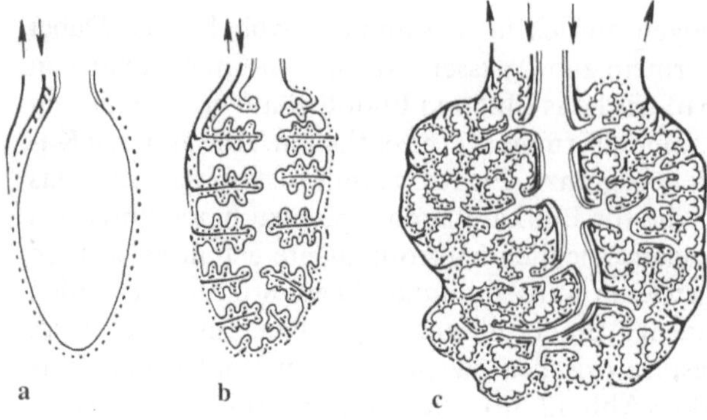

Abb. 12.6 a–c. Lungen. **a** Molch, **b** Frosch, **c** Säuger; Pfeile zeigen den Blutstrom an. (Aus Kühn, etwas verändert)

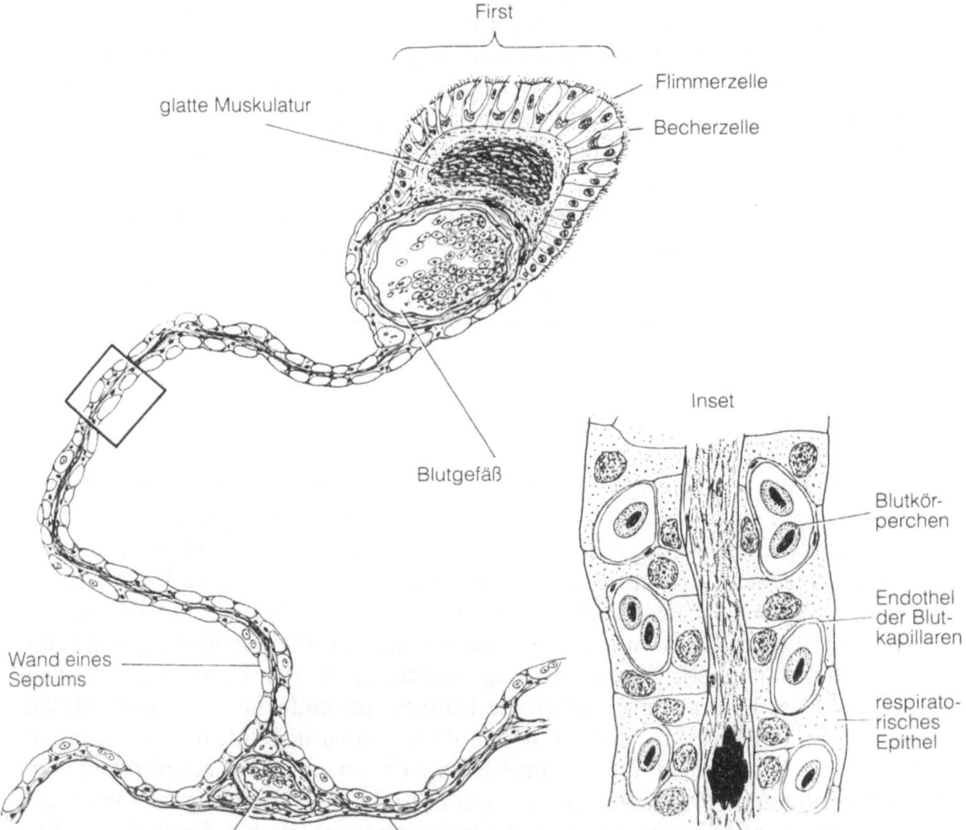

Abb. 12.7 a, b. Froschlunge. **a** Schnitt durch ein Septum, das der Außenwand der Lunge aufsitzt. **b** Inset, Schnitt durch ein Septum. a: Vergr. etwa 12fach; b: Vergr. ca. 2100fach

sackes. Zwischen den Flimmerzellen liegen zahlreiche Becherzellen, die Schleim absondern, um die Oberfläche feucht zu halten. Das Septum wird gegen die Basis hin schmäler; hier wird es wie der Alveolengrund von Alveolarepithel überzogen, das dem Gasaustausch dient. Unter der Alveolarwand ziehen netzförmige Blutkapillaren. Zwischen den beidseitig angeordneten respiratorischen Epithelien eines Septums liegt Bindegewebe, das etwas glatte Muskulatur, einige Pigmentzellen und elastische Fasern enthält (Abb. 12.7 b). – Der First besteht aus Flimmerepithel mit den Becherzellen, der darunterliegenden Basallamina mit Bindegewebe, einer Schicht glatter Muskulatur und der darunterliegenden Lungenvene (Abb. 12.7 a).

Lungen der **Reptilien** sind im Bau sehr variabel. Bei Schlangen ist die Lunge noch einkammerig; nur ihr kleinster vorderer Teil ist respiratorisch tätig. Lungen der Schildkröten dagegen sind durch Septen gekammert. Ein ganz anderer Bau einer Lunge, der für das Fliegen gut geeignet ist, wird bei Vögeln erreicht.

Während die Lungen der Amphibien und Reptilien sackartige Hohlorgane darstellen, kommt es bei **Vögeln** zur Ausbildung solider Lungen, die vom respiratorischen Hohlraumsystem durchsetzt werden und mit einem komplizierten luft-

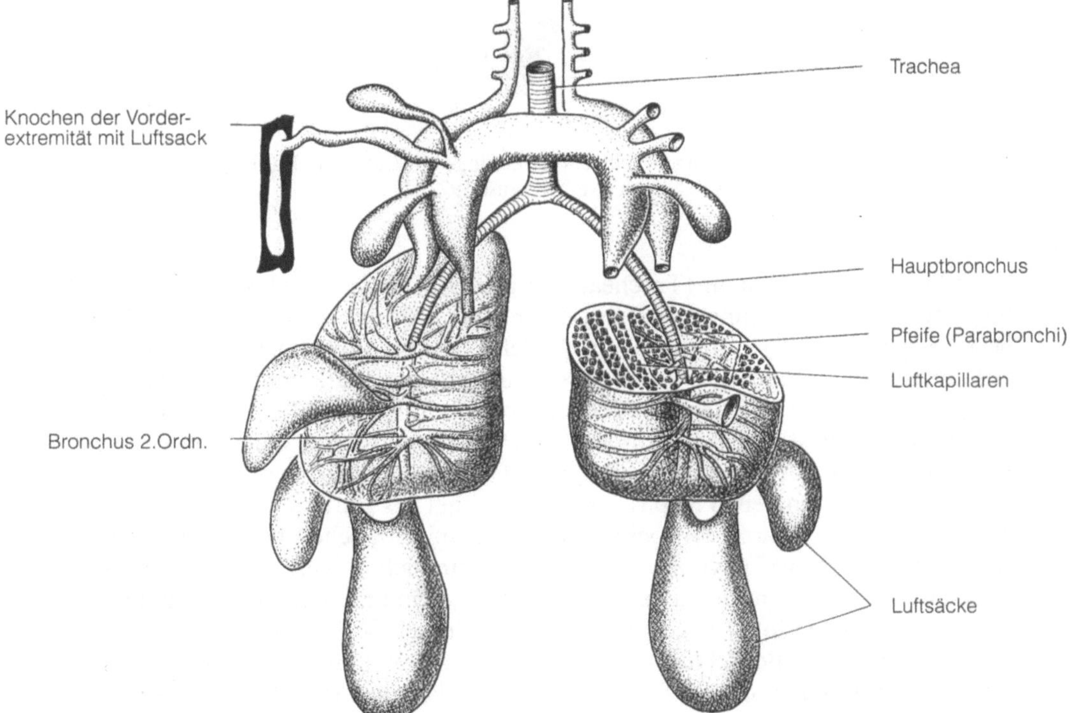

Abb. 12.8. Schema der Vogellunge, makroskopisch. Die Trachea gabelt sich in die beiden Hauptbronchien. Jeder Hauptbronchus zieht durch die ganze Lunge und endet im abdominalen Luftsack. Während seines Verlaufs durch die Lunge gibt er Bronchien 2. Ordnung ab, die in andere Luftsäcke oder Pfeifen führen. Diese stehen endständig mit einem dorsalen resp. ventralen Bronchus in Verbindung und sind außerdem an das Netz der Luftkapillaren angeschlossen. (Nach Kühn modifiziert)

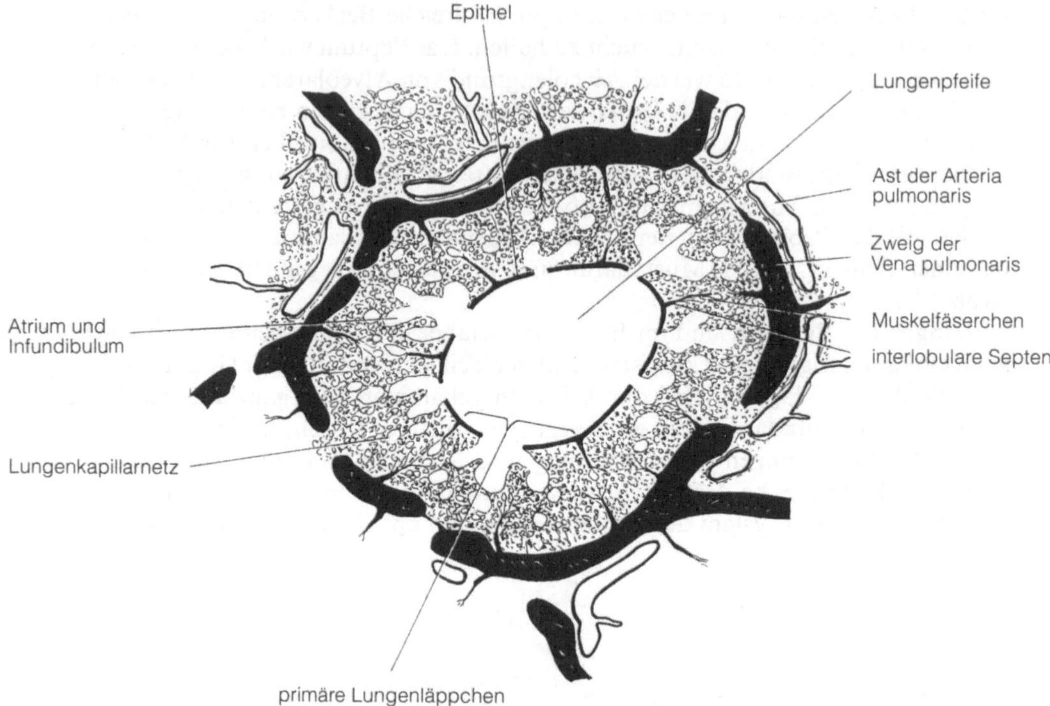

Abb. 12.9. Querschnitt durch Lungenpfeife eines Sperlings mit Luft- und Blutkapillarnetz sowie Arterien und Venen. Vergr. etwa 150fach (Nach Krause 1922)

leitenden Transportsystem (Trachea, Bronchien, Luftsäcke, Abb. 12.8) in Verbindung stehen. Die Lungenpfeifen (Parabronchi) öffnen sich in das sie umgebende feine Netz von Luftkapillaren (Tafel 2 u. Abb. 12.9). Die Lücken dieses lufthaltigen Kapillarnetzes werden durchdrungen vom Blutkapillarnetz (Tafel 2, s. S. 318). Die beiden Systeme bilden ein dreidimensionales Maschenwerk. Hier erfolgt der respiratorische Austausch. – Der schematisierte Querschnitt einer Lungenpfeife (Abb. 12.9) zeigt im Zentrum die Pfeife, umgeben von den primären Lungenläppchen, in denen respiratorisches Epithel des Luftsystems mit dem Endothel der Blutkapillaren verflochten ist. Das respiratorische Epithel besteht aus einer einfachen Lage polygonaler Zellen mit rundlichen Kernen. Dem Epithel folgt ein Netzwerk feinster elastischer Fäserchen, dem unmittelbar das Blutkapillarnetz aufliegt. Peripher liegen die größeren Blutgefäße, welche die Kapillaren mit Blut versorgen. Bei schlechten Fliegern, wie z. B. Hühnern, sind die benachbarten Lungenpfeifen durch dünne Bindegewebslamellen (interlobulare Septen) abgetrennt (Abb. 12.9), die um so stärker ausgebildet sind, je weniger ein Vogel fliegt. Bei guten Fliegern dagegen fehlen derartige Bindegewebssepten. Damit steht bei guten Fliegern prozentual mehr Gewebe der Lunge für die Atmung zur Verfügung.

Das Lufttransportssystem (Trachea, Bronchien) ist einheitlich gebaut. Seine Wandung besteht aus:

1. einem den zentralen Luftraum umfassenden zweizeiligen einschichtigen, mit Flimmern besetzten Zylinderepithel, wobei sich in der Trachea zwischen die Flimmerzellen caudalwärts immer zahlreicher Becherzellen einschieben;
2. dem Drüsenstratum aus einfachen und verzweigten Drüsen;
3. dem Bindegewebe (Lamina propria der Schleimhaut), das stark mit Lymphocyten infiltriert ist; mancherorts auch Lymphfollikeln;
4. der Submucosa, einem stark mit elastischen Fasern durchsetzten Bindegewebe und einem Blutgefäßplexus, der seine Zweige bis unmittelbar unter das Epithel schickt; in der Trachea enthält die Submucosa zusätzlich einen Nervenplexus mit markhaltigen Fasern, die die Propria durchsetzen und frei im Epithel enden;
5. hyalinem Knorpel;
6. Muskelgewebe.

Nur die Syrinx am Tracheaende unterscheidet sich durch zweischichtiges Epithel aus niederen kubischen Zellen ohne Flimmern, ohne Becherzellen und wenigen Schleimdrüsen sowie durch Verschmelzung von Propria und Submucosa. Die Muskulatur ist nur sehr dünn ausgebildet.

Die Lungensäcke erstrecken sich in Knochen der Vorderextremitäten (Abb. 12.8) und verursachen so die Pneumatizität dieser Knochen. Sie bewirken damit auch das außergewöhlich geringe Gewicht der Knochen und die Thermostabilität des Schädels. – Die Luftsäcke enthalten kein respiratorisches Epithel, d. h. Epithel, in dem Gasaustausch stattfindet. Da sie sehr voluminös sind, kann bei der Atmung ihre Luft nicht ständig völlig erneuert werden; sie staut sich in den gewaltigen Luftsäcken. Über den respiratorischen Teil der Vogellunge dagegen zieht bei Ein- und Ausatmung ständig frische Luft. – Darin liegt die große Effizienz der Vogellunge im Gegensatz zur Säugerlunge. Denn in der Säugerlunge, in der sich das respiratorische Epithel bis in die Spitzen der Lungensäcke erstreckt, kann die Luft durch den Rückstau nur teilweise bei der Atmung erneuert werden. Deshalb zieht über das respiratorische Epithel der Säugerlunge nie total ausgetauschte, frische Luft.

Bei den **Säugern** besitzen die Lungen im Gegensatz zu den Vögeln respiratorische Aussackungen (vergl. Abb. 12.6c u. Abb. 12.10). Die Säugerlunge besteht hauptsächlich aus Verzweigungen des Luftweges (Bronchialbaum und Alveolen), den Ästen der Lungenarterie und der Lungenvene (Abb. 12.6c). Vom Hauptbronchus zweigen mehrere Sekundärbronchien ab, aus denen durch weitere Verzweigungen ein Bronchialbaum hervorgeht, der mit zahlreichen kleinen Endkammern, den Alveolarsäcken, endigt. Dies ist der Fall bei Insectivoren, Marsupialia, vielen Rodentia, Carnivoren und Ungulata. Bei Primaten kann sekundär durch dichotome Verzweigung eine weitere Aufgliederung der gebogenen Luftwege erfolgen. Dabei wird das Lumen der Bronchien mit zunehmender Aufteilung enger. Folgende Abschnitte des Bronchialsystems werden dabei histologisch unterschieden: 1. knorpelführende Bronchien, 2. knorpelfreie Bronchioli. Sie setzen sich fort in den alveolenhaltigen Atemraum, der die Bronchioli respiratorii, Ductus alveolares (Alveolargänge) und Sacculi alveolares (Alveolensäckchen) einschließt.

Die **Bronchien** werden ausgekleidet von einer Schleimhaut mit Flimmer- und Becherzellen, zwischen denen vereinzelt Bürstensaumzellen und endokrine Zellen liegen. Letztere sind langgestreckt und reichen von der Basallamina bis zur freien Oberfläche. Sie sezernieren Serotonin und Peptide wie Bombesin, Calcitonin, Enkephalin (parakrin oder endokrin) und sollen an der Steuerung der Lungendurchblutung und des Spannungszustandes der Bronchialmuskulatur beteiligt sein. Das folgende subepitheliale Bindegewebe enthält ein starkes Netz aus longitudinal verlaufenden elastischen Fasern und außerdem zunächst zirkulär, später schraubig verlaufende glatte Muskulatur, seromuköse Drüsen und Knorpel. Kontraktion der Muskulatur bewirkt die Verengung des Ganges.

In den Bronchioli fehlen Becherzellen und Drüsen; dieses Epithel ist einreihig.

Charakteristisch für die Säugerlungen sind die **Alveolen**. Die Zwischenwand zweier benachbarter Alveolen, die Interalveolarsepten, besitzen im Gegensatz zu Nichtsäugern nur ein Blutkapillarnetz, von dem aus nach beiden Seiten in die angrenzenden Alveolen der Gasaustausch erfolgt. Durch Öffnungen im Alveolarseptum, die Alveolarporen, stehen benachbarte Alveolen miteinander in Verbindung (Abb. 12.10). Die Wand der Alveole, das Interalveolarseptum, besteht aus abgeflachtem Alveolarepithel (aus Pneumocyten), dessen Basallamina, der Basallamina des Kapillarendothels und aus den Endothelzellen der Blutkapillaren (Abb. 12.11). Die beiden Basallaminae verschmelzen zwischen den Kapillarschleifen und Pneumocyten. Wo die Kapillaren nicht mehr so weit gegen die Pneumocyten vorspringen, weichen die Basallaminae auseinander; dieser Zwischenraum ist mit einem dünnen Bindegewebsgerüst gefüllt. Es besteht aus Gittern und Netzen elastischer und kollagener Fäserchen, Fibroblasten, Myofibroblasten und glatten Muskelzellen. Dazwischen liegen Makrophagen. Letztere schützen durch Phagocytose die Atemregion vor Krankheitserregern, Staubteil-

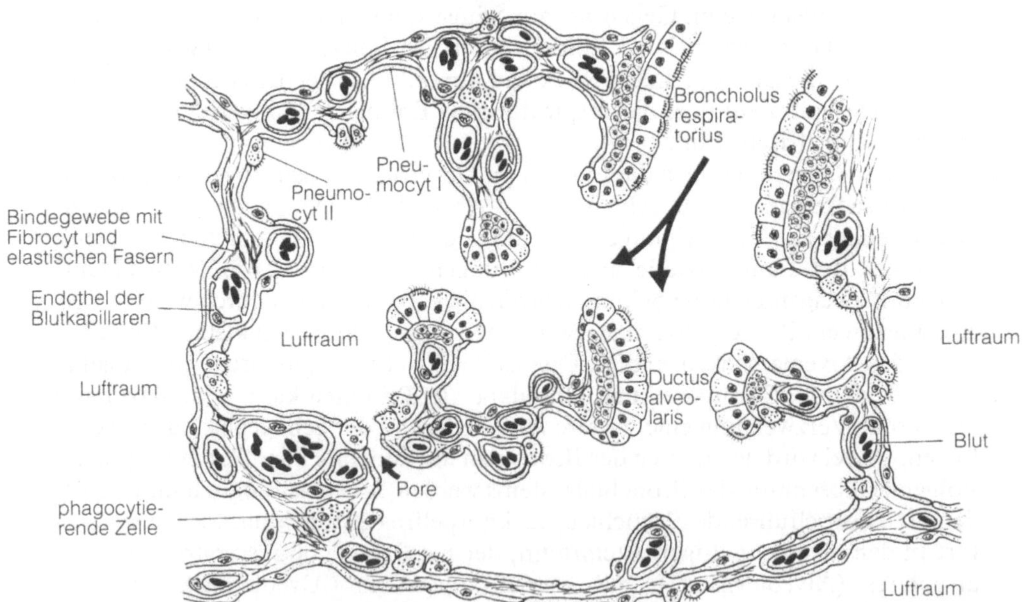

Abb. 12.10. Säugerlunge im Alveolarbereich. Luftstrom in Pfeilrichtung. (Nach Sorokin aus Welsch u. Storch 1973 verändert)

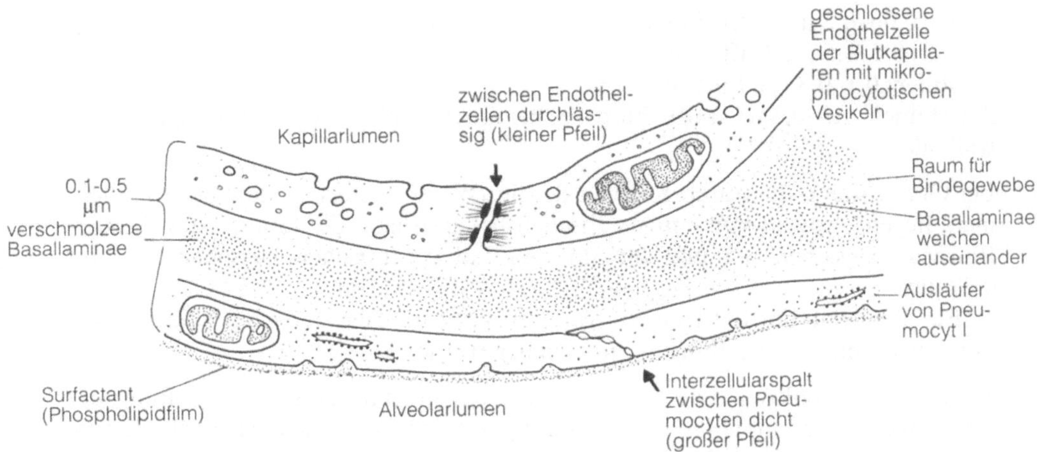

Abb. 12.11. Schnitt durch eine Alveolarwand

chen usw. Der Interzellularkontakt zwischen den Pneumocyten ist dicht, während der Kontakt zwischen den „geschlossenen" Endothelzellen der Blutkapillaren durchlässig ist für Flüssigkeit und kleine Ionen.

Histologisch unterscheidet man drei Pneumocyten-Typen: Typ-I-Pneumocyten sind äußerst flach, so daß sich ihr Cytoplasma in Form eines dünnen Belags auf der Basallamina ausbreitet; nur das Perikaryon wölbt sich in die Alveolenlichtung vor. Diese Zellen sind gegen mechanische Belastung äußerst empfindlich. Sie stellen ca. 97% der Alveolaroberfläche.

Typ-II-Pneumocyten sind etwas hohe, rundliche Zellen mit stachelartigen Mikrovilli, Golgi-Apparat, GER, lamellierten Einschlüssen im Cytoplasma, die reich an Phospholipiden sind. Diese Einschlüsse werden ins Alveolarlumen ausgestoßen und bilden einen feinen Phospholipidfilm. Die Alveolarzellen regenerieren aus diesen Pneumocyten II.

Der Phospholipidfilm (Surfactant) breitet sich, unterlagert von einer wäßrigen Phase, auf der Alveolaroberfläche aus und wirkt als Detergens, indem er die Oberflächenspannung der Alveolenwände herabsetzt. Die Alveolen werden dadurch bei Ausatmung vor dem Kollaps geschützt. Bei Einatmung wird der Kraftaufwand verringert.

Typ-III-Pneumocyten kommen nur selten vor, sie tragen einen Bürstensaum.

Beim Menschen beträgt der Anteil an Endothelzellen der Blutkapillaren ca. 30%, der Fibroblasten und Interzellularsubstanz etwa 42% und der Makrophagen ca. 4%. Letztere können das Alveolarepithel durchbrechen und so ins Alveolarlumen gelangen.

Große Bereiche der Alveolenwände sind zart konstruiert; trotzdem können sie dem mechanischen Streß der Atmung widerstehen. Entscheidend für die Effizienz der Atmung ist ein schneller Durchtritt von CO_2 und O_2 durch die Diffusionsschranke. Dieser **Luft–Blutweg**, der durch Diffusion der Atemwege überwunden werden muß, zeigt im Tierreich große Unterschiede.

Vögel: 0,06–0,2 µm Luft–Blutweg
Säuger: 0,1–0,5 µm Luft–Blutweg
Reptilien: 0,1–0,3 µm Luft–Blutweg
Amphibien: 1,3–0,3 µm Luft–Blutweg, bei ihnen spielt die Hautatmung eine große Rolle.

Bei Organismen, die durch Kiemen den im Wasser gelösten Sauerstoff entnehmen, liegen – soweit von einigen Fischen bekannt ist – die Längen des Wasser-Blutwegs zwischen 0,5 und 0,6 µm. Bei Labyrinthfischen zwischen 0,13 bis 0,27 µm.

Ein Vergleich des Diffusionsweges Luft–Blut im Tierreich zeigt eindeutig die hohe Effizienz der Vogellungen; sie wird begünstigt:

1. durch die makroskopische Anatomie; die morphologische Aufteilung der Lunge in Lungenpfeifen in Verbindung mit den Luftsäcken gewährleisten totalen Luftaustausch am respiratorischen Epithel, während bei Vertretern mit „Sacklungen" frische Luft nur teilweise beigemischt wird;
2. durch die mikroskopische Anatomie, nämlich durch den geringsten Luft–Blutweg, den es im Tierreich gibt. Daher können viele Vögel enorme Flugleistungen erbringen, so beispielsweise Zugvögel wie die Finken, von denen es Arten gibt, die von Mittelamerika nach Hawaii 5000 km Nonstop fliegen; ähnliches ist von Goldregenpfeifern bekannt, die von Alaska nach Hawaii entsprechende Distanzen bewältigen. Für derartige Leistungen ist der Bau der Vogellungen Voraussetzung.

12.3 Exkretionsorgane

Unter Exkretion wird die Ausscheidung nicht gasförmiger Substanzen verstanden. Der tierische Organismus muß sich ihrer entledigen, weil ihre Anhäufung im Körper die Lebensvorgänge gefährden würde. Stoffe, die im Organismus schädlich oder unnötig sind, werden an permeablen Strukturen selektioniert und schließlich ausgeschieden. Exkretionsorgane dienen nicht nur der Ausscheidung von schädlichen Stoffen, sondern auch der Osmoregulation. Die Permeabilität dieser Zellmembranen ist auch hier von funktioneller Bedeutung.

12.3.1 Wirbeltiere

Bei Wirbeltieren fungieren als Exkretionsorgane Niere, Haut, Darm und Leber, wobei der Niere außerdem sowie Atmungsorganen noch die spezielle Funktion der Osmoregulation zukommt. – Da die Säugerniere das am eingehendsten untersuchte Exkretionsorgan darstellt, soll sie am Anfang dieses Kapitels stehen und jeweils mit Nieren der anderen Vertebraten-Klassen zunächst makroskopisch, dann mikro- und ultramikroskopisch im Hinblick auf Permeabilität verglichen werden. Im Gegensatz zur Lunge, wo die Flüssigkeit in den Blutkapillaren zurückgehalten wird, erfolgt bei Wirbeltieren und den meisten Wirbellosen Primärharnbildung durch Filtration des zirkulierenden Blutplasmas.

12.3.1.1 Niere

Die Niere der Primaten und Fledermäuse (Chiroptera) ist bohnenförmig und von einer derben Bindegewebskapsel, der Capsula fibrosa, überzogen. Diese ist durch lockeres und retikuläres Bindegewebe mit dem Nierenparenchym verbunden. Ein Längsschnitt durch die Niere läßt makroskopisch die Nierenrinde (Cortex) körnig und dunkel erkennen, während das Mark (Medulla) gestreift und heller erscheint (Abb. 12.12). Es besteht aus einzelnen großen, hellen Pyramiden, die eine zur Spitze konvergierende Streifung besitzen. Die Spitze der Pyramide bildet die Papilla renalis, die siebartig von den Sammelröhrchen durchbohrt wird. An der Basis der Pyramide treten Markstrahlen in die Rinde und unterteilen sie in das Rindenlabyrinth. Zwischen den Pyramiden dringt Rinde gegen den Sinus renalis vor; das sind die Columnae renales, die ohne Zwischenlagerung von Mark an das Nierenbecken grenzen. Die Papillen münden in den Nierenkelch (Calyx), der sich in das Nierenbecken (Pelvis renalis) erweitert.

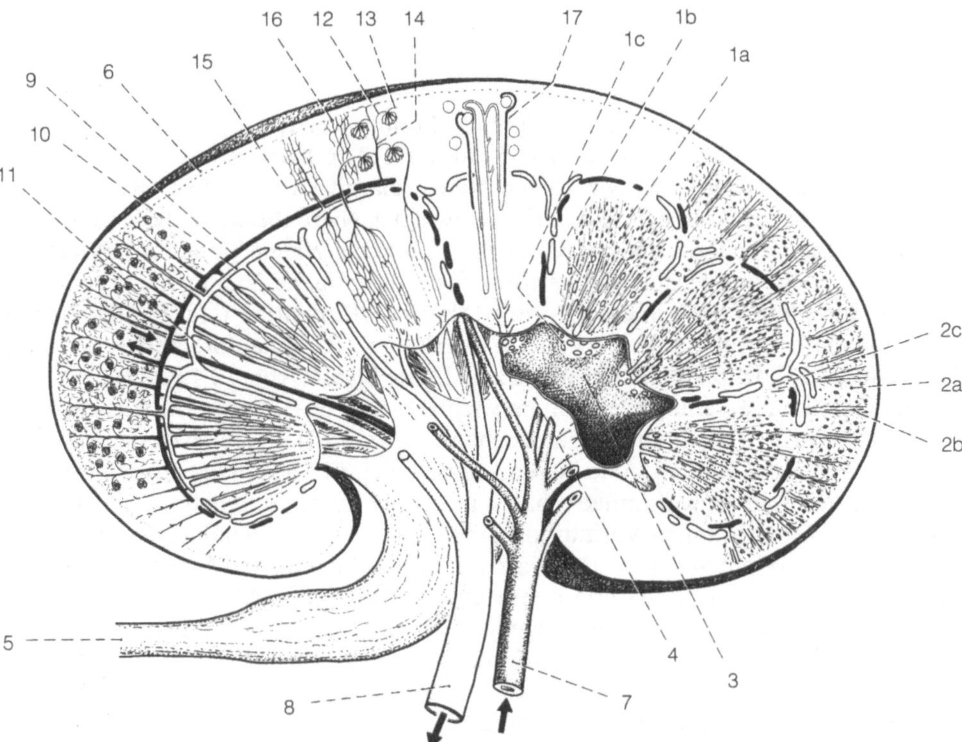

Abb. 12.12. Niere eines Säugers (Primaten); rechts im Schnitt: Übersicht; links u. Mitte: schematischer Aufbau mit Blutgefäßen. *1* Nierenmark (Pyramide) mit *a* Außenzone, *b* Innenzone, *c* Papilla renalis, *2* Nierenrinde mit *a* Rindenlabyrinth, *b* Markstrahlen, *c* Columna renalis, *3* Nierenkelch (Calyx), *4* Nierenbecken, Pelvis renalis, *5* Ureter, *6* Capsula fibrosa, *7* Arteria renalis, *8* Vena renalis, *9* A. arcuata, *10* V. arcuata, *11* A. interlobularis, *12* A. afferentes, *13* A. efferentes, *14* A. corticules radiata, *15* V. corticules radiata, *16* Kapillarnetz, *17* Nephron

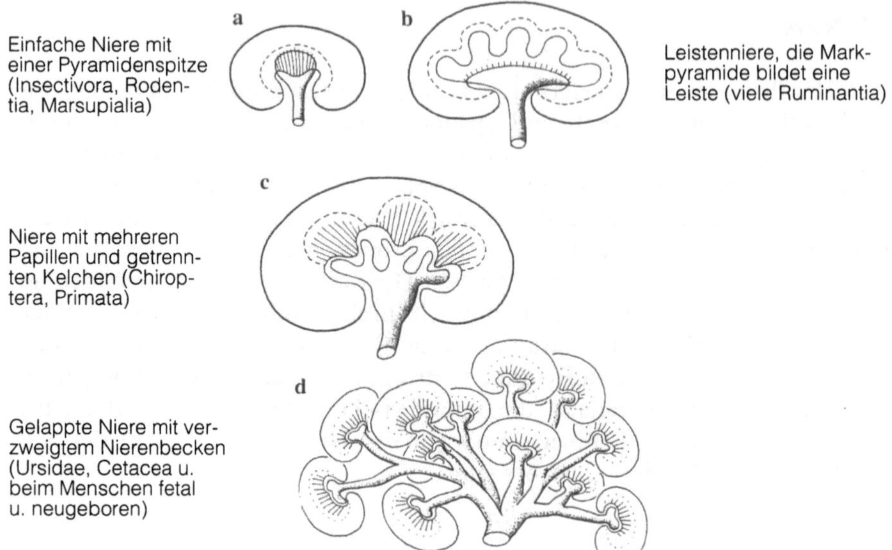

Abb. 12.13. Nierentypen der Säuger. (Modifiziert nach Gehardt)

Dieser Nierentyp mit mehreren Papillen kommt bei Chiropteren und beim Menschen im Erwachsenenzustand vor (Abb. 12.13 c); beim menschlichen Embryo und Neugeborenen jedoch ist die Niere gelappt [Abb. 12.13 d (Renculus-Niere)]. Sie ist charakterisiert durch ein verzweigtes Nierenbecken. Diese gelappte Niere kommt ebenfalls vor bei Bären (Ursidae) und Walen (Cetaceen). Nieren mit nur einer Pyramidenspitze bezeichnet man als einfache Nieren; sie kommen vor bei Insektenfressern (Insectivoren), Nagern (Rodentia) und Beuteltieren (Marsupialiern) (Abb. 12.13 a). Viele Wiederkäuer (Ruminantia) besitzen eine Leistenniere, bei der die Markpyramide eine Leiste bildet (Abb. 12.13 b).

Der Gefäßaufbau einer Niere ist ein wichtiger Teil des Gesamtaufbaus dieses Organs; er wird deshalb zuerst besprochen (Abb. 12.12). – Die Arteria renalis führt der Niere das Blut zu. Äste dieser Arterie teilen sich auf in die Arteria interlobularis, ziehen in die Columnae renales, teilen sich erneut und nehmen als Arteria arcuata bogenförmigen Verlauf an. Diese Arterie trennt Rinden- von Markzone. Aus Abzweigungen der Arteria arcuata werden Rinde und Mark durchblutet. In die Rinde zieht die Arteria interlobularis, von der in Abständen die Vasa afferentia (Arteriolae afferentes) abgehen, die das Blut in die Gefäßschlingen (Glomeruli) leiten. Aus den Glomeruli führen die Arteriolae efferentes das Blut ab in ein Kapillarnetz. Venöses Blut aus der Rinde wird über die Venae interlobulares der Vena arcuata zugeführt und gelangt über die Vena renalis in den Kreislauf. Bei Cyclostomen und Säugern fließt nur arterielles Blut in die Niere (s. Abb. 12.12); bei allen anderen Wirbeltieren ist außerdem ein renales Pfortadersystem ausgebildet, das bei Vögeln stark rückgebildet ist.

Die Gefäßwand der Vasa afferentia enthält epitheloide Zellen (myoepitheloide Zellen), in denen Sekretgranula (Renin) gebildet werden. Direkt vor dem Eintritt in den Glomerulus, vor dem Gefäßpol, sind die epitheloiden Zellen zum Polkissen angehäuft. EM: die epitheloiden Zellen enthalten etwas granuliertes ER und einen voluminösen Golgi-Apparat. Die Sekretgranula, die er bildet, enthalten häufig eine kristalline Innenstruktur. – Auch die Vasa efferentia sind mit epitheloiden Zellen versehen; sie haben geringeren Querschnitt als die Vasa afferentia, besitzen weniger Myofilamente und keine Membrana elastica interna. – Der Bindegewebsstiel zwischen Vas afferens und Vas efferens wird als Mesangium bezeichnet.

Nephron. Die funktionelle Einheit der Niere ist das Nephron, das Nierenkanälchen (Abb. 12.14). Die menschliche Niere enthält ca. 1 Million Nephrone. Der von ihnen bereitete Harn wird den Sammelrohren im Mark zugeleitet und gelangt über die Papilla renalis ins Nierenbecken und schließlich in den Ureter. – Die Harnbereitung erfolgt in zwei Phasen, nämlich 1. der Vorharn- oder Primärharnbildung, die durch Ultrafiltration erfolgt und 2. der Resorption von Stoffen. In beiden Fällen spielt die Permeabilität eine Rolle.

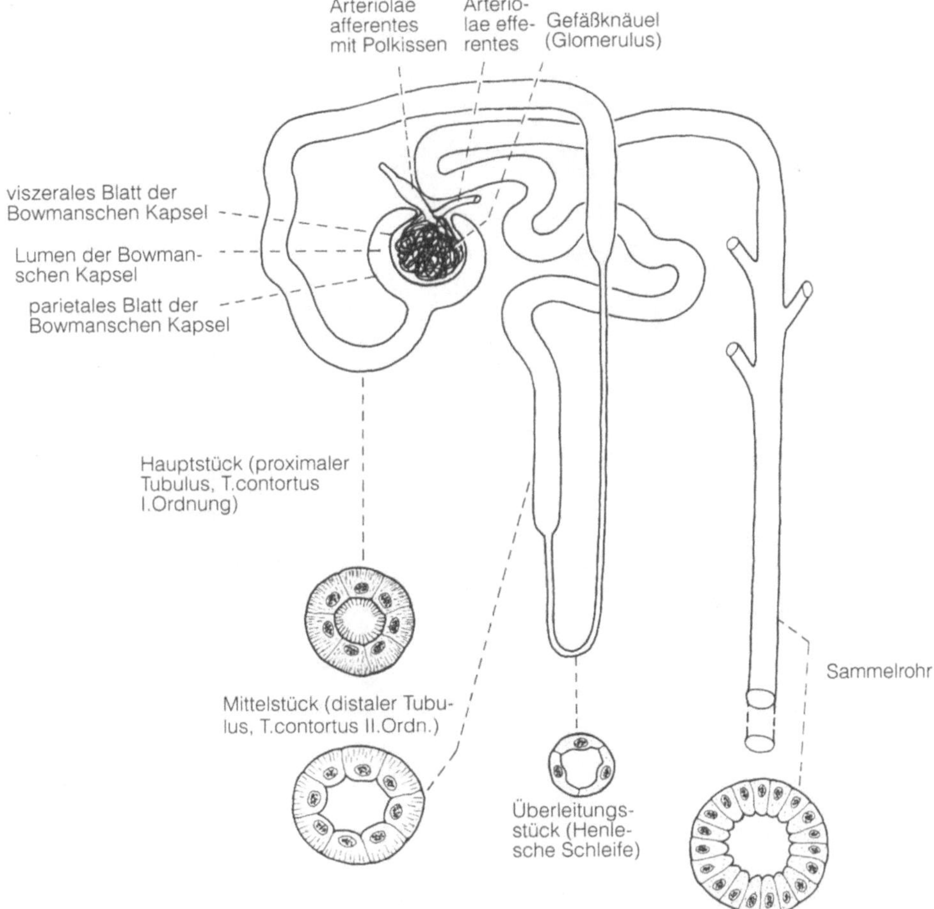

Abb. 12.14. Nephron eines Säugers schematisch. Oben: Teile und Anordnung des Nephrons; unten: lichtmikroskopischer Querschnitt durch den entsprechenden Abschnitt des Nephridialkanals

1. Vorharnbildung. Ein Nierenkanälchen (Abb. 12.14) beginnt mit dem Nierenkörperchen (Malpighisches Körperchen, Abb. 12.15). Es besteht aus einem Gefäßknäuel (Glomerulus), das umgeben wird von der Bowmanschen Kapsel. Sie gleicht einem mit nur wenig Luft gefüllten Ball, in den das Knäuel so eindrückt, daß er das Knäuel total einkapselt. Die innere Wand der Kapsel wird als viszerales, die äußere als parietales Blatt bezeichnet. Dem viszeralen Blatt liegt der Glomerulus dicht an. Er besteht aus Kapillarschlingen, die miteinander anastomosieren und daher ein netzförmiges Geflecht bilden. Sein Durchmesser ist bei Süßwasser-Teleosteern und Amphibien groß, bei Vögeln und Reptilien kleiner, beim Menschen ca. 200–400 μm. Im adulten *Petromyzon* existiert ein langer Glomerulus. Histologisch wird die Innenwand der Bowmanschen Kapsel aus Deckzellen aufgebaut. Dabei handelt es sich um Füßchenzellen (Podocyten oder Epicyten), die primäre und sekundäre Zellfortsätze tragen (Abb. 12.16a). Die Endothelzellen der Kapillarwände des Glomerulus sind in allen Wirbeltieren extrem dünn; sie bilden bei den Säugern offene Poren mit einem Durchmesser von

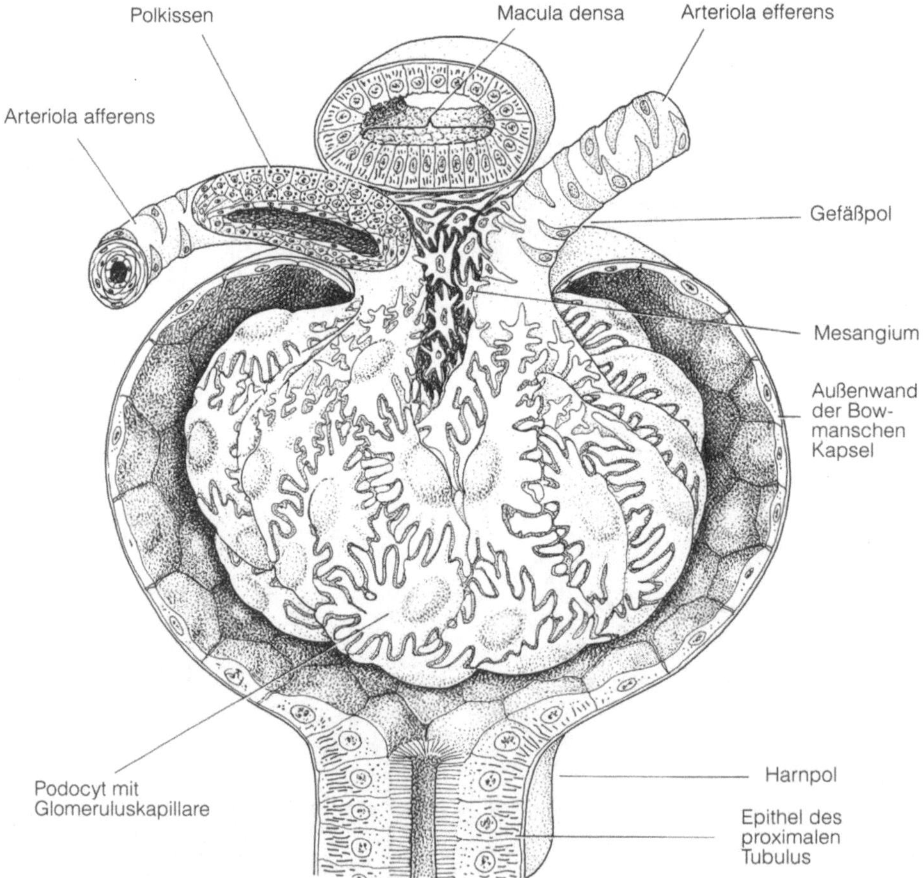

Abb. 12.15. Malpighisches Körperchen eines Säugers; aufgeschnitten, schematisch. (Modifiziert nach Bargmann)

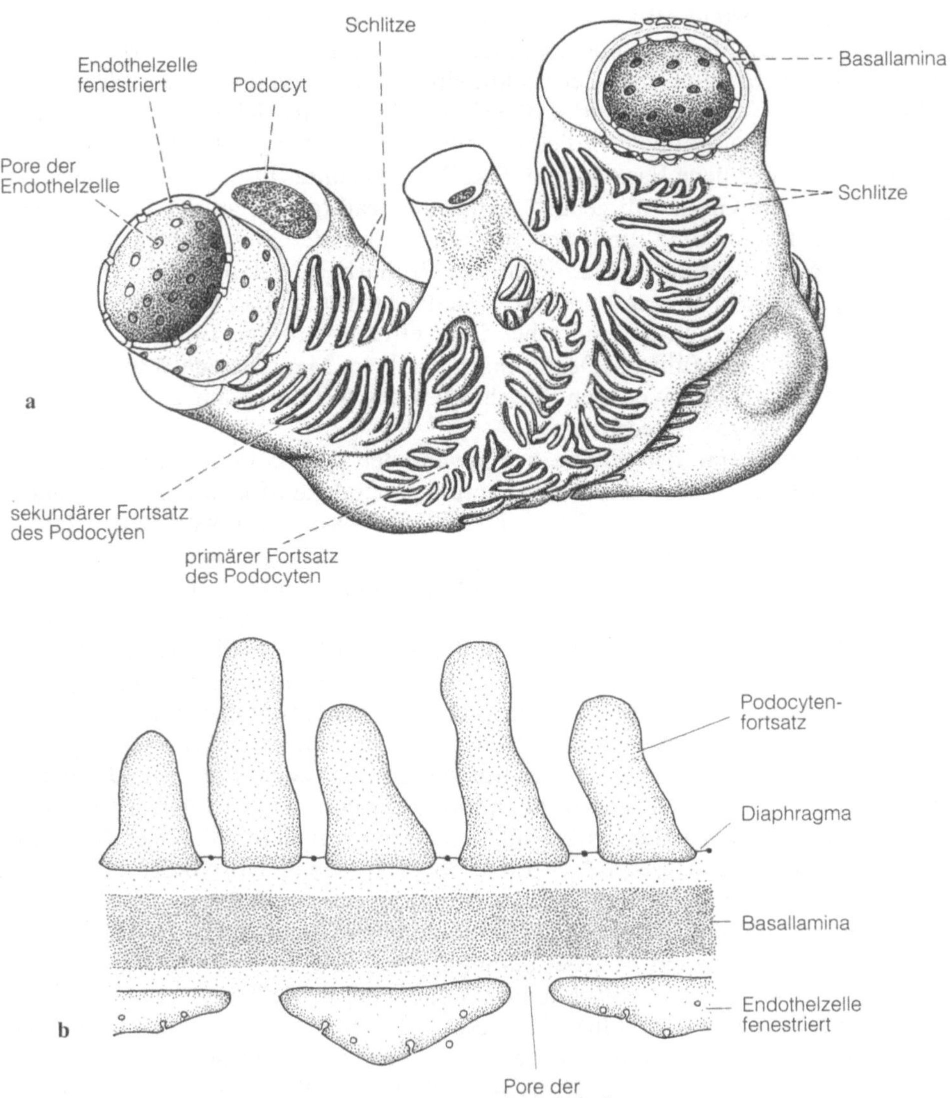

Abb. 12.16a, b. a Podocyten des Malpighischen Körperchens mit fenestriertem Endothel und Basallamina, schematisch. **b** Schema des Ultrafilters, ca. 55000fach. (Aus Leonhardt nach Rodewald und Karnowski verändert)

50–100 nm. Die im Glomerulus peripher liegenden Kapillarwände werden durch eine Basallamina mit den Podocyten der Bowmanschen Kapsel verbunden. Diese Basallamina ist 50–150 nm dick und besitzt Poren von ca. 12 nm Durchmesser. Die Spalten zwischen Podocytenfortsätzen mit einem Durchmesser von ca. 25–45 nm und Poren werden von einem Diaphragma zwischen den benachbarten Füßchen und Poren überbrückt. Diese Schlitzporen-Diaphragmen bilden die dichteste Filterstruktur mit rechteckigen Öffnungen (4 × 13 nm). Das Ultrafilter

(Abb. 12.16b) besteht also aus den Endothelporen, den Poren der Basallamina und den vom Diaphragma überspannten Schlitzen der Podocyten. – Bei Winterschläfern ist Zahl und Größe der Endothelporen während des Winterschlafs herabgesetzt, die Füßchen der Podocyten sind verdickt, ihre Schlitze enger und ihre Basallamina ist ca. doppelt so dick wie zur Aktivitätszeit. – Die Podocyten produzieren dauernd neue Basallamina. Das Blut, das unter Druck in die Arteriolae afferentes in die Glomeruli gelangt, erfährt Ultrafiltration an der Glomeruluswand, der Basallamina und der inneren Wand der Bowmanschen Kapsel (Abb. 12.16b, Ultrafilter). Das Filtrat, der Primärharn, gelangt in die Bowmansche Kapsel, die über den Nephridialkanal, Harnleiter und Harnblase mit der Außenwelt in Verbindung steht. Über die A. efferens wird das Blut aus dem Glomerulus wieder abgeführt. – Der Primärharn, beim Menschen ca. 150–180 l pro Tag, wird in den verschiedenen Abschnitten des Nephrons auf ca. 1% des ursprünglichen Volumens reduziert.

2. Resorption von Stoffen. Die Außenwand der Bowmanschen Kapsel besteht aus Plattenepithel, das in vielen Vertebraten gebündelte Mikrofilamente enthält. Wir unterscheiden im proximalen Teil des Nephrons das Hauptstück, den Tubulus contortus 1. Ordnung, der in ein dünnes Überleitungsstück, die Henlesche Schleife, übergeht; sie krümmt sich haarnadelförmig, steigt auf in den erweiterten Tubulus contortus 2. Ordnung, das Mittelstück, das rindenwärts verläuft und in der Rinde in das Sammelrohr übergeht; dieses mündet über die Pyramiden resp. Papillae renalis aus (Abb. 12.12 u. 12.14). Lichtmikroskopisch (LM) und elektronenmikroskopisch (EM) unterscheiden sich diese vier Hauptabschnitte.

Der **proximale Tubulus** ist im LM charakterisiert durch ein kubisches, acidophiles Epithel mit dichtem apikalem Bürstensaum, basalen Streifen und schlecht erkennbaren Zellgrenzen. Elektronenmikroskopisch zeigt sich (Abb. 12.17), daß der Bürstensaum aus hohen Mikrovilli besteht, im apikalen Zellbereich Mikropinocytose erfolgt und Golgi-Apparat sowie Lysosomen vorhanden sind. Der lichtmikroskopisch sichtbaren, basalen Streifung entspricht das basale Layrinth. Darunter versteht man zahlreiche Einstülpungen der Zellmembran in verschiedener Tiefe und senkrecht zur Basallamina orientierte Mitochondrien. Die anschließende, relativ dicke Basallamina deckt die basale Zellfront gerade ab, ohne jene Einstülpungen mitzuvollziehen (vergl. Abb. 12.17). – Zusätzlich zeigen die Zellen des proximalen Tubulus insbesondere basal seitliche Fortsätze, so daß benachbarte Zellen seitlich zahnförmig verflochten sind. Wie im gesamten Tubulus, sind diese Zellen durch tight junctions miteinander verbunden.

Die **Henlesche Schleife** (Abb. 12.14) weist im Querschnitt 3–5 flache Zellen auf, deren Kernbereiche in das Lumen vordringen. Diese Zellen enthalten nur einige wenige Mitochondrien und nur vereinzelt apikal Mikrovilli.

Der **distale Tubulus** (Abb. 12.14) ist im Schnittpräparat neben dem proximalen Tubulus zu finden. Er ist im LM gekennzeichnet durch das größte Tubulus-Lumen, das Fehlen des Bürstensaums, eine basale Streifung und niedrige helle Zellen. – Elektronenmikroskopisch zeigt das basale Labyrinth Einfaltungen der Zellwand, die mehr als ¾ der Zellhöhe betragen. Die parallel orientierten basalen Mitochondrien sind sehr lang. Darüber hinaus enthält das Cytoplasma Ribosomen, granuläres ER und nur wenige Mikrovilli. Das basale Labyrinth dieses Tubulusabschnitts kann bei Reptilien und Gymnophionen fehlen. Bei einigen Krokodilen und Schildkröten wird es durch laterale Zellfortsätze ersetzt.

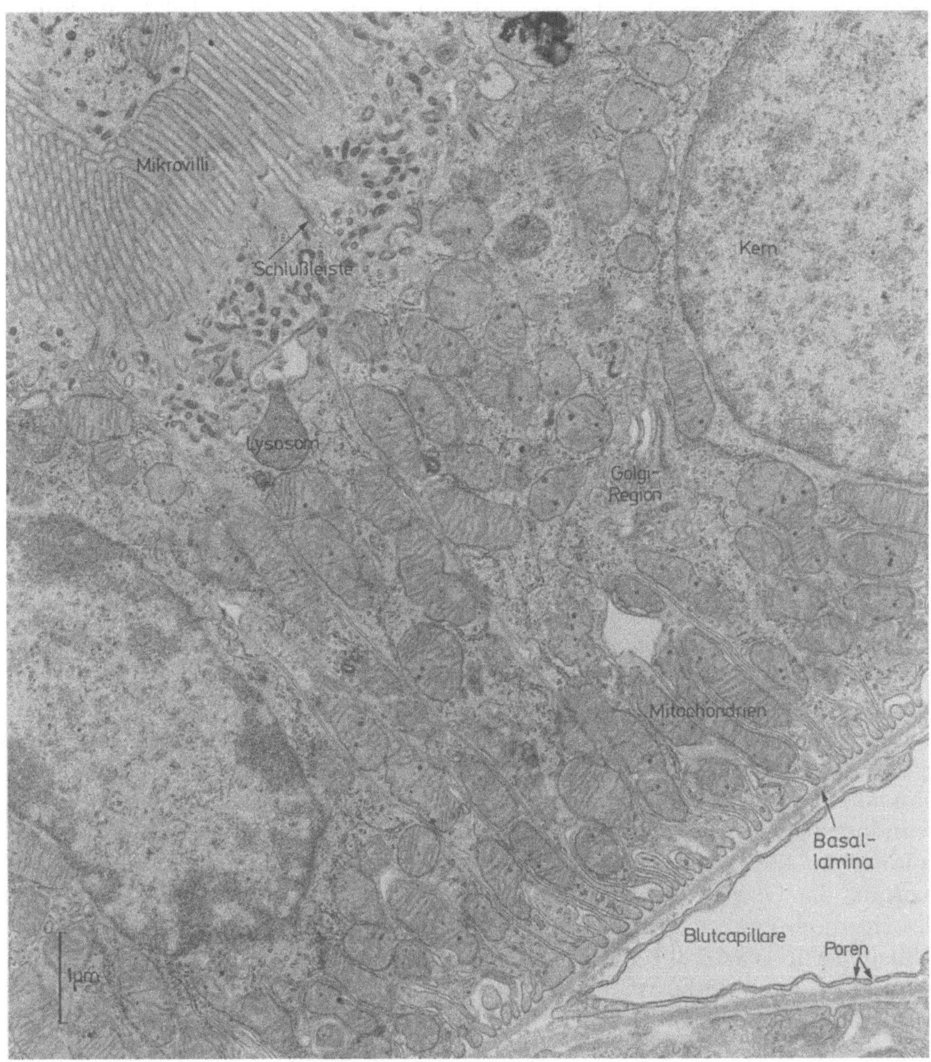

Abb. 12.17. Elekronenmikroskopische Abbildung einer resorbierenden Epithelzelle aus dem proximalen Tubulus einer Maus. Links oben: Bürstensaum; rechts unten: basales Labyrinth, das apikalwärts bis zu $^2/_3$ der Zelle durchzieht; Vergr. 21 000fach (Aus Porter u. Bonnville)

Wo die Wand dieses distalen Tubulus dem Polkissen der Arteriola afferens anliegt, bildet er die Macula densa aus. In diesem kleinen Bereich des distalen Tubulus sind die Zellen etwas höher und dicht gelagert.

Auffallend hochprismatisches, einschichtiges, helles und gut begrenztes Epithel läßt die Anschnitte der Sammelrohre erkennen, die parallel mit den Henleschen Schleifen verlaufen.

Welche **Funktionen** lassen sich mit den genannten Strukturen des Nephridialkanals korrelieren? Generell läßt ein Mikrovillisaum auf Resorption schließen und ein basales Labyrinth auf einen aktiven Ionentransport, wobei die Richtung des Transports morphologisch nicht sicher bestimmt werden kann. – Physiologische Messungen haben gezeigt, daß im proximalen Tubulus etwa 85% des Wassers, außerdem Natrium, Chlorid, Glukose und Aminosäuren rückresorbiert werden. Einige Substanzen, wie z. B. Sulfonamide, Penicillin, Paraaminohippursäure, werden dagegen im proximalen Tubulus ausgeschieden. Im Überleitungsstück der Henleschen Schleife wird im absteigenden Schenkel Wasser resorbiert. Der aufsteigende Schenkel ist für Wasser impermeabel, für NaCl und Harnstoff jedoch permeabel. Im distalen Tubulus, in dem bereits 85% der Flüssigkeit resorbiert ist, werden weiteres Wasser, Cl^-- und Na^+-Ionen resorbiert; darüber hinaus erfolgt eine Sekretion von K^+- und H^+-Ionen sowie Ammonium in den Tubulus hinein. – Die Macula densa wird als chemosensitives Feld betrachtet, das die NaCl-Konzentration im Nephron mißt und die Freisetzung von Renin, einem proteolytischen Enzym, auslöst. – Renin spaltet aus dem im Blutplasma vorhandenen Polypeptid Angiotensinogen das Angiotensin I ab, das durch weitere enzymatische Spaltung in das Angiotensin II übergeht. Letzteres steigert den Filtrationsdruck durch Vasokonstriktion. – Das Ultrafilter wird ständig durch Phagocytose gereinigt, indem hochmolekulare Stoffe (überaltertes Material), die sich in der Basallamina abgelagert haben, ständig zum Mesangium der Glomeruluskapillaren abgeschoben werden. – Somit wird die **Ultrafiltration** gesteuert durch den **juxtaglomerulären Apparat**, der aus Macula densa, Polkissen und Mesangialzellen besteht.

Die Rückresorption von Wasser und Ionen wird im wesentlichen hormonell durch Permeabilitätsänderungen bestimmter Abschnitte eines jeden Nephrons gesteuert. So bewirkt z. B. das Nebennierenhormon Aldosteron die Rückresorption von Na^+-Ionen; Wasser folgt passiv. Das Neurohypophysenhormon Adiuretin löst die Resorption von Wasser durch die Nephronwand des Sammelrohrepithels aus. Bei Anwesenheit dieses Hormons wird Wasser ins Gewebe resorbiert; ist das Gewebe zu stark mit Wasser angereichert, wird die Ausschüttung des Hormons gestoppt. Damit verliert der absteigende Schenkel der Henleschen Schleife seine Wasserdurchlässigkeit, ebenso die Wände des Sammelröhrchens. Dem Harn kann dadurch kein Wasser auf dem Wege durch die Nepronwand mehr entzogen werden; die Folge ist Harnflut. – Steigender Salzgehalt des Blutes regt die Hypophyse wieder zur Hormonausschüttung an.

Ein Vergleich der Nephrone anderer Wirbeltiere zeigt, daß die genannten Nephronabschnitte nicht überall gleichmäßig vorhanden sind. Bei Amphibien und Reptilien ist z. B. zusätzlich vor dem proximalen Tubulus ein sog. Halsstück von ca. 25 µm Durchmesser und 100 µm Länge vorgeschaltet. Sein kubisches Epithel ist bewimpert. – Bei Vögeln und Säugern sind Cilien im Nephron weitgehend rückgebildet, das Halsstück fehlt. Glomeruli und Henlesche Schleife sind außerordentlich groß; letztere ist bei Säugern länger als bei Vögeln. Die Rückresorption erreicht bei ihnen die höchsten Werte im Tierreich aufgrund der außergewöhnlichen Länge ihrer Henleschen Schleifen.

Fehlt das basale Labyrinth des distalen Tubulus (Gymnophionen, etliche Reptilien), so produzieren diese Tiere nur, verglichen mit dem Blut, isoosmotischen Urin, während Tiere mit basalem Labyrinth hyper- oder hypoosmotischen Harn bilden.

12.3.1.2 Salzdrüsen

Sie spielen als osmoregulatorische Organe bei marinen Vögeln und in ähnlicher Form bei Reptilien eine Rolle. Sie bestehen aus verzweigten tubulären Drüsen mit prismatischem Epithel. Ultrastrukturell gleichen diese Drüsentubuli den Hauptstücken des Säugernephrons mit noch stärker ausgebildetem basalem Labyrinth, lateralen Verzahnungen und vielen Mitochondrien. In der Regel fehlen die apikalen Mikrovilli. – Diese Drüsen sind reichlich mit Blutkapillaren versorgt und gut innerviert. Sie sezernieren im wesentlichen Natriumchlorid als 5%ige Lösung. Bei Wasservögeln liegen sie in der Supraorbital-Region und münden in die äußere Nasenöffnung. – Prinzipiell gleich gebaut sind die Rectaldrüsen der Elasmobranchier, die in den Enddarm münden und ebenfalls NaCl-Lösung sezernieren.

12.3.2 Wirbellose

Im folgenden werden Exkretionsvorrichtungen der Wirbellosen, die man als Nephridialorgane im engeren und weiteren Sinn bezeichnet, behandelt. Phylogenetische Extreme stellen die kontraktile Vakuole der Protozoen und das Nephron der Säuger dar.

12.3.2.1 Kontraktile Vakuolen

Diese Vakuolen füllen sich mit Flüssigkeit (Diastole) und kontrahieren sich in periodischen Intervallen (Systole). Dabei geben sie ihren Inhalt durch den Exkretionsporus an die Umgebung ab. – *Paramecium* enthält 2 kontraktile Vakuolen. Lichtmikroskopisch gesehen besteht eine kontraktile Vakuole aus einem Bläschen und radiär angeordneten Sammelkanälen. Elektronenmikroskopische Befunde haben aber gezeigt, daß die kontraktile Vakuole selbst nur ein Teil eines größeren Organellensystems ist; man bezeichnet es als Kontraktilen-Vakuolen-Komplex. – Eine zentrale Blase steht jeweils einerseits in Verbindung mit dem Exkretionsporus und seitlich mit radiär angeordneten Ampullen (Abb. 12.18); letztere stellen das Ende eines fein auslaufenden Sammelkanals (Radialkanals) dar. Mikrotubulibündel ziehen von der Wandung des Exkretionsporus über die Ampullen zu den Enden der Sammelkanäle. Die Wandung des Exkretionsporus ist ihrerseits durch helical angeordnete Mikrotubuli verstärkt. – Die Sammelkanäle werden von einem unregelmäßigen Netzwerk von Vesikeln und Tubuli, dem Spongiom, umgeben (Abb. 12.18a). Früher wurde postuliert, daß bei jeder Systole sämtliche Verbindungen zwischen Spongiom und Sammelkanal unterbrochen werden. Neuere elektronenmikroskopische Befunde haben aber gezeigt, daß es keine Hinweise gibt für eine mit dem Kontraktionszyklus synchronisierte Ab- und Ankopplung des Spongioms von und an die Radiärkanäle. Funktionell von Bedeutung ist, daß an der Peripherie des tubulären Spongioms Aggregate von starren ca. 50 nm weiten Röhren liegen (Abb. 12.18b); sie stehen mit den glatten Spongiomtubuli in direkter Verbindung. Man vermutet, daß Flüssigkeit

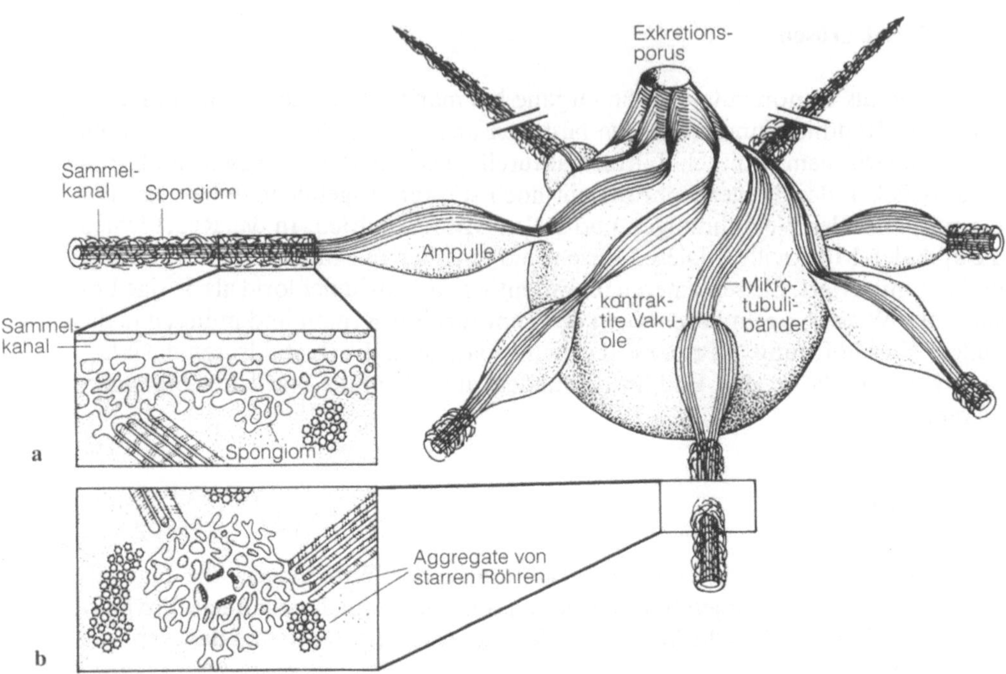

Abb. 12.18 a, b. Der Kontraktile-Vakuolen-Komplex von *Paramecium.* **a** Verbindung von Spongiomschläuchen und Sammelkanal. **b** Aggregate von starren Röhren, die vom Sammelkanal weiter wegliegen. (Nach K. Hausmann 1985)

aus dem Cytoplasma über diese Tubuli segregiert wird. Über das glatte Spongiom stellt man sich die Weiterleitung in die Sammelkanäle, dann in die Ampullen und schließlich in die kontraktile Vakuole vor. Zwischen den Ampullen und dem Spongiom besteht keine Verbindung.

Bei Metazoen unterscheidet man folgende Exkretionsorgane:

1. Protonephridien, Cyrtocyten;
2. Metanephridien;
3. Malpighische Gefäße der Insekten;
4. H-Zelle der Nematoden.

12.3.2.2 Protonephridien

Protonephridien kommen vor bei Plathelminthen, Nemathelminthen, Entoprocten sowie einigen Mollusken. Sie bestehen aus einem Kanalsystem, dessen Tubuli zum Körper hin durch eine Terminalzelle blind geschlossen sind und dessen Kanalsystem über einen Nephroporus ins Freie mündet. An der Terminalzelle beginnen das Kanallumen und eine „Wimperflamme", deren Elemente man besser als Geißeln bezeichnen sollte. Die „Wimperflamme" schlägt in einen Hohlraum, in dessen Wand eine Reuse ausgebildet ist. Charakteristikum der Terminalzelle ist ihre stete Beteiligung an dieser Reuse. Um dies zu betonen, wird die Terminal-

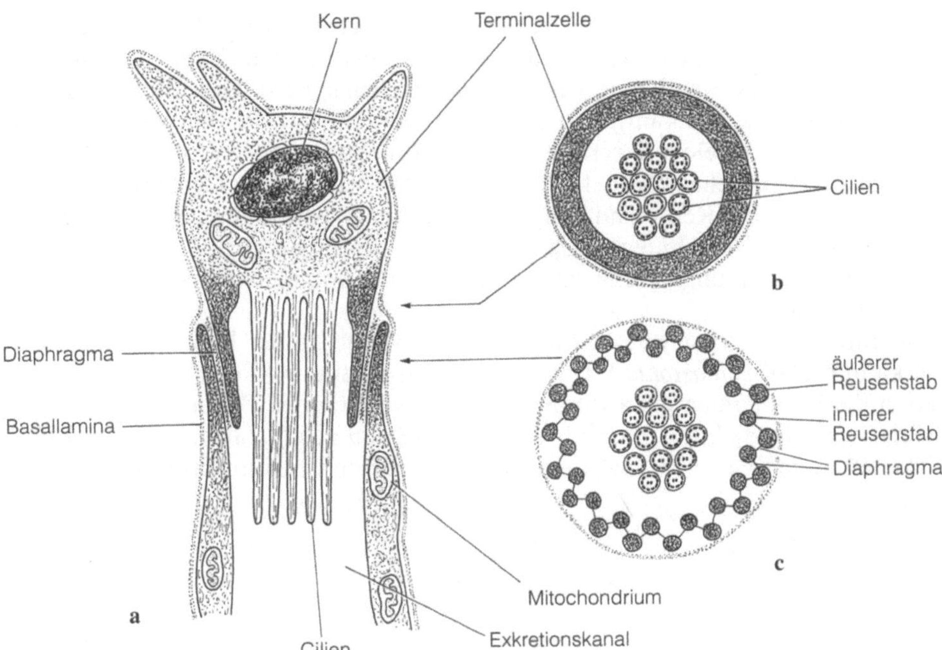

Abb. 12.19 a–c. Schema der Terminal- und Kanalzelle von Protonephridien bei Plathelminthen. **a** Längs-, **b** Querschnitt durch die Terminalzelle mit „Wimperflamme"; **c** Querschnitt im Bereich der Verzahnung der Mikrovilli von Terminal- und Gangzelle. (Nach Mehlhorn und Piekarski 1989)

zelle auch als Reusengeißelzelle = Cyrtocyte bezeichnet. Bei phylogenetisch alten Plathelminthen wird die Reuse noch von einer Terminalzelle allein gebildet. – Die Reuse besteht hier aus unregelmäßig geformten Schlitzen und Poren zwischen mikrovilliartig ausgezogenen Cytoplasmafortsätzen. Phylogenetisch etwas später entstehen die Reusen-Filter aus Längs- und Querstäben (z. B. *Stenostomum*). Bei phylogenetisch jüngeren Plathelminthen (Trematoda, Monogenea und Cestoda) wird die Reuse außer von der Terminalzelle noch von der nächstliegenden Gangzelle gebildet. Diese beiden Zellen sind über Mikrovilli verzahnt; dabei sind die Mikrovilli sowohl von der Terminalzelle als auch der anschließenden Gangzelle alternierend konzentrisch so angeordnet, daß ein innerer sowie äußerer Kranz von Reusenstäben besteht. Durch die Verzahnung dieser Stäbe entsteht die Reuse (Abb. 12.19 a u. c). Die inneren Stäbe der Reuse stammen von der Terminalzelle, die äußeren Stäbe dagegen von der Gangzelle. Die Schlitze der Reuse werden von einem Diaphragma überbrückt. – Vermutlich wird durch das Schlagen der Wimperflamme ein Unterdruck im Kanälchen erzeugt, wodurch Ultrafiltration durch die Basallamina bewirkt werden kann. Aufgrund der Kleinheit der Objekte konnte sie jedoch noch nicht gemessen werden. Vorstellbar sind ein hydrostatischer Druckgradient (Druckfiltration) oder ein Konzentrationsgradient (osmotische Filtration). – Ein Tubulussystem aus mehreren Zellen leitet das „Filtrat" meistens in eine schon lichtmikroskopisch sichtbare Blase, die über den Nephroporus nach außen mündet.

Komplizierter ist der Bau der Exkretionsorgane vom **Lanzettfischchen** (*Branchiostoma*), bei denen es sich um eine Kombination von Cyrtocyten und Podocyten handelt, weshalb man von Cyrtopodocyten spricht. Diese Exkretionsorgane bestehen aus dreikantigen Reusenröhrchen, die von Perikaryen ausgehen, das subchordale Coelom durchziehen und Öffnungen zwischen Epithelzellen des Nierenkanals erreichen (Abb. 12.20). Anders als bei anderen Cyrtocyten stehen hier Innenraum der Reuse und Umgebung in offener Verbindung. Die Zellkörper liegen mit ihren verzahnten Ausläufern den Blutgefäßen auf. Ob Schlitze zwischen den Verzahnungen offen sind oder von Diaphragmen überspannt werden, ist nicht geklärt.

Während bei Cyrtocyten Filtration an der Membran der Reuse anzunehmen ist, kann bei *Branchiostoma* Filtration aus dem Blutraum in das Coelom sowohl durch die Basallamina als auch die Schlitze zwischen den Podocytenausläufern erfolgen. Bei letzteren wird durch Geißelschlag und das Heraustreiben der Flüssigkeiten in den Peribranchialraum im subchordalen Coelom vermutlich Unter-

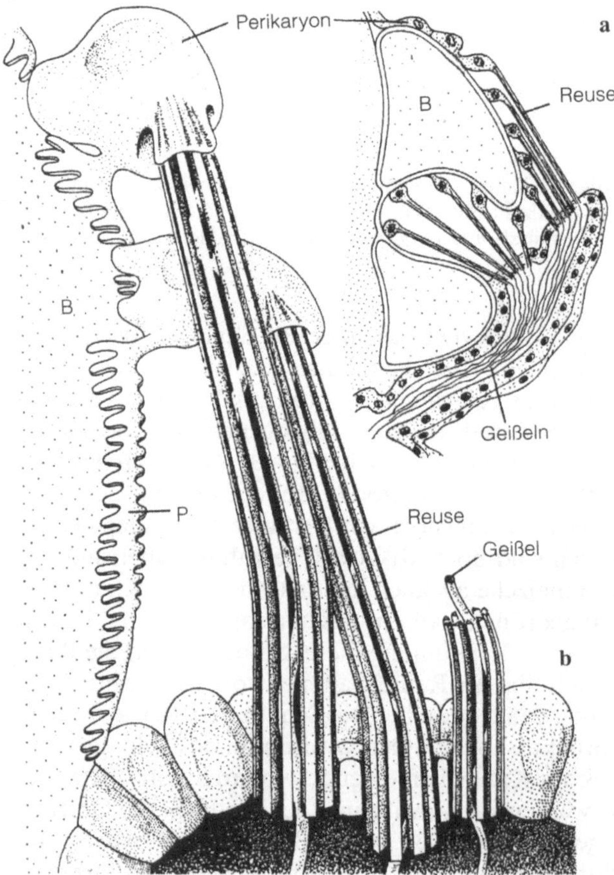

Abb. 12.20. Cyrtopodocyten von *Branchiostoma*. **B** Wand der Bluträume; **P** Zellfortsätze auf der Wand der Bluträume (Nach Brandenburg u. Kümmel 1961 und Goodrich 1945 aus Welsch u. Storch 1973)

druck erzeugt, der eine Filtration durch die Gefäßwand ermöglicht. Zusätzlich wäre hier aber auch Filtration durch erhöhten Blutdruck denkbar.

Auf den für vergleichende Betrachtungen bedeutsamen Zusammenhang zwischen Cyrtocyten der Wirbellosen und Malpighischen Körperchen der Wirbeltiere, für den die Cyrtopodocyten von *Branchiostoma* ein Bindeglied bilden, wies Kümmel 1962 hin: Protonephridien stellen sowohl morphologisch als auch funktionell den Urtyp aller Nephridien dar. Bei Anneliden, Mollusken, Crustaceen und Vertebraten werden sie durch Metanephridien ersetzt.

12.3.2.3 Metanephridien

Metanephridien sind offene Verbindungskanäle zwischen Leibeshöhle und Außenwelt. Der Wimpertrichter (Nephrostom) beginnt im Coelom und setzt sich in einen Kanal fort, der über den Nephroporus nach außen mündet. Das äußerlich lappige Metanephridium vom Regenwurm (*Lumbricus terrestris*), einem Vertreter der Oligochaeten, beginnt mit einem Wimpertrichter vor einem Dissepiment und setzt sich im folgenden Segment als mehrfach gewundener Kanal fort (Abb. 12.21). Aufgrund der Struktur des Nephridialkanals unterscheidet man folgende Abschnitte:

1. Trichter mit Zellen, die apikal Mikrovilli und Cilien tragen.
2. Schleifenkanal; längster Abschnitt; nur an zwei Stellen enthält er Cilien, sonst Mikrovilli.
3. Ampulle (Wandstärke nimmt zu), lockeres basales Labyrinth.

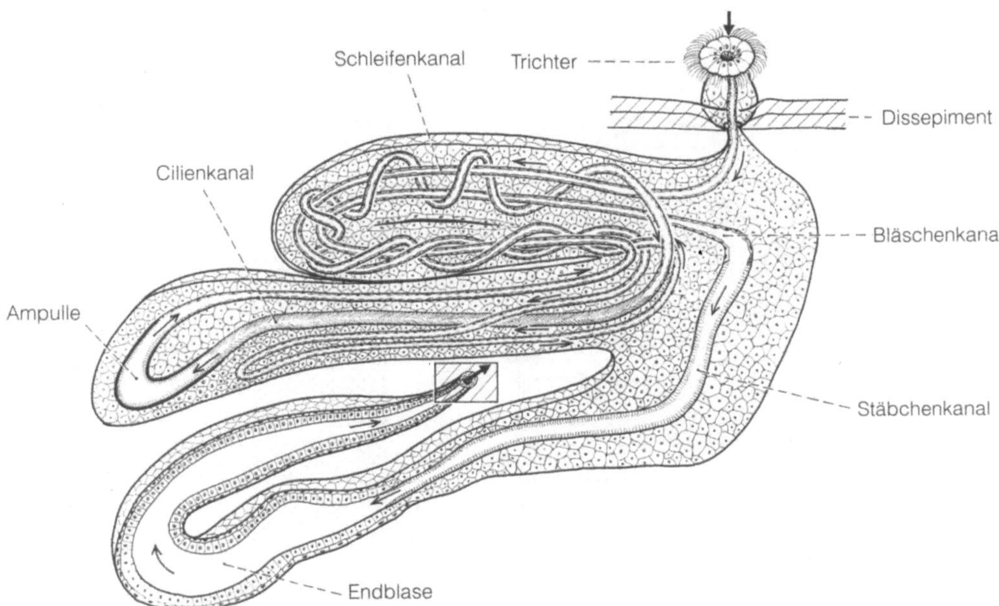

Abb. 12.21. Nephridium von *Lumbricus*, schematisch. (Aus der Kartensammlung des Zoolog. Instituts der Universität München)

4. Bläschenkanal (Bläschen im Cytoplasma). Die Mikrovilli sind unregelmäßig angeordnet; kein basales Labyrinth.
5. Stäbchenkanal mit großem basalem Labyrinth.
6. Endblase; flaches Epithel innen, subepitheliale Faserlage, Muskulatur und Coelomepithel.

Man nimmt an, daß das Coelothel zusammen mit der Basallamina als Ultrafilter fungiert, an dem der Primärharn im wesentlichen gebildet wird; bei *Lumbricus* soll dabei auch Sekretion beteiligt sein. Die Annahme von Ultrafiltration wird gestützt durch Untersuchungen an einigen Polychaeten, deren Coelothel in bestimmten Abschnitten aus Podocyten besteht. Die Coelomflüssigkeit entspricht dann dem Primärharn, der in weitere Abschnitte des Nephrons geleitet wird, wo Rückresorption erfolgt.

Bei *Hirudo* besteht im Gegensatz zu den Oligochaeten zwischen Ciliarorgan und Nephridialkanal keine offene Verbindung; hier werden die Nephridiallappen von einem Kapillarnetz umhüllt; die Endothelien der Blutkapillaren sind fenestriert. Felder von diesen nebeneinanderliegenden Fenstern von ca. 50 nm Durchmesser sind stets von einem Diaphragma überspannt, das Knopfstruktur (ca. 30 nm Durchmesser) in seiner Mitte trägt. Die Basalmembran von Blutkapillaren und jene der Nephridialzellen werden beim Blutegel durch Bindegewebe mit kollagenen Fasern und Flüssigkeitsraum verbunden (Abb. 12.22). Zusammen bilden sie bei *Hirudo* das Ultrafilter. – Boroffka, Altner und Haupt (1970) haben eine Hypothese aufgestellt, nach der sich die Primärharnbildung bei *Hirudo* in zwei Stufen vollzieht: 1. der Filtration und Diffusion aus dem Blut in das Binde-

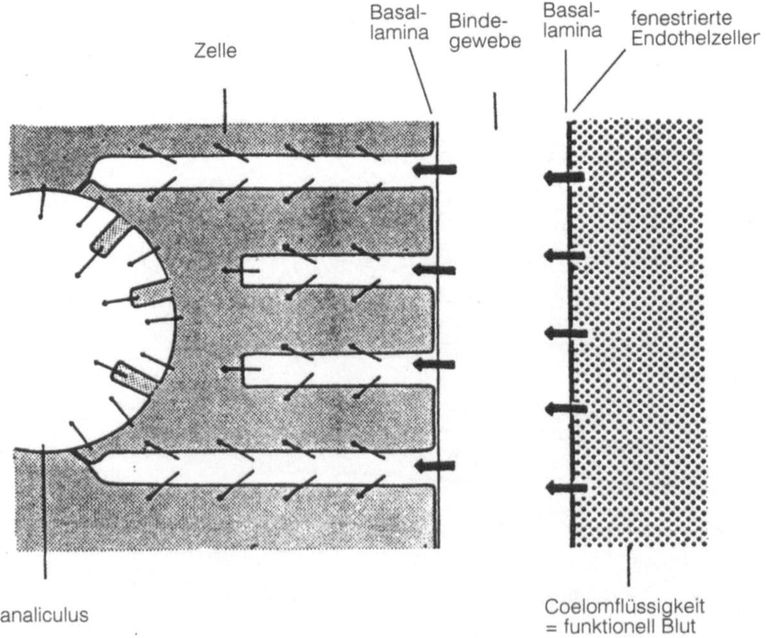

Abb. 12.22. Schema der Primärharnbildung bei *Hirudo*. (Nach Boroffka et al. 1970)

gewebe und in den extrazellulären Raum des basalen Labyrinths der Nephridialzellen (Abb. 12.22, dicke Pfeile); 2. Sekretion durch die Nephridialzellen in die Canaliculi (Abb. 12.22, dünne Pfeile), die ihn ihrerseits dem Zentralkanal zuführen, wo er auf dem Weg zur Harnblase durch Rückresorption von Salzen hypoosmotisch wird. Der Harn der Canaliculi entspricht dem Primärharn.

Metanephridien kommen vor bei Anneliden, Mollusken und in abgewandelter Form z. B. als Labialnephridien, Antennen- und Maxillardrüsen bei Arthropoden.

Labialnephridien der Collembolen beginnen mit dem Coelomsäckchen, dessen Wand aus Podocytenepithel besteht. Diese Labialnephridien liegen im caudalen Teil des Kopfes. Morphologisch sind zwei Teile unterscheidbar: das Coelomsäckchen (Sacculus) und der Nephridialkanal. Proximaler und distaler Nephridialkanalabschnitt sind histologisch verschieden. – Die Podocyten des Sacculus sind reich an Vesikeln und Blasen im Cytoplasma und bilden zungenförmige Fortsätze, die über der Basallamina ineinandergreifen (vergl. Abb. 12.23). Das Sacculuslumen ist angefüllt mit flockigem Material von mittlerer Elektronendichte. Die Spalten zwischen den Zungen werden von einem Diaphragma überspannt. Hier kann Ultrafiltration erfolgen. – Der proximale Abschnitt dieses Nephridialkanals besitzt nur ein schwach ausgebildetes basales Labyrinth (Abb. 12.24a). Die apikal mit Mikrovilli besetzten Zellen enthalten zahlreiche Golgi-Zonen, granuläres ER, Mitochondrien vom Tubulityp, multivesikuläre Körper und teilweise intrazelluläre Kanälchen mit Mikrovilli. – Im distalen Tubulus (Abb. 12.24b) enthalten die Zellen keine Mikrovilli, aber ein typisches stark ausgebildetes basales Labyrinth. Lichtmikroskopisch ist letzteres durch feine basale Streifung gekennzeichnet. Die Basallamina verläuft wie bei jedem basalen Labyrinth durchgehend außerhalb der basalen Zellwandeinstülpungen des Labyrinths. Mitochondrien vom Tubulityp sind dicht gepackt in den bis zur Basallamina reichenden Fortsätzen; diese Zellen enthalten granuläres ER.

Vergleichen wir die Labialnephridien der Collembolen mit dem WT-Nephron, so entspricht das Coelom des Sacculus dem der Bowmanschen Kapsel, die Sacculuswand dem inneren Blatt der Bowmanschen Kapsel mit den Podocyten und die beiden Abschnitte des Nephridialkanals dem proximalen Tubulus mit den apikalen Mikrovilli und distalen Tubulus mit dem basalen Labyrinth des WT-Nephrons. Sogar das seitliche Ineinandergreifen benachbarter Zellen tritt in beiden Fällen auf. Die Merkmale des aktiven Stofftransports (apikale Mikrovilli, basales Labyrinth), sind in beiden Fällen realisiert. Da physiologische Untersuchungen an Wirbeltieren auch die Richtung des Transports aufklärten, ist diese für die entsprechenden Stoffe in den strukturell entsprechenden Abschnitten des Labialnephridiums ebenfalls zu vermuten. – Dieser Grundkonzeption entspricht auch die **Antennendrüse** des Flußkrebses (Abb. 12.25a), die auch im Kopf gelagert und die wesentlich größer ist als das Labialnephridium. Einen schematischen Ausschnitt aus der Sacculuswand des Flußkrebses gibt Abb. 12.25b wieder. Die Basallamina kontaktiert einerseits mit dem Blutraum, anderseits mit den Fortsätzen der Podocyten sowie den dazwischenliegenden Filtrationsschlitzen. Der Pfeil deutet die Filtrationsrichtung in den Sacculus an.

Epithelzellen im Sacculus der **Coxaldrüsen** von Zecken der Gattung *Ornithodorus* sind im Prinzip vergleichbar mit den Labialnephridien. Allerdings werden

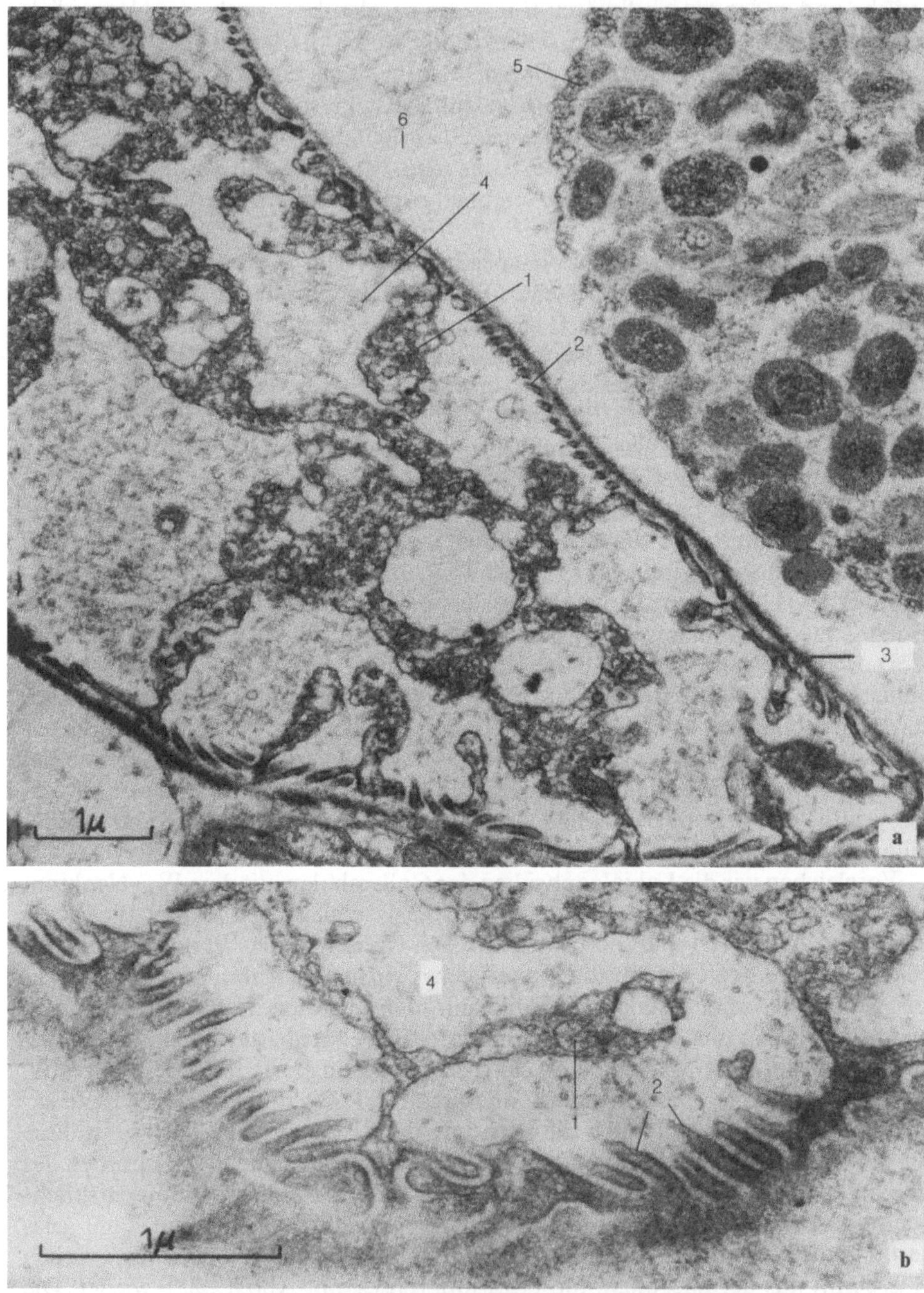

Abb. 12.23 a, b. Labialnephridium von *Onychiurus* (Collembolen). **a** Sacculus mit den zungenförmigen Fortsätzen der Podocyten (ca. 16000fach). **b** Podocyten-Fortsätze vergrößert (ca. 33 500fach). (Nach Altner 1968). *1* Podocyt, *2* Fortsätze des Podocyten, *3* Basallamina, *4* Coelom des Sacculus mit flockigem Inhalt, *5* Hämocyt, *6* Hämolymphe

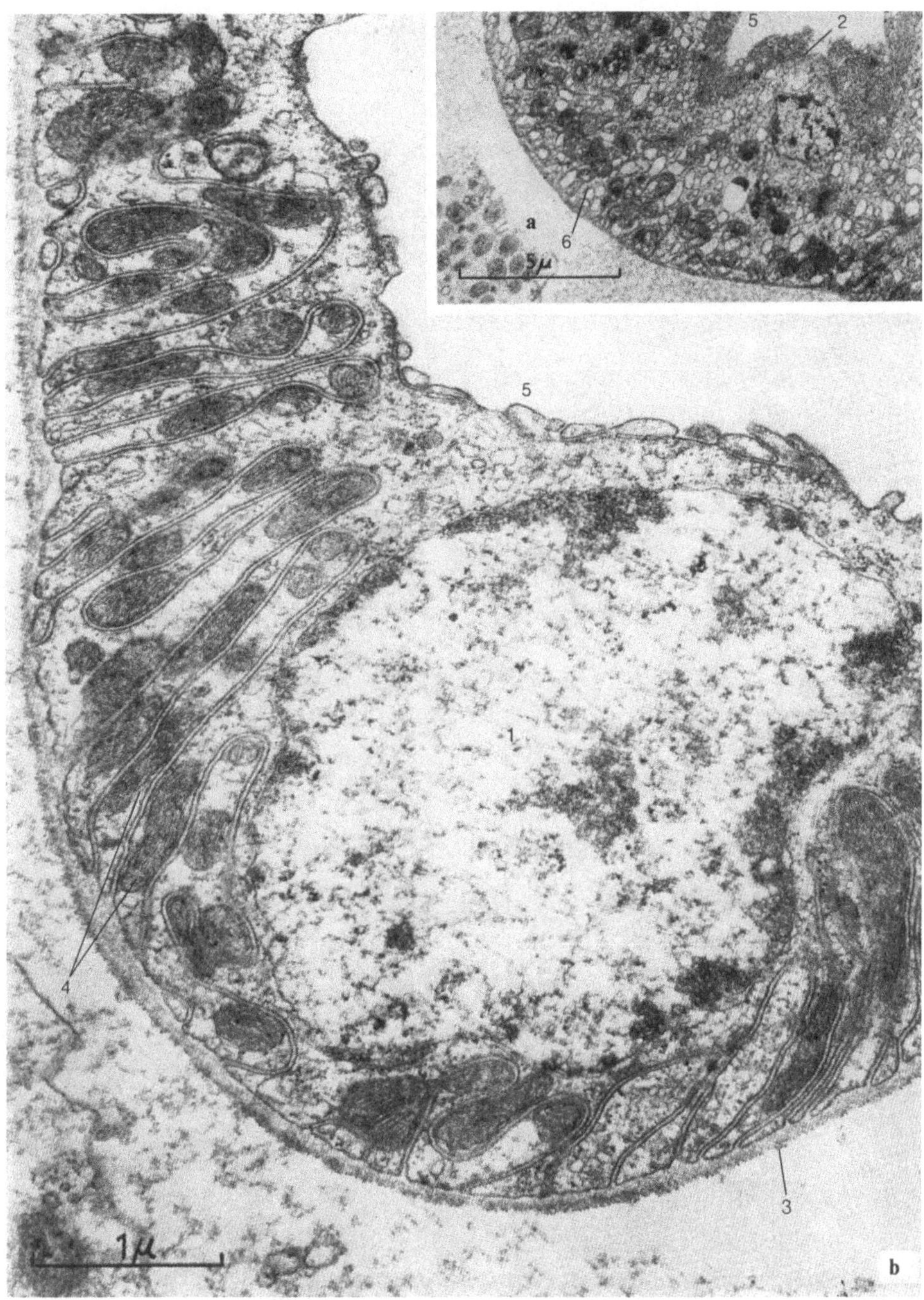

Abb. 12.24a, b. Abschnitte des Nephridialkanals von *Onychiurus* (Collembolen). **a** Proximal ca. 6 200fach, basales Labyrinth nur schwach ausgebildet. **b** Distal ca. 2 500fach, mit stark ausgebildetem basalem Labyrinth. *1* Kern, *2* Mikrovilli, *3* Basallamina, *4* Mitochondrium, *5* Lumen des Nephridialkanals, *6* ER

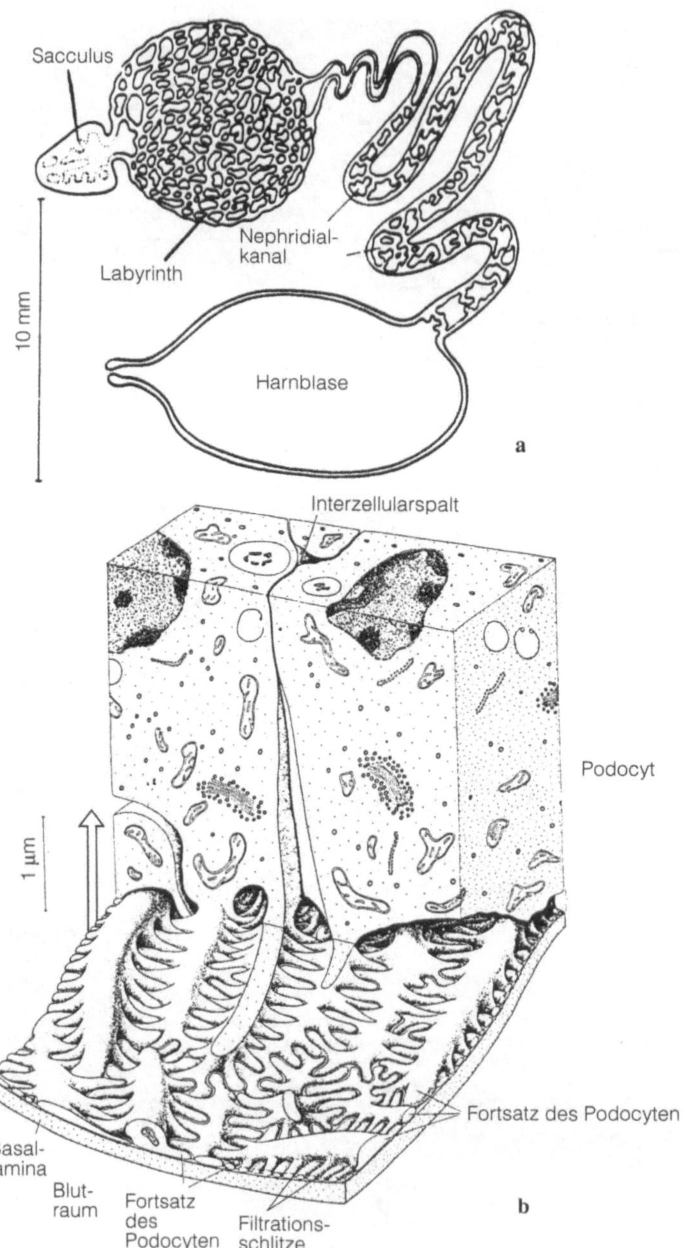

Abb. 12.25 a, b. Antennendrüse des Flußkrebses. **a** Auseinandergelegte Drüse. **b** Blockdiagramm von Podocyten. Pfeil weist in Filtrationsrichtung. (Nach Kümmel 1964)

hier weder Blutgefäße noch Blutlakunen im Exkretionsorgan gefunden; das von der Basallamina umhüllte Epithel grenzt direkt an das allgemeine Hämocoel. Ein Kollabieren des Sacculus wird hier durch ansetzende Muskelfasern verhindert. Bei Kontraktion kann sich das Lumen des Sacculus erweitern und damit einen Unterdruck in seinem Innern verursachen. Dadurch könnte auch der Filtrationsprozeß beeinflußt werden.

Auch bei den **Mollusken** leiten sich die Exkretionsorgane vom Metanephridium ab, dessen Wimpertrichter in einem Coelomrest, dem Perikard, beginnt; doch kann hier die Exkretion auf den vielfach umgebildeten Ausführgang verlagert sein. Oft erfolgt Filtration an der Perikardwand, bei Gastropoden und etlichen Muscheln an der Herzwand, bei dibranchiaten Cephalopoden an den Kiemenherzanhängen. Podocytenähnliche Zellen wurden hier in einigen Fällen gefunden. Als Filtrationsbarrieren fungieren neben der Basallamina die Diaphragmen (vergl. z. B. Abb. 12.26). Bei den Landpulmonaten *Helix* und *Achatina* lassen physiologische Untersuchungen darauf schließen, daß sich Filtration direkt in die Niere hinein vollzieht. Die *Helix*-Niere ist ein sackartiges, drüsiges Gebilde, dessen Wandung mit zahlreichen Falten nach innen vorspringt. Der Nierensack setzt sich fort in den glatten primären und dann in den sekundären Harnleiter. Von der Wand ziehen zahlreiche Lamellen ins Innere (Abb. 12.27). Jede Lamelle besteht aus faserigem, von Gefäßen durchzogenem Bindegewebe und wird beiderseits von einschichtigem Zylinderepithel überzogen (Abb. 12.27). Basal liegt in jeder Epithelzelle der Kern mit Nucleolus. Das feinstrukturierte Plasma erscheint

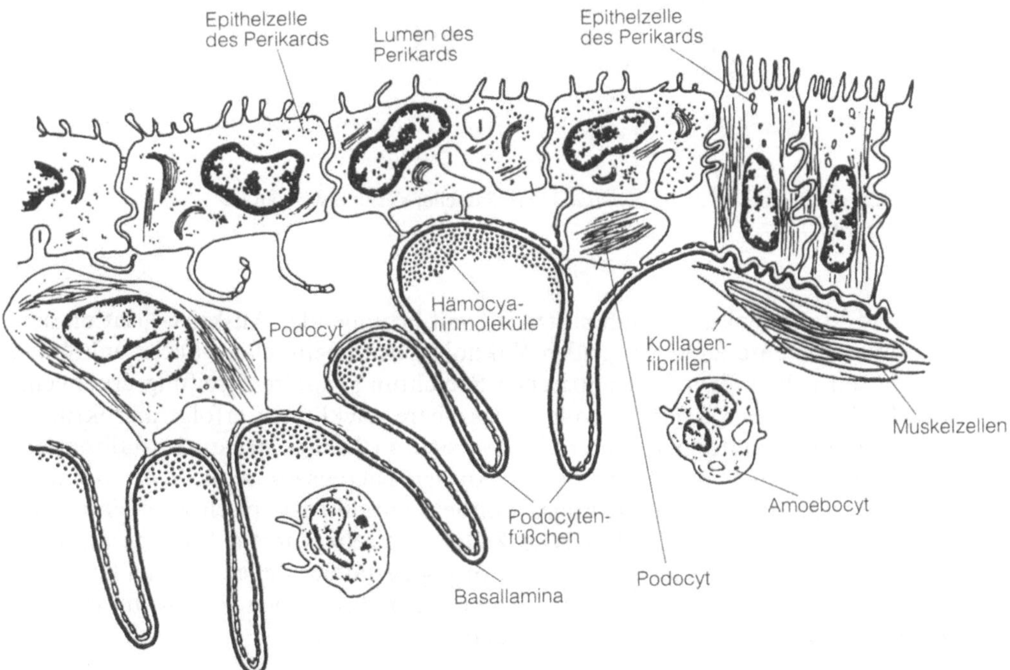

Abb. 12.26. Wandung der Herzvorkammer von *Viviparus* (Sumpfdeckelschnecke). (Nach Boer 1973)

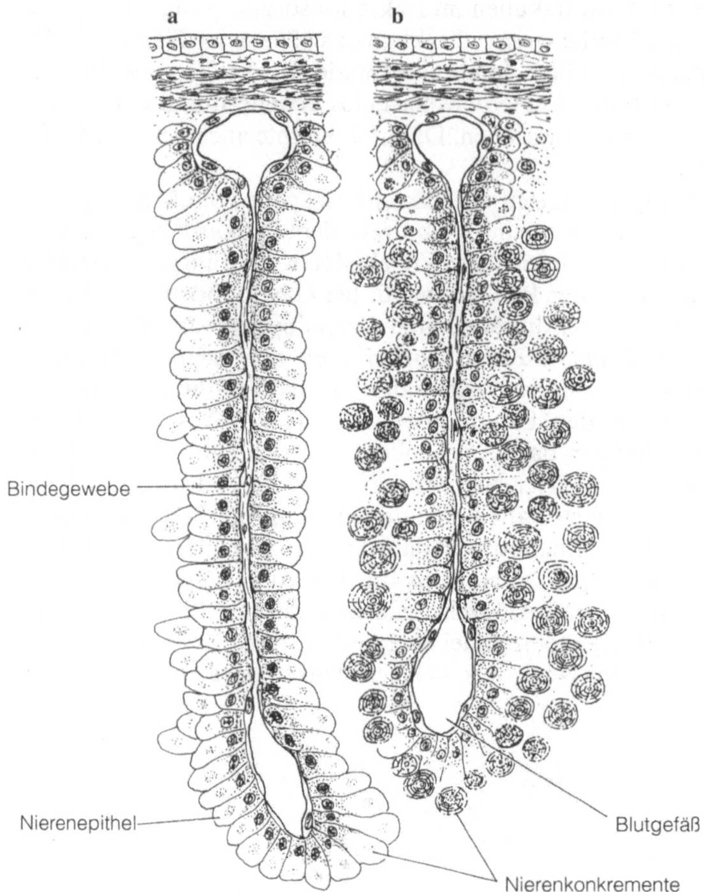

Abb. 12.27 a, b. Niere von *Helix pomatia*. Nierenlamelle; Vergr. etwa 160fach.
a Sommer, **b** Winter

hell und ist mit Vakuolen durchsetzt, die mit beginnender Auskristallisation der Harnkonkremente zu einer großen Vakuole zusammenfließen. Die Konkretionen lassen neben einer konzentrischen Schichtung radiäre Streifung erkennen. Die Entleerung der Konkremente in das Nierensacklumen erfolgt merokrin. – Sommer- und Winterniere unterscheiden sich an Menge der auskristallisierten Harnkonkremente (im Winter viel). – An den Nierensack schließt der primäre Harnleiter an, dessen einschichtiges Epithel lichtmikroskopisch zwei Flimmerzelltypen erkennen läßt: 1. kubische Zellen mit sehr kurzem Cilienbesatz und deutlich gestreiftem Plasma und 2. keilförmig gestaltete Zellen mit viel längeren Cilien, deren distale Fläche kalottenförmig gegen das Lumen vorgewölbt ist. Die Kerne beider Zelltypen sind groß und rund.

12.3.2.4 Malpighische Gefäße

Malpighische Gefäße sind ektodermaler Herkunft; sie stellen das exkretions- und osmoregulatorische Organ von Arachniden und Tracheaten. Es handelt sich um frei in der Leibeshöhle liegende Schläuche, die umgeben sind von Hämolymphe und eingehüllt sind von feinsten Tracheolen. Diese Tubuli endigen blind und öffnen sich in den Darmtrakt am Übergang vom Mittel- zum Enddarm. Marcello Malpighi entdeckte sie schon 1668 in der Seidenraupe. Die Zahl der Malpighischen Gefäße variiert von Art zu Art stark. So kommen in einigen Schildläusen nur zwei, in Orthopteren dagegen 150 und mehr Malpighische Gefäße vor.

Bei Malpighischen Gefäßen spielt die Ultrafiltration zur Aufnahme des Materials aus dem Blut keine große Rolle. Sekretion und Diffusion stehen dagegen im Vordergrund. – In dem Anfangsteil eines Tubulus gelangen die Körperflüssigkeiten in die Tubuli, indem K^+-Ionen aktiv in das Lumen sezerniert werden und Cl^--Ionen passiv nachfolgen. Durch die hohe Konzentration von Kaliumchlorid entsteht ein starkes osmotisches Gefälle. Die Folge ist: es treten Wasser und darin gelöste kleine Moleküle und Ionen in das Lumen. Im weiteren Verlauf der Tubuli wird Wasser mit den darin gelösten Stoffen wieder resorbiert; zusätzliche Resorption erfolgt bei etlichen Insekten in den Enddarmpapillen (Rectalorgane). Der Rest des Inhaltes vom Enddarm wird durch den After ausgeschieden.

Histologisch bestehen die Malpighischen Gefäße aus einschichtigem Epithel, das über eine Basallamina mit quergestreiften Ring- und Längsmuskelfasern in Verbindung steht. Die Epithelzellen zeigen polare Struktur, die typisch ist für Zellen eines Epithels, durch dessen Wandung Stoffe transportiert werden (vergl. auch Nephridialtubulus). Die Muskelfasern pumpen durch peristaltische Kontraktionswellen den Harn in den Darm. Die verschiedenen Tubulusabschnitte unterscheiden sich nach ihrer Funktion in: Anfangsstück, kurzes Übergangsstück und das lange Hauptstück; mehrere Hauptstücke münden in den Ureter, der schließlich in den Darm mündet.

Das Anfangsstück ist von flachem, zum Röhrenlumen hin nur wenige Mikrovilli tragendem Epithel ausgekleidet, durch das Flüssigkeit aus der Leibeshöhle in Vesikeln transportiert wird. Bei der Passage von Substanzen durch das Cytoplasma ändert sich das strukturelle Bild der Epithelzellen. Nach Wessing und Eichelberg (1978) spielt die Struktur der Basallamina ebenfalls eine Rolle, der die Funktion eines Ultrafilters zugeschrieben wird. Die Untersuchungen wurden an *Drosophila* durchgeführt.

In den anschließenden Abschnitten der Malpighischen Gefäße, in denen aus dem Primärharn verschiedene Stoffe reabsorbiert werden, ähneln die Epithelzellen im Aufbau denen der Haupt- und Mittelstücke des Nephrons der Wirbeltiere. Diese Zellen sind ebenfalls von polarer Struktur (Abb. 12.28). Sie tragen in der apikalen Region einen lichtmikroskopisch gut sichtbaren Bürstensaum. Elektronenmikroskopisch besteht er aus verschieden großen Mikrovilli, in die sich in den meisten Fällen lange Mitochondrien erstrecken (Abb. 12.28 u. 12.29). Nach Wessing und Eichelberg (1978) wird jeder Mikrovillus außerdem noch durchzogen von einem atypischen Kanal des endoplasmatischen Retikulums (Abb. 12.28).

Die Zwischenregion dieser Epithelzellen enthält einen polyploiden Kern, einige Golgi-Apparate, ein Kanalsystem des ER und multivesikuläre Körper. Dieses

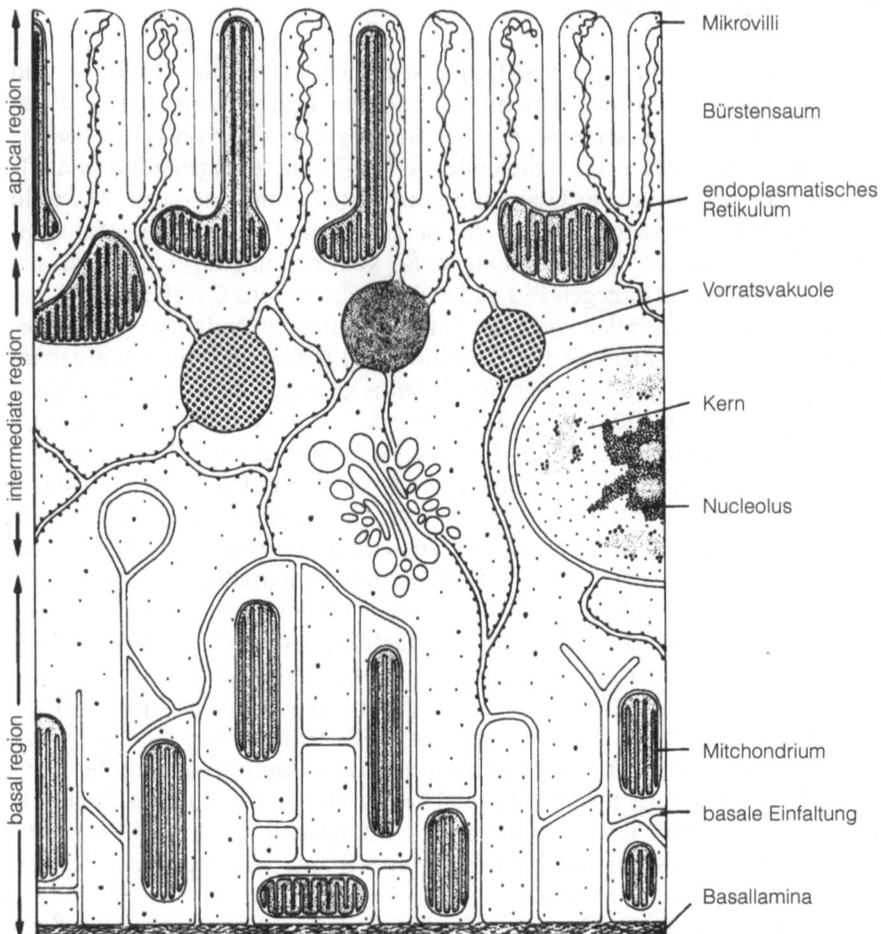

Abb. 12.28. Transportaktive Zelle eines Malpighischen Gefäßes von *Drosophila*, schematisch. (Nach Wessing u. Eichelberg 1978)

ER kann Substanzen speichern (unter anderem Tryptophan und dessen Stoffwechselprodukte, Pterine und Riboflavin). Die Basalregion dieser Epithelzellen enthält ein außergewöhnlich großes basales Labyrinth, das sich in manchen Abschnitten bis zur Hälfte, in den meisten sogar bis zu dreiviertel der Höhe der gesamten Zelle erstreckt. Lange Mitochondrien stehen wie immer im typischen basalen Labyrinth, senkrecht zur Basallamina, die den Einstülpungen der basalen Zellwand nicht folgt. – Diese Strukturen lassen auf einen aktiven Transport von Ionen schließen; die Richtung des Transports ist aus der Struktur nicht erkennbar. – In den Abschnitten des Übergangs- und Hauptstücks unterscheiden sich diese Epithelzellen im wesentlichen in ihrer Größe und in der Größenordnung der apikalen, basalen und Zwischenregion. – Die ultrastrukturelle Organisation der Ureterzellen variiert etwa in folgendem: die Basallamina dringt im basalen Labyrinth ausnahmsweise öfters in den Interzellularraum vor, die zentralen Ka-

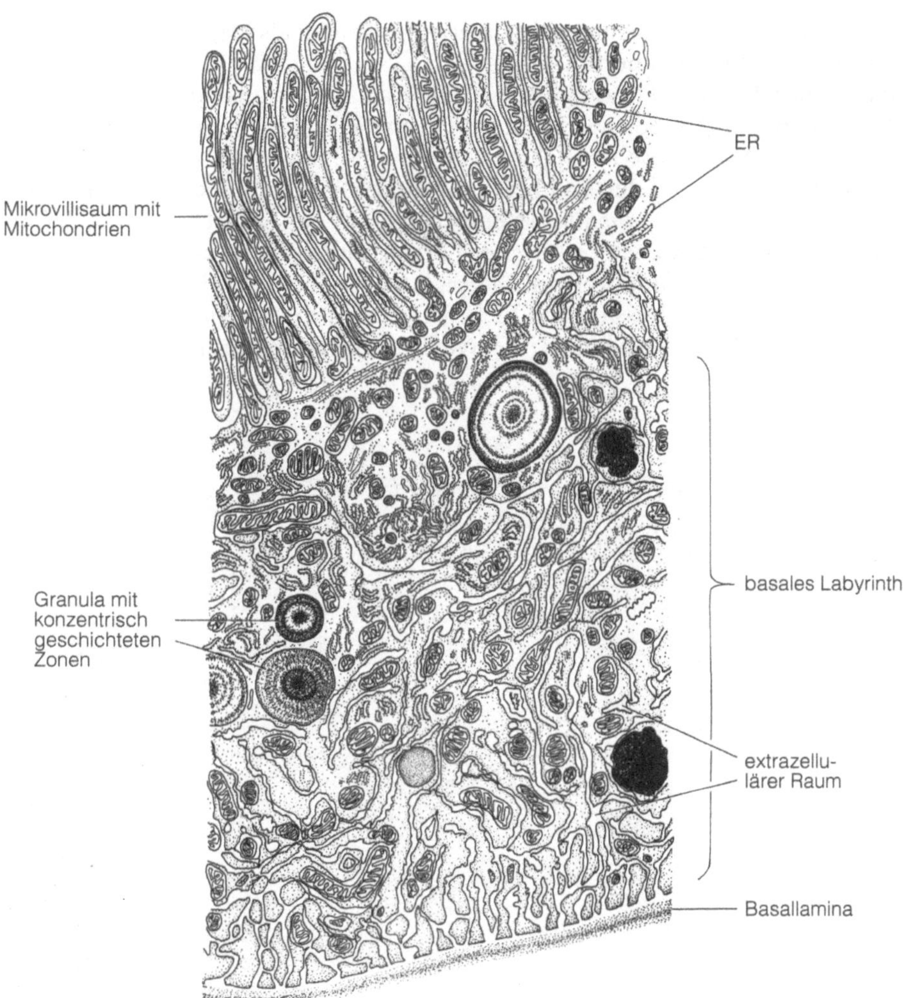

Abb. 12.29. Schematischer Anschnitt quer durch das Hauptstück eines Malpighischen Gefäßes aus der Larve von *Ephydra* (Salinenfliege) und von *Calliphora*, wobei die Konkremente aus dem entsprechenden Abschnitt von *Gryllus* wiedergegeben sind. Vergr. etwa 18 000fach. (Nach EM-Aufnahmen aus *Ephydra*, die mir freundlicherweise Wessing und Eichelberg zur Verfügung stellten, und aus *Calliphora* von Gupta und Berridge sowie aus *Gryllus* von Gupta aus Smith)

näle des ER sind enger und gap junctions verbinden die Zellen. – Auch in den verschiedenen Entwicklungsstadien eines Insekts weisen die Zellen der Tubuli entsprechend ihrer unterschiedlichen Funktion, z. B. in Larve und Puppe, kleine Abweichungen auf. In einigen Insekten erzeugen die Epithelzellen der weiter distal gelegenen Tubulusabschnitte darüber hinaus mehrschichtige Granula sowohl organischen als auch anorganischen Materials. Diese Granula sind konzentrisch geschichtet in elektronenmikroskopisch dichte und dünnere Zonen. In der Regel bestehen sie aus Carbonaten, Phosphaten und Oxalaten der Erdalkalien Calcium und Magnesium, die in organische Matrix eingebettet sind. Diese Granula werden in das Tubuluslumen freigesetzt; sie werden als Depot für osmoregulatorische Vorgänge diskutiert.

In der Regel fungieren Malpighische Gefäße als Exkretions- und Osmoregulationsorgane. Bei Collembolen können Fettzellen die Malpighischen Gefäße ersetzen. – Es gibt aber weitere Ausnahmen: Malpighische Gefäße sondern Kokonsekret ab. Das ist sowohl der Fall bei den Ameisenlöwen als auch bei den Glühwürmchen, der Fliege *Bolitophilus* (Neuseeland), wo das Sekret von spezialisierten Zellen der Malpighischen Gefäße der Larven abgesondert wird. Darüber hinaus wurde die Speicherfunktion von Malpighischen Gefäßen z. B. bei *Drosophila melanogaster* bekannt (Wessing und Eichelberg 1978). Gespeichert werden in diesem Fall Lipide, Natriumionen, Riboflavin und die Aminosäure 3-Hydroxyky-

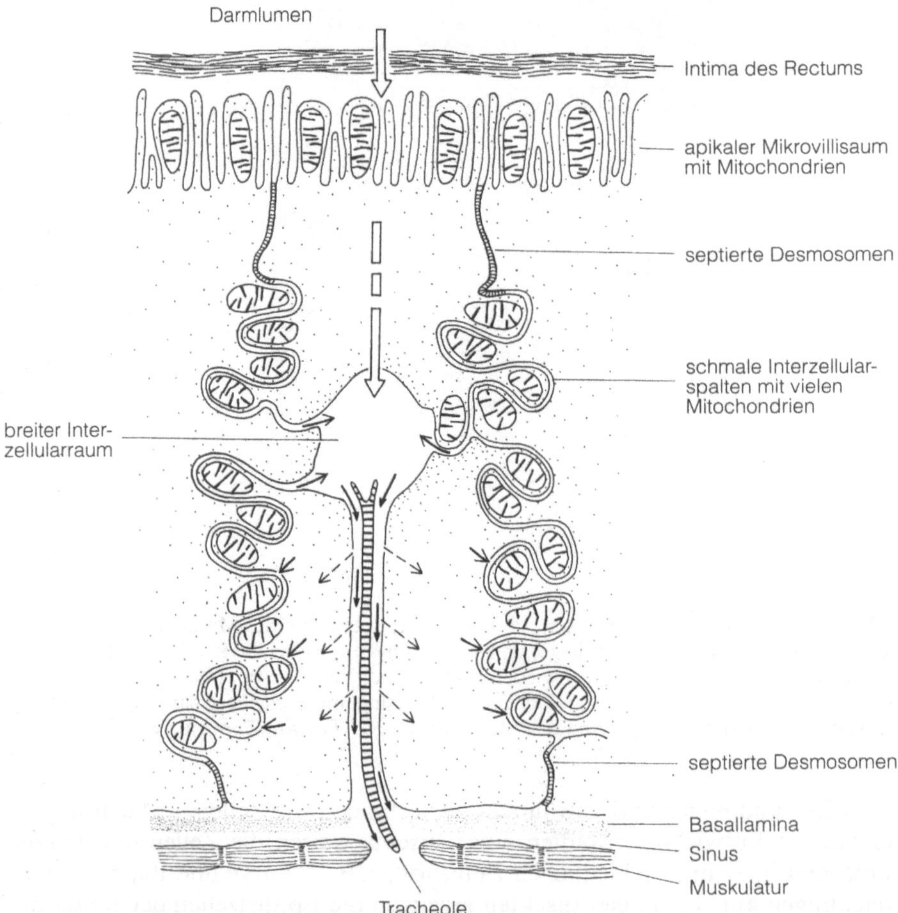

Abb. 12.30. Funktionsschema eines Rectalpolsters der Schabe *Periplaneta*. Heller Pfeil: Wassereinstrom und Transport in Interzellularräume; dünne durchgezogene Pfeile: resorbierte Flüssigkeit fließt entlang der eindringenden Tracheolen in den Sinus und durch Lücken der Muskulatur in die Hämolymphe; gestrichelte Pfeile: es wird angenommen, daß es zu einem Recycling von Soluten kommen kann. (Modifiziert nach Berridge-Oschman aus Kümmel 1977)

nurenin. In den Zellen des Übergangs- und Hauptstücks erfolgt in diesen Fällen die Anreicherung. Die Substanzen erscheinen in Primärvakuolen, um die sich in der Folge eine Sekundärvakuole bildet, die mit Kanälen des endoplasmatischen Retikulums in Verbindung steht. Die Akkumulationen vergrößern sich durch Fusion der Vakuolen.

Kryptonephrische Gefäße sind Malpighische Gefäße, deren Anfangsabschnitte zwischen Muskulatur und Epithel des Enddarms kriechen und so den Enddarm umkleiden, um Wasser aufzunehmen. Kryptonephrie kommt vor z. B. bei Tenebrioniden und bei *Oryzaephilus*. Die Endstücke dieser Malpighischen Gefäße sind sehr dick aufgetrieben, die Wand ist an diesen Stellen sehr dünn.

Bei etlichen Insekten, z. B der Schabe *Periplaneta*, Schmeißfliege *Calliphora*, Taufliege *Drosophila*, Wanderheuschrecke *Schistocerca*, Salinenfliege *Ephydra* und der Honigbiene *Apis* wird aus dem mit dem Darminhalt vermischten Harn nochmals Wasser mit Soluten in **Rectalpolstern** des Enddarms in die Hämolymphe rückresorbiert. Dabei handelt es sich um Zellgruppen, die sich aus dem übrigen Rectalepithel in Form von Polstern herausheben. Im einfachsten Fall bestehen diese Polster wie bei *Periplaneta* aus einer einzigen Schicht hoher Epithelzellen. Bei manchen Insekten liegt eine zweite, kleinere Zellsorte mehrschichtig eng den hohen Epithelzellen an oder es bleibt zwischen den beiden Zellsorten ein Polsterlumen (z. B. *Apis mellifica*). Der strukturelle Aufbau der rückresorbierenden Zellen ist im Prinzip ähnlich (Abb. 12.30). Für Oberflächenvergrößerung sorgen ein mit Mitochondrien versehener apikaler Mikrovillisaum und seitliche Faltungen der Epithelzellen; letztere enthalten ebenfalls Mitochondrien. Die Interzellularspalten kommunizieren in breitere Räume (Abb. 12.30), werden aber apikal enger, wo über septierte Desmosomen Zellkontakt besteht. Basal steht dieses „Interzellularsystem" mit einem Sinus in Verbindung, wobei Tracheen und Tracheolen in die Interzellularspalten vordringen (Abb. 12.30). Der Sinus kommuniziert durch Lücken in der Muskelhülle mit der Hämolymphe (Abb. 12.30, Pfeile). – Hyperosmotische Rectalflüssigkeit wird im allgemeinen durch selektive Rückresorption von Wasser ohne einen proportionalen Anteil an Soluten gebildet. – Bei einigen Salzwassermückenlarven scheint allerdings eine Sekretion von Ionen in das Rectallumen zu erfolgen.

12.3.2.5 H-System

Als Exkretionsorgane der Nematoden werden die sog. „Ventraldrüse" und das H-System angesehen. Sie sind eine Ausnahme im Tierreich. Die ampullenförmige Ventraldrüse besteht aus einer großen Zelle, die in der hinteren Pharynxregion lokalisiert ist. – Das H-System besteht aus einer einzigen H-förmigen Zelle, deren lange Holme sich vom Nervenring bis etwa zur Körpermitte in den lateralen Epidermisleisten erstrecken (siehe Abb. 6.9, *Ascaris* Querschnitt). Im vorderen Körperviertel wird diese Zelle vom Kanallumen durchzogen, das in der kurzen Querverbindung des H-förmigen Systems mit der Außenwelt in Verbindung steht, das aber im zweiten Körperviertel degeneriert erscheint. In allen übrigen Bereichen, mit Ausnahme des Ausführungskanals, besitzt es den gleichen Aufbau aus zwei Schichten (Abb. 12.31). Die innere Zone, die das Kanallumen begrenzt, ist halb

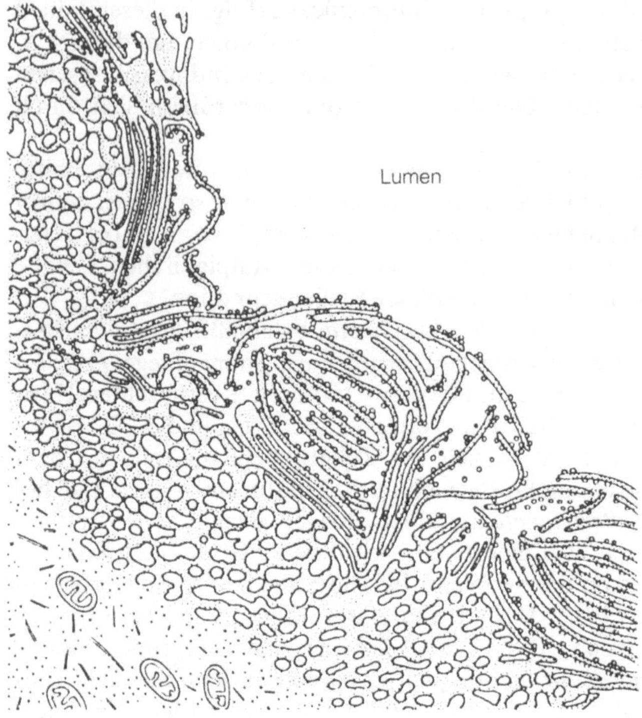

Abb. 12.31. Schematische Darstellung des Kanallumenrandes eines Längsholms des H-Systems von *Ascaris lumbricoides*. Vergr. etwa 12 000fach. (Nach Dankwarth 1971)

so dick wie die äußere und enthält viele „extraplasmatische" Räume, von denen zumindest die innersten mit dem Kanallumen in Verbindung stehen. Sie werden von plattenförmigen Vorsprüngen des Cytoplasmas begrenzt. Das Cytoplasma dieser inneren Zone ist dicht mit flockigem und feinfibrillärem Material angefüllt; es erscheint deshalb deutlich dunkler als das der äußeren Zone. Darüber hinaus kann die innere Zone elektronendichte Partikel verschiedener Größe enthalten, in denen Membranstrukturen aufgeknäuelt sind (Lysosomenkomplex). Diese Einschlüsse sind in der Abb. 12.31 nicht dargestellt. – In der äußeren Zone besitzt die Zellmembran viele Einfaltungen, die zum Teil weit in das Cytoplasma vorspringen. Im Gegensatz zur inneren Zone fehlen hier Vesikel; Mikrotubuli, Mitochondrien und freie Ribosomen sind häufig vorhanden; verstreut kommen in der äußeren Zone auch ER-Zisternen und Golgi-Apparate vor. – Der Gewebeanteil der lateralen Epidermisleisten, der dem Seitenkanalsystem anliegt, weist auffallend viele Interzellularräume auf, die ein zusammenhängendes Drainagesystem bilden.

Exakt geklärt ist die Funktion des H-Organs noch nicht. Sicher ist aber, daß es für die Regulation des Konzentrationsverhältnisses von Na^+ und K^+ in der Leibeshöhle bedeutsam ist, für die Ausscheidung von Stickstoff-Abbauprodukten kaum eine Rolle spielt und für die Osmoregulation bedeutungslos ist.

Das H-System sollte nicht mehr den „spezifischen Exkretionsorganen" zugeordnet werden, die selbst eine Flüssigkeit produzieren, deren Zusammensetzung
durch Austauschprozesse verändert wird. Vielmehr gehört es zu den „unspezifischen Exkretionsorganen" wie die Kieme und die Haut, deren Exkrete sofort im
Außenmedium verteilt werden. Kiemen von Crustaceen dienen z.B. als Exkre-
tions-, Osmo- und Ionenregulations-Organe. Diese Funktion ist untersucht z.B.
bei der Kieme der Krabbe *Ocypode*; deren Oberflächenepithel wird von darunterliegenden Bluträumen durchzogen; sie werden wiederum begrenzt von Podocyten. Ihr ultrastruktureller Bau läßt erkennen, daß diese Kiemen als Atmungsorgane nicht so wirksam sein können wie als Exkretions-, Osmo- und
Ionenregulations-Organ.

13 Fortpflanzungsorgane

13.1 Übersicht

Die inneren Geschlechtsorgane setzen sich zusammen aus den Gonaden (Keimstöcken) und den Geschlechtswegen. Aufgabe der Gonaden ist die Bildung der Keimzellen, während die Geschlechtswege ihren Transport übernehmen. Die Entwicklung der Geschlechtszellen von Metazoen wird als Spermatogenese resp. Oogenese bezeichnet. Beide Vorgänge laufen über Phasen ab, die sich entsprechen. Generell unterscheidet man die Vermehrungs-, die Wachstums-, die Reifungs- und Differenzierungsperiode (Abb. 13.1). Bei der Spermatogenese gehen aus der Ursamenzelle durch mitotische Teilungen Spermatogonien hervor. Ihr Kern weist mehrere Nucleolen auf; das Chromatin ist hier sehr zart. Diese Spermatogonien sind diploid und machen eine Folge von Vermehrungsteilungen durch, bis die entsprechende Anzahl an Spermatogonien erreicht ist. Nach der letzten Vermehrungsteilung tritt eine Wachstumsphase ein. Es entsteht die Spermatocyte I. Ordnung, die ebenfalls diploid, aber größer ist als eine Spermatogonie. Nun beginnt die 1. Reifeteilung (Meiose), die über das Leptotän-, Diplotän-, Pachytän- und Strepsitänstadium zur Spermatocyte II. Ordnung führt. Die Spermatocyte II. Ordnung ist haploid. Die erste Reifeteilung der Reduktionsteilung ist eingetreten, d.h. aus einer Spermatocyte I. Ordnung sind zwei haploide Sper-

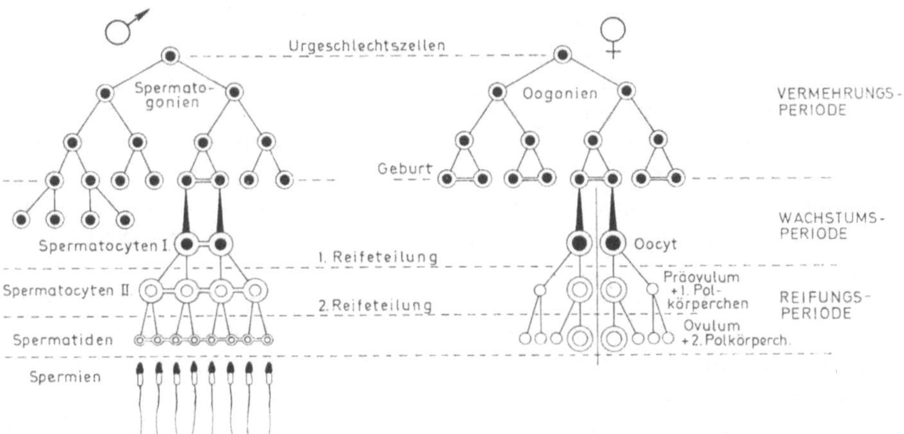

Abb. 13.1. Schema der Spermatogenese und Oogenese. (Nach Horstmann u. Wartenberg 1973, Fawcett 1961 u. Wartenberg 1962)

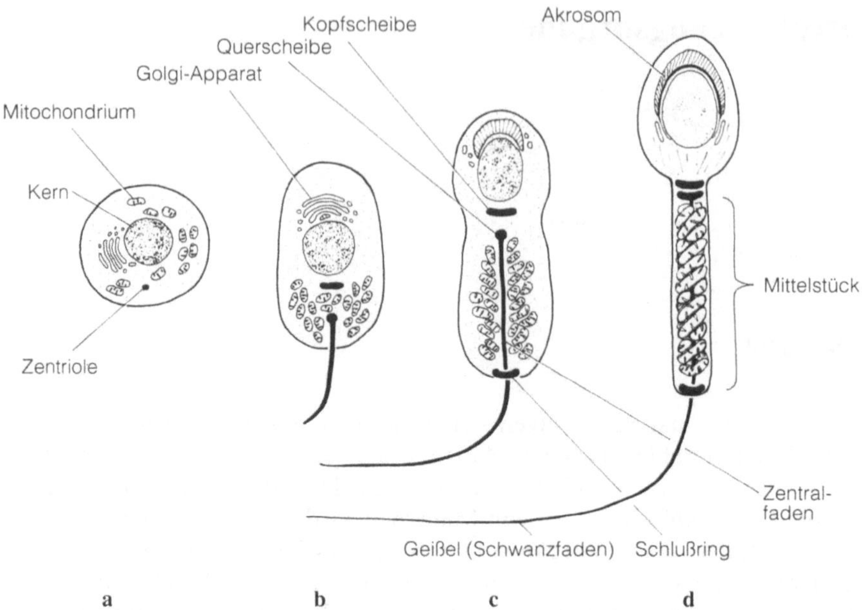

Abb. 13.2 a–d. Schema der Spermiohistogenese. **a** Spermatide; **b** u. **c** Übergangsstadien; **d** Spermium.

matocyten II. Ordnung entstanden. Diese zwei Spermatocyten II. Ordnung machen die zweite Reifungsteilung durch; es entstehen vier rundliche, kleine Spermatiden.

Die Spermatiden (Abb. 13.2a) erfahren nun eine Umwandlung zu Spermien, die man als **Spermiohistogenese** bezeichnet (Abb. 13.2). Die rundliche Spermatide streckt sich in die Länge, wird oval, der Golgi-Apparat nimmt Richtung in Längsachse an einem Pol ein, ein Zentriol teilt sich. Das proximale Zentriol wird zur Kopfscheibe, das distale Zentriol bekommt einen Zentralfaden (Abb. 13.2 b). Zwischen diesen Zentriolen häufen sich Mitochondrien. Das distale Zentriol macht eine weitere Teilung durch, so daß eine Querscheibe entsteht und schließlich der Schlußring (Abb. 13.2 c). Zwischen der Querscheibe und dem Schlußring schlängelt sich der Zentralfaden, der Beginn der Geißel. Der Golgi-Apparat umgibt den vorderen Teil des Kernes und wird zum Akrosom. Im Spermium liegt der Kern in wenig Cytoplasma. Aus ihm und dem Akrosom geht das Kopfteil des Spermiums hervor. Der mitochondrienreiche Teil wird zum Mittelstück, und der Teil nach dem Mittelstück wird letztlich zum Hauptstück des Spermiums (Abb. 13.2 d).

Bei der **Oogenese** entstehen in der Vermehrungsperiode aus der Urgeschlechtszelle durch mitotische Teilung viele diploide Oogonien. Nach dem letzten Teilungsstadium machen diese eine Wachstumsperiode mit, bei der aus jeder Oogonie eine Oocyte entsteht; eine Zelle, die sehr an Volumen zugenommen hat. Die Oocyte macht jetzt zwei Reifeteilungen durch; bei der ersten entsteht ein Richtungskörper (Polkörper) und ein Präovulum. Der Richtungskörper teilt sich wieder in zwei Richtungskörperchen, während das Präovulum sich in der zweiten

Reifeteilung zu einem weiteren Richtungskörper und zum eigentlichen Ovulum entwickelt. – Während bei der Spermiohistogenese aus einem Spermatocyten I. Ordnung vier Spermien entstehen, entwickelt sich aus einer Oocyte nur ein Ovulum und drei Richtungskörperchen, die letztlich zugrunde gehen.

Es gibt getrenntgeschlechtliche und hermaphrodite (zwittrige) Tiere; so kommt z. B. in der Regel vor bei Coelenteraten: beides, getrenntgeschlechtlich und zwittrig; Plathelminthes: zwittrig; Nematoden: getrenntgeschlechtlich; Anneliden: beides; Arthropoden: getrenntgeschlechtlich; Mollusken, a) Cephalopoden: getrenntgeschlechtlich, b) in allen anderen Gruppen der Weichtiere gibt es auch Hermaphroditen; Vorderkiemer (z. B. *Haliotis patella*) sind getrenntgeschlechtlich, während Lungenschnecken und Hinterkiemer zwittrig sind; Vertebraten: getrenntgeschlechtlich.

13.2 Zwitter

Bei Hermaphroditen weist die Gonade meist rein weibliche oder männliche Abschnitte auf, wie z. B. beim Regenwurm. Es gibt aber auch Keimdrüsen, die in allen Teilen nebeneinander weibliche und männliche Geschlechtszellen produzieren, wie z. B. die Zwitterdrüsen von *Helix*. In dieser Zwitterdrüse, die aus zahlrei-

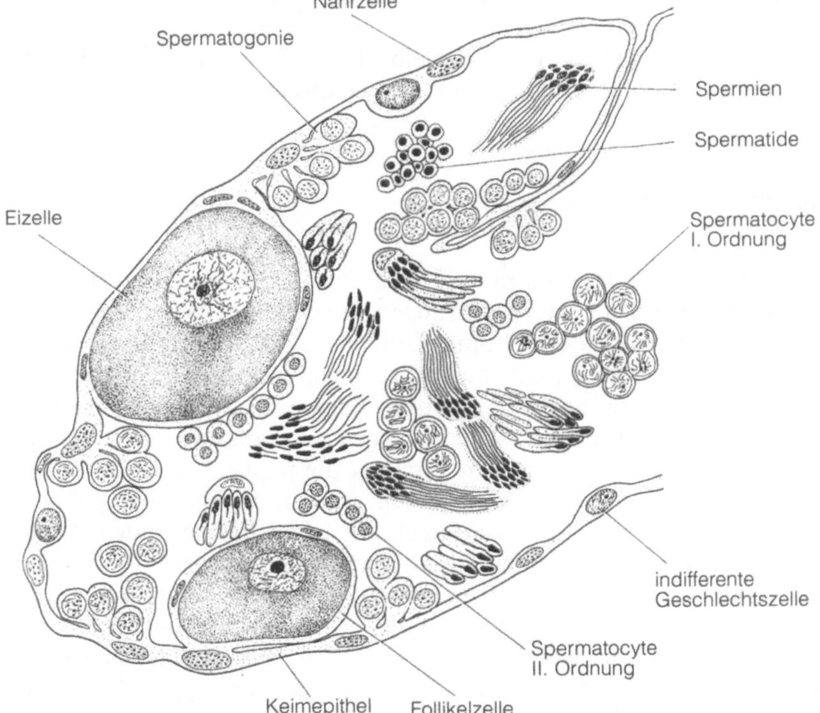

Abb. 13.3. Follikel der Zwitterdrüse von *Helix pomatia*, halbschematisch. Vergr. etwa 170fach

chen Follikeln besteht, erfolgt in jedem Follikel nebeneinander Spermato- und
Oogenese (Abb. 13.3). Die Wand eines jeden Follikels besteht aus einer dünnen,
membranartigen Bindegewebsschicht, der unmittelbar das Keimepithel anliegt;
in ihm sind lichtmikroskopisch keine Zellgrenzen zu erkennen. Die Kerne sind
klein und länglich, mit lockerem Chromatin. Erheblich größere Kerne enthalten
die Nährzellen. Daneben existieren indifferente Geschlechtszellkerne, die sich
durch einen deutlichen Nucleolus auszeichnen. Größere Zellen unter ihnen sind
junge Eimutterzellen (Oogonien). Sie wachsen mächtig heran, bekommen große
Kerne mit großem Nucleolus und sind stets von dünnem Follikelepithel überzogen. Diese Oogonien bleiben stets an der Follikelwand liegen.

Rückt ein Kern aus dem Keimepithel in einen keulenförmigen Fortsatz, so gehen aus diesem die Spermatogonien hervor. Diese Spermatogonien sind große
traubenförmige Zellen mit großem Kern und aufgelockertem, fädigem Chromatin. Aus Spermatogonien entstehen die Spermatocyten I. Ordnung mit fädigem
Chromatin und schmalem Cytoplasmarand. Bei den Spermatocyten II. Ordnung
erscheint die ganze Zelle etwas kleiner, der Kern ist viel kleiner als der Plasmage-
halt und die Chromatinstruktur ist bukettförmig (punktförmig). Spermatiden,
die noch kleiner sind, enthalten einen sehr kompakten Kern. Diese Spermatiden
gehen durch Streckung der Zellen in Spermien über. Dieser Vorgang geht sehr geordnet vor sich, da alle Spermienköpfe polarisiert sind und an einer Nährzelle
haften. Die Nährzelle ist histologisch erkennbar an ihrem gleichmäßig über die
ganze Zelle grob verteilten Chromatin und ihrer länglichen Gestalt. Bei älteren
Eizellen liegt ein auffallend großer Nucleolus im hellen chromatinarmen Kern
(Keimbläschen), der von feinkörnigem, Dotter enthaltendem Plasma umgeben
ist. Gegen das Lumen der großen Follikel bleibt die Eizelle durch Follikelzellen
abgeschlossen, die sich aus dem Keimepithel über die Eizelle schieben.

13.3 Männliche Geschlechtsorgane

Bei den **Insekten** nimmt das Mesoderm die Urgeschlechtszellen – sofern sie nicht
von ihm erst gebildet werden – in Verdickungen der medialen Wände der Coelomsäckchen auf. – Der Hoden besteht aus Follikeln (Abb. 13.4 a), die über das
Vas efferens in das Vas deferens (Samenleiter) münden und schließlich über den
Ductus ejaculatorius Sperma ausleiten. Sperma besteht aus Spermien und dem
flüssigen Sekret der Anhangsdrüsen. Die Follikelwand ist aus einer mesodermalen Epithellage aufgebaut. Um sie herum vereinigt die pigmentierte Peritonealhülle alle Follikel eines Hodens. In den Follikeln werden die Spermien gebildet
(Abb. 13.4 b). – Im apikalen Teil eines Follikels entstehen Fächer, indem Urgeschlechtszellen dicht von mesodermalen somatischen Zellen umgeben werden. Im
typischen Fall sind die männlichen Urgeschlechtszellen um eine vermutlich als
Nährzelle dienende Apikalzelle rosettenförmig geordnet. Indem die Fächer basalwärts rücken und vom Epithelialzellmantel umgeben werden, entstehen Spermatocysten. Diese Spermatocysten werden proximalwärts umfangreicher, denn
die Urgeschlechtszellen der Urspermatogonien machen eine Folge von 6–8 Vermehrungsteilungen durch. Ist eine entsprechende Zahl von Spermatogonien ent-

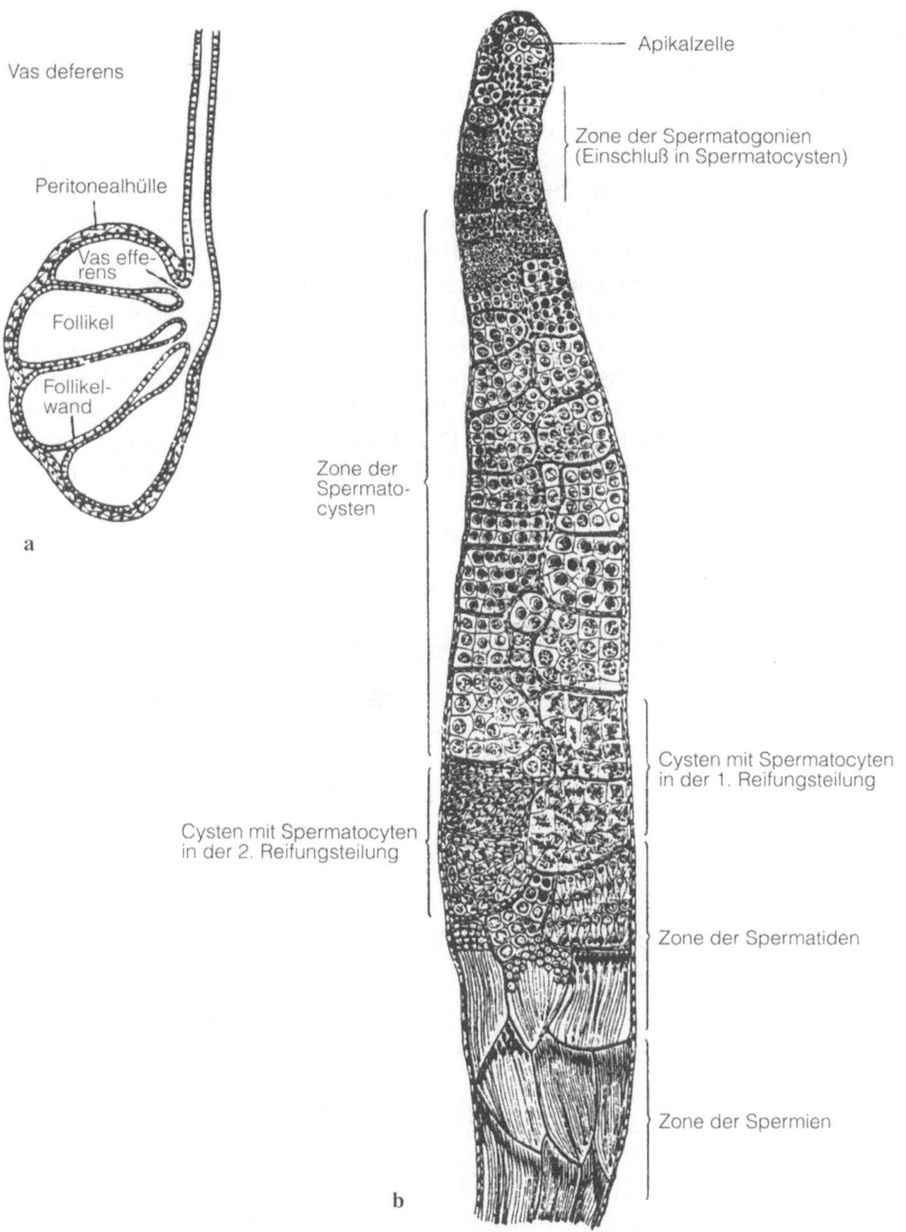

Abb. 13.4 a, b. Schema eines Insektenhodens. **a** Frontalschnitt, nur die Wandung dargestellt. **b** Längsschnitt durch einen Follikel (Acridiide). (Aus Weber nach Depdolla)

standen, so folgt die Bildung von Spermatocyten I. und II. Ordnung, Spermatiden und Spermien in jeweils weiter basalwärts gleitenden Cysten (Abb. 13.4 b).

Geschlechtszellen der **Wirbeltiere** entstehen stets in Wucherungen des Coelomepithels (Falten des Peritoneums) medial von den Nierenkanälchen paarig. Die Ableitung der Geschlechtsprodukte erfolgt bei Cyclostomen und Teleostei durch Poren der Leibeshöhle ins Freie, bei anderen Wirbeltieren ist ein geschlossenes Ableitungssystem vorhanden. Bei ursprünglichen Fischen und Amphibien wird der Samen aus dem Hoden durch Vasa efferentia in den vorderen Abschnitt der Urniere und durch den Urnierengang als Harn-Samengang in die Kloake geführt. Bei Amnioten fungiert die Urniere nur während des Embryonallebens als Ausscheidungsorgan, bei Adulten aber als Nebenhoden. Die Ausleitung des Samens erfolgt über den Urnierengang, der zum Samengang wird und der dem primären Harnleiter und dem Wolffschen Gang entspricht.

Beim **Säuger** ist der **Hoden** nach dem Plan einer zusammengesetzten tubulösen Drüse gebaut (Abb. 13.5). Er ist von einer derben Bindegewebskapsel, der Tunica albuginea, überzogen. Diese besteht hauptsächlich aus kollagenen Fasern. Sie ist umgeben von dünnem Mesothel, dem Epiorchium. Von der Tunica albuginea ziehen zentralwärts, radiär Septula testis, die den Hoden in Lobuli unterteilen. Im Hoden herrscht ständig hoher Druck. Die Hodenläppchen, die Lobuli testis, bestehen aus gewundenen Hodenkanälchen, den Tubuli contorti oder Tubuli se-

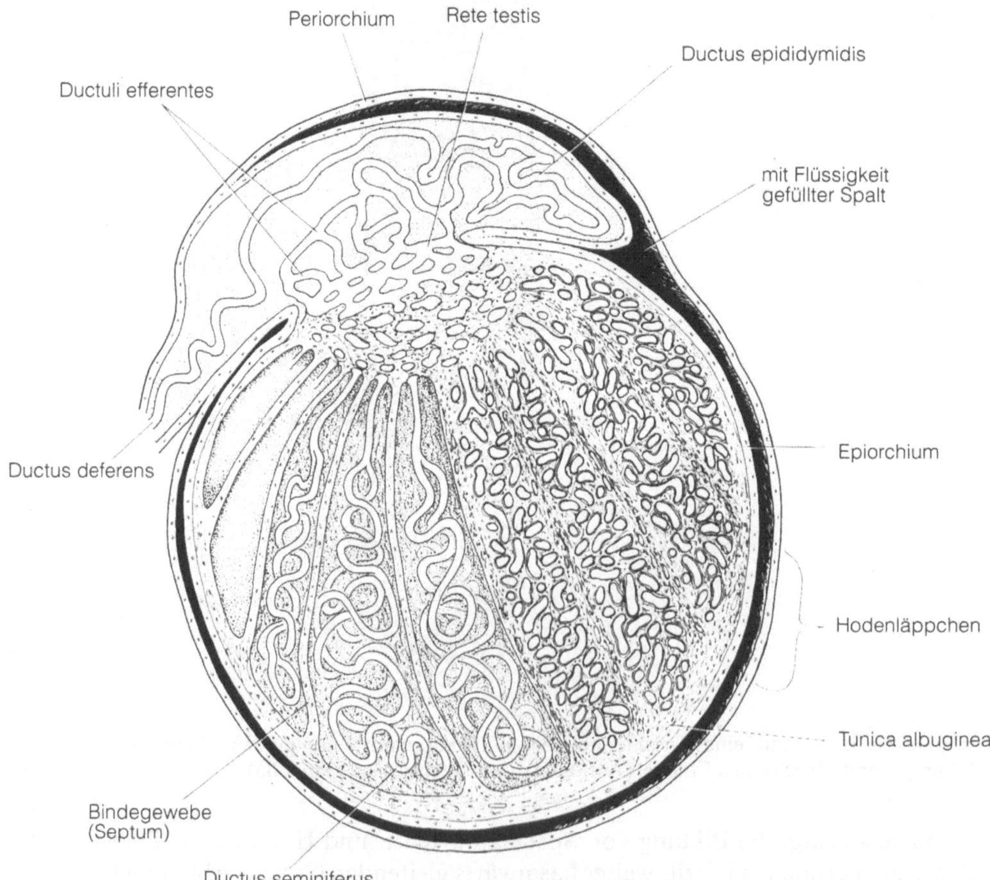

Abb. 13.5. Hoden eines Säugers. Übersicht; links schematischer Bau, rechts histologischer Schnitt schematisiert. (Nach Rohen u. Lütjen-Drecoll abgeändert)

miniferi. Sie münden in das Kanalsystem des Hodennetzes, das Rete testis, das sich in die Ductuli efferentes fortsetzt. Von den Ductuli efferentes gelangt der Samen in einen gewundenen Gang, den Ductus epididymidis (Nebenhoden). – Zwischen den Ductus seminiferi liegen interstitielle Hodenzellen, die sog. Leydigschen Zellen. Bei ihnen handelt es sich um Bindegewebselemente, acidophile Zellen, mit schaumigem Cytoplasma und großen, rundlichen Kernen. Sie schütten männliche Sexualhormone = Androgene (Testosteron) aus. Diese Leydigschen Zellen sind charakterisiert durch einen runden Kern mit starkem Nucleolus und wabiger Plasmastruktur. Die Testosteronbildung wird durch Hormone der Adenohypophyse stimuliert (LH oder ICSH „interstitiell cell stimulating hormon"). Versuche, in denen die Hypophyse entfernt wurde, zeigten Rückbildung der Leydigschen Zellen; sie haben den Beweis für die Steuerungsfunktion der Hypophyse erbracht. Diese Androgene wirken auf die Entwicklung der männlichen Genitalien und sekundären Geschlechtsmerkmale ein.

Die einzelnen **Hodenkanälchen** (Abb. 13.6a) werden von der Tunica propria (Bindegewebshaut) umhüllt. Sehr schmale, glatte Muskelzellen liegen der Basallamina des Hodenkanälchens zirkulär an und bewirken bei Kontraktion den passiven Transport der Spermien nebenhodenwärts. Das Epithel der Kanälchen besteht aus Keimzellen in den verschiedenen Stadien der Spermatogenese und Sertoli-Zellen (Stützzellen). – Während beim Menschen alle Entwicklungsstadien immer nebeneinander vorkommen, verläuft die Spermatogenese bei manchen Säugern, z.B Ratte, entlang der Kanalwandung in Wellen ab; d.h. in einzelnen Kanalabschnitten ist nur ein Stadium zu finden. Die Stützzellen sitzen der Basalmembran mit fußartig verbreitertem Cytoplasma auf und durchsetzen mit schlankem Zelleib die ganze Höhe des Keimepithels. Durch seitliche Ausläufer, die den Raum zwischen den Keimzellen ausfüllen, stehen sie miteinander in Verbindung. In ihrem basalen Teil erfolgt dieser Kontakt über eine Zonula occludens. Ihr großer Kern, das gut entwickelte granulierte ER, zahlreiche Mitochondrien und der Golgi-Komplex lassen ihre rege Stoffwechselaktivität erkennen. Der apikale Teil dieser Zellen ist häufig fingerförmig aufgespalten, der Kern oval oder birnförmig mit dickem Nucleolus versehen. – Die Keimzellen liegen geschichtet. Die Spermatogonien sind der Basalmembran am nächsten, dann folgt die Wachstumsphase, nach letzter Äquationsteilung die Spermatocyten I. Ordnung. Ihre Kerne sind groß und locker. Zentralwärts folgen die Spermatocyten II. Ordnung, die Spermatiden und dann die Spermien. Zwischen die apikalen Zipfel der Sertoli-Zellen wandern die jungen Spermatiden so ein, daß der vorher exzentrisch verlagerte Spermatidenkern gegen die Außenwand des Tubulus gerichtet ist.

Die **Sertoli-Zellen** fungieren als Stütz- und Nährzellen für die Keimzellen. Sie bilden Inhibin, sezernieren die Flüssigkeit der Hodenkanälchen, die reich ist an Ionen und androgenbindendem Protein sowie an für die Spermatogenese notwendigem Lactat und Pyruvat. Inhibin ist ein Antagonist des FSH, das von der Adenohypophyse ausgeschüttet wird und sowohl die Differenzierung der Sertoli-Zellen als auch des Testosterons aus den Leydigschen Zellen steuert.

Die basalen Zellkontakte zwischen den Sertoli-Zellen bilden die wichtigste Komponente der sogenannten Blut-Hoden-Schranke (Abb. 13.6b). Sie stellt eine Schranke dar zwischen dem basalen Areal der basal in der Tubuluswand liegen-

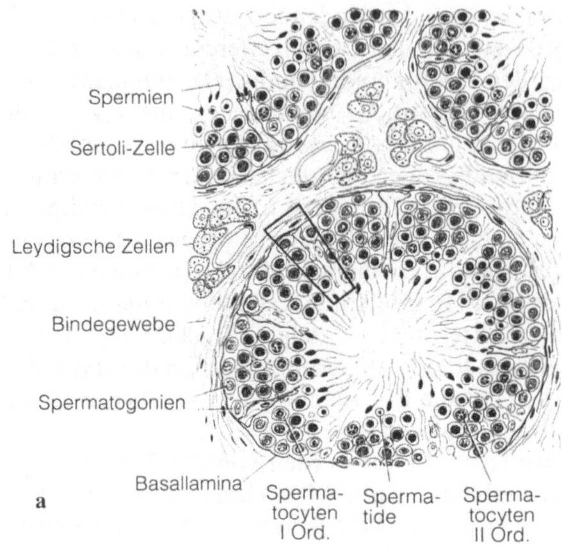

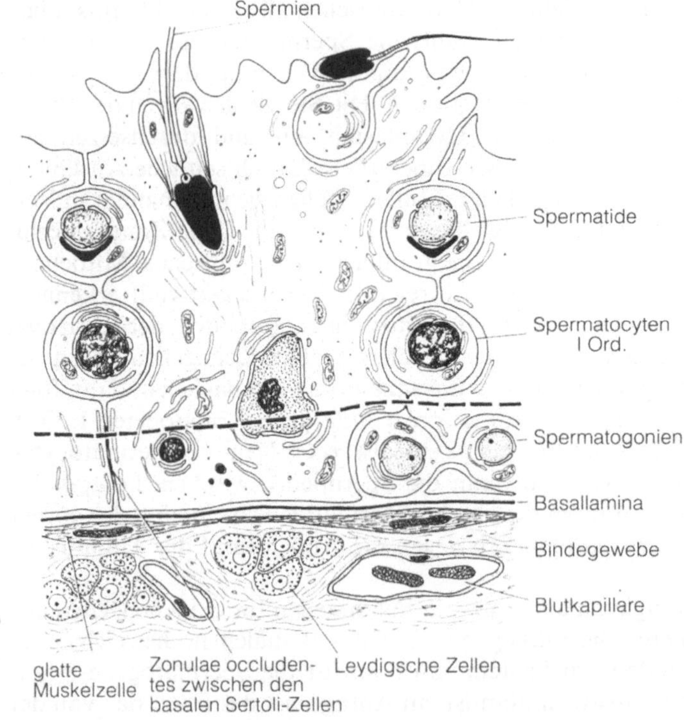

Abb. 13.6 a, b. a Hodenkanälchen einer Maus im Querschnitt. Vergr. ca. 240fach. **b** Sertoli-Zelle mit Blut-Testis-Schranke, gestrichelt

den Spermatogonien und dem apikalen Areal mit dem lumenwärts liegenden Teil, wo Meiose und Spermatidendifferenzierung erfolgt. Diese Arealgrenzen sind bedeutsam für die Entwicklung der Samenzellen, die stets in stofflichem und räumlichem Kontakt mit dem System der Sertoli-Zellen abläuft.

Der **Nebenhoden** (Epididymis) (Abb. 13.5) besteht aus Kopf, Körper und Schwanz. Wo der Nebenhodenkopf und der Hoden verwachsen, wird die Tunica albuginea durchbrochen von dem Rete testis, das ein System darstellt von offenen anastomosierenden Gängen im Bindegewebe. Diese Gänge werden von kubischem Epithel ausgekleidet, das mit Kollagenfasern, Fibrocyten und etwas glatter Muskulatur unterlagert ist. Hier beginnen die aus den Urnierenkanälchen hervorgegangenen Ductuli efferentes. Sie stellen die Verbindung zwischen Rete testis und Ductus epididymidis (Nebenhodengang) her (Abb. 13.5). Erst im Lumen des als Samenspeicher dienenden Nebenhodenganges (Ductus epididymidis) vollenden die Spermien ihre Histogenese. Der Ductus epididymidis beginnt im Kopf des Nebenhodens, der Ductus deferens geht vom Nebenhodenschwanz aus. – Die Ductuli efferentes bestehen aus einschichtigem, verschieden hohem Epithel mit Flimmern. Umgeben wird dieses Epithel von dünnen, glatten Muskelzellen. Während die Kinocilien zum Transport der Spermatozoen beitragen, können die niederen kubischen Zellen Resorptionsleistungen erbringen.

Der **Ductus epididymidis** besteht aus hohem, zweireihigem Epithel mit Stereocilien, d. h. zu Schöpfen verklebten Härchen. Stereocilien enthalten keine Mikrotubuli, aber Bündel von Filamenten; der Filament-Durchmesser beträgt ca. 5 nm. Zwischen den Stereocilien wird ein leicht saures Nebenhodensekret ausgeschieden, das die Unbeweglichkeit der Spermatozoen im Nebenhoden bewirkt. Hier vollenden die Spermien ihre Histogenese.

Der **Ductus deferens** besteht aus einem starken muskulösen Rohr, von eingefalteter Schleimhaut ausgekleidet und von einer Adventitia umgeben. Die Schleimhaut besteht aus zweireihigem Zylinderepithel, niedrigem Stereocilienbesatz, der Basallamina, der Tunica propria mit elastischem Fasernetz und der Muscularis. Letztere besteht aus einem in helixartigen Touren, innen longitudinal, in der Mitte zirkulär und außen auch longitudinal verlaufenden System. Diese Anordnung ermöglicht dem Ductus deferens nach dem System einer Saug- und Druckpumpe zu arbeiten.

Spermien sind im Tierreich in großer Formenvielfalt ausgebildet (Abb. 13.9). Für viele Spermien der Wirbeltiere gilt im wesentlichen das Grundschema (Abb. 13.7). Es wird deshalb als typisches oder gewöhnliches Spermium bezeichnet. Danach ist ein Spermium gegliedert in Kopf, Hals und Schwanz, in dem Mittel-, Haupt- und Endstück unterschieden werden. Diese Spermien sind gut beweglich.

Der Kopf enthält den Kern, der apikal kappenartig vom Akrosom umhüllt wird (Abb. 13.7c). Akrosom und Kern sind von zarter Plasmahaut überzogen. Das Chromatin schließt sich in dicken Körnern zusammen und kondensiert beim Menschen und vielen anderen Säugern, aber auch bei *Periplaneta* und anderen Wirbellosen als Körnelung mit zunehmender Korngröße. In den Körnern ist Chromatin aufgeknäuelt, bei anderen Tieren in' gestreckten Fibrillenbündeln achsenparallel angeordnet (*Sepia, Octopus, Passerus*). Kondensation des Karyoplasmas führt bei den meisten bisher untersuchten Spermien zu sehr kompakter

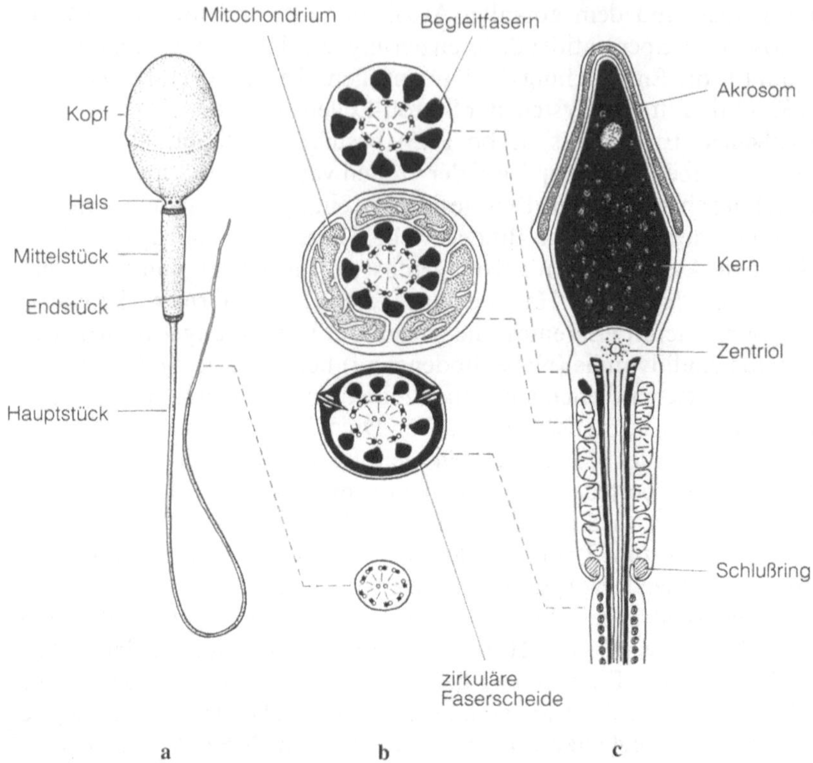

Abb. 13.7 a–c. Bau eines Geißelspermiums eines Säugers im Schema. **a** Aufsicht; **b** Querschnitte aus angegebener Höhe; **c** Längsschnitt

Struktur des reifen Kernes mit haploidem Chromosomensatz. Bei Decapoden und Isopoden, bei denen der reife Spermienkopf nur wenig elektronendicht ist, ist das Chromatin in Fibrillenbündeln, -bändern konzentriert, in helle Kernflüssigkeit eingebettet. – Das Akrosom enthält hydrolytische Enzyme, unter ihnen die Hyaluronidase, das trypsinähnliche Akrosin. Sie spielen bei der Haftung der Samenzelle in der Zona pellucida des Eies und beim Eindringen in das Cytoplasma der Eizelle eine Rolle. Das Akrosom ist eine für die Perforation der Eimembran spezialisierte Struktur der Spermien. Sie kommt in allen untersuchten Spermien, nicht aber in anderen Metazoenzellen vor. Bei Wirbellosen kann das Akrosom ein komplizierter Apparat sein. Er zeigt bei Befruchtung charakteristische, als „Akrosomreaktion" bezeichnete Veränderungen (Abb. 13.10).

Der anschließende dünne Hals verbindet Kopf und Schwanz. Er ist ein bewegliches Gelenkstück und enthält das proximale Zentriol. Dieses spielt nach der Befruchtung bei der ersten Teilung der Zygote eine Rolle, denn die Eizelle enthält kein eigenes Zentriol.

Das Mittelstück weist zentral die für Cilien und Geißeln typische „$9 \times 2 + 2$-Struktur" auf; darunter versteht man, daß zwei zentrale Tubuli von neun Doppeltubuli (Abb. 13.7 u. 13.8) umgeben werden. Tubulus A der Doppeltubuli ist etwas kleiner als B und trägt je einen äußeren und inneren Dyneinarm. – Jedem

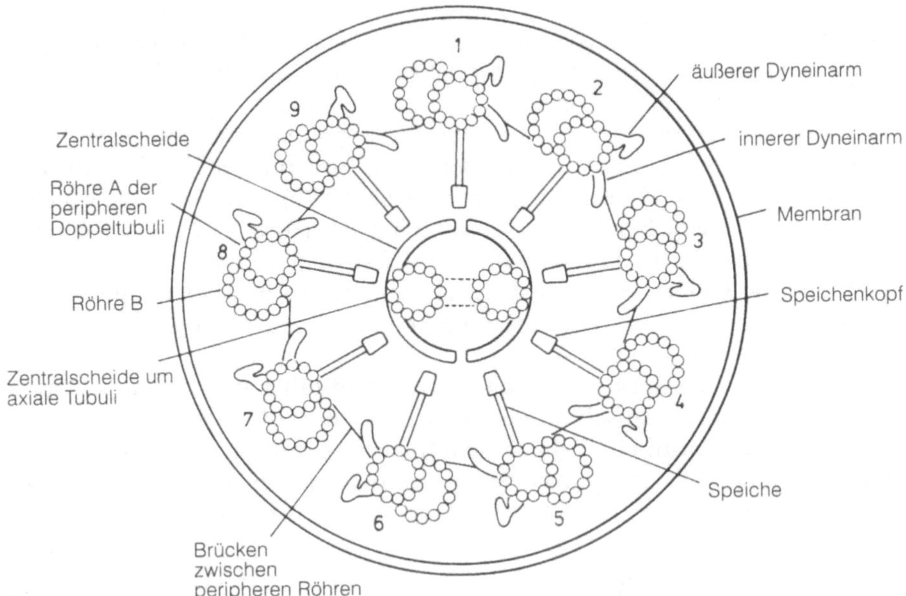

Abb. 13.8. Schematische Darstellung eines Querschnitts durch eine Geißel oder Cilie. (Nach Mohri 1976 in v. Sengbusch 1979)

Doppeltubulus ist peripherwärts eine elektronenoptisch dichte Begleitfaser zugeordnet (Abb. 13.7). Mitochondrien umgeben diese Begleitfasern helicoidal. Mit dem Schlußring endigt das Mittelstück; er verhindert ein Abgleiten der Mitochondrien in das Hauptstück.

Im Hauptstück umscheidet die zirkuläre Faserscheide die Begleitfasern (Abb. 13.7b u. c). Im Endstück bleibt dann nur noch der Komplex der Cilienstruktur übrig; diese spaltet sich am Ende in 20 Mikrotubuli auf.

Eine befriedigende Zuordnung der Bewegung von Spermien zur Feinstruktur gelang bereits 1959. Es zeigte sich, daß nur solche Geißelspermien beweglich sind, bei denen am A-Tubulus elektronenmikroskopisch zwei Arme befestigt sind (Abb. 13.8). Diese Arme bestehen u. a. aus Dynein (Protein mit Adenosintriphosphatase-Aktivität). Der Gleitmechanismus, der auf Reaktion zwischen Dynein und mikrotubulären Proteinen beruht, verursacht die Cilienbewegung. – Darüber hinaus fanden Eliasson et al., daß bei Männern, bei denen die Spermien unbeweglich waren, auch das Flimmerepithel der Bronchien Schäden aufwies, d. h. die Flimmern dort nicht beweglich waren und damit der Mechanismus der Schleimbeförderung in der Trachea nicht funktioniert (immotile-cilia-syndrome).

Die **Fortbewegung der Spermatozoen** erfolgt von der Basis zur Spitze des Flagellums. Voranschreitende Wellen treiben den Kopf in entgegengesetzter Richtung voran. Dieser Vorgang erfolgt unter Einwirkung von ATP, das von Mitochondrien des Mittelstücks geliefert wird. – Als Bewegungsmechanismus der Geißeln wird das Gleiten der Mikrotubuli angesehen. Einzelne periphere Tubuli verschieben sich gegenüber den übrigen und dem zentralen Strang ohne Änderung ihrer Länge (Gleittheorie von Sato). Verantwortlich gemacht werden dafür radiär orientierte Filamente, die die Zentraltubuli bzw. Hülle mit peripheren Doppeltubuli wie Radspeichen verbinden und Zugkraft auf sie ausüben. Die dafür notwendige Energie wird von ATP geliefert.

Die Geißel ist also das Bewegungsorganell der **gewöhnlichen Spermien**. Diese können in ihrem gesamten Habitus sehr variieren. So kann der Kopf plump ausgebildet sein wie beim Meerschweinchen (Abb. 13.9 c) oder spitz gewunden, pfriemförmig wie beim Buchfink und vielen Vögeln (Abb. 13.9 b) oder einfach spitz und sehr lang wie bei *Triton* (Abb. 13.9 a); hier sitzt vorn noch ein Widerhaken auf, und die Geißel zeigt eine Verbreiterung in Form einer undulierenden Membran. Bei Fischen finden sich die meisten dieser morphologischen Abweichungen.

Ungewöhnliche Spermien sind auch befruchtungsfähig und für die entsprechende Species charakteristisch. Ihnen fehlen die Geißel, oft auch Mitochondrien und entsprechende Motilität. Falls sie sich fortbewegen können, dann nur träge oder wurmförmig. Solche ungewöhnlichen Spermien gibt es bei zahlreichen Wirbellosen. Hierher gehören z. B. die Spermien von *Ascaris* und die der Decapoden

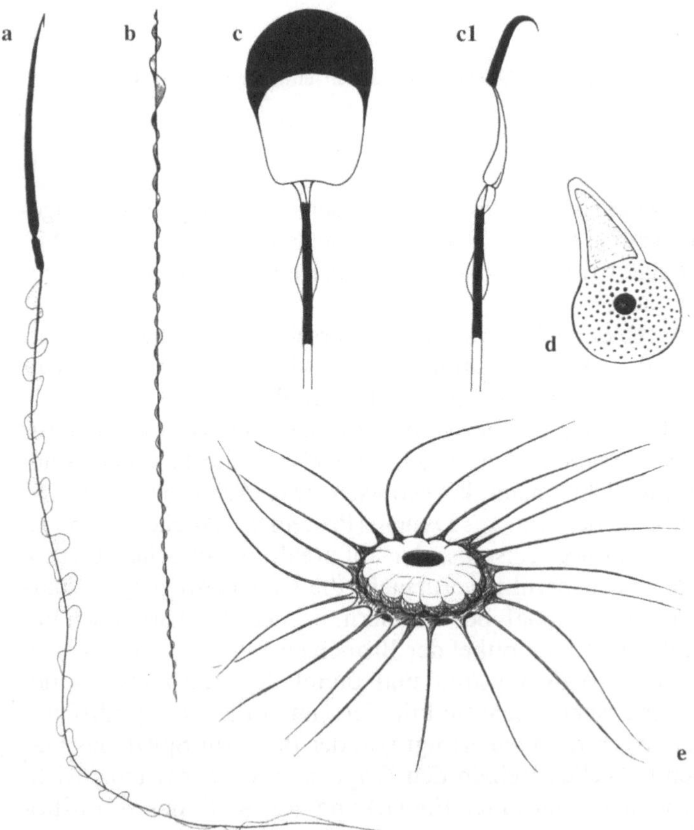

Abb. 13.9 a–e. Spermien von: **a** *Triton*, **b** Buchfink, **c** Meerschweinchen frontal und **c₁** in Seitenansicht, **d** *Ascaris*, **e** Flußkrebs. (Nach Korschelt-Heider abgeändert)

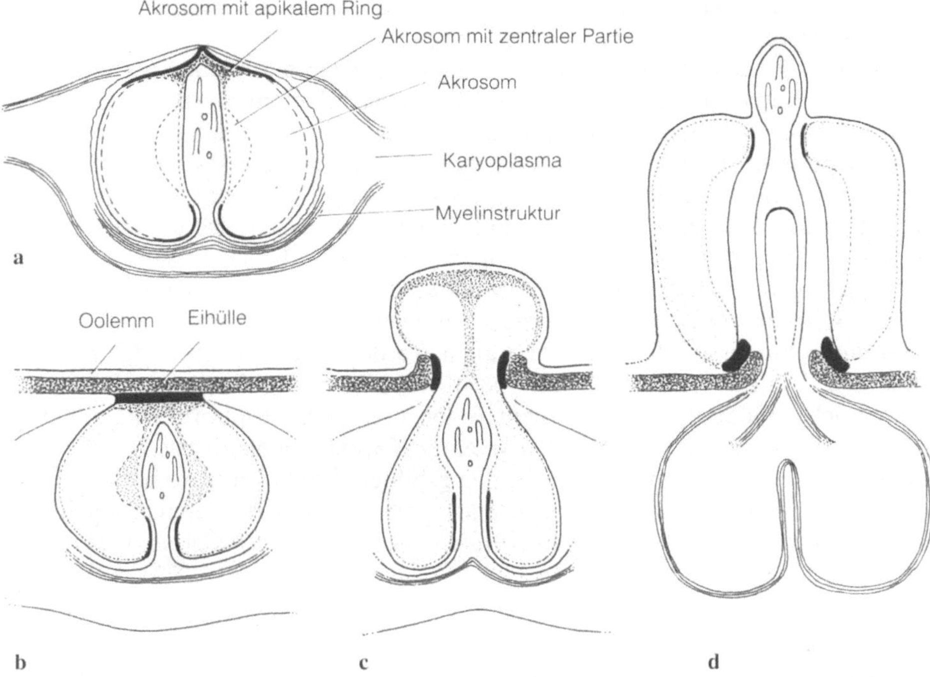

Abb. 13.10 a–d. Schema der Akrosomreaktion des Dekapoden *Callinectes sapidus*. **a** Reifes Spermium, **b–d** Akrosomreaktion. (Nach Brown 1966)

(Abb. 13.9 d u. e). Bei letzteren bestehen die Spermien aus Kopf mit Kernmaterial und Armen, die langsame Bewegungen ausführen können. Am Kopf kann eine unter Druck stehende Kapsel ausgebildet sein. Sie enthält das „Stoßorgan", das Akrosom, das nach Explosion der Kapsel die Wand der Eizelle durchbohrt (Explosionsspermien). In Abb. 13.10 wird schematisch die Akrosomreaktion bei der Befruchtung von *Callinectes* (Decapoda) dargestellt. Das Akrosom tritt unter Auflösung der Eizellmembran in die Eizelle ein. Der im Akrosom liegende Kernfortsatz folgt. Er dringt zuerst in die Eizelle ein; dann folgt der übrige Kern.

Die ungewöhnlichen Spermien der Nematoden sind kugel- oder kegelförmig, z. B. die von *Ascaris* (Abb. 13.9 d). Die Chromosomen bleiben hier ungefähr in der Beschaffenheit der 2. Spermatocytenteilung erhalten und bewahren diesen Zustand bis zur Befruchtung. Als besonderes Zellorganell wird bei *Ascaris* noch der Glanzkörper ausgebildet.

Wahrscheinlich handelt es sich bei den Sonderbildungen wie Glanzkörper, Chitinkapsel und Anhängen um Rückbildungserscheinungen, denn das Vorhandensein geißeltragender Spermien bei den niedersten Metazoen zeigt, daß die „gewöhnlichen" Spermien den ursprünglichen Charakter tragen.

Atypische Spermien sind im Gegensatz zu gewöhnlichen und ungewöhnlichen Spermien befruchtungsunfähig. Sie kommen bei Spermiendimorphismus regelmäßig vor (z. B. bei prosobranchiaten Schnecken und bei den Spinnern unter den Schmetterlingen). Sie können den typischen Spermien zum Transport dienen.

Pathologische Spermien sind solche, die von der für die Art charakteristischen Form abweichen.

Darüber hinaus werden oft eupyrene, oligopyrene und apyrene Spermien unterschieden. Eupyren sind Spermien mit gut ausgebildetem Kern. Sie sind befruchtungsfähig. – Oligopyrene Spermien mit wenig Kerngehalt sowie apyrene Spermien ohne Kern sind dagegen befruchtungsunfähig. – Bei *Viviparus* (Gastropoden) unterscheiden sich z. B. schon die Spermatocyten I. Ordnung. Die oligopyrenen Spermatocyten I. Ordnung sind sehr viel größer als die eupyrenen; sie verlieren bei den Reifeteilungen viel Chromatin. – Bei etlichen Prosobranchiern werden sehr große apyrene Spermien gebildet (z. B. bei *Opalia creni marginata*), an denen sich eupyrene typische Spermien ansetzen.

Spermatophoren. In den meisten Fällen werden unbewegliche oder nur zu langsamen Kontraktionen befähigte Spermien in Form von Spermatophoren zu den weiblichen Genitalgängen gebracht. Solch eine Spermatophore besteht in der Regel aus einem Spermienpaket, das in einer Kapsel eingehüllt ist. Die Kapsel wird aus Sekret der samenleitenden Gänge gebildet; ihre Wand wird in den weiblichen Genitalgängen aufgelöst. Sie kommen sowohl bei Wirbellosen als auch bei Wirbeltieren vor (z. B. *Helix, Sepia, Hirudo, Cyclops, Astacus, Carcinus, Periplaneta, Urodela*).

13.4 Weibliche Geschlechtsorgane

Die ursprüngliche Art der Eibildung zeigt jüngere und ältere Eizellen regellos im Körper verteilt; so ist das z. B. der Fall bei etlichen Schwämmen. Bei Hydroidpolypen wandern Oocyten in Epithelschichten und dringen von einem ins andere Keimblatt ein. Die anfangs diffuse Eibildung geht dann in lokalisierte Eibildung über; so kommt eine gruppenweise Anhäufung von Keimzellen auch schon bei Schwämmen vor. Damit erfolgt die Bildung eines primitiven Eierstocks (Ovarium), also einer Keimdrüse (Gonade). Ein Keimepithel kleidet den Hohlraum der Gonade aus. Dieser wird später von sich ablösenden reifenden Keimzellen erfüllt. Von hier aus führt ein Leitungsapparat die Geschlechtsprodukte ab.

Die **Oogenese** erfolgt im allgemeinen so wie es Abb. 13.1 zeigt. Verschiedenheiten bei der Reifeteilung kommen vor und seien in einigen Beispielen hier angeführt. So ist die Reifeteilung bei vielen Oocyten 1. Ordnung abhängig vom Eindringen des Spermiums. Beim Seeigel z. B. erfolgen beide Reifeteilungen vor dem Eindringen des Spermiums. – Bei *Branchiostoma* und vielen Wirbeltieren wird die 2. Reifeteilung durch Kontakt mit Spermien erst ausgelöst. Beim Menschen ist die 2. Reifeteilung erst beendet, nachdem ein Spermium in die Eizelle eingedrungen ist. Bei Insekten gelangen die Eier in die Vagina, dann erst erfolgt Besamung und schließlich folgen beide Reifeteilungen. – In jedem Fall entsteht bei der 1. Reifeteilung ein Präovulum und ein Richtungskörperchen. Bei der 2. Reifeteilung entsteht aus dem Präovulum ein Ovulum und ein Richtungskörperchen sowie aus dem 1. Richtungskörper zwei weitere. Insgesamt entstehen also bei der Oogenese aus einer Oocyte ein Ovulum und drei Richtungskörperchen; letztere gehen zugrunde. Bei der Spermatogenese dagegen entstehen aus einem Spermatocyten 1. Ordnung vier Spermien.

Generell unterscheidet man bei der lokalisierten Eibildung solitäres und alimentäres Eiwachstum. Bei dem solitären Eiwachstum leistet das Ei die Aufbauarbeit allein (Stoffe dazu werden aus den Körpersäften entnommen). Dies ist selten der Fall, kommt aber vor bei Coelenteraten, bei Echinodermen, bei Würmern und bei Mollusken. – Beim alimentären Eiwachstum treten somatische Zellen oder der Keimbahn angehörige Zellen in Beziehung zum Ei und versorgen es mit Nährstoffen. Das ist die Regel. – Geregelte Wechselbeziehungen zwischen Ei- und Nährzellen kommen vor bei Anneliden, Crustaceen und Insekten. Bei letzteren fungieren deklassierte Nährzellen als Geschlechtszellen. Als ursprünglich ist anzusehen, wenn die Oocyte andere benachbarte Zellen amoebenartig auffrißt (Schwämme; einige Coelenteraten).

Bei **Insekten** sitzen an den Eileitern die weiblichen Gonaden, die Ovarien, in Form zahlreicher Röhren. Die Anordnung dieser Röhren kann kammförmig, oft aber auch büschelförmig sein. Sie münden in den Oviduct, in den auch das Receptaculum seminis und Anhangsdrüsen einmünden. Im typischen Fall besteht eine Eiröhre, **Ovariole**, aus:

1. dem Terminalfaden, der aus der Peritonealhülle gebildet wird,
2. dem Germarium (Endfach) aus Keim-, (Nähr-) und Follikelzellen sowie
3. dem Vitellarium, in dem die eigentliche Eiwachstumsphase stattfindet (Abb. 13.11).

Alle Teile der Eiröhre werden von einer feinen mesodermalen Peritonealhülle umgeben; ihr liegt im Endfach die dünne Schicht von Mesodermzellen an. Die Follikelzellen sind somatischer Herkunft; sie haben wichtige Transportfunktion, erfüllen aber auch hormonelle und sekretorische Funktionen.

Entsprechend dem weiteren Aufbau der Ovariolen unterscheidet man drei Typen: 1. Der **panoistische Typ** (Abb. 13.11a), bei dem die Eizellen im Vitellarium hintereinander liegen. Jede Eizelle bildet zusammen mit dem sie einhüllenden Follikelepithel eine Eikammer. In diesem Fall geben die Follikelepithelzellen durch apokrine Sekretion die Nährstoffe, die dem Blut entnommen wurden, an die Eizelle ab. 2. Die **meroistischen Ovariolen**, bei denen man a) den polytrophen Typ von b) dem telotrophen Typ unterscheidet. Bei diesen meroistischen Ovariolen entstehen während der Oogenese durch Teilung der Oogonien Zellen, aus denen nur Keimzellen und Zellen, aus denen nur Nährzellen hervorgehen. Letztere sind polyploid und versorgen die Oocyten mit Zellorganellen und Makromolekülen. – Eine solche meroistische Oogenese ist hauptsächlich von Insekten bekannt, existiert aber auch bei anderen Protostomiern.

Beim **polytrophen Typ** beginnt im Vitellarium eine Umordnung. Eizellen ordnen sich in bestimmten Abständen hintereinander, zwischen ihnen mehrere Nährzellen. Kammern werden gebildet, indem eine Eizelle mit einem Nährzellpaket von Hüllzellen zu einem Eiherd vereinigt werden. So entsteht das Nähr- und das Eifach. – Die Oocyte steht mit den Nährzellen und die Nährzellen untereinander über interzelluläre Ringkanäle in Verbindung. Bei diesen Ringkanälen handelt es sich um membranöse Strukturen, die mit Actin-Mikrofilamenten assoziiert sind. In diesen Ringkanälen gleiten z. B. Mitochondrien aus dem Nährfach in die Eizelle. – Beim **telotrophen** Ovariolentyp bildet jede Eizelle einen Fortsatz zu der syncytialen Masse der Nährzellkerne.

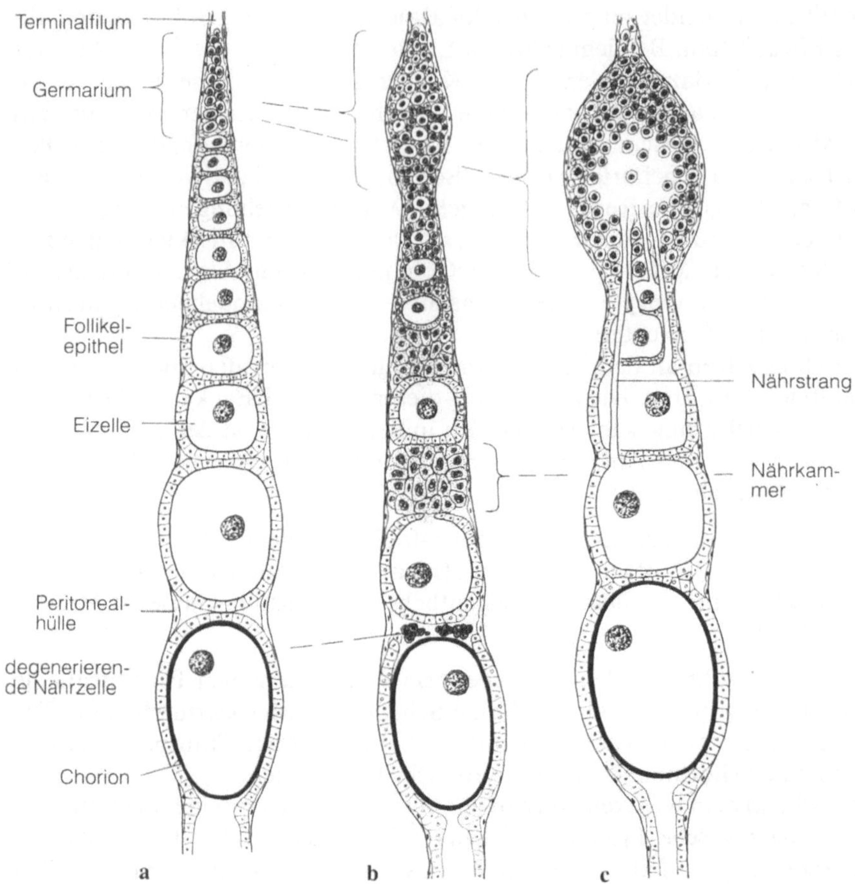

Abb. 13.11 a–c. Die drei Ovariolentypen der Insekten: **a** panoistisch, **b** meroistisch polytroph, **c** meroistisch telotroph. (Nach Weber modifiziert)

Hat das Ei seine endgültige Größe erreicht, so wird der Nährstrang durch das Chorion unterbrochen. Hüllzellen (Follikelzellen) bilden die zweischichtige cuticuläre, aber chitinfreie Eischale des Chorions, wobei man das Exochorion mit seinen Lipoproteinen vom Endochorion unterscheidet, das der Epicuticula mit der Wachsschicht gleicht. An einer Stelle im Chorion befindet sich eine Öffnung, die Mikropyle, die für die Befruchtung eine Rolle spielt. Nach der Ausbildung des Chorions ist das Ei legereif; der Follikel platzt, und das Ei gelangt in den kontraktilen Eileiter und damit in die ektodermalen Geschlechtswege. Während des Durchtritts durch die Vagina findet im typischen Fall die Besamung statt; gleichzeitig beginnt die Eireifung (beide Reifeteilungen).

Der panoistische Ovariolentyp kommt vor bei den Apterygoten, Orthopteren und Neuropteren. Der meroistisch polytrophe Typ kommt vor bei Hymenopteren, Coleopteren, Dipteren und Lepidopteren, und der meroistisch telotrophe Typ kommt vor bei Hemipteren (Rhynchota, Schnabelkerfen) und etlichen Coleopteren.

Interessant ist die Beziehung zwischen Follikelzellen und Eizellen; darüber liegen von Wirbellosen nur Einzeluntersuchungen vor, so z. B. von Tunicaten (*Molgula, Ciona*), bei denen die Follikelzellen im Laufe der Eireifung eine Vakuolisierung erfahren, die das Schweben der Eier im Wasser ermöglicht. – Zwischen Ei und Follikelzellen bilden sich bei vielen Tieren extrazelluläre Schichten; letztere wurden von Chordaten gut untersucht. Sie werden als Zona pellucida bezeichnet. Diese Zona pellucida ist untergliedert in die äußere und die innere Schicht (Abb. 13.12). Die äußere Schicht liegt direkt unter den Follikelepithelzellen und bildet einen hellen Saum, bestehend aus vorwiegend Mucopolysacchariden, die möglicherweise vom Follikelepithel gebildet werden. Die innere Schicht, der sog. Cortex radiatus, ist elektronenmikroskopisch dicht und wird vermutlich von der Eizelle abgesondert. Das Rindencytoplasma der Oocyte ist mit Mikrovilli und „Terminalgespinst" ausgestattet. In den Cortex radiatus ragen kleine Mikrovilli der Oocyten und entgegengesetzt Cytoplasmafortsätze der Follikelzellen (Abb. 13.12); letztere sind während der Reifung der Eizelle tief verankert; sie ziehen sich aber später zurück.

Der Dottermembran entspricht die Zona pellucida oder die Zona radiata vom Zeitpunkt der Ovulation bis zur Befruchtung, nachdem sich die Mikrovilli und Zellfortsätze aus ihr zurückgezogen haben. Synonyme Begriffe sind: Dotterhaut, Membrana vitellina. – Die Oberflächenstrukturen der Oocyte dienen mit ihrer

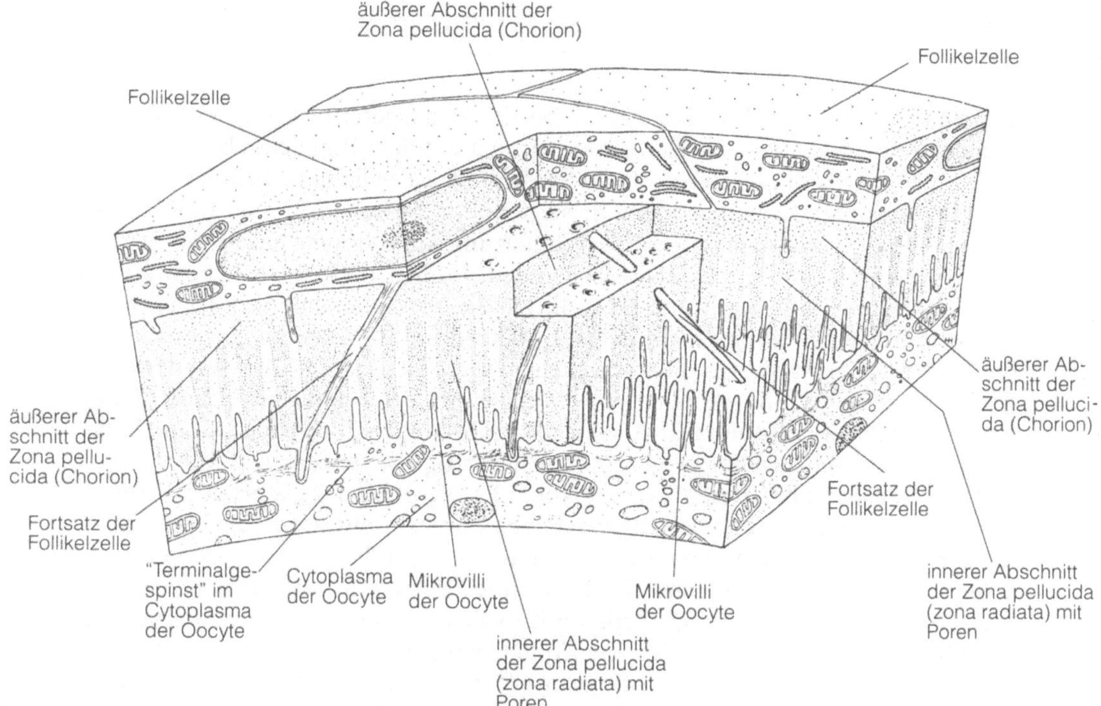

Abb. 13.12. Schema der Verbindung von Oocyt und Follikelepithel bei Urodelen. (Nach Wartenberg 1973)

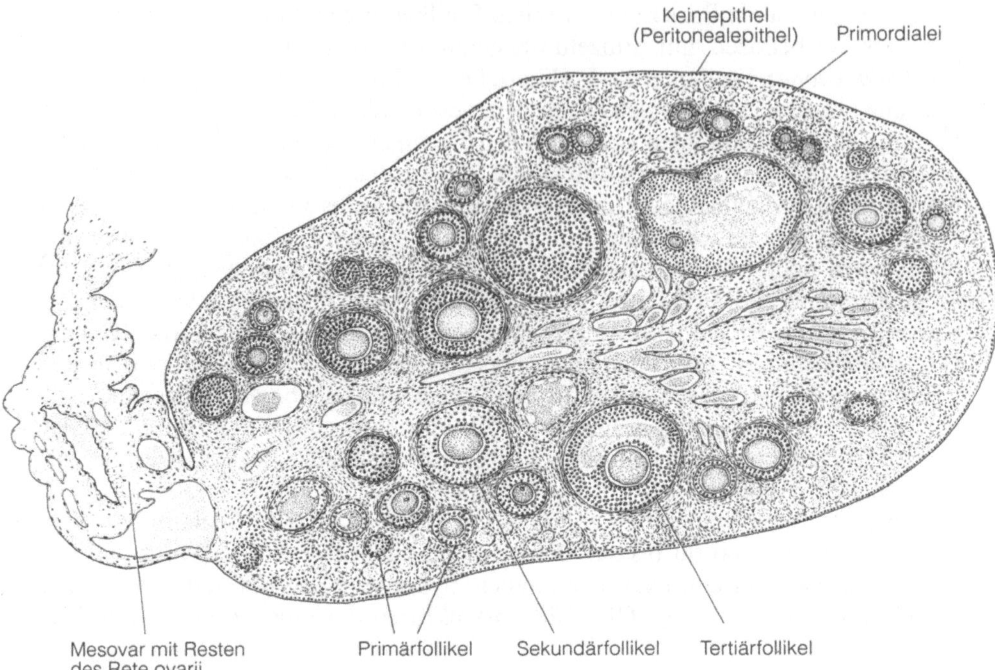

Abb. 13.13. Ovar einer Katze im histologischen Schnitt. Vergr. ca. 25fach

großen Oberfläche der Stoffresorption, bis das Ei ausgereift ist. Das Follikelepithel der Wirbeltiere wird durch die Basallamina mit dem Bindegewebe des Ovars verbunden. Diese Bindegewebsschicht wird als Theca folliculi bezeichnet. – Während der gesamten Oogenese bleibt dieser Kontakt zwischen Ei- und Follikelzellen bestehen. Niemals gibt es eine Verschmelzung des Cytoplasmas beider Zelltypen. Vermutlich führen die Follikelzellen dem Ei über diese Fortsätze Nahrung zu. Diese Vorstellung wird unterstützt durch die Tatsache, daß Follikelzellen einen sehr hohen Eiweißumsatz aufweisen, was autoradiographisch bewiesen wurde. Andererseits wurde bei Insekten nachgewiesen, daß ein großer Teil der exogen produzierten Dotterproteine unter Umgehung der Follikelzellen den Oocyten zugeführt wird. Bis jetzt ist sowohl der erhöhte Eiweißtransport als auch die Funktion der Follikelzellen beim Stofftransport zur Oocyte noch unklar.

Beim **Säuger** ist das gesamte **Ovar** (Abb. 13.13) von Bindegewebe, dem Stroma ovarii, durchzogen. Dieses besteht aus dicken Bindegewebsfasern, die in der Rinde dichter, im Mark dagegen lockerer angeordnet sind. Nach außen ist das Ovar abgegrenzt durch ein einfaches flaches Epithel, das als Keimepithel bezeichnet wird. Es besteht aus niedrigen Zellen mit ovalen, chromatinreichen Kernen. In das Stroma ovarii der Rinde sind die Follikel eingelagert, die jüngsten peripherwärts, die älteren mehr zentral. Infolge ihrer Größenzunahme wandern die letzteren dann wieder mehr an die Oberfläche. Die Tunica albuginea ist ein Bindegewebe, das sich unter dem Keimepithel ausbreitet. In der Rindenzone des Ovars liegen ruhende Follikel, die Primordialfollikel. Sie bestehen 1. aus der Eizelle mit

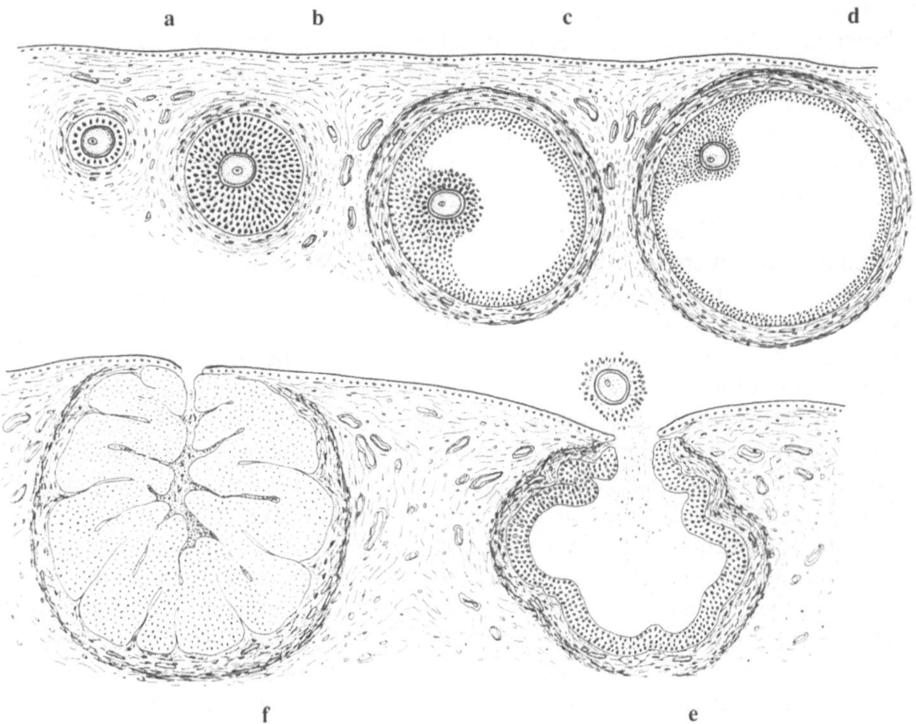

Abb. 13.14 a–f. Follikelreifung bei einem Säuger, schematisch. **a** Primärfollikel, **b** Sekundärfollikel, **c** Tertiärfollikel, **d** sprungreifer Graafscher Follikel, **e** Eisprung, **f** Corpus luteum

hellem, bläschenförmigen Kern, um den sich Mitochondrien und Dotterpartikel gruppieren, 2. aus kleineren flachen Follikelzellen mit chromatinreichen Kernen. Über die Basallamina stehen sie mit einer bindegewebigen Hülle, der Theca folliculi, in Verbindung (Abb. 13.13 u. 13.14).

Bei der weiteren **Eientwicklung** entstehen Primärfollikel (Abb. 13.14 a). Die Eizelle wächst; entsprechend vermehren sich die Follikelzellen und bilden um die Eizelle ein zwar noch einschichtiges, aber kubisch bis hochprismatisches Epithel. Während des Höherwerdens der Follikelzellen entsteht die Zona pellucida (Oolemm) aus Mucopolysacchariden. Im Sekundärfollikel werden die Zellen des Follikelepithels, die sog. Granulosazellen, hoch prismatisch und bilden mehrere Schichten polyedrischer Zellen (Abb. 13.14 b). Fortsätze der Follikelepithelzellen wie auch Mikrovilli der Oocyten I. Ordnung fördern den Stoffaustausch (Ernährung der Oocyte) (vergl. Abb. 13.12). Die Zona pellucida besteht aus zwei Schichten. Follikelepithelzellen sezernieren Flüssigkeit, Liquor folliculi, wodurch Spalten im Follikelepithel entstehen. Im Tertiärfollikel (Bläschen = Graafscher Follikel) hat sich aus den Spalten ein einheitlicher Hohlraum (Antrum folliculi) gebildet (Abb. 13.14 c u. d). Dieser mit Flüssigkeit gefüllte Hohlraum wird von einem mehrschichtigen Follikelepithel aus Granulosazellen umgeben. An einer Stelle springt zapfenartig ein Zellhaufen mit der Eizelle, der Cumulus oophorus (Cumulus oviger) in das Antrum folliculi vor. Die der Eizelle unmittelbar anliegenden Follikelzellen sind radiär ausgerichtet und werden deshalb als Corona radiata bezeichnet. Der Liquor folliculi enthält große Mengen von Follikelhormonen, sog. Oestrogene. – Die den Follikel einhüllende Theca folliculi hat sich differenziert in eine innere und eine äußere Schicht. Die Theca interna ist reich an lipid- und mitochondrienhaltigen Zellen und Gefäßen. Sie produziert Oestrogene und ernährt den Follikel, der sonst keine Gefäße aufweist. – Die Theca externa besteht hauptsächlich aus Bindegewebsfasern und Myofibroblasten. Sie hat mechanische Funktion. Durch weiteres Wachstum platzt der Follikel; das Ei springt in die Bauchhöhle (Abb. 13.14e), wo es von der Tuba uterina aufgefangen wird (Eisprung). – Ovulation erfolgt entweder spontan, d. h. unabhängig vom Zeitpunkt der Begattung, wie z. B. beim Menschen, oder sie wird als Gipfel erregender Paarung verursacht, so z. B. beim Iltis, bei der Katze, bei Kaninchen, Hasen, dem Lama und einigen Beuteltieren. Theca folliculi und Restfollikel bilden zusammen den Gelbkörper, das Corpus luteum (Abb. 13.14f), eine innersekretorische Drüse; ihre Follikelzellen werden zu Drüsenzellen. Das Cytoplasma dieser Zellen enthält Lipidtröpfchen, die mit gelbem Farbstoff, Lipochromen, angefüllt sind. Das Corpus luteum produziert Progesteron und fördert damit die weitere Entwicklung des befruchteten Eies. – Wird das Ei nicht befruchtet, so kommt es zur Rückbildung des Corpus luteum. Man spricht dann vom Corpus albicans oder vom Corpus fibrosum, einem bindegewebigen Narbenkörper. Diese Rückbildung beginnt mit Schrumpfung und Verfettung der Granulosa-Luteinzellen. Das Organ ist jetzt stärker gelb gefärbt, so daß eigentlich erst jetzt von einem Gelbkörper gesprochen werden sollte. Auch die Theca-Lutein-Zellen verfetten stark. Die Granulosazellen gehen zugrunde, indem sie zerfallen; gleichzeitig nehmen die Bindegewebsfibrillen zu; besonders vermehrt sich das Bindegewebe am Rande des Gelbkörperkerns. – Tritt Befruchtung ein, so wird das Corpus luteum größer und so zum Corpus luteum graviditatis. Zellwachstum und Durchblutung nehmen zu.

Die meisten Follikel gelangen nicht zur Ovulation; sie bleiben geschlossen und gehen zugrunde. Dabei verschwinden Primär- und Sekundärfollikel spurlos, während Tertiärfollikel Spuren hinterlassen. Ei- und Granulosazellen werden bei Tertiärfollikeln aufgelöst und von Bindegewebszellen abgeräumt; die Basalmembran wird entspannt. Follikel, die rückgebildet werden und die nicht die Oberfläche des Ovars sprengen, werden als atretische Follikel bezeichnet. Die Atresie beginnt mit der Degeneration der Eizelle im Cytoplasma mit Fetttropfen, der Kern wird chromatolytisch, die Zona pellucida quillt. Am Abbau der Trümmer beteiligen sich eingedrungene Wanderzellen. Die Degeneration des Follikelepithels geht einher mit Fetttropfen im Cytoplasma und Kernzerfall. Der Verband der Follikelzellen lockert sich, so daß die Eizellen größerer Follikel etwas im Liquor flottieren. Die Theca interna besitzt Fetteinlagerung.

Beim Säuger ist die **Hormonbildung** eng mit der Eireifung korreliert. Beim Platzen eines Follikels wird deshalb immer das Oestrogen des Liquor folliculi und der Theca interna schubweise abgegeben. Das Progesteron des Corpus luteum dient der Vorbereitung der Uterusschleimhaut für das Ei. Es bremst auch die Heranreifung anderer Follikel.

Der bindegewebige Aufhängeapparat des Ovars (**Mesovar**) ist reich an Blut und Lymphgefäßen, Nerven, elastischen Fasernetzen und glatter Muskulatur.

Die bindegewebigen Hiluszwischenzellen im Mesovar und in der Wurzel des Ovars sind rundlich oder polyedrisch und enthalten Fett- und Lipoideinschlüsse. Sie vermehren sich im alten Ovar stark. Am Hilus des Ovars werden androgene Hormone gebildet. Das Rete ovarii, das aus soliden Epithelsträngen, wie auch aus von Epithel austapezierten Spalträumen besteht, ist bei Fleischfressern und Wiederkäuern groß ausgebildet. Oft trägt dieses Epithel einen Flimmerbesatz.

Während die Hormonbildung in Ovarien mit der Oogenese korreliert ist, verläuft die Hormonbildung in den Hoden unabhängig vom Verlauf der Spermiogenese in den Leydigschen Zellen. Die Testosteron-Ausschüttung der Leydigschen Zellen im Hoden (interstitielle Zellen) kann jahreszeitlich wechseln und wird von der Hypophyse gesteuert. Am größten ist sie während der Brunst. Der Geschlechtszyklus beim Männchen ist also auch vorhanden, ist aber weniger verwikkelt und dauert kürzer als bei Weibchen. – Bei Vögeln werden die Oestrogene von Follikeln gebildet, das Progesteron von interstitiellem Gewebe.

Gonadotropine wecken die Eier aus der Geschlechtsruhe (Unbrunst, Anoestrus) zum Heranreifen des Follikels. In der Hochbrunst (Oestrus) ist das Weibchen begattungswillig, weil die Follikel ausreifen. Werden freiwerdende Eier von mehreren Männchen befruchtet, so besteht Überbefruchtung (Superfetation); dann können die Jungen eines Wurfs verschiedene Väter haben.

Das An- und Abschwellen der Eierstöcke (**Ovarialzyklus**) wiederholt sich bei Säugern entsprechend der Länge der Tragzeit ein-, zwei- oder mehrmals jährlich. Bei Großtieren alle paar Jahre, bei Elefanten z. B. vierjährig. Mit dem Ovarialzyklus ist auch der Uteruszyklus verbunden. Blutiger Endometriumsabbau beim Ausbleiben der Befruchtung zur Vorbereitung der Regeneration kommt nur bei zwei Überfamilien der Primaten, nämlich bei den Cercopithecoidea und Hominoidea, vor. Blutungen z. B. bei Hunden sind dagegen Vorbereitungsblutungen und erfolgen vor der Ovulation.

Überschwängerung (Superfetation) kommt vor bei Hasen, Kaninchen, Wander-, Bisamratte, Maus und anderen Säugern. – Bei Säugern, die mehrere Junge werfen (Hund, Katze usw.), ist in der Regel jeder Follikel eineiig; mehrere Follikel reifen gleichzeitig heran, und die Eisprünge erfolgen synchron. – Mehreiige Follikel sind Seltenheit, sie kommen vereinzelt vor bei Schafen, doch das ist als Abnormalität zu betrachten. Bei Beuteltieren kommen Follikel mit bis zu 100 Eizellen vor. Nach der Ovulation werden daher mehrere Eizellen gleichzeitig befruchtet und mehr Embryonen geboren als Zitzen vorhanden sind.

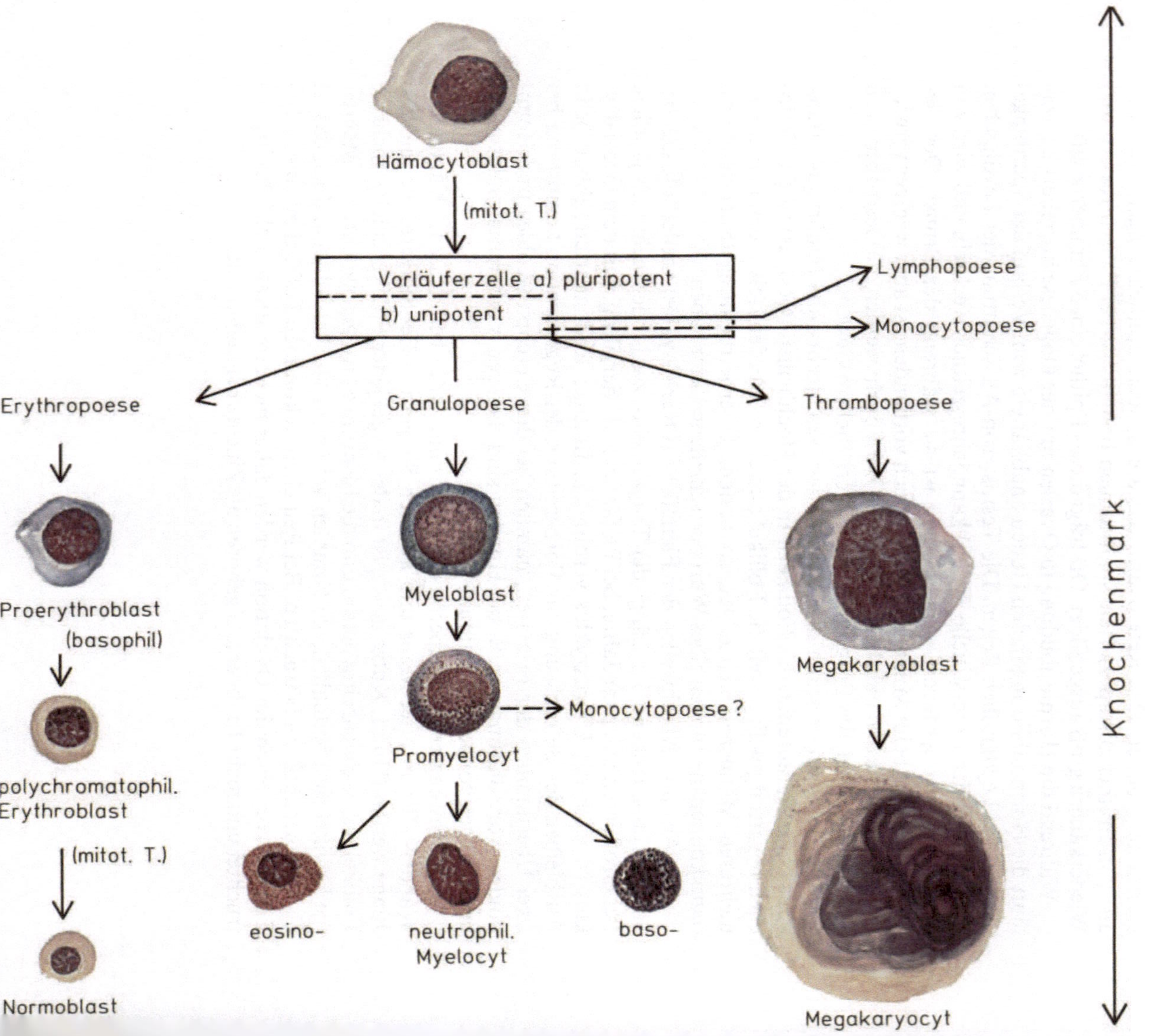

Hämocytoblast
(mitot. T.)
Vorläuferzelle a) pluripotent
b) unipotent
Lymphopoese
Monocytopoese
Erythropoese
Granulopoese
Thrombopoese
Proerythroblast
(basophil)
Myeloblast
Megakaryoblast
polychromatophil.
Erythroblast
Promyelocyt
Monocytopoese ?
(mitot. T.)
eosino-
neutrophil.
Myelocyt
baso-
Normoblast
Megakaryocyt
Knochenmark

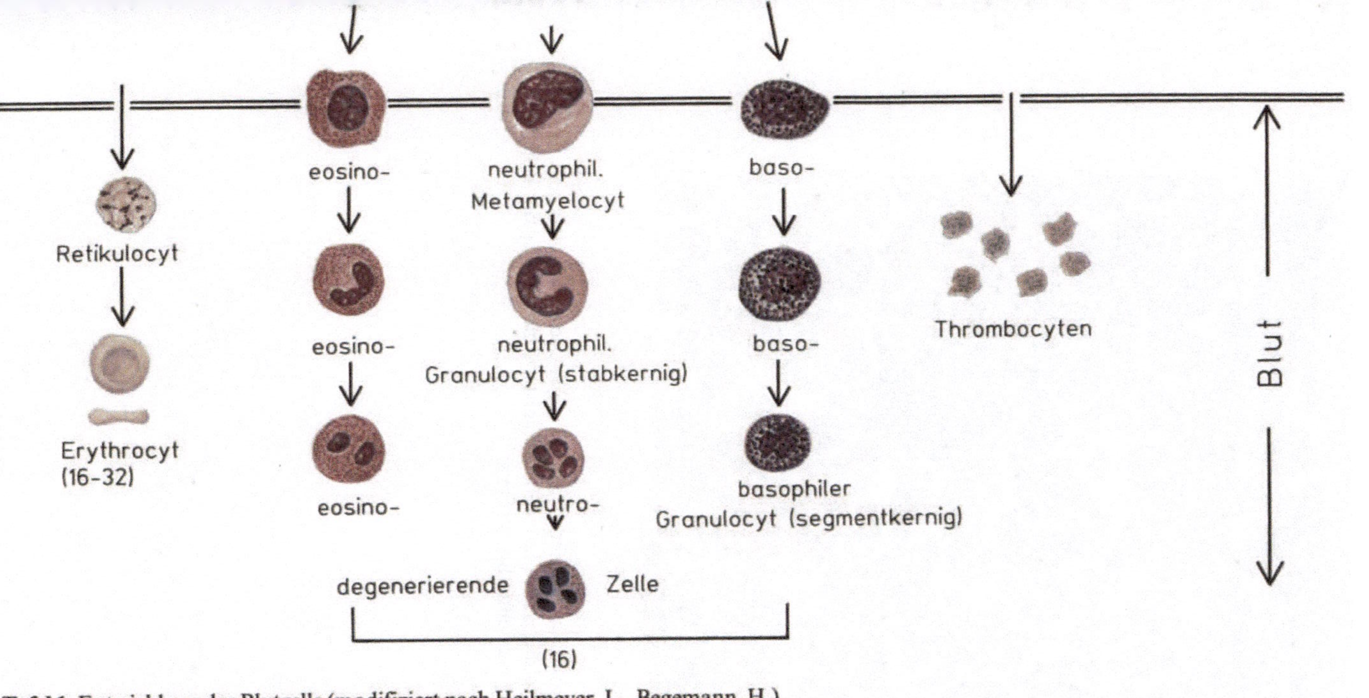

Tafel 1. Entwicklung der Blutzelle (modifiziert nach Heilmeyer, L., Begemann, H.)

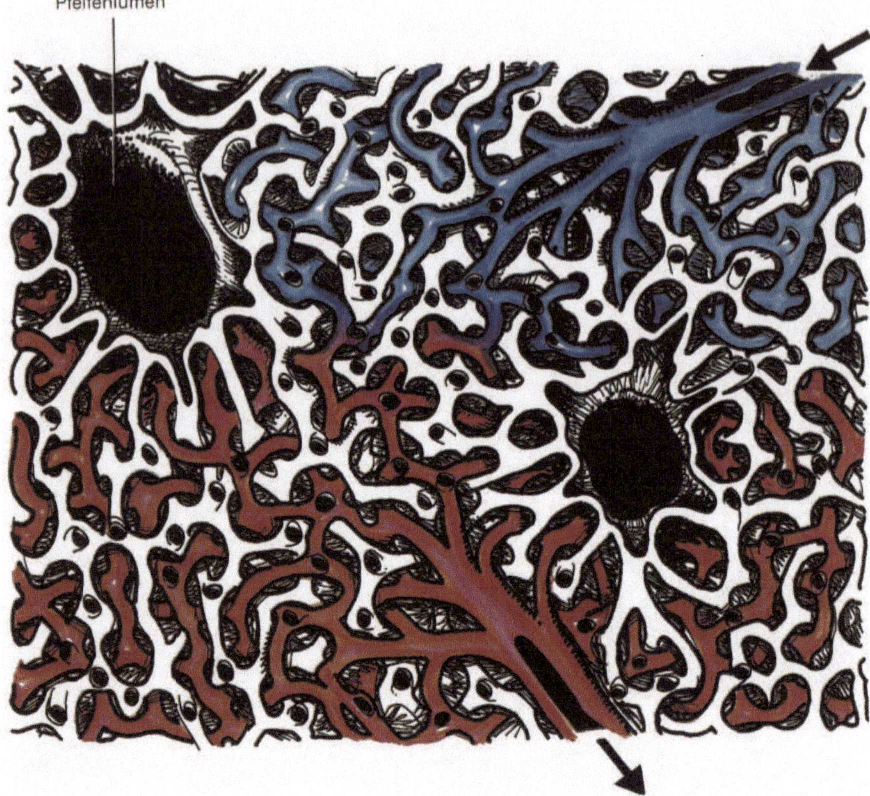

Tafel 2. Vogellunge. Kapillarnetz um zwei Pfeifen dreidimensional, schematisiert; hell: Luft-Kapillarnetz des respiratorischen Epithels; rot-blau: Blutkapillarnetz; blau: Zweig der Lungen-arterie; rot: Zweig der Lungenvene. Pfeil deutet Blutstrom an.

Glossar

Actinfilamente: bestehen aus zwei helicoidal angeordneten Doppelfilamenten mit globulären Untereinheiten.

Anastomosen: sind netzartige Verbindungen zwischen Arterien, Venen oder Lymphgefäßen. Gleichartige Gefäße oder Arterien und Venen als arteriovenöse Anastomosen werden miteinander verbunden.

Arteriole: letzter Gefäßabschnitt der Arterie, dem Kapillaren folgen.

Autophagie: Verdauung eigener Teile, d.h. intrazellulären Ursprungs.

Axolemm: Plasmalemm des Axons.

Basalkörper: auch als Kinetosom bezeichnet, ist die Verankerung eines Ciliums in der Zelle; ihm fehlen die beiden axialen Mikrotubuli des Ciliums. Der Basalkörper hat also die $9 \times 2 + 0$-Struktur.

Basalmembran: alte Bezeichnung aus der Lichtmikroskopie für die Basallamina (elektronenmikroskopisch). Die Glashaut des Haares ist das Äquivalent.

Blut-Hirn-Schranke: ist die selektiv durchlässige Schranke zwischen Blut und Hirnsubstanz; durch sie unterliegt der Stoffaustausch mit dem ZNS einer aktiven Kontrolle.

Caninus: Eckzahn.

caudalwärts: nach dem unteren (hinteren) Ende des Körpers oder Organs.

Chorion: häutige Hülle; bei Insekten Eihaut, bei höheren Wirbeltieren ernährende und schützende Embryonalhaut.

Cilium: wird vielfach als Kinocilium oder Kinetocilium bezeichnet.

cranialwärts: kopfwärts gelegen (oft durch superior ersetzt).

Cytopempsis: Transport von Substanzen durch Zellen (insbesondere durch Endothel).

Cytoplasma: oder Grundplasma ist ein kolloidales Medium, in dem sich die Zellorganellen und der Zellkern befinden.

Cytosomen: Sammelbegriff für Lysosomenkomplex und Peroxysomen.

Diastole: (auseinanderziehen); ist die rhythmische Erweiterung, die mit der Kontraktion abwechselt.

Dyneine: erweisen sich als Proteine mit ATPaseaktivität und damit als Energie verbrauchend. Dynein kommt vor in Verbindung mit den Mikrotubuli, wo es z. B. bei den peripheren Doppeltubuli der Cilien den äußeren und inneren Arm stellt und ein Bewegungssystem darstellt.

Endocytose: Aufnahme extrazellulärer Substanz in die Zelle durch Vesikel.

Endoplasmatisches Retikulum ER: ist ein System von flachen Membranvesikeln (Zisternen) und tubulären Strukturen, die untereinander in Verbindung stehen. Die Ausdehnung des ER ist korreliert mit dem Funktionszustand der Zelle.

Ergastoplasma: granuliertes endoplasmatisches Retikulum GER oder rauhes endoplasmatisches Retikulum RER. Es handelt sich um endoplasmatisches Retikulum, dessen Membran mit Ribosomen besetzt ist. – Im Gegensatz dazu ist glattes ER nicht mit Ribosomen versehen.

Exocytose: Stoffe werden in Form von Vesikeln aus der Zelle geschleust.

F Actin: ist Actin in Filamentform; es entsteht, wenn G-Actin polymerisiert.

Fibronectin: ist ein extrazelluläres adhäsives Protein, das eine Rolle spielt bei der Bildung von Kontakten (von Zelle zu Zelle, zu Bindegewebe und zur Basallamina).

Filamente: elektronenmikroskopisch fadenförmig sichtbare Proteine, die sich zu Fibrillen bündeln können. Man unterscheidet: die Actinfilamente (ca. 6 nm Durchmesser) von der heterogenen Gruppe der 10 nm-Filamente oder intermediären Filamente und sogenannte 3 nm-Filamente.

Fibrin: Actin-bindendes Protein, das F-Actin in den Mikrovilli bündelt.

G Actin: sind die globulären Untereinheiten des Actins.

GABA: Gamma-amino-Buttersäure; ist wichtiger inhibitorischer Neurotransmitter im ZNS.

Ganglion: Anhäufung von Nervenzellen.

Gewebeflüssigkeit: ist eine klare, wäßrige Lösung, ähnlich in der Zusammensetzung dem Plasma, aber mit niedrigerer Protein-Konzentration.

glandotrop: auf Drüsen einwirkend (von Hormonen).

Glandula: Drüse, welche ein Sekret produziert und nach außen ausscheidet oder in die Blutbahn abgibt.

Glomerulus: Gefäßknäuel.

Glykocalyx (all coat): liegt der Zellmembran als Außenschicht auf; sie besteht aus Glykoproteinen und Glykolipiden.

Golgi-Apparat: besteht aus einem Stapel übereinanderliegender, gebogener Zisternen; an den Zisternenrändern werden Vesikel abgeschnürt.

Heterophagie: Verdauung von Material extrazellulären Ursprungs.

Incisivus: Schneidezahn.

Kinesin: ist eine ATPase; sie stellt in Verbindung mit Mikrotubuli wahrscheinlich ein Bewegungssystem dar (neben dem Aktomyosin-System und dem Mikrotubuli-Dynein-System).

Knochenmark: liegt in der Markhöhle zwischen den Bälkchen der Substantia spongiosa des Knochens.

Lagena: ist ein Anhang des Sacculus, der sich bei Reptilien und Vögeln zu einem schlauchförmigen Kanal auszieht, sich aber bei Säugern zur sog. Schnecke (Cochlea) windet.

Laminin: Glykoprotein mit adhäsiven Eigenschaften, z. B. in der Basallamina.

Lymphfollikel: ist eine mehr oder weniger runde Anhäufung von Lymphocyten in retikulärem Bindegewebe. – Man unterscheidet primäre von sekundären Lymphfollikeln.
1. Im primären Lymphfollikel sind kleine Lymphocyten gleichmäßig über das retikuläre Bindegewebe des Follikels verteilt.
2. Sekundäre Lymphfollikel: nach Antigenkontakt differenziert sich ein Keimzentrum (Reaktionszentrum) heraus in hellere und dunklere Zonen des Follikels. Für das Keimzentrum charakteristisch sind die Centroblasten und Centrocyten untermischt mit Lymphocyten. –
Centroblasten sind große basophile Zellen (transformierte β-Lymphocyten). Centrocyten sind helle Zellen, die aus Centroblastenteilungen entstehen. – Die „dunkle Zone" (meist auf der dem Epithel der Schleimhaut zugewandten Seite in einem Follikel) enthält viele Centroblasten, die „helle Zone" zahlreiche Centrocyten. Die anschließende „dunkelste Zone" des Follikels ist mit dicht gelagerten Lymphocyten besiedelt. Dieser Lymphocytenmantel sitzt dem Follikel auf. Nach einiger Zeit verschwinden die basophilen Centroblasten. – In den Keimzellen vermehren sich die spezifisch reagierenden β-Lymphocyten nach antigener Stimulation. Hier werden die Vorläufer der Plasmazellen gebildet. – Lymphfollikel entsenden Lymphgefäße; sie empfangen aber keine.

Lymphknoten: sind Lymphfilter; sie empfangen und entsenden Lymphgefäße. Lymphknoten sind deshalb hintereinander in Lymphgefäßen angeordnet.
Lymphknoten werden von einer Bindegewebskapsel umschlossen, von der zentralwärts kurze Trabekel ziehen. Lymphgefäße durchbrechen an mehreren Stellen die konvexe Seite der Kapsel; sie führen Lymphe in den Lymphknoten. An der konkaven Seite verläßt ein Lymphe abführendes Gefäß den Lymphknoten. Unter der Kapsel bildet das retikuläre Bindegewebe des Lymphknotens einen von endothelähnlichen Zellen ausgekleideten Randsinus (Marginalsinus), dem eine Lage histiocytärer Retikulumzellen anliegt. Aus dem Randsinus führen radiär Intermediärsinus in zentral gelegene Marksinus. Die Sinus enthalten Lymphocyten, Makrophagen und Monocyten. Zwischen den Sinus liegen fibroblastische Retikulumzellen. Unter dem Randsinus bilden Lymphocyten Follikel, meist Sekundärfollikel.

Lysosomen: 0,2–1 µm große Bläschen, die mehr als 40 verschiedene Enzyme (vorwiegend Hydrolasen) enthalten. Sie bauen überalterte Zellstrukturen oder Fremdstoffe ab (Verdauungsorganellen der Zellen). Während des intrazellulären Verdauungszyklus sind sie von unterschiedlicher Form.

primäre Lysosomen: bauen noch kein Material ab; sie haben homogenes Aussehen.

sekundäre Lysosomen: sind erkennbar an ihrem heterogenen Aussehen; letzteres geht auf das unterschiedliche Material zurück, das in diesen Zellorganellen verdaut wird.

Lysosomen-Komplex: zu diesem Komplex werden alle Zellorganellen gezählt, die an der Bildung von Lysosomen teilhaben, z. B. multivesikuläre Körper, Lamellen- und Dichtekörper sowie autophage Vakuolen. Letztere entstehen aus kleinen Cytoplasmaarealen, Einschlüssen oder Sekretionsgranula, die abgesondert werden und mit primären Lysosomen verschmelzen; ihre Enzyme sind in den autophagen Vakuolen angehäuft.

Mikrotubuli: elektronenmikroskopisch sichtbare, röhrenförmige Proteinpolymere (25 nm Außen-Durchmesser und 15 nm Innen-Durchmesser). Ein Mikrotubulus wird von 13 Protofilamenten aufgebaut, die aus den Monomeren α- und β-Tubulin bestehen. Mikrotubuli sind dynamische Strukturen, die einem ständigen Auf- und Abbau in der Zelle unterliegen.

Mikrovilli: sind die Oberfläche vergrößernden Ausstülpungen der Plasmamembran; sie sind beweglich und enthalten Proteinfilamente.

Mitochondrien: membranöse, fadenförmige Zellorganellen; sie enthalten die Enzyme der biologischen Oxidation. Mitochondrien erzeugen Adenosintriphosphat, ATP, die bedeutendste Energiequelle der Zelle. In stoffwechselaktiven Zellen füllen sie einen großen Teil des Cytoplasmas.

Neurolemm (Neurilemm): Cytoplasma mit Kern einer Schwannschen Zelle, die die Myelinscheide der markhaltigen Faser umgibt.

Oolemm: Zellmembran der Eizelle.

Ovulation: Eisprung.

Pascal (Pa): neue Einheit für Torr; 1 Torr = 130 Pa.

Peroxisomen (Microbodies): sie sind sphärisch mit Durchmessern um 1 µm. Stets enthalten sie neben verschiedenen anderen Enzymen Katalase, ein H_2O_2-spaltendes Enzym.

Phagocytose: geformte Partikel werden in die Zelle aufgenommen. Sie geht mit der Bindung größerer Membranvesikel einher.

Phagosomen: sind Vesikel, in denen sich zu verdauendes Substrat befindet.

Pinocytose: Aufnahme von gelösten Stoffen in Form von Vesikelbildung in die Zelle.

Plasmalemm: Synonym für Zellmembran.

Plasmodium: vielkernige Cytoplasmamasse, die durch mitotische Kernteilungen ohne nachfolgende Zellteilung entstand.

Plexus: netzartige Verknüpfung von Nerven oder Blutgefäßen.

Polysomen: sind Komplexe, die aus einem Molekül mRNA und verschiedenen Ribosomen bestehen.

Rete testis: Hoden; Kanälchensystem, das zwischen Hodenkanälchen und Ductuli efferentes eingeschaltet ist.

Ribosomen: sind kugelige Zellorganellen, deren Durchmesser 15–20 nm beträgt; sie sind der Ort der Proteinsynthese.

Sperma: besteht aus zahlreichen Spermien und den verschiedenen Sekreten von Drüsen der ableitenden Samenwege.

Stereocilien: oft als Stereovilli bezeichnet, weil sie nichts mit einem Cilium zu tun haben, unbeweglich sind und Mikrovilli darstellen, deren Inneres von parallel angeordneten Filamenten versteift ist.

submandibular: unter dem Unterkiefer gelegen.

submaxillar: unter dem Oberkiefer gelegen.

submukös: unter der Schleimhaut gelegen.

Substantia compacta (corticalis) des Knochens: dicke, feste Außenschicht des Knochens.

Substantia spongiosa des Knochens: schwammartig poröse Masse des inneren Knochens.

Syncytium: vielkernige Cytoplasmamasse, die durch Zellverschmelzung entstanden ist.

Systole: (zusammenziehen); ist das rhythmische Zusammenziehen, das mit der Erschlaffung abwechselt.

Tonofilamente: sind Mikrofilamente, 5–9 nm dick; sie sind nicht kontraktil. Bündel von Tonofilamenten bilden Tonofibrillen.

Troponin: zum Troponinkomplex gehören drei Troponinpeptide (TN), die als Troponin C, T und I bezeichnet werden (Tn-C, Tn-T und Tn-I).

Turgor: Flüssigkeitsdruck in einem Gewebe.

Zentriol: Hohlzylinder, dessen Wand aus 9 Dreifachtubuli besteht; es bildet das Mikrozentrum bei der Zellteilung.

Zellorganellen: sind intraplasmatische Strukturen.

Zonula pellucida: extrazelluläre Schicht zwischen Ei- und Follikelzellen. Synonyme sind Dottermembran, Dotterhaut, Membrana vitellina.

Literatur

Afzelius, BA: Electron microscopy of the sperm tail: results obtained with a new fixative. J Biophys Biochem Cytol 5:269–278 (1959)

Akert, K: Struktur und Ultrastruktur von Nervenzellen und Synapsen. Klin Wschr 49:509–519 (1971)

Ali, MA: Photoreception and Vision in Invertebrates. New York, London: Plenum Press (1984)

Ali, MA, Klyne MA: Vision in Vertebrates. New York, London: Plenum Press (1985)

Altner, H: Die Ultrastruktur der Labialnephridien von Onychiurus quadriocellatus (Collembola). J Ultrastruct Res 24:349–366 (1968)

Altner, H, Müller, W: Elektrophysiologische und elektronenmikroskopische Untersuchungen an der Riechschleimhaut des Jacobsonschen Organs von Eidechsen (Lacerta). Z vergl Physiol 60:151–155 (1968)

Anders, KH: Der Feinbau des Bulbus olfactorius der Ratte unter besonderer Berücksichtigung der synaptischen Verbindungen. Z Zellforsch 65:530–561 (1965)

Anders, KH: Neue morphologische Grundlagen zur Physiologie des Riechens und Schmeckens. Arch Oto-Rhino-Laryng 210:1–41 (1975)

Anderson, TF: Techniques for the preservation of three dimensional structure in preparing specimens for the electron microscope. Trans NY Acad Sci Ser II, 13:130–133 (1951)

Aschoff, L: Das Retikulo-endotheliale System. Ergebn Inn Med Kinderheilk 26:1–118 (1924)

Bancroft, JD, Stevens, A: Theory and Practice of Histological Techniques. Edinburgh, London, Melbourne, New York: Churchill Livingstone (1982)

Barber, VC et al.: The fine structure of the eye of the mollusc Pecten maximus. Z Zellforsch 76:295–312 (1967)

Bargmann, W: Histologie und Mikroskopische Anatomie des Menschen. 7. Aufl Stuttgart: Thieme (1977)

Barth, FG: Der sensorische Apparat der Spaltsinnesorgane (Cupiennius salei Keys, Araneae). Z Zellforsch 112:212–246 (1971)

Becker, B: Licht- und elektronenmikroskopische Untersuchungen zur Bildung peritrophischer Membranen bei der Imago von Calliphora erythrocephala Meig. (Insecta, Diptera). Zoomorphologie 87:247–262 (1977)

Benninghoff, A: Abb. 1.112. pp 124 Schema vom Bau des Knorpels. In: Bargmann, W: Histologie und mikroskopische Anatomie des Menschen. 7. Aufl Stuttgart: Thieme (1977)

Bereiter-Hahn, J, Matoltsy, AG, Richards, SK: Biology of the Integument. 1. Invertebrates. Berlin, Heidelberg, New York: Springer (1984)

Bereiter-Hahn, J, Matoltsy, AG, Richards, SK: Biology of the Integument, 2. Vertebrates. Berlin, Heidelberg, New York: Springer (1986)

Blaxter, JHS, Jones, MP: The development of the retina and retinomotor responses in the hering. J. Marine Biol Assoc UK 47: 677–697 (1967)

Boer, HH et al.: Ultrastructure of Possible Sites of Ultrafiltration in Some Gastropoda, with Particular Reference to the Auricle of the Freshwater Prosobranch Viviparus viviparus L. Z Zellforsch 143:329–341 (1974)

Bohn, H: Hemolymph Clotting in Insects. In: Brehelin, M (ed) Immunity in Invertebrates pp 187–207. Berlin, Heidelberg: Springer (1986)

Boroffka, I, Altner, H, Haupt, J: Funktion und Ultrastruktur des Nephridiums von Hirudo medicinalis. Z vergl Physiol 66:421–438 (1970)

Breipohl, W: Thermoreceptors. In: Bereiter-Hahn, J et al. (eds) Biology of Integument, 2. Vertebrates, pp 561–604. Berlin, Heidelberg, New York, Tokyo: Springer (1986)

Brown, GG: Ultrastructural studies of sperm morphology and sperm-egg interaction in the decapod Callinectes sapidus. J Ultrastr Res 14:425–440 (1966)

Budelmann, BU et al.: The Angular Acceleration Receptor System of the Statocyst of Octopus vulgaris: Morphometry, Ultrastructure, and Neuronal and Synaptic Organization. Phil Trans R Soc Lond B 315:305–343 (1987)

Burck, HC: Histologische Technik, 3. Aufl Stuttgart: Thieme (1979)

Caplan, AI: Knorpel. Spektrum der Wissenschaft, pp 106–115 (1984)

Cohen, C: The Protein Switch of Muscle Contraction. Sci Am 233:36–46 (1975)

Crescitelli, F: The Visual Cells and Visual Pigments of the Vertebrate Eye. In: Dartnall, HJA (eds) Handbook of Sensory Physiology, Vol VII/1: pp 245–363. Photochemistry of Vision. Berlin, Heidelberg, New York: Springer (1972)

Czihak, G, Langer, H, Ziegler, H, Hrsg: Biologie. 3. Aufl Berlin, Heidelberg, New York: Springer (1981)

Dankwarth, L: Funktionsmorphologie des Exkretionsorgans des Spulwurms Ascaris lumbricoides L. Z Zellforsch 113:581–608 (1971)

Darnell, J, Lodis, H, Baltimore, D: Molecular Cell Biology. Scientific American Books (1986)

Davidsen, P: Untersuchungen zur Lokalisation von Pigment- und Strukturfarben in einigen Schmetterlingsflügeln. Dipl Ludwig-Maximilians-Universität München (1984)

Eakin, RM: A Third Eye. American Scientist 58:73–79 (1970)

Eakin, RM: Continuity and diversity in photoreceptors. In: Westfall JA (ed) Visual cells in evolution, pp 91–105. New York: Raven Press (1982)

Eliasson, R et al.: The immotile-cilia syndrome. A Congenital Ciliary Abnormality as an Etiology Factor in Chronic Airway Infections and Male Sterility. The New England Journal of Medicine 297:1–6 (1977)

Ernst, K-D: Die Feinstruktur von Riechsensillen auf der Antenne des Aaskäfers Necrophorus (Coleoptera). Z Zellforsch 94:72–102 (1969)

Ernst, K-D: Die Ontogenie der basiconischen Riechsensillen auf der Antenne von Necrophorus (Coleoptera). Z Zellforsch 129:217–236 (1972)

Fawcett, DW: Intercellular bridges. Exp Cell Res Suppl 8:174–187 (1961)

Flock, A: Fig. 6, pp 172, Ultrastructure and Function in the Lateral Line Organs. In: Cahn, P (ed) Lateral Line Detectors. Bloomington, London: Indiana University Press (1967)

Flock, A: Sensory Transduction in Hair Cells. In: Loewenstein, WR (ed) Principles of Receptor Physiology (Handbook of Sensory Physiology, Vol I, pp 396–436). Berlin, Heidelberg, New York, London, Paris, Tokyo: Springer (1971)

Franc, JM: Organization and function of ctenophore colloblasts: an ultrastructural study. Biol Mar Biol Lab Woods Hole 155:527–541 (1978)

Gerhardt: Abb. 600 a–f, pp 933, Verschiedene Formen des Nierenbeckens und der Nierenpapillen bei Säugetieren. In: Starck, D: Vergleichende Anatomie der Wirbeltiere 3. Aufl Berlin, Heidelberg, New York: Springer (1982)

Geyer, G: Ultrahistochemie. Jena: Fischer (1972)

Gray, EG: Axosomatic and axodendritic synapses of the cerebral cortex: an electronmicroscopic study. J Anat (Lond) 93:420–433 (1959)

Graziadei, PPC, DeHan, RS: The ultrastructure of frogs' taste organs. Acta anat 80:563–603 (1973)

Grenacher, H: Untersuchungen über das Sehorgan der Arthropoden, insbesondere der Spinnen, Insekten und Crustaceen. Göttingen: Vandenhoeck & Ruprecht (1879)

Gupta, AP: Arthropod Hemocytes and Phylogeny. In: Gupta, AP (ed) Arthropod Phylogeny. Van Nostrand Reinhold Company (1979)

Gupta, AP, Sutherland, DJ: In vitro transformations of the insect plasmatocyte in certain insects. J Insect Physiol 12:1369–75 (1966)

Gupta, BL, Berridge, MJ: Fine structural organization of the rectum in the blowfly, Calliphora erythrocephala (Meig), with special reference to connective tissue, tracheae and neurosecretory innvervation of the rectal papillae. J Morphol 120:23–82 (1966)

Ham, AW: Histology, 7th ed Philadelphia-Toronto: JB Lippincott Company (1974)

Hartschuh, W, Weihe, E, Reinecke, M: The Merkel Cell. In: Bereiter-Hahn, J et al. (eds) Biology of the Integument, 2. Vertebrates, pp 605–620. Berlin, Heidelberg, New York, Tokyo: Springer (1986)

Hausmann, K: Protozoologie. Stuttgart, New York: Thieme (1985)

Heilmeyer, L, Begemann, H: Atlas der Klinischen Hämatologie und Cytologie. Berlin: Springer (1955)

Heimer, L, Zaborsky, L: Neuroanatomical Tract-Tracing Methods 2. Aufl New York, London: Plenum Press (1989)

Heumann, H-G, Zebe, E: Über Feinbau und Funktionsweise der Fasern aus dem Hautmuskelschlauch des Regenwurms, Lumbricus terrestris L. Z Zellforsch 78:131–150 (1967)

Hesse, R, Doflein, F: Tierbau und Tierleben, Bd 1, 2. Aufl Bearb von Hesse, R, Jena: Fischer (1935)

Hesse, R: Abb. 591 b, p 744, Pigmentbecherocelle von Planaria gonocephala. In: Hesse, R, Doflein, F: Tierbau und Tierleben, Bd 1, 2. Aufl Bearb von Hesse, R, Jena: Fischer (1935)

Hibiya, T: An Atlas of Fish Histology. Normal and Pathological Features. Stuttgart: Fischer (1982)

Hirsch, GC, Ruska, H, Sitte, P: Grundlagen der Cytologie. Stuttgart: Fischer (1973)

Hoffmann, H: Leitfaden für histologische Untersuchungen. Jena: Fischer (1931)

Hoffmann, JA, Lewi, C: Etude au microscope électronique du vaisseau dorsal de Locusta migratoria. C r hebd Séanc Acad Sci, Paris 260:6988–6990 (1965)

Holstein, T: The morphogenesis of Nematocytes in Hydra and Forskalia: an ultrastructural study. J Ultracture Res 75:276–290 (1981)

Hope, HD: Fine structure of the somatic muscles of the free living marine nematode Deontostoma californicum Steiner et Albin, 1933 (Leptosomatidae). Proc Helminthol Soc Wash 36:10–29 (1969)

Horstmann, E, Wartenberg, H: Fortpflanzungszellen. In: Hirsch, GC et al. (Hrsg) Grundlagen der Cytologie. Stuttgart: Fischer (1973)

Horstmann, E: Das Integument. In: Hirsch, GC et al. (Hrsg) Grundlagen der Cytologie. Stuttgart: Fischer (1973)

Hughes, GM: Fish respiratory physiology. In: Perspectives Exp Biol 1:235–245 (1976). Oxford, New York: Pergamon Press

Huxley, HE: Electron microscope studies of the organisation of the filaments in striated muscle. Biochem Biophys Acta (Amst)12:pp 387 (1953)

Junqueira, LC, Carneiro, J, Long, JA: Basic Histology. Los Altos, California: Lange (1986)

Kaestner, A: In: Foelix, RF (ed) Biologie der Spinnen. Stuttgart: Thieme (1979)

Keil, Thurm und Völker: Abb. 5, 146d, e, pp 457. Schematischer Schnitt durch die Haarbasis längs der Sinneszellendigung. In: Czihak, G, Langer, H, Ziegler, H: Biologie, 3. Aufl Berlin, Heidelberg, New York: Springer (1981)

Keil, TA, Steinbrecht, RA: Mechanosensitive and Olfactory Sensilla of Insects. In: King, RC, Akai, H (eds) Insect Ultrastructure 2. Plenum Press (1984)

Kleinig, H, Sitte, P: Zellbiologie, 2. Aufl Stuttgart, New York: Fischer (1986)

Korschelt, E, Heider, K: Vergleichende Entwicklungsgeschichte der Tiere, Bd 1. Jena: Fischer (1936)

Krause, R: Mikroskopische Anatomie der Wirbeltiere. II. Vögel–Reptilien. Berlin, Leipzig: W de Gruyter & Co (1922)

Krause, R: Mikroskopische Anatomie der Wirbeltiere. III. Amphibien. Berlin, Leipzig: W de Gruyter & Co (1923)

Krieg, T, Hein, R, Hatamocki, A, Aumailley M: Molecular and clinical aspects of connective tissue. Eur J Clin Invest 18: 105–123 (1988)

Krstic, RV: Ultrastruktur der Säugetierzelle. Berlin, Heidelberg, New York: Springer (1976)

Krstic, RV: Illustrated Encyclopedia of Human Histology. Berlin, Heidelberg, New York, Tokyo: Springer (1984)

Krstic, RV: Die Gewebe des Menschen und der Säugetiere. Berlin, Heidelberg, New York, London, Paris, Tokyo: Springer (1988)

Kühn, A: Grundriß der allgemeinen Zoologie. 17. Aufl Stuttgart: Thieme (1969)

Kümmel, G: Zwei neue Formen von Cyrtocyten. Vergleich der bisher bekannten Cyrtocyten und Erörterung des Begriffes „Zelltyp“. Z Zellforsch 57:172–201 (1962)

Kümmel, G: Das Cölomsäckchen der Antennendrüse von Cambarus affinis Say (Decapoda, Crustacea). Zool Beitr (NF) 10:227–252 (1964)

Kümmel, G: Der gegenwärtige Stand der Forschung zur Funktionsmorphologie exkretorischer Systeme. Versuch einer vergleichenden Darstellung. Verh Dtsch Zool Ges 154–174 (1977)

Lanzavecchia, G: Morphological Modulations in Helical Muscles. (Aschelminthes and Annelida). Int Rev Cytol 51:133–186 (1977)

Leake, LD: Comparative Histology. London, New York: Academic Press (1975)

Leonhardt, H: Histologie, Zytologie und Mikroanatomie des Menschen. 7. Aufl Stuttgart, New York: Thieme (1985)

Leydig, F: Das Auge der Gliedertiere. Neue Untersuchungen zur Kenntnis dieses Organs. Tübingen: Laupp'sche Buchhandlung (1864)

Lesson, TS, Lesson, CR: Histology. Philadelphia, London, Toronto: WB Saunders Company (1970)

Lim, DJ: Cochlear Micromechanics in Understanding Otoacoustic Emission. Scand Audiol Suppl 25:17–23 (1986)

Lucas, AB, Stettenheim, PR: Avian anatomy Integument. Agric Handb 362. US Gov Off, Washington DC (1972)

Malinovsky, L: Mechanoreceptors and Free Nerve Endings. In: Bereiter-Hahn, J et al. (eds) Biology of the Integument, 2. Vertebrates, pp 535–557. Berlin, Heidelberg, New York, Tokyo: Springer (1986)

McDonald, DG: The effects of H upon the gills of freshwater fish. Can J Zool 61:p 692 (1983)

Melhorn, H, Piekarsky, G: Grundriß der Parasitenkunde, 3. Aufl Stuttgart, New York: Fischer (1989)

Meves, A: Elektronenmikroskopische Untersuchungen über die Zytoarchitektur des Gehirns von Branchiostoma lanceolatum. Z Zellforsch 139:511–532 (1973)

Moog, F: Verdauungszellen im Dünndarm. Spektrum der Wissenschaft, pp 91–103 (1982)

Moller, PC, Ellis, RA: Fine Structure of the Excretory System of Amphioxus (Branchiostoma floridae) and Its Response to osmotic Stress. Cell Tiss Res 148:1–9 (1974)

Motta, P, Porter, KR: Structure of rat liver sinusoids and associated tissue spaces as revealed by scanning electron microscopy. Cell Tiss Res 148:111–125 (1974)

Munz, FW: Vision: Visual Pigments Fig. 3, pp 10. In: Hoar, WS, Randall, DJ (eds) Fish Physiology, Vol V. New York, London: Academic Press (1971)

Nagl, W: Elektronenmikroskopische Laborpraxis. Berlin, Heidelberg, New York: Springer (1981)

Neville, AC: Biology of the Arthropod Cuticle. Zoophysiology and Ecology. 4/5. Berlin, Heidelberg, New York: Springer (1975)

Nilsson, SEG: An electron microscopic classification of the retinal receptors of the leopard frog (Rana pipiens). J Ultrastruct 10: 390–416 (1964)

Ortmann, R: Die Analregion der Säugetiere. In Hdb d Zool (Kükenthal-Krumbach, Hrsg), Vol 8 (26), p 1–68. Berlin: de Gruyter (1960)

Paul, R, Fincke, T, Linzen, B: Respiration in the tarantula Eurypelma californicum: evidence for diffusion lungs. J Comp Physiol B 157:209–217 (1987)

Payton, BW, Bennett, MVL, Pappas, GD: Permeability and structure of junctional membranes at an electronic synapse. Science 166:1641–1643 (1969)

Pernkopf, E: Beiträge zur vergleichenden Anatomie des Vertebratenmagens. Z Anat 91:329–390 (1930)

Peters: Abb. 5.104. pp 431 Auseinandergelegte Antennendrüse vom Flußkrebs. In: Czihak, G, Langer, H, Ziegler, H: Biologie, 3. Aufl Berlin, Heidelberg, New York: Springer (1981)

Plate, L: Allgemeine Zoologie und Abstammungslehre. Zweiter Teil: Die Sinnesorgane der Tiere. 2. Aufl Jena: Fischer (1924)

Porter, KR et al.: Das Maschennetz im Innern der Zelle. Spektrum der Wissenschaft, pp 69–85 (1981)

Porter, KR, Bonneville, MA: An Introduction to the Fine Structure of Cells and Tissues. Philadelphia: Lea & Febinger (1964)

Reinboth, R: Vergleichende Endokrinologie. Stuttgart, New York: Thieme (1980)

Reisinger, PWM: Zum Bau der Fächtertracheen der Vogelspinne Eurypelma californicum. Verh anat Ges 84: … (1989) (im Druck)

Remane, A, Storch, V, Welsch, U: Systematische Zoologie. 3. Aufl Stuttgart, New York: Fischer (1986)

Renner, M: Ascaris megalocephala im Querschnitt. Abb. 83, pp 131. In: Kükenthal's Leitfaden für das Zoologische Praktikum, 19. Aufl Stuttgart: Fischer (1984)

Robinson, DG et al.: Präparationsmethodik in der Elektronenmikroskopie. Berlin, Heidelberg, New York, Tokyo: Springer (1985)

Rogers, AW: Cells and Tissues An Introduction to Histology and Cell Biology. London, New York, Paris: Academic Press (1983)

Rohen, JW, Lütjen-Drecoll, E: Funktionelle Histologie. Stuttgart, New York: Schattauer (1982)

Röhlich, P, Török, LJ: Elektronenmikroskopische Beobachtungen an den Sehzellen des Blutegels, Hirudo medicinalis L. Z Zellforsch 63:618–635 (1964)

Röhlich, P, Aros, B, Iragh, Sz: Fine structure of photoreceptor cells in the earthworm Lumbricus terrestris. Z Zellforsch 104:345–357 (1970)

Romeis, B: Mikroskopische Technik. 17. Aufl Herausgegeben von Böck, P. München, Wien, Baltimore: Urban & Schwarzenberg (1989)

Romer, AS, Parson, TS: Vergleichende Anatomie der Wirbeltiere. Hamburg, Berlin: Parey (1983)

Rosenbluth, J: Ultrastructural Organization of Obliqely Striated Muscle Fibers in Ascaris lumbricoides. J Cell Biol 25:459–515 (1965)

Ruthmann, A: Methoden der Zellforschung. Stuttgart: Franckh'sche Verlagshandlung (1966)

Salvini-Plaven, L, Mayr, E: On the evolution of photoreceptors and eyes. In: Hecht MK, Sterre WC, Wallace B (eds) Evolutionary biology, Vol 10. Plenum Publ Co, 207–283 (1977)

Schaffer, J: Die Hautdrüsenorgane der Säugetiere. Berlin, Wien: Urban & Schwarzenberg (1940)

Seifert, G: Entomologisches Praktikum. 2. Aufl Stuttgart: Thieme (1975)

Seitz-Tutter, D: Organellentransport und Eigenbewegung der Mikrotubuli im Axoplasma des Tintenfisch-Riesenaxons. Dissertation, Technische Universität München (1990)

v. Sengbusch, P: Molekular- und Zellbiologie. Berlin, Heidelberg, New York: Springer (1979)

Shepherd, GM: Molecular and Cellular Mechanisms. Neurobiology. New York (ua): Oxford Univ Press (1988)

Singer, SJ, Nicolson, GL: The fluid mosaic model of the structure of cell membranes. Science 175: pp 720 (1972)

Smith, CA: Inner ear. In: King, McLeland, J (eds) Form and Function in Birds, Vol 3: 273–310. London, New York: Academic Press (1985)

Smith, DS: Insect Cells. Edinburgh: Oliver and Boyd (1968)

Starck, D: Vergleichende Anatomie der Wirbeltiere, Bd 3. Berlin, Heidelberg, New York: Springer (1982)

Steinbrecht, RA: Feinstruktur und Histochemie der Sexualduftdrüse des Seidenspinners Bombyx mori L. Z Zellforsch 64:227–261 (1964)

Steinbrecht, RA: Chemo-, Hygro-, and Thermoreceptors. In: Bereiter-Hahn, J et al. (eds) Biology of the Integument 1, pp 523–553. Berlin, Heidelberg, New York, Tokyo: Springer (1984)

Steinbrecht, RA: Volume and surface of receptor and auxiliary cells in hygro-/thermoreceptive sensilla of moths (Bombyx mori, Antheraea pernyi, and A. polyphemus). Cell Tissue Res 255:59–67 (1989)

Storch V, Alberti, G: Ultrastructural observations on the gills of polychaetes. Helgol Wiss Meeresunters 31:169–179 (1978)

Totovic, V: Methods for the electronmicroscopic – cytochemical demonstration of enzymes. In: Schimmel, G, Vogell, W (Hrsg) Methodensammlung der Elektronenmikroskopie, 5. Lieferung. Stuttgart: Wissenschaftliche Verlagsgesellschaft mbH (1973)

Tutter, I: Die „subsurface cisterns" an der Pinealozytenmembran von Meriones unguiculatus (Cricetidae) unter natürlichen und experimentellen Bedingungen. Dissertat Ludwig-Maximilians-Universität München (1989)

Wartenberg, H: Elektronenmikroskopische und histochemische Studien über die Oogenese der Amphibieneizelle. Z Zellf 58:427–486 (1962)

Weber, H, Weidner, H: Grundriß der Insektenkunde. Stuttgart: Fischer (1974)

Wehner, R: Polarized-Light Navigation by Insects. Sci Am 235:106–115 (1976)

Welsch, U: Die Feinstruktur der Josephschen Zellen im Gehirn von Amphioxus. Z Zellforsch 86:252–261 (1968)

Welsch, U, Storch, V: Einführung in Cytologie und Histologie der Tiere. Stuttgart: Fischer (1973)
Welsch, U, Storch, V: Comparative Animal Cytology & Histology. London: Sidgwick & Jackson (1976)
Wessing, A, Eichelberg, D: Malpighian Tubules, Rectal Papillae and Excretion. In: Ashburner, M, Wright TRF (eds) The Genetics and Biology of Drosophila, Vol 2c, pp 1–42. London, New York, San Francisco: Academic Press (1978)
White, RH, Walther, JB: The Leech Photoreceptor Cell: Ultrastructure of Clefts Connecting the Phaosome with Extracellular Space Demonstrated by Lanthanum Deposition. Z Zellforsch 96:102–108 (1969)
Wigglesworth, VB: The principles of insect physiology. London: Methuen (1965)

Tiernamenverzeichnis

Kursiv gedruckte Seitenangaben beziehen sich auf Abbildungen

Sachverzeichnis

Halbfett gedruckte Ziffern bedeuten Seiten mit näherer Erklärung, normal gedruckte Ziffern
führen Seiten mit entsprechenden Stellen im laufenden Text auf

H. Remmert

Ökologie

Ein Lehrbuch

Mit Beiträgen von M. K. Grieshaber, U. Sommer, D. Werner

4. neubearb. u. erw. Aufl. 1989. X, 374 S. 207 Abb. (Springer-Lehrbuch) Brosch.
DM 58,– ISBN 3-540-51210-1

Nicht weniger dramatisch als die Entwicklungen in der Molekularbiologie und Genetik sind die Fortschritte in den ökologischen Wissenschaften. Entsprechend rasch sinkt auch die Aktualität von Lehrbüchern der Ökologie.
Mit seiner nun in 4. Auflage vorliegenden ÖKOLOGIE trägt Professor Remmert dieser Entwicklung jetzt Rechnung. Ganz neu hierin ist die Betrachtung natürlicher Ökosysteme unter dem Aspekt ständiger Sukzession von Einzelsystemen, ein Gesamtsystem in wechselndem Gleichgewicht und steter Dynamik, die die landläufige Vorstellung eines statistischen, im Miteinander von Biotopen stehenden, dauerhaften Ökosystems ablöst.
Von besonderer Aktualität ist die Behandlung von Phänomenen wie Massensterben und Seuchenzügen (Bsp: Robbensterben), denen entgegen verbreiteter Meinung eine wichtige Rolle im natürlichen Wechsel von Ökosystemen zukommt.
In diesem leicht verständlichen und anschaulich dargestellten Lehrbuch wurde das Kapitel zur Pflanzenernährung neu strukturiert sowie alle weiteren Kapitel auf den neuesten Stand gebracht.

Springer-Lehrbuch